Wissensspeicher Mathematik

# Wissensspeicher Mathematik

Frank | Schulz | Tietz | Warmuth

Volk und Wissen Verlag GmbH

Das Buch wendet sich vorrangig an die Teilnehmer des Grundkurses Mathematik. Beweise wurden nicht aufgenommen.

Autoren:
Prof. Dr. Brigitte Frank Kapitel 4 und 8
Prof. Dr. Wolfgang Schulz Kapitel 3, 7 sowie Abschnitt Stammfunktionen
Dr. Werner Tietz Kapitel 1, 2, 5 und 6
Dr. Elke Warmuth Kapitel 9



Die Deutsche Bibliothek - CIP - Einheitsaufnahme

**Wissensspeicher Mathematik** / Frank . . . - 1. Aufl. - Berlin :

Volk-und-Wissen-Verl.,1996
ISBN 3-06-001739-5

**ISBN 3-06-001739-5**

1. Auflage

Printed in Germany
Redaktion: Ursula Schwabe
Zeichnungen: Rita Schüler
Layout: Karl-Heinz Bergmann
Einband und Typographie: Wolfgang Lorenz
Satz und Repro: Mitterweger Satz GmbH
Druck und Binden: Westermann Druck Zwickau GmbH

# Inhalt


**1 Grundbegriffe** 7

Allgemeines 7
Mengen 20
Kombinatorik 27

**2 Zahlenbereiche** 31

Allgemeines 31
Natürliche Zahlen 41
Bruchzahlen 45
Rationale Zahlen 52
Reelle Zahlen 56
Komplexe Zahlen 58
Arbeiten mit Variablen 62
Rechnen mit Näherungswerten 65

**3 Funktionen, Gleichungen, Ungleichungen** 69

Funktionen 69
Gleichungen; Ungleichungen 81
Lineare Funktionen, Gleichungen und Ungleichungen 85
Funktionen, Gleichungen und Ungleichungen mit Beträgen 96
Quadratische Funktionen und Gleichungen 100
Potenzen; Potenzfunktionen; Wurzelgleichungen 107
Rationale Funktionen; einige Gleichungen dritten und vierten Grades 115
Proportionalität; Prozentrechnung; Zinsrechnung 117
Exponential- und Logarithmusfunktionen; Exponentialgleichungen 120
Winkelfunktionen; Ebene Trigonometrie; Goniometrische Gleichungen 126

**4 Geometrie** 139

Strecken, Geraden, Ebenen, Winkel 139
Bewegungen und Kongruenz; Winkelpaare 149
Dreiecke 158
Vielecke und Vierecke 169
Kreise 180
Ähnlichkeit 188
Körper 197
Darstellende Geometrie 205

**5 Zahlenfolgen** 215

6 **Differentialrechnung** 225

Grenzwerte von Funktionen; Stetigkeit 225
Ableitung einer Funktion 233
Lokales Verhalten von Funktionen 239
Kurvendiskussion; Extremwertaufgaben 246
Stammfunktionen 257

7 **Integralrechnung** 261

8 **Vektorrechnung und analytische Geometrie** 271

Grundlegendes über Vektoren 271
Komponenten- und Koordinatendarstellung von Vektoren 277
Skalarprodukt und Vektorprodukt 279
Analytische Geometrie der Geraden 284
Analytische Geometrie der Ebene 291
Analytische Geometrie des Kreises und der Kugel 299
Kegelschnitte 302
Lineare Gleichungssysteme 307

9 **Stochastik** 315

Vorgänge mit zufälligem Ergebnis, Ergebnismenge, Ereignis 315
Auswertung statistischer Daten 317
Wahrscheinlichkeit 325
Bedingte Wahrscheinlichkeit und Unabhängigkeit 329
Zufallsgrößen 335
Bernoulli-Experimente und Binomialverteilung 343
Normalverteilung 349
Simulation von Vorgängen mit zufälligem Ergebnis 350
Beurteilende Statistik 352

**Register** 359

# Grundbegriffe

## Allgemeines 1

### Mathematische Zeichen

| | | | |
|---|---|---|---|
| $+$ | plus | $\setminus$ | Differenzmenge |
| $-$ | minus | $\vec{a}$ | Vektor *a* |
| $\cdot$ | mal | | |
| $:$ | geteilt durch; zu | $\vec{a} \cdot \vec{b}$ | Skalarprodukt von $\vec{a}$ |
| $—$ | durch (Bruchstrich) | | und $\vec{b}$ |
| $=;\ \neq$ | gleich; ungleich | $\vec{a} \times \vec{b}$ | Vektorprodukt von $\vec{a}$ und $\vec{b}$ |
| $\approx$ | rund; angenähert | | |
| $:=$ | ist gleich nach Definition | $(\vec{a}, \vec{b}, \vec{c})$ | Spatprodukt von $\vec{a}, \vec{b}$ und $\vec{c}$ |
| $:\Leftrightarrow$ | gilt nach Definition | $(a;\ b)$ | geordnetes Paar *a*, *b* |
| $\Leftrightarrow$ | genau dann, wenn | $\parallel$ | parallel zu |
| $\triangleq$ | entspricht | $\nparallel$ | nicht parallel zu |
| $<;\ >$ | kleiner als; größer als | $\perp$ | senkrecht auf |
| $\leq$ | kleiner gleich | $\uparrow\uparrow$ | gleich gerichtet mit |
| $\geq$ | größer gleich | $\uparrow\downarrow$ | entgegengesetzt gerichtet zu |
| $\ldots$ | und so weiter | | (zwischen zueinander paralle- |
| $\sim$ | proportional; ähnlich | | len Vektoren) |
| $\mid;\ \nmid$ | teilt; teilt nicht | $\cong;\ \ncong$ | kongruent; |
| %; ‰ | Prozent; Promille | | nicht kongruent |
| $\infty$ | unendlich | $\sphericalangle$ | Winkel |
| $\lvert z \rvert$ | Betrag von *z* | $\sphericalangle$ | orientierter Winkel |
| $[a;\ b]$ | abgeschlossenes Intervall | $\triangle$ | Dreieck |
| $]a;\ b[$ | offenes Intervall | $AB$ | Gerade *AB* |
| $[a;\ b[$ | rechts halboffenes Intervall | $\overset{\vdash\!\!-\!\!-}{AB}$ | Strahl *AB* |
| $]a;\ b]$ | links halboffenes Intervall | $\overline{AB}$ | Strecke *AB* |
| $U_{\varepsilon}(g)$ | $\varepsilon$-Umgebung der Zahl *g* | | |
| $\sqrt{\ }$ | Quadratwurzel | $\overrightarrow{AB}$ | gerichtete (orientierte) |
| $\sqrt[n]{\ }$ | *n*-te Wurzel | | Strecke von *A* nach *B*; |
| $\in$ | Element von | | Vektor *AB* |
| $\notin$ | nicht Element von | $\overset{\frown}{AB}$ | Bogen *AB* |
| $\subseteq$ | Teilmenge von | $^{\circ};\ ';\ ''$ | Grad; Minute; Sekunde |
| $\subset$ | echte Teilmenge von | sin | Sinus |
| $\{a; b, \ldots\}$ | Menge der Elemente *a*,*b*,... | cos | Kosinus |
| $\mathbf{H}(x)$ | Aussageform; **H** von *x* | tan | Tangens |
| $\{x \mid \mathbf{H}(x)\}$ | Menge aller *x* mit der Eigen- | cot | Kotangens |
| | schaft **H**(*x*) | arc $\alpha$ | Arcus $\alpha$ (Winkeleinheit im |
| $\overline{A}$ | Komplementärmenge von *A* | | Bogenmaß) |
| | | $f$ | Funktion *f* |
| $\emptyset$ | die leere Menge | $f'$ | 1. Ableitung einer Funktion *f* |
| $\cap$ | geschnitten mit | $f^{(n)}$ | *n*-te Ableitung einer |
| $\cup$ | vereinigt mit | | Funktion *f* |

| | | | |
|---|---|---|---|
| $\bar{f}f$ | inverse Funktion; Umkehrfunktion | $\int_a^b$ | Integral von *a* bis *b* |
| $n!$ | *n* Fakultät | $P(A)$ | Wahrscheinlichkeit eines Ereignisses *A* |
| $\binom{n}{k}$ | *n* über *k*; Binomialkoeffizient | $A$ | ein Ereignis |
| $V_n^k$ | Variationen von *n* Elemen-ten zur *k*-ten Klasse | $\Omega$ | Ergebnismenge |
| $C_n^k$ | Kombination von *n* Elementen zur *k*-ten Klasse | $h_n(A)$ | relative Häufigkeit eines Ereignisses *A* |
| $P_n$ | Permutationen von *n* Elementen | $X$ | Zufallsgröße |
| $(a_n)$ | Folge der $a_n$ | $\sigma$ | Standardabweichung |
| lg | dekadischer Logarithmus | $\mathbb{N}$ | Menge der natürlichen Zahlen |
| $\log_a$ | Logarithmus zur Basis *a* | $\mathbb{Q}$ | Menge der rationalen Zahlen |
| ln | natürlicher Logarithmus | $\mathbb{Q}_+$ | Menge der Bruchzahlen (gebrochene Zahlen) |
| $\lim\limits_{n \to \infty}$ | Limes für *n* gegen unendlich | $\mathbb{R}$ | Menge der reellen Zahlen |
| $\sum\limits_{n=0}^{k} a_n$ | Summe $a_n$ über alle *n* von 0 bis *k* | $\mathbb{Z}$ | Menge der ganzen Zahlen |
| $\frac{dy}{dx}$ | d*y* nach d*x* (Differentialquotient) | $\mathbb{C}$ | Menge der komplexen Zahlen |

## Zahl, Ziffer, Grundziffer

Im **dekadischen Positionssystem** benutzt man zur Bezeichnung der **natürlichen Zahlen** die **Ziffern** 0, 1, 2, 3, 4, 5, 6, 7, 8, 9. Ab Zehn sind zur Darstellung der Zahlen mehrere Ziffern erforderlich.

(Neben der Auffassung, daß z.B. „347" mit drei Ziffern, nämlich mit 3, 4 und 7, geschrieben wird, gibt es auch Veröffentlichungen, in denen „347" als (eine) Ziffer bezeichnet wird. Nach dieser Version bezeichnet man die 3, 4 und 7 in 347 als **Grundziffern**.)

Im Unterschied zu den römischen Ziffern nennt man die hier aufgeführten Ziffern auch arabische Ziffern.

↗ Dekadisches Positionssystem, S. 9
↗ Römische Ziffern, S. 44

## Dezimalbrüche

**Dezimalbrüche** sind Zahlen, die in der Form $a_0, a_1a_2a_3\ldots$ geschrieben werden. Die $a_n$ ($n = 0, 1, 2, \ldots$) bilden im Falle eines **nicht negativen Dezimalbruches** eine unendliche Folge natürlicher Zahlen, für die gilt:

① Das Anfangsglied $a_0$ ist eine beliebige natürliche Zahl.
② Für alle $a_n$ mit $n \geq 1$ gilt $0 \leq a_n \leq 9$.

Das Komma grenzt das Anfangsglied $a_0$ von den übrigen Gliedern ab.

Die zu den positiven Dezimalbrüchen entgegengesetzten Zahlen heißen **negative Dezimalbrüche**.

↗ Zahlenfolge, S. 215
↗ Einander entgegengesetzte Zahlen, S. 40

| | |
|---|---|
| **Endliche Dezimalbrüche**<br>■ 5,329000... = 5,329<br>−25,00060... = −25,0006 | Von einem Index an sind alle Folgenglieder $a_n$ gleich 0; diese Nullen können weggelassen werden. |
| **Unendliche periodische Dezimalbrüche**<br>■ $\frac{1}{3} = 0,333\ldots \quad = 0,\overline{3}$<br>$-\frac{71}{33} = -2,1515\ldots = -2,\overline{15}$<br>$\frac{19277}{33300} = 0,5788\ldots \quad = 0,57\overline{8}$ | Bestimmte Folgenglieder oder „Gruppen" von Folgengliedern (sogenannte **Perioden**) treten in ununterbrochener Wiederholung auf. (Endliche Dezimalbrüche sind demnach periodische Dezimalbrüche mit der Periode 0.) |
| **Unendliche nichtperiodische Dezimalbrüche**<br>■ $\pi = 3,141592653\ldots$<br>$-\sqrt{2} = -1,414213562\ldots$<br>$\sqrt{3} = 1,732050807\ldots$ | Diese unendlichen Dezimalbrüche weisen keine stets wiederkehrende Gruppe von Folgengliedern auf. |

↗ Bruchzahl, S. 45
↗ Rationale Zahl, S. 52

1

### Zehnerpotenzen

**Zehnerpotenzen** sind Zahlen, die als **Potenz** der Form $10^k$ ($k \in \mathbb{Z}$) geschrieben werden können:

$1=10^0$; $10=10^1$; $100=10^2$; $1000=10^3$; ...

$0,1=10^{-1}$; $0,01=10^{-2}$; $0,001=10^{-3}$; ...

↗ Die Potenz $a^b$, S. 107

### Dekadisches Positionssystem

Jede **natürliche Zahl** läßt sich als Summe von Vielfachen von Zehnerpotenzen darstellen. Dabei treten als Faktoren der Zehnerpotenzen nur die Zahlen 0, 1, 2, 3, 4, 5, 6, 7, 8, 9 auf.

■ Die Zahl Fünfhundertneununddreißig kann dargestellt werden durch die Summe
$\mathbf{5}\cdot 10^2 + \mathbf{3}\cdot 10^1 + \mathbf{9}\cdot 10^0$.

| $10^3$ | $10^2$ | $10^1$ | $10^0$ |
|---|---|---|---|
| 1000 | 100 | 10 | 1 |
| | 5 | 3 | 9 |

ohne Tabelle: 539

Jeder einzelnen Ziffer in der Darstellung 539 ist eine Zehnerpotenz als Stellenwert zugeordnet. Der Stellenwert einer jeden Ziffer ist stets das **Zehnfache** des Stellenwertes der rechts von ihr stehenden Ziffer. (Daraus erklärt sich der Name „dekadisches Positionssystem".)[1]

[1] deka (griechisch) = zehn

1

- $\mathbf{270406} = \mathbf{2} \cdot 10^5 + \mathbf{7} \cdot 10^4 + \mathbf{0} \cdot 10^3 + \mathbf{4} \cdot 10^2 + \mathbf{0} \cdot 10^1 + \mathbf{6} \cdot 10^0$
  ↗ Natürliche Zahl, S. 41 (siehe auch S. 31)

Jeder **endliche Dezimalbruch** läßt sich in einer erweiterten Tabelle der Stellenwerte darstellen.

| ... | $10^1$ | $10^0$ | $10^{-1}$ | $10^{-2}$ | $10^{-3}$ | $10^{-4}$ | ... |
|---|---|---|---|---|---|---|---|
| | 2 | 4 | 7 | 0 | 3 | 5 | |
| – | | | | 3 | 9 | 5 | |

$24{,}7035 = 2 \cdot 10^1 + 4 \cdot 10^0 + 7 \cdot 10^{-1} + 0 \cdot 10^{-2} + 3 \cdot 10^{-3} + 5 \cdot 10^{-4}$
$-0{,}0395 = -(3 \cdot 10^{-2} + 9 \cdot 10^{-3} + 5 \cdot 10^{-4})$

**Periodische Dezimalbrüche** lassen sich nicht in eine endliche Stellenwerttabelle schreiben. Statt dessen verwendet man die Schreibweise mit dem Periodenstrich.
↗ Dezimalbrüche (siehe unendlicher periodischer Dezimalbruch), S. 9

**Irrationale Zahlen** lassen sich im dekadischen Positionssystem nur durch endliche Näherungsdezimalbrüche darstellen, die durch Abbrechen nach einer bestimmten Dezimalstelle je nach geforderter Genauigkeit und gegebenenfalls durch Runden erhalten werden.
↗ Irrationale Zahlen, S. 56
↗ Näherungswerte, S. 66f.

## Quersumme

Die **Quersumme** einer Zahl ist die Summe der Zahlen, die von den einzelnen Ziffern (den Grundziffern) dieser Zahl dargestellt werden.
Die Quersumme einer natürlichen Zahl ist wieder eine natürliche Zahl.

- $n = 750\,314$;  Quersumme von $n$ ist $7 + 5 + 0 + 3 + 1 + 4 = 20$.

## Dualsystem (Zweiersystem)

Jede Zahl läßt sich als Summe von Vielfachen von Zweierpotenzen darstellen. Dabei treten als Faktoren der Zweierpotenzen nur die Zahl 0 und 1 auf, da das Zweifache jeder Zweierpotenz bereits gleich der nächsthöheren Zweierpotenz ist.

- Die Zahl 59 kann dargestellt werden durch die Summe
  $1 \cdot 2^5 + 1 \cdot 2^4 + 1 \cdot 2^3$
  $+ 0 \cdot 2^2 + 1 \cdot 2^1 + 1 \cdot 2^0$.

| $2^5$ | $2^4$ | $2^3$ | $2^2$ | $2^1$ | $2^0$ |
|---|---|---|---|---|---|
| 32 | 16 | 8 | 4 | 2 | 1 |
| 1 | 1 | 1 | 0 | 1 | 1 |

ohne Tabelle: 111011

Um Verwechslungen bei der Darstellung in verschiedenen Systemen zu vermeiden, setzt man die Grundzahl des verwendeten Systems als Index, z.B. $(59)_{10}=(111011)_2$.
Im Zweiersystem benutzt man mitunter die Dualziffern L und 0 an Stelle von 1 und 0.



■ $23{,}625 = 1\cdot2^4 + 0\cdot2^3 + 1\cdot2^2 + 1\cdot2^1 + 1\cdot2^0 + 1\cdot2^{-1} + 0\cdot2^{-2} + 1\cdot2^{-3}$
$= \mathrm{L0LLL{,}L0L}$

**Koordinatensysteme**

Zur Veranschaulichung reeller Zahlen benutzt man eine **Zahlengerade**. Dabei entspricht jeder reellen Zahl genau ein Punkt der Zahlengeraden und umgekehrt jedem Punkt der Zahlengeraden genau eine reelle Zahl.
↗ Reelle Zahlen, S. 56

Zwei einander rechtwinklig schneidende Zahlengeraden bilden ein **rechtwinkliges kartesisches Koordinatensystem**. Die Zahlengeraden heißen **Koordinatenachsen**. Ihrem Schnittpunkt entspricht auf beiden Zahlengeraden die Zahl 0. Ein solches Koordinatensystem zerlegt die Ebene in vier Teile, die **Quadranten** (↗ Bild 1/1).

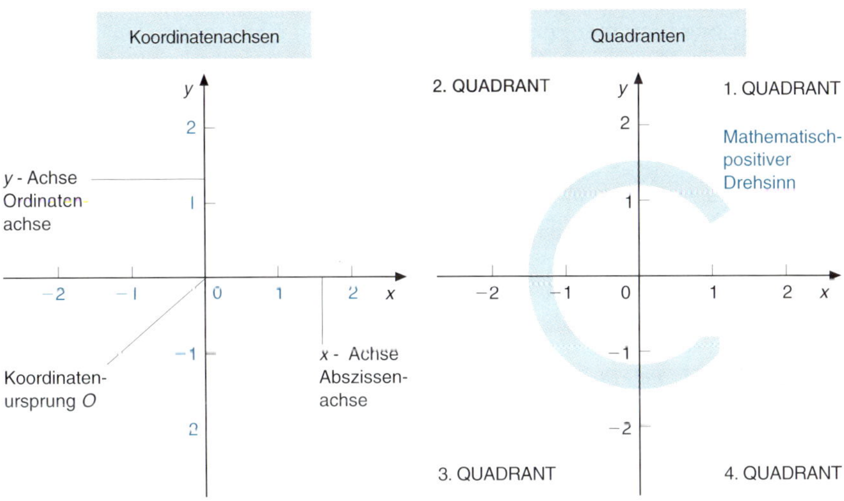


*Bild 1/1*

Jedem geordneten Paar (*x*; *y*) reeller Zahlen wird durch ein rechtwinkliges Koordinatensystem genau ein Punkt der Ebene zugeordnet. Umgekehrt gehört zu jedem Punkt der Ebene genau ein geordnetes Zahlenpaar. Die Zahlen in diesem Zahlenpaar heißen die Koordinaten des betreffenden Punktes, die erste Zahl *x* heißt **Abszisse**, die zweite Zahl *y* heißt **Ordinate** des Punktes. Dem Koordinatenursprung entspricht das geordnete Zahlenpaar (0; 0). Der Koordinatenursprung wird mit dem Buchstaben *O* (von origo – lat. – Ursprung) bezeichnet.

Neben den rechtwinkligen werden auch schiefwinklige Koordinatensysteme benutzt, bei denen sich die Koordinatenachsen nicht rechtwinklig schneiden.
Eine praktische Anwendung finden rechtwinklige Koordinatensysteme bei der Veranschaulichung von Sachverhalten in Diagrammen.
↗ Geordnetes Paar, S. 24
↗ Koordinatensysteme, S. 278
↗ Vgl. auch mit „Polarkoordinaten in der Ebene", S. 300f.



## Variablen

**Variablen** sind Zeichen für beliebige Elemente aus einem vorgegebenen Grundbereich, dem **Variablengrundbereich**. Als Variablen werden meistens große oder kleine lateinische, griechische und selten deutsche (Fraktur-)Buchstaben verwendet. Die Variablengrundbereiche sind vorwiegend Zahlen- oder Größenbereiche.

## Terme

**Terme** sind Ziffern, Variablen und „sinnvolle" Zusammensetzungen aus ihnen mit Hilfe der Rechenzeichen +, −, ·, : oder mit Funktionssymbolen wie $\sqrt{\ }$, sin, $f$, wobei auch die Betragstriche, der Bruchstrich, das Komma, die Potenzschreibweise und Klammern benutzt werden.

**Terme ohne Variablen**, wie z. B. die Ziffern oder $\pi$, bezeichnen konkrete Objekte aus dem jeweiligen Grundbereich.

**Terme mit Variablen** bezeichnen erst nach dem Einsetzen für *alle* frei vorkommenden Variablen ein konkretes Objekt des jeweiligen Grundbereichs. Dieses heißt dann ein **Wert des Terms**. Der Wert des Terms ist im allgemeinen von der jeweiligen Einsetzung für die Variable abhängig.
Beim Aufschreiben von Termen kann der Multiplikationspunkt vor Variablen und vor Klammern weggelassen werden.

## Gebundene Variablen, freie Variablen

Variablen, die für Einsetzungen aus dem jeweiligen Variablengrundbereich zur Verfügung stehen, heißen **freie Variablen**. Alle anderen Variablen heißen **gebundene Variablen**.

■ ① Es gibt ein $x$ mit $x^2=2$; $x$ ist gebundene Variable

② $\int_0^{\pi/2} \cos x \, dx$; $x$ ist gebundene Variable

③ $\sum_{n=0}^{4} (n+1)^2$; $n$ ist gebundene Variable

④ $x+y = 4$; $x$ und $y$ sind freie Variablen

Aus Gleichungen und Ungleichungen mit Variablen können auf folgende Weise Aussagen entstehen:

| | |
|---|---|
| ① Einsetzen von Zahlen für sämtliche freie Variablen aus dem jeweiligen Variablengrundbereich. | ■ $3x+5=2y-3$ $(x, y \in \mathbb{N})$<br>$3\cdot\mathbf{2}+5=2\cdot\mathbf{7}-3$ (wahr)<br>$3\cdot\mathbf{3}+5=2\cdot\mathbf{7}-3$ (falsch) |
| ② Binden sämtlicher Variablen mit Hilfe von „es gibt ein" oder „für alle". | ■ Für jedes *a* und für jedes *b* $(a, b \in \mathbb{R})$ gilt:<br>$a\cdot b=b\cdot a$ (wahr).<br>Für jedes *a* und für jedes *b* gibt es ein *x* mit $a<x<b$.<br>(Falsch im Fall $a=b$.) |
| ③ Binden einiger Variablen und Einsetzen von Zahlen für die freien Variablen. | ■ Es gibt ein *y* mit $x^2+y^2<20$ $(x, y \in \mathbb{R})$.<br>Für *x* die Zahl **3** eingesetzt:<br>Es gibt ein y mit $9+y^2<20$ (wahr).<br>Für *x* die Zahl **5** eingesetzt:<br>Es gibt ein *y* mit $25+y^2<20$ (falsch). |

1

**Aussagen; Aussageformen**

**Aussagen** sind entweder wahr (w) oder falsch (f).

■ Die natürliche Zahl 7 ist eine Primzahl. (wahr)
Für jede natürliche Zahl *x* gilt: Wenn *x* ungerade ist, so ist *x* Primzahl. (falsch)

**Aussageformen** haben die Gestalt von Aussagen (grammatikalisch richtig gebildete Sätze – ausgenommen Frage- und Befehlssätze –, Gleichungen oder Ungleichungen), enthalten aber *freie* Variablen.

■ ① Die Stadt S liegt an der Elbe.
② Das chemische Element E ist ein Metall.

Aussageformen sind weder wahr noch falsch. Es hängt von der jeweiligen Einsetzung für die Variablen ab, ob sie dadurch zu wahren oder zu falschen Aussagen werden.
Aus Aussageformen werden Aussagen, wenn man für alle freien Variablen aus dem gegebenen Grundbereich einsetzt oder wenn man alle freien Variablen durch den Vorsatz „es gibt ein" bzw. „für jedes" bindet.

■

| | | |
|---|---|---|
| **H**(x): $5x+7=0{,}3$ | $5\cdot\mathbf{3}+7=0{,}3$ | f |
| | $5\cdot(-\mathbf{1{,}34})+7=0{,}3$ | w |
| | *Es gibt eine natürliche Zahl x* mit $5x+7=0{,}3$ | f |

**Existenzaussage**

**a)** „Es gibt ein" bedeutet „es gibt *mindestens* ein"; **Existenz**
**b)** „Es gibt höchstens ein" bedeutet nicht, daß es eins geben *muß*; im Falle der Existenz liegt **Eindeutigkeit** vor

**c)** „Es gibt genau ein" es gibt ein, aber auch nur ein; **Existenz** *und* **Eindeutigkeit**

↗ Zuordnung (s. „eindeutig"), S. 25f.

1

■

| | |
|---|---|
| Es gibt eine gerade Primzahl. | w |
| Es gibt höchstens eine gerade Primzahl. | w |
| Es gibt genau eine gerade Primzahl. | w |

■

| | |
|---|---|
| Es gibt eine ungerade Primzahl. | w |
| Es gibt höchstens eine ungerade Primzahl. | f |
| Es gibt genau eine ungerade Primzahl. | f |

↗ Gerade Zahlen, S. 42
↗ Primzahlen, S. 42

Die Benutzung des bestimmten Artikels ist nur dann gestattet, wenn nachgewiesen ist, daß es genau ein Objekt mit den geforderten Eigenschaften gibt.

■ 4 ist *die* Lösung der Gleichung $5+x=9$
3 ist *eine* Lösung der Ungleichung $5+x<9$

**Allaussage**

**a)** „Für jedes" oder „für alle" bedeutet: Für ein beliebiges Objekt aus dem gegebenen Grundbereich.

**b)** „Für fast alle" bedeutet: Für alle bis auf endlich viele Ausnahmen. Dabei ist der Fall, daß es *keine* Ausnahme gibt, mit eingeschlossen.

**c)** „Für kein" bedeutet: Für alle *nicht*.

**d)** „Nicht für alle" bedeutet: Es gibt (mindestens) eine Ausnahme.

■

| | |
|---|---|
| **Für jede** natürliche Zahl $n$ gilt $n \geq 0$. | w |
| **Für alle** reellen Zahlen $a$, $b$ gilt $a+b=b+a$. | w |
| **Für fast alle** natürlichen Zahlen $n$ gilt $\frac{1}{n}<\frac{1}{100}$.<br>(Die endlich vielen Ausnahmen sind $n = 1, 2, \ldots, 99, 100$.) | w |
| **Für kein** Dreieck $D$ ist die Summe der Innenwinkel von $D$ ungleich 180°. | w |
| **Nicht für alle** natürlichen Zahlen gilt: $n^2-79n+1601$ ist eine Primzahl. | w |

Allaussagen sind oft umgangssprachlich formuliert.

■ Man sagt z.B.: „Der Betrag einer Zahl ist immer nichtnegativ" statt „Für jede Zahl $x$ gilt $|x| \geq 0$."

↗ Betrag einer reellen Zahl, S. 40

## Logische Zusammensetzungen

Aussagen und Aussageformen können verneint und durch Wörter wie **und; oder; wenn, so; genau dann, wenn** logisch verknüpft werden.

■

| | | |
|---|---|---|
| **nicht** | $3 = 4$ | **nicht** $3 = 4$ (kürzer $3 \neq 4$) |
| **und** | $3 < x$; $x < 7$ | $3 < x$ **und** $x < 7$ (kürzer: $3 < x < 7$) |
| **oder** | *n* ist gerade; *n* ist ungerade | *n* ist gerade **oder** *n* ist ungerade (*n* ist gerade oder ungerade) |
| **wenn, so** | *f* ist in $x_0$ differenzierbar; *f* ist in $x_0$ stetig | **Wenn** *f* in $x_0$ differenzierbar ist, **so** ist *f* in $x_0$ stetig. |
| **genau dann, wenn** | Das Viereck *ABCD* ist ein Parallelogramm. Die Diagonalen des Vierecks *ABCD* halbieren einander. | Das Viereck *ABCD* ist ein Parallelogramm **genau dann, wenn** die Diagonalen des Vierecks *ABCD* einander halbieren. |

↗ Stetigkeit an einer Stelle $x_0$, S. 230
↗ Ableitung einer Funktion, S. 234ff.

„ $\mathbf{H}_1$ genau dann, wenn $\mathbf{H}_2$“ ist die Verbindung der beiden Aussagen „Wenn $\mathbf{H}_1$, so $\mathbf{H}_2$“, „Wenn $\mathbf{H}_2$, so $\mathbf{H}_1$“ durch „und“.
„Genau dann, wenn“ wird häufig mit „gdw.“ abgekürzt.

## Sätze

**Sätze** sind wahre Aussagen der Mathematik.
Sätze haben häufig die Form „Wenn ..., so ...“. Nach dem Wort „wenn“ werden eine oder mehrere Voraussetzungen angeführt. Das Wort „so“ leitet die Behauptung ein. Mitunter muß man einen Satz umformulieren, um Voraussetzung und Behauptung zu erkennen.

■ Zwei Dreiecke, die in zwei Seiten und dem eingeschlossenen Winkel übereinstimmen, sind kongruent.
*Anders*: Wenn zwei Dreiecke in zwei Seiten und dem eingeschlossenen Winkel übereinstimmen, so sind sie kongruent.
Voraussetzung: Übereinstimmung der Dreiecke in zwei Seiten und dem eingeschlossenen Winkel.
Behauptung: Kongruenz der Dreiecke.
↗ Beweis, S. 16ff.

## Umkehrung eines Satzes

Man erhält die **Umkehrung** eines Satzes, indem man in diesem Satz Voraussetzung und Behauptung vertauscht. Mitunter ist die Umkehrung eines Satzes keine wahre Aussage, also kein Satz.
Die Gültigkeit (oder Wahrheit) der Umkehrung eines Satzes muß ebenfalls bewiesen werden.

- Wenn ein Viereck ein Parallelogramm ist, so sind die Gegenseiten (in diesem Viereck) jeweils gleich lang.
  Die *Umkehrung dieses Satzes* lautet:
  Wenn die Gegenseiten in einem Viereck jeweils gleich lang sind, so ist das Viereck ein Parallelogramm.
  Bei diesem Beispiel stellt die Umkehrung eine wahre Aussage dar.
  ↗ Parallelogramm (siehe Satz 1a ), S. 173

1

### Definitionen

Eine **Definition** ist eine Festlegung darüber, was man unter einem Term (einer Bezeichnung für ein Objekt) oder unter einer Eigenschaft oder Beziehung verstehen will. Als Festlegung ist eine Definition weder wahr noch falsch. Um das zu Definierende und die definierende Beschreibung deutlich auseinander zu halten, wählt man häufig die äußere Form einer Gleichung, in der das zu Definierende auf der linken Seite steht. Als Trennzeichen benutzt man dann das Zeichen „:=“ (gelesen: ist definitionsgemäß gleich) im Fall der Terme bzw. „:⇔“ (gelesen: gilt definitionsgemäß genau dann, wenn) im Fall von Eigenschaften und Beziehungen.

- ① Definition des Betrages $|z|$ einer komplexen Zahl $z = a + bi$
  $|z| := \sqrt{a^2 + b^2}$
  ② Definition der Eigenschaft „monoton wachsend“ für eine Zahlenfolge $(a_n)$
  $(a_n)$ ist monoton wachsend :⇔ Für jedes $n$ gilt $a_n \leq a_{n+1}$
  ③ Definition der Teilmengenbeziehung
  $M \subseteq N$ :⇔ Für jedes $x$ gilt: Wenn $x \in M$, so $x \in N$

Häufig werden die Definitionszeichen sprachlich umschrieben, indem Redewendungen wie etwa „heißt“, „nennt man“, „ist“, „unter … versteht man …“, „genau dann, wenn“, oder nur „wenn“ benutzt werden.

### Algorithmus

Ein **Algorithmus** ist eine Abfolge von (endlich vielen) Schritten. Jeder dieser Schritte enthält eine eindeutige Anweisung zur Ausführung von Handlungen oder Operationen. Es gibt einen eindeutig bestimmten *ersten* Schritt. Nach jedem Schritt steht fest, ob der Algorithmus beendet ist bzw. welcher Schritt als nächster auszuführen ist. Durch einen Algorithmus werden gegebenen **Eingabedaten** eindeutig bestimmte **Ausgabedaten** zugeordnet.

### Beweis

Ein **Beweis** ist der Nachweis der Wahrheit einer Aussage. Hierzu geht man von bereits als wahr nachgewiesenen oder als wahr angenommenen Aussagen (den *Voraussetzungen*) aus und gelangt, eventuell unter Berücksichtigung von *Definitionen*, durch **logische Schlüsse** zur *Behauptung*.

- Beweis einer Allaussage
  Satz: **Für jedes** Dreieck $D$ gilt: Die Summe der Innenwinkel von $D$ beträgt 180°.
  kürzer: In **jedem** Dreieck beträgt die Summe der Innenwinkel 180°.
  Der Beweis dieses Satzes kann nicht für alle Dreiecke einzeln geführt werden, da

es unendlich viele Dreiecke gibt. Man wählt ein bestimmtes Dreieck beliebig aus und führt den Beweis für dieses einzelne Dreieck. Der Satz gilt aber nur dann als *für alle* Dreiecke bewiesen, wenn beim Beweis nur Eigenschaften benutzt werden, die *allen* Dreiecken zukommen.

*Voraussetzung:* Sei $\triangle ABC$ ein beliebiges Dreieck und $\alpha$, $\beta$, $\gamma$ seine Innenwinkel (↗ Bild 1/2).

*Behauptung:* $\alpha+\beta+\gamma=180°$

*Beweis:* Durch $C$ geht genau eine Parallele zu $AB$.

(1) $\alpha_1 = \alpha$ } Wechselwinkel an geschnittenen Parallelen
(2) $\beta_1 = \beta$
(3) $\alpha_1+\gamma+\beta_1=180°$ (gestreckter Winkel)

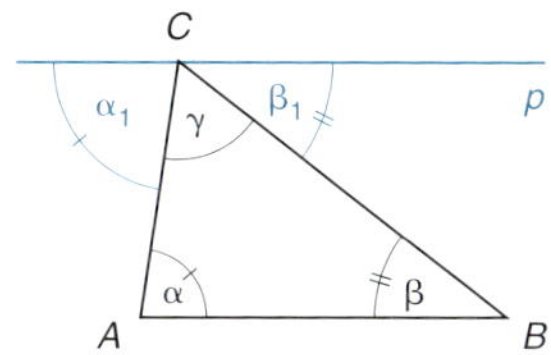

Bild 1/2

Daraus folgt
$\alpha+\beta+\gamma=180°$, w.z.b.w.

Mit „w.z.b.w." („was zu beweisen war") wird das Ende eines Beweises gekennzeichnet.
↗ Wechselwinkelsatz, S. 157

Eine Allaussage kann widerlegt werden, indem man ein Gegenbeispiel angibt.

- Beweis einer „Wenn, so"-Aussage

Satz: Für jede Funktion $f$ gilt: **Wenn** $f$ an der Stelle $x_0$ differenzierbar ist, **so** ist $f$ an der Stelle $x_0$ stetig.

*Voraussetzung:* Sei $f$ eine beliebige Funktion und $f$ an der Stelle $x_0$ differenzierbar.

*Behauptung:* $f$ ist an der Stelle $x_0$ stetig, d.h., es gilt
$$\lim_{x \to x_0} f(x) = f(x_0).$$

*Beweis:* Für alle $x \in D(f)$ gilt:
$$f(x) = f(x_0) + \frac{f(x)-f(x_0)}{x-x_0}(x-x_0).$$

Es existieren die Grenzwerte

$\lim_{x \to x_0} f(x_0)$, da $f(x_0)$ eine Konstante ist,

$\lim_{x \to x_0} \frac{f(x)-f(x_0)}{x-x_0} = f'(x_0)$, da $f$ als differenzierbar in $x_0$ vorausgesetzt ist,

$\lim_{x \to x_0} (x-x_0) = 0$, da $x-x_0$ eine lineare, also stetige Funktion von $x$ ist.

Daher sind die Grenzwertsätze für Funktionen anwendbar:

$\lim_{x \to x_0} \left[ f(x_0) + \frac{f(x)-f(x_0)}{x-x_0}(x-x_0) \right]$ existiert, und es ist

$$\lim_{x \to x_0} f(x) = \lim_{x \to x_0} f(x_0) + \lim_{x \to x_0} \frac{f(x) - f(x_0)}{x - x_0} \cdot \lim_{x \to x_0} (x - x_0)$$

$$= f(x_0) + f'(x_0) \cdot 0;$$

hieraus folgt

$$\lim_{x \to x_0} f(x) = f(x_0), \text{ w.z.b.w.}$$



- Beweis einer „Genau dann, wenn“-Aussage
  Satz: Ein Viereck $V$ ist ein Parallelogramm **genau dann, wenn** in $V$ je zwei Gegenseiten zueinander kongruent sind.
  Zu beweisen sind die beiden Teilaussagen.
  ① **Wenn** ein Viereck $V$ ein Parallelogramm ist, **so** sind in $V$ je zwei Gegenseiten zueinander kongruent.
  ② **Wenn** in $V$ je zwei Gegenseiten zueinander kongruent sind, **so** ist $V$ ein Parallelogramm.

Zu ① *Voraussetzung:* Sei $V = ABCD$ ein Parallelogramm, d.h.
$AB \parallel CD$; $BC \parallel AD$.
Behauptung:
$\overline{AB} \cong \overline{CD}$; $\overline{BC} \cong \overline{AD}$
*Beweis* (↗ Bild 1/3):
Aus der Kongruenz der Dreiecke $ABC$ und $CDA$ folgt
$\overline{AB} \cong \overline{CD}$ und $\overline{BC} \cong \overline{AD}$.

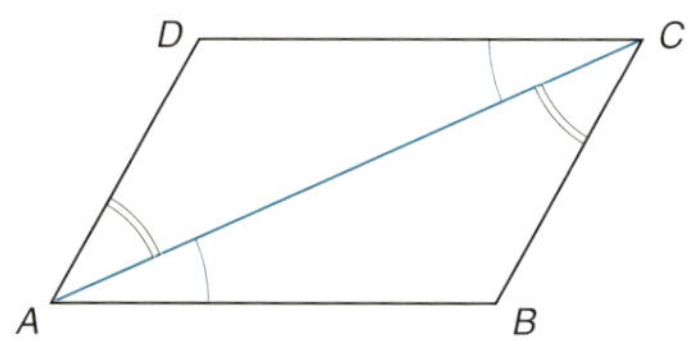


$\overline{AC} \cong \overline{CA}$
$\sphericalangle CAB \cong \sphericalangle ACD$
$\sphericalangle BCA \cong \sphericalangle DAC$
$\triangle ABC \cong \triangle DCA$

*Bild 1/3*

Zu ② *Voraussetzung:* $\overline{AB} \cong \overline{CD}$ und $\overline{BC} \cong \overline{AD}$
*Behauptung:* $AB \parallel CD$ und $BC \parallel AD$
*Beweis:* Aus der Voraussetzung und $\overline{AC} \cong \overline{CA}$ folgt $\triangle ABC \cong \triangle ACD$ (Kongruenzsatz sss). Daher gilt $\sphericalangle CAB \cong \sphericalangle ACD$ und $\sphericalangle ACB \cong \sphericalangle CAD$,
woraus folgt $AB \parallel CD$ und $BC \parallel AD$ (Umkehrung des Wechselwinkelsatzes),
d.h., $ABCD$ ist ein Parallelogramm, w.z.b.w.

↗ Parallelogramm, S. 173
↗ Kongruenzsätze für Dreiecke, S. 161
↗ Wechselwinkelsatz, S. 157

**Beweis durch Fallunterscheidung**: Mitunter läßt sich eine Aussage nicht für alle Objekte, über die die Aussage getroffen wird, mit einem einheitlichen Verfahren beweisen. Dann teilt man die betreffenden Objekte (erschöpfend) in Klassen ein und beweist die Aussage für jeden der sich durch diese Einteilung ergebenden Fälle gesondert.

- Satz: Das Quadrat jeder ungeraden natürlichen Zahl läßt bei Division durch 8 den Rest 1.

*Voraussetzung:* Sei $n$ eine beliebige natürliche Zahl.
Dann ist $2n+1$ eine beliebige ungerade natürliche Zahl und für ihr Quadrat gilt:
$(2n+1)^2 = 4n^2+4n+1 = 4n(n+1)+1.$

*Behauptung:* $4n(n+1)+1$ läßt bei Division durch 8 den Rest 1, d.h., $4n(n+1)$ ist durch 8 teilbar.

*Beweis:* Fallunterscheidung
① $n$ gerade.
Dann ist $n$ durch 2, also $4n$ und damit auch $4n(n+1)$ durch 8 teilbar.
② $n$ ungerade.
Dann ist $n+1$ gerade, also $4(n+1)$ und damit auch $4n(n+1)$ durch 8 teilbar, w.z.b.w.



**Indirekter Beweis**: Ein indirekter Beweis wird geführt, indem man die Verneinung der Behauptung als richtig annimmt und aus dieser Annahme einen Widerspruch herleitet.

- Beispiel für einen indirekten Beweis

*Zu beweisen ist die Aussage*:
Es gibt keine natürliche Zahl, deren Quadrat die Zahl 8 ist.
*Annahme*:
Es gibt eine natürliche Zahl $n$, deren Quadrat die Zahl 8 ist:
$n^2 = 8$.
Wegen $2^2 < 8 < 3^2$ muß für diese Zahl $n$ gelten:
$2 < n < 3$.
Das ist aber ein Widerspruch zu der Tatsache, daß es zwischen 2 und 3 keine natürliche Zahl gibt. Also war die Annahme falsch, womit die Behauptung als wahr erwiesen ist.

**Beweis durch vollständige Induktion**: Das Beweisverfahren der vollständigen Induktion (auch **Schluß von $n$ auf $n+1$** genannt) kann angewendet werden, wenn eine Allaussage über natürliche Zahlen, also eine Aussage der Form
„Für jede natürliche Zahl $n$ gilt **H**($n$)"
bewiesen werden soll. Ein solcher Beweis erfolgt in zwei Schritten:
*1. Schritt (auch Anfangsschritt oder Induktionsanfang)*:
Es wird die Richtigkeit der Behauptung für die natürliche Zahl $n = 0$, also die **Wahrheit der Aussage H(0)** gezeigt.
*2. Schritt (auch Induktionsschritt)*:
Für eine beliebige natürliche Zahl $k$ wird gezeigt, daß aus der *Voraussetzung*, die Aussage sei für $k$ wahr, auch die Wahrheit der Aussage für die nachfolgende natürliche Zahl $k+1$ folgt. Es wird also die **Wahrheit der Aussage „Für jedes *k* gilt: Wenn H(*k*), so H(*k* + 1)"** gezeigt.
**H**($k$) heißt *Induktionsvoraussetzung*, **H**($k+1$) *Induktionsbehauptung*.
*Hinweis*: Die Verwendung einer zweiten Variablen $k$ im Induktionsschritt ist eigentlich überflüssig. Häufig verwendet man daher in diesem Schritt dieselbe Variable $n$ wie in der zu beweisenden Aussage.

1

- Beispiel für einen Beweis durch vollständige Induktion

*Behauptung*: Für alle natürlichen Zahlen gilt:

$$\sum_{i=0}^{n} i = \frac{n(n+1)}{2}. \qquad \mathbf{H}(n)$$

*1. Induktionsanfang:* Für $n = 0$ gilt

$$\sum_{i=0}^{0} i = \frac{0(0+1)}{2}.$$

Diese Aussage ist wahr, denn $\sum_{i=0}^{0} i = 0$ und $\frac{0(0+1)}{2} = 0$.

*2. Induktionsschritt:* Es ist zu zeigen

Für jedes $k \in \mathbb{N}$ folgt aus der Gültigkeit von $\mathbf{H}(k)$, d.h. von

$$\sum_{i=0}^{k} i = \frac{k(k+1)}{2} \text{ (Induktionsvoraussetzung)}$$

die Gültigkeit von $\mathbf{H}(k+1)$, d.h. von

$$\sum_{i=0}^{k+1} i = \frac{(k+1)[(k+1)+1]}{2} \text{ (Induktionsbehauptung)}$$

} Allaussage

*Beweis der Induktionsbehauptung:*

Sei $k$ eine *beliebige* natürliche Zahl. Dann gilt nach Induktionsvoraussetzung:

$$\sum_{i=0}^{k} i = \frac{k(k+1)}{2} \quad \text{Addition von } k+1 \text{ auf beiden Seiten:}$$

$$\sum_{i=0}^{k} i + (k+1) = \frac{k(k+1)}{2} + (k+1) \quad \text{Nach Definition des Summenzeichens:}$$

$$\sum_{i=0}^{k+1} i = (k+1)\left(\frac{k}{2}+1\right)$$

$$\sum_{i=0}^{k+1} i = \frac{(k+1)[(k+1)+1]}{2}$$

Das ist die Induktionsbehauptung. Somit gilt

$$\sum_{i=0}^{n} i = \frac{n(n+1)}{2} \text{ für } \textbf{alle } n \in \mathbb{N}, \text{ w.z.b.w.}$$

Mitunter gilt eine Aussage über natürliche Zahlen nur mit Ausnahme endlich vieler natürlicher Zahlen, d.h. erst von einer bestimmten natürlichen Zahl $n_0 \neq 0$ an, dann aber auch für *alle* folgenden natürlichen Zahlen, d.h. für alle $n \geq n_0$. In diesem Fall wird im Anfangsschritt die Richtigkeit der Behauptung für $n_0$ gezeigt.

## Mengen

### Mengenbildung; Element einer Menge

Mengen werden gebildet, indem man aus einem zugrunde gelegten Bereich von Objekten, dem Grundbereich, nach bestimmten Gesichtspunkten Objekte auswählt und zu einer Gesamtheit zusammenfaßt. Diese Objekte nennt man **Elemente** der betreffenden Menge. Man schreibt:

$a \in M$, gelesen:
„$a$ ist Element von $M$“ oder „$a$ Element $M$“;
$y \notin M$, gelesen:
„$y$ ist nicht Element von $M$“ oder „$y$ nicht Element $M$“.

| **Mengen werden angegeben, ...** | **Beispiele** |
|---|---|
| indem man sämtliche Elemente der Menge in geschweiften Klammern aufschreibt (Reihenfolge beliebig). | $M = \{12; 15; 18; 21\}$<br>Diese Menge $M$ wird von den Zahlen 12, 15, 18, 21 und nur von diesen Zahlen gebildet. |
| indem man eine Aussageform mit einer freien Variablen $x$ angibt, für die man aus dem Grundbereich einsetzen darf. | Grundbereich: $\mathbb{N}$<br>Aussageform: $x + x = x$. Man schreibt:<br>$A = \{x \mid x \in \mathbb{N}$ und $x + x = x\}$ |

Eine Menge kann endlich viele oder auch unendlich viele Elemente enthalten (*endliche Mengen – unendliche Mengen*).

■ **a)** $A = \{x \mid x \in \mathbb{N}$ und $x + x = x\}$
Die Menge $A$ besitzt als einziges Element die Null, $A = \{0\}$; denn $0 + 0 = 0$. Für jede andere natürliche Zahl $x$ gilt:
$x + x = 2x \neq x$.
**b)** $B = \{x \mid x \in \mathbb{N}$ und $x \cdot x = x\}$
Die Menge $B$ besitzt die Elemente 0 und 1, $B = \{0; 1\}$.
$B$ ist eine Zweiermenge.
**c)** $C = \{x \mid x \in \mathbb{N}$ und $x \neq 7\}$
$C$ ist die Menge der natürlichen Zahlen außer der Zahl 7.

### Leere Menge

Die **leere Menge** ist die Menge, der kein Objekt des Grundbereiches angehört; Zeichen: ∅.

■ Grundbereich: Menge der ganzen Zahlen
$M = \{x \mid x \in \mathbb{Z}$ und $x + 1 = x\}$
Die Aussageform $x + 1 = x$ wird durch keine Einsetzung zu einer wahren Aussage; $M$ enthält also kein Element. Es gilt also $M = \emptyset$.

### Teilmengenbeziehung

| ***A* ⊆ *B* (gelesen: *A* ist Teilmenge von *B*)** | |
|---|---|
| Alle Elemente von $A$ sind auch Elemente von $B$. | ■ $A = \{x \mid x \in \mathbb{N}$ und $8 \mid x\}$<br>$B = \{x \mid x \in \mathbb{N}$ und $4 \mid x\}$<br>Es gilt: $A \subseteq B$.<br>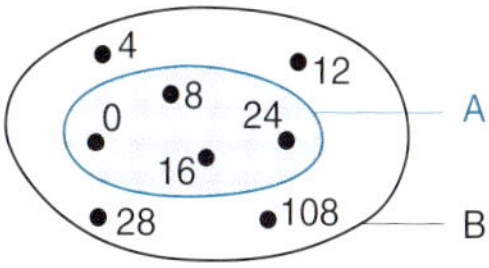<br><br>*Bild 1/4* |

| | |
|---|---|
| Im nebenstehenden Beispiel sind ebenfalls alle Elemente von $A$ auch Elemente von $B$. | ■ $A = \{1; 2; 3; 4\}$<br>$B = \{1; 2; 3; 4\}$<br><br>Auch in diesem Fall gilt $A \subseteq B$. |

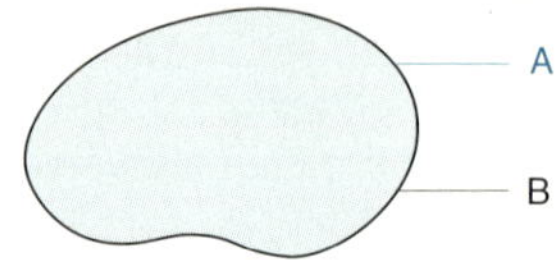


Bild 1/5

| **$A \subset B$ (gelesen: $A$ ist echte Teilmenge von $B$)** |
|---|
| Alle Elemente von $A$ sind auch Elemente von $B$, und $B$ enthält mindestens ein Element, das nicht zu $A$ gehört (↗ Beispiel S. 21). |

Für Mengen $A$, $B$ gilt:
$A \subseteq B$ genau dann, wenn $A \subset B$ oder $A = B$.
$A \subset B$ genau dann, wenn $A \subseteq B$ und $A \neq B$.
Aus $A \subset B$ folgt $A \subseteq B$, aber nicht umgekehrt.

## Durchschnitt von Mengen

**DEFINITION** $x \in A \cap B :\Leftrightarrow x \in A$ und $x \in B$.
Die Menge $A \cap B$ heißt der Durchschnitt der Mengen $A$ und $B$.

Es gilt also: $A \cap B = \{x \mid x \in A \text{ und } x \in B\}$.

■

① $A = \{x \mid x \in \mathbb{N} \text{ und } x < 13\}$
$B = \{x \mid x \in \mathbb{N} \text{ und } x > 8\}$
$A \cap B = \{9, 10, 11, 12\}$

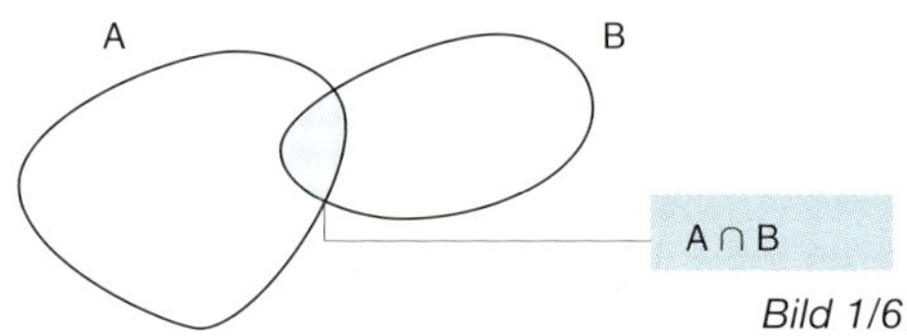


Bild 1/6

② $A$ ist die Menge aller Vierecke.
$B$ ist die Menge aller Rhomben.
$A \cap B = B$

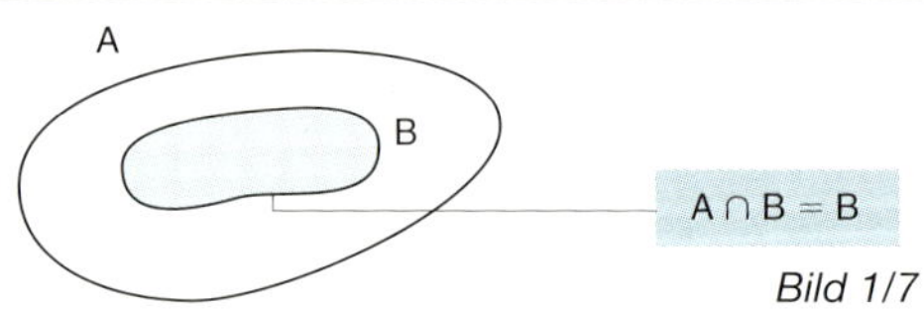


Bild 1/7

③ $A = \{x \mid x \in \mathbb{N} \text{ und } x > 13\}$
$B = \{x \mid x \in \mathbb{N} \text{ und } x < 8\}$
$A \cap B = \emptyset$

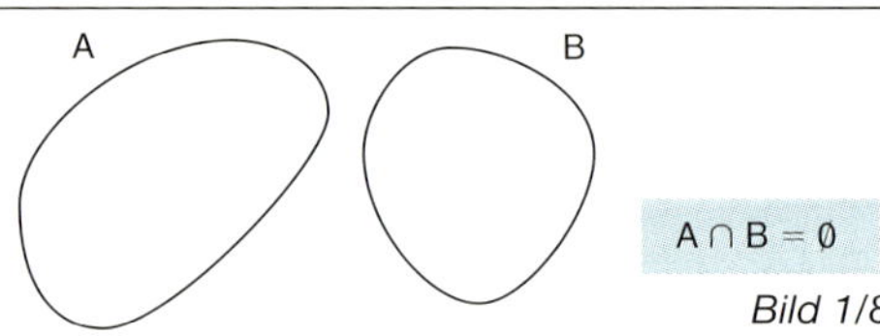


Bild 1/8

↗ Leere Menge, S. 21

### Vereinigung von Mengen

**DEFINITION** $x \in A \cup B :\Leftrightarrow x \in A$ oder $x \in B$.
Die Menge $A \cup B$ heißt die Vereinigung der Mengen $A$ und $B$.

Es gilt also: $A \cup B = \{x \mid x \in A \text{ oder } x \in B\}$.

■ ① $A = \{x \mid x \in \mathbb{N} \text{ und } 0 < x < 10\}$
$B = \{x \mid x \in \mathbb{N} \text{ und } 5 < x < 15\}$
$A \cup B = \{x \mid x \in \mathbb{N} \text{ und } 0 < x < 15\}$

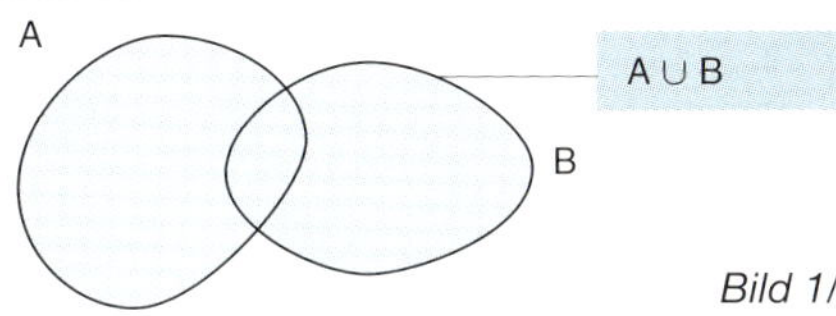


*Bild 1/9*

② $A = \mathbb{N}$
$B = \{x \mid x \in \mathbb{N}$ und es gibt ein $n \in \mathbb{N}$ mit $x = n^2\}$
$A \cup B = \mathbb{N}$

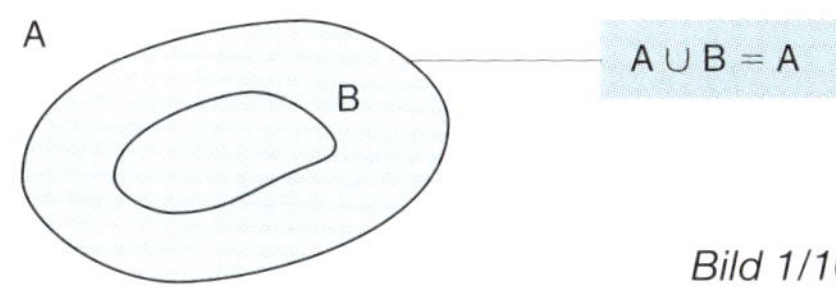


*Bild 1/10*

③ $A = \{x \mid x \in \mathbb{N} \text{ und } 0 \le x < 4\}$
$B = \{x \mid x \in \mathbb{N} \text{ und } 4 \le x < 9\}$
$A \cup B = \{x \mid x \in \mathbb{N} \text{ und } 0 \le x < 9\}$

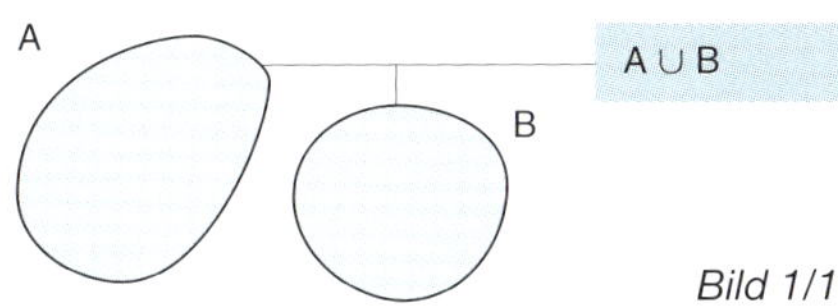


*Bild 1/11*

### Komplement einer Menge

**DEFINITION** $x \in \overline{A} :\Leftrightarrow x \notin A$.
Die Menge $\overline{A}$ heißt das **Komplement** von $A$ oder die **Komplementärmenge** von $A$ bezüglich des jeweiligen Grundbereichs.

Es gilt also: $\overline{A} = \{x \mid x \notin A\}$; d. h. $\overline{A}$ enthält alle Objekte des Grundbereichs, die nicht zu $A$ gehören.

■ Der Grundbereich sei die Menge $\mathbb{N}$ der natürlichen Zahlen und $G$ die Menge der geraden natürlichen Zahlen. Dann ist $\overline{G}$ die Menge der ungeraden natürlichen Zahlen.

### Differenz von Mengen

**DEFINITION** $x \in A \backslash B :\Leftrightarrow x \in A$ und $x \in \overline{B}$.
Die Menge $A \backslash B$ (gelesen: $A$ minus $B$) heißt die **Differenzmenge** (kurz: die **Differenz**) von $A$ und $B$.

Es gilt also: $A \setminus B = \{x \mid x \in A \text{ und } x \in \overline{B}\}$, d. h. $A \setminus B$ enthält alle Objekte des Grundbereichs, die zwar zu $A$ aber nicht zu $B$ gehören.

↗ Irrationale Zahlen, S. 10, 56

■ ① $A = \{x \mid x \in \mathbb{R} \text{ und } 0 < x < 10\}$
$B = \{x \mid x \in \mathbb{R} \text{ und } -2 < x < 5\}$
$A \setminus B = \{x \mid x \in \mathbb{R} \text{ und } 5 \leq x < 10\}$

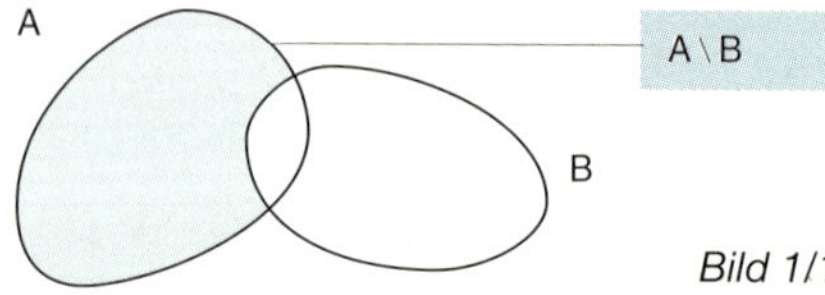


*Bild 1/12*

② $A = \mathbb{R}$
$B = \mathbb{Q}$
$A \setminus B$ ist die Menge aller irrationalen Zahlen.

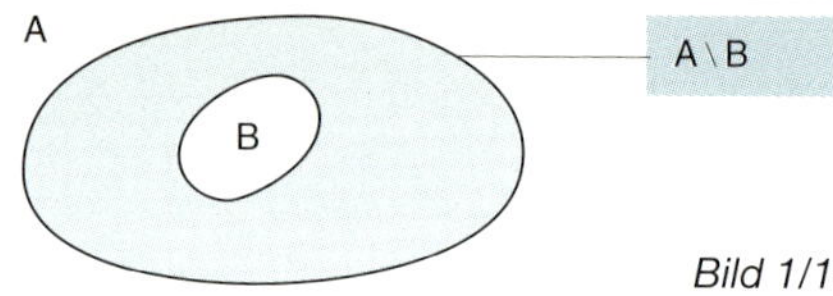


*Bild 1/13*

③ $A = \{x \mid x \in \mathbb{R} \text{ und } 0 < x \leq 10\}$
$B = \{x \mid x \in \mathbb{R} \text{ und } 10 < x < 20\}$
$A \setminus B = \{x \mid x \in \mathbb{R} \text{ und } 0 < x \leq 10\} = A$

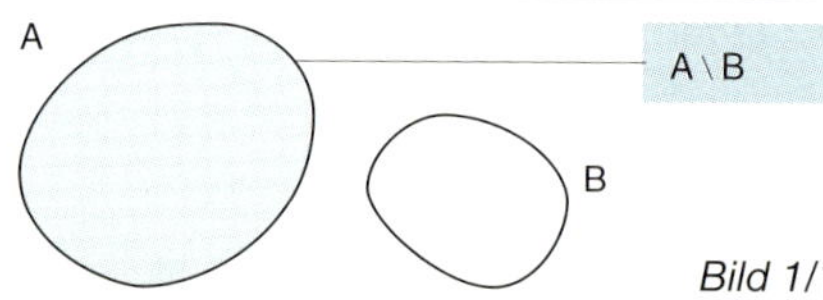


*Bild 1/14*

**Geordnetes Paar ($a$; $b$)**

Ein **geordnetes Paar** wird aus zwei Objekten $a$ und $b$ aus einem gegebenen Grundbereich mit Festlegung ihrer Reihenfolge gebildet. Durch die festgelegte Reihenfolge unterscheidet sich ein geordnetes Paar von einer Zweiermenge:
Es gilt zwar $\{a; b\} = \{b; a\}$, aber im allgemeinen ist $(a; b) \neq (b; a)$.
$(a; b) = (b; a)$ gilt genau dann, wenn $a = b$.

■ $(3; 4) \neq (4; 3)$; dagegen $\{3; 4\} = \{4; 3\}$.

Die Objekte in einem geordneten Paar nennt man häufig dessen Komponenten. Statt „geordnetes Paar“ sagt man mitunter auch „Paar“.
Geordnete Zahlenpaare lassen sich
- in einer Wertetabelle erfassen oder
- als Punkte in einem Koordinatensystem darstellen.

■ Menge von Zahlenpaaren: $\left\{(6;8),\ (-2;0),\ \left(\frac{1}{2};-4\right),\ (0,3;\ 0,2)\right\}$

Wertetabelle

| | | | | |
|---|---|---|---|---|
| **1. Komponente** | 6 | −2 | $\frac{1}{2}$ | 0,3 |
| **2. Komponente** | 8 | 0 | −4 | 0,2 |

***n*-Tupel ($a_1$; $a_2$; ...; $a_n$)**

Ein ***n*-Tupel** wird aus $n$ Objekten $a_1, a_2, \ldots, a_n$ mit festgelegter Reihenfolge gebildet. In Verallgemeinerung der Schreibweise geordneter Paare wird ein $n$-Tupel mit $(a_1; a_2; \ldots; a_n)$ bezeichnet. Speziell sind die geordneten Paare 2-Tupel. Ein 3-Tupel wird häufig auch *Tripel* genannt. Unter einem 1-Tupel $(a_1)$ versteht man das Objekt $a_1$ selbst. Durch die festgelegte Reihenfolge unterscheidet sich ein $n$-Tupel von einer $n$-elementigen Menge.

1

- $(7; 9; -3; 0{,}5) \neq (-3; 7; 0{,}5; 9)$ dagegen
  $\{7; 9; -3; 0{,}5\} = \{-3; 7; 0{,}5; 9\}$

Zahlentripel lassen sich als Punkte in einem räumlichen Koordinatensystem darstellen.

**Zuordnung**

Die Angabe eines oder mehrerer geordneter Paare kann als Vorschrift gedeutet werden, nach der der ersten Komponente die zweite Komponente des jeweiligen Paares zugeordnet wird.
Eine Zuordnung kann auch durch ein sogenanntes **Pfeildiagramm** veranschaulicht werden, falls sie aus endlich vielen Paaren besteht.

- *Vorschrift:* Man ordne den natürlichen Zahlen 4, 5, 6, 17640 ihre Primfaktoren zu.

  *Wertetabelle*:

| 4 | 5 | 6 | 17640 |
|---|---|---|---|
| 2 | 5 | 2, 3 | 2, 3, 5, 7 |

  *Menge der Zahlenpaare*:
  {(4; 2), (5; 5), (6; 2); (6; 3), (17640; 2), (17640; 3), (17640; 5), (17640; 7)}

*Pfeildiagramm*:

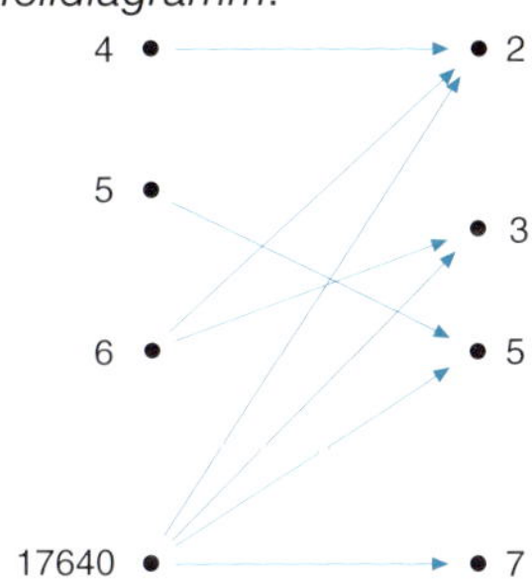


*Bild 1/15*

Gehorcht eine Zuordnung einer Gesetzmäßigkeit, so kann man diese in Gestalt einer Wortvorschrift oder einer Gleichung bzw. einer Ungleichung formulieren.
In einer durch eine Menge von Paaren gegebenen Zuordnung kann man die ersten Komponenten dieser Paare zu einer Menge $X$ und die zweiten Komponenten zu einer Menge $Y$ zusammenfassen. Dann sagt man, daß den Elementen von $X$ Elemente von $Y$ zugeordnet werden. Dabei kann auch $X = Y$ gelten. Wird in diesem Fall jedes $x \in X$ sich selbst zugeordnet, so heißt diese Zuordnung **identische Abbildung der Menge *X* auf sich**.

| **mehrdeutige Zuordnung** | **eindeutige Zuordnung** | **eineindeutige Zuordnung** |
|---|---|---|
| Wenigstens einem Element von $X$ sind zwei oder mehr als zwei verschiedene Elemente von $Y$ zugeordnet. | Jedem Element von $X$ ist genau ein Element von $Y$ zugeordnet. | Jedem Element von $X$ ist genau ein Element von $Y$ zugeordnet und jedes Element von $Y$ ist genau einem Element von $X$ zugeordnet. |

| mehrdeutige Zuordnung | eindeutige Zuordnung | eineindeutige Zuordnung |
|---|---|---|
| 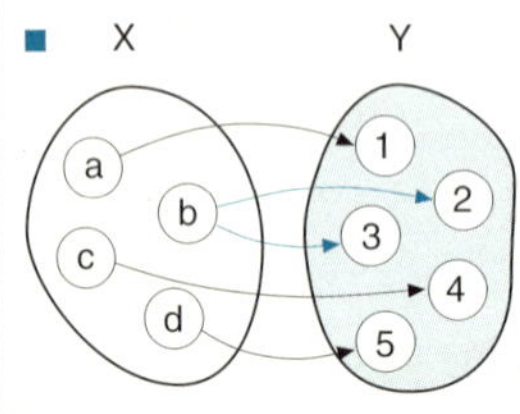 | 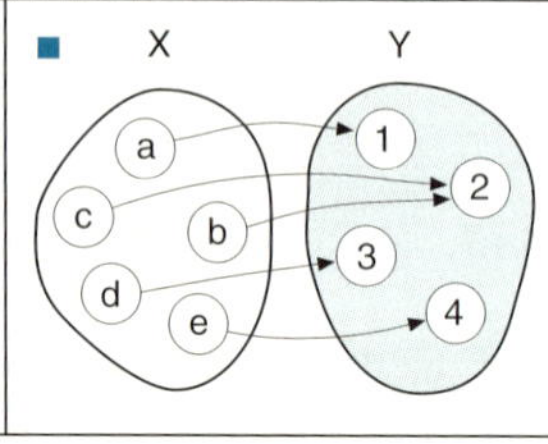 | 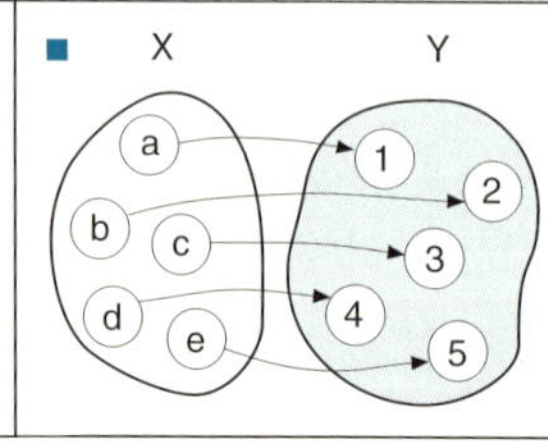 |

■ ① Jeder natürlichen Zahl $n \neq 0$ werden alle die natürlichen Zahlen zugeordnet, die kleiner als $n$ sind.

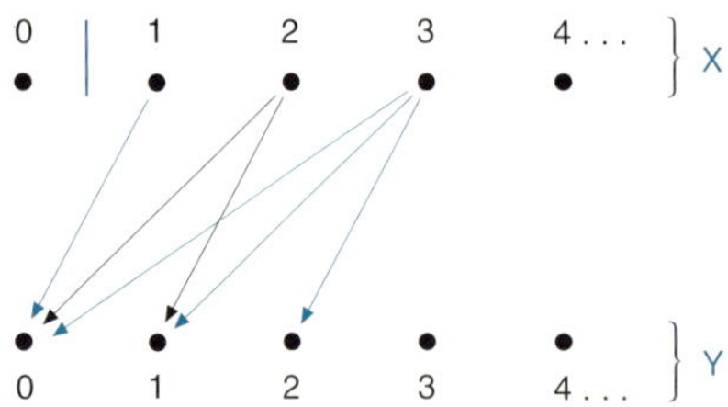


$X$: Menge der natürlichen Zahlen außer Null
$Y$: Menge der natürlichen Zahlen

*Bild 1/16*

Diese Zuordnung ist nicht eindeutig.

■ ② Jeder ganzen Zahl werde ihr Quadrat zugeordnet.

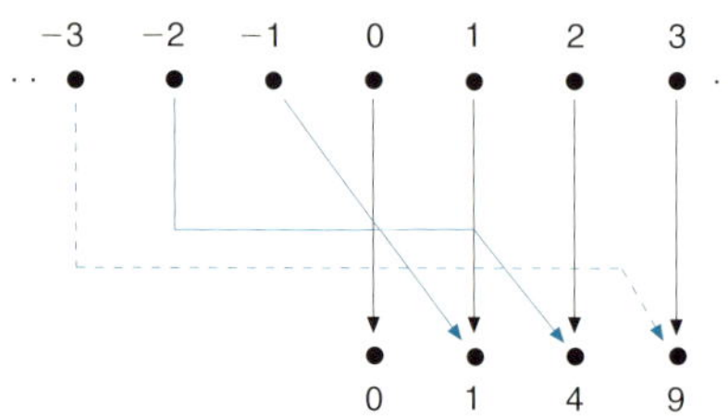


$X$: Menge der ganzen Zahlen
$Y$: Menge aller Quadratzahlen

*Bild 1/17*

Diese Zuordnung ist eindeutig, aber nicht eineindeutig.

Eine eindeutige Zuordnung heißt **Abbildung** oder **Funktion**.
↗ Funktion, S. 69ff.

**Abzählbare Mengen**

Eine unendliche Menge $M$ heißt **abzählbar** genau dann, wenn es eine eineindeutige Zuordnung der Elemente von $M$ zu den natürlichen Zahlen gibt.

■ ① Die Menge der geraden natürlichen Zahlen ist abzählbar gemäß der Zuordnung $f$ mit $f(2n) = n \quad (n \in \mathbb{N})$.

② Die Menge der ganzen Zahlen ist abzählbar gemäß der Zuordnung $f(n) = 2n$ und $f(-(n+1)) = 2n+1 \quad (n \in \mathbb{N})$.

| | | | | | | | | | | | | |
|---|---|---|---|---|---|---|---|---|---|---|---|---|
| **ganze Zahlen** | 0 | –1 | 1 | –2 | 2 | –3 | 3 | –4 | 4 | –5 | 5 | … |
| **natürliche Zahlen** | 0 | 1 | 2 | 3 | 4 | 5 | 6 | 7 | 8 | 9 | 10 | … |

### Überabzählbare Mengen

Eine unendliche Menge *M* heißt **überabzählbar** genau dann, wenn sie nicht abzählbar ist.

■ Die Menge $\mathbb{R}$ der reellen Zahlen ist überabzählbar.

## Kombinatorik

### Kombinationen

**Gegeben** sei eine Menge *M* mit *n* Elementen.

**Gesucht** ist die Anzahl der Mengen, die *k* Elemente der Menge *M* enthalten, wobei alle diese Elemente verschieden sind. Jede dieser Mengen nennt man eine

**Kombination ohne Wiederholung von *n* Elementen zur *k*-ten Klasse.**

**Formel für die Anzahl:** $C_n^k = \binom{n}{k} \quad (k \leq n)$

↗ Binomialkoeffizienten, S. 218f.

■ Gegeben sei $M = \{a, b, c, d\}$. Gesucht sind alle Kombinationen ohne Wiederholung dieser vier Elemente zur dritten Klasse.
$\{a, b, c\}, \{a, b, d\}, \{a, c, d\}, \{b, c, d\}$ Kurzschreibweise: *abc*, *abd*, *acd*, *bcd*.
Bei Kombinationen ist die Anordnung der Elemente ohne Bedeutung.
$C_4^3 = \binom{4}{3} = \frac{4 \cdot 3 \cdot 2}{1 \cdot 2 \cdot 3} = 4$

**Gegeben** sei eine Menge *M* mit *n* Elementen.

**Gesucht** ist die Anzahl der Kombinationen zur *k*-ten Klasse, wobei Elemente von *M* auch mehrfach (bis *k*-fach) auftreten können. Jede dieser Kombinationen nennt man eine

**Kombination mit Wiederholung von *n* Elementen zur *k*-ten Klasse.**

**Formel für die Anzahl:** $^{w}C_n^k = \binom{n+k-1}{k}$ **($n \geq 1$, *k* beliebig)**

- Gegeben sei $M = \{a, b\}$. Gesucht sind alle Kombinationen mit Wiederholung dieser zwei Elemente zur vierten Klasse:
  Kurzschreibweise: *aaaa*, *aaab*, *aabb*, *abbb*, *bbbb*
  $${}^{W}C_2^4 = \binom{2+4-1}{4} = \binom{5}{4} = \binom{5}{1} = 5$$

1

- Wie viele verschiedene Würfe mit drei gleichartigen Würfeln gibt es?
  $${}^{W}C_6^3 = \binom{6+3-1}{3} = \binom{8}{3} = \frac{8 \cdot 7 \cdot 6}{1 \cdot 2 \cdot 3} = 56$$

### Permutationen

| | |
|---|---|
| **Gegeben** | sei eine Menge $M$ mit $n$ Elementen. |
| **Gesucht** | ist die Anzahl der geordneten Mengen mit den $n$ Elementen der Menge $M$. Jede derartige Menge nennt man eine<br>**Permutation von *n* Elementen**. |
| **Formel für die Anzahl: $\mathbf{P}_n = n!$** | |

↗ Fakultätsfunktion, S. 218

- Gegeben sei $M = \{a, b, c\}$. Gesucht sind alle Permutationen dieser drei Elemente.
  Kurzschreibweise: *abc*, *acb*, *bac*, *bca*, *cab*, *cba*

- Auf wie viele verschiedene Arten können die vier Läufer einer 4×100 m-Staffel auf den vier Startpositionen eingesetzt werden?
  $P_4 = 4! = 1 \cdot 2 \cdot 3 \cdot 4 = 24$

### Variationen

| | |
|---|---|
| **Gegeben** | sei eine Menge $M$ mit $n$ Elementen. |
| **Gesucht** | ist die Anzahl der geordneten Mengen, die $k$ Elemente der Menge $M$ enthalten, wobei alle diese Elemente voneinander verschieden sind. Jede dieser geordneten Mengen nennt man eine<br>**Variation ohne Wiederholung von *n* Elementen zur *k*-ten Klasse**. |
| **Formel für die Anzahl: $\mathbf{V}_n^k = \binom{n}{k} \cdot k!$; $(k \le n)$** | |

Es gilt $\mathbf{V}_n^k = \mathbf{C}_n^k \cdot \mathbf{P}_k$.

- Gegeben sei $M = \{a, b, c, d\}$. Gesucht sind alle Variationen ohne Wiederholung dieser vier Elemente zur dritten Klasse.

Kurzschreibweise entsprechend der lexikographischen Anordnung:

| | | | |
|---|---|---|---|
| *abc* | *bac* | *cab* | *dab* |
| *abd* | *bad* | *cad* | *dac* |
| *acb* | *bca* | *cba* | *dba* |
| *acd* | *bcd* | *cbd* | *dbc* |
| *adb* | *bda* | *cda* | *dca* |
| *adc* | *bdc* | *cdb* | *dcb* |

$$V_4^3 = \binom{4}{3} \cdot 3! = \frac{4 \cdot 3 \cdot 2}{1 \cdot 2 \cdot 3} \cdot (1 \cdot 2 \cdot 3) = 24$$

- Anja und Rita wollen zum Kostümfest gehen. Ihnen stehen vier verschiedenartige Kostüme zur Auswahl zur Verfügung. Wie viele Möglichkeiten gibt es für sie, sich zu kleiden?

$$V_4^2 = \binom{4}{2} \cdot 2! = \frac{4 \cdot 3}{1 \cdot 2} \cdot (1 \cdot 2) = 12$$

**Gegeben** sei eine Menge *M* mit *n* Elementen.

**Gesucht** ist die Anzahl der geordneten Mengen, die *k* Elemente der Menge *M* enthalten, wobei Elemente von *M* auch mehrfach (bis *k*-fach) auftreten können. Jede dieser geordneten Mengen nennt man eine

**Variation mit Wiederholung von *n* Elementen zu *k*-ten Klasse**.

**Formel für die Anzahl:** $^{w}V_n^k = n^k \quad (n \geq 1, k \geq 1)$

- Gegeben sei $M = \{a, b\}$. Gesucht sind alle Variationen mit Wiederholung von diesen zwei Elementen zur vierten Klasse.
  Kurzschreibweise:

| | | | |
|---|---|---|---|
| *aaaa* | *aaba* | *abaa* | *abba* |
| *aaab* | *aabb* | *abab* | *abbb* |
| *baaa* | *baba* | *bbaa* | *bbba* |
| *baab* | *babb* | *bbab* | *bbbb* |

$$^{w}V_2^4 = 2^4 = 16$$

- Wie viele verschiedene Zeichen gibt es in der Blindenschrift nach Louis Braille? (Ein Zeichen umfaßt 6 Stellen, an denen jeweils ein erhabener Punkt geprägt werden kann.)

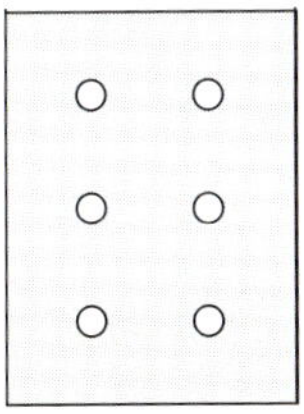

Die beiden Elemente der Menge *M* sind:
„Prägung vorhanden" –
„Prägung nicht vorhanden".

$$^{w}V_2^6 = 2^6 = 64$$

1

**Modell, mathematisches**

Ein mathematisches Modell beschreibt eine Situation oder einen Vorgang der Realität mit Hilfe mathematischer Strukturen. Das können z. B. Zahlen, Variable, Gleichungen, Ungleichungen, Funktionen, Relationen, Mengen, ... sein.
Ein mathematisches Modell stellt immer eine Idealisierung (Vereinfachung) der Realität dar. In der Regel ist es nicht möglich und auch nicht sinnvoll, alle Einzelheiten und Einflußgrößen eines realen Geschehens in einem mathematischen Modell zu erfassen. Man sucht nach Modellen, die wesentliche Eigenschaften und Zusammenhänge adäquat widerspiegeln.

- Der freie Fall wird durch die Gleichung $s = \frac{1}{2} g \cdot t^2$ mit $g = 9{,}81\,\mathrm{m \cdot s^{-2}}$ beschrieben. Bei diesem Modell wird z. B. der Luftwiderstand vernachlässigt, und $g = 9{,}81\,\mathrm{m \cdot s^{-2}}$ gilt nur für mittlere Breiten der Erde, in der Nähe der Erdoberfläche.

Die durch das Arbeiten (z. B. Rechnen) in einem mathematischen Modell erhaltenen Ergebnisse bedürfen der Interpretation und Überprüfung in der Realität. Diese Rückkopplung mit der Realität kann zu Änderungen des ursprünglichen Modells führen. Denkbar ist auch, daß sich mit dem vorhandenen Wissensstand überhaupt kein brauchbares mathematisches Modell finden läßt.

# Zahlenbereiche

## Allgemeines

### Übersicht über die Zahlenbereiche

| | |
|---|---|
| $\mathbb{N}$ | **Natürliche Zahlen**<br>Eine natürliche Zahl gibt die Anzahl der Elemente einer endlichen Menge an.<br> |
| $\mathbb{Z}$ | **Ganze Zahlen**<br>Die Menge der ganzen Zahlen ist die Vereinigung der Menge der natürlichen Zahlen und der Menge der zu diesen entgegengesetzten Zahlen.<br> |
| $\mathbb{Q}_+$ | **Bruchzahlen**<br>Jede Menge aller Brüche, die durch Kürzen oder Erweitern auseinander hervorgehen, ist eine Bruchzahl.<br> |
| $\mathbb{Q}$ | **Rationale Zahlen**<br>Die Menge der rationalen Zahlen ist die Vereinigung der Menge der Bruchzahlen und der Menge der zu diesen entgegengesetzten Zahlen.<br>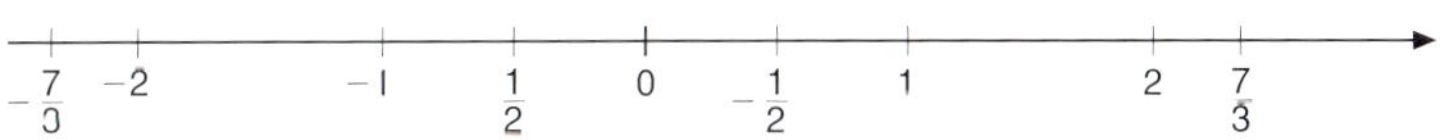 |
| $\mathbb{R}$ | **Reelle Zahlen**<br>Die Menge der reellen Zahlen ist die Menge aller endlichen oder unendlichen (periodischen oder nichtperiodischen) Dezimalbrüche.<br>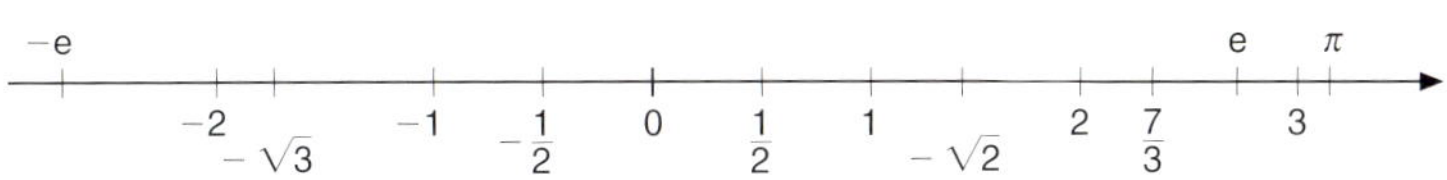 |
| $\mathbb{C}$ | **Komplexe Zahlen**<br>Die Menge der komplexen Zahlen ist die Menge aller geordneten Paare $(a; b)$ reeller Zahlen $a$ und $b$, auch in der Form $a+bi$ geschrieben. Dabei ist $i=\sqrt{-1}$ eine der beiden Lösungen der Gleichung $x^2=-1$. |

2

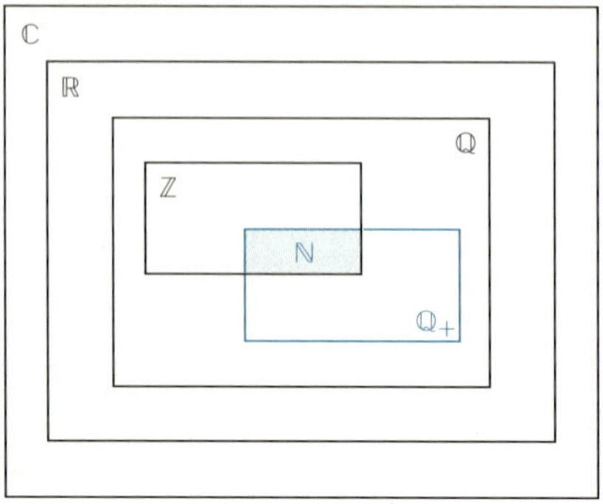


$\mathbb{N} \subset \mathbb{Z}$ $\mathbb{Z} \subset \mathbb{Q}$ $\mathbb{Q}_+ \subset \mathbb{Q}$ $\mathbb{Q} \subset \mathbb{R}$ $\mathbb{R} \subset \mathbb{C}$
$\mathbb{N} \subset \mathbb{Q}_+$ $\mathbb{Z} \subset \mathbb{R}$ $\mathbb{Q}_+ \subset \mathbb{R}$
$\mathbb{N} \subset \mathbb{Q}$
$\mathbb{N} \subset \mathbb{R}$ $\mathbb{N} = \mathbb{Q}_+ \cap \mathbb{Z}$

↗ Einander entgegengesetzte Zahlen, S. 40
↗ Teilmengenbeziehung, echte Teilmenge, S. 21 f.

*Bild 2/1*

### Zahlengerade; Zahlenstrahl

Eine **Zahlengerade** ist eine Gerade mit festgelegtem **Nullpunkt** und festgelegter **Einheitsstrecke**, so daß die Punkte der Geraden umkehrbar eindeutig den reellen Zahlen zugeordnet werden können.
Für die Veranschaulichung der Teilbereiche $\mathbb{N}$ und $\mathbb{Q}_+$ des Bereichs $\mathbb{R}$ der reellen Zahlen kommt man mit dem Teil der Zahlengeraden aus, der den Nullpunkt und den Punkt, dem die Zahl 1 zugeordnet ist, enthält. Dieser Teil heißt **Zahlenstrahl**.
Die Zuordnung der Zahlen des Bereichs $\mathbb{Q}$ und seiner Teilbereiche zu den Punkten einer Zahlengeraden ist nicht umkehrbar eindeutig. Es kann zwar jeder rationalen Zahl ein Punkt der Zahlengeraden, aber nicht jedem Punkt eine rationale Zahl zugeordnet werden.
↗ Irrationale Zahlen, S. 56

### Ordnungsrelationen

Jeder Zahlenbereich, ausgenommen $\mathbb{C}$, ist durch die **Kleiner-Beziehung** $<$ und durch die **Kleiner-gleich-Beziehung** $\leq$ geordnet.

Im jeweiligen Zahlenbereich gilt:
$a \leq b$ genau dann, wenn $a < b$ oder $a = b$.
$a < b$ genau dann, wenn $a \leq b$ und $a \neq b$.

Bei der Darstellung der reellen Zahlen auf der Zahlengeraden liegt von zwei verschiedenen Zahlen die kleinere stets links von der größeren.
↗ Zahlengerade; Zahlenstrahl, S. 32

**Eigenschaften der Kleiner-Beziehung**

Für beliebige Zahlen $a$, $b$, $c$ des jeweiligen Bereichs gilt:
- Nicht $a < a$.
- Wenn $a < b$ und $b < c$, so $a < c$.
- Wenn $a < b$, so nicht $b < a$.
- Entweder $a < b$ oder $b < a$ oder $a = b$.
- Wenn $a < b$, so $a + c < b + c$.
- Wenn $a < b$ und $c > 0$, so $a \cdot c < b \cdot c$.

Statt $a < b$ (bzw. $a \leq b$) schreibt man auch $b > a$ (bzw. $b \geq a$), gelesen: „$b$ ist größer als $a$“, kürzer: „$b$ größer $a$“ (bzw. „$b$ ist größer oder gleich $a$“, kürzer: „$b$ größer gleich $a$“).

## Nachfolger

**DEFINITION** Es seien $a$, $b$ Elemente eines geordneten Zahlenbereiches. $b$ heißt unmittelbarer **Nachfolger von *a*** innerhalb des Zahlenbereiches genau dann, wenn $a < b$ ist und es keine Zahl $c$ des Bereiches mit $a < c < b$ gibt.



Zu jeder Zahl existiert ein eindeutig bestimmter unmittelbarer Nachfolger nur in den Bereichen $\mathbb{N}$ und $\mathbb{Z}$.

- **a)** 4 ist im Bereich $\mathbb{N}$ unmittelbarer Nachfolger von 3.
  4 ist im Bereich $\mathbb{N}$ nicht unmittelbarer Nachfolger von 2, denn es gibt die Zahl 3 ($3 \in \mathbb{N}$), die zwischen 2 und 4 liegt.
  **b)** −3 ist im Bereich $\mathbb{Z}$ unmittelbarer Nachfolger von −4.

- 4 ist im Bereich $\mathbb{Q}$ nicht unmittelbarer Nachfolger von 3, denn es gibt z. B. die Zahl 3,5 ($3{,}5 \in \mathbb{Q}$), die zwischen 3 und 4 liegt.

## Vorgänger

**DEFINITION** Es seien $a$, $b$ Elemente eines geordneten Zahlenbereiches. $b$ heißt unmittelbarer **Vorgänger von *a*** innerhalb des Bereiches genau dann, wenn $b < a$ ist und es keine Zahl $c$ des Bereiches mit $b < c < a$ gibt.

Zu jeder Zahl existiert ein eindeutig bestimmter unmittelbarer Vorgänger nur in $\mathbb{Z}$. In $\mathbb{N}$ hat jede Zahl außer 0 einen eindeutig bestimmten unmittelbaren Vorgänger.

- 3 ist im Bereich $\mathbb{N}$ unmittelbarer Vorgänger von 4.
  2 ist im Bereich $\mathbb{N}$ nicht unmittelbarer Vorgänger von 4 denn es gibt die Zahl 3 ($3 \in \mathbb{N}$), die zwischen 2 und 4 liegt.

## Dichtheit eines Zahlenbereiches

**DEFINITION** Ein Zahlenbereich heißt bezüglich der in ihm erklärten Ordnungsrelation überall **dicht** genau dann, wenn es zu zwei beliebigen Zahlen $a$, $b$ ($a < b$) des Bereiches stets eine Zahl $c$ des Bereiches gibt, für die gilt: $a < c < b$.

Die Zahlen des Bereiches $\mathbb{Q}$ liegen überall dicht, denn sind $a$, $b$ zwei beliebige rationale Zahlen mit $a < b$, so ist $\frac{a+b}{2} \in \mathbb{Q}$, und es gilt $a < \frac{a+b}{2} < b$.

## Schranken einer Menge reeller Zahlen

**DEFINITION** Eine Zahl $S$ ist eine **untere Schranke** einer Menge $M$ reeller Zahlen genau dann, wenn für jedes $x \in M$ gilt: $S \leq x$.

**DEFINITION** Eine Zahl $S$ ist eine **obere Schranke** einer Menge $M$ reeller Zahlen genau dann, wenn für jedes $x \in M$ gilt: $x \leq S$.

2

Hat eine Menge reeller Zahlen eine untere (obere) Schranke, so heißt sie nach unten (nach oben) beschränkt. Ist eine Menge sowohl nach oben als auch nach unten beschränkt, so sagt man, die Menge ist **beschränkt**.

■ Die Menge der natürlichen Zahlen ist nach unten beschränkt. Die Menge der negativen ganzen Zahlen ist nach oben beschränkt.
Die Menge der rationalen Zahlen ist unbeschränkt.

## Grenzen einer Menge reeller Zahlen

**DEFINITION** Die Zahl $G$ ist die **untere Grenze** einer Menge $M$ reeller Zahlen genau dann, wenn $G$ die *größte* aller unteren Schranken von $M$ ist.

**DEFINITION** Die Zahl $G$ ist die **obere Grenze** einer Menge $M$ reeller Zahlen genau dann, wenn $G$ die *kleinste* aller oberen Schranken von $M$ ist.

■ $-1$ ist untere Schranke von $\mathbb{Q}_+$, aber nicht untere Grenze, denn es gibt größere untere Schranken von $\mathbb{Q}_+$, z. B. $-0{,}5$. Die größte untere Schranke von $\mathbb{Q}_+$ ist 0. Also besitzt $\mathbb{Q}_+$ die untere Grenze 0.

## Satz von der oberen (unteren) Grenze

**SATZ** Im Bereich $\mathbb{R}$ der reellen Zahlen besitzt jede nichtleere nach oben (nach unten) beschränkte Menge eine eindeutig bestimmte obere (untere) Grenze.

■ $M$ sei die Menge aller Zahlen $x \in \mathbb{Q}$ mit $x^2 < 2$. $M$ ist nicht leer und nach oben beschränkt (z. B. durch die Zahl 1,5). $M$ besitzt jedoch keine rationale Zahl als obere Grenze:

**1,5** ist *nicht die kleinste obere Schranke*; denn 1,42 ist auch obere Schranke ($1{,}42^2 = 2{,}0164 > 2$).
**1,42** ist *nicht die kleinste obere Schranke*; denn 1,415 ist auch obere Schranke ($1{,}415^2 = 2{,}002225 > 2$).
**1,415** ist *nicht die kleinste obere Schranke*, denn man kann weitere obere Schranken finden, die kleiner sind,
z. B.: 1,4143; 1,41422; 1,414214; 1,4142136.

Allgemein läßt sich zu *jeder* rationalen oberen Schranke eine kleinere rationale obere Schranke finden.

## Eigenschaften der Zahlenbereiche bezüglich der Ordnung

| | $\mathbb{N}$ | $\mathbb{Z}$ | $\mathbb{Q}_+$ | $\mathbb{Q}$ | $\mathbb{R}$ | $\mathbb{C}$ |
|---|---|---|---|---|---|---|
| Gibt es in diesem Bereich zu jeder Zahl des Bereichs einen unmittelbaren Vorgänger? | ja (außer für 0) | ja | nein (überall dicht) | nein (überall dicht) | nein (überall dicht) | |
| Gibt es in diesem Bereich zu jeder Zahl des Bereichs einen unmittelbaren Nachfolger? | ja | ja | nein (überall dicht) | nein (überall dicht) | nein (überall dicht) | nicht geordnet |
| Hat jede nicht leere beschränkte Menge eine obere (untere) Grenze in dem jeweiligen Bereich? | ja | ja | nein | nein | ja | |



## Addition

| | |
|---|---|
| Summanden: **a**, **b**<br>**a + b = x**<br>Summe: $a + b$; Summe: $x$ | Die Addition ist in sämtlichen Zahlenbereichen uneingeschränkt und eindeutig ausführbar. |

Für beliebige Zahlen $a$, $b$, $c$ des jeweiligen Bereichs gilt:
$\boldsymbol{a + b = b + a}$ (Kommutativität),
$\boldsymbol{a + (b + c) = (a + b) + c}$ (Assoziativität),
$\boldsymbol{a + 0 = 0 + a = a}$ (0 ist neutrales Element bezüglich der Addition).
Aufgrund der Kommutativität und der Assoziativität der Addition hat die Reihenfolge der Summanden keinen Einfluß auf die Summe.

### Summenzeichen Σ

Das **Summenzeichen** ist ein Zeichen zur abkürzenden Darstellung einer Summe aus endlich vielen aufeinanderfolgenden Gliedern einer Zahlenfolge.

■ **a)** $\sum_{n=0}^{3} \frac{1}{n+1} = 1 + \frac{1}{2} + \frac{1}{3} + \frac{1}{4}$ **b)** $\sum_{n=2}^{6} n^2 = 2^2 + 3^2 + 4^2 + 5^2 + 6^2$

Allgemein:

$$\sum_{n=k}^{l} a_n = a_k + a_{k+1} + a_{k+2} + \ldots + a_l \quad (k, l \in \mathbb{Z};\, l \geq k)$$

Lies: Summe $a_n$ über alle $n$ von $k$ bis $l$.
Die Zahlen $k$ und $l$ heißen die **Summationsgrenzen**, $n$ der **Summationsindex**.

Es gilt

$$\sum_{n=k}^{l} c \cdot a_n = c \cdot \sum_{n=k}^{l} a_n \quad (c \in \mathbb{R};\ c \neq 0) \text{ (Distributivität)}$$

$$\sum_{n=k}^{l} a_n = \sum_{n=k+g}^{l+g} a_{n-g} \quad (g \in \mathbb{Z}) \text{ (Indexverschiebung)}$$

$$\sum_{n=k}^{k} a_n = a_k;$$

$$\sum_{n=k}^{l} c = (l-k+1) \cdot c \quad (c \in \mathbb{R})$$

↗ Zahlenfolgen, S. 215

**Multiplikation**

| | |
|---|---|
| Faktoren<br>$\mathbf{a} \cdot \mathbf{b} = \mathbf{x}$<br>Produkt Produkt | Die Multiplikation ist in sämtlichen Zahlenbereichen uneingeschränkt und eindeutig ausführbar. |

Für beliebige Zahlen $a$, $b$, $c$ des jeweiligen Bereichs gilt:

$\boldsymbol{a \cdot b = b \cdot a}$ (Kommutativität)
$\boldsymbol{a \cdot 0 = 0 \cdot a = 0}$
$\boldsymbol{a \cdot (b \cdot c) = (a \cdot b) \cdot c}$ (Assoziativität)
$\boldsymbol{a \cdot (b + c) = a \cdot b + a \cdot c}$ (Distributivität)
$\boldsymbol{a \cdot 1 = 1 \cdot a = a}$ (1 ist neutrales Element bezüglich der Multiplikation)

Aufgrund der Kommutativität und der Assoziativität der Multiplikation hat die Reihenfolge der Faktoren keinen Einfluß auf das Produkt.
Ein Produkt ist gleich 0 genau dann, wenn mindestens einer seiner Faktoren gleich 0 ist.
Die Distributivität gilt auch für mehr als zwei Summanden:
$a \cdot (b + c + d) = a \cdot b + a \cdot c + a \cdot d$.

**Potenzieren; Quadrieren; Quadratzahlen**

Die Zahl $a^n$ ($n \in \mathbb{N}$) heißt $n$-te **Potenz** der Zahl $a$. Dabei ist $0^0$ nicht definiert. Das Bilden einer Potenz heißt **Potenzieren**. Das Bilden einer zweiten Potenz heißt auch **Quadrieren**.
Gilt $a \in \mathbb{N}$, so heißt $a^2$ auch eine **Quadratzahl**.
Man setzt $a^0 = 1$ ($a \neq 0$) und $a^1 = a$.

**Subtraktion**

Die **Subtraktion** ist die Umkehrung der Addition, d. h., zu gegebenen Zahlen $a$, $b$ ist eine Zahl $x$ mit $b + x = a$ zu finden.

| | |
|---|---|
| Minuend: $a$, Subtrahend: $b$<br>$a - b = x$<br>Differenz ($a - b$), Different ($x$) | Die Subtraktion ist nicht in allen Zahlenbereichen uneingeschränkt ausführbar. Im Falle der Ausführbarkeit ist sie eindeutig. |

Für jede Zahl $a$ gilt: $\boldsymbol{a - a = 0}$, $\boldsymbol{a - 0 = a}$.

**Division**

Die **Division** ist die Umkehrung der Multiplikation, d. h., zu gegebenen Zahlen $a$ und $b$ ($b \neq 0$) ist eine Zahl $x$ mit $b \cdot x = a$ zu finden.

| | |
|---|---|
| Dividend: $a$, Divisor: $b$<br>$a : b = x$<br>Quotient ($a : b$), Quotient ($x$) | Die Division ist nicht in allen Zahlenbereichen uneingeschränkt ausführbar. Im Falle der Ausführbarkeit ist sie eindeutig. |

Für jede Zahl $a$ gilt: $\boldsymbol{a : 1 = a}$.
Für jede Zahl $a \neq 0$ gilt: $\boldsymbol{a : a = 1}$ und $\boldsymbol{0 : a = 0}$.

**Die Division durch Null ist in allen Zahlenbereichen grundsätzlich nicht ausführbar**, da in solchen Fällen der Quotient nicht existiert oder nicht eindeutig bestimmt ist, die Rechenoperation also kein eindeutiges Resultat hat.

■ **a)** $0 \cdot x = 15$
$x = 15 : 0$
Eine solche Zahl $x$ gibt es nicht.

**b)** $0 \cdot x = 0$
$x = 0 : 0$
Für alle Zahlen $x$ gilt $0 \cdot x = 0$

Die Eigenschaften der Zahlenbereiche bezüglich der Rechenoperationen:

| **Operation in** | $\mathbb{N}$ | $\mathbb{Z}$ | $\mathbb{Q}_+$ | $\mathbb{Q}$ | $\mathbb{R}$ | $\mathbb{C}$ |
|---|---|---|---|---|---|---|
| **Addition**<br>$a + b = x$ | | | stets ausführbar | | | |
| **Subtraktion**<br>$a - b = x$ | nicht stets ausführbar, z. B. 3 – 5 | stets ausführbar | nicht stets ausführbar, z. B. 3,6 – 7,4 | | stets ausführbar | |
| **Multiplikation**<br>$a \cdot b = x$ | | | stets ausführbar | | | |

| Operation in | $\mathbb{N}$ | $\mathbb{Z}$ | $\mathbb{Q}_+$ | $\mathbb{Q}$ | $\mathbb{R}$ | $\mathbb{C}$ |
|---|---|---|---|---|---|---|
| **Potenzieren** ($n \in \mathbb{N}, n \geq 2$) $a^n = x$ | stets ausführbar | | | | | |
| **Division** $a : b = x$ ($b \neq 0$) | nicht stets ausführbar, Beispiel: 8 : 3 | nicht stets ausführbar, Beispiel: 10 : (–7) | stets ausführbar | | | |
| **Radizieren** ($n \geq 2$) $\sqrt[n]{b} = x$ | nicht stets ausführbar, Beispiel: $\sqrt{8}$ | nicht stets ausführbar, Beispiel: $\sqrt[3]{-4}$ | nicht stets ausführbar, Beispiel: $\sqrt[4]{\frac{16}{3}}$ | nicht stets ausführbar, Beispiel: $\sqrt{3}$ | nicht stets ausführbar, Beispiel: $\sqrt{-1}$ | stets ausführbar |
| | nicht stets ausführbar, Beispiel: $\sqrt{19}$ | nicht stets ausführbar, Beispiel: $\sqrt{-9}$ | nicht stets ausführbar, Beispiel: $\sqrt[3]{\frac{10}{3}}$ | nicht stets ausführbar, Beispiel: $\sqrt[4]{-3,8}$ | nicht stets ausführbar, Beispiel: $\sqrt{-\pi}$ | stets ausführbar, Beispiel: $\sqrt{-9} = \pm 3i$ |

↗ Potenzieren, Radizieren, Logarithmieren, S. 108ff. und 121ff.

### Rangfolge der Rechenoperationen

| | |
|---|---|
| **1. Stufe** | Addition und Subtraktion |
| **2. Stufe** | Multiplikation und Division |
| **3. Stufe** | Potenzieren (Radizieren, Logarithmieren) |

Sind bei der Berechnung eines Terms Rechenoperationen verschiedener Stufen auszuführen, so hat die 3. Stufe Vorrang vor der 2. und 1. Stufe und die 2. Stufe Vorrang vor der 1. Stufe.
Hinsichtlich der Operationszeichen bedeutet das:

- Die Zeichen „+“ und „–“ in einem Term trennen stärker als die Zeichen „ · “ und „ : “.
- Die Zeichen „ · “ und „ : “ in einem Term trennen stärker als die Potenzschreibweise.

Die Operationen beim Berechnen eines Terms werden deshalb in folgender Reihenfolge ausgeführt:

| | |
|---|---|
| **Zuerst** potenzieren (bzw. radizieren, logarithmieren) **dann** multiplizieren bzw. dividieren und **dann** addieren bzw. subtrahieren. | ■ $5 + 7 \cdot 4^3 = 5 + 7 \cdot 64$ <br> $= 5 + 448$ <br> $= 453$ |

Soll von dieser Reihenfolge abgewichen werden, so wird dies durch Klammern angezeigt. Mitunter werden auch mehrfache Klammerungen nötig:

■ $3 + 7 \cdot 4$; $7 \cdot 4 = 28$; $3 + 28 = 31$

$(3 + 7) \cdot 4$; $3 + 7 = 10$; $10 \cdot 4 = 40$

$(4 \cdot 2)^3$; $4 \cdot 2 = 8$; $8^3 = 512$



Das Wurzelzeichen und der Bruchstrich haben dieselbe Wirkung wie ein Klammerpaar bzw. zwei Klammerpaare.

■ ① $\sqrt[n]{a+b} = (a+b)^{\frac{1}{n}}$ ② $\frac{a+b}{c+d} = (a+b):(c+d)$

Treten in einem Term verschiedene Rechenoperationen der gleichen Stufe auf, so werden diese Operationen schrittweise von links nach rechts ausgeführt, sofern nicht Rechengesetze auch eine andere Reihenfolge zulassen oder Klammern eine andere Reihenfolge vorschreiben.

■ $15 \cdot 10 : 25$ Zwei Möglichkeiten:

① $15 \cdot 10 : 25$; $150$; $150 : 25 = 6$

② $15 \cdot 10 : 25$; $0{,}4$; $15 \cdot 0{,}4 = 6$

■ $15 : 10 \cdot 25$ Nur eine Möglichkeit: $15 : 10 \cdot 25$; $1{,}5$; $1{,}5 \cdot 25 = 37{,}5$

■ $15 : 10 : 25$ Nur eine Möglichkeit: $15 : 10 : 25$; $1{,}5$; $1{,}5 : 25 = 0{,}06$

Das Beispiel $15 : 10 : 25$ zeigt, daß die Division nicht assoziativ ist, denn $15 : (10 : 25) = 37{,}5$. Analoges gilt für die Subtraktion.

## Einander entgegengesetzte Zahlen

**DEFINITION** Die zu $a$ **entgegengesetzte Zahl** ist diejenige Zahl $x$, für die gilt: $a + x = 0$. (In Zeichen: $-a$)

Die Bildung der zu einer Zahl $a$ entgegengesetzten Zahl $-a$ ist in $\mathbb{Z}$, $\mathbb{Q}$, $\mathbb{R}$ und $\mathbb{C}$, aber nicht in $\mathbb{N}$ und nicht in $\mathbb{Q}_+$ ausführbar.
Wegen $(-a) + a = 0$ ist $a$ die entgegengesetzte Zahl zu $-a$, d.h. für jede Zahl $a$ gilt: $-(-a) = a$.

2

■

| $a$ | 3 | −3 | 0 | $3+4i$ |
|---|---|---|---|---|
| $-a$ | −3 | 3 | 0 | $-3-4i$ |

## Betrag einer reellen Zahl

**DEFINITION**

$$|a| = \begin{cases} a, \text{ falls } a \geq 0 \\ -a, \text{ falls } a < 0 \end{cases}$$

Der **Betrag einer reellen Zahl** ist die Zahl selbst, fall sie nichtnegativ ist. Andernfalls ist ihr Betrag die zu ihr entgegengesetzte Zahl.

■ $|7| = 7$; $|-3{,}5| = 3{,}5$; $|3| = |-3| = 3$; $|0| = 0$

Für jede Zahl $a$ gilt: $|a| \geq 0$.
Einander entgegengesetzte Zahlen haben den gleichen Betrag.
Der Betrag einer reellen Zahl gibt ihren **Abstand von der Zahl 0** auf der Zahlengeraden an.
↗ Betrag einer komplexen Zahl, S. 60

## Intervall

Für beliebige reelle Zahlen $a$, $b$ mit $a < b$ wird definiert:

| | |
|---|---|
| **Abgeschlossenes Intervall** **[$a$; $b$]** | Menge aller reellen Zahlen $x$ mit $a \leq x$ und $x \leq b$ |
| **Offenes Intervall** **]$a$; $b$[** | Menge aller reellen Zahlen $x$ mit $a < x$ und $x < b$ |
| **Halboffenes Intervall** **[$a$; $b$[** | Menge aller reellen Zahlen $x$ mit $a \leq x$ und $x < b$ |
| **Unendliches Intervall** **]−∞; ∞[ bzw. [$a$; ∞[ oder ]−∞; $b$]** | Menge aller reellen Zahlen $x$ ohne Einschränkung bzw. mit $a \leq x$ oder $x \leq b$ |

↗ Ordnungsrelation, S. 32

**Intervallänge**

Endliche Intervalle werden auf der Zahlengeraden durch Strecken veranschaulicht. Die Länge einer solchen Strecke heißt Länge des Intervalls.
Für die Länge $l$ eines beliebigen endlichen Intervalls mit den Grenzen $a$ und $b$ ($a \neq b$) gilt:
$l = |a - b| = |b - a|$

**Zahlenbereichserweiterungen**

Zahlenbereiche werden mit dem Ziel erweitert, bestimmte Rechenoperationen uneingeschränkt ausführen bzw. bestimmte Gleichungen im neuen Zahlenbereich uneingeschränkt lösen zu können.



$\mathbb{C}$

↑ Ziel: Auch $x^n = b$ ist uneingeschränkt lösbar ($n \in \mathbb{N}$; $n > 0$).

$\mathbb{R}$

↑ Ziel: Auch $x^n = b$ ($b \geq 0$; $n \in \mathbb{N}$; $n > 0$) ist uneingeschränkt lösbar.

$\mathbb{Q}$

↑ Ziel: Auch $a + x = b$ ist uneingeschränkt lösbar.

$\mathbb{Q}_+$

↑ Ziel: Auch $a \cdot x = b$ ist uneingeschränkt lösbar ($a \neq 0$).

$\mathbb{N}$

## Natürliche Zahlen

**Natürliche Zahl**

**DEFINITION**
① Die Zahl 0 ist eine **natürliche Zahl** ($0 \in \mathbb{N}$).
② Wenn $n$ eine natürliche Zahl ist, so auch ihr unmittelbarer Nachfolger $n + 1$.
③ Eine Zahl ist *nur* aufgrund von ① oder ② eine natürliche Zahl.

Die Folge 0, 1, 2, 3, 4, 5, …, $n$, $n + 1$, … gibt die natürlichen Zahlen in ihrer natürlichen Anordnung an.

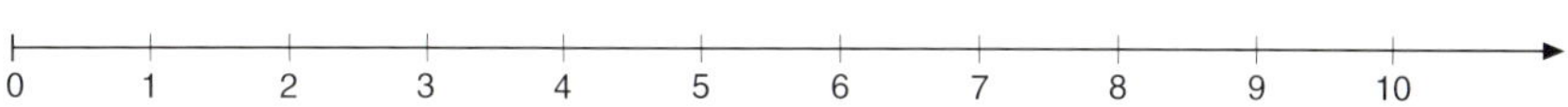

*Bild 2/2*

Jede natürliche Zahl $n$ hat einen eindeutig bestimmten unmittelbaren **Nachfolger**: die natürliche Zahl $n + 1$.
Jede natürliche Zahl $n \neq 0$ hat als eindeutig bestimmten unmittelbaren **Vorgänger:** die natürliche Zahl $n - 1$.

Es gilt stets $n-1<n$ $(n \neq 0)$.
Die Zahl 0 hat keinen Vorgänger.
↗ Nachfolger, S. 33
↗ Vorgänger, S. 33

### Ordnung der natürlichen Zahlen

**DEFINITION** Die natürliche Zahl *a* heißt **kleiner** als die natürliche Zahl *b* $(a < b)$ genau dann, wenn es eine natürliche Zahl $x \neq 0$ gibt mit $a + x = b$.

2

- Es gilt: $3 < 5$; denn $3 + 2 = 5$ mit $2 \neq 0$.
- Es gilt nicht $15 < 15$; denn es gibt keine natürliche Zahl $x \neq 0$ mit $15 + x = 15$.

### Teilbarkeitsbeziehung

**DEFINITION** Die natürliche Zahl *a* heißt **Teiler** der natürlichen Zahl *b* $(a \mid b)$ genau dann, wenn es eine natürliche Zahl *x* gibt mit $a \cdot x = b$.

- Es gilt $4 \mid 12$; denn es ist $4 \cdot 3 = 12$.

Wenn *a* Teiler von *b* ist, so sagt man *b* sei ein **Vielfaches** von *a* oder *b* sei durch *a* **teilbar**. Auch das 1fache und das 0fache jeder natürlichen Zahl *a* heißen Vielfaches von *a*.
Für jede natürliche Zahl *a* gilt:

| $a \mid a$ | $a \mid 0$ | $1 \mid a$ |
|---|---|---|
| $4 \mid 4$; denn $4 \cdot 1 = 4$ | $2 \mid 0$; denn $2 \cdot 0 = 0$<br>$0 \mid 0$; denn $0 \cdot x = 0$<br>für jedes $x \in \mathbb{N}$ | $1 \mid 4$; denn $1 \cdot 4 = 4$ |

### Gerade Zahlen

Eine natürliche Zahl heißt **gerade**, wenn sie den Teiler 2 besitzt, d.h. wenn sie sich in der Form $2n$ $(n \in \mathbb{N})$ darstellen läßt.
Alle anderen natürlichen Zahlen heißen **ungerade Zahlen**. Eine ungerade Zahl läßt sich stets in der Form $2n + 1$ $(n \in \mathbb{N})$ darstellen.

### Primzahlen

Eine natürliche Zahl, die größer als 1 ist und die nur durch 1 und durch sich selbst teilbar ist, heißt **Primzahl**.
Die Zahl 2 ist die einzige gerade Primzahl. Es gibt unendlich viele Primzahlen.

### Teilbarkeit von Summen

**SATZ** (Teilbarkeit einer Summe $b + c$): Wenn $a \mid b$ und $a \mid c$, so $a \mid b + c$.

- Es gilt 13 | 208; denn 13 | 130 und 13 | 78, also 13 | 130 + 78

Die Umkehrung „Wenn $a \mid b + c$, so $a \mid b$ **und** $a \mid c$“ gilt nicht, wie folgendes Gegenbeispiel zeigt:
Es gilt zwar 7 | 39 + 3, es gilt aber weder 7 | 39 noch 7 | 3.

**Teilbarkeit von Differenzen**

**SATZ** (Teilbarkeit einer Differenz $b - c$): Wenn $a \mid b$ und $a \mid c$ und $b - c \in \mathbb{N}$, so $a \mid b - c$.



- Es gilt 17 | 340 und 17 | 34, und da 340 − 34 = 306, gilt auch 17 | 340 − 34, also 17 | 306

Die Teilbarkeitsbeziehung (↗ S. 42) kann auf den Bereich $\mathbb{Z}$ ausgedehnt werden. Wegen $b - c = b + (-c)$ brauchen dann die *Teilbarkeit von Summen* und die *Teilbarkeit von Differenzen* nicht unterschieden zu werden.

**Teilbarkeit von Produkten**

**SATZ** (Teilbarkeit eines Produkts $b \cdot c$): Wenn $a \mid b$ oder $a \mid c$, so $a \mid b \cdot c$.

- 7 | 8 400, denn 8 400 = 84 · 100 und 7 | 84

Das bedeutet: Wenn eine natürliche Zahl *a* Teiler von mindestens einem Faktor eines Produktes ist, so teilt *a* das ganze Produkt.
Die Umkehrung „Wenn $a \mid b \cdot c$, so $a \mid b$ **oder** $a \mid c$“ gilt nicht, wie folgendes Gegenbeispiel zeigt:
Es gilt zwar 14 | 16 · 21, d. h. 14 | 336;
es gilt aber weder 14 | 16 noch 14 | 21.
Ist *a* Primzahl, so folgt aus $a \mid b \cdot c$ : $a \mid b$ oder $a \mid c$.

**Kleinstes gemeinsames Vielfaches (kgV)**

Eine Zahl, die Vielfaches mehrerer natürlicher Zahlen ist, heißt **gemeinsames Vielfaches** dieser Zahlen.
Zu gegebenen Zahlen gibt es unendlich viele gemeinsame Vielfache. (↗ S. 42)

| | | | | | |
|---|---|---|---|---|---|
| **Vielfache von 12** | 12 24 36 | 48 | 60 72 84 | 96 | … |
| **Vielfache von 16** | 16 32 | 48 | 64 80 | 96 | … |
| **Vielfache von 24** | 24 | 48 | 72 | 96 | … |
| **Gemeinsame Vielfache** | | **48** | | 96, 144, 192 … | |

**DEFINITION** Das **kleinste gemeinsame Vielfache (kgV)** gegebener natürlicher Zahlen ist die kleinste von Null verschiedene Zahl, die durch alle gegebenen Zahlen teilbar ist.

*Bemerkung:* Bei dieser Definition wurde die Null ausgeschlossen, da sie Vielfaches (das 0fache) einer jeden Zahl ist. Würde man die Zahl Null nämlich nicht ausschließen, so wäre das kgV beliebiger Zahlen stets 0.

2

## Gemeinsamer Teiler

Eine Zahl, die Teiler mehrerer natürlicher Zahlen ist, heißt **gemeinsamer Teiler** dieser Zahlen.

■

| | | | | | |
|---|---|---|---|---|---|
| **Teiler von 28** | 1 | 2 | 4 | 7 14 | 28 |
| **Teiler von 42** | 1 | 2 | 3 6 | 7 14 | 21 42 |
| **Gemeinsame Teiler** | | 2 | | 7 **14** | |

Der **größte gemeinsame Teiler (ggT)** gegebener Zahlen ist die größte Zahl, die alle gegebenen Zahlen teilt.
Zahlen, die außer 1 keinen gemeinsamen Teiler haben, heißen **zueinander teilerfremd**.
Da die Zahl 1 Teiler einer jeden Zahl ist, ist sie auch stets gemeinsamer Teiler beliebig gegebener Zahlen.

## Römische Ziffern

| | | | | | | |
|---|---|---|---|---|---|---|
| **I** 1 | **V** 5 | **X** 10 | **L** 50 | **C** 100 | **D** 500 | **M** 1000 |

Jede römische Ziffer bezeichnet stets dieselbe Zahl, unabhängig von ihrer Stellung in der Gesamtziffer.
Aneinanderreihung gleicher Zeichen oder verschiedener Zeichen mit abnehmenden Werten *nach rechts* bedeutet: Addieren.
Steht ein Zeichen kleineren Wertes *links* von einem Zeichen größeren Wertes, so ist zu subtrahieren.

■ MMM = 1000 + 1000 + 1000 = 3000
MDCXI = 1000 + 500 + 100 + 10 + 1 = 1611
IX = 10 – 1 = 9
CM = 1000 – 100 = 900
MCM = 1000 + (1000 – 100) = 1900
MDCCXLIII = 1000 + 500 + 100 + 100 + (50 – 10) + 1 + 1 + 1 = 1743

## Bruchzahlen

### Bruch

Ein in der Form „$\frac{a}{b}$“ geschriebenes *geordnetes* Paar natürlicher Zahlen *a* und *b* ($b \neq 0$) heißt (**gemeiner**) **Bruch**. Dabei heißt *a* **Zähler** und *b* **Nenner** des Bruches.
↗ Geordnetes Paar, S. 24

Der **Nenner** gibt an, in wie viele gleiche Teile ein Ganzes geteilt wurde. Der **Zähler** gibt an, wie viele solcher Teile durch den Bruch angegeben sind.

2

| | |
|---|---|
| $\frac{a}{b}$ heißt **echter Bruch**, wenn $a < b$. | ■ $\frac{3}{4}$; $\frac{0}{5}$; $\frac{1}{2}$ |
| $\frac{a}{b}$ heißt **unechter Bruch**, wenn $a > b$ oder $a = b$. | ■ $\frac{5}{2}$; $\frac{3}{3}$; $\frac{8}{7}$ |
| $\frac{a}{b}$ heißt **Zehnerbruch**, wenn *b* eine Zehnerpotenz ist. | ■ $\frac{5}{10}$; $\frac{27}{1000}$; $\frac{3001}{10^2}$ |

### Kürzen, Erweitern

| | |
|---|---|
| Man **kürzt** einen Bruch, indem man Zähler und Nenner durch einen gemeinsamen Teiler dividiert. ↗ Gemeinsamer Teiler, S. 44 | ■ $\frac{105}{140} = \frac{3}{4}$ (gekürzt durch **35**) (vgl. auch mit S. ??) |
| Man **erweitert** einen Bruch, indem man Zähler und Nenner mit derselben von 0 verschiedenen natürlichen Zahl multi pliziert. Einen Bruch kann man stets erweitern. | ■ $\frac{3}{4}$ soll mit **35** erweitert werden $\frac{3 \cdot 35}{4 \cdot 35} = \frac{105}{140}$ |

Die Brüche $\frac{a}{b}$ und $\frac{c}{d}$ gehen genau dann durch Kürzen oder Erweitern auseinander hervor, wenn $a \cdot d = b \cdot c$ gilt.

### Bruchzahl

**DEFINITION** Jede Menge aller Brüche, die durch Kürzen oder Erweitern auseinander hervorgehen, heißt **Bruchzahl**.

Statt „Bruchzahl“ sagt man auch „gebrochene Zahl“.
Zur Angabe einer Bruchzahl ist jeder Bruch, der zu der betreffenden Menge von Brüchen gehört, geeignet. Häufig wird derjenige Bruch gewählt, dessen Zähler und Nenner teilerfremd sind.
Bruchzahlen lassen sich auch durch (endliche oder periodische) **Dezimalbrüche** darstellen.
Die Menge aller Bruchzahlen wird mit $\mathbb{Q}_+$ bezeichnet.
Die natürlichen Zahlen lassen sich als gemeine Brüche oder als Dezimalbrüche schreiben. Daher gilt $\mathbb{N} \subset \mathbb{Q}_+$.

2

↗ Gemeinsame Teiler (siehe „teilerfremd“), S. 44
↗ Dezimalbrüche, S. 8f.
↗ Übersicht über die Zahlenbereiche, S. 31

■ $\frac{8}{16} = \frac{1}{2} = \frac{2}{4} = \frac{3}{6} = \frac{5}{10} = 0{,}5 = 0{,}50$

■ $\frac{64}{28} = \frac{80}{35} = \frac{48}{21} = \frac{32}{14} = \frac{16}{7} = \frac{112}{49} = 2{,}\overline{285714}$

■ $\frac{10}{5} = \frac{36}{18} = \frac{50}{25} = \frac{2}{1} = 2 = \frac{30}{15} = \frac{100}{50} = 2{,}0 = 2{,}00$

### Gleichnamige Brüche

Brüche, deren Nenner gleich sind, heißen **gleichnamig**.
Ungleichnamige Brüche lassen sich stets gleichnamig machen, indem man zweckmäßig erweitert bzw. kürzt.

■

| Gegeben | Gleichnamige Darstellungen |
|---|---|
| $\frac{3}{2}; \frac{5}{6}; \frac{11}{9}$ | **a)** $\frac{27}{18}; \frac{15}{18}; \frac{22}{18}$ **b)** $\frac{54}{36}; \frac{30}{36}; \frac{44}{36}$ **c)** $\frac{81}{54}; \frac{45}{54}; \frac{66}{54}$ |

Der Nenner 18 ist in diesem Beispiel das kgV der Nenner 2; 6; 9 der gegebenen Brüche; er heißt **Hauptnenner** dieser Brüche.
↗ Kleinstes gemeinsames Vielfaches (kgV), S. 43f.

### Ordnung der Bruchzahlen

**DEFINITION** Die Bruchzahl $\frac{a}{b}$ heißt **kleiner** als die Bruchzahl $\frac{c}{d}$ genau dann, wenn $a \cdot d < b \cdot c$ gilt.
Man schreibt: $\frac{a}{b} < \frac{c}{d}$.

■ Es gilt $\frac{3}{5} < \frac{5}{7}$; denn $3 \cdot 7 < 5 \cdot 5$.

■ Es gilt **nicht** $\frac{8}{11} < \frac{16}{23}$; denn $8 \cdot 23 > 11 \cdot 16$. Daraus folgt: $\frac{8}{11} > \frac{16}{23}$.

Bruchzahlen, die durch Brüche mit gleichem Nenner oder gleichem Zähler dargestellt sind, lassen sich besonders leicht vergleichen.

| ① **Gleiche Nenner** | ② **Gleiche Zähler** |
|---|---|
| $\frac{a}{b} < \frac{c}{b}$ genau dann, wenn $a < c$. | $\frac{a}{b} < \frac{a}{d}$ genau dann, wenn $b > d$ und $a \neq 0$. |
| ■ $\frac{3}{17}$ und $\frac{5}{17}$ Aus $3 < 5$ folgt $\frac{3}{17} < \frac{5}{17}$. | ■ $\frac{7}{9}$ und $\frac{7}{8}$ Aus $9 > 8$ folgt $\frac{7}{9} < \frac{7}{8}$. |



**Veranschaulichung von Bruchzahlen auf dem Zahlenstrahl**

Jede Bruchzahl $\frac{a}{b}$ läßt sich eindeutig einem Punkt des Zahlenstrahls zuordnen:

Man trägt an den Nullpunkt unter einem beliebigen Winkel einen zweiten Strahl an. Auf diesem trägt man $b$-mal eine beliebige Einheitsstrecke ab. Den erhaltenen Endpunkt verbindet man mit dem der Zahl $a$ zugeordneten Punkt auf dem gegebenen Zahlenstrahl. Zur Verbindungsgeraden zieht man durch 1 des gewählten zweiten Strahls die Parallele.
Diese schneidet den gegebenen Zahlenstrahl in dem Punkt, dem die Bruchzahl $\frac{a}{b}$ zuzuordnen ist.

■ Veranschaulichung von $\frac{4}{3}$

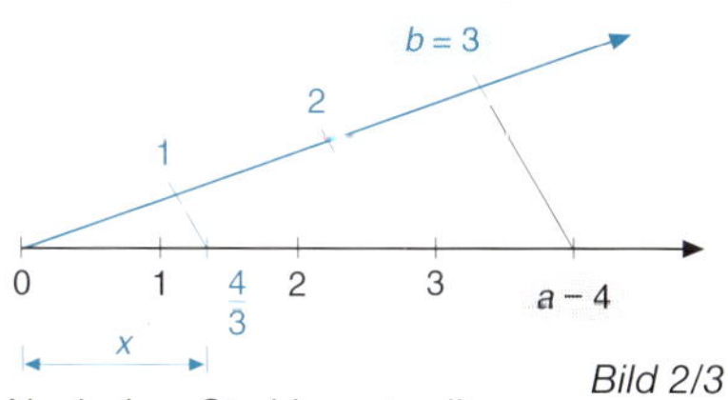


Bild 2/3

Nach dem Strahlensatz gilt:
$\frac{x}{1} = \frac{a}{b}$, also $x = \frac{a}{b} = \frac{4}{3}$.

Von zwei verschiedenen Bruchzahlen liegt die kleinere auf dem Zahlenstrahl links von der größeren.
Die Bruchzahlen **liegen überall dicht**.
Das bedeutet: *Keine Bruchzahl hat einen unmittelbaren Nachfolger bzw. zwischen zwei Bruchzahlen liegen stets beliebig viele andere.*

■ Die Zahl $\frac{3}{10}$ hat keinen unmittelbaren Nachfolger. So kann etwa $\frac{4}{10}$ nicht unmittelbarer Nachfolger sein, denn die Zahl $\frac{7}{20}$ liegt zwischen beiden: $\frac{3}{10} < \frac{7}{20} < \frac{4}{10}$.

Aber auch $\frac{7}{20}$ ist nicht unmittelbarer Nachfolger von $\frac{3}{10}$, denn die Zahl $\frac{13}{40}$ liegt zwischen beiden: $\frac{3}{10} < \frac{13}{40} < \frac{7}{20}$.

↗ unmittelbarer Nachfolger, S. 33
↗ Dichtheit eines Zahlenbereichs, S. 33
↗ Strahlensätze, S. 189

2

## Reziprokes (Kehrwert)

**DEFINITION** Ist $\frac{a}{b}$ eine von Null verschiedene Bruchzahl, so heißt die Bruchzahl $\frac{b}{a}$ das **Reziproke** der Bruchzahl $\frac{a}{b}$.

■ **a)** $\frac{2}{3}$ und $\frac{3}{2}$ **b)** $\frac{4}{1}$ und $\frac{1}{4}$ **c)** $\frac{7}{7}$ und $\frac{7}{7}$

## Addition von Bruchzahlen

**DEFINITION** Bruchzahlen werden addiert, indem man zu ihrer Angabe gleichnamige Brüche wählt und nur deren Zähler addiert.
Den gemeinsamen Nenner behält man bei.

↗ gleichnamige Brüche, S. 46
↗ Addition, S. 35

| **Gleichnamige Brüche** | **Ungleichnamige Brüche** |
|---|---|
| $\frac{\boldsymbol{a}}{\boldsymbol{b}}+\frac{\boldsymbol{c}}{\boldsymbol{b}}=\frac{\boldsymbol{a}+\boldsymbol{c}}{\boldsymbol{b}}$ $(\boldsymbol{b} \neq \boldsymbol{0})$ | $\frac{\boldsymbol{a}}{\boldsymbol{b}}+\frac{\boldsymbol{c}}{\boldsymbol{d}}=\frac{\boldsymbol{ad}}{\boldsymbol{bd}}+\frac{\boldsymbol{bc}}{\boldsymbol{bd}}=\frac{\boldsymbol{ad}+\boldsymbol{bc}}{\boldsymbol{bd}}$ $(\boldsymbol{b} \neq \boldsymbol{0};\ \boldsymbol{d} \neq \boldsymbol{0})$ |
| ■ $\frac{3}{8}+\frac{11}{8}=\frac{14}{8}=\frac{7}{4}$<br>■ $\frac{5}{9}+\frac{13}{9}=\frac{18}{9}=\frac{2}{1}=2$ | ■ $\frac{5}{12}+\frac{7}{15}=\frac{25}{60}+\frac{28}{60}=\frac{25+28}{60}=\frac{53}{60}$<br>■ $5+\frac{3}{7}=\frac{5}{1}+\frac{3}{7}=\frac{35}{7}+\frac{3}{7}=\frac{35+3}{7}=\frac{38}{7}$ |

Einen Bruch schreibt man mitunter als „gemischte Zahl“.

■ $5\frac{2}{3}$ bedeutet $5+\frac{2}{3}$. Es gilt also:

$5\frac{2}{3}=5+\frac{2}{3}=\frac{5}{1}+\frac{2}{3}=\frac{15}{3}+\frac{2}{3}=\frac{17}{3}$; kurz: $5\frac{2}{3}=\frac{17}{3}$.

### Multiplikation von Bruchzahlen

**DEFINITION** Bruchzahlen werden multipliziert, indem man jeweils die Zähler und die Nenner der darstellenden Brüche multipliziert.

| | |
|---|---|
| $\frac{a}{b} \cdot \frac{c}{d} = \frac{a \cdot c}{b \cdot d}$ | ■ $\frac{56}{9} \cdot \frac{15}{8} = \frac{56 \cdot 15}{9 \cdot 8} = \frac{7 \cdot 5}{3 \cdot 1} = \frac{35}{3}$<br>■ $7\frac{4}{5} \cdot 1\frac{8}{13} = \frac{39}{5} \cdot \frac{21}{13} = \frac{39 \cdot 21}{5 \cdot 13} = \frac{3 \cdot 21}{5 \cdot 1} = \frac{63}{5}$ |



↗ Multiplikation, S. 36

### Subtraktion von Bruchzahlen

**DEFINITION** Bruchzahlen werden subtrahiert, indem man zu ihrer Angabe gleichnamige Brüche wählt und nur deren Zähler subtrahiert. Den gemeinsamen Nenner behält man bei.

| **Gleichnamige Brüche** | **Ungleichnamige Brüche** |
|---|---|
| $\frac{a}{b} - \frac{c}{b} = \frac{a-c}{b}$<br>$(b \neq 0; a \geq c)$ | $\frac{a}{b} - \frac{c}{d} = \frac{ad}{bd} - \frac{bc}{bd} = \frac{ad-bc}{bd}$<br>$(b \neq 0; d \neq 0; ad \geq bc)$ |
| ■ $\frac{11}{8} - \frac{5}{8} = \frac{6}{8} = \frac{3}{4}$ ■ $\frac{5}{8} - \frac{11}{8}$ (nicht lösbar) | ■ $\frac{5}{6} - \frac{7}{15} = \frac{25}{30} - \frac{14}{30} = \frac{25-14}{30} = \frac{11}{30}$ |

↗ Subtraktion, S. 36f.

### Division von Bruchzahlen

Im Bereich $\mathbb{Q}_+$ der Bruchzahlen wird die Division auf die Multiplikation zurückgeführt. Da in $\mathbb{Q}_+$ die Multiplikation uneingeschränkt ausführbar ist, gilt dasselbe auch für die Division.

**DEFINITION** Bruchzahlen werden dividiert, indem man den Dividenden mit dem Reziproken des Divisors multipliziert. Ausgeschlossen ist die Division durch Null.

| | |
|---|---|
| $\frac{a}{b} \div \frac{c}{d} = \frac{a}{b} \cdot \frac{d}{c}$ $(b \neq 0; c \neq 0; d \neq 0)$ | ■ $\frac{8}{3} : \frac{5}{9} = \frac{8}{3} \cdot \frac{9}{5} = \frac{8 \cdot 9}{3 \cdot 5} = \frac{8 \cdot 3}{1 \cdot 5} = \frac{24}{5}$ |

↗ Reziprokes (Kehrwert), S. 48 ↗ Division, S. 37

## Rechenoperationen mit endlichen Dezimalbrüchen

**Addition und Subtraktion:** Dezimalbrüche so untereinander schreiben, daß Stellen mit gleichem Stellenwert in derselben Spalte stehen. Dann wie natürliche Zahlen addieren und im Ergebnis das Komma zwischen Einer- und Zehntelstelle setzen.

**Multiplikation:** Zunächst die Dezimalbrüche wie natürliche Zahlen multiplizieren. Im Ergebnis durch ein Komma so viele Dezimalstellen abtrennen, wie beide Faktoren zusammen besitzen.

2

**Division:** Ist der *Divisor eine natürliche Zahl*, so verfährt man wie bei der Division natürlicher Zahlen, setzt jedoch nach der Division der Einer des Dividenden ein Komma.
Ist der *Divisor ein endlicher Dezimalbruch*, so multipliziert man zunächst Dividend und Divisor mit 10, 100, 1000, ..., je nachdem, ob der Divisor 1, 2, 3, ... Dezimalstellen hat. Damit ist der Divisor eine natürliche Zahl.

■ **a)**

$$\begin{array}{r} 25{,}38 \\ 103{,}009 \\ 0{,}5 \\ +\ 13{,}71 \\ \hline 142{,}599 \end{array}$$

**b)**

$$\begin{array}{r} 735{,}06 \cdot 5{,}204 \\ \hline 3675\,30\phantom{000} \\ 147\,01\,20\phantom{0} \\ 2\,94\,024 \\ \hline 3825{,}25\,224 \end{array}$$

**c)**

$$\begin{array}{l} 1{,}58445 : 35{,}21 \\ 158{,}445 : 3521 = 0{,}045 \\ 1584 \\ 15844 \\ \ \ 17605 \\ \qquad\ \ 0 \end{array}$$

## Doppelbrüche

Im Bereich $\mathbb{Q}_+$ kann jede Division natürlicher Zahlen als Division von Bruchzahlen aufgefaßt werden.

■ $5:7 = \frac{5}{1} : \frac{7}{1} = \frac{5}{1} \cdot \frac{1}{7} = \frac{5}{7}$, also $5:7 = \frac{5}{7}$

Umgekehrt kann jede Bruchzahl als Quotient natürlicher Zahlen geschrieben werden.
Für $a, b \in \mathbb{N}$ $(b \neq 0)$ gilt: $\boldsymbol{\frac{a}{b} = a:b}$.

Die Bedeutung des Bruchstriches als Divisionszeichen wird auf Bruchzahlen übertragen.
Für $a, b \in \mathbb{Q}_+$ $(b \neq 0)$ gilt: $\boldsymbol{\frac{a}{b} = a:b}$.

■ **a)** $\dfrac{\frac{39}{50}}{\frac{12}{25}} = \frac{39}{50} : \frac{12}{25} = \frac{39 \cdot 25}{50 \cdot 12} = \frac{13}{8}$

**c)** $\dfrac{\frac{12}{6}}{25} = \frac{12}{6} : \frac{25}{1} = \frac{12}{6} \cdot \frac{1}{25} = \frac{2}{25}$

**b)** $\dfrac{12}{\frac{6}{25}} = 12 : \frac{6}{25} = \frac{12}{1} \cdot \frac{25}{6} = 50$

**d)** $\dfrac{7{,}6}{0{,}38} = 6{,}6 : 0{,}38 = 760 : 38 = 20$

*Bemerkung:* Der Hauptbruchstrich steht in Höhe des Gleichheitszeichens (↗ Beispiele b und c).

## Umwandlung der Darstellungsformen von Bruchzahlen

Zehnerbrüche und solche gemeinen Brüche, die sich durch Kürzen oder Erweitern in Zehnerbrüche umformen lassen, können als endliche Dezimalbrüche geschrieben werden und umgekehrt.
↗ Bruch (siehe „Zehnerbruch"), S. 45



■ **a)** $\frac{3}{5} = \frac{6}{10} = 0{,}6$ **b)** $\frac{48}{30} = \frac{16}{10} = 1{,}6$

**c)** $0{,}375 = \frac{375}{1000} = \frac{3}{8}$ **d)** $4{,}78 = \frac{478}{100} = \frac{239}{50}$

Jeder **gemeine Bruch**, der sich nicht in einen Zehnerbruch umformen läßt, kann **in einen periodischen Dezimalbruch** umgewandelt werden. Dazu wird das schriftliche Divisionsverfahren angewendet.

■ $\frac{5}{11} = 5 : 11 = 0{,}4545\ldots = 0{,}\overline{45}$

$$\begin{array}{l} 5 \\ \underline{\phantom{0}60} \\ \phantom{0}\underline{\phantom{0}50} \\ \phantom{00}\underline{\phantom{0}60} \\ \phantom{0000}5 \end{array}$$

Die Berechtigung dieses Verfahrens folgt daraus, daß die Folge der Divisionsteilergebnisse
0; 0,4; 0,45; 0,454; 0,4545; …
monoton wächst und (z. B. durch 0,5) nach oben beschränkt ist, und aus der Berechnung ihres Grenzwertes.
Umgekehrt kann jeder **periodische Dezimalbruch in einen gemeinen Bruch** umgewandelt werden.
↗ Dezimalbrüche, S. 8
↗ Bruch, S. 45
↗ Konvergenz und Divergenz einer Zahlenfolge, S. 233

■ Der periodische Dezimalbruch $0{,}\overline{3}$ läßt sich als Summe einer geometrischen Folge schreiben:
$0{,}\overline{3} = 0{,}3 + 0{,}03 + 0{,}003 + \ldots$, wobei $a = 0{,}3$ und $q = 0{,}1$.
Für die $n$-te Partialsumme $s_n$ ergibt sich:

$$s_n = a \cdot \frac{1-q^n}{1-q} = 0{,}3 \cdot \frac{1-0{,}1^n}{1-0{,}1}.$$

Die Summe $s$ aller Folgenglieder ergibt sich für $n \to \infty$:

$$0{,}\overline{3} = s = \lim_{n\to\infty} s_n.$$

Wegen $\lim_{n\to\infty} 0{,}1^n = \lim_{n\to\infty} \frac{1}{10^n} = 0$ ergibt sich

$$0{,}\overline{3} = s = 0{,}3 \cdot \frac{1}{1-0{,}1} = \frac{0{,}3}{0{,}9} = \frac{1}{3}.$$

↗ Arithmetische Zahlenfolge, geometrische Zahlenfolge, S. 217

■ $1{,}3\overline{81} = 1{,}3 + (0{,}081 + 0{,}00081 + 0{,}0000081 + \ldots)$
Für den Klammeranteil gilt ($a = 0{,}081$; $q = 0{,}01$):

$$s_n = 0{,}081 \cdot \frac{1 - 0{,}01^n}{1 - 0{,}01}$$

$$\lim_{n \to \infty} s_n = 0{,}081 \cdot \frac{1}{1 - 0{,}01} = \frac{0{,}081}{0{,}99} = \frac{9}{110}$$

Insgesamt:

$$1{,}3\overline{81} = 1{,}3 + \frac{9}{110} = \frac{13}{10} + \frac{9}{110} = \frac{143 + 9}{110} = \frac{152}{110} = \frac{76}{55}$$

Wegen der Konvergenz der auftretenden Partialsummenfolgen kann die Umwandlung eines periodischen Dezimalbruches vereinfacht werden.

■ **a)**

$$\begin{aligned} s &= 0{,}\overline{3} \\ 10s &= 3{,}\overline{3} \\ \hline 10s - s = 9s &= 3 \\ s &= \frac{3}{9} = \frac{1}{3} \end{aligned}$$

**b)**

$$\begin{aligned} s &= 1{,}3\overline{81} \\ 100s &= 138{,}1\overline{81} \\ \hline 100s - s &= 136{,}8 \\ s &= \frac{136{,}8}{99} = \frac{76}{55} \end{aligned}$$

Treten innerhalb einer Rechnung gemeine Brüche und Dezimalbrüche auf, so muß man sich für eine Darstellungsform entscheiden. Wählt man die Darstellung der Bruchzahlen durch Dezimalbrüche und treten beim Umwandeln periodische Dezimalbrüche auf, so berechnet man so viele Stellen wie für die Genauigkeit der Rechnung notwendig sind.

■ $2\frac{2}{3} + 5{,}259 + \frac{213}{99}$ (Das Ergebnis soll auf Tausendstel genau angegeben werden.)

$2\frac{2}{3} = 2{,}6667 \qquad \frac{213}{99} = 2{,}151515 \approx 2{,}1515$

$2{,}6667 + 5{,}259 + 2{,}1515 = 10{,}0772 \approx 10{,}077$

Nichtperiodische unendliche Dezimalbrüche lassen sich nicht in gemeine Brüche umwandeln.
↗ Irrationale Zahlen, S. 56

## Rationale Zahlen

### Rationale Zahlen

**DEFINITION** Die Bruchzahlen zusammen mit den zu ihnen entgegengesetzten Zahlen heißen die **rationalen Zahlen**.

Die Menge der rationalen Zahlen wird mit $\mathbb{Q}$ bezeichnet.
Es gilt $\mathbb{Q}_+ \subset \mathbb{Q}$ und wegen $\mathbb{N} \subset \mathbb{Q}_+$ auch $\mathbb{N} \subset \mathbb{Q}$.
↗ Einander entgegengesetzte Zahlen, S. 40

**Positive, negative Zahlen**

Die zu den Bruchzahlen entgegengesetzten Zahlen (außer 0) heißen **negative (rationale) Zahlen**.
Sie liegen auf der Zahlengeraden links von 0 und tragen das **Vorzeichen** „–" (minus).
Die Bruchzahlen (außer 0) heißen demgegenüber **positive (rationale) Zahlen**.
Die positiven (rationalen) Zahlen zusammen mit der (rationalen) Zahl 0 heißen auch die **nichtnegativen (rationalen) Zahlen**.
In Termen mit **Operationszeichen** werden die rationalen Zahlen mit ihren Vorzeichen in Klammern gesetzt.

■ **a)** $-3+(-0{,}7)$ **b)** $+3-\left(-\frac{1}{3}\right)$ **c)** $-3-\left(+\frac{1}{3}\right)$ **d)** $-0{,}8:(-2)$

Das Vorzeichen „+" (plus) darf weggelassen werden.

**Ganze Zahlen**

**DEFINITION** Die natürlichen Zahlen zusammen mit den zu ihnen entgegengesetzten Zahlen heißen die **ganzen Zahlen.**

Die Menge der ganzen Zahlen wird mit $\mathbb{Z}$ bezeichnet.
Es gilt $\mathbb{N} \subset \mathbb{Z}$ und $\mathbb{Z} \subset \mathbb{Q}$.
Veranschaulichung der ganzen Zahlen auf der Zahlengeraden:

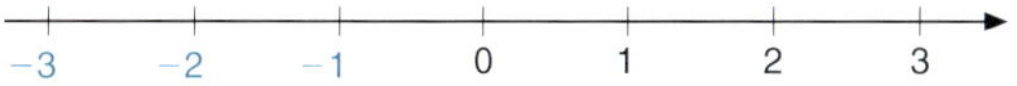


*Bild 2/4*

**Ordnung der rationalen Zahlen**

Die Ordnung der nichtnegativen rationalen Zahlen stimmt mit der Ordnung in $\mathbb{Q}_+$ überein (↗ S. 46).

Die Ordnung der negativen rationalen Zahlen wird folgendermaßen definiert:

**DEFINITION** Die negative rationale Zahl $a$ heißt **kleiner** als die negative rationale Zahl $b$ genau dann, wenn $|a| > |b|$ gilt. Jede negative rationale Zahl ist kleiner als jede nichtnegative rationale Zahl.

■ Es gilt $-7 < -2{,}1$; denn $|-7| > |-2{,}1|$.

■ Es gilt $-13 < 12$.

■ Es gilt $-0{,}1 < 0$.

Von zwei verschiedenen rationalen Zahlen liegt die kleinere auf der Zahlengeraden links von der größeren.

### Addition rationaler Zahlen

| **Die Summanden haben** | **gleiche Vorzeichen** | **unterschiedliche Vorzeichen und** | |
|---|---|---|---|
| | | **gleiche Beträge** | **unterschiedliche Beträge** |
| Das Vorzeichen der Summe ist gleich dem | Vorzeichen der Summanden | | Vorzeichen des Summanden mit dem größeren Betrag |
| Der Betrag der Summe ist gleich der | Summe der Beträge | 0 | Differenz: Größerer Betrag minus kleinerer Betrag |
| Beispiele | $4 + 9 = 13$<br>$-\frac{1}{2} + (-0{,}2)$<br>$= -0{,}7$ | $-3 + 3 = 0$<br>$7{,}5 + (-7{,}5) = 0$ | $14 + (-9) = 5$<br>$-5{,}8 + 1{,}3 = -4{,}5$ |

### Multiplikation rationaler Zahlen

| **Die Faktoren haben** | **gleiche Vorzeichen** | **unterschiedliche Vorzeichen** |
|---|---|---|
| Vorzeichen des Produktes | + | – |
| Der Betrag des Produktes ist | gleich dem Produkt der Beträge | gleich dem Produkt der Beträge |
| Beispiele | $0{,}4 \cdot 9 = 3{,}6$<br>$-\frac{1}{2} \cdot (-0{,}2) = 0{,}1$ | $25 \cdot (-0{,}2) = -5$<br>$-\frac{3}{8} \cdot 4 = -\frac{3}{2}$ |

### Subtraktion rationaler Zahlen

Im Bereich $\mathbb{Q}$ wird die Subtraktion auf die Addition zurückgeführt. Da in $\mathbb{Q}$ die Addition uneingeschränkt ausführbar ist, gilt dasselbe auch für die Subtraktion.

**DEFINITION** Eine rationale Zahl wird subtrahiert, indem die zu ihr entgegengesetzte Zahl addiert wird.
$a - b = a + (-b) \quad (a, b \in \mathbb{Q})$

■ $3 - (-7) = 3 + 7 = 10$

↗ Einander entgegengesetzte Zahlen, S. 40

## Division rationaler Zahlen

| **Dividend und Divisor haben** | **gleiche Vorzeichen** | **unterschiedliche Vorzeichen** |
|---|---|---|
| Das Vorzeichen des Quotienten | + | – |
| Der Betrag des Quotienten ist | gleich dem Quotienten der Beträge | gleich dem Quotienten der Beträge |
| Beispiele | $1{,}4 : 0{,}7 = 2$<br>$-\frac{3}{8} : \left(-\frac{1}{2}\right) = \frac{3}{4}$<br>$\frac{-6}{-\frac{3}{8}} = 16$ | $-\frac{25}{2} : \frac{3}{2} = -\frac{25}{3}$<br>$0{,}5 : \left(-\frac{1}{6}\right) = -3$<br>$\frac{\frac{14}{3}}{-7} = -\frac{2}{3}$ |

2

## Darstellung rationaler Zahlen

Jede rationale Zahl $r$ läßt sich in der Form

$$r = \frac{m}{n},\ m \in \mathbb{Z},\ n \in \mathbb{N},\ n \neq 0,$$

darstellen.

Die Möglichkeit dieser Darstellungsform folgt aus der Tatsache, daß die Menge der rationalen Zahlen aus der Menge der Bruchzahlen und aus der Menge der zu diesen entgegengesetzten Zahlen besteht. Für die *nichtnegativen rationalen Zahlen* (die Bruchzahlen) ergibt sich die Darstellungsform aus der Definition der Bruchzahlen.

Für die *negativen rationalen Zahlen* ergibt sich die Darstellungsform aus der Festlegung der Division rationaler Zahlen, z. B.:

$$-\frac{9}{7} = \frac{-9}{7};\quad \left(-9 : 7 = -(9 : 7) = -\frac{9}{7}\right).$$

Aus der Möglichkeit, die Bruchzahlen in endliche oder unendliche periodische Dezimalbrüche umzuwandeln, ergibt sich für die rationalen Zahlen ebenfalls die Darstellungsmöglichkeit durch endliche oder unendliche periodische Dezimalbrüche, z. B.

$$-\frac{3}{11} = -0{,}\overline{27}.$$

↗ Umwandlung der Darstellungsformen von Bruchzahlen, S. 51

## Veranschaulichung rationaler Zahlen auf der Zahlengeraden

Jede rationale Zahl läßt sich eindeutig einem Punkt der Zahlengeraden zuordnen.

Die Zuordnung der nichtnegativen rationalen Zahlen entspricht der der Bruchzahlen (↗ S. 47). Die Zuordnung der negativen rationalen Zahlen erhält man entweder durch Spiegelung der Bruchzahlen am Nullpunkt oder mit Hilfe des Strahlensatzes.

■ Veranschaulichung von $-\frac{5}{3}$

Nach dem Strahlensatz gilt:

$\frac{x}{1} = \frac{a}{b} = \frac{-5}{3}$, also $x = -\frac{5}{3}$

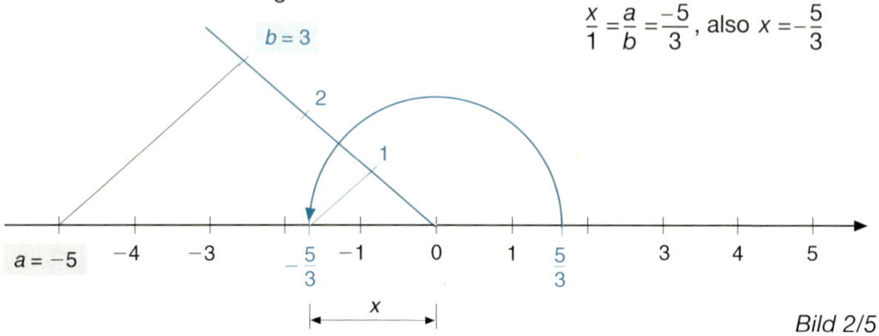


Bild 2/5

## Reelle Zahlen

### Reelle Zahlen

**DEFINITION** Die Menge der **reellen Zahlen** ist gleich der Menge aller endlichen oder unendlichen negativen oder nichtnegativen Dezimalbrüche ohne Neunerperiode.

Bemerkung: Wegen $0,\overline{9} = 1$ werden die Dezimalbrüche mit Neunerperiode ausgenommen, um Eindeutigkeit bei der Darstellung der reellen Zahlen durch Dezimalbrüche zu erreichen.
Die Menge der reellen Zahlen wird mit $\mathbb{R}$ bezeichnet.
Es gilt $\mathbb{N} \subset \mathbb{Q}_+ \subset \mathbb{Q} \subset \mathbb{R}$.

### Irrationale Zahlen

Die Menge der irrationalen Zahlen ist gleich der Menge der unendlichen, nichtperiodischen Dezimalbrüche.

■ **a)** $\pi = 3{,}141\,592\,653\,589\,793\,238\,462\,643\,383\,279\,502\,884\,197\ldots$
**b)** $e = 2{,}718\,281\,828\,459\,045\ldots$
**c)** 1,2345678910111213...
**d)** 0,5050050005000050...
↗ Dezimalbrüche, S. 8

### Ordnung der reellen Zahlen

Ausgehend von der Darstellung der positiven reellen Zahlen als Dezimalbrüche
$a = a_0, a_1 a_2 a_3 \ldots$
bzw. $b = b_0, b_1 b_2 b_3 \ldots$

wird deren Ordnung definiert:

**DEFINITION** Die positive reelle Zahl $a$ heißt **kleiner** als die positive reelle Zahl $b$ (in Zeichen $a < b$), wenn $a_k < b_k$ ist für die kleinste natürliche Zahl $k$ mit $a_k \neq b_k$.

- $a = 4{,}72438651234\ldots$;
  $b = 4{,}72439431234\ldots$
  Es gilt
  $a < b$ wegen $a_5 = 8 < 9 = b_5$ und $a_k = b_k$ für $k = 0;\ 1;\ 2;\ 3;\ 4$.



Die Ordnung *beliebiger reeller Zahlen* wird wie folgt festgelegt:

Von zwei negativen reellen Zahlen ist diejenige **kleiner**, die den **größeren** Betrag hat.
Jede negative reelle Zahl ist kleiner als 0 und kleiner als jede positive reelle Zahl.
Jede positive reelle Zahl ist größer als 0.

**Rechenoperationen mit irrationalen Zahlen**

Das Rechnen mit irrationalen Zahlen wird auf das Rechnen mit rationalen Näherungswerten zurückgeführt, wobei jede geforderte Genauigkeit erreicht werden kann.

- Berechnung von $\sqrt{3} + \sqrt{6}$ auf fünf Stellen genau:
  ① Näherungswert für $\sqrt{3}$ und $\sqrt{6}$:

| | |
|---|---|
| $1 < \sqrt{3} < 2$ | $2 < \sqrt{6} < 3$ |
| $1{,}7 < \sqrt{3} < 1{,}8$ | $2{,}4 < \sqrt{6} < 2{,}5$ |
| $1{,}73 < \sqrt{3} < 1{,}74$ | $2{,}44 < \sqrt{6} < 2{,}45$ |
| $1{,}732 < \sqrt{3} < 1{,}733$ | $2{,}449 < \sqrt{6} < 2{,}450$ |
| $1{,}7320 < \sqrt{3} < 1{,}7321$ | $2{,}4494 < \sqrt{6} < 2{,}4495$ |
| $1{,}73205 < \sqrt{3} < 1{,}73206$ | $2{,}44948 < \sqrt{6} < 2{,}44949$ |
| $1{,}732050 < \sqrt{3} < 1{,}732051$ | $2{,}449489 < \sqrt{6} < 2{,}449490$ |

usw.

② $\sqrt{3} + \sqrt{6}$ ist diejenige Zahl $x$, für die gilt:

| | | | | |
|---|---|---|---|---|
| $1 + 2$ | $= 3$ | $< x <$ | $2 + 3$ | $= 5$ |
| $1{,}7 + 2{,}4$ | $= 4{,}1$ | $< x <$ | $1{,}8 + 2{,}5$ | $= 4{,}3$ |
| $1{,}73 + 2{,}44$ | $= 4{,}17$ | $< x <$ | $1{,}74 + 2{,}45$ | $= 4{,}19$ |
| $1{,}732 + 2{,}449$ | $= 4{,}181$ | $< x <$ | $1{,}733 + 2{,}450$ | $= 4{,}183$ |
| $1{,}7320 + 2{,}4494$ | $= 4{,}1814$ | $< x <$ | $1{,}7321 + 2{,}4495$ | $= 4{,}1816$ |
| $1{,}73205 + 2{,}44948$ | $= 4{,}18153$ | $< x <$ | $1{,}73206 + 2{,}44949$ | $= 4{,}18155$ |
| $1{,}732050 + 2{,}449489$ | $= 4{,}181539$ | $< x <$ | $1{,}732051 + 2{,}449490$ | $= 4{,}181541$ |

usw.

$x = 4{,}1815\ldots$

# Komplexe Zahlen

## Komplexe Zahlen

**DEFINITION** Der Bereich $\mathbb{C}$ der komplexen Zahlen besteht aus der Menge aller geordneten Paare $(a; b)$ reeller Zahlen $a$ und $b$, in der zwei Rechenoperationen $\oplus$ und $\odot$ erklärt sind.

2

In $\mathbb{C}$ kann keine Ordnungsrelation definiert werden. In der Darstellung $z = (a; b)$ der komplexen Zahl $z$ heißt die Komponente $a$ der **Realteil** $\mathrm{Re}(z)$ von $z$ und die Komponente $b$ der **Imaginärteil** $\mathrm{Im}(z)$ von $z$.

↗ Geordnetes Paar, S. 24
↗ Addition, Multiplikation komplexer Zahlen, S. 58f.

### Gaußsche Zahlenebene

Die komplexen Zahlen können in einem rechtwinkligen Koordinationssystem, der Gaußschen Zahlenebene, veranschaulicht werden (↗ Bild 2/6).

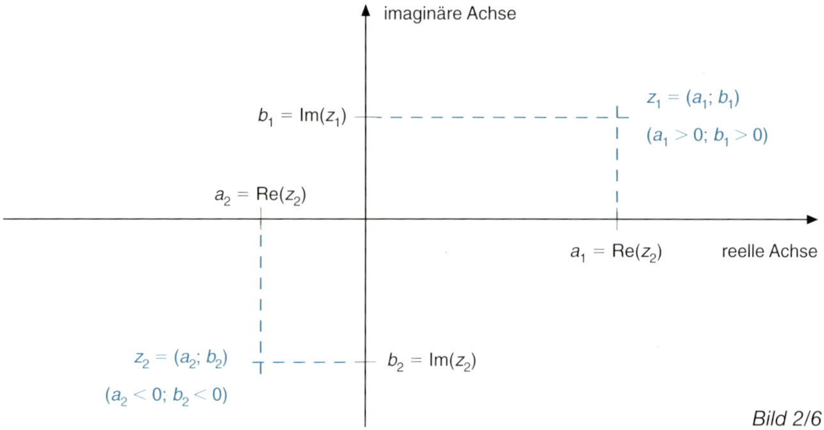


*Bild 2/6*

Komplexe Zahlen der Form $(a; 0)$ heißen **reelle komplexe** Zahlen, die der Form $(0; b)$ **rein imaginäre Zahlen**.

↗ Koordinatensystem, S. 11

### Addition komplexer Zahlen

Die Addition komplexer Zahlen (Zeichen $\oplus$) wird komponentenweise erklärt:

$(a; b) \oplus (c; d) := (a + c; b + d)$

### Subtraktion komplexer Zahlen

Aus der Definition der Addition komplexer Zahlen ergibt sich für ihre Subtraktion (Zeichen $\ominus$) als Umkehrung der Addition:

$(a; b) \ominus (c; d) := (a - c; b - d)$

### Multiplikation komplexer Zahlen

Die Multiplikation komplexer Zahlen (Zeichen $\odot$) wird folgendermaßen erklärt:
$(a;\, b) \odot (c;\, d) := (ac - bd;\, ad + bc)$

### Division komplexer Zahlen

Aus der Definition der Multiplikation der komplexen Zahlen ergibt sich für ihre Division (Zeichen $\oslash$) als Umkehrung der Multiplikation:

$$(a;\, b) \oslash (c;\, d) = \left(\frac{ac + bd}{c^2 + d^2};\, \frac{bc - ad}{c^2 + d^2}\right) \qquad (c;\, d) \neq (0;\, 0)$$

Bei allen Rechenoperationen können die reellen komplexen Zahlen der Form $(a; 0)$ durch die reelle Zahl $a$ ersetzt werden. Für die rein imaginäre Zahl $(0; 1)$ wird zur Abkürzung der Buchstabe $i$ gesetzt. Damit ergibt sich für eine beliebige komplexe Zahl $(a; b)$ nach Definition der Multiplikation und der Addition:
$(a; b) = a + bi$ (↗ Bild 2/7)

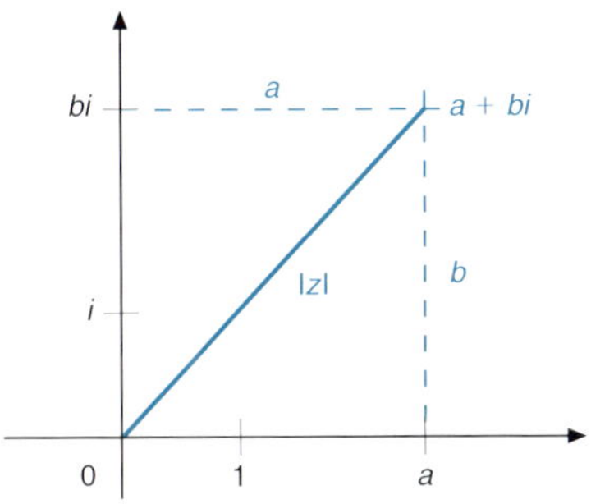


Dabei gilt:
$i^2 = -1$
$i^3 = -i$
$i^4 = 1$
$i^5 = i$
$\vdots$

*Bild 2/7*

■ $i^2 = i \cdot i = (0;\, 1) \cdot (0;\, 1) = (0 \cdot 0 - 1 \cdot 1;\, 0 \cdot 1 + 1 \cdot 0) = (-1;\, 0) = -1$

### Zueinander konjugiert komplexe Zahlen

**DEFINITION** $\bar{z}$ ist die zu $z = a + bi$ **konjugiert komplexe** Zahl $:\Leftrightarrow \bar{z} = a - bi$.

Zueinander konjugiert komplexe Zahlen unterscheiden sich also nur durch das Vorzeichen des Imaginärteils. Sie liegen in der Gaußschen Zahlenebene symmetrisch zur reellen Achse.

### Rechnen mit komplexen Zahlen

Beim Rechnen werden komplexe Zahlen in der Form $a + bi$ wie Summen reeller Zahlen behandelt.

■ **a)** $(2 - 5i) + (6 - 3i) = 8 - 8i = 8(1 - i)$

**b)** $(4 + 3i) - (1 - 3i) = 3 + 6i = 3(1 + 2i)$

**c)** $(7 + 2i) \cdot (4 + i) = 7 \cdot 4 + 2i \cdot 4 + 7 \cdot i + 2i^2 = 28 + 15i + 2 \cdot (-1) = 26 + 15i$

**d)** $\frac{3-4i}{4+5i} = \frac{(3-4i)(4-5i)}{(4+5i)(4-5i)}$ (Erweitern mit der zum Nenner konjugiert komplexen Zahl)

$= \frac{12+20i^2-31i}{16-25i^2}$

$= \frac{-8-31i}{41} = -\frac{8}{41} - \frac{31}{41}i$

### Betrag einer komplexen Zahl

2

**DEFINITION** Für den Betrag $|z|$ einer komplexen Zahl $z = a + bi$ gilt: $|z| := \sqrt{a^2+b^2}$ (↗ Bild 2/7).

Der Betrag einer komplexen Zahl gibt ihren Abstand vom Ursprung des Koordinatensystems der Gaußschen Zahlenebene an.
↗ Betrag einer reellen Zahl, S. 40

Es gilt: $|\bar{z}| = |z| = \sqrt{z \cdot \bar{z}}$; $|z_1 \cdot z_2| = |z_1| \cdot |z_2|$;

$\left|\frac{z_1}{z_2}\right| = \frac{|z_1|}{|z_2|}$ $(z_2 \neq 0)$

### Trigonometrische Form einer komplexen Zahl

Nach Einführung von Polarkoordinaten in der Gaußschen Zahlenebene läßt sich die komplexe Zahl $z = x + iy$ mit $z \neq 0$ in der sogenannten **trigonometrischen Form** schreiben (↗ Bild 2/8).

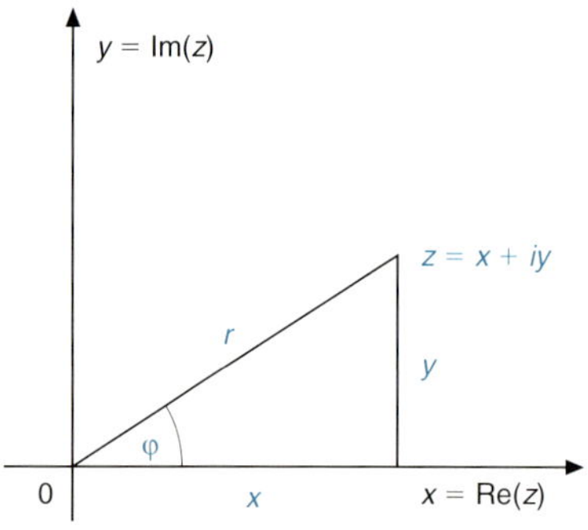


$x = r \cdot \cos\varphi$
$y = r \cdot \sin\varphi$
$z = x + iy$

$$z = r(\cos\varphi + i\sin\varphi)$$

(trigonometrische Form)

*Bild 2/8*

Dabei gilt:
$r = \sqrt{x^2+y^2} = |z|$; $\cos\varphi = \frac{x}{r} = \frac{x}{\sqrt{x^2+y^2}}$; $\sin\varphi = \frac{y}{r} = \frac{y}{\sqrt{x^2+y^2}}$

Der Winkel $\varphi$ heißt **Argument** von $z$ (arg $z$). Er ist bis auf die Addition von Vielfachen von $2\pi$ eindeutig bestimmt. Da der komplexen Zahl $z = 0$ kein Argument eindeutig zugeordnet werden kann, läßt sie sich nicht in der trigonometrischen Form darstellen.
↗ Polarkoordinaten, S. 300f.

**Multiplikation und Division komplexer Zahlen in trigonometrischer Form**

Für die komplexen Zahlen
$z_1 = r_1 (\cos\varphi_1 + i \sin\varphi_1)$ und
$z_2 = r_2 (\cos\varphi_2 + i \sin\varphi_2)$ gilt:

**a)** $z_1 \cdot z_2 = r_1 \cdot r_2 \cos[(\varphi_1 + \varphi_2) + i \sin(\varphi_1 + \varphi_2)]$ und

**b)** $\frac{z_1}{z_2} = \frac{r_1}{r_2} [\cos(\varphi_1 - \varphi_2) + i \sin(\varphi_1 - \varphi_2)]$.



■ $z_1 \cdot z_2 = r_1 (\cos\varphi_1 + i \sin\varphi_1) \cdot r_2 (\cos\varphi_2 + i \sin\varphi_2)$
$= r_1 \cdot r_2 [\cos\varphi_1 \cos\varphi_2 - \sin\varphi_1 \sin\varphi_2 + \quad i(\sin\varphi_1 \cos\varphi_2 + \cos\varphi_1 \sin\varphi_2)]$
$= r_1 \cdot r_2 [\cos(\varphi_1 + \varphi_2) + i \sin(\varphi_1 + \varphi_2)]$ (Additionstheoreme für sin und cos)
↗ Additionstheoreme, S. 130

Komplexe Zahlen in trigonometrischer Form werden multipliziert, indem ihre Beträge multipliziert und ihre Argumente addiert werden.
Komplexe Zahlen in trigonometrischer Form werden dividiert, indem ihre Beträge dividiert und ihre Argumente subtrahiert werden.

■ Gegeben: $z_1 = -1 - 3i$; $z_2 = 2 + i$
Multiplikation: $z_1 \cdot z_2 = (-1 - 3i)(2 + i) = -2 - i - 6i - 3i^2 = 1 - 7i$

Division: $z_1 : z_2 = \frac{-1-3i}{2+i} = \frac{(-1-3i)(2-i)}{(2+i)(2-i)} = \frac{-2+i-6i+3i^2}{4-i^2} = \frac{-5-5i}{5} = -1-i$

Umwandlung in die trigonometrische Form:

$z_1 = x_1 + iy_1 = -1 - 3i$
$\curvearrowright x_1 = -1;\ y_1 = -3$
$r_1 = \sqrt{x_1^2 + y_1^2} = \sqrt{10}$
$\cos\varphi_1 = \frac{x_1}{r_1} = -\frac{1}{\sqrt{10}}$
$\sin\varphi_1 = \frac{y_1}{r_1} = -\frac{3}{\sqrt{10}}$
$\curvearrowright \varphi_1 \approx 251{,}57°$
Also:
$z_1 = \sqrt{10}\,(\cos 251{,}57° + i \sin 251{,}57°)$

$z_2 = x_2 + iy_2 = 2 + i$
$\curvearrowright x_2 = 2;\ y_2 = 1$
$r_2 = \sqrt{x_2^2 + y_2^2} = \sqrt{5}$
$\cos\varphi_2 = \frac{x_2}{r_2} = \frac{2}{\sqrt{5}}$
$\sin\varphi_2 = \frac{y_2}{r_2} = \frac{1}{\sqrt{5}}$
$\curvearrowright \varphi_2 \approx 26{,}57°$
Also:
$z_2 = \sqrt{5}\,(\cos 26{,}57° + i \sin 26{,}57°)$

Multiplikation:
$z_1 \cdot z_2 = \sqrt{10} \cdot \sqrt{5}\,(\cos 278{,}14° + i \sin 278{,}14°) = 1 - 7i$ (bis auf Rundungsfehler)
Division:
$\frac{z_1}{z_2} = \frac{\sqrt{10}}{\sqrt{5}} (\cos 225° + i \sin 225°) = \sqrt{2}\left(-\frac{1}{2}\sqrt{2} - \frac{1}{2}\sqrt{2}\,i\right) = -1 - i$

**Potenzieren und Radizieren komplexer Zahlen in trigonometrischer Form**

$z^2 = z \cdot z = r(\cos\varphi + i \sin\varphi) \cdot r(\cos\varphi + i \sin\varphi) = r^2 (\cos 2\varphi + i \sin 2\varphi)$
(Multiplikationsregel)
Vollständige Induktion ergibt: $z^n = r^n(\cos n\varphi + i \sin n\varphi) \quad (n \in \mathbb{N}, n \geq 1)$

Unter Berücksichtigung der Periodizität von Sinus und Kosinus ist
$z = r(\cos(\varphi + k \cdot 2\pi) + i\sin(\varphi + k \cdot 2\pi)) \quad (k = 0; 1; 2; \ldots)$

Daraus folgt:

$$\sqrt[n]{z} = z^{\frac{1}{n}} = r^{\frac{1}{n}}\left(\cos\frac{\varphi + k \cdot 2\pi}{n} + \sin\frac{\varphi + k \cdot 2\pi}{n}\right)$$

Nach der Multiplikationsregel gilt nämlich

$$z = \left(z^{\frac{1}{n}}\right)^n = \left(r^{\frac{1}{n}}\right)^n\left(\cos n \cdot \frac{\varphi + k \cdot 2\pi}{n} + i\sin n \cdot \frac{\varphi + k \cdot 2\pi}{n}\right)$$
$$= r(\cos(\varphi + k \cdot 2\pi) + i\sin(\varphi + k \cdot 2\pi))$$

Für $k = 0$ ergibt sich $\frac{\varphi}{n}$, für $k = n$ ergibt sich $\frac{\varphi}{n} + 2\pi$ als Argument von $z^{\frac{1}{n}}$. Beide Argumente liefern dieselbe komplexe Zahl.
Setzt man für $k$ der Reihe nach 0; 1; 2; ...; $n-1$ ein, so ergeben sich $n$ Werte für $\sqrt[n]{z}$.

## Arbeiten mit Variablen

### Vielfache eines Terms

Reelle Zahlen können durch Terme beschrieben werden. Produkte eines solchen Terms mit beliebigen reellen Zahlen heißen **Vielfache** dieses Terms.
Die reellen Zahlen werden **Koeffizienten** genannt.
↗ Kleinstes gemeinsames Vielfaches, S. 43f.
↗ Terme, S. 12

■

| Term | $x$ | $d$ | $a^3$ | $a - b$ | $5x$ |
|---|---|---|---|---|---|
| Vielfaches | $0{,}5x$ | $\pi d$ | $1{,}3a^3$ | $-9(a - b)$ | $3 \cdot 5x = 15x$ |

Von mehreren Termen können gemeinsame Vielfache ermittelt werden.

■

| | |
|---|---|
| Gegeben sei:<br>$3a^2b$, $12ab^2$ und $8abc$.<br>Das kleinste gemeinsame Vielfache ist zu ermitteln. | $3a^2b = 3 \cdot a^2 \cdot b$<br>$12ab^2 = 2^2 \cdot 3 \cdot a \cdot b^2$<br>$8abc = 2^3 \cdot a \cdot b \cdot c$<br>$2^3 \cdot 3 \cdot a^2 \cdot b^2 \cdot c = 24a^2b^2c$ |

### Ausmultiplizieren/Ausklammern

| | |
|---|---|
| **Ausmultiplizieren** ► | ■ $-2a(3b - 5c) = -6ab + 10ac$ |
| $\boldsymbol{a(b + c) = ab + ac}$ | |
| **Ausklammern** ◄ | ■ $3a + xa = (3 + x)a$ |

- Weitere Beispiele (auftretende Nenner jeweils ungleich 0):

**a)** $\frac{4a}{3b}\left(\frac{b}{2c}+\frac{3}{a}-\frac{6a}{b}\right)=\frac{4a}{3b}\cdot\frac{b}{2c}+\frac{4a}{3b}\cdot\frac{3}{a}-\frac{4a}{3b}\cdot\frac{6a}{b}=\frac{2a}{3c}+\frac{4}{b}-\frac{8a^2}{b^2}$

**b)** $25a^2b-40a^2b^2+5ab$
$= 5ab\cdot(5a)-5ab\cdot(8ab)+5ab\cdot(1)$
$= 5ab(5a-8ab+1)$

**Addieren/Subtrahieren mehrerer Vielfacher eines Terms**

Man sagt: Zusammenfassen (der Vielfachen); es beruht auf dem Ausklammern.



- **a)** $3a^2+5a^2=(3+5)a^2=8a^2$
  **b)** $0{,}5u^3-7{,}2u^3+9u^3=(0{,}5-7{,}2+9)u^3=2{,}3u^3$

- $3a^2-8a^4$; teilweises Zusammenfassen möglich:
  $3a^2-8a^4=3a^2-8a^2a^2=(3-8a^2)a^2$

**Dividieren von Termen**

Die Division von Termen ist nur dann erklärt, wenn der Wert des Divisors nicht gleich Null ist.
Gegebenenfalls wird der Quotient gekürzt.

- $8m^3n^2:(4mn)=\frac{8m^3n^2}{4mn}=2m^2n \quad (m, n \neq 0)$

**Addition und Subtraktion von Summen**

| **Auflösen der Klammern** ► | |
|---|---|
| $a+(b+c)=a+b+c$<br>$a+(b-c)=a+b-c$<br>$a+(-b+c)=a-b+c$<br>$a+(-b-c)=a-b-c$ | $a-(b+c)=a-b-c$<br>$a-(b-c)=a-b+c$<br>$a-(-b+c)=a+b-c$<br>$a-(-b-c)=a+b+c$ |
| **Setzen der Klammern** ◄ | |

- $6r-[0{,}5s^2+(t+r^2)-(-3t^2+2s)]$
  *1. Möglichkeit:* Man beginnt mit den runden Klammern.
  $= 6r-[0{,}5s^2+t+r^2+3t^2-2s]$
  $= 6r-0{,}5s^2-t-r^2-3t^2+2s$
  *2. Möglichkeit:* Man beginnt mit den eckigen Klammern.
  $= 6r-0{,}5s^2-(t+r^2)+(-3t^2+2s)$
  $= 6r-0{,}5s^2-t-r^2-3t^2+2s$

- $2a-3{,}5+6{,}3b-c=2a-(3{,}5-6{,}3b+c)$
  *oder* $=(2a-3{,}5)+(6{,}3b-c)$
  *oder* $=2a-3{,}5-(-6{,}3b+c)$

## Multiplizieren von Summen

| Ausmultiplizieren ► |
|---|
| $(a + b)(c + d) = a(c + d) + b(c + d) = ac + ad + bc + bd$<br>**oder**<br>$(a + b)(c + d) = (a + b)c + (a + b)d = ac + bc + ad + bd$ |
| **Ausklammern ◄** |

2

- Ausmultiplizieren:

$$[5a - 4a(b + 2c)][a + 9ab] = [5a - 4ab - 8ac][a + 9ab]$$
$$= 5a^2 + 45a^2b - 4a^2b - 36a^2b^2 - 8a^2c - 72a^2bc$$
$$= 5a^2 - 36a^2b^2 + 41a^2b - 72a^2bc - 8a^2c$$

- Binomische Formeln:

$$(a \pm b)^2 = (a \pm b)(a \pm b) = a^2 \pm 2ab + b^2$$
$$(a - b)(a + b) = a^2 - b^2$$

- Ausklammern:

$$6ab + 2ac + 15b + 5c = 2a(3b + c) + 5(3b + c) = (2a + 5)(3b + c)$$

**Dividieren einer Summe; Polynomdivision**

Nach dem Distributivgesetz gilt im Fall $c \neq 0$:

$$(\boldsymbol{a} + \boldsymbol{b}) : \boldsymbol{c} = (\boldsymbol{a} + \boldsymbol{b}) \cdot \frac{\boldsymbol{1}}{\boldsymbol{c}} = \boldsymbol{a} \cdot \frac{\boldsymbol{1}}{\boldsymbol{c}} + \boldsymbol{b} \cdot \frac{\boldsymbol{1}}{\boldsymbol{c}} = \boldsymbol{a} : \boldsymbol{c} + \boldsymbol{b} : \boldsymbol{c}$$

- Für $a \neq 0$ erhält man:

$$(3ab + 12a + 15a^2) : 3a = \frac{3ab}{3a} + \frac{12a}{3a} + \frac{15a^2}{3a} = b + 4 + 5a$$

Eine Summe kann durch eine Summe dividiert werden. Man nennt dies auch Polynomdivision.

- $(28a^2 + 13ab - 6b^2) : (4a + 3b) = 7a - 2b$

$$\begin{array}{l} -(28a^2 + 21ab) \\ \hline 0 \quad - \quad 8ab - 6b^2 \\ \quad -(- \quad 8ab - 6b^2) \\ \hline \qquad\qquad 0 \end{array}$$

- $(15x^2 + 10x + 21xy - 3xz + 14y - 5z) : (3x + 2) = 5x + 7y - z - \frac{3z}{3x + 2}$

$$\begin{array}{l} -(15x^2 + 10x) \\ \hline \qquad 0 + 21xy \qquad + 14y \\ \qquad -(21xy \qquad + 14y) \\ \hline \qquad\quad 0 \quad - 3xz \qquad - 5z \\ \qquad\quad -(- 3xz \qquad - 2z) \\ \hline \qquad\qquad\qquad\qquad - 3z \end{array}$$

### Rechenoperationen mit Quotienten von Termen

Mit Quotienten von Termen wird nach den üblichen Regeln der Bruchrechnung gerechnet, einschließlich der Regel zur Ermittlung des Hauptnenners als gemeinsamem Vielfachen der Einzelnenner (↗ S. 43). Dabei wird vorausgesetzt, daß sämtliche Nenner ungleich Null sind.

**Addieren/Subtrahieren von Quotienten:**

■ **a)** $\frac{b}{2a} + \frac{3x}{2a} = \frac{b+3x}{2a} \quad (a \neq 0)$

**b)** $\frac{a^2b + ab^2 - a^2b^2}{ab} = \frac{a^2b}{ab} + \frac{ab^2}{ab} - \frac{a^2b^2}{ab} = a + b - ab \quad (a \cdot b \neq 0)$

**c)** $\frac{7y}{x^2+xy} - \frac{5x}{xy+y^2} + \frac{3}{xy}$

$= \frac{7y \cdot y - 5x \cdot x + 3(x+y)}{xy(x+y)}$

$= \frac{7y^2 - 5x^2 + 3(x+y)}{xy(x+y)}$

Ermittlung des Hauptnenners (HN):

| | | | |
|---|---|---|---|
| $x^2+xy$ | $= x \cdot$ | $(x+y)$ | $y$ |
| $xy+y^2$ | $= y \cdot$ | $(x+y)$ | $x$ |
| $xy$ | $= x \cdot y$ | | $x+y$ |
| HN: | $x \cdot y \cdot (x+y)$ | | |

**Multiplizieren/Dividieren von Quotienten:**

■ **a)** $\frac{2x}{3y} \cdot \frac{6xy}{z} = \frac{2x \cdot 6xy}{3yz} = \frac{2x \cdot 2x}{z} = \frac{4x^2}{z}$

**b)** $\frac{\frac{a^2b}{20x}}{\frac{3{,}5ab}{75x}} = \frac{a^2b}{20x} : \frac{3{,}5ab}{75x} = \frac{a^2b}{20x} \cdot \frac{75x}{3{,}5ab} = \frac{15a}{14}$

**Kürzen aus Summen:**

Mit Hilfe des Ausklammerns lassen sich häufig Quotienten, deren Zähler und Nenner aus Summen gebildet sind, kürzen.

■ $\frac{a^2 - 2ab + b^2}{a^2 - b^2} = \frac{(a-b)^2}{(a+b)(a-b)} = \frac{a-b}{a+b}$

## Rechnen mit Näherungswerten

### Runden

Beim **Runden** werden eine oder mehrere Ziffern am Ende der Dezimaldarstellung einer Zahl durch Nullen ersetzt. Stehen diese Nullen in Dezimalstellen, so können sie weggelassen werden. Beim **Abrunden** bleibt die letzte, nicht durch Null ersetzte Ziffer erhalten, beim **Aufrunden** wird sie um 1 erhöht.

| **Der letzten nicht ersetzten Ziffer folgt unmittelbar** | ■ **Beispiele** |
|---|---|
| ① eine 1, 2, 3 oder 4: abrunden | 816 ≈ 800; 826 ≈ 800; 836 ≈ 800; 846 ≈ 800 |

| Der letzten nicht ersetzten Ziffer folgt unmittelbar | ■ Beispiele |
|---|---|
| ② eine 5, 6, 7, 8 oder 9: aufrunden | 866 ≈ 900; 876 ≈ 900; 886 ≈ 900; 896 ≈ 900; 852 ≈ 900; 850 ≈ 900 |

2

### Überschlagen

Beim **Überschlagen** eines Rechenergebnisses werden die in die Rechnung eingehenden Zahlen so vereinfacht, daß man mit den vereinfachten Zahlen möglichst im Kopf rechnen kann. Dabei brauchen die Rundungsregeln nicht beachtet zu werden.

■ Zu berechnen sei $\frac{5{,}26 \cdot 19{,}7}{36{,}8}$

Überschlag: $\frac{5 \cdot 21}{35} = 3$ oder $\frac{6 \cdot 18}{36} = 3$ oder $\frac{5 \cdot 20}{35} = \frac{20}{7} \approx 3$

*Bemerkung:* Ein Überschlag ist nur dann sinnvoll, wenn er weniger Rechenaufwand erfordert als die direkte Berechnung des Ergebnisses.

### Abschätzen

Beim **Abschätzen** eines Rechenergebnisses werden möglichst dicht beieinanderliegende untere bzw. obere Schranken für das Ergebnis ermittelt.

■ Abschätzen des Produktes $x = 53{,}75 \cdot 7{,}53$:
Wegen $53 < 53{,}75 < 54$ und $7 < 7{,}53 < 8$ gilt
$53 \cdot 7 < x < 54 \cdot 8$
$371 < x < 432$
Genauer Wert: $x = 404{,}7375$.

■ Abschätzen eines Quotienten $x = \frac{24{,}3}{38{,}7}$:

Wegen $24 < 24{,}3 < 25$ und $38 < 38{,}7 < 39$ gilt

$\frac{24}{39} < x < \frac{25}{38} < \frac{25}{37{,}5} = \frac{2}{3}$

$\frac{8}{13} < x < \frac{2}{3}$

$0{,}61 < x < 0{,}67$
Auf vier Dezimalen gerundet: $x = 0{,}6279$.
↗ Schranken einer Menge reeller Zahlen, S. 34

### Näherungswerte

Zahlenangaben, die von den genauen Werten nach oben oder nach unten abweichen, heißen **Näherungswerte**.
Je geringer der Betrag dieser Abweichung ist, desto besser ist der Näherungswert.

*Näherungswerte erhält man*
- beim Schätzen, Runden, Überschlagen,
- beim Messen,
- beim Rechnen, wenn Näherungswerte beteiligt sind.

■ Durch Runden entstandene Näherungswerte:

**a)** $\frac{1}{3} \approx 0{,}33$ **c)** $\pi \approx 3{,}142$

**b)** $\frac{3}{7} \approx 0{,}4286$ **d)** $\sqrt{2} \approx 1{,}414$

Die maximale Abweichung eines Näherungswertes vom (meist unbekannten) genauen Wert nach oben oder unten ist im allgemeinen nicht größer als die Hälfte des Stellenwertes der letzten angegebenen Ziffer (Grundziffer).



■ Bei der Angabe $\sqrt{2} = 1{,}414$ liegt der genaue Wert von $\sqrt{2}$ zwischen 1,4135 und 1,4145.

**Absoluter Fehler**

Der **absolute Fehler** $\varepsilon$ eines Näherungswertes $a$ für eine Zahlenangabe $x$ ist die Differenz $a - x$.
Bei Größenangaben hat der absolute Fehler dieselbe Dimension wie die betrachtete Größe.
Da der genaue Wert $x$ meistens nicht bekannt ist, kann man auch den absoluten Fehler nicht angeben. Statt dessen gibt man **Schranken** für den absoluten Fehler an.
Die Zahl $\Delta a > 0$ heißt **absolute Fehlerschranke** für den Näherungswert $a$ einer Zahlenangabe $x$, wenn gilt
$a - \Delta a \leq x \leq a + \Delta a$.
Man schreibt auch $x = a \pm \Delta a$.

■ Für den Näherungswert $a = 1{,}414$ von $x = \sqrt{2}$ gilt
$\Delta a = 0{,}0005$, d. h.
$\sqrt{2} = 1{,}414 \pm 0{,}0005$.

**Relativer Fehler**

Der **relative Fehler** eines Näherungswertes $a$ für eine Zahlenangabe $x$ ist die Zahl

$$\left|\frac{a - x}{a}\right| \quad (a \neq 0).$$

Ähnlich wie beim absoluten Fehler wird auch für den relativen Fehler eine Fehlerschranke angegeben.
Die Zahl $\left|\frac{\Delta a}{a}\right|$ heißt **relative Fehlerschranke**.
Relativer Fehler und relative Fehlerschranke werden häufig in Prozent angegeben.
↗ Betrag einer reellen Zahl, S. 40

2

### Zuverlässige Ziffer (Stelle)

In einem Näherungswert heißt eine **Ziffer** zuverlässig, wenn der Betrag des absoluten Fehlers des Näherungswertes nicht größer als die Hälfte ihres Stellenwertes ist.
In einem Näherungswert heißt eine **Stelle** zuverlässig, wenn sie mit einer zuverlässigen Ziffer besetzt ist.
Ziffern, die durch richtiges Runden entstanden sind, sind zuverlässig.

■

| Näherungswerte für 0,7142857 | Zuverlässige Ziffern |
|---|---|
| 0,714286 | 0; 7; 1; 4; 2; 8; 6 |
| 0,71429 | 0; 7; 1; 4; 2; 9 |
| 0,7143 | 0; 7; 1; 4; 3 |
| 0,714 | 0; 7; 1; 4 |
| 0,71 | 0; 7; 1 |
| 0,7 | 0; 7 |
| 1 | 1 |

Die Zuverlässigkeit von Nullen am Ende von Näherungswerten wird durch die Angabe dieser Werte mit abgetrennten Zehnerpotenzen angezeigt.

■ Näherungswert sei 15000

**a)** $1{,}5 \cdot 10^4$; keine Null ist zuverlässig
**b)** $1{,}50 \cdot 10^4$; eine Null ist zuverlässig
**c)** $1{,}500 \cdot 10^4$; zwei Nullen sind zuverlässig
↗ Näherungswerte, S. 66f.

### Rechnen mit Näherungswerten

Regeln für das Rechnen mit Näherungswerten

① Bei *Addition* und *Subtraktion* von Näherungswerten ist im Resultat höchstens noch die Stelle zuverlässig, die in allen Eingangswerten mit einer zuverlässigen Ziffer besetzt ist.
② Bei der *Multiplikation* und *Division* von Näherungswerten sind im Resultat nicht mehr Ziffern zuverlässig als im Eingangswert mit der geringsten Anzahl zuverlässiger Ziffern (ohne Nullen vor der ersten von Null verschiedenen Ziffer in Dezimalbrüchen).
③ Gegenüber dem ungenauesten Eingangswert genauere Eingangswerte werden so gerundet, daß sie eine Zusatzziffer gegenüber dem ungenauesten Eingabewert haben.
④ In allen *Zwischenergebnissen* wird eine Ziffer mehr beibehalten als nach Regel ① oder ② zuverlässig sind.

# Funktionen, Gleichungen, Ungleichungen

3

## Funktionen

### Funktion

Jede Zuordnung $f$ ist eine Menge geordneter Paare $(x; y)$, wobei alle beteiligten $x$ eine Menge $X$ und alle beteiligten $y$ eine Menge $Y$ bilden.
$f = \{(x; y) \mid x \in X, y \in Y\}$
Wenn die Zuordnung eine Funktion ist, gibt es zu jedem $x \in X$ genau ein $y \in Y$.
Die Menge $X$ heißt **Definitionsbereich** der Funktion, die Menge $Y$ heißt **Wertebereich** der Funktion.
Man schreibt oft $y = f(x)$ und meint „die Funktion $f$ mit $y = f(x)$".
Bei Zahl-Zahl-Funktionen handelt es sich beim Definitionsbereich und beim Wertebereich meist um Mengen (reeller) Zahlen. Wird der Definitionsbereich nicht gesondert angegeben, so wird der größtmögliche Definitionsbereich zugrunde gelegt.
↗ Geordnetes Paar, S. 24
↗ Zuordnung, S. 25

■ $f(x) = \sqrt{25 - x^2}$ Definitionsbereich: $x \in \mathbb{R}$ mit $-5 \leq x \leq 5$
Wertebereich: $y \in \mathbb{R}$ mit $0 \leq y \leq 5$

| | |
|---|---|
| **Argument von *f*** | Jedes Element des Definitionsbereichs der Funktion $f$. |
| **Funktionswert von *f*** | Jedes Element des Wertebereichs der Funktion $f$. $f(x)$ ist der Funktionswert von $f$ für das Argument $x$. |

■ $f(x) = 5x + 3$

| | | | | |
|---|---|---|---|---|
| **einige Argumente von *f*** | $x$ | −2 | −1,5 | 0 |
| **die zugehörigen Funktionswerte** | $f(x)$ | −7 | −4,5 | 3 |

### Eineindeutige Funktion

*1. Formulierung:* Eine Funktion $f$ ist **eineindeutig** genau dann, wenn es zu jedem $y$ aus dem Wertebereich von $f$ genau ein $x$ aus dem Definitionsbereich von $f$ mit $f(x) = y$ gibt.

*2. Formulierung:* Eine Funktion $f$ ist **eineindeutig** genau dann, wenn zu verschiedenen Argumenten auch verschiedene Funktionswerte gehören.

- Die Funktion $f(x) = 2x + 1$ ist *eineindeutig*, denn die Gleichung $y = 2x + 1$ hat für jedes gegebene $y$ genau eine Lösung $x$.

- Die Funktion $f(x) = x^2$ ist auf $\mathbb{R}$ *nicht eineindeutig*, denn es gibt z. B. zum Funktionswert $y = 25$ die Argumente $x_1 = 5$ und $x_2 = -5$ mit $f(x_1) = f(x_2) = 25$.

- Jede streng monotone Funktion ist eineindeutig.
  ↗ Monotone Funktion, S. 72

## Rationale und nichtrationale Funktionen



**DEFINITION** Eine Funktion $f$ ist eine **ganze rationale Funktion** genau dann, wenn es eine natürliche Zahl $n$ und reelle Zahlen $a_0, a_1, a_2, \ldots, a_n$ mit $a_n \neq 0$ gibt, so daß für jedes $x$ aus dem Definitionsbereich von $f$ gilt:

$$f(x) = a_n x^n + a_{n-1} x^{n-1} + \ldots + a_2 x^2 + a_1 x + a_0 = \sum_{i=0}^{n} a_i x^i$$

Man nennt die Zahlen $a_0, a_1, a_2, \ldots, a_n$ die **Koeffizienten** und die Zahl $n$ den **Grad** der ganzen rationalen Funktion $f$.

**DEFINITION** Eine Funktion $f$ ist eine **rationale Funktion** genau dann, wenn es ganze rationale Funktionen $u$ und $v$ gibt, so daß $f(x) = \frac{u(x)}{v(x)}$ für alle $x$ aus dem Definitionsbereich von $f$ gilt.

Rationale Funktionen, die nicht ganze rationale Funktionen sind, werden **gebrochene rationale Funktionen** genannt. Ihr größtmöglicher Definitionsbereich ist die Menge $\{x \mid x \in \mathbb{R};\ v(x) \neq 0\}$.
Eine Funktion $f$ ist eine **nichtrationale Funktion** genau dann, wenn sie sich nicht in der Form

$$f(x) = \frac{a_n x^n + a_{n-1} x^{n-1} + \ldots + a_1 x + a_0}{b_m x^m + b_{m-1} x^{m-1} + \ldots + b_1 x + b_0}$$

darstellen läßt.

- **Beispiele für rationale Funktionen**

| *Ganze rationale Funktionen* | *Gebrochene rationale Funktionen* |
|---|---|
| Lineare Funktionen (↗ S. 85 f.)<br>Quadratische Funktionen (↗ S. 100)<br>Potenzfunktionen $f$ mit<br>$f(x) = x^n$ $(n \in \mathbb{N})$ (↗ S. 110) | Potenzfunktionen $f$ mit<br>$f(x) = x^{-n}$ $(n \in \mathbb{N};\ n > 0)$ (↗ S. 111) |

■ **Beispiele für nichtrationale Funktionen**

Potenzfunktionen $f$ mit $f(x) = \sqrt[n]{x^m} = x^{\frac{m}{n}}$ $(m, n \in \mathbb{N}; m \geq 1; n \geq 2; n \nmid m)$ (↗ S. 112)
Exponentialfunktionen (↗ S. 123)
Logarithmusfunktionen (↗ S. 122)
Winkelfunktionen (↗ S. 126)

## Nullstelle einer Funktion

**DEFINITION** Jede Zahl $x$ aus dem Definitionsbereich einer Funktion $f$, die Lösung der Gleichung $f(x) = 0$ ist, heißt **Nullstelle der Funktion**.

3

Die Nullstellen einer Funktion $f$ sind demnach
- die Argumente $x$, deren zugehörige Funktionswerte $f(x)$ gleich Null sind;
- die Abszissen derjenigen Punkte, in denen der Graph der Funktion $f$ die $x$-Achse schneidet oder berührt.

■ Die Funktion $f(x) = x^2 + x - 2$ hat zwei Nullstellen: $x_1 = -2$ und $x_2 = 1$.

Die Funktion $f(x) = \frac{1}{x}$ hat keine Nullstelle.

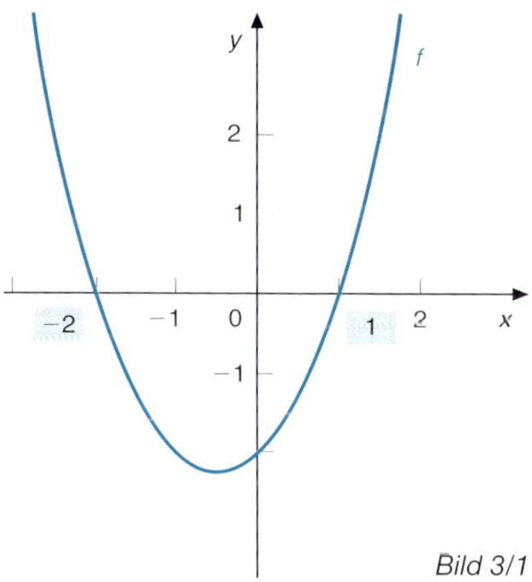

*Bild 3/1*

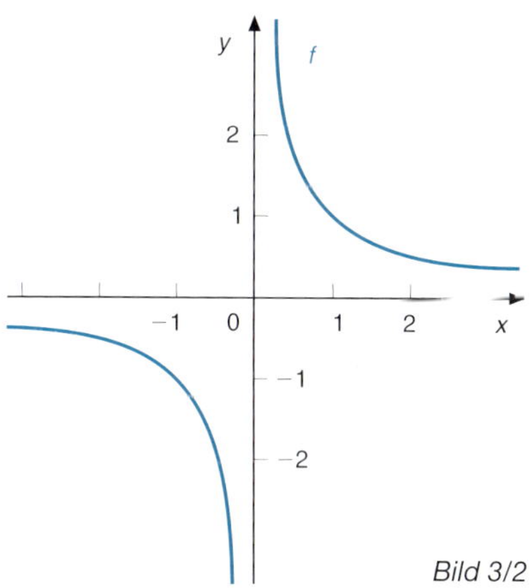

*Bild 3/2*

Man ermittelt die Nullstellen einer Funktion $f$, indem man die Gleichung $f(x) = 0$ löst und prüft, ob die Lösungen zum Definitionsbereich von $f$ gehören.

■ Gesucht sind die Nullstellen der Funktion

$$f(x) = \frac{1}{3}x + 4$$
$$0 = \frac{1}{3}x + 4$$
$$x = -12$$

*Probe:*
$$f(-12) = \frac{1}{3} \cdot (-12) + 4$$
$$= -\frac{12}{3} + 4$$
$$f(-12) = 0$$

## Monotone Funktion

**DEFINITION** Eine Funktion $f$ ist auf einer Teilmenge $M$ des Definitionsbereiches von $f$ (↗ Bild 3/3)
- **monoton wachsend** genau dann, wenn für alle $x_1, x_2 \in M$ gilt:
  Wenn $x_1 < x_2$, so $f(x_1) \leq f(x_2)$;
- **streng monoton wachsend** genau dann, wenn für alle $x_1, x_2 \in M$ gilt:
  Wenn $x_1 < x_2$, so $f(x_1) < f(x_2)$;
- **monoton fallend** genau dann, wenn für alle $x_1, x_2 \in M$ gilt:
  Wenn $x_1 < x_2$, so $f(x_1) \geq f(x_2)$;
- **streng monoton fallend** genau dann, wenn für alle $x_1, x_2 \in M$ gilt:
  Wenn $x_1 < x_2$, $f(x_1) > f(x_2)$.

3

| **monoton wachsend** | | **monoton fallend** | |
|---|---|---|---|

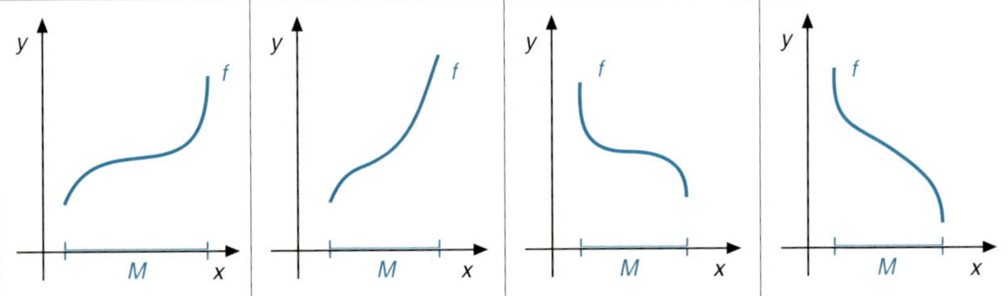


| Bild 3/3 | streng monoton wachsend | | streng monoton fallend |
|---|---|---|---|

■ Die Funktion $y = x^2 - 2x - 1$ ist im Interval $-\infty < x \leq 1$ streng monoton fallend. Im Intervall $1 \leq x < \infty$ ist diese Funktion streng monoton wachsend.

Beweis für den *2. Teil der Behauptung:*
Aus $1 \leq x_1 < x_2$ folgt
$$f(x_2) - f(x_1)$$
$$= x_2^2 - 2x_2 - 1 - (x_1^2 - 2x_1 - 1)$$
$$= (x_2^2 - x_1^2) - 2 \cdot (x_2 - x_1)$$
$$= (x_2 + x_1)(x_2 - x_1) - 2 \cdot (x_2 - x_1)$$
$$= (x_2 - x_1)(x_2 + x_1 - 2) > 0$$
(denn $x_2 - x_1 > 0$ und $x_2 + x_1 - 2 > 0$)
Also: $f(x_1) < f(x_2)$.
↗ Lokale Monotonie, S. 239

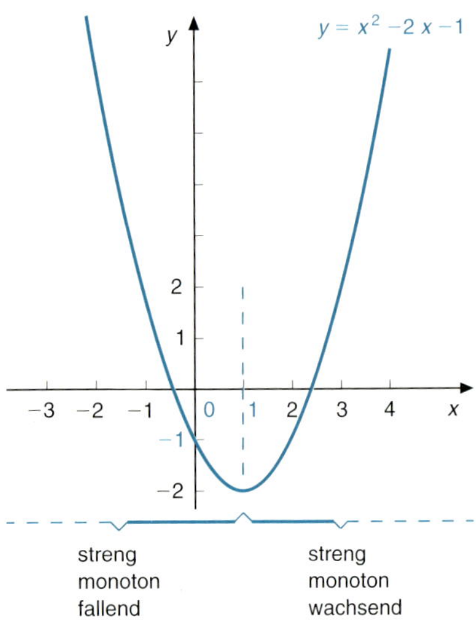


*Bild 3/4*

## Gerade Funktion, ungerade Funktion

**DEFINITION** Eine Funktion $f$ ist **gerade** genau dann, wenn für alle $x$ des Definitionsbereiches $D$ gilt:
$-x \in D$ und $f(-x) = f(x)$.

**DEFINITION** Eine Funktion $f$ ist **ungerade** genau dann, wenn für alle $x$ des Definitionsbereiches $D$ gilt:
$-x \in D$ und $f(-x) = -f(x)$.

Das Bild einer geraden Funktion ist symmetrisch zur Ordinatenachse (↗ Bild 3/5).

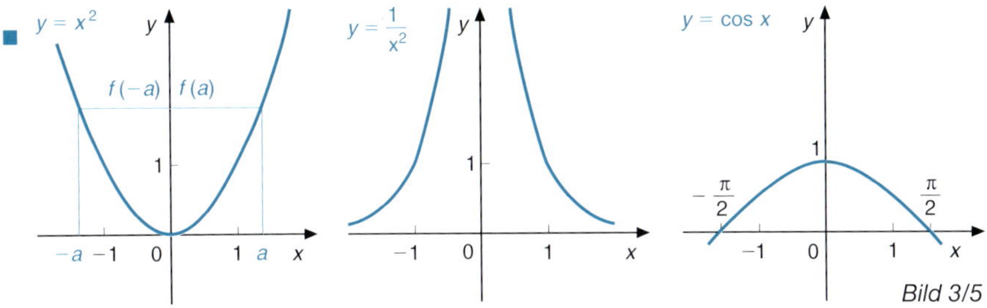

*Bild 3/5*

Das Bild einer ungeraden Funktion ist zentralsymmetrisch zum Ursprung des Koordinatensystems (↗ Bild 3/6).
↗ Symmetrische Figuren, S. 155

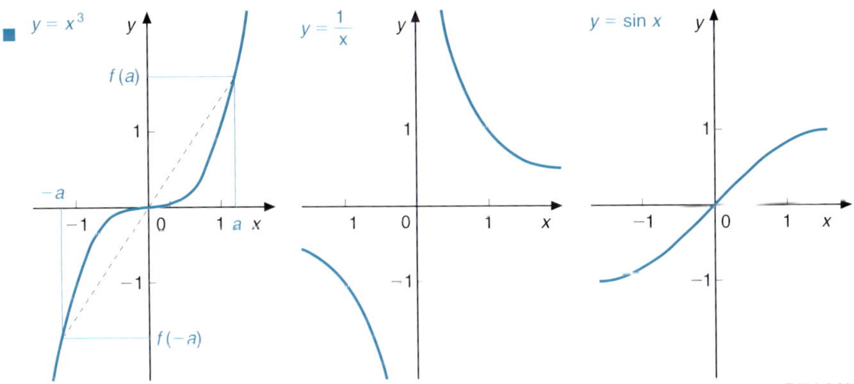

*Bild 3/6*

### Periodizität

**DEFINITION** Eine Funktion $f$ ist **periodisch** genau dann, wenn es eine reelle Zahl $p \neq 0$ derart gibt, daß für alle $x$ des Definitionsbereiches $D$ gilt:
$x + p \in D$ und $f(x + p) = f(x)$. $p$ heißt **Periode** von $f$.

Da mit $p$ auch $k \cdot p$ für jedes natürliche $k > 0$ eine Periode von $f$ ist, hat eine periodische Funktion unendlich viele Perioden.

Wenn von der *kleinsten Periode* gesprochen wird, so ist die kleinste positive Periode gemeint.
↗ Winkelfunktionen (siehe „Periodizität"), S. 126



■ Gegeben sei die Funktion $f$ mit
$f(x) = x - n$ für $n \leq x < n + 1$ und
$n \in \mathbb{Z}; x \in \mathbb{R}$.
Für $0 \leq x < 1$ ergibt sich
$f(x) = x$
und für $1 \leq x < 2$ ergibt sich
$f(x) = x - 1$
usw.
1 ist die kleinste Periode von $f$.

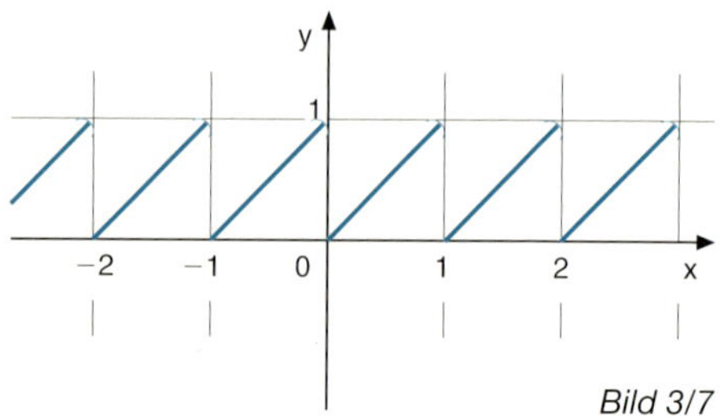

*Bild 3/7*

## Rationale Operationen mit Funktionen

Sind $f$ und $g$ Funktionen mit einem gemeinsamen Definitionsbereich $D$, dann sind auch

(1) $s = f + g$, (2) $d = f - g$, (3) $p = f \cdot g$ und (4) $q = \frac{f}{g}$

Funktionen, wobei festgelegt ist:
(1) $s(x) = f(x) + g(x)$ für jedes $x \in D$,
(2) $d(x) = f(x) - g(x)$ für jedes $x \in D$,
(3) $p(x) = f(x) \cdot g(x)$ für jedes $x \in D$,
(4) $q(x) = \frac{f(x)}{g(x)}$ für jedes $x \in D$ und $g(x) \neq 0$.

■ $f(x) = \frac{1}{2}x$
$g(x) = \sin x$
Gemeinsamer Definitionsbereich: $\mathbb{R}$
$s(x) = f(x) + g(x)$
$s(x) = \frac{1}{2}x + \sin x$

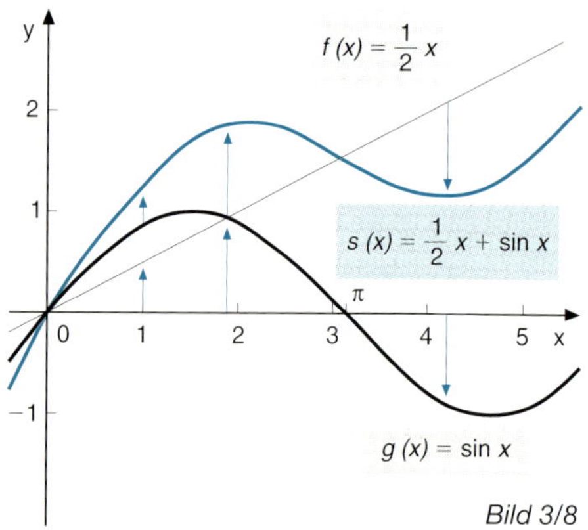

*Bild 3/8*

## Umkehrfunktion einer Funktion

Es sei $f$ eine eineindeutige Funktion. Die Menge der geordneten Paare $(y; x)$, für die $(x; y)$ zu $f$ gehört, heißt die **Umkehrfunktion** $\bar{f}$ (auch **inverse Funktion**) von $f$. Eine eineindeutige Funktion heißt auch **umkehrbare Funktion**.

Der Definitionsbereich von $f$ ist der Wertebereich von $\bar{f}$ und der Wertebereich von $f$ ist der Definitionsbereich von $\bar{f}$.
Es gilt $\bar{f}(f(x)) = x$ für alle $x$ aus dem Definitionsbereich von $f$.
↗ Eineindeutige Funktion, S. 69

Vertauscht man in der Menge der geordneten Paare von $f$ die Komponenten jedes Paares, so ergibt sich die Menge der geordneten Paare von $\bar{f}$. Verfährt man entsprechend mit den Paaren von $\bar{f}$, so ergibt sich $f$. Daher ist auch $f$ Umkehrfunktion von $\bar{f}$. Man sagt: $f$ und $\bar{f}$ sind **zueinander invers**.

3

■ Gegeben ist $f$ mit $y = 3x + 5$ ($x \in \mathbb{R}$); gesucht ist die Gleichung der Umkehrfunktion $\bar{f}$.
Die Funktion $f$ ist eineindeutig; ihre geordneten Paare haben die Form $(a; 3a + 5)$ mit $a \in \mathbb{R}$.
Alle Paare der Umkehrfunktion $\bar{f}$ haben dann die Form $(3a + 5; a)$ mit $a \in \mathbb{R}$. Man geht zu den üblichen Bezeichnungen über, d. h. zu $x$ für das Argument und zu $y$ für den Funktionswert, und erhält $(3y + 5; y) = (x; y)$ und somit
$3y + 5 = x$ bzw. $y = \frac{1}{3}x - \frac{5}{3}$.
Die Gleichung der Umkehrfunktion $\bar{f}$ ist
$\bar{f}(x) = \frac{1}{3}x - \frac{5}{3}$.

| **Regel für die Gewinnung der Gleichung der Umkehrfunktion** |
|---|
| Gegeben ist die Gleichung $y = f(x)$ einer umkehrbaren Funktion $f$. Man erhält die Gleichung $y = \bar{f}(x)$, indem man die Gleichung $y = f(x)$ nach $x$ auflöst und die Bezeichnungen $y$ und $x$ miteinander vertauscht. |

Für zwei zueinander inverse Funktionen $f$ und $\bar{f}$ gilt (↗ Bild 3/9):
Wenn $f$ streng monoton wachsend (streng monoton fallend) ist, so ist auch $\bar{f}$ streng monoton wachsend (streng monoton fallend).
Werden die Graphen zweier zueinander inverser Funktionen $f$ und $\bar{f}$ in einem gemeinsamen Koordinatensystem dargestellt, so liegen sie axialsymmetrisch zur Geraden mit der Gleichung $y = x$.
↗ Symmetrische Figuren (siehe „Axiale Symmetrie"), S. 155

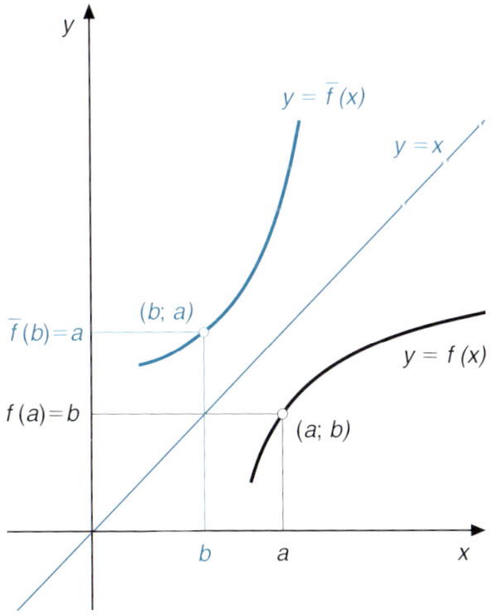


Bild 3/9

Funktionen, die nicht eineindeutig sind, besitzen keine Umkehrfunktion.
Zum Beispiel besitzt die Funktion $f(x) = x^2$, $-\infty < x\ \infty$, keine Umkehrfunktion, da $(-x; x^2) \in f$ und $(x; x^2) \in f$.
↗ Umkehrbarkeit von Potenzfunktionen, S. 113

## Verkettung von Funktionen

Das Verketten von Funktionen entspricht dem „Nacheinanderausführen“ oder „Zusammensetzen“ von Abbildungen (↗ S. 154).
Man betrachtet zwei Funktionen $u$ und $v$, wobei der Wertebereich von $v$ mindestens teilweise zum Definitionsbereich von $u$ gehört.
Die Funktion $f$ mit $f(x) = u(v(x))$ heißt **Verkettung** der Funktionen $u$ und $v$.
Die Funktion $u$ heißt **äußere Funktion** und die Funktion $v$ heißt **innere Funktion** der Verkettung.

3

■

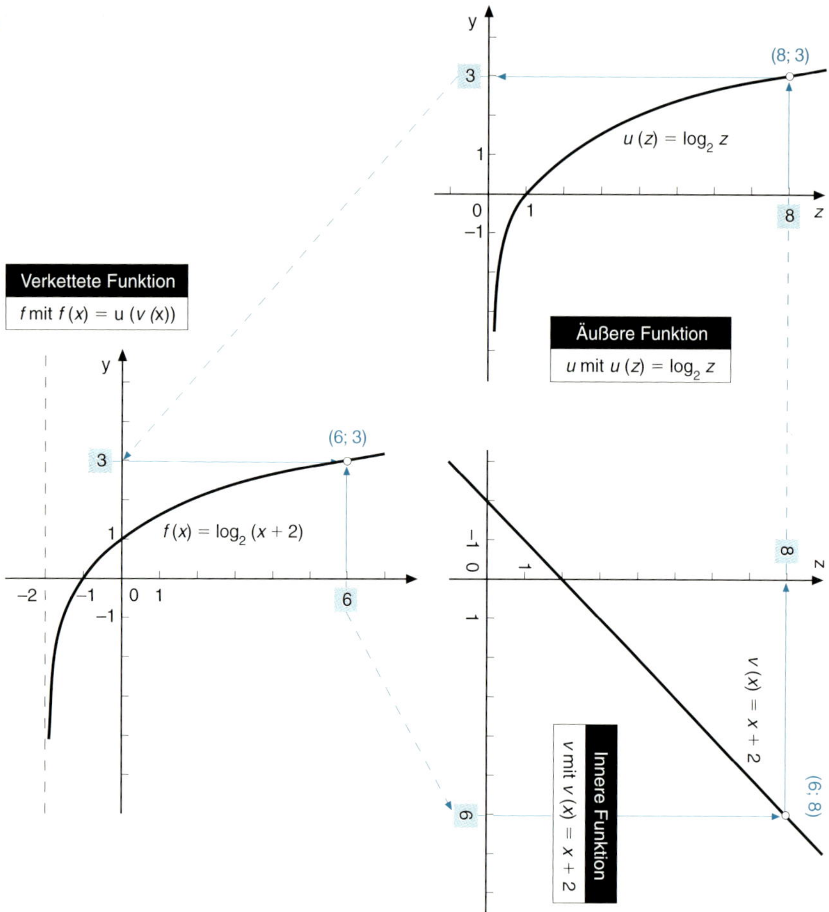


*Bild 3/10*

Durch Verketten folgender Funktionen ist eine neue Funktion gebildet worden (↗ Bild 3/10):

innere Funktion $v$ mit $v(x) = x + 2$
Definitionsbereich: $\mathbb{R}$; Wertebereich: $\mathbb{R}$,

äußere Funktion $u$ mit $u(z) = \log_2 z$
Definitionsbereich: $0 < z < \infty$,

verkettete Funktion $f$ mit $f(x) = \log_2(x + 2)$
Definitionsbereich: $-2 < x < \infty$.

Da $u$ nur für positive Zahlen definiert ist, ist $f$ nur für $x$ mit $x + 2 > 0$ definiert, hat also den Definitionsbereich $-2 < x < \infty$.

3

## Geometrische Bedeutung einiger Unterschiede in Funktionsgleichungen[1]

Aus dem Vergleich der Funktionsgleichungen zweier Funktionen $f$ und $g$ kann man mitunter auf die gegenseitige Lage der zugehörigen Graphen in ein und demselben Koordinatensystem schließen.

① Es sei $g(x) = f(x) + b$, wobei $b$ eine beliebige reelle Konstante ist. Dann geht der Graph von $g$ aus dem Graphen von $f$ durch eine Verschiebung in Richtung der Ordinatenachse mit der Verschiebungsweite $|b|$ hervor (↗ Bild 3/11). Ist $b > 0$, so erfolgt die Verschiebung nach oben. Ist $b < 0$, so erfolgt die Verschiebung nach unten.

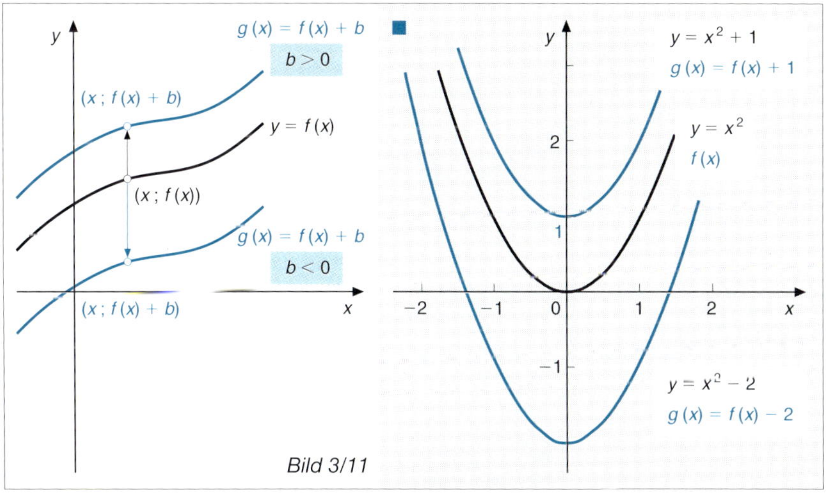

Bild 3/11

② Es sei $g(x) = a \cdot f(x)$, wobei $a$ eine beliebige reelle Konstante ungleich Null ist. Dann geht der Graph von $g$ aus dem Graphen von $f$ jeweils durch folgende Abbildung der Ebene auf sich hervor (↗ Bild 3/12).

[1] Für das Folgende wird in der Ebene ein Koordinatensystem fixiert.

| | |
|---|---|
| **$a > 1$** | Streckung in Richtung der Ordinatenachse von der Abszissenachse weg; Streckungsfaktor: $k = a$ |
| **$a = 1$** | identische Abbildung |
| **$0 < a < 1$** | Stauchung in Richtung der Ordinatenachse zur Abszissenachse hin; Streckungsfaktor: $k = a$ |
| **$-1 < a < 0$** | Spiegelung an der Abszissenachse und Stauchung in Richtung der Ordinatenachse zur Abszissenachse hin; Streckungsfaktor: $k = \|a\|$ |
| **$a = -1$** | Spiegelung an der Abszissenachse |
| **$a < -1$** | Spiegelung an der Abszissenachse und Streckung in Richtung der Ordinatenachse von der Abszissenachse weg; Streckungsfaktor: $k = \|a\|$ |



Bild 3/12

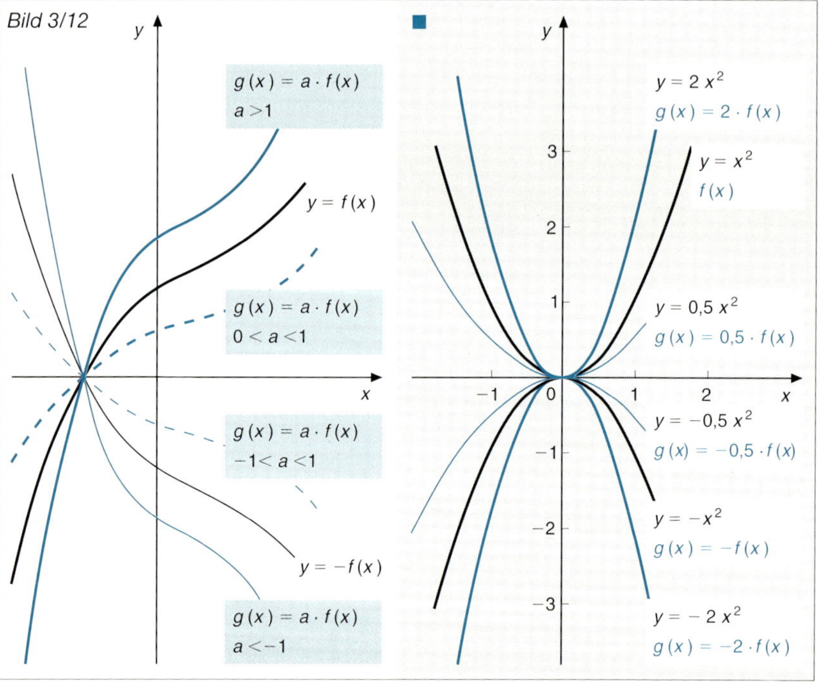


③ Es sei $g(x) = f(x+c)$, wobei $c$ eine beliebige reelle Konstante ist. Dann geht der Graph von $g$ aus dem Graphen von $f$ durch eine Verschiebung in Richtung der Abszissenachse mit der Verschiebungsweite $|c|$ hervor (↗ Bild 3/13). Ist $c > 0$, so erfogt die Verschiebung nach links. Ist $c < 0$, so erfolgt die Verschiebung nach rechts.

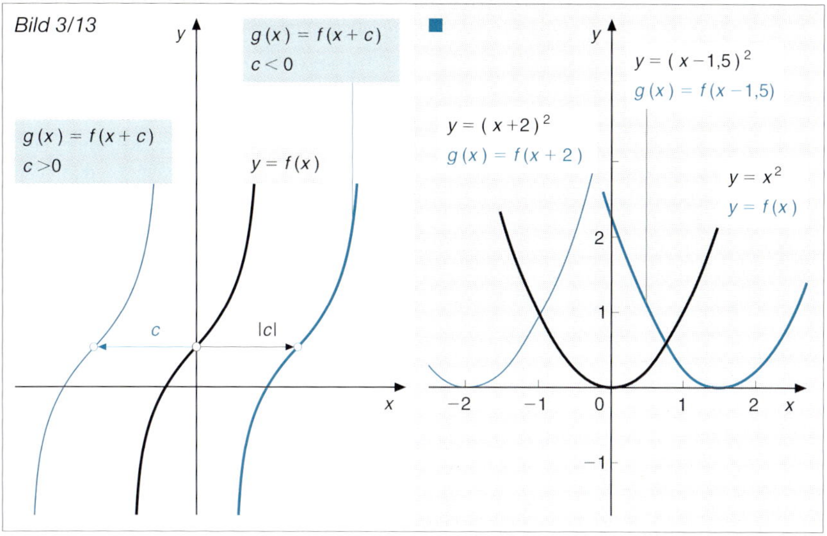


3

④ Es sei $g(x) = f(b \cdot x)$, wobei $b$ eine beliebige reelle Konstante ungleich Null ist. Dann geht der Graph von $g$ aus dem Graphen von $f$ jeweils durch folgende Abbildung der Ebene auf sich hervor (↗ Bild 3/14).

| | |
|---|---|
| $b > 1$ | Stauchung in Richtung der Abszissenachse zur Ordinatenachse hin; Streckungsfaktor: $k = \frac{1}{b}$ |
| $b = 1$ | identische Abbildung |
| $0 < b < 1$ | Streckung in Richtung der Abszissenachse von der Ordinatenachse weg; Streckungsfaktor: $k = \frac{1}{b}$ |
| $-1 < b < 0$ | Spiegelung an der Ordinatenachse und Streckung in Richtung der Abszissenachse von der Ordinatenachse weg; Streckungsfaktor: $k = \frac{1}{\lvert b \rvert}$ |
| $b = -1$ | Spiegelung an der Ordinatenachse |
| $b < -1$ | Spiegelung an der Ordinatenachse und Stauchung in Richtung der Abszissenachse zur Ordinatenachse hin; Streckungsfaktor: $k = \frac{1}{\lvert b \rvert}$ |

↗ Verschiebung, S. 150
↗ Die Funktionen $f$ mit $f(x) = x^2 + e$, S. 101
↗ Die Funktionen $f$ mit $f(x) = ax^2$, S. 101

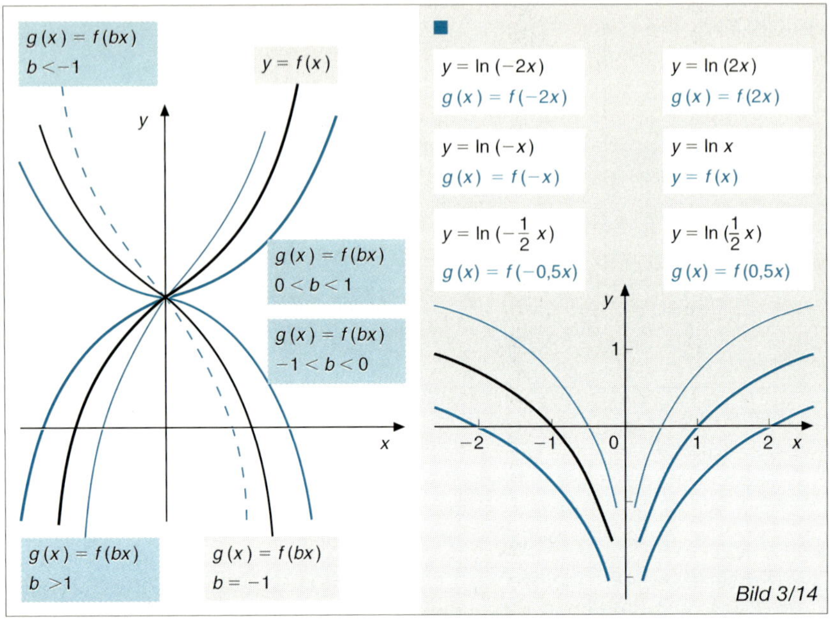

Bild 3/14

**Funktionen zur Beschreibung von Erscheinungen der Realität**

Während zur Beschreibung von Erscheinungen der Realität in der Mathematik oft Zahl-Zahl-Funktionen benutzt werden, treten in der Physik auch Größen-Größen-Funktionen auf.

■ Ein Wanderer möge eine Strecke mit der konstanten Geschwindigkeit $v = 5\ \frac{\text{km}}{\text{h}}$ zurücklegen. Für die graphische Darstellung der Funktion, bei der jedem Zeitpunkt die zurückgelegte Strecke zugeordnet ist, bieten sich die in den Bild 3/15a und b dargestellten Möglichkeiten an.

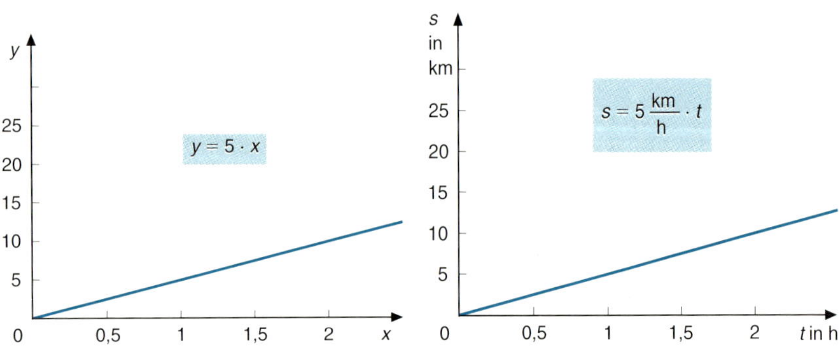

*Bilder 3/15a und b*

# Gleichungen; Ungleichungen

## Gleichung

Zwei Terme, die durch das Gleichheitszeichen verbunden sind, bilden eine **Gleichung**.

Der Term vor dem Gleichheitszeichen heißt linke Seite der Gleichung, der Term hinter dem Gleichheitszeichen entsprechend rechte Seite der Gleichung. Es werden im folgenden nur Zahlengleichungen betrachtet. Die Ausführungen lassen sich auf Größengleichungen übertragen. (Die weiteren Ausführungen sind mit dem Stichwort „Ungleichung" gekoppelt.)



■ $5 + 3 = 10 - 2$ (wahr) $5 + 2 = 10 - 2$ (falsch)
$(a + b)^2 = a^2 + 2ab + b^2$ (Aussageform)
↗ Terme, S. 12

## Ungleichung

Zwei Terme, die durch eines der Zeichen <, >, ≤, ≥, ≠ verbunden sind, bilden eine **Ungleichung**.

Der Term vor dem Relationszeichen heißt linke Seite der Ungleichung, der Term hinter dem Relationszeichen entsprechend rechte Seite der Ungleichung.
Gleichungen (Ungleichungen) ohne Variablen sind entweder wahre oder falsche Aussagen. Gleichungen (Ungleichungen) mit Variablen sind nur dann wahre oder falsche Aussagen, wenn die Variablen *gebunden* sind.
↗ Aussagen; Aussageformen S. 13

■ $\frac{7}{9} < \frac{7}{10}$ (falsch); $\frac{7}{9} > \frac{7}{10}$ (wahr); $\frac{x}{9} \geq 1$ (Aussageform)

## Variablengrundbereich

Die Menge der Zahlen, aus der für eine Variable eingesetzt werden darf, heißt **Variablengrundbereich**.

■ **a)** $3x + 5 = 2y - 3$ $(x \in \mathbb{N}; y \in \mathbb{N})$ **b)** $3x + 5 < 2$ $(x \in \mathbb{Q})$
**c)** $x^2 + 4x = 21$ $(-2 < x \leq 3)$
Ist kein Zahlenbereich angegeben, so soll der Bereich der reellen Zahlen $\mathbb{R}$ als Variablengrundbereich betrachtet werden.

## Lösung einer Gleichung (Ungleichung)

Setzt man für die Variable in einer Gleichung (Ungleichung) mit einer freien Variablen eine Zahl aus dem Variablengrundbereich ein und es entsteht eine wahre Aussage, so heißt die Zahl **Lösung** der Gleichung (Ungleichung).

Eine **Gleichung (Ungleichung) mit einer Variablen lösen** heißt, alle Zahlen zu finden, die die Gleichung (Ungleichung) erfüllen, d. h. sie zu einer wahren Aussage machen. Alle diese Zahlen bilden die **Lösungsmenge** $L$.
Die Lösungen von Gleichungen (Ungleichungen) mit zwei Variablen sind Zahlenpaare.

3

| | |
|---|---|
| $4x + 7 = 8$ | Lösung: $\frac{1}{4}$. Man schreibt auch $L = \left\{\frac{1}{4}\right\}$. |
| $4x + 7 = 8$ $(x \in \mathbb{N})$ | n. l. (Die Gleichung ist nicht lösbar.) Man schreibt auch $L = \emptyset$. |
| $x^2 - 2x - 8 = 0$ | Lösungen: $x_1 = 4$; $x_2 = -2$ (oder auch $L = \{4; -2\}$) |
| $4x + 7y = 18$ | Unendlich viele Lösungspaare $(x; y)$, z. B. (1; 2), (8; –2). Man schreibt auch $L = \left\{(x; y) \mid x, y \in \mathbb{R} \text{ und } y = \frac{18-4x}{7}\right\}$. |
| $x + y < 5$ | Unendlich viele Lösungspaare, z. B. (0; 0), (1; 3), ($\pi$; 1,5). |

## Äquivalente Gleichungen (Ungleichungen)

Zwei Gleichungen (Ungleichungen) sind über einem gegebenen Grundbereich (zueinander) **äquivalent** genau dann, wenn sie dort dieselbe Lösungsmenge besitzen.

Beim Lösen einer Gleichung (Ungleichung) wird diese oft durch schrittweises Umformen vereinfacht. Eine Umformung, die eine Gleichung (Ungleichung) in eine dazu äquivalente Gleichung (Ungleichung) überführt, heißt **äquivalente Umformung**.

| **Äquivalente Umformungen für Gleichungen**[1] |
|---|
| ① Termumformungen (wie Zusammenfassen entsprechender Glieder, Ausklammern, Ausmultiplizieren) auf einer Seite der Gleichung<br>Entsprechende Glieder sind jeweils:<br>Glieder, die die Variable nicht enthalten;<br>Glieder, die die Variable in derselben Potenz enthalten.<br>② Addition oder Subtraktion derselben Zahl oder desselben Vielfachen der Variablen bzw. gleicher Potenzen von ihr auf beiden Seiten |

[1] Die Formulierungen beziehen sich auf Gleichungen mit einer Variablen. Sie gelten entsprechend auch bei Gleichungen mit mehreren Variablen.

③ Multiplikation beider Seiten mit derselben von Null verschiedenen Zahl; Division beider Seiten durch dieselbe von Null verschiedene Zahl
④ Multiplikation beider Seiten mit der Variablen bzw. Division beider Seiten durch die Variable, wobei vorausgesetzt wird, daß die Variable eine von Null verschiedene Zahl bedeutet.
⑤ Vertauschung der Seiten
Diese Umformungen werden in einer Reihenfolge angewendet, die einen möglichst bequemen Lösungsweg für die gegebene Gleichung ergibt.

**Äquivalente Umformungen für Ungleichungen**[1]

① Termumformungen (wie Zusammenfassen entsprechender Glieder, Ausmultiplizieren, Ausklammern) auf einer Seite der Ungleichung
② Addition oder Subtraktion derselben Zahl oder desselben Vielfachen der Variablen bzw. gleicher Potenzen von ihr auf beiden Seiten
③ Multiplikation beider Seiten mit ein und derselben positiven Zahl; Division beider Seiten durch ein und dieselbe positive Zahl
④ Multiplikation beider Seiten mit der Variablen bzw. Division beider Seiten durch die Variable, wobei vorausgesetzt wird, daß die Variable eine positive Zahl bedeutet.
⑤ Multiplizieren beider Seiten mit ein und derselben negativen Zahl mit Veränderung des Relationszeichens, Division beider Seiten durch ein und dieselbe negative Zahl mit Veränderung des Relationszeichens ($<$ in $>$; $>$ in $<$; $\geq$ in $\leq$; $\leq$ in $\geq$).

## Lösen von Gleichungen (Ungleichungen)

Zum Lösen einer Gleichung (Ungleichung) muß der Variablengrundbereich bekannt sein. Wenn keine Einschränkungen nötig sind, wird als Variablengrundbereich der Bereich $\mathbb{R}$ genommen. Gleichungen (Ungleichungen) mit einer Variablen löst man meistens, indem man die Variable isoliert. Hierfür werden Hinweise auf den folgenden Seiten gegeben:

↗ Lineare Gleichung mit einer Variablen, S. 89
↗ Lineare Ungleichung mit einer Variablen, S. 96
↗ Gleichung mit Beträgen, S. 97
↗ Ungleichung mit Beträgen, S. 99
↗ Quadratische Gleichung, S. 104
↗ Wurzelgleichung, S. 114
↗ Exponentialgleichung, S. 124
↗ Goniometrische Gleichung, S. 136

Werden beim Lösen erfolgreich nur äquivalente Umformungen ausgeführt, so erhält man die gesuchten Lösungen. Andernfalls können im Endergebnis Zahlen auftreten, die nicht zu den gesuchten Lösungen gehören oder auch bei unkorrektem Vorgehen Lösungen fortfallen.

[1] Die Formulierungen beziehen sich auf Ungleichungen mit einer Variablen. Sie gelten entsprechend auch bei Ungleichungen mit mehreren Variablen.

- Die Gleichung $3x(x-4) = 6(x-4)$ ist zu lösen.

*Richtiges Vorgehen*

$$3x(x-4) = 6(x-4)$$
$$3x^2 - 12x = 6x - 24$$
$$3x^2 - 18x + 24 = 0$$
$$x^2 - 6x + 8 = 0$$
$$x = 3 \pm \sqrt{9-8}$$
$$x_1 = 4;$$
$$x_2 = 2$$

*Falsches Vorgehen*

$$3x(x-4) = 6(x-4) \quad |:(x-4)$$
$$3x = 6 \quad |:3$$
$$x = 2$$

Bemerkung:
Die Division durch $(x-4)$ ist nur für $x \neq 4$ eine äquivalente Umformung.



- Die Gleichung $\sqrt{x+42} = x$ ist zu lösen.
In diesem Fall kann man nur mit dem Quadrieren beginnen, was häufig zu nichtäquivalenten Gleichungen führt.

$$\sqrt{x+42} = x \quad | \text{ Quadrieren}$$
$$x + 42 = x^2 \quad | \text{ Ordnen}$$
$$x^2 - x - 42 = 0$$
$$x = \frac{1}{2} \pm \sqrt{\frac{1}{4} + 42}$$
$$x = \frac{1}{2} \pm \frac{13}{2}$$

Die Gleichung $x = \frac{1}{2} \pm \frac{13}{2}$ hat die Lösung $x_1 = 7$ und $x_2 = -6$.

Die gegebene Gleichung hat aber nur die Lösung $x_1 = 7$, denn $\sqrt{7+42} = 7$ ist eine wahre Aussage und $\sqrt{-6+42} = -6$ ist eine falsche Aussage.

**Probe bei Gleichungen (Ungleichungen)**

Bei einer Probe bei Gleichungen und Ungleichungen setzt man die errechneten Zahlen in die Ausgangsgleichung bzw. Ausgangsungleichung ein und stellt die Wahrheit bzw. Falschheit der entstandenen Aussage fest.
Wurden nur äquivalente Umformungen ausgeführt, so ist die Probe aus mathematischen Gründen nicht erforderlich – sie dient dann lediglich dem Aufspüren von Rechenfehlern.
Wurden beim Lösen der Gleichung (bzw. Ungleichung) auch nichtäquivalente Umformungen ausgeführt, so ist eine Probe aus mathematischen Gründen erforderlich – sie dient dem Aufspüren von „scheinbaren" Lösungen, von Zahlen, die nicht zur Lösungsmenge gehören.

- Probe für das zweite Beispiel im Text zum vorhergehenden Stichwort „Lösen von Gleichungen (Ungleichungen)":

$x_1 = 7$:
$$\sqrt{7+42} = 7$$
$$\sqrt{49} = 7$$
$$7 = 7$$
(wahr)

$x_2 = -6$:
$$\sqrt{-6+42} = -6$$
$$\sqrt{36} = -6$$
$$6 = -6$$
(falsch)

Also $L = \{7\}$.

- Die Gleichung $\sqrt{x+3} = -5$ ist nicht lösbar, da die Wurzel nicht negativ sein kann. Das zeigt auch die folgende Rechnung:

| | |
|---|---|
| $\sqrt{x+3} = -5$ \| Quadrieren | *Probe:* $\sqrt{22+3} = -5$ |
| $x + 3 = 25$ | |
| $x = 25 - 3$ | $\sqrt{25} = -5$ |
| $x = 22$ | $5 = -5$ (falsch) |

Also ist 22 keine Lösung der Gleichung $\sqrt{x+3} = -5$. Daraus folgt $L = \emptyset$.

**Funktion ($y = f(x)$) und Gleichung ($f(x) = 0$)**

Bei der rechnerischen Ermittlung der Nullstellen einer Funktion $f$ mit $y = f(x)$ ist die Gleichung $f(x) = 0$ zu lösen. Dabei ergibt sich im Falle einer ganzen rationalen Funktion $n$-ten Grades eine **Gleichung $n$-ten Grades**.

↗ Nullstelle einer Funktion, S. 71
↗ Rationale und nichtrationale Funktionen, S. 70

| $y = f(x)$ | $f(x) = 0$ | |
|---|---|---|
| $f(x) = 4x + 3$ | $4x + 3 = 0$ | Gleichung 1. Grades (lineare Gleichung) |
| $f(x) = 2x^2 + 3x - 4$ | $2x^2 + 3x - 4 = 0$ | Gleichung 2. Grades (quadratische Gleichung) |
| $f(x) = x^5 - 1$ | $x^5 - 1 = 0$ | Gleichung 5. Grades |

Nur für Gleichungen bis zum 4. Grad gibt es allgemeine Lösungsformeln.

## Lineare Funktionen, Gleichungen und Ungleichungen

### Lineare Funktion

**DEFINITION** Eine Funktion $f$ mit einer Gleichung der Form $y = f(x) = mx + n$ ($m$, $n$ feste reelle Zahlen; $m \neq 0$) heißt **lineare Funktion**.

Größtmöglicher Definitionsbereich: $\mathbb{R}$
In diesem Fall ist der Wertebereich $\mathbb{R}$ und der Graph eine Gerade.
Der Koeffizient $m$ heißt **Anstieg der Funktion** (bzw. der Geraden). Es gilt:

$$\boldsymbol{m = \tan\alpha = \frac{f(x_1) - f(x_2)}{x_1 - x_2}} \quad \text{für } x_1 \neq x_2.$$

$\alpha$ ist die Größe des Winkels zwischen der Abszissenachse und der Geraden (↗ Bild 3/16). $n$ ist Ordinate des Schnittpunktes der Geraden mit der $y$-Achse.

3

Jede lineare Funktion mit ℝ als Definitionsbereich hat genau eine Nullstelle.

| Die graphische Darstellung linearer Funktionen $y = mx + n \quad (n \neq 0)$ | | |
|---|---|---|
| mit einer Wertetabelle | mit Hilfe von $m$ und $n$ | |
| Da eine Gerade durch zwei Punkte bestimmt ist, braucht die Wertetabelle nur zwei Paare zu enthalten. 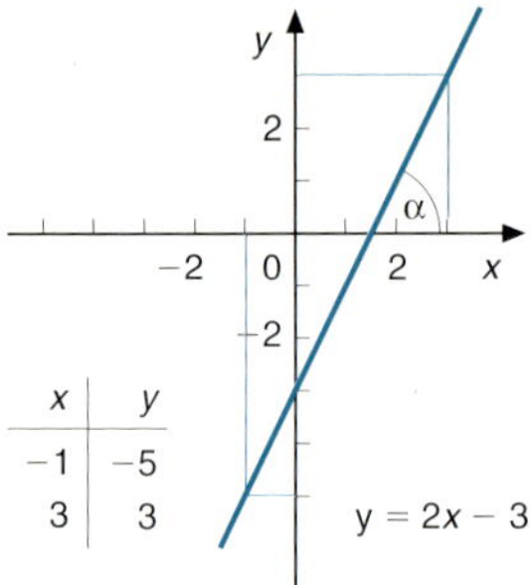  Bild 3/16 | $y = 2x - 3$ 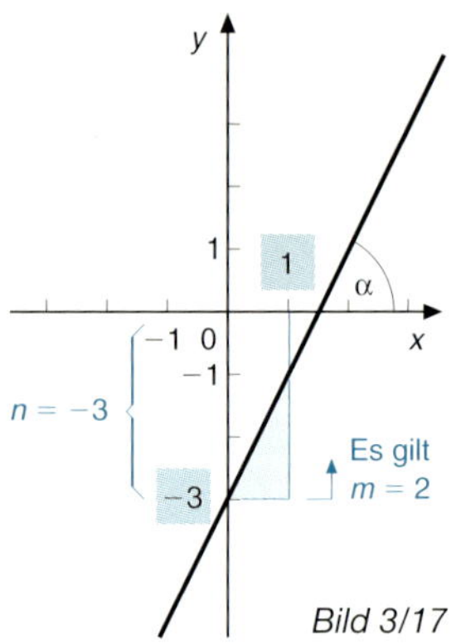  Bild 3/17 | $y = -2x + 3$ 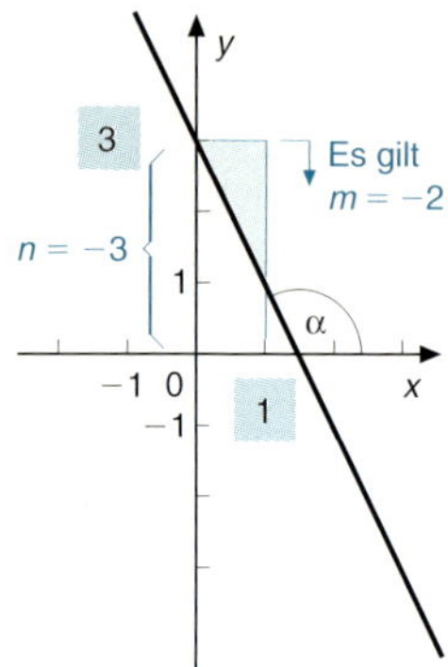  Bild 3/18 |

Lineare Funktionen, die in $m$ übereinstimmen und sich in $n$ unterscheiden, ergeben zueinander parallele Geraden (↗ Bild 3/19a).
Lineare Funktionen, die in $n$ übereinstimmen und sich in $m$ unterscheiden, ergeben Geraden, die sich im Punkt $P(0; n)$ schneiden (↗ Bild 3/19b).
↗ Parameterfreie Geradengleichung in der Ebene (siehe „Normalform der Geradengleichung"), S. 285

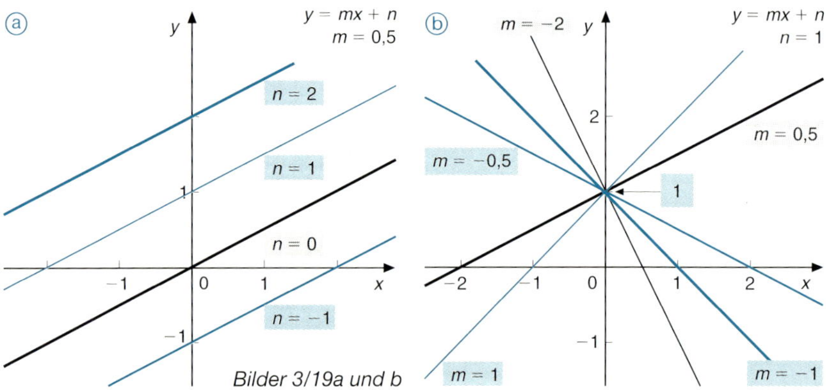

Bilder 3/19a und b

Der Anstieg $m$ entscheidet über die Art der Monotonie einer linearen Funktion:
Für $m > 0$ **steigt** die Gerade. Die Funktion ist streng monoton wachsend.
Für $m < 0$ **fällt** die Gerade. Die Funktion ist streng monoton fallend.

Die Graphen der Funktionen
$f(x) = mx + n$
und $g(x) = -mx + n$
sind symmetrisch bezüglich der $y$-Achse (↗ Bild 3/20).
↗ Monotone Funktion, S. 72
↗ Symmetrische Figuren (siehe „Axiale Symmetrie"), S. 155

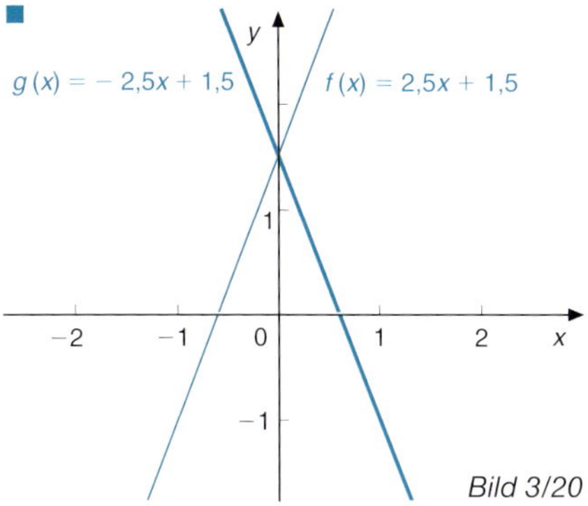

Bild 3/20



**Konstante Funktion**

Eine Funktion $f$ mit einer Gleichung der Form $f(x) = c$ heißt **konstante Funktion**.
Größtmöglicher Definitionsbereich: $\mathbb{R}$
Wertebereich: $\{c\}$
Graph: Parallele zur $x$-Achse durch den Punkt $(0; c)$.
Konstante Funktionen sind keine linearen Funktionen.

**Umkehrfunktion einer linearen Funktion**

Die linearen Funktionen sind eineindeutige Funktionen. Daher hat jede solche Funktion eine Umkehrfunktion (↗ Bild 3/21).
↗ Eineindeutige Funktion, S. 69
↗ Umkehrfunktion einer Funktion (Beispiel), S. 74f.

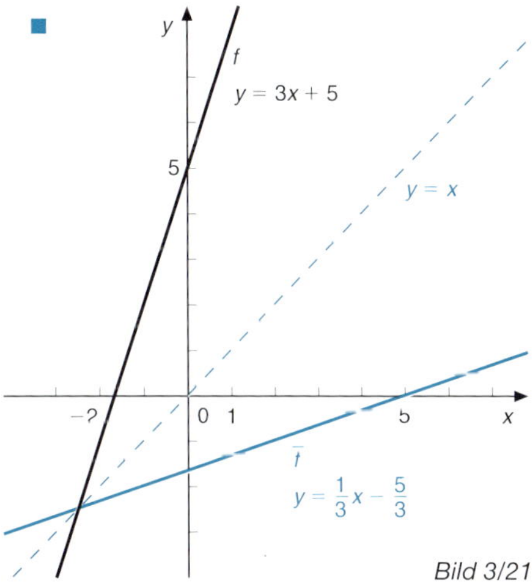

Bild 3/21

**Kriterium für Linearität einer Funktion**

Sei $f$ eine Funktion und $m \neq 0$ eine Zahl.
$f$ ist linear mit dem Anstieg $m$ genau dann, wenn für $x_1 \neq x_2$ immer
$\frac{f(x_1) - f(x_2)}{x_1 - x_2} = m$ gilt.

**Ermitteln der Funktionsgleichung einer linearen Funktion**

Sind

① zwei Wertepaare einer linearen Funktion bekannt

oder ist

② ein Wertepaar und der Anstieg einer linearen Funktion gegeben, kann die Gleichung von Seite 87 unten angewendet werden.

■ ① Gegeben sind die Wertepaare (–2; –1) und (3; 2) einer linearen Funktion. Daraus können die Zahlen $m$ und $n$ ermittelt werden.

$$m = \frac{f(x_1) - f(x_2)}{x_1 - x_2} = \frac{-1-2}{-2-3} = \frac{-3}{-5} = \frac{3}{5}.$$

3

Mit Hilfe des Anstiegs und eines Wertepaares errechnet man $n$:

$$f(x_1) = mx_1 + n$$
$$-1 = \frac{3}{5} \cdot (-2) + n$$
$$n = \frac{1}{5}$$

Die Funktionsgleichung lautet demnach

$$y = f(x) = \frac{3}{5}x + \frac{1}{5}$$

■ ② Gegeben sind der Anstieg $m = -\frac{3}{4}$ und das Wertepaar (2; –3) einer linearen Funktion. Daraus kann eine Gleichung für diese Funktion gebildet werden.

*1. Möglichkeit*

Wegen $m = -\frac{3}{4}$ ist $f(x) = -\frac{3}{4}x + n$.

$n$ läßt sich mit Hilfe von (2; –3) berechnen.

$-3 = f(2) = -\frac{3}{4} \cdot 2 + n$, also $n = -\frac{3}{2}$

$$y = f(x) = -\frac{3}{4}x - \frac{3}{2}$$

*2. Möglichkeit*

$$m = \frac{f(x_1) - f(x_2)}{x_1 - x_2}$$

$$-\frac{3}{4} = \frac{-3 - f(x_2)}{2 - x_2} \quad (x_2 \neq 2)$$

Durch äquivalentes Umformen dieser Gleichung erhält man die Gleichung

$$f(x_2) = -\frac{3}{4}x_2 - \frac{3}{2},$$

in die für $x_2$ jedes $x$ aus dem Definitionsbereich eingesetzt werden darf (wegen $-3 = -\frac{3}{4} \cdot 2 - \frac{3}{2}$ auch $x_2 = 2$). Also

$$y = f(x) = -\frac{3}{4}x - \frac{3}{2}.$$

■ ③ Durch die folgende Wertetabelle ist eine Funktion $f$ gegeben. Ist diese Funktion linear?

| $x$ | 2,2 | 2,4 | 2,6 | 2,8 | 3,0 |
|---|---|---|---|---|---|
| $f(x)$ | 1,8 | 2,1 | 2,4 | 2,7 | 3,0 |

Z. B. ist $\frac{2{,}1 - 1{,}8}{2{,}4 - 2{,}2} = \frac{0{,}3}{0{,}2} = 1{,}5$.

Falls die durch die Tabelle gegebene Funktion linear ist, muß $m = 1{,}5$ sein.
Da $1{,}8 = 1{,}5 \cdot 2{,}2 + n$ ist, muß $n = -1{,}5$, sein. Man überprüft, daß $f(x) = 1{,}5x - 1{,}5$ für alle gegebenen Paare $(x;\, f(x))$ gilt. Die Funktion ist linear.

■ ④ Durch die folgende Wertetabelle ist keine lineare Funktion gegeben.

| $x$ | 1,2 | 1,4 | 1,6 | 1,8 | 2,0 |
|---|---|---|---|---|---|
| $f(x)$ | 4,5 | 6,2 | 8,0 | 10,2 | 12,6 |

So ist zum Beispiel der Quotient

$$\frac{f(1{,}4) - f(1{,}2)}{1{,}4 - 1{,}2} = 8{,}5$$

verschieden vom Quotienten

$$\frac{f(2{,}0) - f(1{,}6)}{2{,}0 - 1{,}6} = 11{,}5\,,$$

was bei einer linearen Funktion nicht möglich ist.
↗ Parameterfreie Geradengleichung in der Ebene, S. 285

3

**Lineare Gleichung mit einer Variablen**

Eine Gleichung der Form $mx + n = 0$ ($m$, $n$ Konstanten; $m \neq 0$) heißt **lineare Gleichung** mit der Variablen $x$.
(Auf den Fall $m = 0$ wird hier nicht eingegangen.)
*Rechnerische Lösung:* Durch äquivalente Umformungen (↗ S. 82 f.) wird die Variable isoliert.

■

$$\begin{aligned} x + 2(x-3) + 3x - 36 &= 0 &&\text{Klammern ausmultiplizieren}\\ x + 2x - 6 + 3x - 36 &= 0 &&\text{Zusammenfassen}\\ 6x - 42 &= 0 &&+42\\ 6x &= 42 &&:6\\ x &= 7 \end{aligned}$$

*Probe:*

$$\begin{aligned} 7 + 2(7-3) + 3 \cdot 7 - 36 &= 0\\ 7 + 2 \cdot 4 + 21 - 36 &= 0\\ 7 + 8 + 21 - 36 &= 0 \quad \text{(wahr)}\\ L &= \{7\} \end{aligned}$$

■

$$\begin{aligned} 5x + a - 2b + 3a &= 0\\ 5x &= 2b - 4a\\ x &= \frac{2b - 4a}{5} \end{aligned}$$

*Probe:*

$$\begin{aligned} 5\frac{2b-4a}{5} + a - 2b + 3a &= 0\\ 2b - 4a + a - 2b + 3a &= 0\\ 0 &= 0 \text{ (wahr)} \end{aligned}$$

Auflösen derselben Gleichung nach $a$:

$$\begin{aligned} 5x + a - 2b + 3a &= 0\\ 4a &= 2b - 5x\\ a &= \frac{2b - 5x}{4} \end{aligned}$$

*Probe:*

$$\begin{aligned} 5x + \frac{2b-5x}{4} - 2b + \frac{3(2b-5x)}{4} &= 0\\ \frac{20x + 2b - 5x - 8b + 6b - 15x}{4} &= 0\\ 0 &= 0 \text{ (wahr)} \end{aligned}$$

Die folgende Gleichung kann in eine lineare Gleichung überführt werden.

■

| | | |
|---|---|---|
| $x(x-7) = x(x-3)$ | Klammern auflösen | Probe: |
| $x^2 - 7x = x^2 - 3x$ | $-x^2 + 3x$ | $0(0-7) = 0(0-3)$ |
| $x^2 - 7x - x^2 + 3x = 0$ | Zusammenfassen | $0 = 0$, also |
| $-4x = 0$ | $:(-4)$ | $L = \{0\}$. |
| $x = 0$ | | |

Wenn in dieser Aufgabe zunächst durch die Variable $x$ dividiert wird, so wird eine nichtäquivalente Umformung durchgeführt. Die Lösung $x = 0$ fällt dabei fort.

| | |
|---|---|
| $x(x-7) = x(x-3)$ | $:x$ |
| $x - 7 = x - 3$ | |



Diese Gleichung ist nicht lösbar.

*Graphische Lösung:* Die Lösung der Gleichung $mx + n = 0$ ($m \neq 0$) ist die Nullstelle der Funktion $y = mx + n$.
Zur graphischen Lösung der Gleichung $mx + n = 0$ zeichnet man den Graphen der Funktion $y = mx + n$ und liest die Nullstelle aus der Zeichnung ab. Wegen der Zeichenungenauigkeit bekommt man nach diesem Verfahren im allgemeinen nur eine Näherungslösung.
↗ Nullstelle einer Funktion, S. 71

■ $3x + 5 = 0$;
zugehörige Funktionsgleichung:
$y = 3x + 5$
Nullstelle: $x \approx -1{,}7$
Probe: $3 \cdot (-1{,}7) + 5 = 0$
$-5{,}1 + 5 = 0$
$-0{,}1 = 0$ (falsch)

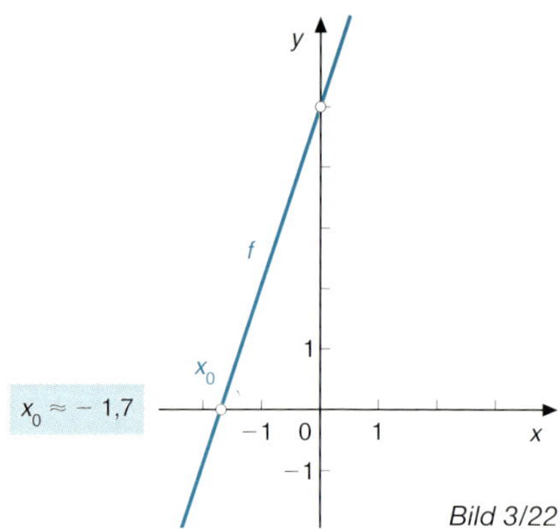


*Bild 3/22*

Die Probe führt zu der Aussage, daß $-1{,}7$ nicht Lösung der Gleichung $3x + 5 = 0$ ist. Im Rahmen der Zeichenungenauigkeit kann man aber $-0{,}1 \approx 0$ akzeptieren und $-1{,}7$ als Näherungslösung der gegebenen Gleichung betrachten (↗ Bild 3/22).

**Lineare Gleichung mit zwei Variablen**

Eine Gleichung der Form $\boldsymbol{ax + by = c}$ **(*a*, *b* und *c* Konstanten; $a \neq 0$; $b \neq 0$)** heißt **lineare Gleichung** mit den Variablen $x$ und $y$.
(Auf die Fälle $a = 0$ und $b = 0$ wird hier nicht eingegangen.)
Die Lösungen linearer Gleichungen mit zwei Variablen sind Zahlenpaare.

Jede lineare Gleichung mit zwei Variablen hat unendlich viele Lösungen.

■ $3x + 4y = 7$

$$y = -\frac{3}{4}x + \frac{7}{4}$$

Einige Lösungspaare

| | | | | |
|---|---|---|---|---|
| $x$ | 1 | –1 | 0 | $\frac{7}{3}$ |
| $y$ | 1 | 2,5 | $\frac{7}{4}$ | 0 |

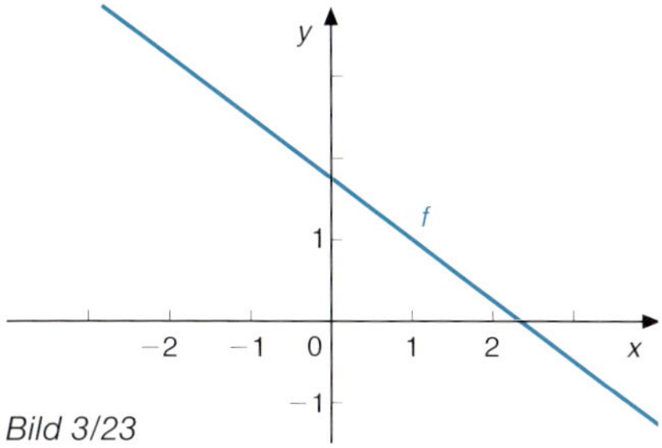

Bild 3/23

3

Die Lösungsmenge einer linearen Gleichung $ax + by = c$ ($a \neq 0$; $b \neq 0$) wird dargestellt durch den Graphen der linearen Funktion

$$y = -\frac{a}{b}x + \frac{c}{b}.$$

**System von zwei linearen Gleichungen mit zwei Variablen**

**(1)** $\mathbf{a_1x + b_1y = c_1}$ Variablen: $x, y$

**(2)** $\mathbf{a_2x + b_2y = c_2}$ Konstanten: $a_1, b_1, c_1, a_2, b_2, c_2$

Die Lösungsmenge eines Systems aus zwei linearen Gleichungen mit zwei Variablen ist gleich dem Durchschnitt (↗ S. 22) der Lösungsmengen der beiden Einzelgleichungen.

Die Probe muß an beiden Gleichungen vorgenommen werden.

Ein Gleichungssystem kann keine Lösung, genau eine Lösung, unendlich viele Lösungen haben.

■

| | | |
|---|---|---|
| **(1) $3x + 4y = 3$**<br>**(2) $3x + 4y = 8$** | **(1) $-0{,}2x - 4y = -8$**<br>**(2) $-0{,}5x + 3y = -8$** | **(1) $4x + 4y = 2$**<br>**(2) $4x + 4y = 8$** |
| keine Lösung | genau eine Lösung: (2 ; 3) | unendlich viele Lösungen |
| Gleichungen des Systems widersprechen einander | | Gleichungen des Systems sind voneinander abhängig |

Zur *rechnerischen Lösung* von Gleichungssystemen gibt es verschiedene Verfahren, wobei jeweils im ersten Schritt eine Variable eliminiert wird. Jedes Gleichungssystem kann mit jedem der drei folgenden Lösungsverfahren gelöst werden, falls es überhaupt lösbar ist.

**Das Einsetzungsverfahren**

■ (1) $9x - 5y = 3$

(2) $y = 8x - 13$

Unter der Voraussetzung der Existenz einer Lösung werden beide Gleichungen von den Zahlen des Lösungspaares erfüllt. Gleichung (2) besagt dann, daß man in Gleichung (1) den Term $8x - 13$ für $y$ einsetzen und so die Variable $y$ eliminieren kann:

| | |
|---|---|
| (1) $9x - 5(8x - 13) = 3$ | Klammer auflösen |
| $9x - 40x + 65 = 3$ | Zusammenfassen |
| $-31x + 65 = 3$ | $-65$ |
| $-31x = 3 - 65$ | |
| $-31x = -62$ | $:(-31)$ |
| $x = 2$ | Einsetzen in (2) |

(2) $y = 8 \cdot 2 - 13$
$y = 16 - 13$
$y = 3$

3

*Probe:*

(1) $9 \cdot 2 - 5 \cdot 3 = 3$
$18 - 15 = 3$
$3 = 3$ (wahr)

(2) $3 = 8 \cdot 2 - 13$
$3 = 16 - 13$
$3 = 3$ (wahr)

Also $L = \{(2; 3)\}$.

■

| | |
|---|---|
| (1) $\frac{11}{4}x + \frac{11}{2}y = \frac{17}{4}$ | |
| (2) $\frac{x}{2} = 1 - y$ | $\cdot 2$ |
| (2) $x = 2 - 2y$ | Einsetzen in (1) |

(1) $\frac{11}{4}(2 - 2y) + \frac{11}{2}y = \frac{17}{4}$

$$\frac{11}{2} - \frac{11}{2}y + \frac{11}{2}y = \frac{17}{4}$$

$$\frac{11}{2} = \frac{17}{4}$$

Es hat sich ein Widerspruch ergeben. Das bedeutet, daß es kein Zahlenpaar gibt, das beide Gleichungen des gegebenen Systems erfüllt. Die beiden Gleichungen widersprechen einander.
(Man vergleiche mit der Tabelle auf Seite 91 unten!)

Daß die Gleichungen einander widersprechen wird deutlich, wenn man das gegebene Gleichungssystem umformt zu:

(1) $x + 2y = \frac{17}{11}$

(2) $x + 2y = 2$

■

| | |
|---|---|
| (1) $x - 3y = 15$ | |
| (2) $y = \frac{1}{3}x - 5$ | Einsetzen in (1) |

$$\begin{aligned} x-3\left(\frac{1}{3}x-5\right) &= 15 \\ x-x+15 &= 15 \\ 15 &= 15 \end{aligned}$$

Es ist die wahre Aussage 15 = 15 entstanden. Das System hat unendlich viele Lösungen. Jedes Zahlenpaar, das die eine Gleichung erfüllt, erfüllt auch die andere. Die Gleichungen sind voneinander abhängig. (Vgl. Tabelle S. 91)
Das zeigt auch folgende Umformung:

$$\begin{aligned} &(1)\quad x-3y = 15 && \\ &(2)\quad y = \frac{1}{3}x-5 && \mid \cdot(-3) \\ &(1)\quad x-3y = 15 && \\ &(2)\quad -3y = -x+15 && \mid +x \\ &(1)\quad x-3y = 15 && \\ &(2)\quad x-3y = 15 && \end{aligned}$$



**Das Gleichsetzungsverfahren**

■ (1) $y = 1 + x$
(2) $y = 13 - 2x$

Wenn man die Existenz einer Lösung voraussetzt, so erfüllen die Zahlen des Lösungspaares beide Gleichungen. Auf den linken Seiten der beiden Gleichungen steht dann dieselbe Zahl, also auch auf den rechten Seiten, d. h., es gilt:
$1 + x = 13 - 2x$.
Die beiden rechten Seiten wurden gleichgesetzt. Dadurch ist die Variable $y$ eliminiert worden und eine Gleichung mit einer Variablen entstanden, die wie üblich gelöst wird:

$$\begin{aligned} 1+x &= 13-2x && \mid +2x-1 \\ 3x &= 12 && \\ x &= 4 && \end{aligned}$$

Damit ist eine Zahl des Lösungspaares gefunden.
Zur Bestimmung der anderen Zahl setzt man die gefundene Zahl in eine der gegebenen Gleichungen ein:

(1) $y = 1 + 4$
$y = 5$

Auf eine Probe wird hier verzichtet.
$L = \{(4;\, 5)\}$.

**Das Additionsverfahren**

■ (1) $6x - 4y = -28$
(2) $7x + 2y = -\ 6$

Durch geeignetes Multiplizieren oder Dividieren einer oder beider Gleichungen erhält man für eine der Variablen Koeffizienten, die sich nur im Vorzeichen unterscheiden bzw. gleiche Koeffizienten. Durch Addition oder Subtraktion der Gleichungen wird dann diese Variable eliminiert.

Eliminieren von $x$:

(1) $6x - 4y = -28 \quad | \cdot 7$
(2) $7x + 2y = -\ 6 \quad | \cdot 6$
(1) $42x - 28y = -196$
(2) $42x + 12y = -\ 36$
(1) – (2) $-40y = -160$
$y = 4$

Einsetzen in (2):

(2) $7x + 2 \cdot 4 = -6 \quad | -8$
$7x = -14 \quad | : 7$
$x = -2$

Eliminieren von $y$:

(1) $6x - 4y = -28 \quad | : 2$
(2) $7x + 2y = -\ 6$
(1) $3x - 2y = -14$
(2) $7x + 2y = -\ 6$
(1)+(2) $10x = -20$
$x = -2$

Einsetzen in (2):

(2) $7 \cdot (-2) + 2y = -6 \quad | +14$
$2y = 8 \quad | : 2$
$y = 4$

3

Auf eine Probe wird hier verzichtet.
$L = \{(-2; 4)\}$.

*Graphische Lösung:* Zur graphischen Lösung eines Systems von zwei linearen Gleichungen mit zwei Variablen zeichnet man die beiden Geraden, die den Gleichungen entsprechen, in ein und dasselbe Koordinatensystem. Die Lösungen des Gleichungssystems sind diejenigen Zahlenpaare, die beide Gleichungen erfüllen. Sie sind die Koordinaten von Punkten, die auf beiden Geraden liegen.
Hat das gegebene Gleichungssystem genau eine Lösung, so findet man diese als Koordinaten des Schnittpunktes der beiden Geraden in der graphischen Darstellung (↗ Fall 2 in der folgenden Übersicht).

| | | |
|---|---|---|
| **1. Fall**<br>Zwei parallele, nicht zusammenfallende Geraden. Die Gleichungen widersprechen einander.<br>Das System hat keine Lösung. | ■ (1) $3x + 4y = 3$<br>(2) $3x + 4y = 8$<br>(1) $y = -\frac{3}{4}x + \frac{3}{4}$<br>(2) $y = -\frac{3}{4}x + 2$ | 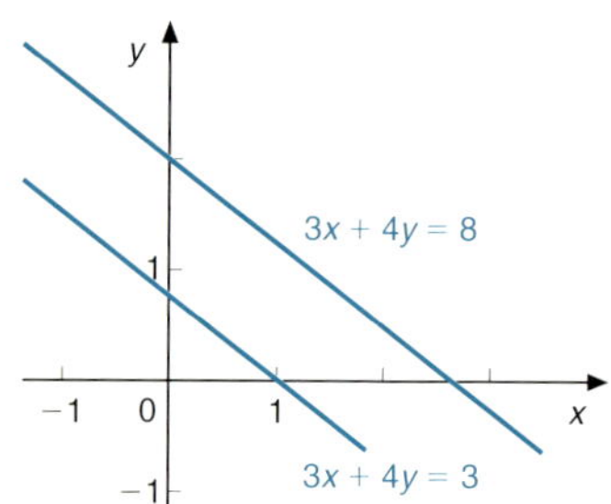Bild 3/24 |
| **2. Fall**<br>Zwei einander schneidende Geraden.<br>Das System hat genau eine Lösung. | ■ (1) $2x - 4y = -8$<br>(2) $-\frac{1}{2}x + 3y = 8$<br>(1) $y = \frac{1}{2}x + 2$<br>(2) $y = \frac{1}{6}x + \frac{8}{3}$<br>Man liest ab:<br>$x \approx 2; y \approx 3$ | 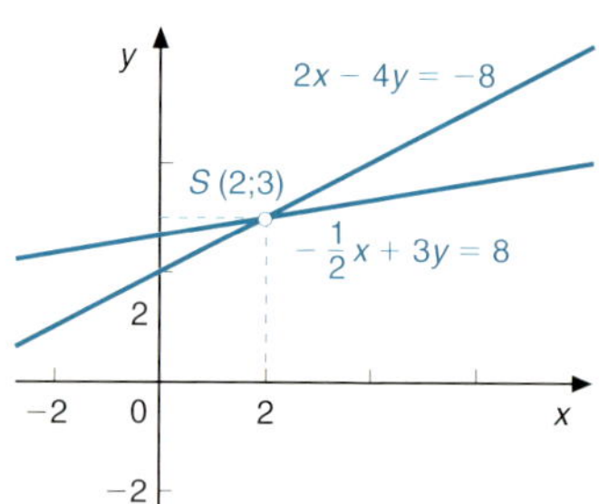Bild 3/25 |

**3. Fall**
Zwei zusammenfallende Geraden.
Die Gleichungen sind voneinander abhängig. Das System hat unendlich viele Lösungen.

■ (1) $x + y = 2$
(2) $4x + 4y = 8$
(1) $y = -x + 2$
(2) $y = -x + 2$

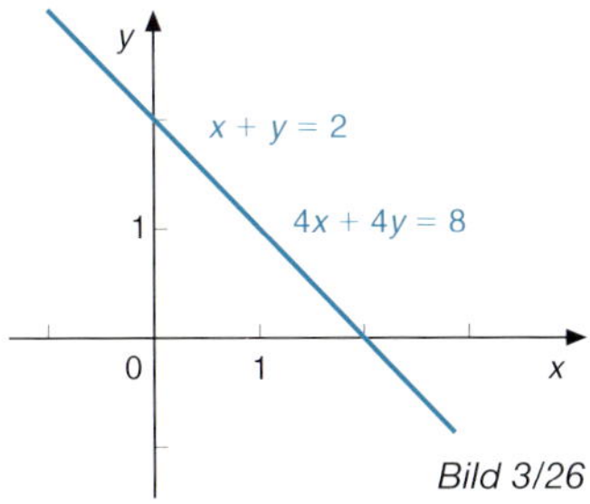


Bild 3/26

## System von drei linearen Gleichungen mit drei Variablen

Ein solches Gleichungssystem kann mit Hilfe des Einsetzungsverfahrens, des Gleichsetzungsverfahrens, des Additionsverfahrens oder unter Anwendung des Gaußschen Algorithmus gelöst werden.

■ (1) $3x + 4y + 3z = 1$ | $\cdot 2$
(2) $2x - y - z = 6$ | $\cdot (-3)$ } Addition von (1) und (2)
(3) $x + 3y + 2z = -1$
(1′) $11y + 9z = -16$

(1) $3x + 4y + 3z = 1$
(2) $2x - y - z = 6$
(3) $x + 3y + 2z = -1$ | $\cdot (-2)$ } Addition von (2) und (3)
(2′) $-7y - 5z = 8$

(1′) $11y + 9z = -16$ | $\cdot 5$
(2′) $-7y - 5z = 8$ | $\cdot 9$ } Addition
$-8y = -8$ | $: (-8)$
$y = 1$

Weiteres Einsetzen in (2′) liefert z = -3, und mit Hilfe der Gleichung (3) gelingt es, x = 2 zu ermitteln.

Probe:
(1) $3 \cdot 2 + 4 \cdot 1 + 3 \cdot (-3) = 1$
$6 + 4 - 9 = 1$
$1 = 1$ (wahr)
(2) $2 \cdot 2 - 1 + 3 = 6$
$4 - 1 + 3 = 6$
$6 = 6$ (wahr)
(3) $2 + 3 \cdot 1 + 2 \cdot (-3) = -1$
$2 + 3 - 6 = -1$
$-1 = -1$ (wahr)

Also $L = \{(2; 1; -3)\}$.

↗ Gleichsetzungsverfahren, S. 93 ↗ Einsetzungsverfahren, S. 91f.
↗ Additionsverfahren, S. 93f. ↗ Gaußscher Algorithmus, S. 309

### Lineare Ungleichung mit einer Variablen

Man löst eine lineare Ungleichung mit einer Variablen, indem man die Variable durch äquivalente Umformungen isoliert. Die Lösungsmenge kann auf einer Zahlengeraden dargestellt werden.

■ $1{,}5x - 1 > 4 \quad | +1$

$1{,}5x > 5 \quad | :1{,}5$

$x > \frac{10}{3}$

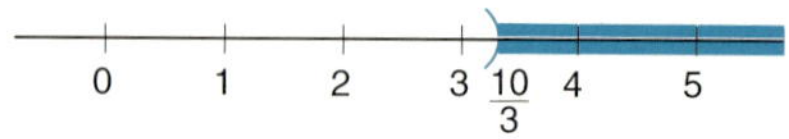


$x = \frac{10}{3}$ gehört nicht zur Lösungsmenge.

*Bild 3/27*

3

### Lineare Ungleichung mit zwei Variablen

Man löst eine lineare Ungleichung mit zwei Variablen, indem man eine der beiden Variablen durch äquivalente Umformungen (↗ S. 83) isoliert. Die Lösungsmenge besteht aus allen Zahlenpaaren, die diese Ungleichung erfüllen. Die Lösungsmenge einer linearen Ungleichung mit zwei Variablen kann durch Punkte der Ebene, die durch das *xy*-Koordinatensystem aufgespannt wird, dargestellt werden.

■ $4x - 2y > 6 \quad | -4x$

$-2y > -4x + 6 \quad | :(-2)$

$y < 2x - 3$

$L = \{(x; y) \mid x, y \in \mathbb{R}; y < 2x - 3\}$

Die Lösungsmenge wird durch alle Punkte der Halbebene, die unterhalb der Geraden $y = 2x - 3$ liegt, dargestellt.

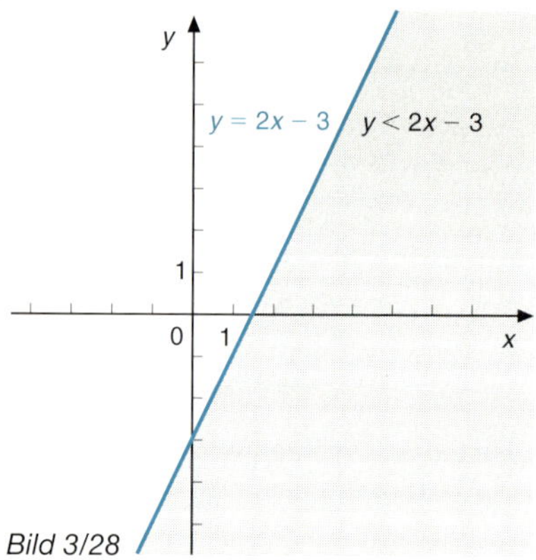


*Bild 3/28*

## Funktionen, Gleichungen und Ungleichungen mit Beträgen

### Die Betragsfunktion

Die Funktion $f$ mit $f(x) = |x|$ hat den Definitionsbereich $\mathbb{R}$ und den Wertebereich $\{y \mid y \in \mathbb{R}; y \geq 0\}$. Sie heißt **Betragsfunktion**.

Wegen der Definition des Betrages gilt

$$f(x) = \begin{cases} x, & \text{wenn } x \geq 0, \\ -x, & \text{wenn } x < 0. \end{cases}$$

Die Funktion $f(x) = |x|$ ist aus zwei linearen Funktionen zusammengesetzt.

↗ Betrag einer reellen Zahl, S. 40

■

| $f(x) = \lvert x \rvert$ | $g(x) = \lvert x \rvert - 1$ | $h(x) = \lvert 2x-1 \rvert$ |
|---|---|---|
| 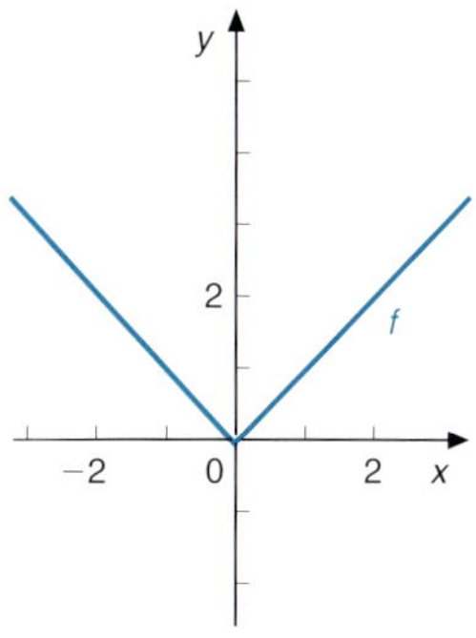 | 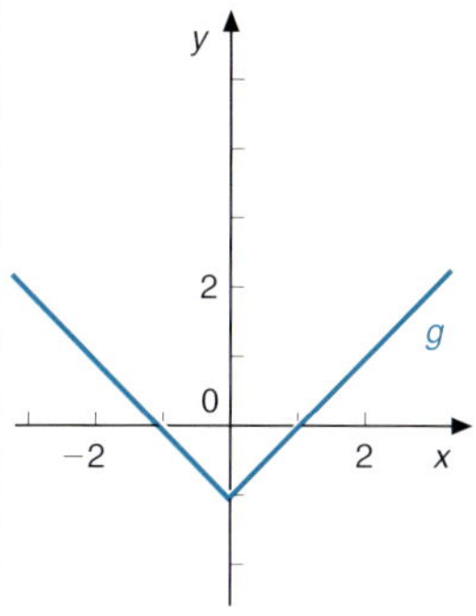 | 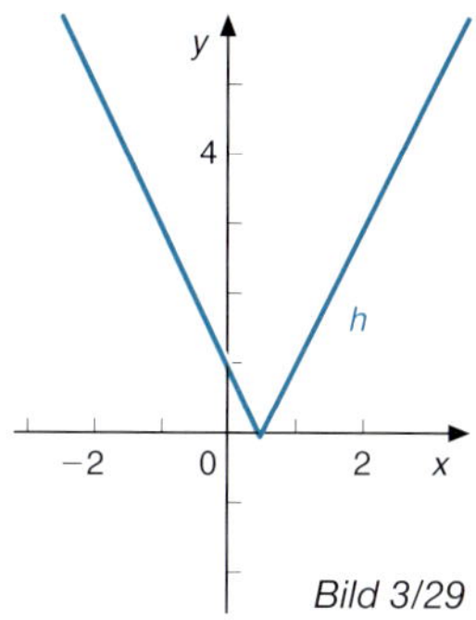Bild 3/29 |
| $f(x) = \begin{cases} x, & \text{wenn } x \geq 0 \\ -x, & \text{wenn } x < 0 \end{cases}$ | $g(x) = \begin{cases} x-1, \\ \text{wenn } x \geq 0 \\ -x-1 \\ \text{wenn } x < 0 \end{cases}$ | $h(x) = \begin{cases} 2x-1, \\ \text{wenn } x \geq \frac{1}{2} \\ -2x+1, \\ \text{wenn } x < \frac{1}{2} \end{cases}$ |

**Gleichung mit Beträgen**

Beim rechnerischen **Lösen** von Gleichungen mit Beträgen entstehen aufgrund der Definition des Betrages mehrere zu lösende Gleichungen.

■ $\lvert 2x-1 \rvert = 4$

Wegen der Definition des Betrages ergibt sich die folgende Fallunterscheidung.

Fall 1:

Für $2x - 1 \geq 0$, das heißt $x \geq \frac{1}{2}$, gilt $\lvert 2x-1 \rvert = 2x - 1$.

Fall 2:

Für $2x - 1 < 0$, das heißt $x < \frac{1}{2}$, gilt $\lvert 2x-1 \rvert = -(2x-1)$.

Daher ergeben sich die Gleichungen

| | |
|---|---|
| $2x - 1 = 4$ für $x \geq \frac{1}{2}$ | $-(2x-1) = 4$ für $x < \frac{1}{2}$ |
| $x = \frac{5}{2}$ | $x = -\frac{3}{2}$ |
| *Probe:* $\left\lvert 2 \cdot \frac{5}{2} - 1 \right\rvert = 4$ | *Probe:* $\left\lvert 2 \cdot \left(-\frac{3}{2}\right) - 1 \right\rvert = 4$ |
| $\lvert 4 \rvert = 4$ (wahr) | $\lvert -4 \rvert = 4$ (wahr) |

$L = \left\{\frac{5}{2}; -\frac{3}{2}\right\}$

Die Probe bestätigt die Richtigkeit beider Lösungen.

■ $\left|\frac{1}{2}x-1\right| = |4x+2|-1$

Es ergibt sich die Fallunterscheidung:

**a)** $\frac{1}{2}x-1 \geq 0$ und $4x+2 \geq 0$ gdw. $x \geq 2$ und $x \geq -\frac{1}{2}$ gdw. $x \geq 2$

**b)** $\frac{1}{2}x-1 < 0$ und $4x+2 \geq 0$ gdw. $x < 2$ und $x \geq -\frac{1}{2}$

gdw. $-\frac{1}{2} \leq x < 2$

**c)** $\frac{1}{2}x-1 \geq 0$ und $4x+2 < 0$ gdw. $x \geq 2$ und $x < -\frac{1}{2}$

Widerspruch

**d)** $\frac{1}{2}x-1 < 0$ und $4x+2 < 0$ gdw. $x < 2$ und $x < -\frac{1}{2}$

gdw. $x < -\frac{1}{2}$

3

Für die Intervalle $[2; \infty[$; $\left[-\frac{1}{2}; 2\right[$ und $\left]-\infty; -\frac{1}{2}\right[$ ergeben sich damit Gleichungen ohne Beträge.

Zu **a)** $\frac{1}{2}x-1 = (4x+2)-1$ für $x \geq 2$

$$-2 = \frac{7}{2}x$$

$x = -\frac{4}{7}$ für $x \geq 2$ Widerspruch

Zu **b)** $-\left(\frac{1}{2}x-1\right) = (4x+2)-1$ für $-\frac{1}{2} \leq x < 2$

$$-\frac{9}{2}x = 0$$

$$x = 0$$

Zu **d)** $-\left(\frac{1}{2}x-1\right) = -(4x+2)-1$ für $x < -\frac{1}{2}$

$$\frac{7}{2}x = -4$$

$$x = -\frac{8}{7}$$

$L = \left\{0; -\frac{8}{7}\right\}$. Auf eine Probe wird hier verzichtet.

↗ Betrag einer reellen Zahl, S. 40
↗ Lineare Gleichung mit einer Variablen, S. 89

Beim **graphischen Lösen von Gleichungen mit Beträgen** sucht man die Schnittpunkte der Graphen zweier Funktionen. Ihre Abszissen sind die Lösungen.

■ **a)** $|2x-1| = 4$
$f(x) = |2x-1|$
$g(x) = 4$

**b)** $\left|\frac{1}{2}x-1\right| = |4x+2|-1$
$f(x) = \left|\frac{1}{2}x-1\right|$
$g(x) = |4x+2|-1$

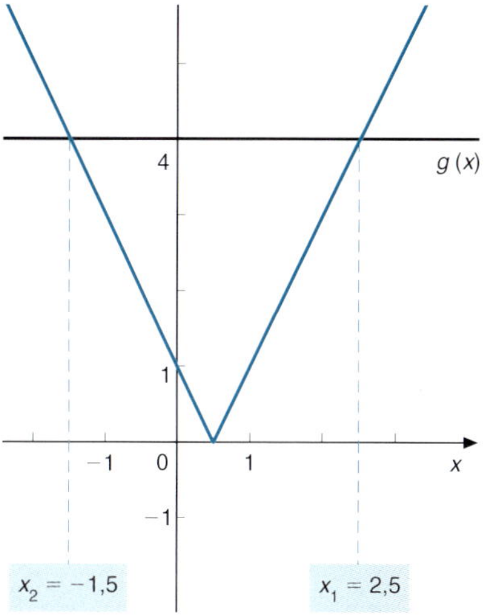


*Bild 3/30*

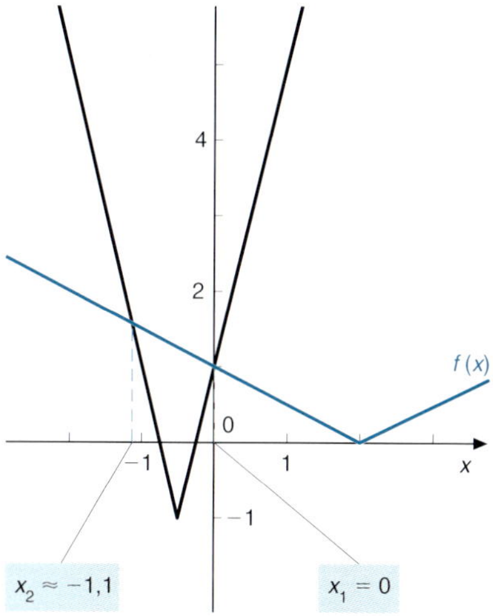


*Bild 3/31*



**Ungleichung mit Beträgen**

Beim Lösen von Ungleichungen mit Beträgen ist es wie bei Gleichungen mit Beträgen aufgrund der Definition des Betrages vielfach zweckmäßig, mit einer Fallunterscheidung zu arbeiten.

■ $\left|\frac{n+1}{2n}-\frac{1}{2}\right| < \frac{1}{100}$; $n \in \mathbb{N}$; $n \neq 0$

Für die linke Seite der Ungleichung gilt:

$$\left|\frac{n+1}{2n}-\frac{1}{2}\right| = \left|\frac{n+1-n}{2n}\right| = \left|\frac{1}{2n}\right|.$$

Da in der Aufgabe $n \in \mathbb{N}$ festgelegt wurde, ist in diesem Beispiel eine Fallunterscheidung nicht erforderlich, da $\frac{1}{2n}$ nur positiv sein kann. Also $\frac{1}{2n} < \frac{1}{100}$ und folglich $n > 50$.

■ $\left|\frac{n+1}{2n}-\frac{7}{12}\right| < \frac{1}{100}$; $n \in \mathbb{N}$; $n \neq 0$

Für die linke Seite der Ungleichung gilt:

$$\left|\frac{n+1}{2n}-\frac{7}{12}\right| = \left|\frac{6(n+1)-7n}{12n}\right| = \left|\frac{-n+6}{12n}\right|.$$

Die Definition des Betrages ergibt folgende Fallunterscheidung:

**a)** $\frac{-n+6}{12n} \geq 0$, also $n \leq 6$,

Daraus folgt

$$\frac{-n+6}{12n} < \frac{1}{100}$$

Und nach Multiplikation mit $300n$

$$-25n + 150 < 3n$$
$$150 < 28n$$
$$\frac{75}{14} < n$$

Wegen $n \in \mathbb{N}$ und $n \leq 6$ gilt $n = 6$.

**b)** $\frac{-n+6}{12n} < 0$, also $n > 6$.

$$-\frac{-n+6}{12n} < \frac{1}{100}$$

$$25n - 150 < 3n$$
$$22n < 150$$
$$n < \frac{75}{11}$$

Wegen $n \in \mathbb{N}$ und $n > 6$ ergibt sich ein Widerspruch.

Lösung: $L = \{6\}$

■ $\left|\frac{5x-3}{7}\right| < 3 \quad (x \in \mathbb{R})$

Auch in diesem Beispiel wird eine Fallunterscheidung vorgenommen:

**a)** $\frac{5x-3}{7} \geq 0$

$$5x - 3 \geq 0$$
$$x \geq \frac{3}{5} = 0{,}6$$

Diese Bedingung gilt es weiterhin zu beachten!

$$\frac{5x-3}{7} < 3$$
$$5x - 3 < 21$$
$$5x < 24$$
$$x < 4{,}8$$

**b)** $\frac{5x-3}{7} < 0$

$$5x - 3 < 0$$
$$x < \frac{3}{5} = 0{,}6$$

$$-\frac{5x-3}{7} < 3$$
$$-5x + 3 < 21$$
$$-5x < 18$$
$$x > -3{,}6$$

Man erhält:
$0{,}6 \leq x < 4{,}8$ und $-3{,}6 < x < 0{,}6$
Ergebnis: $-3{,}6 < x < 4{,}8$

## Quadratische Funktionen und Gleichungen

### Quadratische Funktion

**DEFINITION** Eine Funktion $f$ mit einer Gleichung der Form $y = f(x) = ax^2 + bx + c$ ($a$, $b$ und $c$ feste reelle Zahlen; $a \neq 0$) heißt **quadratische Funktion.**

Größtmöglicher Definitionsbereich: $\mathbb{R}$
Scheitelpunkt:

$$S\left(-\frac{b}{2a}; \frac{4ac-b^2}{4a}\right)$$

Eine quadratische Funktion hat entweder zwei, eine oder keine reellen Nullstellen (↗ S. 103).
Graph: Parabel (↗ Bild 3/32).
Die Parabel ist für $a > 0$ nach oben geöffnet und für $a < 0$ nach unten geöffnet.

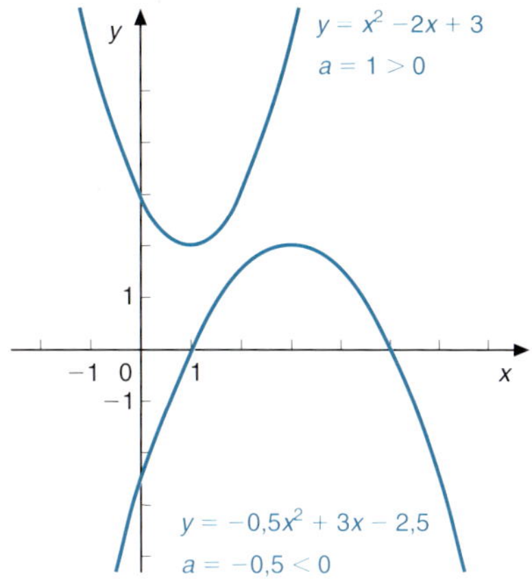


Bild 3/32

**Die Funktionen *f* mit $f(x) = ax^2$**

Die *y*-Achse ist Symmetrieachse der Parabeln; daher sind diese Funktionen gerade Funktionen. Man nennt diese Symmetrieachse auch **Parabelachse**. Der Punkt, in dem eine Parabel ihre Symmetrieachse schneidet, heißt **Scheitelpunkt** der Parabel.
Der Graph der Funktion $y = x^2$ ($a = 1$) heißt auch **Normalparabel**. (Zur Erklärung dieses Namens vergleiche man mit den Ausführungen auf Seite 102f.!)

$\boldsymbol{y = ax^2}$

| | |
|---|---|
| Definitionsbereich: | $-\infty < x < \infty$ |
| Wertebereich: | $0 \leq y < \infty$, falls $a > 0$ |
| Werleberelch: | $-\infty < y \leq 0$, falls |
| Wertebereich: | $a < 0$ |
| Scheitelpunkt: | $S(0; 0)$ |

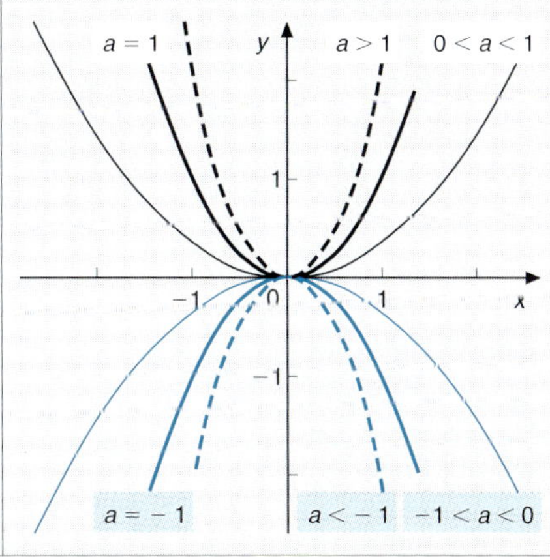


Bild 3/33

**Die Funktionen *f* mit $f(x) = x^2 + e$**

Für jedes Argument *x* erhält man den Funktionswert der Funktion $y = x^2 + e$, indem man zum entsprechenden Funktionswert der Funktion $y = x^2$ die Zahl *e* addiert. Daher ergibt sich der Graph von $\boldsymbol{y = x^2 + e}$ aus dem Graphen von $\boldsymbol{y = x^2}$
für $e > 0$ durch Verschiebung um *e* in Richtung der positiven Ordinatenachse
und
für $e < 0$ durch Verschiebung um $|e|$ in Richtung der negativen Ordinatenachse.

$y = x^2 + e$
Definitionsbereich: $-\infty < x < \infty$
Wertebereich: $e \leq y < \infty$
Scheitelpunkt: $S(0; e)$

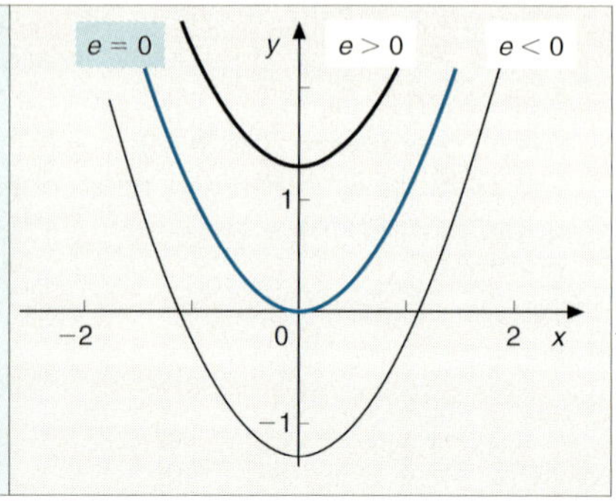


*Bild 3/34*

3

**Die Funktionen $f$ mit $f(x) = (x + d)^2$**

Nimmt die Funktion $y = x^2$ an der Stelle $x_1$ den Funktionswert $x_1^2$ an, so nimmt die Funktion $y = (x + d)^2$ den Funktionswert $x_1^2$ an der Stelle $x_1 - d$ an. Es ist nämlich $[(x_1 - d) + d]^2 = x_1^2$.
Daher ergibt sich der Graph von $\mathbf{y = (x + d)^2}$ aus dem Graphen von $\mathbf{y = x^2}$
für $d > 0$ durch Verschieben um $d$ in Richtung der negativen Abszissenachse
und
für $d < 0$ durch Verschieben um $|d|$ in Richtung der positiven Abszissenachse.

$y = (x + d)^2$
Definitionsbereich:
$-\infty < x < \infty$
Wertebereich:
$0 \leq y < \infty$
Scheitelpunkt:
$S(-d; 0)$

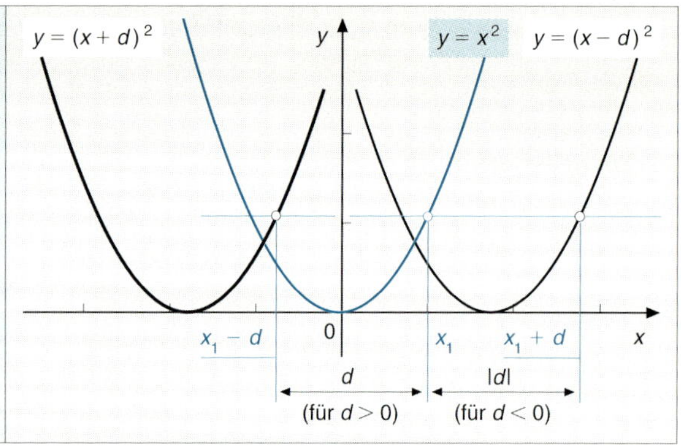


*Bild 3/35*

**Die Funktionen $f$ mit $f(x) = (x + d)^2 + e$**

Die Eigenschaften dieser Funktionen ergeben sich aus den Eigenschaften der Funktionen $y = x^2 + e$ und $y = (x + d)^2$.
↗ Gerade Funktion, S. 73
↗ Geometrische Bedeutung einiger Unterschiede in Funktionsgleichungen, S. 77

**Die Funktionen $f$ mit $f(x) = x^2 + px + q$**

Die Funktionsgleichung $y = x^2 + px + q$ läßt sich in die Form $y = (x + d)^2 + e$ überführen. Man ermittelt hierfür die **quadratische Ergänzung** zu $x^2 + px$, also $\left(\frac{p}{2}\right)^2$, und schreibt:

$$y = x^2 + px + q$$
$$= x^2 + px + \frac{p^2}{4} - \frac{p^2}{4} + q = \left(x + \frac{p}{2}\right)^2 - \left(\frac{p^2}{4} - q\right).$$

Der Graph ist eine nach oben geöffnete Parabel mit dem Scheitelpunkt $S\left(-\frac{p}{2}; -\frac{p^2}{4} + q\right)$, die mit Hilfe der Schablone $y = x^2$ gezeichnet werden kann. (Deshalb der Name „Normalparabel“, ↗ S. 101.)

$\boldsymbol{y = x^2 + px + q}$

Definitionsbereich: $-\infty < x < \infty$

Wertebereich: $y \geq -\left(\frac{p^2}{4}\right) + q$

Scheitelpunkt: $S\left(-\frac{p}{2}; -\frac{p^2}{4} + q\right)$

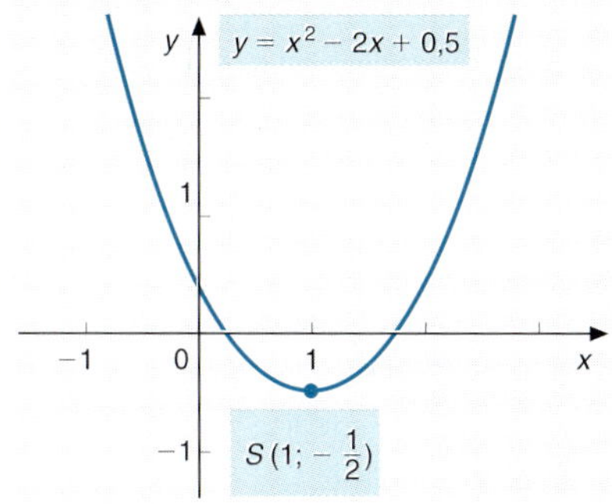


Bild 3/36

**Monotonie**: Im allgemeinen sind quadratische Funktionen nicht monoton; es gibt jedoch Monotonieintervalle.
↗ Monotone Funktion (siehe „Beispiel $y = x^2 + 2x + 1$“), S. 72
**Nullstellen**: Die Anzahl der reellen Nullstellen, die eine Funktion $y = x^2 + px + q$ hat, kann an der Ordinate des Scheitelpunktes abgelesen werden.
↗ Nullstelle einer Funktion, S. 71

| $-\frac{p^2}{4} + q < 0$ | $-\frac{p^2}{4} + q = 0$ | $-\frac{p^2}{4} + q > 0$ |
|---|---|---|
| zwei reelle Nullstellen | eine reelle Nullstelle | keine reelle Nullstelle |
| Scheitelpunkt liegt unterhalb der $x$-Achse | Scheitelpunkt liegt auf der $x$-Achse | Scheitelpunkt liegt oberhalb der $x$-Achse |
| 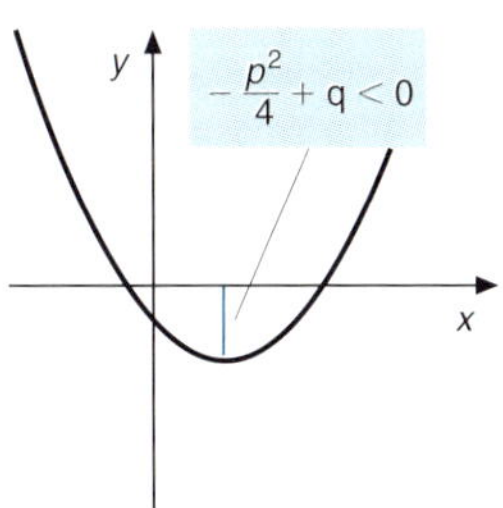  Bild 3/37 | 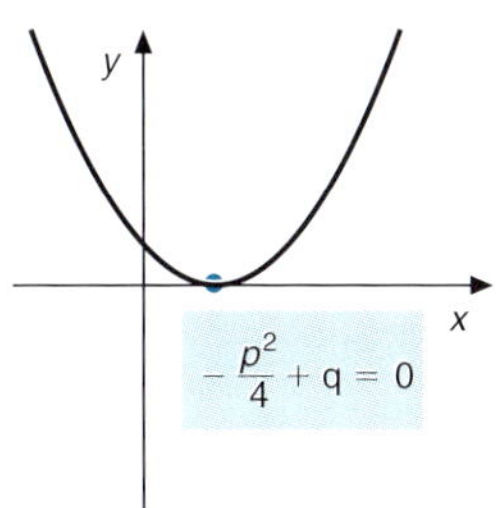  Bild 3/38 | 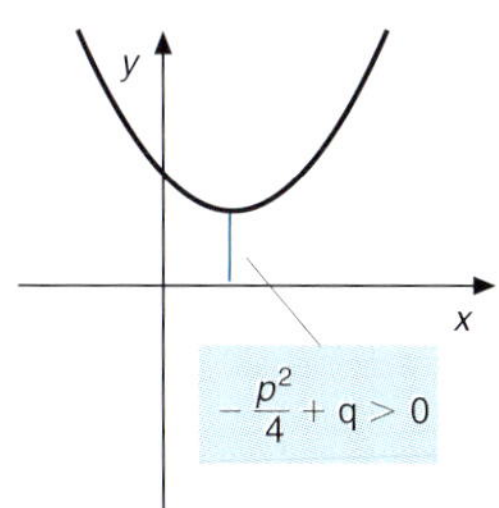  Bild 3/39 |

## Umkehrfunktion einer quadratischen Funktion

Quadratische Funktionen sind auf ℝ nicht eineindeutig; sie besitzen daher auf ℝ keine Umkehrfunktion. Schränkt man den Definitionsbereich einer quadratischen Funktion geeignet ein, so ergibt sich eine umkehrbare Funktion (↗ Bilder 3/40, 3/41).

↗ Eineindeutige Funktion, S. 69
↗ Umkehrfunktion einer Funktion, S. 74f.

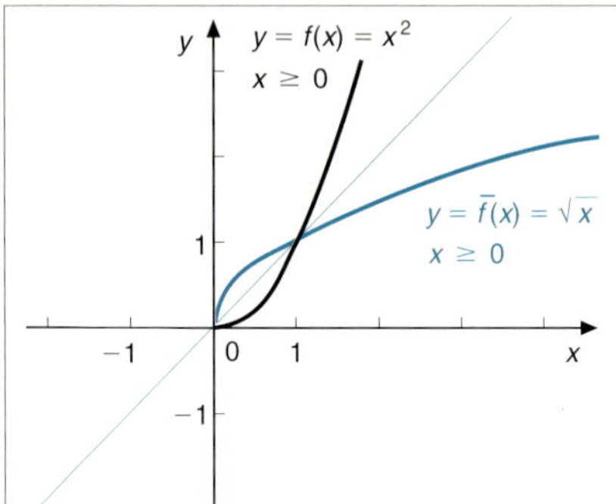


Bild 3/40

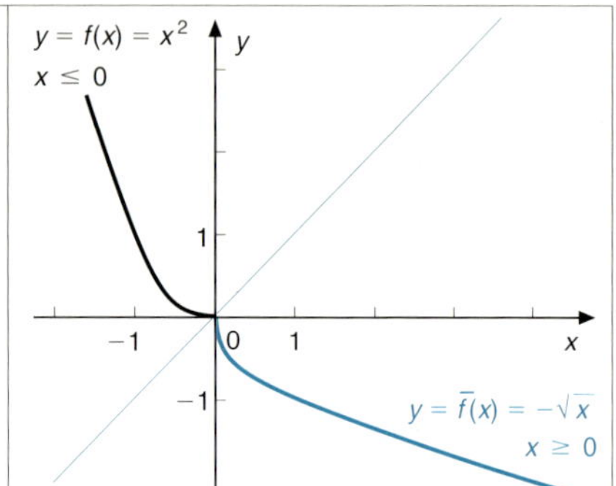


Bild 3/41

## Quadratische Gleichung mit einer Variablen

Eine Gleichung der Form $ax^2 + bx + c = 0$ ($a$, $b$, $c$ Konstanten; $a \neq 0$) heißt **quadratische Gleichung**.

Dividiert man diese Gleichung durch $a$, so erhält man

$$x^2 + \frac{b}{a}x + \frac{c}{a} = 0\,,$$

und setzt man nun $p = \frac{b}{a}$ und $q = \frac{c}{a}$, so erhält man

die **Normalform der quadratischen Gleichung**:

$x^2 + px + q = 0.$

*Rechnerische Lösung* (*mit Lösungsformel*):

$$\mathbf{x_{1,2} = -\frac{p}{2} \pm \sqrt{\left(\frac{p}{2}\right)^2 - q}}$$

Für $\frac{p^2}{4} - q < 0$ gibt es keine reelle Lösung.

↗ Quadratische Ergänzung, S. 102f.

■ $x^2 + \frac{1}{8}x - \frac{21}{32} = 0$

$x_{1,2} = -\frac{1}{16} \pm \sqrt{\frac{1+168}{256}}$

$x_{1,2} = -\frac{1}{16} \pm \frac{13}{16}$

$x_1 = \frac{3}{4}$; $x_2 = -\frac{7}{8}$

*Probe:*

Für $x_1 = \frac{3}{4}$:

$\left(\frac{3}{4}\right)^2 + \frac{1}{8} \cdot \frac{3}{4} - \frac{21}{32} = 0$

$\frac{9}{16} + \frac{3}{32} - \frac{21}{32} = 0$ (wahr)

Also: $L = \left\{\frac{3}{4}; -\frac{7}{8}\right\}$

Für $x_2 = -\frac{7}{8}$:

$$\left(-\frac{7}{8}\right)^2 + \frac{1}{8} \cdot \left(-\frac{7}{8}\right) - \frac{21}{32} = 0$$

$$\frac{49}{64} - \frac{7}{64} - \frac{42}{64} = 0 \quad \text{(wahr)}$$

■ $x^2 - 4{,}2x + 4{,}41 = 0$
$x_{1,2} = 2{,}1 \pm \sqrt{4{,}41 - 4{,}41}$
$x_{1,2} = 2{,}1$
Also: $L = \{2{,}1\}$

*Probe:*
$2{,}1^2 - 4{,}2 \cdot 2{,}1 + 4{,}41 = 0$
$4{,}41 - 8{,}82 + 4{,}41 = 0$ (wahr)



■ $x^2 - 1{,}3x + 9{,}5 = 0$
$x_{1,2} = 0{,}65 \pm \sqrt{0{,}65^2 - 9{,}5}$
Wegen $0{,}65^2 - 9{,}5 < 0$ hat die Gleichung keine reelle Lösung.

*Graphische Lösung:* Die Nullstellen der Funktion $y = x^2 + px + q$ sind die Lösungen der quadratischen Gleichung $x^2 + px + q = 0$. Diese Lösungen ergeben sich z. B. so:
$x^2 + px + q = 0$ wird in $x^2 = -px - q$ umgeformt.
Man zeichnet die Graphen der Funktionen $f$ und $g$ mit $f(x) = x^2$ und $g(x) = -px - q$.
Die Abszissen der Schnittpunkte der Graphen von $f$ und $g$ sind die Lösungen.

■ $x^2 - x - 2 = 0$
$x^2 = x + 2$
$f(x) = x^2$
$g(x) = x + 2$
$x_1 = -1$
$x_2 = +2$

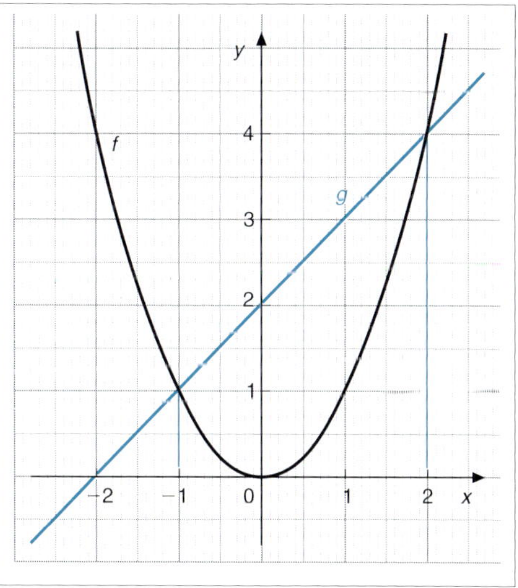


*Bild 3/42*

**Diskriminante**

Der Radikand $D = \left(\frac{p}{2}\right)^2 - q$ in der Lösungsformel für quadratische Gleichungen heißt **Diskriminante**.

Das Vorzeichen der Diskriminante ist für die Anzahl der Lösungen entscheidend. Die Scheitelpunktsordinate des Graphen der zur gegebenen Gleichung gehörenden Funktion ist gleich $-D$.

| **Diskriminante $D$** | **Anzahl der reellen Lösungen von $x^2 + px + q = 0$** | **Anzahl der reellen Nullstellen von $y = x^2 + px + q$** |
|---|---|---|
| $\left(\frac{p}{2}\right)^2 - q > 0$ | zwei Lösungen $x_{1,2} = -\frac{p}{2} \pm \sqrt{\left(\frac{p}{2}\right)^2 - q}$ | zwei Nullstellen |
| $\left(\frac{p}{2}\right)^2 - q = 0$ | eine Lösung $x_{1,2} = -\frac{p}{2}$ | eine Nullstelle |
| $\left(\frac{p}{2}\right)^2 - q < 0$ | keine reelle Lösung | keine reelle Nullstelle |

3

**Zerlegung in Linearfaktoren**

Die Zahlen $x_1$ und $x_2$ sind die Lösungen der Gleichung $x^2 + px + q = 0$ genau dann, wenn sich die linke Seite dieser Gleichung folgendermaßen in ein Produkt aus zwei linearen Faktoren zerlegen läßt:

$$\boldsymbol{x^2 + px + q = (x - x_1) \cdot (x - x_2).}$$

- Die Summe $x^2 + 6x - 7$ läßt sich in Linearfaktoren zerlegen. Man löst die Gleichung $x^2 + 6x - 7 = 0$ und erhält als Lösungen $x_1 = 1$ und $x_2 = -7$.
  Folglich gilt:
  $x^2 + 6x - 7 = (x - 1)(x + 7)$.

- Wegen $(x + 2)(x - 3) = x^2 - x - 6$ hat die Gleichung $x^2 - x - 6 = 0$ die Lösungen
  $x_1 = -2$ und
  $x_2 = 3$.

**Satz von Vieta**

Die Zahlen $x_1$ und $x_2$ sind genau dann die Lösungen der Gleichung $x^2 + px + q = 0$, wenn gilt: $x_1 + x_2 = -p$ und $x_1 \cdot x_2 = q$.

Die Lösungen einer Gleichung heißen auch **Wurzeln** dieser Gleichung.
Der Satz von Vieta kann zur Probe für Lösungen von quadratischen Gleichungen benutzt werden.

- Sind die Zahlen $x_1 = 1$ und $x_2 = -7$ die Lösungen der Gleichung $x^2 + 6x - 7 = 0$ ?

Ja, denn $x_1 + x_2 = 1 - 7 = -6 = -p \quad (p = 6)$
und
$x_1 \cdot x_2 = 1 \cdot (-7) = -7 = q$.

**Spezialfälle der Gleichung $x^2 + px + q = 0$**

Für $p = 0$ ergibt sich der Fall $x^2 + q = 0$.
Für $q = 0$ ergibt sich der Fall $x^2 + px = 0$.

Diese Spezialfälle lassen sich mit der allgemeinen Lösungsformel lösen, schneller jedoch auf folgende Weise:

| $x^2 + q = 0$ | $x^2 + px = 0$ |
|---|---|
| $x^2 = -q$<br>Für $q > 0$ keine reelle Lösung.<br>Für $q = 0$ eine Lösung: $x_1 = x_2 = 0$.<br>Für $q < 0$ zwei Lösungen:<br>$x_1 = \sqrt{-q}$;<br>$x_2 = -\sqrt{-q}$. | $x(x + p) = 0$<br>Für $p = 0$ eine Lösung: $x_1 = x_2 = 0$.<br>Für $p \neq 0$ zwei Lösungen:<br>$x_1 = 0$; $x_2 = -p$. |

3

## Potenzen; Potenzfunktionen; Wurzelgleichungen

### Die Potenz $a^b$

Die Potenz $a^b$ wird folgendermaßen definiert:

| Basis $a$ | Exponent $b$ | Potenz $a^b$ | Bemerkung |
|---|---|---|---|
| $a \in \mathbb{R}$ | $b \in \mathbb{N}$;<br>$b > 1$ | $a^b := \underbrace{a \cdot a \cdot \ldots \cdot a}_{b \text{ Faktoren}}$ | |
| $a \in \mathbb{R}$ | $b = 1$ | $a^1 := a$ | |
| $a \in \mathbb{R}$;<br>$a \neq 0$ | $b = 0$ | $a^0 := 1$ | $0^0$ bleibt undefiniert |
| $a \in \mathbb{R}$;<br>$a \neq 0$ | $b \in \mathbb{Z}$;<br>$b < 0$ | $a^b := \frac{1}{a^{-b}}$ | $-b \in \mathbb{N}$ |
| $a \in \mathbb{R}$;<br>$a > 0$ | $b \in \mathbb{Q}$;<br>$b = \frac{m}{n}$<br>$m \in \mathbb{Z}$;<br>$n \in \mathbb{N}$;<br>$n > 0$<br>$n \nmid m$ | $a^b = a^{\frac{m}{n}} := \sqrt[n]{a^m}$ | ↗ Die $n$-te Wurzel, S. 109.<br>Wenn $m > 0$, so $\sqrt[n]{0^m} = 0$. |

Die Potenz $a^b$ wird folgendermaßen definiert:

| Basis $a$ | Exponent $b$ | Potenz $a^b$ | Bemerkung |
|---|---|---|---|
| $a \in \mathbb{R}$; $a > 0$ | $b \in \mathbb{R}$; $b \notin \mathbb{Q}$ | Wenn $b = \lim\limits_{n \to \infty} r_n$ $(r_n \in \mathbb{Q})$, so $a^b := \lim\limits_{n \to \infty} a^{r_n}$. | Es sind auch andere Definitionen möglich. |

- **a)** $\pi^3 = \pi \cdot \pi \cdot \pi \approx 31{,}0$
  **b)** $(-2{,}5)^4 = (-2{,}5) \cdot (-2{,}5) \cdot (-2{,}5) \cdot (-2{,}5) = 39{,}0625$
  **c)** $(-5)^3 = (-5) \cdot (-5) \cdot (-5) = -125$
  **d)** $a^5 = a \cdot a \cdot a \cdot a \cdot a$ **e)** $5{,}4^1 = 5{,}4$ **f)** $(-3)^0 = 1$
  **g)** $2^{-3} = \frac{1}{2^3} = \frac{1}{8}$ **h)** $(-9{,}1)^{-2} = \frac{1}{(-9{,}1)^2} = \frac{1}{82{,}81}$
  **i)** $1{,}2^{\frac{4}{3}} = \sqrt[3]{1{,}2^4} = \sqrt[3]{2{,}0736} \approx 1{,}28$
  **k)** $a^{\frac{1}{4}} = \sqrt[4]{a}$
  **l)** $\pi^{\sqrt{2}} \approx 3{,}142^{1{,}414} \approx 5{,}047$

**Die Beziehung $a^x = e^{x \cdot \ln a}$**

Da die Funktionen $f$ und $g$ mit $f(x) = e^x$ und $g(x) = \ln x$ zueinander invers sind, gilt wegen $y = f(g(y))$ für $y > 0$ auch
$a^x = e^{\ln a^x}$.
Wegen $\ln a^x = x \cdot \ln a$ gilt dann auch
$a^x = e^{x \cdot \ln a}$ $(a > 0;\ x \in \mathbb{R})$.

- **a)** $\pi^{\sqrt{2}} = e^{\sqrt{2}\ln\pi} \approx e^{1{,}619} \approx 5{,}048$
  **b)** $a^{-\pi} = e^{-\pi \ln a}$
  ↗ Umkehrfunktion einer Funktion, S. 74f.
  ↗ Logarithmengesetze, S. 121

**Potenzgesetze**

**Für alle positiven reellen Zahlen $a$ und $b$ sowie alle reellen Zahlen $x$, $x_1$ und $x_2$ gilt:**

| gleiche Basis und gleicher Exponent | | |
|---|---|---|
| **Addition Subtraktion** | $x_1 \cdot a^x \pm x_2 \cdot a^x = (x_1 \pm x_2)a^x$ | |
| | **gleiche Basis** | **gleicher Exponent** |
| **Multiplikation** | $a^{x_1} \cdot a^{x_2} = a^{x_1 + x_2}$ | $a^x \cdot b^x = (a \cdot b)^x$ |

| | | |
|---|---|---|
| **Division** | $\frac{a^{x_1}}{a^{x_2}} = a^{x_1 - x_2}$ | $\frac{a^x}{b^x} = \left(\frac{a}{b}\right)^x$ |
| **Potenzierung** | $\left(a^{x_1}\right)^{x_2} = a^{x_1 \cdot x_2}$ | |
| **Monotonie** | Wenn $x_1 < x_2$, so ist $a^{x_1} < a^{x_2}$ für $a > 1$.<br>Wenn $x_1 < x_2$, so ist $a^{x_1} > a^{x_2}$ für $0 < a < 1$. | |

*Bemerkung:* Die Rechengesetze für Addition, Subtraktion, Multiplikation, Division und Potenzierung von Potenzen gelten auch für negative Basen, wenn die Exponenten ganze Zahlen sind. Die Rechengesetze für Addition, Subtraktion, Multiplikation und Potenzierung von Potenzen gelten auch für die Basis 0, wenn die Exponenten positive reelle Zahlen sind.

3

■ **a)** $3a^5 + 0{,}8a^5 = 3{,}8a^5$ **b)** $a^4 \cdot a^3 = a^{4+3} = a^7$

**c)** $a^3 \cdot b^3 = (ab)^3$

**d)** $3^{\frac{1}{3}} \cdot 3^{\frac{2}{5}} = 3^{\frac{1}{3}+\frac{2}{5}} = 3^{\frac{11}{5}} = \sqrt[15]{3^{11}}$

**e)** $3^{\frac{1}{3}} : 3^{\frac{2}{5}} = 3^{\frac{1}{3}-\frac{2}{5}} = 3^{-\frac{1}{15}} = \frac{1}{\sqrt[15]{3}}$

**f)** $\frac{a^8}{a^5} = a^{8-5} = a^3$

**g)** $\frac{a^4}{b^4} = \left(\frac{a}{b}\right)^4$

**h)** $(a^3)^4 = a^{3 \cdot 4} = a^{12}$

Zu beachten ist der Unterschied zwischen $(a^m)^n$ und $a^{(m^n)}$. Statt $a^{(m^n)}$ schreibt man auch $a^{m^n}$.

## Die *n*-te Wurzel

Im Bereich der reellen Zahlen gibt es zu jeder nichtnegativen Zahl $a$ und zu jeder natürlichen Zahl $n\,(n \geq 1)$ genau eine nichtnegative Zahl $b$ mit $b^n = a$.

**DEFINITION** $\sqrt[n]{a}$ $(a \geq 0;\ n \geq 1;\ n \in \mathbb{N})$ ist diejenige nichtnegative Zahl $b$ mit $b^n = a$. (Man nennt $a$ den **Radikanden** und $n$ den **Wurzelexponenten**.)

$\sqrt[1]{a} = a$

$\sqrt[2]{a} = \sqrt{a}$

$(\sqrt[n]{a})^n = a \quad (a > 0)$

$a^{\frac{m}{n}} := \sqrt[n]{a^m} \quad (a > 0;\ m, n \in \mathbb{Z};\ n > 0)$

$a^{\frac{1}{n}} := \sqrt[n]{a} \quad (a \geq 0;\ n \in \mathbb{N};\ n > 0)$

### Wurzelgesetze

Die Potenzgesetze für rationale Exponenten in Wurzelschreibweise heißen **Wurzelgesetze**.

**Für $a \geq 0$; $b \geq 0$; $m, n \in \mathbb{N}$; $m \geq 2$; $n \geq 2$ gilt:**

| | |
|---|---|
| $\sqrt[n]{a} \cdot \sqrt[n]{b} = \sqrt[n]{a \cdot b}$ | $\sqrt[m]{\sqrt[n]{a}} = \sqrt[n]{\sqrt[m]{a}} = \sqrt[m \cdot n]{a}$ |
| $\frac{\sqrt[n]{a}}{\sqrt[n]{b}} = \sqrt[n]{\frac{a}{b}}$ (b > 0) | $(\sqrt[m]{a})^n = \sqrt[m]{a^n}$ |



### Rationalmachen des Nenners

Das Beseitigen der Wurzel im Nenner eines Bruches durch Erweitern oder Kürzen wird als **Rationalmachen des Nenners** bezeichnet.

■ **a)** $\frac{1}{\sqrt{2}} = \frac{1 \cdot \sqrt{2}}{\sqrt{2} \cdot \sqrt{2}} = \frac{\sqrt{2}}{2}$ **b)** $\frac{a}{\sqrt[3]{b}} = \frac{a \cdot \sqrt[3]{b^2}}{\sqrt[3]{b} \cdot \sqrt[3]{b^2}} = \frac{a \cdot \sqrt[3]{b^2}}{b}$

**c)** 
$$\frac{\sqrt{18} - \sqrt{12}}{\sqrt{18} + \sqrt{12}} = \frac{(\sqrt{18} - \sqrt{12})(\sqrt{18} - \sqrt{12})}{(\sqrt{18} + \sqrt{12})(\sqrt{18} - \sqrt{12})} = \frac{18 - 2\sqrt{12 \cdot 18} + 12}{18 - 12} = \frac{30 - 12\sqrt{6}}{6} = 5 - 2\sqrt{6}$$

### Potenzfunktionen $f$ mit $f(x) = x^n$ ($n \in \mathbb{N}$)

① **Funktionen $y = x^{2m}$ ($m = 1, 2 \ldots$)**

Größtmöglicher Definitionsbereich:
$-\infty < x < \infty$

Wertebereich: $0 \leq y < \infty$

Die Funktionen sind gerade Funktionen:
Es gilt $(-x)^{2m} = x^{2m}$.

Die Funktionen sind für $-\infty < x \leq 0$ streng monoton fallend und für $0 \leq x < \infty$ streng monoton wachsend.

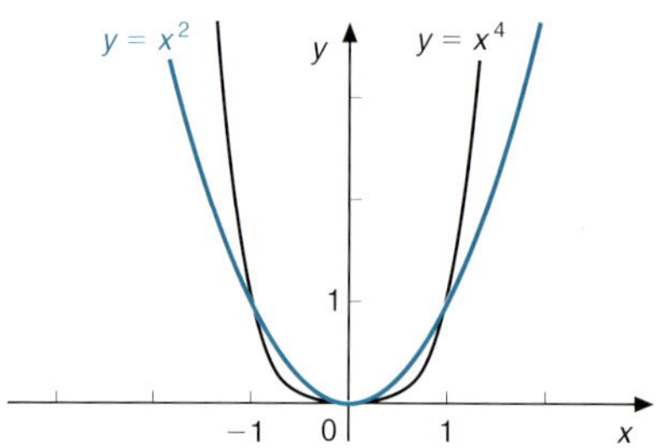

*Bild 3/43*

Die Graphen der Funktionen $y = x^2$, $y = x^4$, … liegen achsensymmetrisch zur $y$-Achse und heißen **Parabeln zweiten, vierten, … Grades.**[1]

[1] Es ist üblich, die Graphen der Funktionen $f$ mit $f(x) = x^n$ als Parabeln $n$-ten Grades zu bezeichnen, obwohl nur für $n = 2$ der Graph ein Kegelschnitt ist.

② **Funktionen $y = x^{2m-1}$ ($m$ = 1, 2, ...)**
Größtmöglicher Definitionsbereich:
$-\infty < x < \infty$
Wertebereich: $-\infty < y < \infty$
Die Funktionen sind ungerade Funktionen: Es gilt $(-x)^{2m-1} = -x^{2m-1}$.
Die Funktionen sind für $-\infty < x < \infty$ streng monoton wachsend.
Die Graphen der Funktionen $y = x^3$, $y = x^5$, ... liegen zentralsymmetrisch zum Ursprung und heißen **Parabeln dritten, fünften, ... Grades.**[1]
↗ Gerade Funktion, ungerade Funktion, S. 73
↗ Monotone Funktion, S. 72
↗ Symmetrische Figuren, S. 155
↗ Parabel, S. 306f.

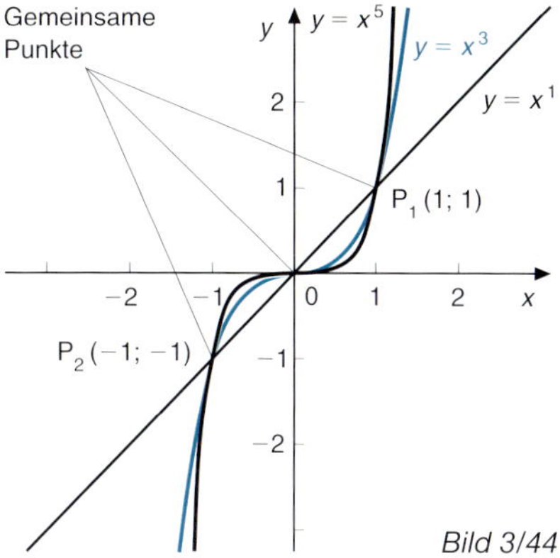

Bild 3/44

3

③ **Die Funktion $y = x^0$**
Größtmöglicher Definitionsbereich: $-\infty < x < 0$; $0 < x < \infty$
Wertebereich: {1}
Die Funktion ist eine gerade Funktion. Nach der Definition auf Seite 107 ist die Potenz $x^0$ für alle $x \neq 0$ gleich 1, für $x = 0$ jedoch nicht definiert. Man sagt, die Funktion $y = x^0$ hat bei $x = 0$ eine Lücke.
Der Graph der Funktion $y = x^0$ besteht aus allen Punkten auf der Parallelen zur $x$-Achse durch den Punkt (0; 1) mit Ausnahme dieses Punktes.

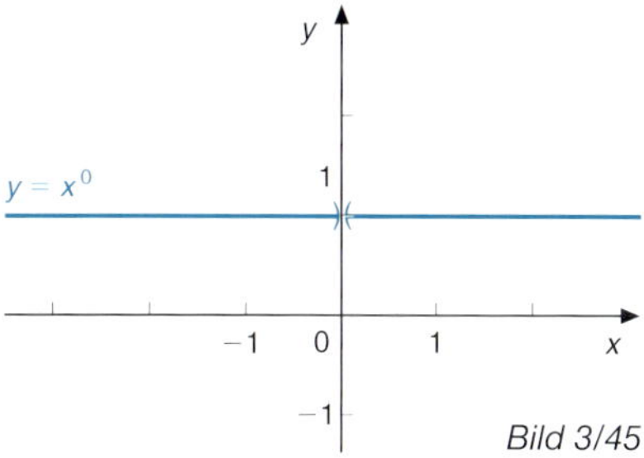

Bild 3/45

**Potenzfunktionen $f$ mit $f(x) = x^{-n}$ ($n \in \mathbb{N}$; $n > 0$)**[2]

① **Funktionen $y = x^{-2m}$ ($m$ = 1, 2, ...)**
Größtmöglicher Definitionsbereich:
$-\infty < x < 0$; $0 < x < \infty$
Wertebereich: $0 < y < \infty$
Die Funktionen sind gerade Funktionen: Es gilt $(-x)^{-2m} = x^{-2m}$.
Die Funktionen sind für $-\infty < x < 0$ streng monoton wachsend und für $0 < x < \infty$ streng monoton fallend.

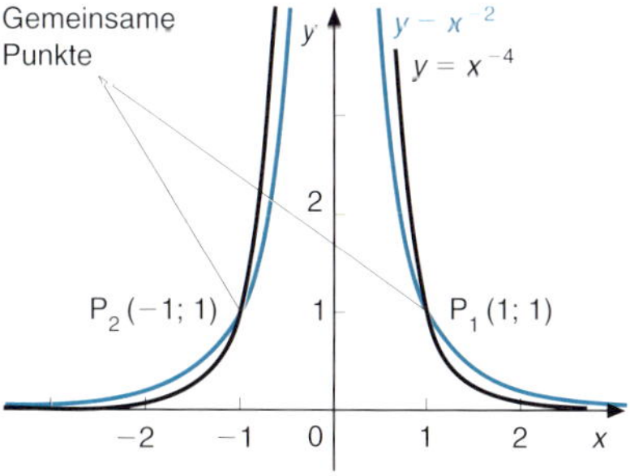

Bild 3/46

[2] Es ist üblich, die Graphen der Funktionen $f$ mit $f(x) = x^{-n}$ als Hyperbeln $n$-ten Grades zu bezeichnen, obwohl nur für $n = 1$ der Graph der Kegelschnitt ist.

Die Graphen der Funktionen $y = x^{-2}$, $y = x^{-4}$, … heißen **Hyperbeln zweiten, vierten, … Grades**[2]. Sie bestehen aus zwei Teilen, den **Hyperbelästen**. Sie liegen achsensymmetrisch zur $y$-Achse.
Die Hyperbeläste nähern sich beliebig dicht der $x$-Achse, und zwar um so mehr, je mehr der Betrag von $x$ zunimmt. Dabei wird die $x$-Achse selbst jedoch nicht erreicht, da die Funktionswerte stets größer als 0 sind. Man sagt, die Graphen **nähern sich asymptotisch** der $x$-Achse. Entsprechend nähern sich die Graphen asymptotisch der $y$-Achse, wenn der Betrag von $x$ beliebig klein wird.

3

② **Funktionen $y = x^{-(2m-1)}$ ($m = 1, 2, \ldots$)**
Größtmöglicher Definitionsbereich:
$-\infty < x < 0$; $0 < x < \infty$
Wertebereich: $-\infty < y < 0$; $0 < y < \infty$
Die Funktionen sind ungerade Funktionen: Es gilt $(-x)^{-(2m-1)} = -x^{-(2m-1)}$.
Die Funktionen sind für $-\infty < x < 0$ und für $0 < x < \infty$ streng monoton fallend.
Die Funktionen sind **nicht** im gesamten Definitionsbereich monoton fallend.

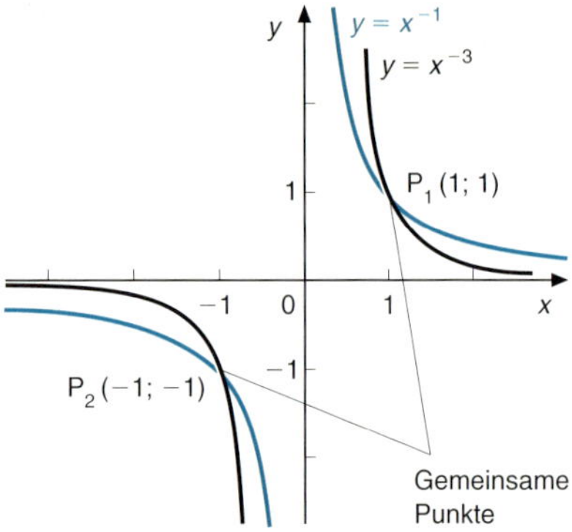


Bild 3/47

Die Graphen der Funktionen $y = x^{-1}$, $y = x^{-3}$, … heißen **Hyperbeln ersten, dritten, … Grades**[2]. Sie bestehen aus zwei Teilen, den Hyperbelästen, und zeigen das gleiche asymptotische Verhalten wie die Graphen bei ①.
↗ Gerade Funktion, ungerade Funktion, S. 73 ↗ Hyperbel, S. 304 ff.
↗ Monotone Funktion, S. 72 ↗ Symmetrische Figuren, S. 155

**Potenzfunktionen $f$ mit $f(x) = \sqrt[n]{x^m} = x^{\frac{m}{n}}$ ($m, n \in \mathbb{N}$; $m \geq 1$; $n \geq 2$; $n \nmid m$)**
Jede Potenzfunktion $f$ mit $f(x) = \sqrt[n]{x^m}$ ($x \geq 0$; $m, n \in \mathbb{N}$; $m \geq 1$; $n \geq 2$; $n \nmid m$), aber auch Funktionen wie $g$ mit $g(x) = \sqrt[3]{x+5}$, $h$ mit $h(x) = \sqrt{25 - x^2}$ werden als **Wurzelfunktionen** bezeichnet.

■

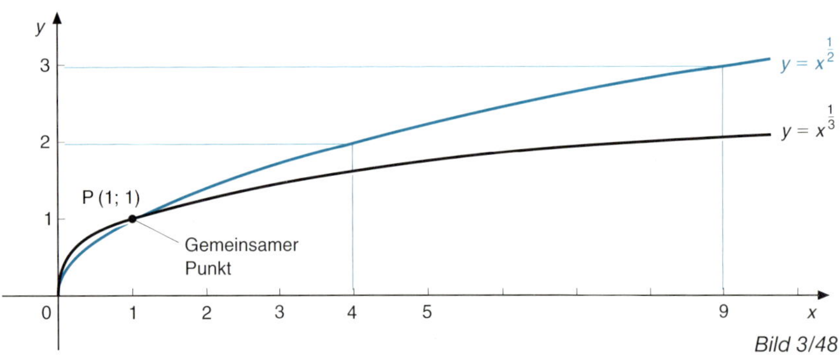


Bild 3/48

## Umkehrbarkeit von Potenzfunktionen

Die Funktionen $y = x^{2k}$ ($k \in \mathbb{N}$; $k > 0$) sind nicht eineindeutig auf $\mathbb{R}$. Sie lassen sich deshalb nicht im gesamten Definitionsbereich umkehren. Man kann aus ihnen zwei (Teil-) Funktionen $f_1$ und $f_2$ bilden, die – jede für sich – umkehrbar sind.
Für die Funktionen $y = x^{-2k}$ ($k \in \mathbb{N}$, $k > 0$) gilt im Definitionsbereich $-\infty < x < 0$; $0 < x < \infty$ entsprechendes.

| **Potenzfunktionen mit $k \in \mathbb{N}$, $k > 0$** | **Umkehrfunktionen** |
|---|---|
| $f_1$: $y = x^{2k}$ $(0 \le x < \infty)$<br>$f_2$: $y = x^{2k}$ $(-\infty < x < 0)$ | $\bar{f}_1$: $y = \sqrt[2k]{x}$ $(0 \le x < \infty)$<br>$\bar{f}_2$: $y = -\sqrt[2k]{x}$ $(0 < x < \infty)$ |

■ $f_1$: $y = x^2$ $(0 \le x < \infty)$ $\qquad$ $\bar{f}_1$: $y = \sqrt{x}$ $(0 \le x < \infty)$
$f_2$: $y = x^2$ $(-\infty < x < 0)$ $\qquad$ $\bar{f}_2$: $y = -\sqrt{x}$ $(0 < x < \infty)$

Die Funktionen $y = x^{2k+1}$ ($k \in \mathbb{N}$) sind eineindeutig und lassen sich im gesamten Definitionsbereich $\mathbb{R}$ umkehren.

| **Potenzfunktionen mit $k \in \mathbb{N}$** | **Umkehrfunktionen** |
|---|---|
| $f$: $y = x^{2k+1}$ $(-\infty < x < \infty)$ | $\bar{f}: y = \begin{cases} \sqrt[2k+1]{x} & \text{für } 0 \le x < \infty \\ -\sqrt[2k+1]{-x} & \text{für } -\infty < x < 0 \end{cases}$ |

Für die Funktionen $y = x^{-(2k+1)}$ ($k \in \mathbb{N}$) gilt im Definitionsbereich $-\infty < x < 0$; $0 < x < \infty$ entsprechendes.

■ $f$: $y = x^3$ $(-\infty < x < \infty)$

Umkehrfunktionen:

$$\bar{f}: y = \begin{cases} \sqrt[3]{x} & \text{für } 0 < x < \infty \\ \sqrt[3]{-x} & \text{für } -\infty < x < 0 \end{cases}$$

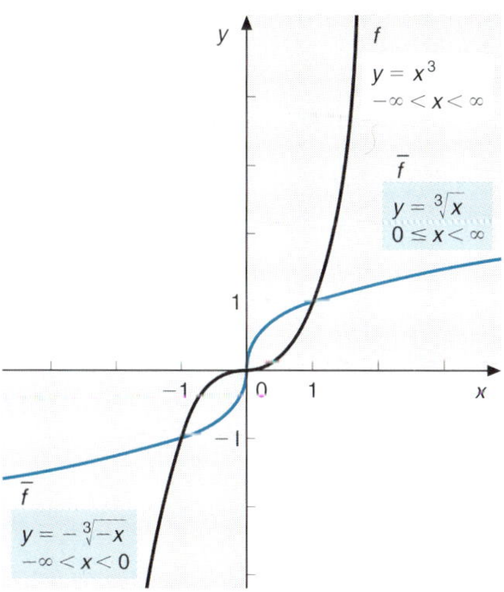


Bild 3/49

3

■ $f\colon y = \frac{1}{x}$ $(x \neq 0)$

Umkehrfunktion:

$\bar{f}\colon y = \frac{1}{x}$ $(x \neq 0)$

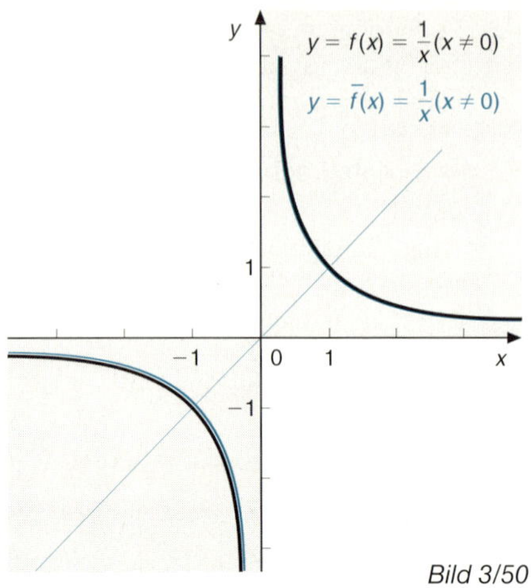


Bild 3/50

Die Wurzelfunktionen $y = \sqrt[n]{x}$ $(0 \leq x < \infty;\ n \in \mathbb{N};\ n \geq 2)$ und die Potenzfunktionen $y = x^n$ mit $0 \leq x < \infty$; $n \in \mathbb{N}$ und $n \geq 2$ sind zueinander invers.

**Wurzelgleichung**

Eine Gleichung, bei der die Variable im Radikanden einer Wurzel auftritt, heißt **Wurzelgleichung**.

**Lösen von Wurzelgleichungen**: Beim Lösen von Wurzelgleichungen spielt oft das Quadrieren eine Rolle. Dabei können Scheinlösungen entstehen.

■ Die Nullstellen der Funktion $f(x) = \sqrt{x+5} - x + 1$ $(x \geq -5)$ sind zu ermitteln.
Es entsteht die Wurzelgleichung

$\sqrt{x+5} - x + 1 = 0$ (Isolieren der Wurzel)

$\sqrt{x+5} = x - 1$ (Quadrieren)

$x + 5 = (x-1)^2$

$x^2 - 3x - 4 = 0$ *Probe:*

$x_1 = 4;$ $\sqrt{4+5} - 4 + 1 = 0$ (wahr)

$x_2 = -1$ $\sqrt{-1+5} + 1 + 1 = 0$ (falsch)

Die Funktion hat nur die Nullstelle $x = 4$.

■ Die Gleichung $\sqrt{x^2-2} - \sqrt{5x-8} = 0$ ist zu lösen.

$\sqrt{x^2-2} = \sqrt{5x-8}$ *Probe:*

$x^2 - 2 = 5x - 8$ $\sqrt{9-2} - \sqrt{15-8} = 0$ (wahr)

$x^2 - 5x + 6 = 0$ $\sqrt{4-2} - \sqrt{10-8} = 0$ (wahr)

$x_1 = 3;$ Ergebnis:

$x_2 = 2$ $L = \{3;\ 2\}$

■ Die Lösungen der Gleichung $\sqrt[3]{x} + 5\sqrt{x} = 0$ $(x \geq 0)$ sind zu ermitteln. Man erkennt, daß $x = 0$ die einzige Lösung ist; für $x \neq 0$ sind die Summanden größer als Null.

## Rationale Funktionen; einige Gleichungen dritten und vierten Grades

### Definitionsbereich einer rationalen Funktion

Der größtmögliche Definitionsbereich einer rationalen Funktion $f$ mit $f(x) = \frac{u(x)}{v(x)}$ enthält mit Ausnahme der Zahlen $x$, für die $v(x) = 0$ gilt, alle reellen Zahlen.

↗ Rationale und nichtrationale Funktionen, S. 70

### Nullstellen einer rationalen Funktion

$x_0$ ist **Nullstelle** der rationalen Funktion $f(x) = \frac{u(x)}{v(x)}$ genau dann, wenn $u(x_0) = 0$ und $v(x_0) \neq 0$ gilt.



- $x_0 = 2$ ist Nullstelle von $f(x) = \frac{3x^2 - 12}{2x^3 + x^2 + x} = \frac{u(x)}{v(x)}$;

  denn es ist
  $u(2) = 3 \cdot 2^2 - 12 = 0$ und
  $v(2) = 2 \cdot 2^3 + 2^2 + 2 \neq 0$.

- Die Nullstellen der Funktion
  $f(x) = x^3 + 2x^2 - 12x$
  sind zu berechnen. Es ist also die Gleichung dritten Grades
  $x^3 + 2x^2 - 12x = 0$
  zu lösen. Durch Ausklammern ergibt sich
  $x(x^2 + 2x - 12) = 0$.
  Ein Produkt ist gleich Null, wenn wenigstens ein Faktor gleich Null ist. Also muß
  $x = 0$ oder $x^2 + 2x - 12 = 0$
  sein. Damit können nur die Zahlen
  $x_1 = 0$ und $x_{2,3} = -1 \pm \sqrt{13}$
  Lösungen der Gleichung dritten Grades sein. Da
  $f(0) = f(-1 + \sqrt{13}) = f(-1 - \sqrt{13}) = 0$
  ist, sind die Zahlen $x_1$, $x_2$ und $x_3$ die Nullstellen der gegebenen Funktion $f$.

- Die Nullstellen der Funktion
  $f(x) = x^4 - 4x^2 - 12$
  sind zu berechnen. Die Gleichung
  $x^4 - 4x^2 - 12 = 0$
  kann, indem man $x_2 = z$ setzt, überführt werden in
  $z^2 - 4z - 12 = 0$
  Diese Gleichung hat die Lösungen $z_1 = 6$ und $z_2 = -2$. Daraus ergeben sich die Nullstellen $x_1 = \sqrt{6}$ und $x_2 = -\sqrt{6}$.
  *Es gilt:* Jede ganze rationale Funktion $n$-ten Grades hat höchstens $n$ voneinander verschiedene Nullstellen.
  *Daher gilt auch:* Jede Gleichung $n$-ten Grades hat höchstens $n$ voneinander verschiedene Lösungen.

In der Regel werden nur Spezialfälle von Gleichungen dritten oder vierten Grades behandelt. Unter Verwendung des Zwischenwertsatzes kann man manchmal Nullstellen von Funktionen eingrenzen. Für Gleichungen 3. und 4. Grades gibt es allgemeine Lösungsformeln, die nicht besonders praktikabel sind. Die Lösungen sind nicht immer reelle Zahlen.

↗ Grad einer Gleichung, S. 85 ↗ Zwischenwertsatz, S. 231

### Polstelle einer rationalen Funktion



> $x_p$ ist **Polstelle** der rationalen Funktion $f(x) = \frac{u(x)}{v(x)}$ genau dann, wenn $u(x_p) \neq 0$ und $v(x_p) = 0$ gilt.

- $x_p = 1$ ist Polstelle von $f(x) = \frac{1}{x-1} = \frac{u(x)}{v(x)}$; denn es ist $u(1) = 1 \neq 0$ und $v(1) = 1 - 1 = 0$ (↗ Bild 3/51a).

- Es sind die Polstellen der Funktion
  $$f(x) = \frac{3x-6}{x^3-3x+2} = \frac{u(x)}{v(x)}$$
  zu ermitteln.
  Die Funktion $v$ besitzt die Nullstellen $x_1 = 1$ und $x_2 = -2$. Es gilt $v(x) = (x-1)^2(x+2)$ und folglich
  $$f(x) = \frac{3x-6}{(x-1)^2(x+2)}$$
  Da $u(x) = 3x - 6$ für die Zahlen 1 und -2 ungleich Null ist, sind diese beiden Zahlen Polstellen der Funktion $f$ (↗ Bild 3/51b).

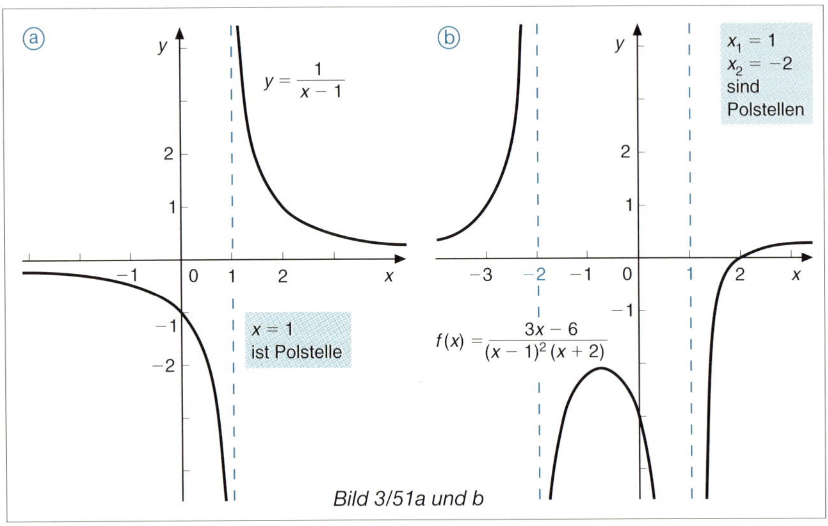


*Bild 3/51a und b*

## Proportionalität; Prozentrechnung; Zinsrechnung

### Verhältnis von Zahlen; Verhältnisgleichungen

Das Verhältnis der Zahlen $a$ und $b$ ($a$, $b$ beliebig reell; $a \neq 0$, $b \neq 0$) ist der Quotient $\frac{a}{b}$ (auch $a : b$ geschrieben).

Das Verhältnis $\frac{a}{b}$ ermöglicht einen Vergleich der Zahlen $a$ und $b$. Dieser Vergleich ist besonders übersichtlich, wenn das Verhältnis durch Erweitern bzw. Kürzen und Runden in ganzen Zahlen angegeben wird.

Eine Gleichung der Form $\frac{a}{b} = \frac{c}{d}$ ($a, b, c, d \neq 0$) bzw. $a : b = c : d$ nennt man eine **Verhältnisgleichung** (Proportion).

3

### Proportionalität und Funktionen

Bei Proportionalität liegt immer eine eindeutige Zuordnung zwischen Zahlen oder zwischen Größen vor.
Jede **direkte Proportionalität** mit dem Proportionalitätsfaktor $m$ ist eine Funktion mit einem Definitionsbereich $D$. Für $m \neq 0$ ist es die lineare Funktion $f$ mit $f(x) = mx$. Für $m = 0$ ist es die konstante Funktion $f$ mit $f(x) = 0$. Der Graph von $f$ ist für $D = \mathbb{R}$ eine Gerade durch den Koordinatensprung.
Jede **indirekte Proportionalität** (auch als **umgekehrte Proportionalität** oder als **Antiproportionalität** bezeichnet) mit dem Proportionalitätsfaktor $c \neq 0$ ist für einen gewissen Definitionsbereich $D$ eine rationale Funktion $f$ mit

$f(x) = \frac{c}{x}$.

Der Graph von $f$ ist für $D = \{x \mid x \in \mathbb{R}; x \neq 0\}$ eine Hyperbel.

■ Der Widerstand $R$ eines Leiters mit konstantem Querschnitt ist (direkt) proportional zur Länge $l$ des Leiters.
Ein Versuch ergab folgende Werte:

| $l$ in cm | 50 | 100 | 150 | 200 |
|---|---|---|---|---|
| $R$ in $\Omega$ | 1,7 | 3,6 | 5,0 | 7,1 |

$$R = 0{,}035\ \frac{\Omega}{\text{cm}} \cdot l$$

$$k = 0{,}035\ \frac{\Omega}{\text{cm}}$$

$$k_1 = \frac{R_1}{l_1} = \frac{1{,}7\,\Omega}{50\text{ cm}} \approx 0{,}034 \frac{\Omega}{\text{cm}}$$

$$k_2 = \frac{3{,}6\,\Omega}{100\text{ cm}} = 0{,}036 \frac{\Omega}{\text{cm}}$$

Zwei Verhältnisse aus einander zugeordneten Größen können geringe Abweichungen aufweisen, die auf Meßungenauigkeiten beruhen.
Weitere Zahlenpaare kann man mit Hilfe des Proportionalitätsfaktors ①, des Dreisatzes ② oder einer Verhältnisgleichung ③ errechnen.

- Welcher Widerstand entspricht der Länge $l = 80$ cm?

① $R = 0{,}035 \frac{\Omega}{\text{cm}} \cdot l$
$= 0{,}035 \cdot 80\,\Omega$
$R = 2{,}8\,\Omega$

② $:50$ ( 50 cm ↔ 1,7 Ω ) $:50$
1 cm ↔ 0,034 Ω
$\cdot 80$ ( 80 cm ↔ 2,72 Ω ) $\cdot 80$

③ $\frac{50\text{ cm}}{1{,}7\Omega} = \frac{80\text{ cm}}{x}$
$x = \frac{1{,}7 \cdot 80}{50}\,\Omega \approx 2{,}7\,\Omega$

- Wie lang ist der Leiter, wenn der Widerstand $3{,}1\Omega$ gemessen wird?

① $R = 0{,}035 \frac{\Omega}{\text{cm}} \cdot l$
$l = \frac{3{,}1}{0{,}035}$ cm
$l \approx 88{,}6$ cm

②
$:1{,}7$ ( 1,7 Ω ↔ 50 cm ) $:1{,}7$
1 Ω ↔ ≈ 29,4 cm
$\cdot 3{,}1$ ( 3,1 Ω ↔ ≈ 91,2 cm ) $\cdot 3{,}1$

③ $\frac{50\text{ cm}}{1{,}7\Omega} = \frac{x}{3{,}1\,\Omega}$
$x = \frac{50 \cdot 3{,}1}{1{,}7}$ cm $\approx 91{,}2$ cm

3

- Der Widerstand $R$ eines Leiters mit konstanter Länge ist umgekehrt proportional zum Querschnitt $A$ des Leiters.
Ein Versuch ergab folgende Werte:

| $R$ in Ω | 1,6 | 0,72 | 0,5 | 0,4 |
|---|---|---|---|---|
| $A$ in mm² | 0,16 | 0,32 | 0,48 | 0,64 |

$A \cdot R = 0{,}25\,\Omega \cdot \text{mm}^2$; $R = \frac{0{,}25\,\Omega \cdot \text{mm}^2}{A}$;
$k = 0{,}25\Omega \cdot \text{mm}^2$
$c_1 = R_1 \cdot A_1 = 1{,}6 \cdot 0{,}16\,\Omega \cdot \text{mm}^2 \approx 0{,}26\,\Omega \cdot \text{mm}^2$
$c_2 = 0{,}72 \cdot 0{,}32\Omega \cdot \text{mm}^2 \approx 0{,}23\Omega \cdot \text{mm}^2$

Zwei Produkte aus einander zugeordneten Größen können geringe Abweichungen aufweisen, die auf Meßungenauigkeiten beruhen.
Weitere Zahlenpaare kann man mit Hilfe des Proportionalitätsfaktors $c$ ①, des Dreisatzes ② oder der Produktgleichheit ③ errechnen.

- Welcher Querschnitt ist bei einem Widerstand von $0{,}9\Omega$ zu erwarten?

① $R = 0{,}25\,\Omega \cdot \text{mm}^2 \cdot \frac{1}{A}$
$A = \frac{0{,}25}{0{,}9}$ mm²
$A \approx 0{,}28$ mm²

③ $1{,}6\,\Omega \cdot 0{,}16\text{ mm}^2 = 0{,}9\,\Omega \cdot A$
$A = \frac{1{,}6 \cdot 0{,}16}{0{,}9}$ mm²
$A \approx 0{,}2844\text{ mm}^2 \approx 0{,}28\text{ mm}^2$

②
$:1{,}6$ ( 1,6 Ω ↔ 0,16 mm² ) $:1{,}6$
1 Ω ↔ ≈ 0,26 mm²
$\cdot 0{,}9$ ( 0,9 Ω ↔ ≈ 0,28 mm² ) $:0{,}9$

- Wie groß ist der Widerstand bei einem Querschnitt von 0,38 mm²?

① $R = 0{,}25\,\Omega \cdot \text{mm}^2 \cdot \frac{1}{A} = \frac{0{,}25}{0{,}38}\,\Omega \approx 0{,}66\,\Omega$

② $:0{,}16 \left( \begin{array}{l} 0{,}16\ \text{mm}^2 \leftrightarrow 1{,}6\ \Omega \\ 1\ \text{mm}^2 \leftrightarrow \approx 1{,}26\ \Omega \\ 0{,}38\ \text{mm}^2 \leftrightarrow \approx 1{,}67\ \Omega \end{array} \right) :0{,}16$; $\cdot 0{,}38$ (jeweils zweite und dritte Zeile)

③ $1{,}6\,\Omega \cdot 0{,}16\ \text{mm}^2 = R \cdot 0{,}38\ \text{mm}^2$

$$R = \frac{1{,}6\,\Omega \cdot 0{,}16\ \text{mm}^2}{0{,}38\ \text{mm}^2}$$

$$R \approx 0{,}67\,\Omega$$

**Prozentrechnung**

Um zwei Verhältnisse bequem vergleichen zu können, wählt man als gemeinsamen Nenner dieser Verhältnisse (als Vergleichszahl) die Zahl 100.



**DEFINITION** Ein Prozent einer Zahl ist der hundertste Teil dieser Zahl. Für 1 Prozent schreibt man 1 %.

1% von $G$ sind $\frac{G}{100}$.

$p$% von $G$ sind $p \cdot \frac{G}{100}$.

Der Prozentrechnung liegt die folgende Verhältnisgleichung zugrunde, in der $W$ der **Prozentwert**, $p$ der **Prozentsatz** und $G$ der **Grundwert** ist. Der Grundwert entspricht 100%.

$$\frac{W}{p} = \frac{G}{100}$$

| Berechnung des Grundwertes | Berechnung des Prozentsatzes | Berechnung des Prozentwertes |
|---|---|---|
| $G = \frac{W \cdot 100}{p}$ | $p = \frac{W \cdot 100}{G}$ | $W = \frac{G \cdot p}{100}$ |

**Vermehrter (verminderter) Grundwert**

Bei Aufgaben zur Prozentrechnung mit Formulierungen wie „Erhöhung um" bzw. „Verminderung um" oder „Steigerung auf" bzw. „Senkung auf" ist besondere Sorgfalt angebracht.
Derartige Formulierungen deuten auf vermehrten bzw. verminderten Grundwert hin. Der vermehrte Grundwert ist die Summe aus Grund- und Prozentwert. Der verminderte Grundwert ist die Differenz aus Grund- und Prozentwert.

■ Der Umsatz einer Brauerei konnte in einem Jahr um 12,8 % auf 137 Millionen Mark gesteigert werden.
Hier ist $p = 112{,}8\,\%$ und $W = 137$ Mio DM. Als Grundwert ergibt sich
$G = \frac{137 \cdot 100}{112{,}8}$ Mio DM $\approx 121{,}4$ Mio DM. Das war der Umsatz vor einem Jahr.

- Die Nachfrage nach PKW ist in den letzten sechs Monaten um 10% gesunken. Es konnten nur 45000 Autos verkauft werden.
  Hier ist $p = 90\%$ und $W = 45000$ PKW. Als Grundwert ergibt sich $G = \frac{45000 \cdot 100}{90}$ PKW = 50000 PKW. Vorher wurden 50000 PKW verkauft.

### Zinsrechnung

Die Zinsrechnung ist eine Anwendung der Prozentrechnung auf das Geldwesen unter Berücksichtigung der Zeit. Dabei entsprechen die Zinsen $Z$ eines Geldbetrages $G$ für ein volles Jahr dem Prozentwert. $p$ heißt Zinssatz.

3

$$\frac{Z}{p} = \frac{G}{100}$$

| **Zinsen für *t* Jahre bei jährlicher Abhebung:** | **Zinsen für *t* Tage:** |
|---|---|
| $Z = \frac{G \cdot p}{100} \cdot t$ | $Z = \frac{G \cdot p}{100} \cdot \frac{t}{360}$ |

### Zinseszins

Werden die Zinsen nicht jährlich abgehoben, so muß auch die Verzinsung der Zinsen der Vorjahre berücksichtigt werden (**Zinseszins**). Für einen festen Betrag $G$ mit einer Laufzeit von $n$ Jahren errechnet man den Endstand (einschließlich Zinsen) nach folgender Formel: $G_n = G\left(1 + \frac{p}{100}\right)^n$.

## Exponential- und Logarithmusfunktionen; Exponentialgleichungen

### Potenzieren, Radizieren, Logarithmieren

| $a^c = b$ | | | |
|---|---|---|---|
| **Gegeben** | **Gesucht** | **Lösung** | **Rechenoperation** |
| $a, c$<br>$b, c$<br>$a, b$ | $b$<br>$a$<br>$c$ | $b = a^c$<br>$a = \sqrt[c]{b}$<br>$c = \log_a b$ | Potenzieren<br>Radizieren<br>Logarithmieren |

Für jede positive Zahl $a$ und jede reelle Zahl $c$ existiert genau eine positive Zahl $b$ mit $a^c = b$.
Für jede nichtnegative Zahl $b$ und jede natürliche Zahl $c$ ($c \geq 1$) existiert genau eine nichtnegative Zahl $a$ mit $a^c = b$.
↗ Die Potenz $a^b$, S. 107 ↗ Die $n$-te Wurzel, S. 109

Für jede positive Zahl $a$ ($a \neq 1$) und jede positive Zahl $b$ existiert genau eine reelle Zahl $c$ mit $a^c = b$.

↗ Der Logarithmus, S. 121

## Der Logarithmus

**DEFINITION** $\log_a b$ ($a > 0$; $a \neq 1$; $b > 0$) ist diejenige reelle Zahl $c$, für die $a^c = b$ gilt. $\log_a b = c$ genau dann, wenn $a^c = b$.

| | | |
|---|---|---|
| $\log_a b$ gelesen:<br>Logarithmus von $b$<br>zur Basis $a$ | $b$ Numerus<br>$a$ Basis | ■ $\log_2 8 = x$; $2^x = 8$<br>$\log_2 8 = 3$; $2^3 = 8$ |

3

Wegen $a^0 = 1$ ($a \neq 0$) bzw. $a^1 = a$ gilt für jede positive Basis $a$ mit $a \neq 1$

$\log_a 1 = 0$ bzw. $\log_a a = 1$

**Natürliche Logarithmen:** Logarithmen zur Basis e; $\log_e x = \ln x$

**Dekadische Logarithmen:** Logarithmen zur Basis 10; $\log_{10} x = \lg x$

↗ Die Zahl e, S. 121

## Logarithmengesetze

Sind $u$ und $v$ positive reelle Zahlen und ist $a$ eine positive Zahl mit $a \neq 1$, so gilt:

① $\log_a(u \cdot v) = \log_a u + \log_a v$;

② $\log_a \frac{u}{v} = \log_a u - \log_a v$;

③ $\log_a u^r = r \cdot \log_a u$ ($r \in \mathbb{R}$).

↗ Potenzgesetze, S. 108f.

## Die Zahl e

Die Zahl e = 2,71828182845… ist eine irrationale Zahl.

Die Bezeichnung dieser Zahl mit dem Buchstaben e erfolgte zu Ehren des Schweizer Mathematikers Leonhard Euler (1707–1783).

e ist die Basis der natürlichen Logarithmusfunktion ln.

↗ Der Logarithmus, S. 121

## Beziehung zwischen verschiedenen Logarithmensystemen

Für alle reellen Zahlen $a$, $b$ mit $a > 0$; $a \neq 1$; $b > 0$, $b \neq 1$ und alle reellen Zahlen $x$ mit $x > 0$ gilt:

$\log_a x = \dfrac{\log_b x}{\log_b a}$ und speziell $\log_a x = \dfrac{\ln x}{\ln a}$.

Begründung:

① $x = a^y$ $(y \in \mathbb{R})$ genau dann, wenn

② $y = \log_a x$ (↗ Definition des Logarithmus, S. 121).

Aus ① ergibt sich

$\log_b x = \log_b a^y$, also $\log_b x = y \cdot \log_b a$ (↗ Logarithmusgesetze, S. 121).

Daher gilt

③ $y = \dfrac{\log_b x}{\log_b a}$.

Aus ② und ③ ergibt sich die Behauptung.

3

■ Gesucht ist $\log_5 29$.

$\log_5 29 = \dfrac{\ln 29}{\ln 5} \approx \dfrac{3{,}3673}{1{,}6094} \approx 2{,}09$

Aus $\lg x = \dfrac{\ln x}{\ln 10}$ kann eine Gleichung zur bequemen Umrechnung natürlicher in dekadische Logarithmen (bzw. umgekehrt) gewonnen werden:

$\lg x = \dfrac{1}{\ln 10} \cdot \ln x \approx 0{,}4343 \cdot \ln x$ bzw.

$\ln x = \ln 10 \cdot \lg x \approx 2{,}3026 \cdot \lg x$.

**Logarithmusfunktion**

Eine Funktion $f$ mit einer Gleichung der Form

$y = f(x) = \log_a x$ $(a, x \in \mathbb{R};\ a, x > 0;\ a \neq 1)$

heißt **Logarithmusfunktion**.

Größtmöglicher Definitionsbereich: $0 < x < \infty$

Wertebereich: $-\infty < y < \infty$

Die Logarithmusfunktionen gehören zu den nichtrationalen Funktionen. Jede Logarithmusfunktion ist Umkehrfunktion einer Exponentialfunktion.

↗ Rationale und nichtrationale Funktionen, S. 70

↗ Umkehrfunktion einer Funktion, S. 74f.

■ $a = 2$; $y = \log_2 x$
$a = 10$; $y = \log_{10} x = \lg x$
$a = \mathrm{e}$; $y = \log_{\mathrm{e}} x = \ln x$
$a = 0{,}5$; $y = \log_{0,5} x$

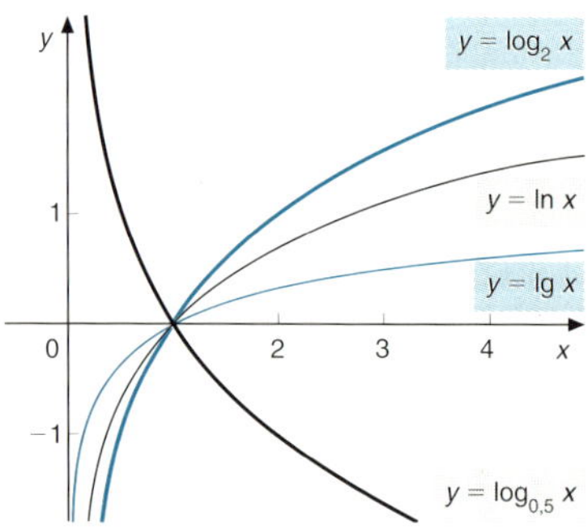


Bild 3/52

**Für *a* > 1** sind die Logarithmusfunktionen streng monoton wachsend. Für kleiner werdende Argumente nähern sich ihre Graphen asymptotisch dem negativen Teil der $y$-Achse.

**Für $0 < a < 1$** sind die Logarithmusfunktionen streng monoton fallend. Für kleiner werdende Argumente nähern sich ihre Graphen asymptotisch dem positiven Teil der $y$-Achse.

Alle Logarithmusfunktionen haben als einzige Nullstelle $x = 1$, d. h., ihre Graphen verlaufen durch den Punkt (1; 0).

Wegen $\log_a x = \frac{1}{\ln a} \cdot \ln x$ $(a > 0;\ a \neq 1;\ x > 0)$ läßt sich jede Logarithmusfunktion auf die Funktion ln zurückführen.

↗ Monotone Funktion, S. 72 ↗ Die Zahl e, S. 121

Die Funktion ln kann auch durch $\ln x = \int_1^x \frac{dt}{t}$ $(x > 0)$ definiert werden.

↗ Das bestimmte Integral mit variabler oberer Grenze (siehe Beispiel), S. 264

3

**Exponentialfunktion**

Eine Funktion $f$ mit der Gleichung der Form

$y = f(x) = a^x$ $(a, x \in \mathbb{R};\ a > 0;\ a \neq 1)$ heißt **Exponentialfunktion**.

Größtmöglicher Definitionsbereich: $\mathbb{R}$ Wertebereich: $0 < y < \infty$

Die Exponentialfunktionen gehören zu den nichtrationalen Funktionen. Jede Exponentialfunktion ist Umkehrfunktion einer Logarithmusfunktion.

↗ Umkehrfunktion einer Funktion, S. 74f.
↗ Rationale und nichtrationale Funktionen, S. 70
↗ Die Zahl e, S. 121

■ $a = 2;\quad y = 2^x$
$a = 10;\quad y = 10^x$
$a = \frac{1}{2};\quad y = \left(\frac{1}{2}\right)^x = 2^{-x}$
$a = \frac{1}{10};\quad y = \left(\frac{1}{10}\right)^x = 10^{-x}$
$a = e;\quad y = e^x$

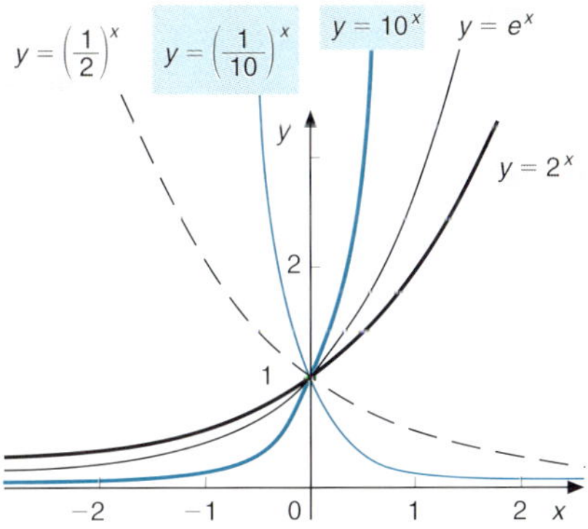


Bild 3/53

Keine Exponentialfunktion hat eine Nullstelle. Die Graphen aller Exponentialfunktionen verlaufen durch den Punkt (0; 1), denn für beliebiges $a \neq 0$ gilt $a^0 = 1$; insbesondere also für $a > 0$.

Die Graphen der Funktionen $y = a^x$ liegen achsensymmetrisch bezüglich der y-Achse zu den Graphen der entsprechenden Funktionen $y = a^{-x} = \left(\frac{1}{a}\right)^x$, denn entgegengesetzte Argumente haben die gleichen Funktionswerte.

**Für $a > 1$** sind die Exponentialfunktionen streng monoton wachsend. Für kleiner werdende Argumente nähern sich ihre Graphen asymptotisch der $x$-Achse.
**Für $0 < a < 1$** sind die Exponentialfunktionen streng monoton fallend. Für größer werdende Argumente nähern sich ihre Graphen asymptotisch der $x$-Achse.
**Für $a = 1$** ergibt sich $y = 1^x$, also die konstante Funktion $y = 1$.
Wegen $a^x = e^{x \cdot \ln a}$ ($a > 0$; $a \neq 1$; $x \in \mathbb{R}$) läßt sich jede Exponentialfunktion auf die Exponentialfunktion $y = e^x$ zurückführen.
↗ Symmetrische Figuren (siehe „Axiale Symmetrie"), S. 155
↗ Monotone Funktion, S. 72 ↗ Die Potenz $a^b$, S. 107

**Umkehrfunktionen von Exponential- und Logarithmusfunktionen**



Die Funktionen $f_1$: $y = a^x$ ($a > 0$, $a \neq 1$; $-\infty < x < \infty$) und $f_2$: $y = \log_a x$ ($a > 0$, $a \neq 1$; $0 < x < \infty$) sind zueinander invers.
↗ Umkehrfunktion einer Funktion, S. 74f.

| $y = a^x$ ($a > 1$); $y = \log_a x$ ($a > 1$) | $y = a^x$ ($0 < a < 1$); $y = \log_a x$ ($0 < a < 1$) |
|---|---|

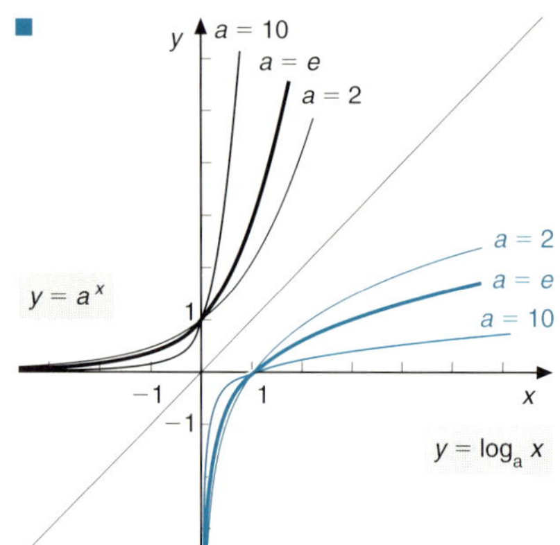

*Bild 3/54*

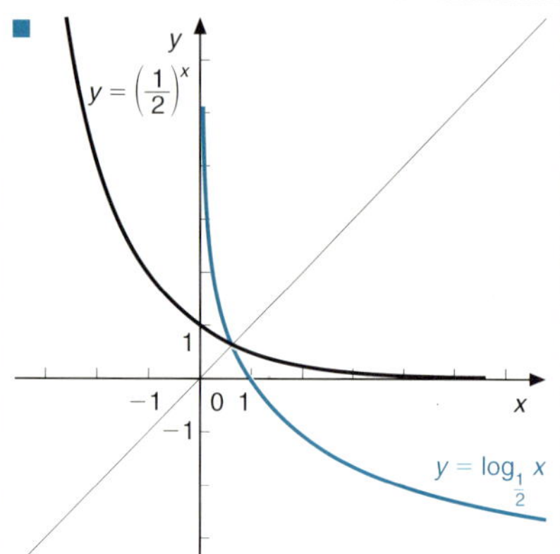

*Bild 3/55*

**Exponentialgleichung**

Eine Gleichung, bei der die Variable im Exponenten von Potenzen auftritt, heißt **Exponentialgleichung**.

■ **a)** $5^x = 625$
Wegen $625 = 5^4$ ist
$x = 4$ die Lösung

**b)** $2^x = \frac{1}{2\sqrt{2}}$

Wegen $\frac{1}{2\sqrt{2}} = 2^{-\frac{3}{2}}$ ist

$x = -\frac{3}{2}$ die Lösung

**c)** $5^x = 29$
Unter Anwendung des entsprechenden Logarithmusgesetzes erhält man:
$x \cdot \lg 5 = \lg 29$
$x = \frac{\lg 29}{\lg 5}$
$x = 2{,}09$ ist eine Näherungslösung der Gleichung.

## Anwendungen der Exponentialfunktion

Beispiele für Prozesse, die durch Funktionen vom Typ $y = a \cdot e^{kx}$ beschrieben werden können.

### 1 Organisches Wachstum

$N = N_0 e^{kt}$ ($N_0 > 0$; $k > 0$)

$N$: Anzahl der Bakterien zum Zeitpunkt $t$ (z. B. in h)

$k$: Wachstumskonstante (ist spezifisch für jede Bakterienart)

$N_0$: Anzahl zum Zeitpunkt $t = 0$ h

Der Zuwachs an Bakterien in der Zeiteinheit bei einer Bakterienkultur ist direkt proportional zur Anzahl der zum betreffenden Zeitpunkt bereits vorhandenen Bakterien. Hierbei werden hemmende Einflüsse wie Mangel an Nährsubstanz oder Auftreten antibakterieller Substanzen vernachlässigt.

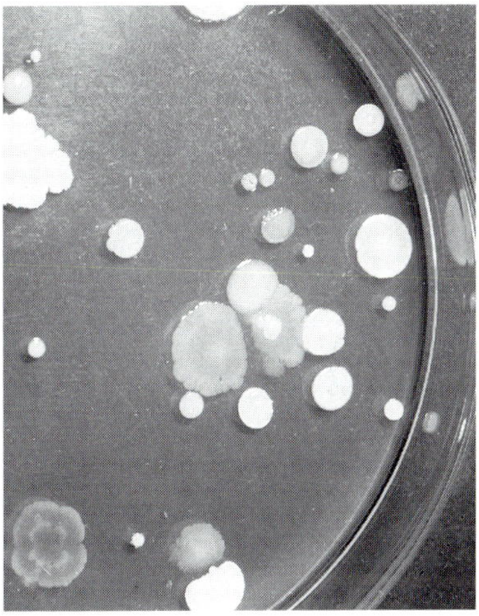

Bild 3/56



Weitere Wachstumsprozesse wie Zunahme des Holzbestandes eines Waldes, Zunahme der Produktion materieller Güter, Zunahme der Bevölkerung können in gewissen Grenzen angenähert auch mit Hilfe von Exponentialfunktionen beschrieben werden.

### 2 Radioaktiver Zerfall

$N = N_0 e^{-kt}$

$N$: Mittlere Anzahl der zum Zeitpunkt $t$ (z. B. in h) noch nicht zerfallenen Atome einer radioaktiven Substanz

$N_0$: Anzahl der zum Zeitpunkt $t = 0$ h vorhandenen nicht zerfallenen Atome

$\lambda$: Zerfallskonstante (ist für die Substanz charakteristisch)

$T_H$: Halbwertzeit, Zeitspanne, innerhalb derer die Hälfte aller Atome zerfallen ist (ist für die Substanz charakteristisch)

Es gilt $\lambda \cdot T_H = \ln 2$.

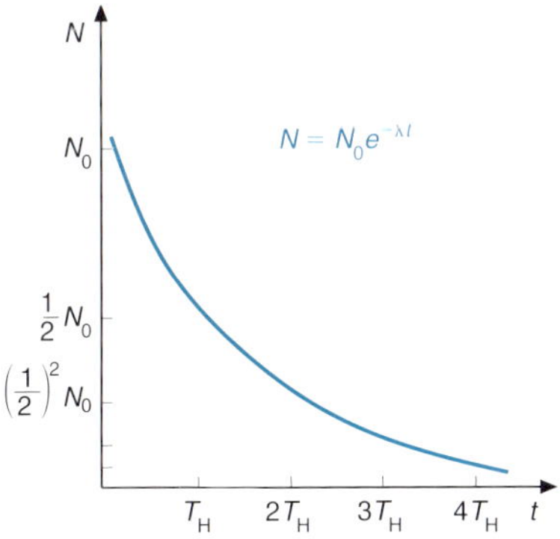


Bild 3/57

## Winkelfunktionen; Ebene Trigonometrie; Goniometrische Gleichungen

### Winkelfunktionen

Funktionen $f$ mit einer Gleichung der Form

$y = f(x) = a \cdot \sin(bx + c)$ 
$y = f(x) = a \cdot \cos(bx + c)$ $\left\{ (a, b \text{ feste reelle Zahlen}; a \neq 0, b \neq 0), \right.$

$y = f(x) = \tan x \ \ (x \in \mathbb{R}; x \neq \frac{\pi}{2} + k\pi; k \in \mathbb{Z})$ oder

$y = f(x) = \cot x \ \ (x \in \mathbb{R}; x \neq k\pi; k \in \mathbb{Z})$ sind Beispiele für **Winkelfunktionen**.

**DEFINITION**

$$\sin x := \frac{v}{r} \ (x \in \mathbb{R}; r > 0; r, v \in \mathbb{R}; -r \leq v \leq r)$$

$$\cos x := \frac{u}{r} \ (x \in \mathbb{R}; r > 0; r, u \in \mathbb{R}; -r \leq u \leq r)$$

$$\tan x := \frac{\sin x}{\cos x} \ (x \in \mathbb{R}; x \neq (2k+1)\frac{\pi}{2}; k \in \mathbb{Z})$$

$$\cot x := \frac{\cos x}{\sin x} \ (x \in \mathbb{R}; x \neq k\pi; k \in \mathbb{Z})$$

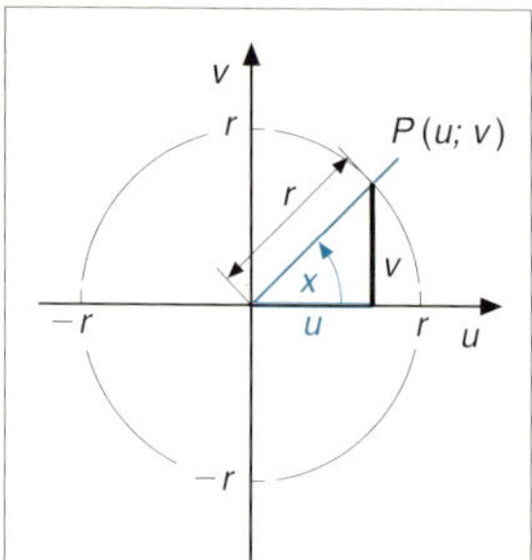

*Bild 3/58*

3

In den Definitionen ist $x$ das Bogenmaß des entsprechenden Winkels. Wegen der eineindeutigen Beziehung zwischen Gradmaß und Bogenmaß sind auch Angaben wie $\sin 30°$ erlaubt und gebräuchlich.

↗ Winkel (siehe „Bogenmaß"); S. 143f.

**Periodizität:** Die Winkelfunktionen sind periodisch. Für jedes $x$ aus dem Definitionsbereich gilt:

$$\left.\begin{aligned} \sin(x + 2k\pi) &= \sin x \\ \cos(x + 2k\pi) &= \cos x \\ \tan(x + k\pi) &= \tan x \\ \cot(x + k\pi) &= \cot x \end{aligned}\right\} k \in \mathbb{Z}$$

↗ Periodizität, S. 73f.

Jede Zahl $2k\pi$ ($k \neq 0$) ist eine Periode. $2\pi$ ist die kleinste Periode für die Sinus- und Kosinusfunktion. $\pi$ ist die kleinste Periode für die Tangens- und die Kotangensfunktion.

### Ermittlung von Funktionswerten und Argumenten der Winkelfunktionen

Bei Benutzung eines Taschenrechners ist unbedingt die Einstellung des Umschalters zu beachten.

(DEG) bedeutet: Winkel im Gradmaß (degree – engl. – Grad)
(RAD) bedeutet: Winkel im Bogenmaß
(GRD) bedeutet: Winkel in Neugrad (Rechter Winkel: 100$^g$)

**Argument *x* gegeben; Funktionswert gesucht**

■ $\sin 65° = 0{,}90630$
$\tan 32° = 0{,}62486$
$\cos 1{,}8 = -0{,}22720$
Zur Ermittlung der Funktionswerte des Kotangens wird die Beziehung $\tan x \cdot \cot x = 1$ angewendet.

- $\cot \frac{\pi}{3} = \frac{1}{\tan \frac{\pi}{3}}$

  Man erhält auf diese Weise: $\cot \frac{\pi}{3} = 0{,}57735$.

**Funktionswert $f(x)$ gegeben; Argument gesucht**
Da die Winkelfunktionen nicht auf jedem Intervall eineindeutig sind, gibt es je nach vorgegebenen Definitionsbereich mitunter mehr als ein Ergebnis.
Unter Verwendung von Quadrantenbeziehungen oder mit Hilfe der Periodizität können bereits gefundene Ergebnisse auf andere Intervalle übertragen werden.

3

- $\sin\alpha = 0{,}5561$. (Man schreibt auch $\alpha = \arcsin 0{,}5561$.) Gesucht sei $\alpha$ im Gradmaß im Intervall $[0°; 360°]$.
  Es ergibt sich $\alpha_1 \approx 33{,}8°$ (I. Quadrant) und $\alpha_2 = 180° - \alpha_1 \approx 146{,}2°$ (II. Quadrant).

- $\sin\alpha = -0{,}3341$. Gesucht sei $\alpha$ im Bogenmaß im Intervall $[0; 2\pi]$.
  Es ergibt sich z. B. $\operatorname{arc}\alpha \approx -0{,}3406502$.
  Das ist ein Wert aus dem Intervall $\left[-\frac{\pi}{2}; 0\right]$. Es ergibt sich
  $\operatorname{arc}\alpha_1 \approx -0{,}3406502 + 2\pi \approx 5{,}943$ (IV. Quadrant).
  Der Winkel $\alpha_2$ liegt im III. Quadranten. Es gilt
  $\operatorname{arc}\alpha_2 = \pi + (2\pi - \operatorname{arc}\alpha_1)$, also $\operatorname{arc}\alpha_2 \approx 3{,}482$.

- $\cos\alpha = 0{,}7072$. Gesucht sei $\alpha$ im Bogenmaß im Intervall $[0; 2\pi]$.
  Es ergibt sich $\operatorname{arc}\alpha_1 \approx 0{,}7853$ (I. Quadrant). Der Winkel $\alpha_2$ liegt im IV. Quadranten. Es gilt
  $\operatorname{arc}\alpha_2 = 2\pi - \operatorname{arc}\alpha_1$, also $\operatorname{arc}\alpha_2 \approx 5{,}498$.

- $\cos\alpha = -0{,}2361$. Gesucht sei $\alpha$ im Gradmaß im Intervall $[0°; 360°]$.
  Es ergibt sich $\alpha_1 \approx 104°$ (II. Quadrant), und man erhält weiter:
  $\alpha_2 = 180° + (180° - \alpha_1) \approx 256°$ (III. Quadrant).
  (Vgl. auch mit den Ausführungen auf S. 136f.)

**Graphische Darstellung der Winkelfunktionen**
Zur graphischen Darstellung der Winkelfunktionen sin und cos kann man die Funktionswerte dem Einheitskreis entnehmen. Als Einheitskreis bezeichnet man einen Kreis mit dem Radius $r = 1$ Längeneinheit (LE) (↗ Bild 3/59).

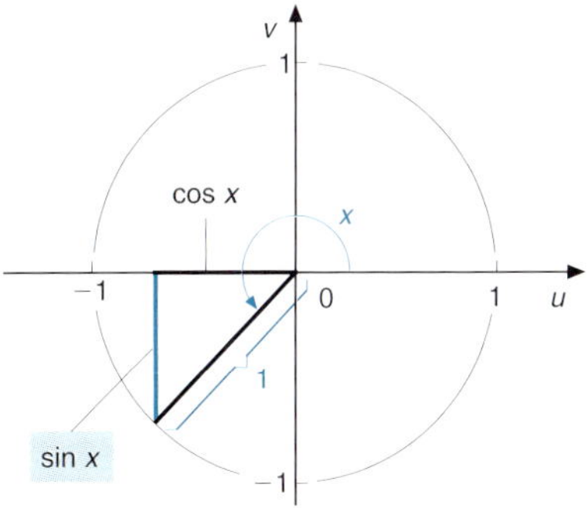


*Bild 3/59*

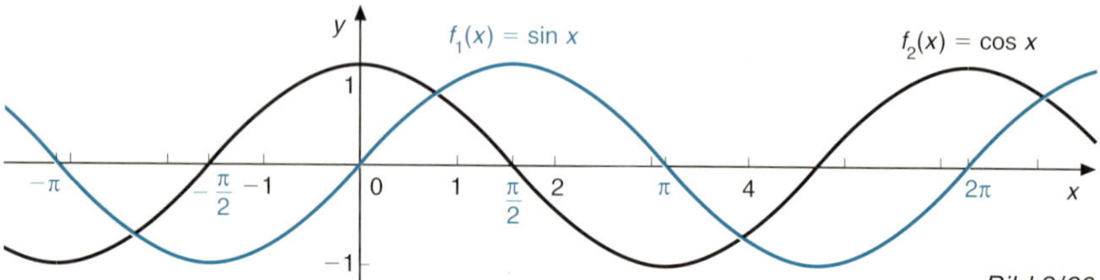


*Bild 3/60*

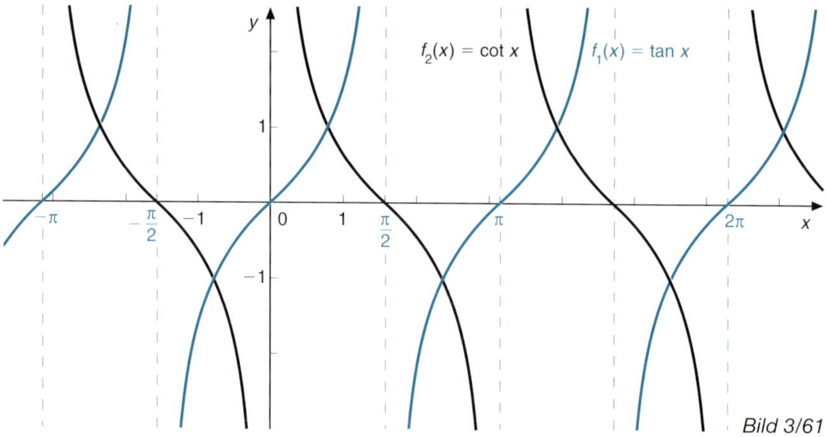


*Bild 3/61*



**Beziehungen zwischen Winkelfunktionen**

Es gilt: (1) $\sin^2 x + \cos^2 x = 1 \; (x \in \mathbb{R})$

(2) $\tan x \cdot \cot x = 1 \; \left(x \in \mathbb{R};\, x \neq k \cdot \frac{\pi}{2};\, k \in \mathbb{Z}\right)$

Es gelten für alle $x \in \mathbb{R}$ die folgenden **Komplementwinkelbeziehungen:**

**(1)** $\sin\left(\frac{\pi}{2} - x\right) = \cos x$ **(2)** $\cos\left(\frac{\pi}{2} - x\right) = \sin x$

sowie, falls $x \neq k \cdot \frac{\pi}{2},\, k \in \mathbb{Z}$,

**(3)** $\tan\left(\frac{\pi}{2} - x\right) = \cot x$ **(4)** $\cot\left(\frac{\pi}{2} - x\right) = \tan x$ .

*Bemerkung:* Zwei Winkel, die sich zu einem rechten Winkel ergänzen, bezeichnet man als **Komplementwinkel**. Wegen des obigen Satzes sagt man deshalb, daß sin und cos bzw. tan und cot zueinander komplementäre Funktionen oder kurz **Kofunktionen** sind.

Es gelten die folgenden Quadrantenbeziehungen:

II. $\sin(\pi - x) = \sin x \quad (x \in \mathbb{R})$

$\cos(\pi - x) = -\cos x \quad (x \in \mathbb{R})$

$\tan(\pi - x) = -\tan x \quad \left(x \neq (2k+1)\frac{\pi}{2};\, k \in \mathbb{Z}\right)$

$\cot(\pi - x) = -\cot x \quad \left(x \neq 2k \cdot \frac{\pi}{2};\, k \in \mathbb{Z}\right)$

III. $\sin(\pi + x) = -\sin x \quad (x \in \mathbb{R})$
$\cos(\pi + x) = -\cos x \quad (x \in \mathbb{R})$
$\tan(\pi + x) = \tan x \quad \left(x \neq (2k+1)\frac{\pi}{2};\ k \in \mathbb{Z}\right)$
$\cot(\pi + x) = \cot x \quad (x \neq k \cdot \pi;\ k \in \mathbb{Z})$

IV. $\sin(2\pi - x) = -\sin x \quad (x \in \mathbb{R})$
$\cos(2\pi - x) = \cos x \quad (x \in \mathbb{R})$
$\tan(2\pi - x) = -\tan x \quad \left(x \neq (2k+1)\frac{\pi}{2};\ k \in \mathbb{Z}\right)$
$\cot(2\pi - x) = -\cot x \quad (x \neq k \cdot \pi;\ k \in \mathbb{Z})$

3

Wenn $x$ ein Winkel im ersten Quadranten ist, dann ist $(\pi - x)$ ein Winkel im zweiten Quadranten, $(\pi + x)$ ein Winkel im dritten Quadranten und $(2\pi - x)$ ein Winkel im vierten Quadranten (↗ Bild 3/62).

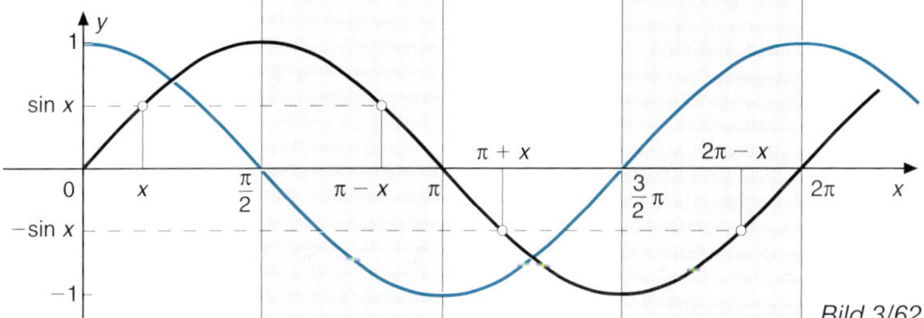


*Bild 3/62*

| Quadrant | I $x$ | II $\pi - x$ | III $\pi + x$ | IV $2\pi - x$ |
|---|---|---|---|---|
| | $\sin x$ | $+\sin x$ | $-\sin x$ | $-\sin x$ |
| | $\cos x$ | $-\cos x$ | $-\cos x$ | $+\cos x$ |
| | $\tan x$ | $-\tan x$ | $+\tan x$ | $-\tan x$ |
| | $\cot x$ | $-\cot x$ | $+\cot x$ | $-\cot x$ |

In diesem Bild können auch die entsprechenden Beziehungen für die Winkelfunktionen tan und cot abgelesen werden, z. B.
$\tan(\pi + x) = \tan x$.

*Bemerkung:* Wegen $\sin(2\pi - x) = \sin(-x)$ [Periodizität der Sinusfunktion] und $\sin(2\pi - x) = -\sin x$ gilt für alle $x \in \mathbb{R}$, daß $\sin(-x) = -\sin x$ ist, d. h., sin ist eine ungerade Funktion. Auch tan und cot sind ungerade Funktionen.
Wegen $\cos(2\pi - x) = \cos(-x)$ [Periodizität der Kosinusfunktion] und $\cos(2\pi - x) = \cos x$ gilt für alle $x \in \mathbb{R}$, das $\cos(-x) = \cos x$, d. h., cos ist eine gerade Funktion.
↗ Gerade Funktion, ungerade Funktion, S. 73

Quadrantenbeziehung und die Periodizität können genutzt werden, wenn zu gegebenen Funktionswerten der Winkelfunktionen alle Argumente (Winkel) gesucht werden.
↗ Goniometrische Gleichung, S. 136

## Additionstheoreme der Funktionen sin und cos

Es gelten für alle $x_1, x_2 \in \mathbb{R}$:
$$\sin(x_1 \pm x_2) = \sin x_1 \cos x_2 \pm \cos x_1 \sin x_2,$$
$$\cos(x_1 \pm x_2) = \cos x_1 \cos x_2 \mp \sin x_1 \sin x_2.$$
*Bemerkung:* Die Additionstheoreme sind besonders wichtige Eigenschaften der Funktionen sin und cos, denn aus ihnen lassen sich viele weitere Eigenschaften herleiten.

3

## Doppelwinkelformeln der Funktionen sin und cos

Es gelten für alle $x \in \mathbb{R}$:
$\sin 2x = 2 \cdot \sin x \cos x$ und $\cos 2x = \cos^2 x - \sin^2 x$.

## Die Funktionen $f(x) = a \cdot \sin(bx + c)$ und $g(x) = a \cdot \cos(bx + c)$ $(a \neq 0; b \neq 0)$

### Die Spezialfälle $f(x) = a \cdot \sin x$ und $g(x) = a \cdot \cos x$ $(a \neq 0)$

Definitionsbereich: $\mathbb{R}$ Wertebereich: $[-|a|; |a|]$
Kleinste Periode und Nullstellen: wie sin bzw. cos
Man erhält die Werte der Funktionen *f* bzw. *g*, indem man die Werte der Funktionen sin bzw. cos mit *a* multipliziert. Der Graph von sin und von cos wird in Richtung der Ordinatenachse für $|a| > 1$ gestreckt und für $0 < |a| < 1$ gestaucht. Im Fall $a < 0$ tritt zusätzlich eine Spiegelung an der Abszissenachse auf. (↗ Bild 3/63 u. 64: Einfluß des Faktors *a* auf den Wertebereich)
↗ Geometrische Bedeutung einiger Unterschiede in Funktionsgleichungen (siehe ②), S. 77 f.

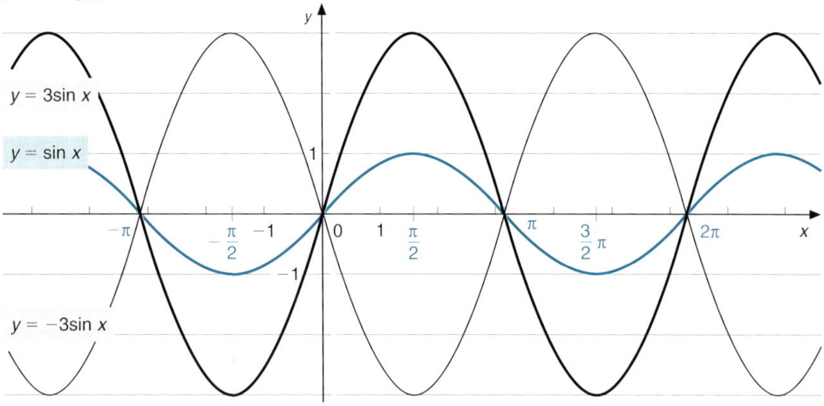


| Funktion | $y = \sin x$ | $y = 3 \cdot \sin x$ | $y = -3 \cdot \sin x$ |
|---|---|---|---|
| Wertebereich | $-1 \leq y \leq 1$ | $-3 \leq y \leq 3$ | $-3 \leq y \leq 3$ |

*Bild 3/63*

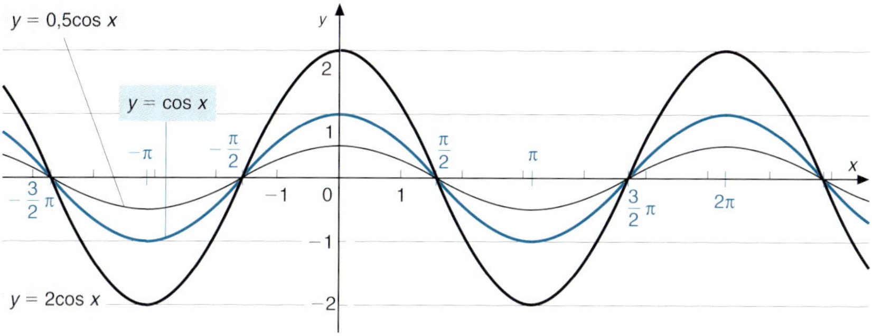


| Funktion | $y = \cos x$ | $y = 2 \cdot \cos x$ | $y = 0{,}5 \cdot \cos x$ |
|---|---|---|---|
| Wertebereich | $-1 \le y \le 1$ | $-2 \le y \le 2$ | $-0{,}5 \le y \le 0{,}5$ |

*Bild 3/64*



**Die Spezialfälle $f(x) = \sin bx$ und $g(x) = \cos bx$ $(b \neq 0)$**

Definitionsbereich: $\mathbb{R}$ Wertebereich: $[-1; 1]$ kleinste Periode: $\frac{2\pi}{|b|}$

Nullstellen von $f$: $x = k \cdot \frac{\pi}{b}$ $(k \in \mathbb{Z})$

Nullstellen von $g$: $x = \frac{k \cdot 2\pi + \pi}{2b}$ $(k \in \mathbb{Z})$

Den Wert $\sin x_1$, den die Funktion sin an der Stelle $x_1$ annimmt, nimmt die Funktion $f$ an der Stelle $\frac{x_1}{b}$ an. (Entsprechendes gilt für $g$ und cos.)

Der Graph von sin und cos wird in Richtung der Abszissenachse für $|b| > 1$ gestaucht und für $0 < |b| < 1$ gestreckt. Im Fall $b < 0$ tritt für $f$ zusätzlich eine Spiegelung an der Ordinatenachse auf (↗ Bilder 3/65 u. 66: Einfluß des Faktors $b$ auf die Anzahl der Nullstellen in einem Intervall und die Länge der kleinsten Periode).

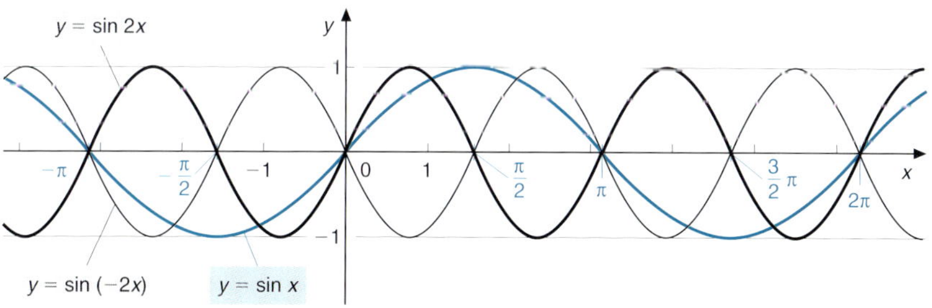


| Funktion | $y = \sin x$ | $y = \sin 2x$ | $y = \sin(-2x)$ |
|---|---|---|---|
| Nullstellen | $k \cdot \pi$ $(k \in \mathbb{Z})$ | $k \cdot \frac{\pi}{2}$ $(k \in \mathbb{Z})$ | $k \cdot \frac{\pi}{2}$ $(k \in \mathbb{Z})$ |
| kleinste Periode | $2\pi$ | $\frac{2\pi}{2} = \pi$ | $\frac{2\pi}{\lvert -2 \rvert} = \pi$ |

Bild 3/65

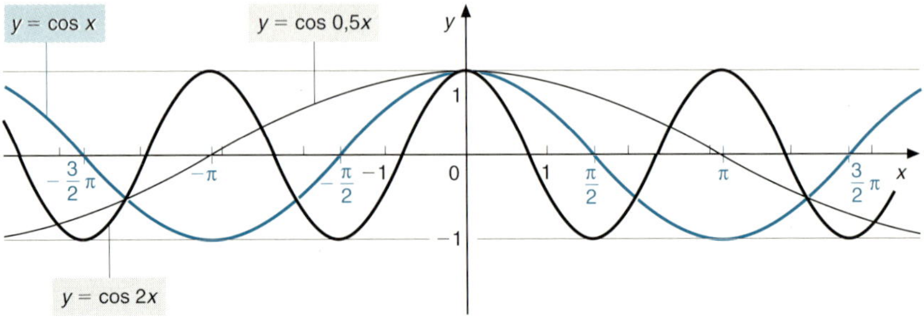


| Funktion | $y = \cos x$ | $y = \cos 2x$ | $y = \cos 0{,}5x$ |
|---|---|---|---|
| Nullstellen | $(2k+1)\frac{\pi}{2}\ \ (k \in \mathbb{Z})$ | $\frac{2k\pi+\pi}{4}\ \ (k \in \mathbb{Z})$ | $2k\pi + \pi\ \ (k \in \mathbb{Z})$ |
| kleinste Periode | $2\pi$ | $\pi$ | $4\pi$ |

*Bild 3/66*

↗ Geometrische Bedeutung einiger Unterschiede in Funktionsgleichungen (siehe ④), S. 79

**Die Spezialfälle $f(x) = \sin(x + c)$ und $g(x) = \cos(x + c)$ $(c \neq 0)$**
Definitionsbereich: $\mathbb{R}$ Wertebereich: $[-1; 1]$ Kleinste Periode: $2\pi$
Nullstellen von $f$: $x = k\pi - c\ \ (k \in \mathbb{Z})$ Nullstellen von $g$: $x = k\pi + \frac{\pi}{2} - c\ \ (k \in \mathbb{Z})$

Den Wert $\sin x_1$, den die Funktion sin an der Stelle $x_1$ annimmt, nimmt die Funktion $f$ an der Stelle $x_1 - c$ an. (Das gleiche gilt für $g$ und cos.)
Der Graph von $f$ ergibt sich durch Verschiebung des Graphen von sin um $|c|$ in Richtung der positiven Abszissenachse für $c < 0$ und in Richtung der negativen Abszissenachse für $c > 0$. (Das gleiche gilt für g und cos.)
↗ Geometrische Bedeutung einiger Unterschiede in Funktionsgleichungen (siehe ③), S. 78f.

■ Im folgenden Beispiel werden alle Fälle anhand der Funktion $f(x) = 2 \cdot \sin\left(2x + \frac{\pi}{4}\right)$ im Intervall $[0; 2\pi]$ gezeigt.
**(1) $f_1(x) = \sin x \rightarrow f_2(x) = \sin 2x$**
Stauchung der Ebene in Richtung der $x$-Achse zur $y$-Achse hin $\left(\text{Streckungsfaktor } k = \frac{1}{b} = \frac{1}{2}\right)$. Als kleinste Periode von $y = \sin 2x$ erhält man $\frac{2\pi}{b} = \frac{2\pi}{2} = \pi$. Die Amplitude bleibt unverändert.
**(2) $f_2(x) = \sin 2x \rightarrow f_3(x) = 2 \cdot \sin 2x$**
Streckung der Ebene in Richtung der $y$-Achse von der $x$-Achse weg (Streckungsfaktor $k = a = 2$).
Es ergibt sich die Amplitude 2. Die kleinste Periode bleibt unverändert $\pi$.
**(3) $f_3(x) = 2 \cdot \sin 2x \rightarrow f_4(x) = 2 \cdot \sin\left(2x + \frac{\pi}{4}\right)$**

Um die Verschiebungsweite zu erkennen, wird aus

$f(x) = 2 \cdot \sin\left(2x + \frac{\pi}{4}\right)$

die Form

$f(x + c) = 2 \cdot \sin 2(x + c)$ gebildet:

$$y = 2 \cdot \sin\left(2x + \frac{\pi}{4}\right)$$
$$= 2 \cdot \sin 2 \cdot \left(x + \frac{\pi}{8}\right)$$

Verschiebung der Ebene in negativer Richtung der $x$-Achse (Verschiebungsweite $\frac{\pi}{8}$). Die Amplitude bleibt unverändert 2, die kleinste Periode bleibt unverändert $\pi$. Die Schnittpunkte mit der x-Achse sind um $\frac{\pi}{8}$ in negativer Richtung der x-Achse verschoben (↗ Bild 3/67).

3

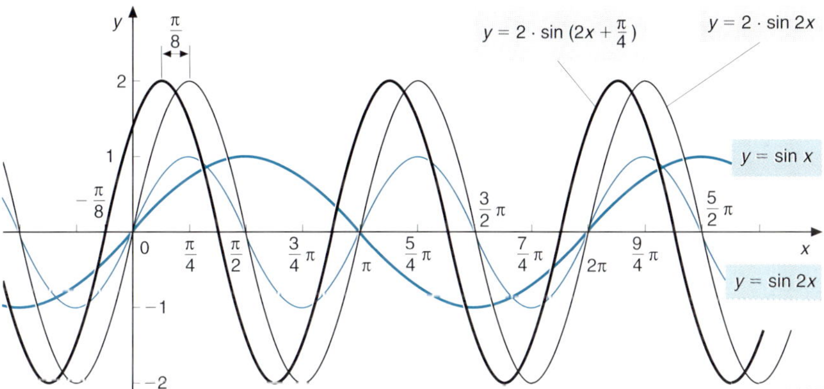


Bild 3/67

**Umkehrfunktionen der Winkelfunktionen**

Die Winkelfunktionen sin, cos, tan und cot sind in ihrem größtmöglichen Definitionsbereich nicht eineindeutig, also nicht umkehrbar. Man kann aber Intervalle auswählen, auf denen diese Funktionen streng monoton und damit umkehrbar sind.

| Funktion | Umkehrfunktion |
|---|---|
| $f_1$: $y = \sin x$ $\quad -\frac{\pi}{2} \leq x \leq \frac{\pi}{2}$ | $\overline{f_1}$: $y = \arcsin x$ $\quad -1 \leq x \leq 1$ |
| $f_2$: $y = \cos x$ $\quad 0 \leq x \leq \pi$ | $\overline{f_2}$: $y = \arccos x$ $\quad -1 \leq x \leq 1$ |
| $f_3$: $y = \tan x$ $\quad -\frac{\pi}{2} < x < \frac{\pi}{2}$ | $\overline{f_3}$: $y = \arctan x$ $\quad x \in \mathbb{R}$ |
| $f_4$: $y = \cot x$ $\quad 0 < x < \pi$ | $\overline{f_3}$: $y = \operatorname{arccot} x$ $\quad x \in \mathbb{R}$ |

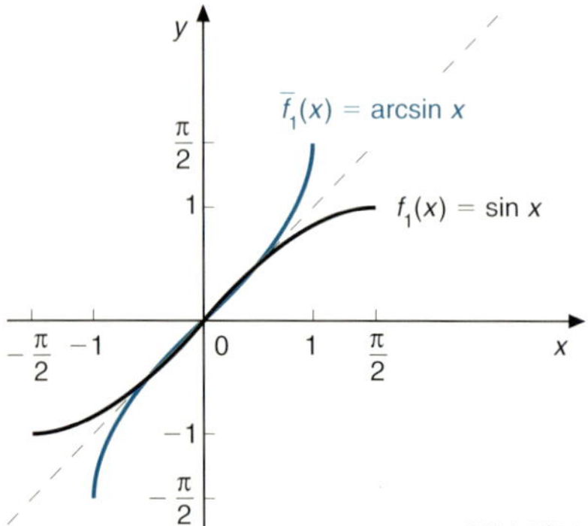


Bild 3/68

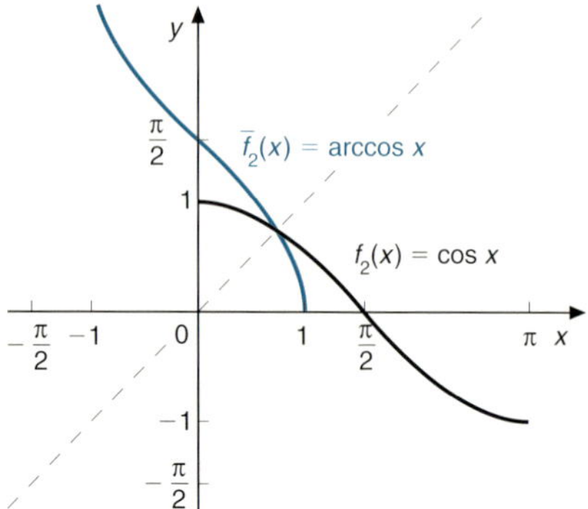


Bild 3/69

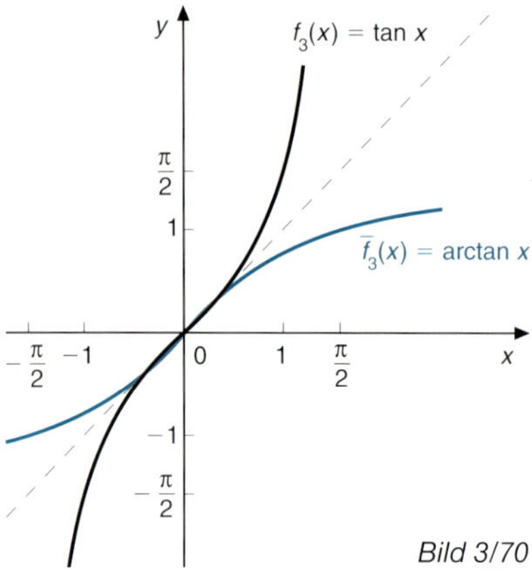


Bild 3/70

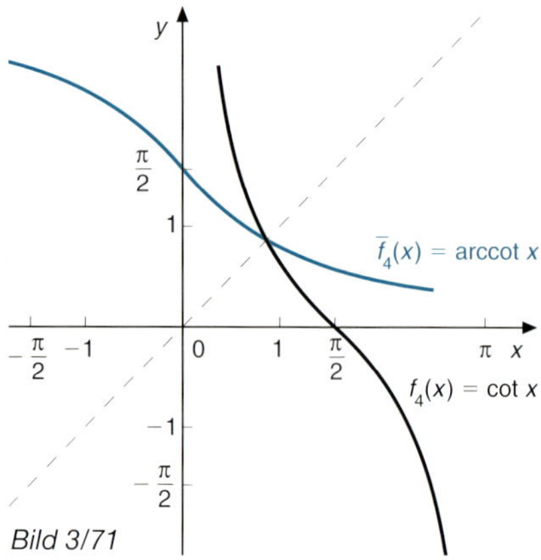


Bild 3/71

↗ Umkehrfunktion einer Funktion, S. 74f.

## Winkelfunktionen im rechtwinkligen Dreieck

Für Winkel zwischen 0° und 90° lassen sich die Funktionswerte der Winkelfunktionen als Seitenverhältnisse im rechtwinkligen Dreieck auffassen.

| **Im rechtwinkligen Dreieck *ABC* mit $\gamma = 90°$ gilt:** | |
|---|---|
| Der **Sinus eines Winkels** ist gleich dem Längenverhältnis von Gegenkathete zu Hypotenuse.<br>Der **Kosinus eines Winkels** ist gleich dem Längenverhältnis von Ankathete zu Hypotenuse.<br>Der **Tangens eines Winkels** ist gleich dem Längenverhältnis von Gegenkathete zu Ankathete.<br>Der **Kotangens eines Winkels** ist gleich dem Längenverhältnis von Ankathete zu Gegenkathete. | Beispiel: $\sin\alpha = \frac{a}{c}$<br>$\cos\alpha = \frac{b}{c}$<br>$\tan\alpha = \frac{a}{b}$<br>$\cot\alpha = \frac{b}{a}$ |

### Berechnungen in rechtwinkligen Dreiecken

- *Gegeben:* Hypotenuse *c*, Kathete *a*
  *Gesucht:* $b$, $\alpha$, $\beta$, $A$
  *Möglicher Lösungsweg:*
  $\sin\alpha = \frac{a}{c}$; $\beta = 90° - \alpha$;
  $A = \frac{a \cdot b}{2}$
  $b = \sqrt{c^2 - a^2}$ oder
  $b = c \cdot \cos\alpha$

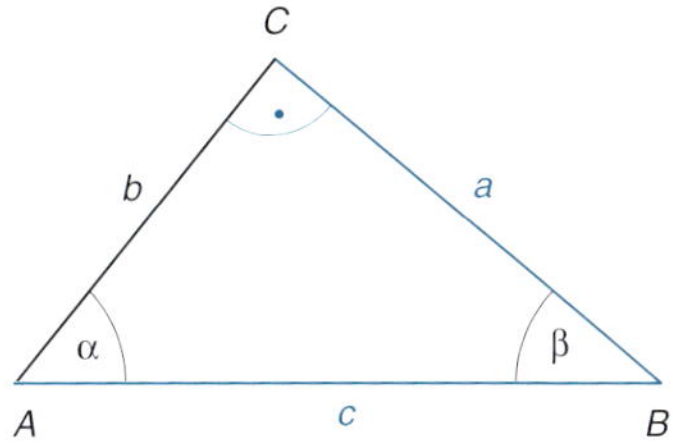

*Bild 3/72*

- *Gegeben:* Winkel $\alpha$, Kathete *b*
  *Gesucht:* $a$, $c$, $\beta$, $A$
  *Möglicher Lösungsweg:*
  $\beta = 90° - \alpha$; $a = b \cdot \tan\alpha$; $A = \frac{a \cdot b}{2}$
  $c = \sqrt{a^2 + b^2}$ oder
  $c = \frac{b}{\cos\alpha}$

3

### Berechnungen in gleichschenkligen Dreiecken

Jedes gleichschenklige Dreieck wird durch seine Symmetrieachse in zwei kongruente rechtwinklige Teildreiecke zerlegt. Dadurch treten bei Berechnungen im gleichschenkligen Dreieck dieselben Fälle auf wie im rechtwinkligen Dreieck.

↗ Berechnungen im rechtwinkligen Dreieck, S. 135
↗ Gleichschenkliges Dreieck, S. 159f.

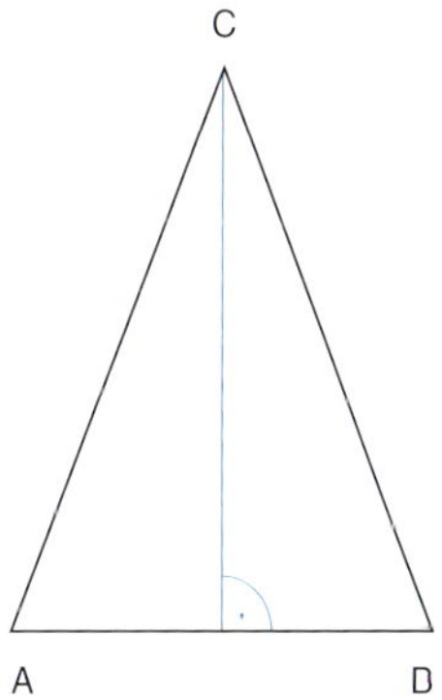

*Bild 3/73*

### Berechnungen in beliebigen Dreiecken

**Sinussatz:** In jedem Dreieck sind die Quotienten aus den Längen der Seiten und den Sinus ihrer Gegenwinkel untereinander gleich.
Mit anderen Worten:
In jedem Dreieck verhalten sich die Längen zweier Seiten zueinander wie die Sinus der gegenüberliegenden Winkel.

$$\frac{a}{\sin\alpha} = \frac{b}{\sin\beta} = \frac{c}{\sin\gamma}$$ **bzw.**

$$a : b : c = \sin\alpha : \sin\beta : \sin\gamma.$$

3

**Kosinussatz:** In jedem Dreieck ist das Quadrat der Länge einer Seite gleich der Summe der Quadrate der Längen der beiden anderen Seiten, vermindert um das doppelte Produkt aus den Längen dieser beiden Seiten und dem Kosinus des von beiden Seiten eingeschlossenen Winkels.
$\mathbf{a^2 = b^2 + c^2 - 2bc \cos\alpha;}$
$\mathbf{b^2 = a^2 + c^2 - 2ac \cos\beta;}$
$\mathbf{c^2 = a^2 + b^2 - 2ab \cos\gamma.}$

Der Flächeninhalt eines jeden Dreiecks ist gleich dem halben Produkt aus den Längen zweier Seiten und dem Sinus des eingeschlossenen Winkels.
$\mathbf{A = \frac{1}{2}ac \cdot \sin\beta;\ A = \frac{1}{2}ab \cdot \sin\gamma;\ A = \frac{1}{2}bc \cdot \sin\alpha.}$

■ Von einem Dreieck *ABC* sind gegeben:
$\alpha = 63{,}7°$; $c = 7{,}30$ cm und $a = 11{,}4$ cm;
zu berechnen sind $\gamma$, $\beta$, $A$, $b$.

(1) $\sin\gamma = \frac{c}{a} \cdot \sin\alpha = \frac{7{,}30\text{ cm}}{11{,}4\text{ cm}} \cdot \sin 63{,}7°$
$\gamma_1 \approx 35{,}0°$
$[\gamma_2 \approx 145{,}0°]$
$\gamma_2$ kommt nicht in Betracht, da $\alpha + \gamma_2 > 180°$. Außerdem würde für $\gamma_2$ der größere Winkel der kleineren Seite gegenüberliegen, was im Widerspruch zu dem Satz stünde, daß in jedem Dreieck der größere Winkel der größeren Seite gegenüberliegt.

(2) $\beta = 180° - (\alpha + \gamma)$
$\beta = 81{,}3°$

(3) $A = \frac{1}{2}ac \cdot \sin\beta = \frac{1}{2} \cdot 11{,}4 \cdot 7{,}30 \cdot \sin 81{,}3°\text{ cm}^2$
$A \approx 41{,}1\text{ cm}^2$

(4) $b = \frac{a}{\sin\alpha} \cdot \sin\beta = \frac{11{,}4\text{ cm}}{\sin 63{,}7°} \cdot \sin 81{,}3°$
$b \approx 12{,}6$ cm

**Goniometrische Gleichung**

Eine Gleichung, bei der die Variable im Argument von Winkelfunktionen auftritt, heißt **goniometrische Gleichung**.

■

| | eine Winkelfunktion | verschiedene Winkelfunktionen |
|---|---|---|
| gleiche Argumente | $\cos x = -0{,}4520$<br>$1 - \sin 2x = 0$ | $\cos^3\alpha - 2 \cdot \cos\alpha \cdot \sin^2\alpha = 0$ |
| verschiedene Argumente | $\cos\varphi + \cos 2\varphi = 0$ | $\sin\alpha = \cos 2\alpha$ |

## Gleiche Argumente – eine Winkelfunktion[1]

- $\cos x = -0{,}4520$
  Die Hauptwerte der Lösungen (das sind die Lösungen im Bereich [0°; 360°]) liegen im zweiten und dritten Quadranten (↗ Bild 3/62).
  $\bar{x}_1 \approx 116{,}9°$ $\bar{x}_2 \approx 243{,}1°$
  Um die Lösung im III. Quadranten zu erhalten, benutzt man die Tatsache, daß die Kosinusfunktion eine gerade Funktion mit $2\pi$ als Periode ist, d. h., es gelten $\cos(-x) = \cos x$ sowie $\cos(x + 2\pi) = \cos x$.
  *Lösungen:* $x_1 \approx 116{,}9° + k \cdot 360°$;
  $x_2 \approx 243{,}1° + k \cdot 360°$ $(k \in \mathbb{Z})$
  Angabe der Lösungen im Bogenmaß:
  *Lösungen:* $x_1 \approx 2{,}04 + 2k\pi$
  $x_2 \approx 4{,}24 + 2k\pi$ $(k \in \mathbb{Z})$

3

- $1 - \sin 2x = 0$, also $\sin 2x = 1$
  Das ist nur möglich, wenn das Argument eine Zahl der Form $\frac{\pi}{2} + 2k\pi$ $(k \in \mathbb{Z})$ ist.
  Also gilt $2x = \frac{\pi}{2} + 2k\pi$ $(k \in \mathbb{Z})$.
  Lösung: $x = \frac{\pi}{4} + k\pi$ $(k \in \mathbb{Z})$

## Gleiche Argumente – verschiedene Winkelfunktionen[1]

- $\cos^3\alpha - 2 \cdot \cos\alpha \cdot \sin 2\alpha = 0$
  $\cos\alpha\,(\cos^2\alpha - 2 \cdot \sin^2\alpha) = 0$
  Ausklammern
  $a \cdot b = 0$ genau dann, wenn $a = 0$ oder $b = 0$

  **Fall 1:** $\cos\alpha = 0$
  $\alpha_1 = 90° + k \cdot 360°$
  $\alpha_2 = 270° + k \cdot 360°$ $(k \in \mathbb{Z})$
  **Fall 2:** $\cos^2\alpha - 2 \cdot \sin^2\alpha = 0$
  $\cos^2\alpha = 2 \cdot \sin^2\alpha$ $\frac{\sin^2\alpha}{\cos^2\alpha} = \tan^2\alpha$
  $\tan\alpha = \pm\frac{1}{2}\sqrt{2}$ wegen $\alpha \neq 90° + k \cdot 180°$
  $\alpha_3 \approx 35{,}26° + k \cdot 180°$; $\alpha_4 \approx 144{,}74° + k \cdot 180°$ $(k \in \mathbb{Z})$

## Verschiedene Argumente – eine Winkelfunktion[1]

- $\cos\varphi + \cos 2\varphi = 0$
  1. Ziel: gleiche Argumente
  $\cos 2\varphi = \cos^2\varphi - \sin^2\varphi = \cos^2\varphi - (1 - \cos^2\varphi) = 2 \cdot \cos^2\varphi - 1$
  (↗ S. ??)
  Also $\cos\varphi + 2 \cdot \cos^2\varphi - 1 = 0$.
  Man setzt $\cos\varphi = z$ und erhält $2z^2 + z - 1 = 0$ mit den Lösungen $z_1 = \frac{1}{2}$, $z_2 = -1$.

---

[1] Bei diesen Beispielen wird auf die Ausführung der Probe verzichtet. Es handelt sich um die Anwendung bekannter Beziehungen sowie um äquivalente Umformungen.

Also $\cos\varphi = \frac{1}{2}$ bzw. $\cos\varphi = -1$.

*Lösungen:* $\varphi_1 = 60° + k \cdot 360°$,
$\varphi_2 = 300° + k \cdot 360°$,
$\varphi_3 = 180° + k \cdot 360°$ $(k \in \mathbb{Z})$

## Verschiedene Argumente – verschiedene Winkelfunktionen[1]

- $\sin\alpha = \cos 2\alpha$

1. Ziel: eine Winkelfunktion und ein Argument

$\cos 2\alpha = \cos^2\alpha - \sin^2\alpha = (1 - \sin^2\alpha) - \sin^2\alpha = 1 - 2\sin^2\alpha$
(↗ S. 130)

3

Also $\sin\alpha = 1 - 2 \cdot \sin^2\alpha$.
Man setzt wie oben $\sin\alpha = z$ und löst die quadratische Gleichung.
*Lösungen:* $\alpha_1 = 30° + k \cdot 360°$,
$\alpha_2 = 150° + k \cdot 360°$,
$\alpha_3 = 270° + k \cdot 360°$ $(k \in \mathbb{Z})$

[1] Bei diesen Beispielen wird auf die Ausführung der Probe verzichtet. Es handelt sich um die Anwendung bekannter Beziehungen sowie um äquivalente Umformungen.

# Geometrie

## Strecken, Geraden, Ebenen, Winkel

Unter Geometrie versteht man im allgemeinen dasjenige Teilgebiet der Mathematik, das sich beschäftigt mit

- der Untersuchung von Figuren (Punktmengen) des (Anschauungs-) Raumes auf Eigenschaften und Beziehungen zwischen ihnen sowie
- mit der Konstruktion und Darstellung von Figuren.

Obwohl gerade im Geometrieunterricht viel definiert und bewiesen wird, ist es weder sinnvoll noch möglich, für jeden Begriff der Geometrie eine Definition und für jede ihrer Aussagen einen Beweis anzugeben. Undefiniert bleiben im Geometrieunterricht z. B. die grundlegenden Begriffe *Strecke*, *Gerade* und *Ebene* – es genügt, damit folgende inhaltliche Vorstellungen zu verbinden:



| **Strecke $\overline{AB}$** | **Gerade *AB*** | **Ebene *ABC*** |
|---|---|---|
| kürzeste Verbindungslinie der Punkte *A* und *B*<br>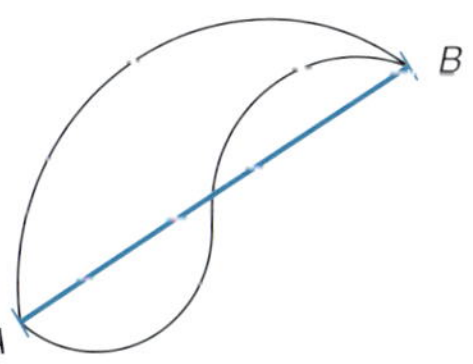<br>*Bild 4/1* | Menge aller Punkte, die auf der Strecke $\overline{AB}$ bzw. deren Verlängerungen liegen<br>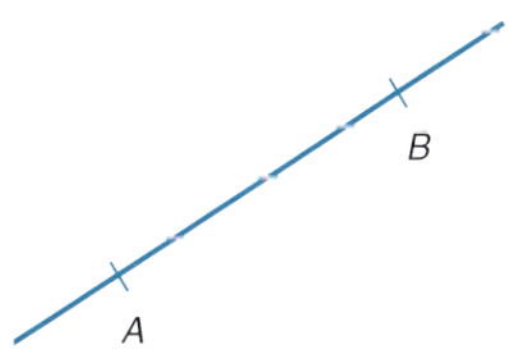 | Menge aller Punkte, die auf den Geraden liegen, die durch je zwei Punkte des Dreiecks *ABC* gehen<br>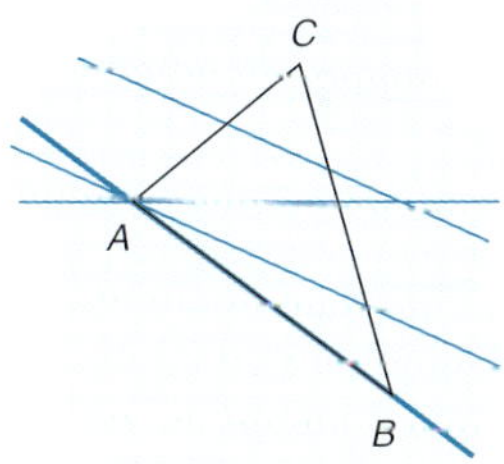 |

### Punkte und Geraden einer Ebene

Durch zwei Punkte geht genau eine Gerade.

Zwei Geraden *a* und *b* einer Ebene **schneiden einander** genau dann, wenn sie genau einen Punkt gemeinsam haben. Diesen Punkt nennt man den **Schnittpunkt von *a* und *b***.

Zwei Geraden *a* und *b* einer Ebene heißen **parallel zueinander** genau dann, wenn *a* und *b* keinen Punkt gemeinsam haben oder wenn $a = b$ gilt; in Zeichen $a \parallel b$.

### Lagemöglichkeiten zweier Geraden in einer Ebene

① Die Geraden *a* und *b* schneiden einander.

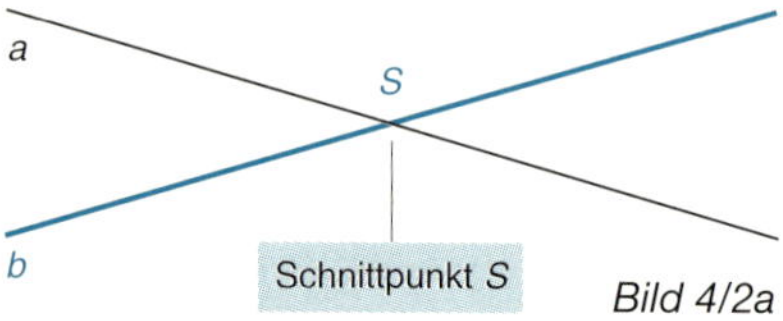


*Bild 4/2a*

② Die Geraden *a* und *b* sind parallel zueinander.

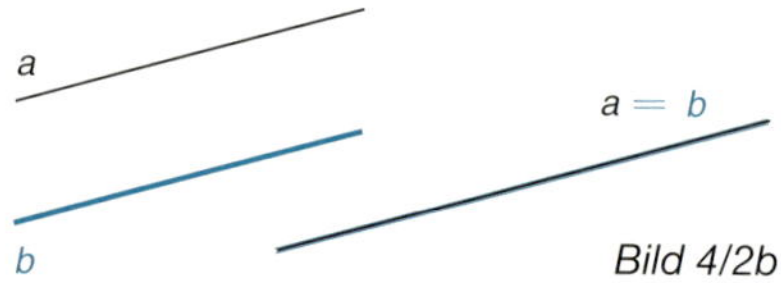


*Bild 4/2b*

- Zu jeder Geraden *a* gibt es durch jeden Punkt *A* genau eine Gerade *b*, die zu *a* parallel ist.
- Wenn $a \parallel b$ und $b \parallel c$, so $a \parallel c$.



**Punkte, Geraden und Ebenen des Raumes**

- Durch drei Punkte *A*, *B*, *C*, die nicht auf einer Geraden liegen, geht genau eine Ebene.
- Sind *A* und *B* Punkte einer Ebene $\alpha$, so liegt die Gerade *AB* in dieser Ebene $\alpha$.
- Haben zwei Ebenen einen Punkt gemeinsam, so haben sie eine Gerade gemeinsam.

Zwei Ebenen $\alpha$ und $\beta$ heißen **parallel zueinander**, wenn $\alpha$ und $\beta$ keinen Punkt gemeinsam haben oder wenn $\alpha = \beta$ gilt.

### Lagemöglichkeiten für zwei Ebenen

① Die Ebenen $\alpha$ und $\beta$ schneiden einander.

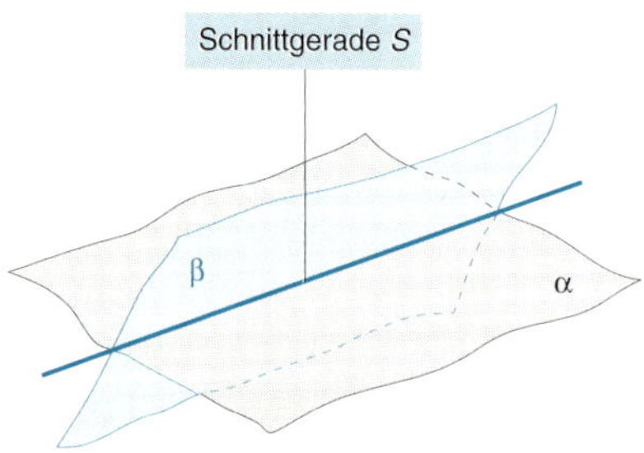


*Bild 4/3a*

② Die Ebenen $\alpha$ und $\beta$ sind parallel zueinander.

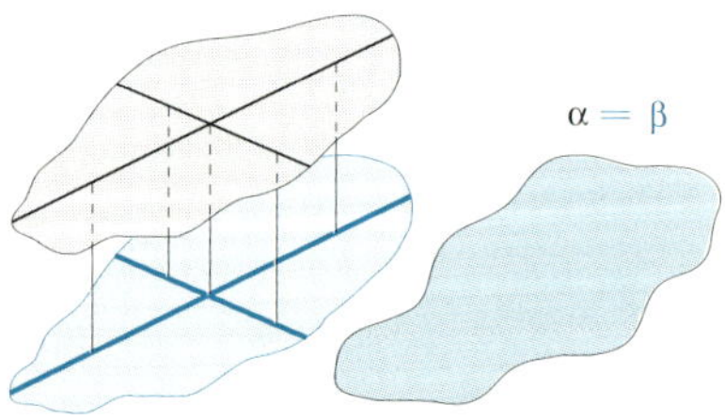


*Bild 4/3b*

Zu jeder Ebene $\alpha$ gibt es durch jeden Punkt *A* genau eine Ebene $\beta$, die zu $\alpha$ parallel ist.
Zwei Geraden *a* und *b* heißen **windschief zueinander**, wenn es keine Ebene gibt, die *a* und *b* enthält.

**Lagemöglichkeiten für zwei Geraden im Raum**

① *a* und *b* schneiden einander

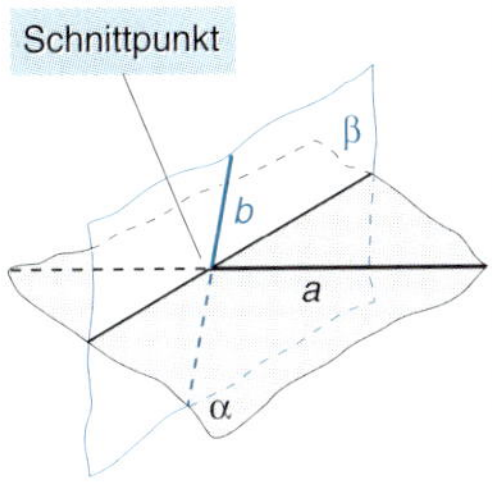


② *a* und *b* sind parallel zueinander

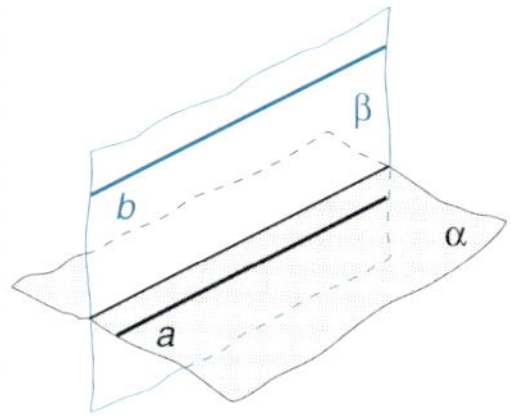


③ *a* und *b* sind windschief zueinander

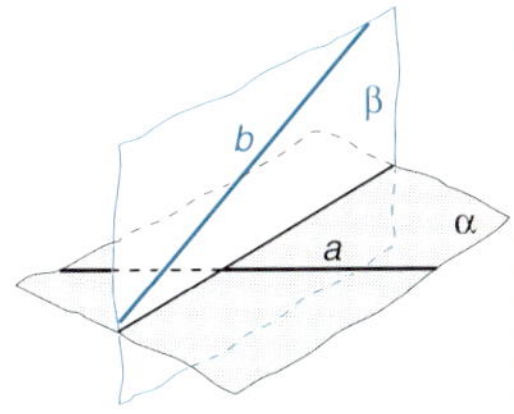


*Bild 4/4*

**Strahl**

Die Menge aller Punkte einer Geraden *g*, die bezüglich eines Punktes *O* dieser Geraden auf ein und derselben Seite von *O* liegen, heißt **Strahl** und *O* sein **Anfangspunkt**. Der Punkt *O* wird im allgemeinen auch als Punkt des Strahls angesehen. Sind *A* und *B* zwei Punkte eines Strahls mit dem Anfangspunkt *A* (↗ Bild 4/5), dann spricht man vom Strahl *AB* und schreibt $\overline{AB}$.

*Bemerkung:* Zwei Punkte *A* und *B* einer Geraden *g* liegen auf ein und derselben Seite des Punktes *O* genau dann, wenn *O* nicht zwischen *A* und *B* liegt. Jeder Punkt *O* einer Geraden zerlegt diese Gerade in zwei Strahlen mit dem Anfangspunkt *O* (↗ Bild 4/5).

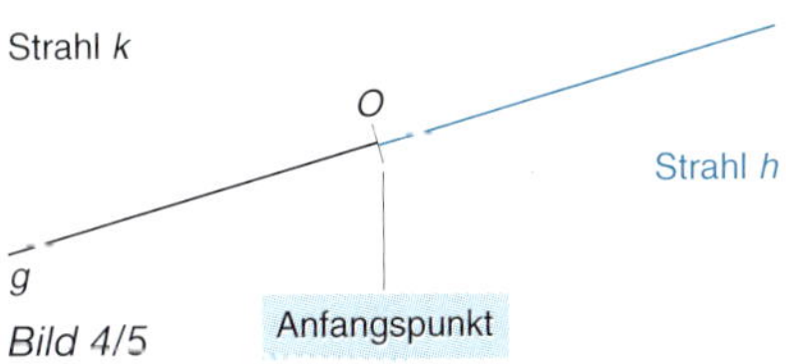


*Bild 4/5*

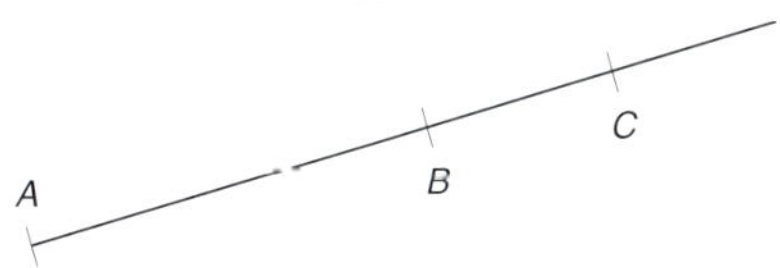


*A* liegt vor *B* und vor *C*, *B* liegt vor *C*

Die Punkte eines Strahls sind angeordnet, d. h., für einen Strahl ist eine Orientierung festgelegt.

**Halbebene**

Die Menge aller Punkte einer Ebene ε, die bezüglich einer Geraden *g* dieser Ebene auf derselben Seite dieser Geraden liegen, heißt **Halbebene**. Jede Gerade *g* zerlegt die Ebene in zwei Halbebenen; sie selbst wird im allgemeinen in jede der beiden Halbebenen einbezogen.

**Strecke**

Jeder Strecke ist eine Größe, ihre **Länge**, zugeordnet.
Die Länge einer Strecke $\overline{AB}$ wird wie die Strecke selbst mit $\overline{AB}$ bezeichnet und durch einen Zahlenwert und eine Einheit angegeben.

■ 5,6 cm ist eine Größe mit dem Zahlenwert 5,6 und der Einheit 1 cm.

Den Zahlenwert der Länge einer Strecke bezüglich einer Einheit der Streckenmessung erhält man so:
① Der Einheit der Messung wird die Zahl 1 zugeordnet.
② Kongruenten Strecken wird die gleiche Zahl zugeordnet.
③ Ist eine Strecke $\overline{AB}$ in zwei oder mehr Teilstrecken zerlegt, so ist die Länge von $\overline{AB}$ gleich der Summe der Längen der Teilstrecken.

Unter dem **Abstand** (oder der Entfernung) **zweier Punkte *A* und *B*** versteht man die Länge der Strecke $\overline{AB}$.
**Abstand *d*(*A*, *F*) eines Punktes *A* von einer Figur *F*** bzw. **Abstand $d(F_1, F_2)$ zweier Figuren $F_1$ und $F_2$** heißt die kürzeste Entfernung
- von *A* zu einem Punkt *X* von *F* (↗ Bild 4/6a) bzw.
- von einem Punkt $X \in F_1$ zu einem Punkt $Y \in F_2$ (↗ Bild 4/6b).

4

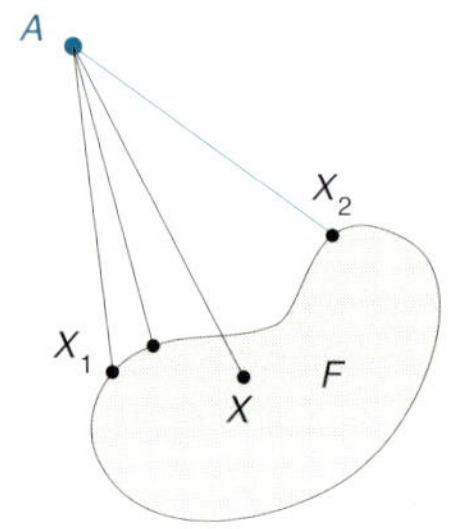


$d(A, F) = \overline{AX_1} = \overline{AX_2} = \min_{X \in F} (\overline{AX})$

Bild 4/6a

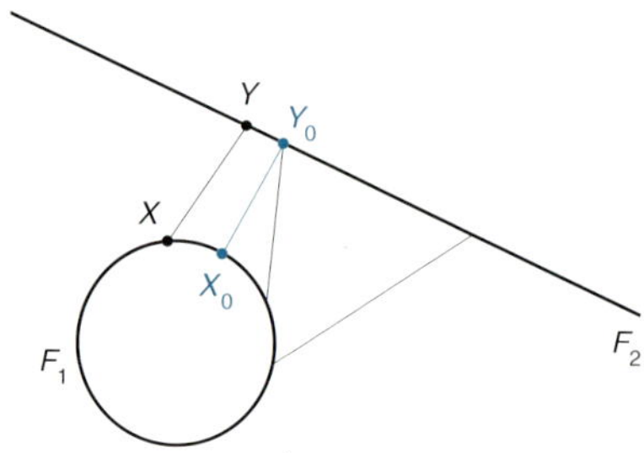


$d(F_1, F_2) = \min_{X \in F_1, X \in F_2} \overline{XY} = \overline{X_0Y_0}$

Bild 4/6b

## Streckenzug

Für *n* paarweise verschiedene Punkte $A_1, A_2, \ldots, A_n$ **heißt Streckenzug $A_1A_2\ldots A_n$** die Menge aller Punkte der Strecken $\overline{A_1A_2}$, $\overline{A_2A_3}$, …, $\overline{A_{n-1}A_n}$, wenn je zwei aufeinanderfolgende Strecken genau einen Endpunkt gemeinsam haben (↗ Bild 4/7).

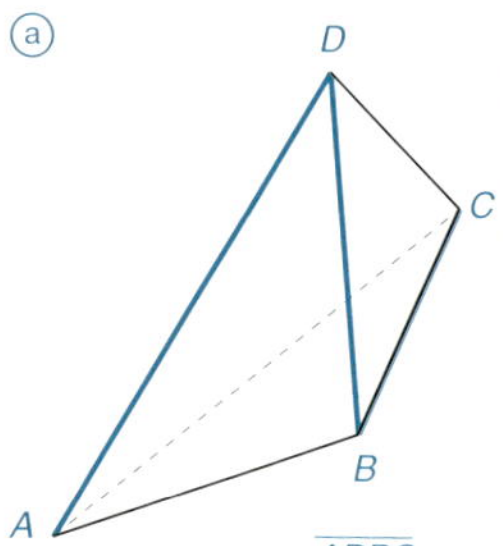


$\overline{ADBC}$
$\overline{ABCD}$

Bild 4/7

$\overline{ABCDA}$

eben, geschlossen, einfach

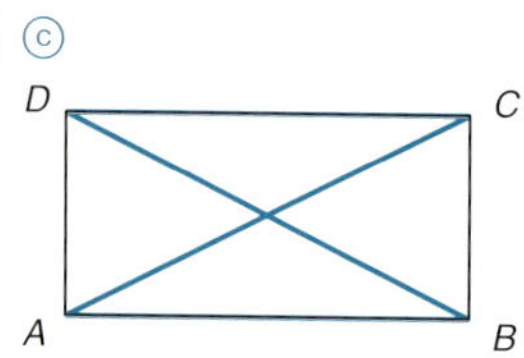


$\overline{ACDBA}$

eben, geschlossen, nicht einfach

$A_1, A_2, \ldots, A_n$ heißen die **Eckpunkte** des Streckenzuges und $\overline{A_1A_2}$, $\overline{A_2A_3}$, …, $\overline{A_{n-1}A_n}$ seine **Seiten**.
Der Streckenzug $\overline{A_1A_2 \ldots A_n}$ heißt
- **offen**, wenn $A_1 \neq A_n$, und **geschlossen**, wenn $A_1 = A_n$ zugelassen ist;
- **eben**, wenn $A_1, A_2, \ldots, A_n$ Punkte ein und derselben Ebene sind;
- **einfach**, wenn
  ① je drei aufeinanderfolgende Eckpunkte nicht auf ein und derselben Geraden liegen und
  ② je zwei Seiten des Streckenzuges keinen inneren Punkt gemeinsam haben (↗ Bild 4/7).

Die **Länge eines Streckenzuges** ist die Summe der Längen seiner Seiten.
↗ Vieleck, S. 169

## Winkel

Zwei Strahlen *a* und *b* mit dem gemeinsamen Anfangspunkt *A* zerlegen die Menge der übrigen Punkte der Ebene in zwei Teilmengen. Jede der Teilmengen bildet zusammen mit den begrenzenden Strahlen einen **Winkel**. *A* nennt man seinen **Scheitelpunkt** und *a* und *b* seine **Schenkel** (↗ Bild 4/8). Betrachtet man nur einen der beiden von *a* und *b* bestimmten Winkel, so bezeichnet man ihn mit $\sphericalangle(a, b)$.
Jedem Winkel ist eine Größe, seine **Winkelgröße**, zugeordnet. Die Größe $\alpha$ eines Winkels wird durch einen Zahlenwert und eine Einheit angegeben.

4

■ $\sphericalangle(a, b) = 39°$, Gradmaß

■ $\sphericalangle(a, b) = 0{,}68$ rad, Bogenmaß

Den Zahlenwert der Größe eines Winkels erhält man so:
① Dem rechten Winkel (↗ S. 157) wird im Gradmaß die Zahl 90 (im Bogenmaß die Zahl $\frac{\pi}{2}$) zugeordnet.
② Kongruenten Winkeln wird die gleiche Zahl zugeordnet.
③ Ist ein Winkel $\sphericalangle(a, b)$ in zwei oder mehr Teilwinkel zerlegt, so ist die Größe von $\sphericalangle(a, b)$ gleich der Summe der Größen der Teilwinkel.

Das „Internationale Einheitensystem (SI)“ bevorzugt für die Angabe der Größe eines Winkels das **Bogenmaß** mit seiner Einheit **1 Radiant** (kurz: 1 rad); es wird mit arc $\alpha$ (lies: Arkus alpha) bezeichnet.
**1 rad (Radiant)** ist die Größe des Winkels zwischen zwei Kreisradien, die aus dem Umfang des Kreises einen Bogen ausschneiden, dessen Länge gleich dem Radius ist:

$$1\,\text{rad} = \frac{b}{r}$$

$$= 1\frac{\text{m}}{\text{m}}$$ (↗ Bild 4/8).

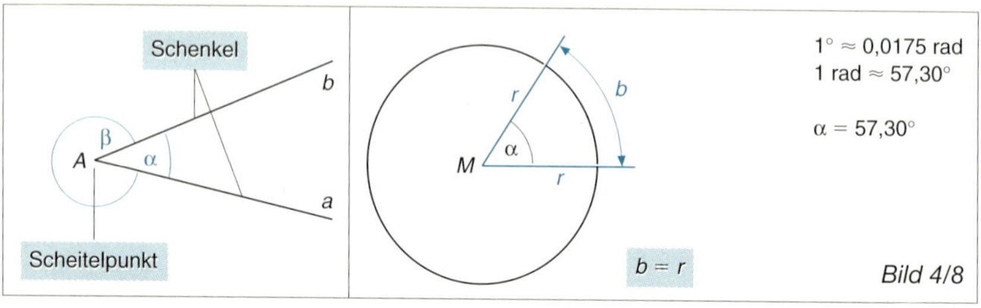

*Bild 4/8*

Der **rechte Winkel** hat die Größe 90° im Gradmaß und $\frac{1}{2}\pi$ rad ≈ 1,57 rad im Bogenmaß.
Bei der Angabe des Bogenmaßes wird die Einheit rad oft weggelassen.
**Beziehung zwischen Gradmaß und Bogenmaß**: In einem beliebigen Kreis gilt für jeden Winkel der Größe $\alpha$ und den dazugehörigen Kreisbogen *b*:

4

$\frac{b}{2\pi r} = \frac{\alpha}{360°}$ oder $\frac{b}{r} : \alpha = 2\pi : 360°$.

Es ist also $\quad \text{arc}\,\alpha : \alpha = \pi : 180°$.

Daraus folgt:

(1) $\textbf{arc}\,\alpha = \frac{\pi}{\mathbf{180°}} \cdot \alpha$ oder $\textbf{arc}\,\alpha \approx \mathbf{0{,}01745 \cdot} \alpha$ bzw.

(2) $\alpha = \frac{\mathbf{180°}}{\pi} \cdot \textbf{arc}\,\alpha$ oder $\alpha \approx \mathbf{57{,}29578 \cdot arc}\,\alpha$.

Mit Hilfe dieser Gleichungen kann man Winkelgrößen aus einem System in das jeweils andere umrechnen.

■ $\text{arc}\,\alpha = 2{,}05$. Die Winkelgröße im Gradmaß beträgt $\alpha = \frac{180°}{\pi} \cdot 2{,}05 = 117{,}46°$.

**Erweiterung des Winkelbegriffs**

Die Schenkel eines Winkels können auch als Original und Bild bei der Drehung eines Strahls um seinen Anfangspunkt angesehen werden. Das ermöglicht den Übergang zu **orientierten Winkeln** und zu Winkeln über 360°.
Unter dem orientierten Winkel ∢(*a*, *b*) versteht man den Winkel ∢(*a*, *b*) einschließlich der Drehrichtung, die *a* in *b* überführt. Sein Zahlenwert ist der mit einem Vorzeichen versehene Zahlenwert des ∢(*a*, *b*); er ist positiv bei positiver Drehrichtung (Drehung entgegen dem Uhrzeigersinn) von *a* nach *b* und negativ bei negativer Drehrichtung (Drehung im Uhrzeigersinn).

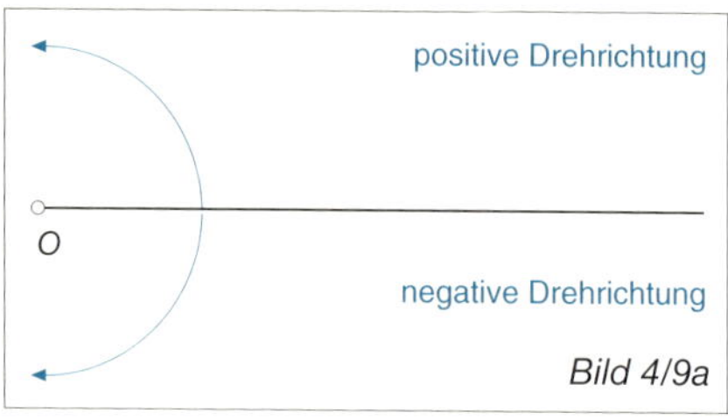

*Bild 4/9a*

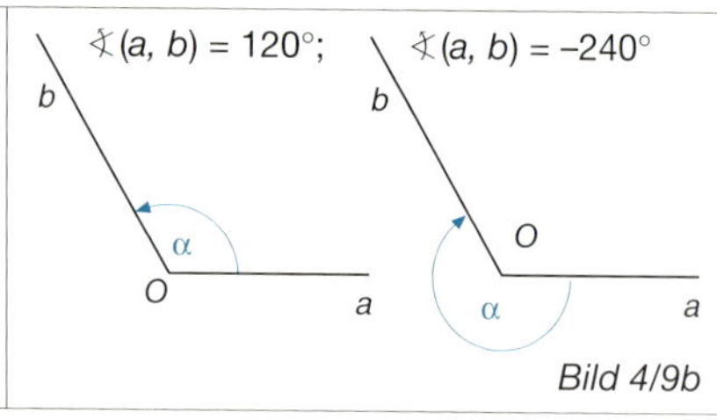

*Bild 4/9b*

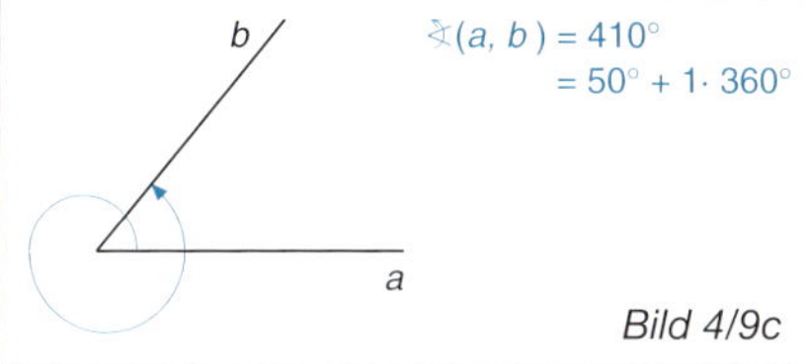


Bild 4/9c

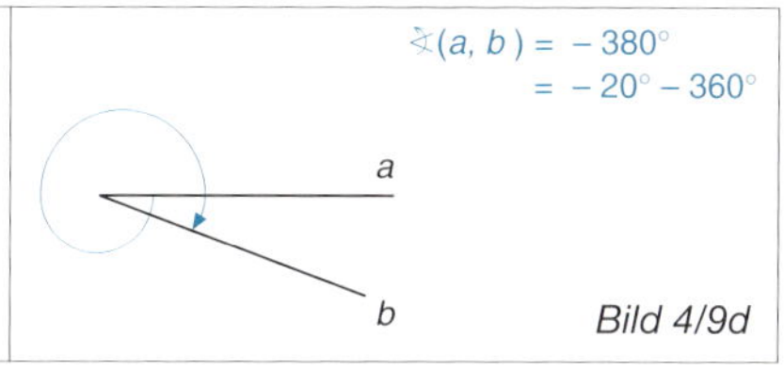


Bild 4/9d

Winkel, deren Gradmaße sich nur um ein ganzzahliges Vielfaches von 360° unterscheiden, heißen **einander äquivalente Winkel**. In jeder Menge aller zueinander äquivalenter Winkel gibt es genau einen Winkel, für dessen Größe $\alpha$ gilt: $0° \leq \alpha < 360°$. Die Größe dieses Winkels wird als **Hauptwert** der einander äquivalenten Winkel bezeichnet.

■ Die Winkel 5°, –355°, 725° sind einander äquivalent, denn es ist
$5° - \mathbf{1} \cdot 360° = -355°$,
und es ist
$5° + \mathbf{2} \cdot 360° = 725°$.
Der Hauptwert dieser drei Winkel ist 5°.



**Orthogonalität**

Zwei Geraden *a* und *b* heißen **orthogonal** oder **senkrecht zueinander** genau dann, wenn sie sich unter einem rechten Winkel schneiden; in Zeichen $a \perp b$.

- Wenn *a* senkrecht auf *b* steht, so steht *b* senkrecht auf *a*.
- Sind *a*, *b* und *c* Geraden ein und derselben Ebene und ist *a* senkrecht zu *b* sowie *b* senkrecht zu *c*, so ist *a* parallel zu *c*.
- Für jede Ebene $\alpha$ gilt: Durch jeden Punkt *A* von $\alpha$ gibt es zu jeder Geraden *a* von $\alpha$ genau eine Gerade *b* von $\alpha$, die senkrecht auf *a* steht.

Eine Gerade *a* heißt **senkrecht zu einer Ebene** $\alpha$ genau dann, wenn folgendes gilt:

① *a* schneidet $\alpha$ in einem Punkt *A*.
② Sind *b* und *c* zwei Geraden von $\alpha$ durch *A*, so steht *a* sowohl auf *b* als auch auf *c* senkrecht (↗ Bild 4/10).

- Durch jeden Punkt *A* einer Ebene $\alpha$ gibt es genau eine Gerade *a*, die senkrecht auf $\alpha$ steht.

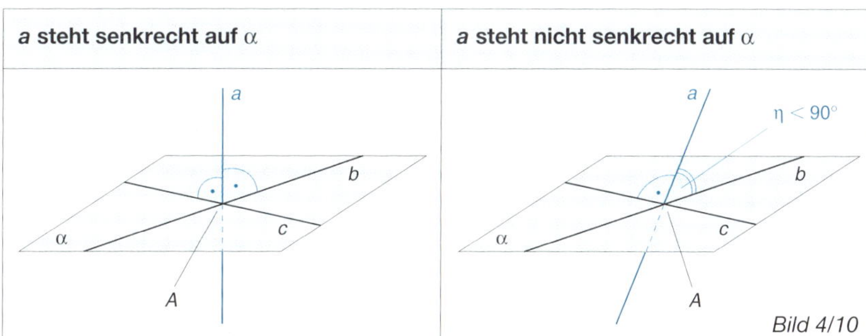


Bild 4/10

Eine Ebene α heißt **senkrecht zu einer Ebene** β genau dann, wenn es mindestens eine Gerade der Ebene α gibt, die senkrecht zur Ebene β ist.

- Durch jede Gerade *a* einer Ebene α gibt es genau eine Ebene β, die senkrecht auf α steht.



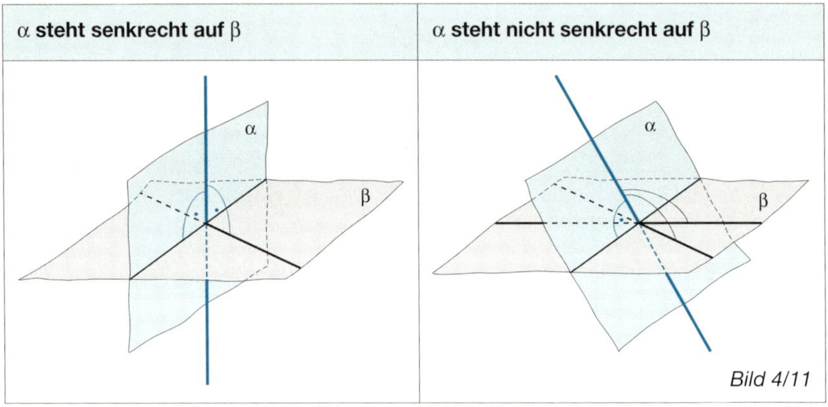

*Bild 4/11*

## Abstand – Lot

Die Gerade, die durch einen Punkt *A* geht und senkrecht auf einer Geraden *g* (auf einer Ebene ε) steht, heißt das **Lot von *A* auf *g*** (auf ε) oder auch die **Senkrechte durch *A* zu *g*** (zu ε).

Der Schnittpunkt des Lotes mit *g* (mit ε) sei *L*; er wird **Fußpunkt des Lotes** genannt.

Manchmal bezeichnet man als Lot von *A* auf *g* (auf ε) auch nur die Strecke $\overline{AL}$ (↗ Bild 4/12). Sie ist die kürzeste aller Strecken $\overline{AP_i}$, deren Punkte $P_i$ auf *g* (auf ε) liegen. In dieser Auffassung ist der Abstand des Punktes *A* von *g* (von ε) die Länge des Lotes von *A* auf *g* (auf ε).

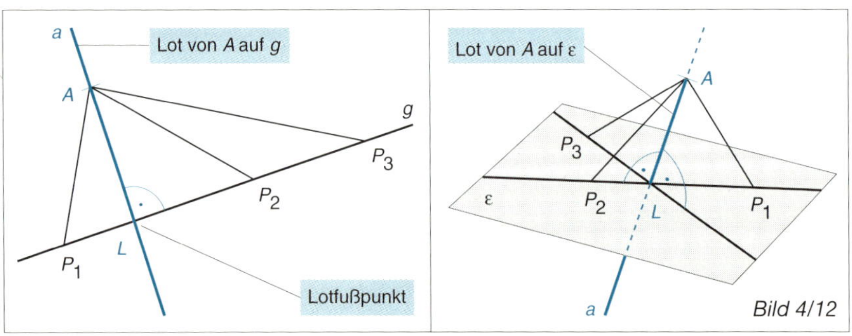

*Bild 4/12*

Der **Abstand zweier paralleler Geraden** (zweier paralleler Ebenen) ist die Länge des Abschnitts des Lotes von einem beliebigen Punkt *A* einer dieser Geraden (Ebene) bis zu seinem Fußpunkt *L* auf der anderen Geraden (in der anderen Ebene).

Das Lot von einem Punkt *A* auf eine Gerade *g* kann mit Zirkel und Lineal (sowie auch mit einem Zeichendreieck und einem Lineal) konstruiert werden (↗ Bild 4/13).

**Fällen des Lotes von *A* auf *g*:**

① Kreis um *A* mit einem Radius, der größer ist als der Abstand des Punktes *A* von *g*; Schnittpunkte mit *g* sind *B* und *C*.
② Kreise um *B* und *C* mit gleich großen Radien; ein Schnittpunkt ist *D*.
③ $\overline{AD}$ ist Lot von *A* auf *g*.

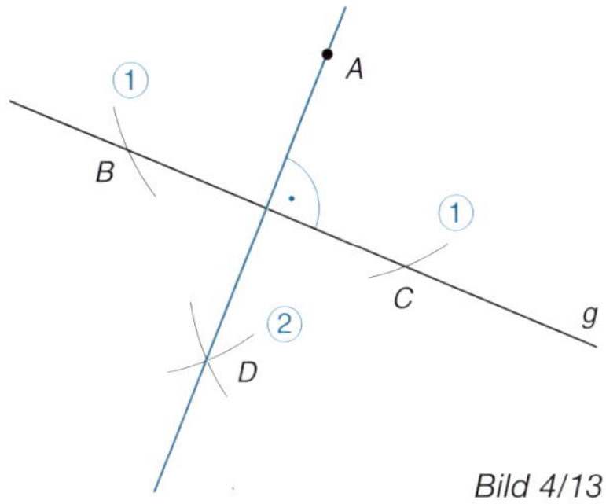


Bild 4/13

Fast ebenso konstruiert man die Senkrechte im Punkt *A* zu einer Geraden *g*.

**Errichten der Senkrechten:**

① Kreis um *A*; Schnittpunkte mit *g* sind *B* und *C*.
② Kreise um *B* und *C* mit einem Radius, der größer als $\overline{AB}$ ist; ein Schnittpunkt ist *D*.
③ *AD* ist Senkrechte in *A* zu *g*.

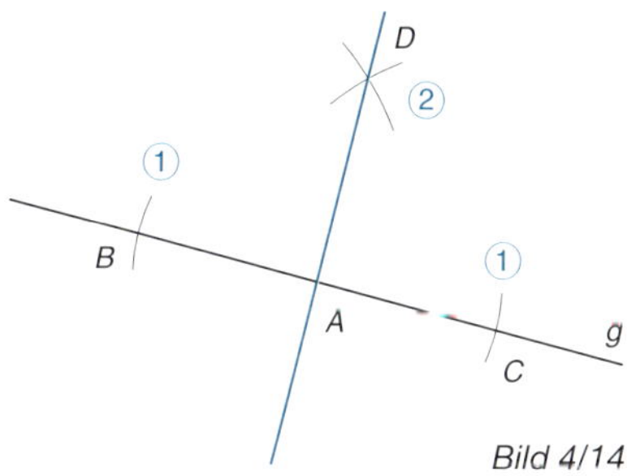


Bild 4/14

**Mittelsenkrechte einer Strecke $\overline{AB}$**

Die im Mittelpunkt einer Strecke $\overline{AB}$ zur Geraden *AB* errichtete Senkrechte heißt **Mittelsenkrechte der Strecke $\overline{AB}$**.

Wenn ein Punkt *P* auf der Mittelsenkrechten einer Strecke $\overline{AB}$ liegt, so gilt $\overline{AP} \cong \overline{BP}$ (↗ Bild 4/15).

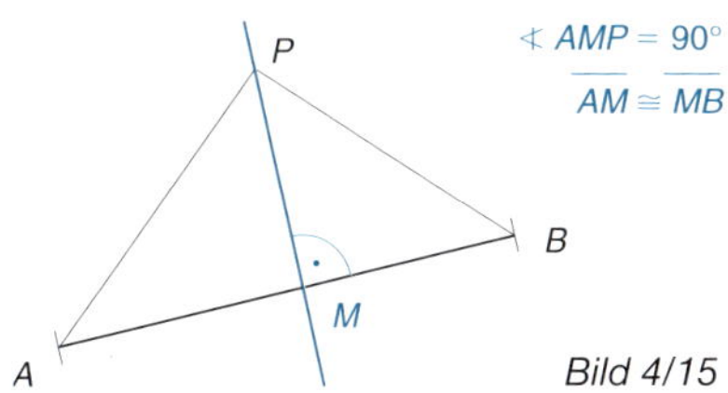


Bild 4/15

Jeder Punkt der Ebene, der nicht auf der Mittelsenkrechten einer Strecke $\overline{AB}$ liegt, hat von *A* und von *B* verschiedene Abstände.

↗ Sätze über Dreiecke (siehe „Kongruenzsätze für Dreiecke“), S. 161

Im Zusammenhang mit Konstruktionen geht man beim **Halbieren einer Strecke** wie im Bild 4/16 vor. Diese Konstruktion liefert auch die Mittelsenkrechte einer Strecke $\overline{AB}$.

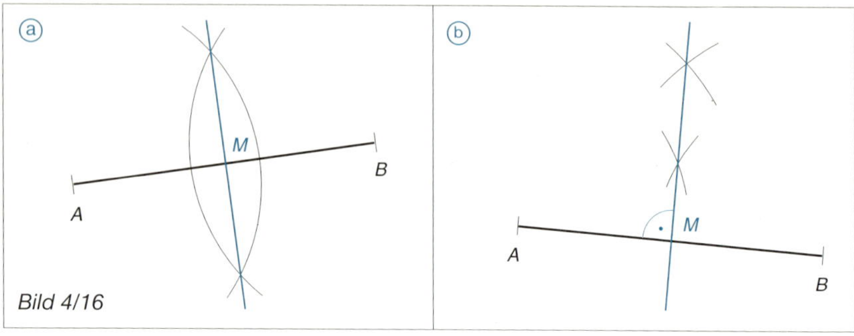


Bild 4/16

4

## Winkelhalbierende eines Winkels (*h*, *k*)

**Winkelhalbierende eines Winkels (*h*, *k*)** nennt man den Strahl *w* vom Scheitelpunkt durch einen weiteren Punkt des Winkels, so daß gilt:
$\sphericalangle(h, w) \cong \sphericalangle(w, k)$.
Die Punkte der Winkelhalbierenden eines Winkels $\sphericalangle(h, k)$ haben von *h* und *k* den gleichen Abstand (↗ Bild 4/17).

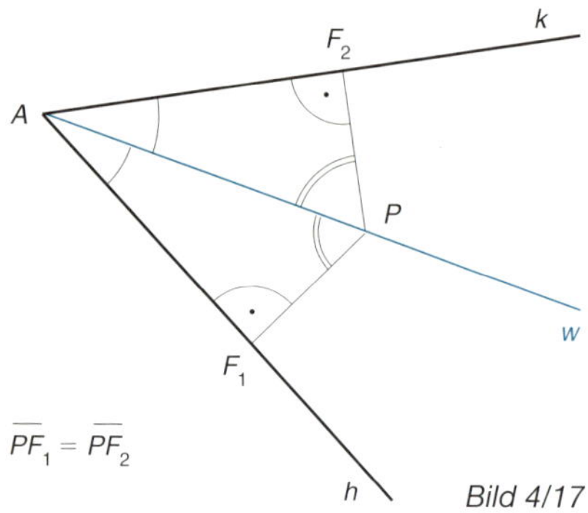


Bild 4/17

**Halbieren eines Winkels:**
① Kreis um *A* mit beliebigem Radius *r*; Schnittpunkte sind *B* und *C*.
② Je ein Kreis um *B* und *C* mit gleich großem Radius (größer als $\frac{1}{2}\overline{BC}$); Schnittpunkt ist *D*.
③ *AD* ist Winkelhalbierende von $\sphericalangle CAB$.

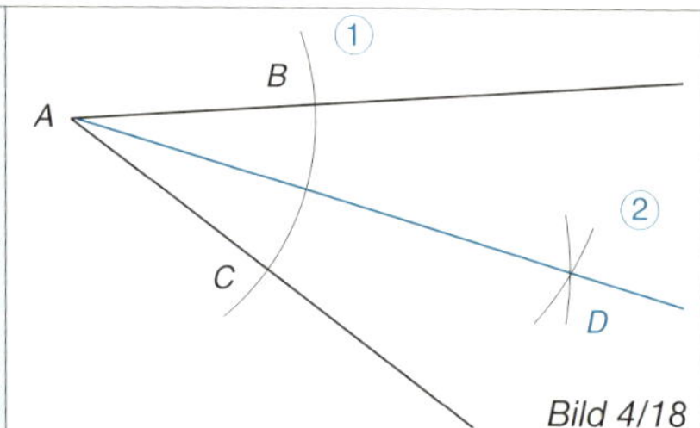


Bild 4/18

## Orientierte Punktmengen

Während es für die Punkte eines Strahls eine natürliche Anordnung (Orientierung) gibt (↗ S. 141), kann jede Gerade *g* auf genau zweierlei Weise durchlaufen (orientiert, gerichtet) werden. *g* ist orientiert, wenn für je zwei Punkte von *g* feststeht, welcher *vor dem anderen* liegt (↗ Bild 4/19). Die gewählte Orientierung kann durch eine Pfeilspitze an *g* veranschaulicht werden. Die zwei Orientierungen einer Geraden sind zueinander entgegengesetzt.

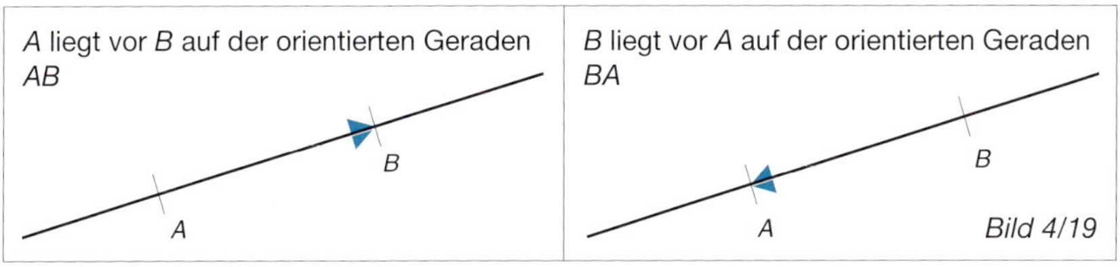


Bild 4/19

Entsprechend kann für eine Strecke $\overline{AB}$ eine Orientierung (ein Durchlaufungssinn) festgelegt werden; in Zeichen $\overrightarrow{AB}$ bzw. $\overrightarrow{BA}$.
Die Orientierung **paralleler gerichteter Strecken** kann miteinander verglichen werden. Zwei parallele gerichtete Strecken sind entweder **gleich gerichtet** oder **entgegengesetzt gerichtet** (↗ Bild 4/20).

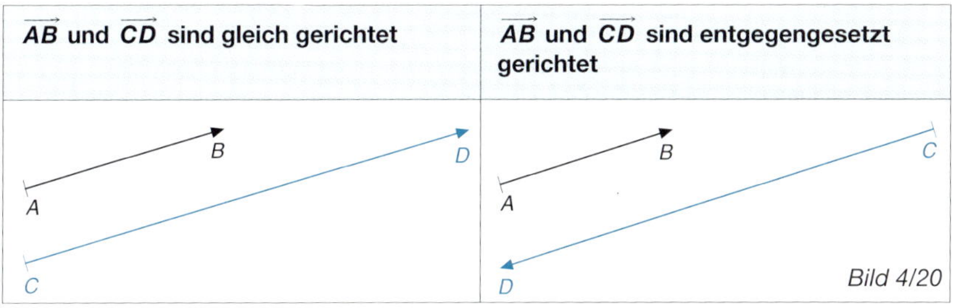


Bild 4/20

**Orientierte Winkel** werden unter dem Stichwort „Erweiterung des Winkelbegriffs" (↗ S. 144f., Bild 4/9) beschrieben.
Eine **Ebene** kann auf dieselbe Art wie ein Winkel orientiert werden.



## Bewegungen und Kongruenz; Winkelpaare

### Geometrische Abbildung

**Geometrische Abbildung** heißt eine Abbildung (Funktion), deren Definitions- und Wertebereich Punktmengen sind. Ist $P$ ein Punkt des Definitionsbereichs einer (geometrischen) Abbildung, ein sogenannter Originalpunkt, so wird sein Bildpunkt bei dieser Abbildung gewöhnlich mit $P'$ bezeichnet.
↗ Eindeutige Abbildung, Abbildung einer Menge auf sich, S. 25f.
↗ Funktion, S. 69

Parallelprojektion des Kreises $k$ auf einen Teil der Geraden $a$
Definitionsbereich: Kreis $k$
Wertebereich: Strecke $\overline{A'C'}$ auf $a$.

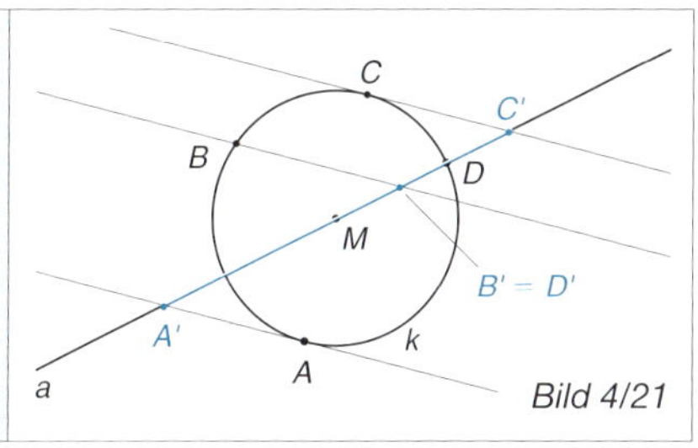


Bild 4/21

Beispiele für Abbildungen einer Ebene (bzw. des Raumes) auf sich sind die Verschiebungen, die zentrischen Streckungen und, allgemeiner, die Bewegungen und die Ähnlichkeitsabbildungen.
Zwei Abbildungen, die eine Ebene (bzw. den Raum) auf sich abbilden, können nacheinander ausgeführt werden (verkettet werden). Die Nacheinanderausführung der beiden Abbildungen ist dann wieder eine Abbildung der Ebene (bzw. des Raumes) auf sich.
Im folgenden werden nur Abbildungen einer Ebene betrachtet.
↗ Verkettung von Funktionen, S. 76f.

## Verschiebung

4

**DEFINITION** $P$ und $Q$ seien zwei beliebige Punkte einer Ebene. **Verschiebung** $\overrightarrow{PQ}$ heißt die Abbildung der Ebene auf sich, bei der jedem Punkt $A$ als Bild der Punkt $A'$ zugeordnet wird, für den gilt (↗ Bild 4/22):
① die gerichteten Strecken $\overrightarrow{AA'}$ und $\overrightarrow{PQ}$ sind gleich gerichtet und
② die Strecken $\overline{AA'}$ und $\overline{PQ}$ sind gleich lang.

Die Verschiebung $\overrightarrow{PQ}$ ist durch die gerichtete Strecke (den **Verschiebungspfeil**) $\overrightarrow{PQ}$ eindeutig bestimmt. Die Länge der Strecke $\overline{PQ}$ nennt man die **Verschiebungsweite**.
Es ist zweckmäßig, auch die **identische Abbildung** als Verschiebung aufzufassen, die jeden Punkt sich selbst zuordnet. Sie hat die Verschiebungsweite Null.

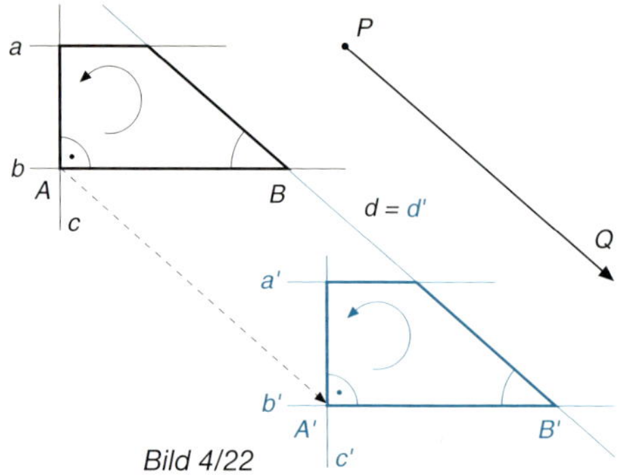

Bild 4/22

**Eigenschaften der Verschiebungen**:
① Das Bild jeder Strecke $\overline{AB}$ ist die Strecke $\overline{A'B'}$ gleicher Länge.
② Das Bild jeder Geraden ist eine Gerade.
③ Das Bild jedes Winkels $\sphericalangle(h, k)$ ist der Winkel $\sphericalangle(h', k')$ gleicher Größe. Insbesondere gilt für zwei Geraden $a$, $b$ und ihre Bilder $a'$, $b'$:
**a)** Wenn $a \parallel b$, so $a' \parallel b'$
und
**b)** wenn $a \perp b$, so $a' \perp b'$.
④ Original- und Bildgerade sind einander parallel.
⑤ Jede zu einem Verschiebungspfeil parallele Gerade wird auf sich abgebildet (ist Fixgerade).
⑥ Der Umlaufsinn von Figuren bleibt erhalten.

Bei der Konstruktion der Bilder von Figuren bei Verschiebungen kann man diese Eigenschaften ausnutzen.

**Bild eines Dreiecks bei einer Verschiebung**

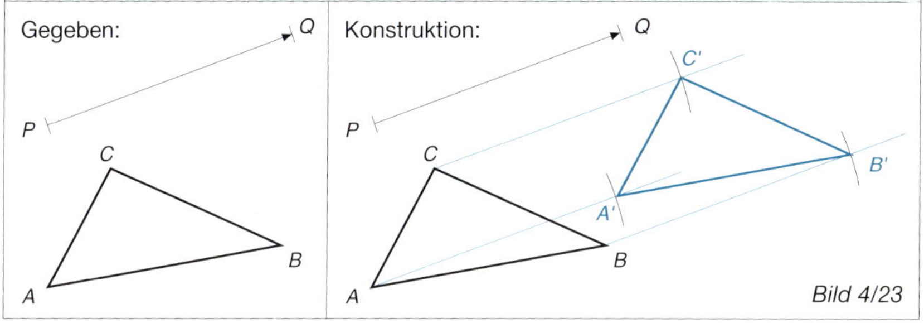

Bild 4/23

4

Die Nacheinanderausführung zweier Verschiebungen ist wieder eine Verschiebung.

**Bild eines Dreiecks bei der Nacheinanderausführung zweier Verschiebungen $\overrightarrow{PQ}$ und $\overrightarrow{RS}$**

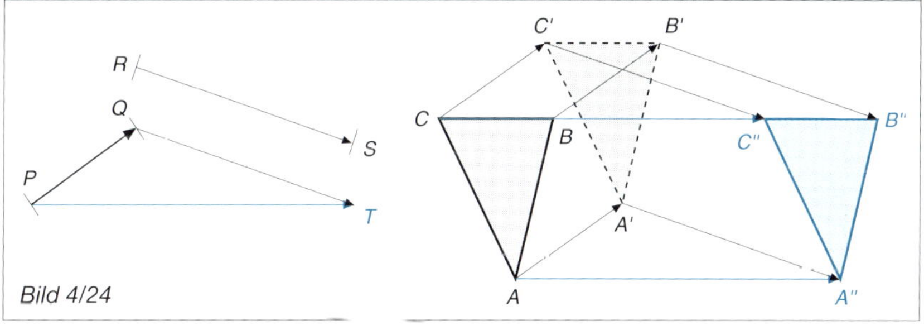

Bild 4/24

## Drehung

**DEFINITION** **Drehung um einen Punkt** *O* heißt jede Abbildung einer Ebene durch *O* auf sich, für die gilt (↗ Bild 4/25):
① Der Punkt *O* wird auf sich abgebildet, d. h., *O* ist Fixpunkt.
② Ist $P \neq O$ und *P′* Bild von *P*, so sind $\overline{OP}$ und $\overline{OP'}$ gleich lang.
③ Sind *A* und *B* zwei von *O* verschiedene Punkte und sind *A′* bzw. *B′* ihre Bildpunkte, so sind die Winkel $\sphericalangle AOA'$ und $\sphericalangle BOB'$ gleich groß und gleich orientiert.

Der Punkt *O* wird **Drehzentrum**, der Winkel $\sphericalangle POP'$ **Drehwinkel** genannt. Eine Drehung ist durch das Drehzentrum und den Drehwinkel eindeutig bestimmt. Eine Drehung um einen Punkt *O* mit dem Drehwinkel $\alpha = 180°$ nennt man auch **Punktspiegelung**.

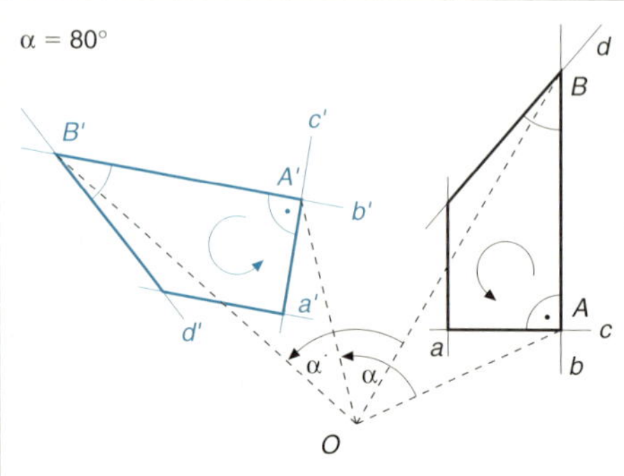


Bild 4/25

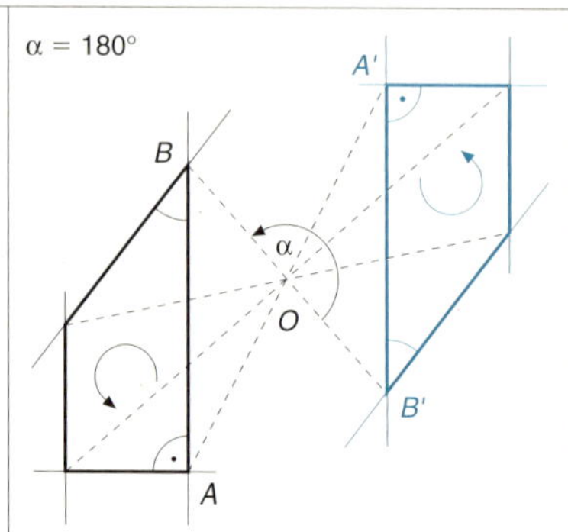


Bild 4/26

4

**Eigenschaften der Drehungen um *O***: Wie die Verschiebungen haben die Drehungen die Eigenschaften ① bis ③ und ⑥.
Außerdem gilt:

④′ Jede Drehung um *O* bildet *O* auf sich ab (hat den Fixpunkt *O*).

⑤′ Bei einer Punktspiegelung an *O* wird jede Gerade durch *O* auf sich abgebildet (ist jede Gerade durch *O* eine Fixgerade).

Für jede Gerade *a* und ihre Bildgerade *a′* ist $a \parallel a'$.

Bei der Konstruktion der Bilder von Figuren bei Drehungen kann man diese Eigenschaften ausnutzen.

■ **Bild eines Dreiecks bei einer Drehung um *O***

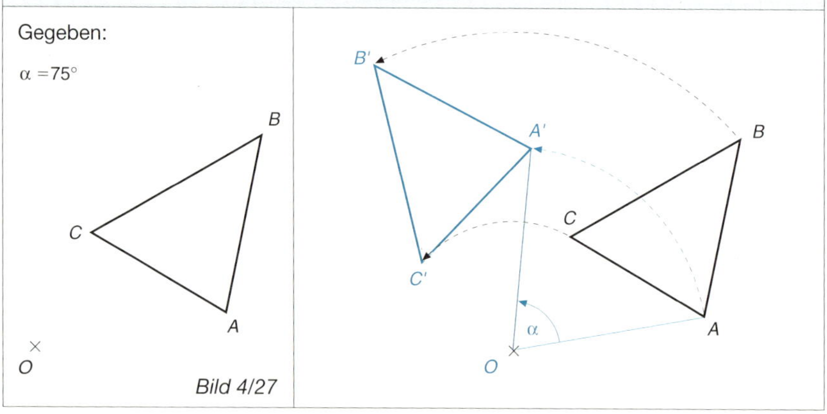


Bild 4/27

Zwei Drehungen $d_1$ und $d_2$ mit dem gleichen Drehzentrum *O* können nacheinander ausgeführt werden. Das Ergebnis der Nacheinanderausführung ist wieder eine Drehung $d_3$ mit dem Drehzentrum *O* und einem Drehwinkel, der gleich der Summe der Drehwinkel von $d_1$ und $d_2$ ist.

## Spiegelung an einer Geraden

**DEFINITION** **Spiegelung an einer Geraden** *s* heißt jede Abbildung einer Ebene durch *s* auf sich, für die gilt (↗ Bild 4/28):

① Jeder Punkt der Geraden *s* wird auf sich abgebildet.
② Jeder Punkt *A*, der nicht auf der Geraden *s* liegt, hat seinen Bildpunkt A′ auf der anderen Seite von *s*.
③ Jede Gerade *AA′* ($A \notin s$) schneidet die Gerade *s* in einem Punkt *L* unter einem rechten Winkel.
④ Die Strecken $\overline{LA}$ und $\overline{LA'}$ sind gleich lang.

Jede Spiegelung an einer Geraden ist durch die Angabe von zwei Punkten dieser Geraden bzw. durch die Angabe eines Punktepaares (*A*; *A′*) eindeutig bestimmt.
Die Gerade s, an der gespiegelt wird, nennt man **Spiegelgerade** der betreffenden Spiegelung.
Punkte der Ebene, die nicht der Spiegelgeraden angehören, liegen zu ihren Bildpunkten **symmetrisch** bezüglich der Spiegelgeraden.

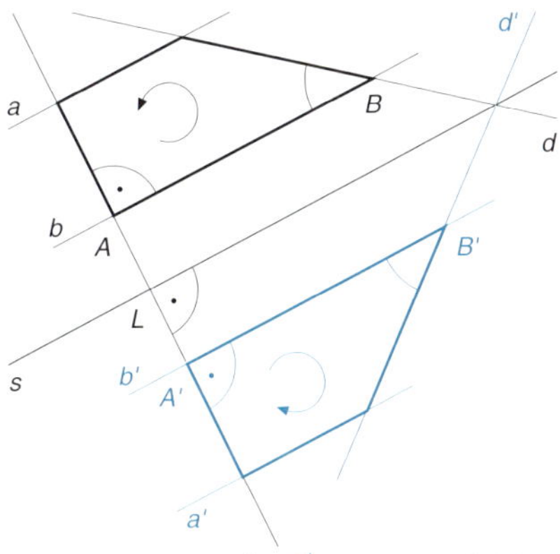


Bild 4/28

4

Bei der Spiegelung an einer Geraden *s* ist jeder Punkt zugleich Bildpunkt seines Bildes bei dieser Spiegelung. (Man sagt: Die Spiegelung an einer Geraden ist eine **involutorische** Abbildung.)
**Eigenschaften der Spiegelungen an Geraden**: Wie die Verschiebungen und Drehungen haben die Spiegelungen an Geraden die Eigenschaften ① bis ③. Außerdem gilt:

④″ Original- und Bildgerade sind entweder parallel zur Spiegelgeraden, oder sie schneiden einander auf ihr.
⑤″ Jede Gerade, die auf der Spiegelgeraden senkrecht steht, wird auf sich abgebildet (ist Fixgerade). Jeder Punkt der Spiegelgeraden *s* wird auf sich abgebildet (*s* ist eine Fixpunktgerade).
⑥″ Der Umlaufsinn von Figuren ändert sich.

Bei der Konstruktion der Bilder von Figuren bei Spiegelungen kann man diese Eigenschaften ausnutzen (↗ Bild 4/29).
Wird eine Spiegelung an einer Geraden *s* zweimal nacheinander ausgeführt, so erhält man die **Identität**.
Werden eine Spiegelung an einer Geraden *s* und eine Spiegelung an einer zu *s* parallelen Geraden *t* nacheinander ausgeführt, so ist das Ergebnis der Nacheinanderausführung eine Verschiebung (↗ Bild 4/30).

## Bild eines Dreiecks bei einer Spiegelung an einer Geraden

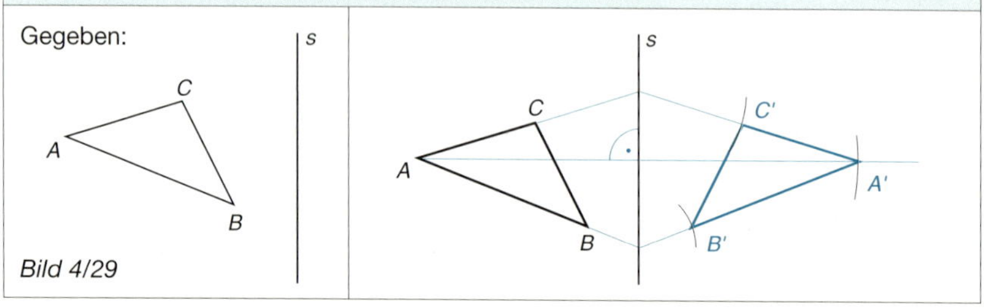


Bild 4/29

Spiegelungen an Geraden *s* und *t*, die einander schneiden, ergeben – nacheinander ausgeführt – eine Drehung um den Schnittpunkt der beiden Geraden (↗ Bild 4/31).

4

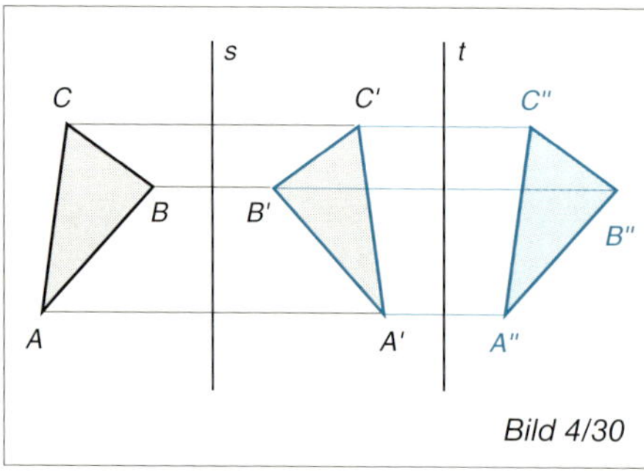


Bild 4/30

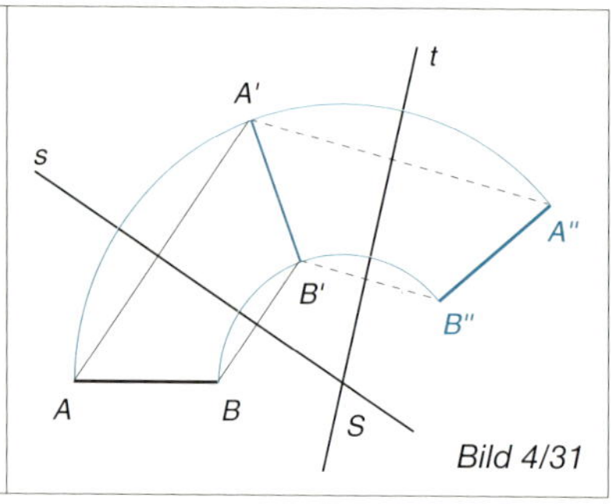


Bild 4/31

### Bewegung

**Bewegung** oder **Kongruenzabbildung** heißt jede Abbildung der Ebene auf sich, die eine Verschiebung, eine Drehung um einen Punkt, eine Spiegelung an einer Geraden oder eine Nacheinanderausführung solcher Abbildungen ist.

**Eigenschaften der Bewegungen** sind die *gemeinsamen* Eigenschaften der Verschiebungen, Drehungen um einen Punkt und Geradenspiegelungen, also die Eigenschaften ① bis ③. Aus ihnen folgt, daß bei einer Bewegung auch Flächeninhalt und Umfang einer ebenen Figur erhalten bleiben.

Jede Bewegung ist eine **eineindeutige Abbildung** der Ebene auf sich, ihre Umkehrung ist eine Bewegung, und auch die Nacheinanderausführung zweier Bewegungen ist wieder eine Bewegung.

Es gibt **Bewegungen des Raumes**. Diese eineindeutigen Abbildungen bilden den Raum auf sich ab und haben die Eigenschaften der Bewegungen einer Ebene. Darüber hinaus bleiben bei Bewegungen des Raumes Oberflächeninhalt und Volumen von Körpern erhalten.

- Verschiebung des Raumes
- Spiegelung des Raumes an einer Ebene
- Drehung des Raumes um eine Gerade

## Symmetrische Figuren

Figuren, die bei einer – von der Identität verschiedenen – Bewegung auf sich abgebildet werden, heißen **symmetrisch**.

**Axiale Symmetrie:** Die Figur wird durch eine Spiegelung an einer Geraden auf sich abgebildet.

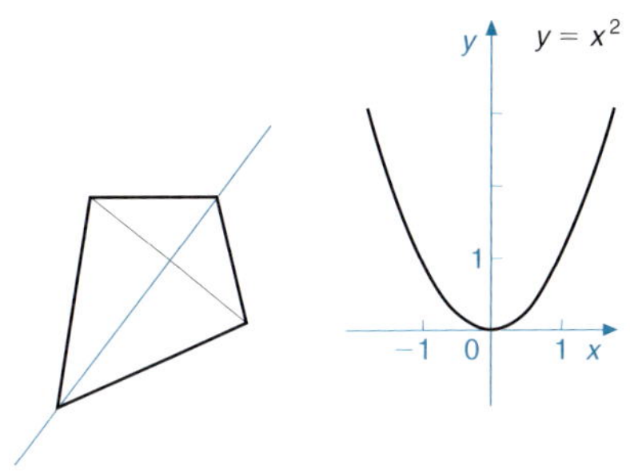


*Bild 4/32a*

**Radiale Symmetrie:** Die Figur wird durch eine Drehung um einen Punkt auf sich abgebildet. Beträgt der Drehwinkel 180°, so nennt man die Figur **zentralsymmetrisch**.

↗ Gleichseitiges Dreieck, S. 160

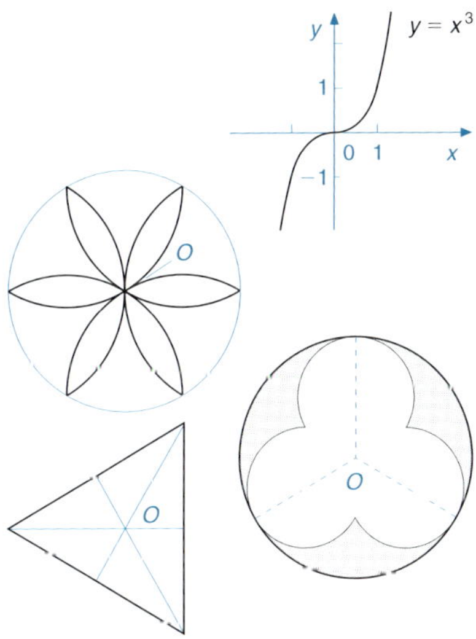


*Bild 4/32b*

**Verschiebungssymmetrie:** Die Figur wird durch eine Verschiebung auf sich abgebildet.

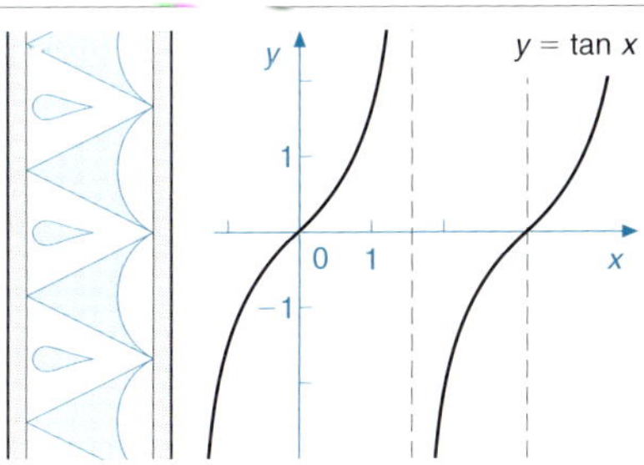


*Bild 4/32c*

Der Begriff der Symmetrie ist auch für räumliche Figuren erklärt. Räumliche Symmetrie tritt beispielsweise bei Kristallen auf.

## Kongruenz von Figuren

**DEFINITION** Zwei Figuren heißen **einander kongruent** oder **deckungsgleich** genau dann, wenn es eine Bewegung gibt, bei der die eine Figur das Bild der anderen Figur ist.
Schreibweise $F_1 \cong F_2$
($F_1$ ist kongruent zu $F_2$)

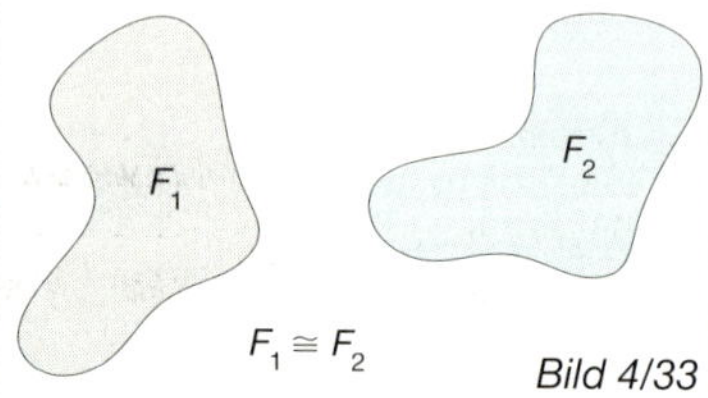


Bild 4/33



**Zwei Strecken** sind kongruent genau dann, wenn sie gleich lang sind.
**Zwei Winkel** sind kongruent genau dann, wenn sie gleich groß sind.

Bild 4/34

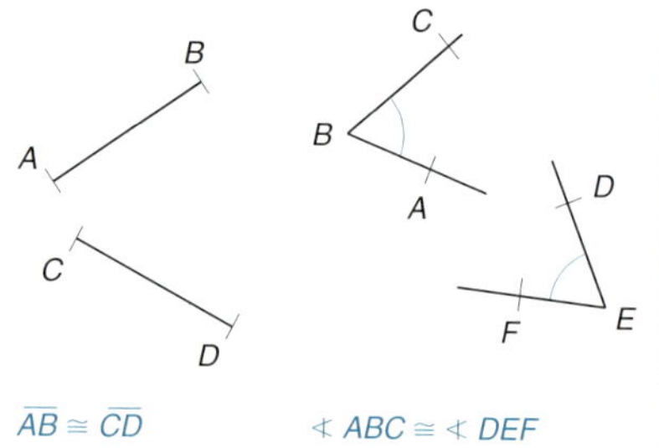


Im Falle zweier Dreiecke genügt bereits der Nachweis der Kongruenz einiger ausgewählter Stücke, um die Kongruenz der Dreiecke zu bestätigen.
↗ Sätze über Dreiecke (siehe „Kongruenzsätze für Dreiecke"), S. 161

## Winkelpaare

**Scheitelwinkel:** Ein Winkel ist Scheitelwinkel zu $\sphericalangle(h, k)$, wenn er mit diesem den Scheitel gemeinsam hat und seine Schenkel die Strahlen $h$ und $k$ zu Geraden ergänzen.

Bild 4/35a

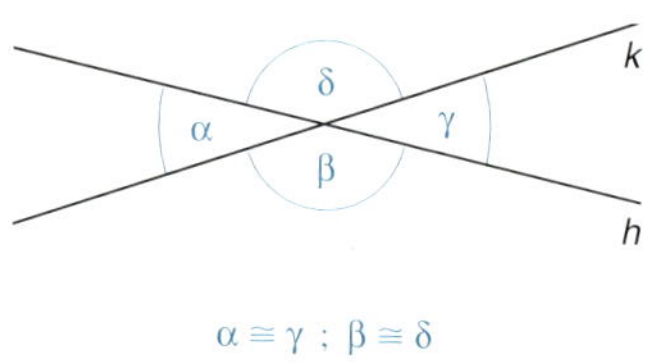


**Nebenwinkel:** Ein Winkel ist Nebenwinkel zu $\sphericalangle(h, k)$, wenn er mit diesem den Scheitel und einen Schenkel gemeinsam hat und die anderen Schenkel sich zu einer Geraden ergänzen.

Bild 4/35b

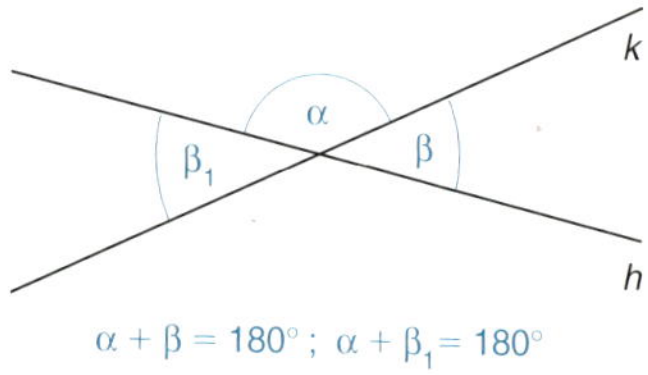


Scheitelwinkel sind einander kongruent.
Wenn $\alpha$ und $\beta$ Nebenwinkel sind, so gilt $\alpha + \beta = 180°$.
Jeder Winkel hat zwei Nebenwinkel. Als Scheitelwinkel sind diese einander kongruent.

Ein Winkel heißt **rechter Winkel** genau dann, wenn er einem seiner Nebenwinkel kongruent ist.

<table>
<tr>
<td>Werden zwei Geraden a, b von einer dritten Geraden c geschnitten, können Winkelpaare mit verschiedenen Scheitelpunkten auftreten, z. B. $\alpha$ und $\alpha_1$ im Bild 4/36.<br><br>Bild 4/36</td>
<td>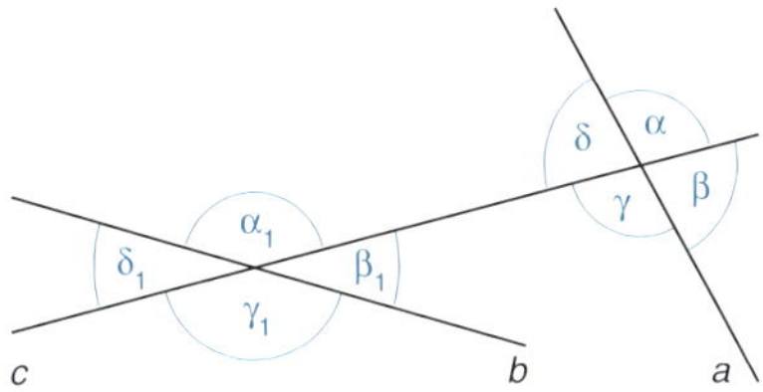
</td>
</tr>
<tr>
<td>Stufenwinkel heißen zwei solcher Winkel, wenn sie verschiedene Scheitel haben, die Schenkel auf c gleich orientiert sind und die anderen Schenkel bezüglich c in derselben Halbebene liegen.<br><br>Bild 4/37</td>
<td>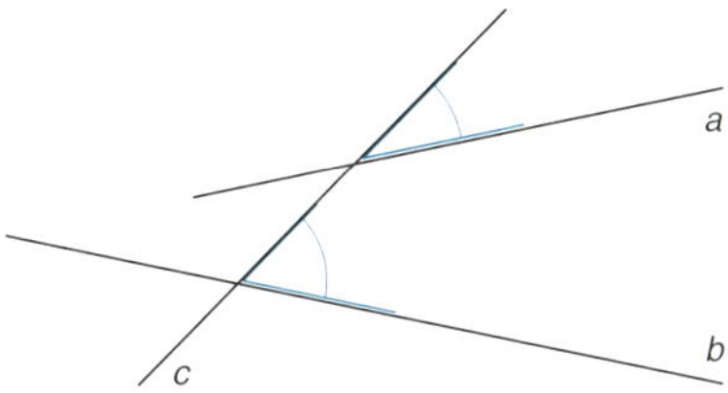
</td>
</tr>
<tr>
<td>Wechselwinkel heißen zwei solcher Winkel, wenn sie verschiedene Scheitel haben, die Schenkel auf c entgegengesetzt orientiert sind und die anderen Schenkel bezüglich c in verschiedenen Halbebenen liegen.<br><br>Bild 4/38</td>
<td>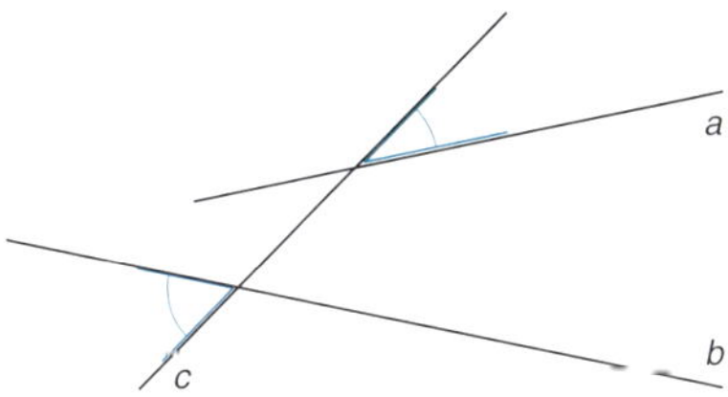
</td>
</tr>
</table>

Wenn *a* und *b* parallel zueinander sind, gelten für solche Winkelpaare Kongruenzsätze.

**Stufenwinkelsatz** Stufenwinkel an geschnittenen Parallelen sind einander kongruent.
(↗ Bild 4/39: $\alpha \cong \gamma$, $\beta \cong \delta$)

**Umkehrung des Stufenwinkelsatzes** Wenn zwei Winkel $\alpha$ und $\beta$ Stufenwinkel sind und wenn $\alpha \cong \beta$ gilt, so sind die geschnittenen Geraden parallel zueinander.

**Wechselwinkelsatz** Wechselwinkel an geschnittenen Parallelen sind einander kongruent.
(↗ Bild 4/39: $\alpha \cong \delta$, $\beta \cong \gamma$)

**Umkehrung des Wechselwinkelsatzes** Wenn zwei Winkel $\alpha$ und $\beta$ Wechselwinkel sind und wenn $\alpha \cong \beta$ gilt, so sind die geschnittenen Geraden parallel zueinander.

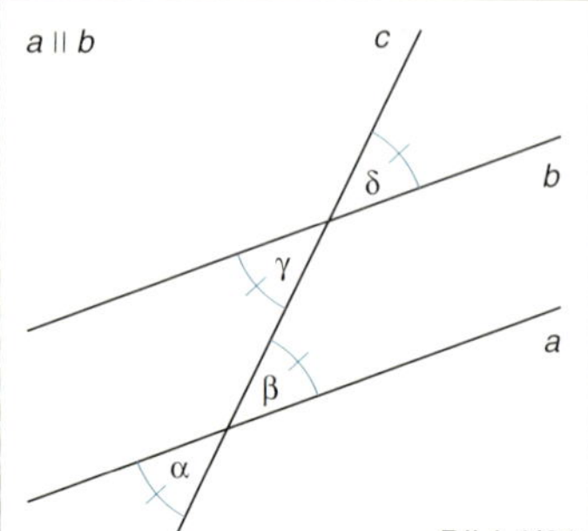

Bild 4/39

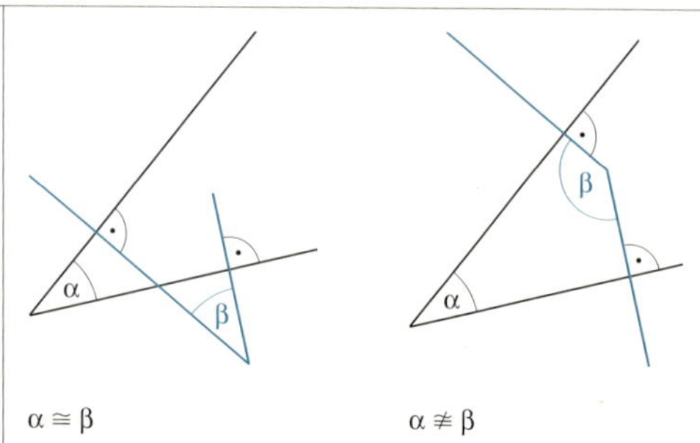

Bild 4/40

Zwei Winkel, deren Schenkel paarweise senkrecht aufeinander stehen, sind einander kongruent, falls der Scheitel des einen nicht innerhalb oder auf einem Schenkel des anderen Winkels liegt (↗ Bild 4/40).



## Dreiecke

### Dreieck – Dreiecksfläche

Jeder geschlossene Streckenzug aus drei Strecken ist ein **Dreieck**. Zu einem Dreieck *ABC* gehören die drei **Eckpunkte** *A, B, C*, die nicht auf ein und derselben Geraden liegen, ferner alle (weiteren) Punkte der Strecken $\overline{AB}$, $\overline{BC}$, $\overline{AC}$ (↗ Bild 4/41).

Bezüglich eines Dreiecks lassen sich die Punkte der Ebene, in der das Dreieck liegt, in *innere* und *äußere Punkte* einteilen (↗ Bild 4/42). Wenn die Punkte *P* und *Q* keine Eckpunkte des Dreiecks *ABC* sind und auf verschiedenen Seiten des Dreiecks liegen, so nennt man jeden Punkt *R* zwischen *P* und *Q* einen inneren Punkt des Dreiecks.

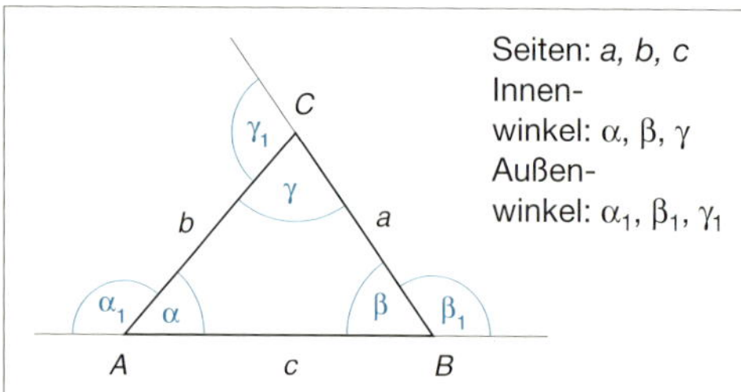

Bild 4/41

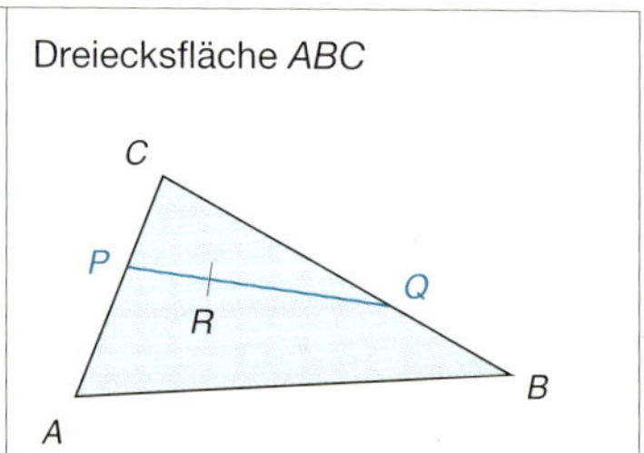

Bild 4/42

Zur **Dreiecksfläche** eines Dreiecks *ABC* gehören alle Punkte, die auf dem Dreieck oder innerhalb des Dreiecks liegen.
Wenn keine Verwechslungen möglich sind, werden auch Dreiecksflächen kurz als Dreiecke bezeichnet.
↗ Flächeninhalt und Umfang von Vielecken (siehe „Dreieck"), S. 178

| Einteilung der Dreiecke nach den Seiten | | |
|---|---|---|
| **unregelmäßig** (alle Seiten sind paarweise verschieden lang) | **gleichschenklig** (ein Paar gleich langer Seiten) **nicht gleichseitig** (nicht alle Seiten sind gleich lang) | **gleichseitig** (alle Seiten sind gleich lang) |
| $a \neq b$, $b \neq c$, $a \neq c$ 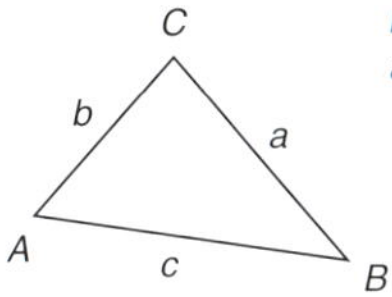 | $a = b$, $c \neq a$ 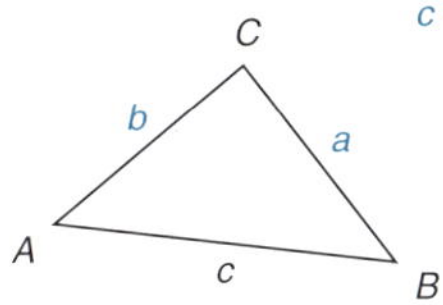 | $a = b = c$ 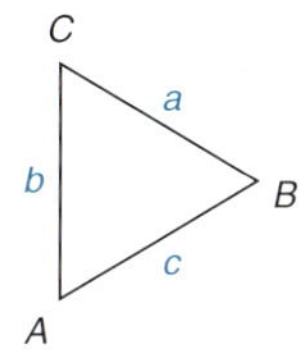 *Bild 4/43* |



| Einteilung der Dreiecke nach den Innenwinkeln | | |
|---|---|---|
| **spitzwinklig** (alle Innenwinkel sind spitz) | **rechtwinklig** (es hat einen rechten Innenwinkel) | **stumpfwinklig** (es hat einen stumpfen Innenwinkel) |
| $\alpha < 90°$, $\beta < 90°$, $\gamma < 90°$ 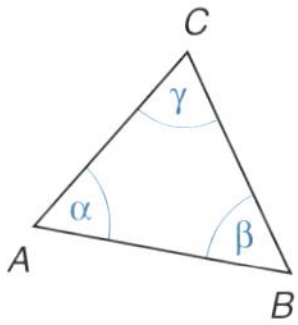 *Bild 4/44* | $\gamma = 90°$ 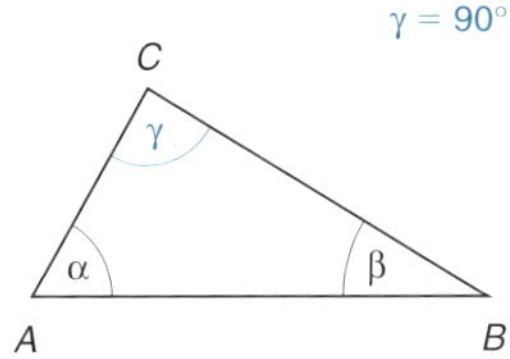 | $\gamma > 90°$ 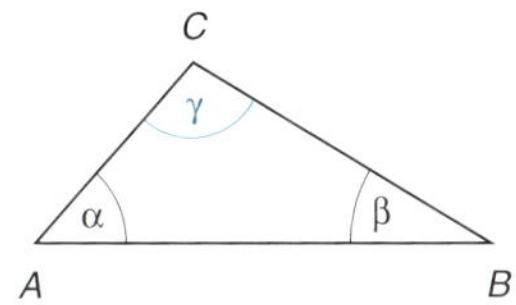 |



Durch Kombination beider Einteilungsprinzipien erhält man diese Dreiecksarten:

| | spitzwinklig | rechtwinklig | stumpfwinklig |
|---|---|---|---|
| **unregelmäßig** | × | × | × |
| **gleichschenklig** | × | × | × |
| **gleichseitig** | × | – | – |

## Gleichschenkliges Dreieck

Ein Dreieck mit zwei gleich langen Seiten (↗ Bild 4/45) heißt **gleichschenklig**; die gleich langen Seiten nennt man seine **Schenkel** und die dritte Seite seine **Basis**.

Nach dem Dreieckskongruenzsatz sws sind in jedem gleichschenkligen Dreieck die Basiswinkel einander kongruent (gleich groß).

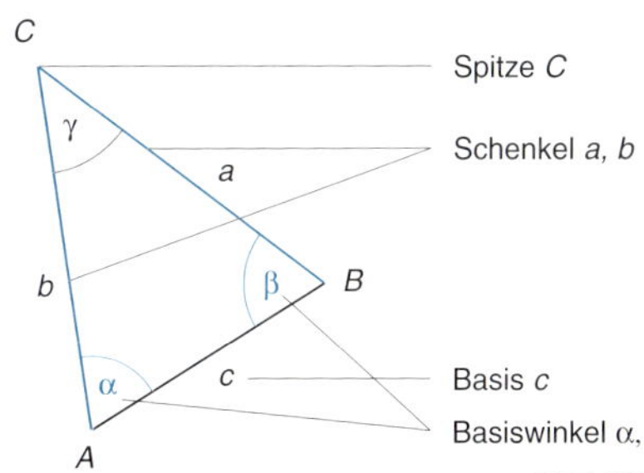


*Bild 4/45*

Gleichschenklige Dreiecke sind axialsymmetrisch.
Symmetrieachse ist die Gerade, die durch den Mittelpunkt der Basis und durch den gegenüberliegenden Eckpunkt des Dreiecks geht. Sie ist *Mittelsenkrechte der Basis* und *Winkelhalbierende des Winkels* an der Spitze.
↗ Sätze über Dreiecke, S. 160f.
↗ Symmetrische Figuren, S. 155

## Gleichseitiges Dreieck

Ein Dreieck, in dem alle Seiten gleich lang sind, heißt **gleichseitig**.
Gleichseitige Dreiecke sind auch gleichschenklig; jede Seite kann als Basis angesehen werden. Gleichseitige Dreiecke sind axialsymmetrisch und radialsymmetrisch.
Jeder Innenwinkel ist 60° groß.

## Rechtwinkliges Dreieck



Ein Dreieck mit einem rechten Winkel als Innenwinkel heißt **rechtwinklig**. Die Seiten, die den rechten Winkel einschließen, heißen **Katheten**; die Seite, die dem rechten Winkel gegenüberliegt, heißt **Hypotenuse** (↗ Bild 4/46).
↗ Sätze über rechtwinklige Dreiecke, S. 164f.

$q = \overline{AD}$ ist der zu $b$ gehörige Hypotenusenabschnitt

$p = \overline{BD}$ ist der zu $a$ gehörige Hypotenusenabschnitt

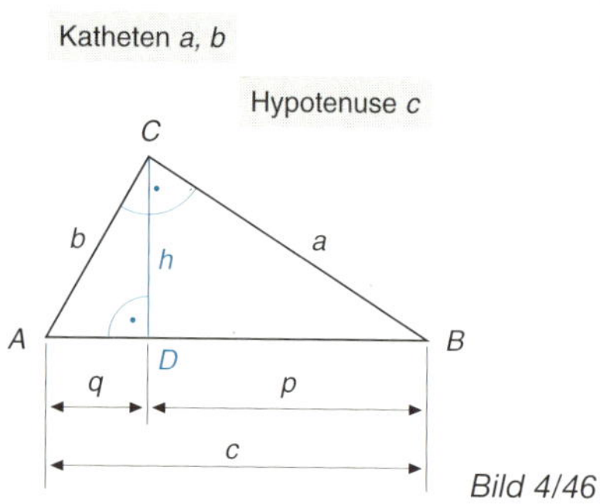


*Bild 4/46*

## Sätze über Dreiecke

**Innenwinkelsatz** In jedem Dreieck beträgt die Summe der Innenwinkelgrößen 180° (↗ Bild 4/47).

**Außenwinkelsatz** Die Größe jedes Außenwinkels eines Dreiecks ist gleich der Summe der Größen der beiden nichtanliegenden Innenwinkel (↗ Bild 4/48).

**Seiten-Winkel-Relation:**

① In jedem Dreieck liegt der größeren von zwei Seiten der größere Winkel gegenüber.

② In jedem Dreieck liegt dem größeren von zwei Winkeln die größere Seite gegenüber.

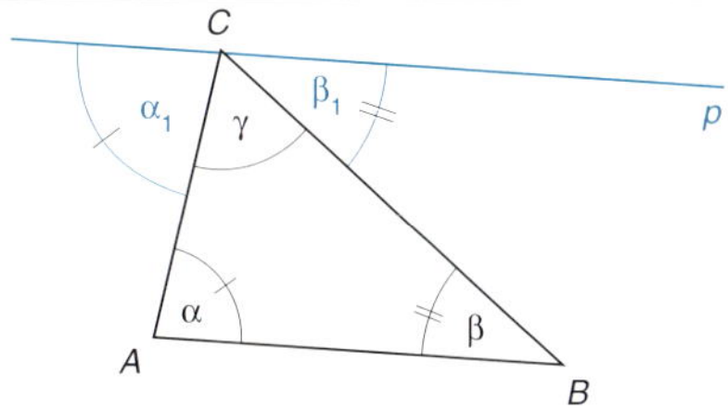


$p \parallel AB$; $\alpha + \beta + \gamma = 180°$

*Bild 4/47*

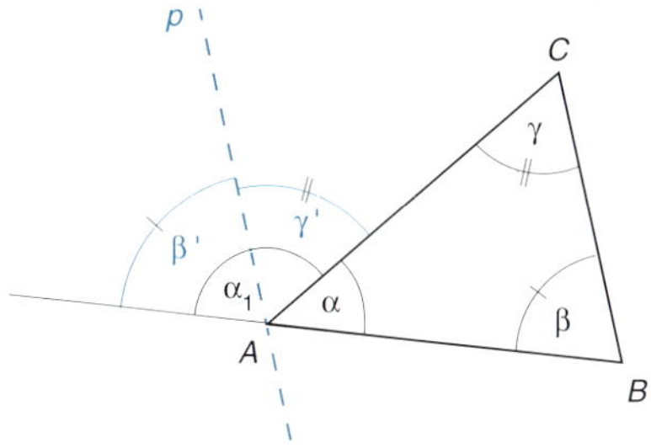


$p \parallel BC$; $\alpha_1 = \beta + \gamma$

*Bild 4/48*

**Dreiecksungleichung:** In jedem Dreieck ist die Summe der Längen zweier Seiten größer als die Länge der dritten Seite.
Es gilt $a + b > c$; $b + c > a$; $c + a > b$.



**Kongruenzsätze für Dreiecke** Zwei Dreiecke sind einander kongruent, wenn sie
① in zwei Seiten und dem eingeschlossenen Winkel übereinstimmen (sws); oder
② in einer Seite und den anliegenden Winkeln übereinstimmen (wsw); oder
③ in den drei Seiten übereinstimmen (sss); oder
④ in zwei Seiten und dem der größeren Seite gegenüberliegenden Winkel übereinstimmen (SsW).

Aus dem Kongruenzsatz (sss) folgt die Eigenschaft der Starrheit für Dreiecke, denn ein Dreieck ist durch seine Seiten bis auf Kongruenz eindeutig bestimmt. Vierecke sind dagegen nicht starr (↗ Bild 4/49).
↗ Kongruenz von Figuren, S. 156

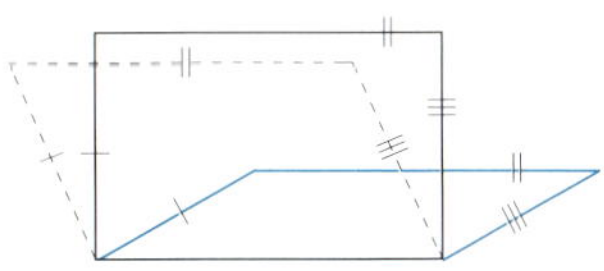

*Bild 4/49*

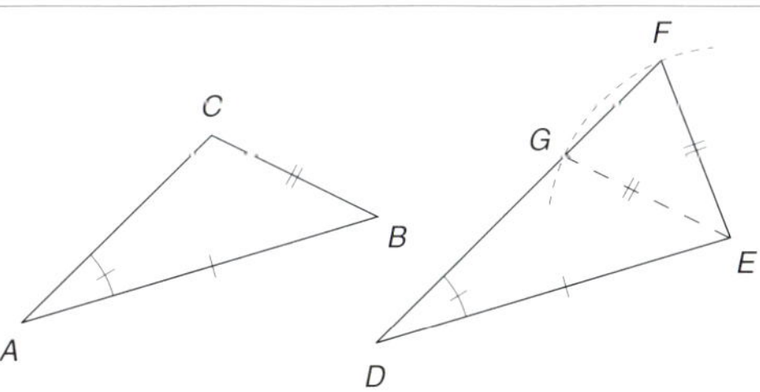


$\triangle ABC \not\cong \triangle DEF$

*Bild 4/50*

Zwei Dreiecke, die in zwei Seiten und dem der kleineren Seite gegenüberliegenden Winkel übereinstimmen, müssen nicht notwendig einander kongruent sein (↗ Bild 4/50).

Auch bei zwei Dreiecken, die in drei Winkeln übereinstimmen, muß nicht notwendig Kongruenz vorliegen.
↗ Ähnlichkeit von Dreiecken, S. 195

## Besondere Linien im Dreieck

**Sehne eines Dreiecks** heißt jede Strecke, die zwei auf verschiedenen Seiten des Dreiecks liegende Punkte verbindet. Von besonderem Interesse sind unter den Sehnen die Mittelsenkrechten, die Winkelhalbierenden, die Seitenhalbierenden, die Höhen und die Mittellinien eines Dreiecks.
↗ Mittelsenkrechte einer Strecke $\overline{AB}$, S. 147f.
↗ Umkreis eines Dreiecks, S. 181



Die **Mittelsenkrechten** der Seiten eines jeden Dreiecks schneiden einander in einem Punkt. Dieser Schnittpunkt ist der Mittelpunkt des Umkreises des Dreiecks.

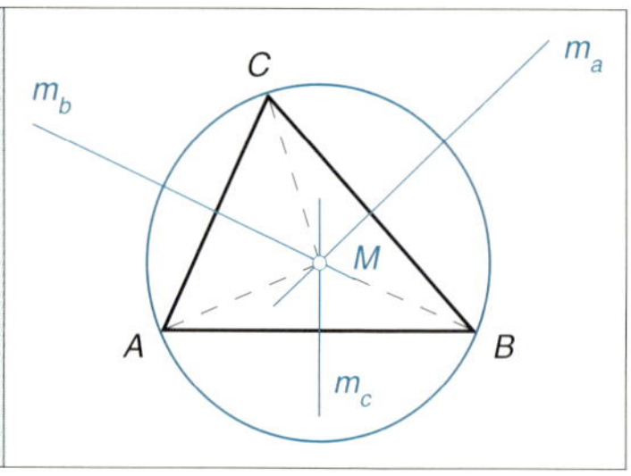


Bild 4/51

| Lagemöglichkeiten für den Schnittpunkt der Mittelsenkrechten | | |
|---|---|---|
| **spitzwinkliges Dreieck** | **rechtwinkliges Dreieck** | **stumpfwinkliges Dreieck** |
| 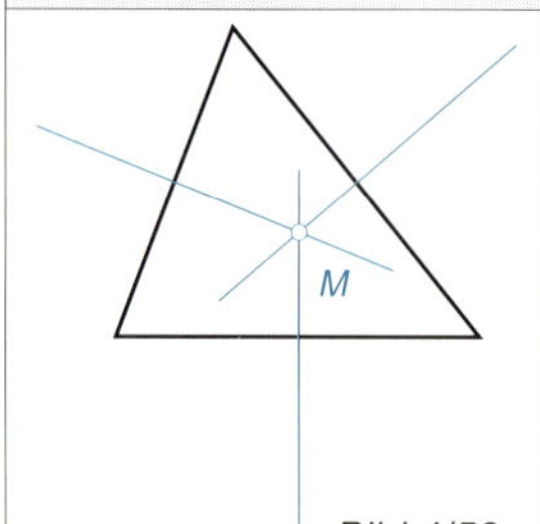  Bild 4/52a | 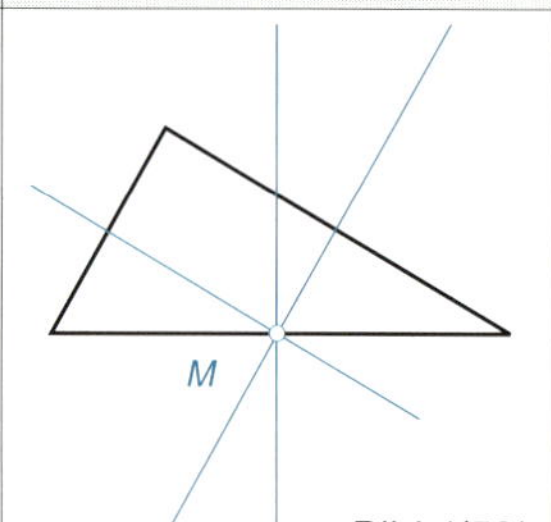  Bild 4/52b | 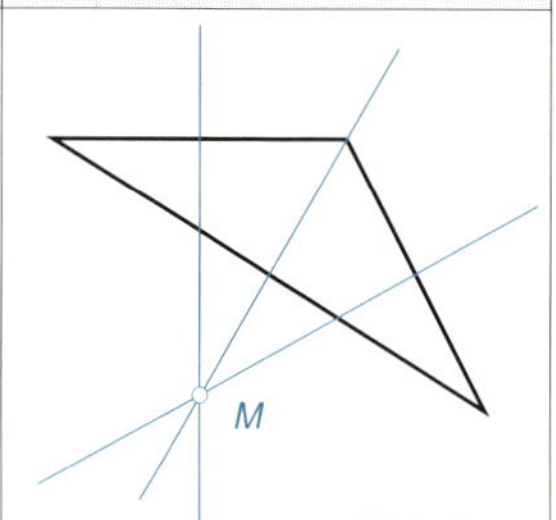  Bild 4/52c |

Die **Winkelhalbierenden** der Innenwinkel eines jeden Dreiecks schneiden einander in einem Punkt.
Dieser Schnittpunkt ist der Mittelpunkt des Inkreises des Dreiecks.

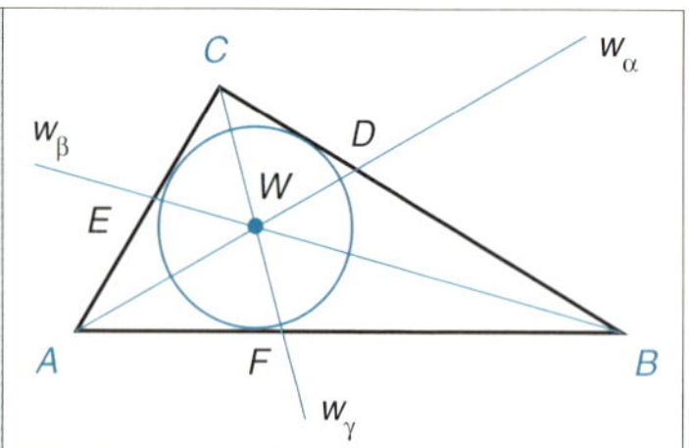


Bild 4/53

↗ Inkreis eines Dreiecks, S. 181 ↗ Winkelhalbierende eines Winkels, S. 148

Der Schnittpunkt der Winkelhalbierenden liegt stets innerhalb des Dreiecks. Sind *D, E, F* die Schnittpunkte von $w_\alpha$, $w_\beta$, $w_\gamma$ mit *a, b, c*, so versteht man unter der **Länge der Winkelhalbierenden** $w_\alpha$ eines Dreiecks die Länge von $\overline{AD}$ usw.
**Seitenhalbierende** eines Dreiecks heißt jede Strecke, die den Mittelpunkt einer Seite des Dreiecks mit dem gegenüberliegenden Eckpunkt verbindet.

Die **Seitenhalbierenden** eines jeden Dreiecks schneiden einander in einem Punkt. Dieser Schnittpunkt ist der Schwerpunkt des Dreiecks. Er teilt jede Seitenhalbierende vom Eckpunkt aus im Verhältnis 2:1.

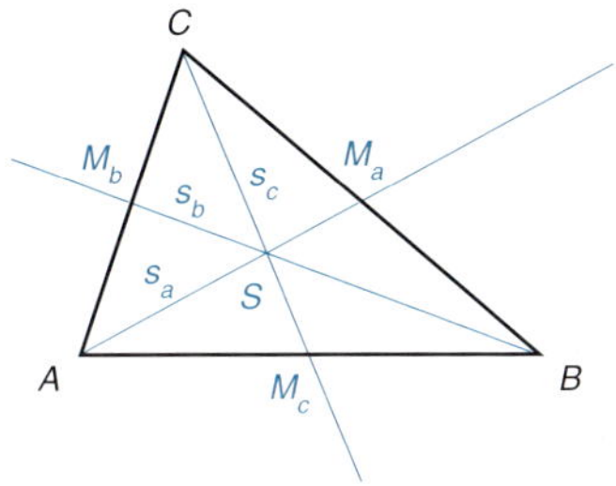


Bild 4/54



Der Schnittpunkt der Seitenhalbierenden liegt innerhalb des Dreiecks.
Zu jedem Eckpunkt eines Dreiecks gibt es das Lot auf die Gerade, die die gegenüberliegende Dreiecksseite enthält. Sind *D, E, F* die Schnittpunkte der Lote von *C, A, B* auf die entsprechenden Geraden, so nennt man die Strecken $\overline{AE} = h_a$, $\overline{BF} = h_b$ und $\overline{CD} = h_c$ die **Höhen** des Dreiecks *ABC* (↗ Bild 4/55).

Die Geraden, auf denen die **Höhen** eines Dreiecks liegen, schneiden einander stets in einem Punkt.

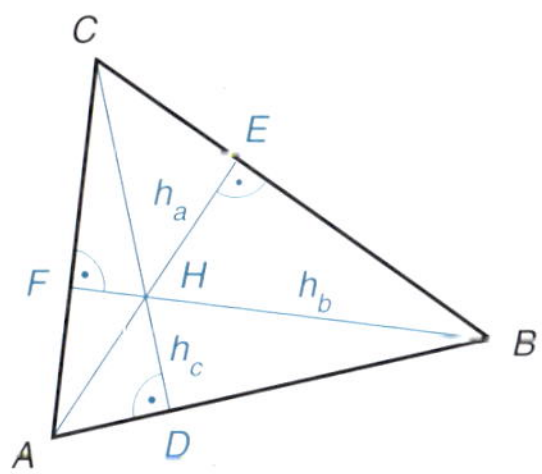


Bild 4/55

**Lagemöglichkeiten für den Höhenschnittpunkt eines Dreiecks**

| spitzwinkliges Dreieck | rechtwinkliges Dreieck | stumpfwinkliges Dreieck |
|---|---|---|
| 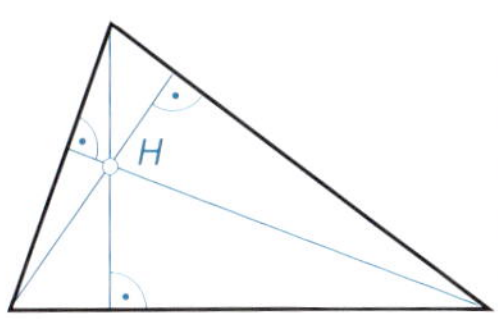  Bild 4/56a | 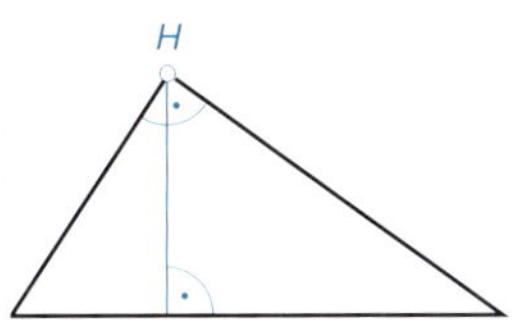  Bild 4/56b | 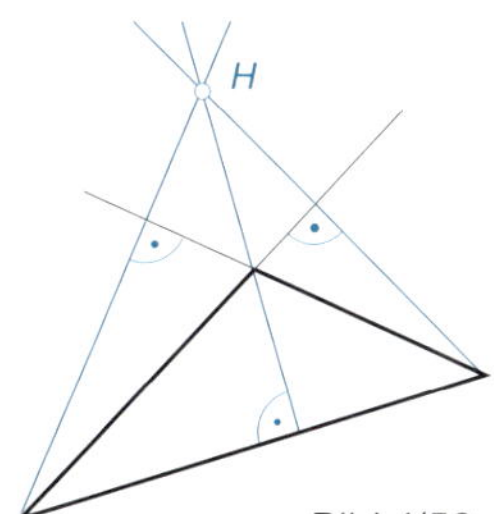  Bild 4/56c |

**Mittellinie** eines Dreiecks heißt jede Strecke, die die Mittelpunkte zweier Seiten des Dreiecks verbindet.

Jede **Mittellinie** eines Dreiecks ist zu einer Seite des Dreiecks parallel und halb so lang wie diese.
Jedes Dreieck wird durch seine Mittellinie in vier kongruente Teildreiecke zerlegt.

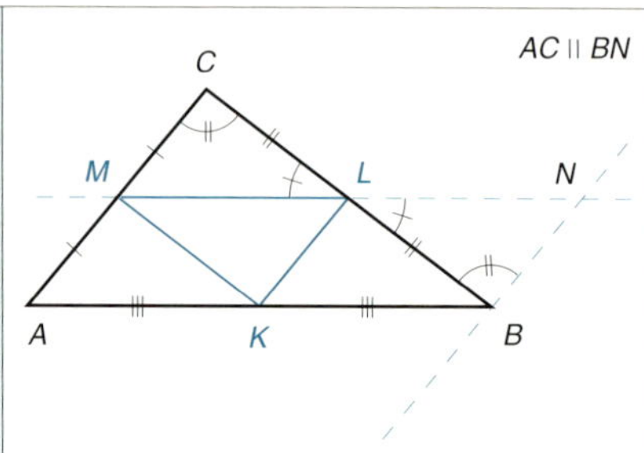


Bild 4/57

4

## Sätze über rechtwinklige Dreiecke

In einem rechtwinkligen Dreieck kann man anhand der Länge gewisser Strecken die Längen anderer Strecken berechnen. Dabei stützt man sich auf folgende Sätze.

| Satz des Pythagoras | Kathetensatz | Höhensatz |
|---|---|---|

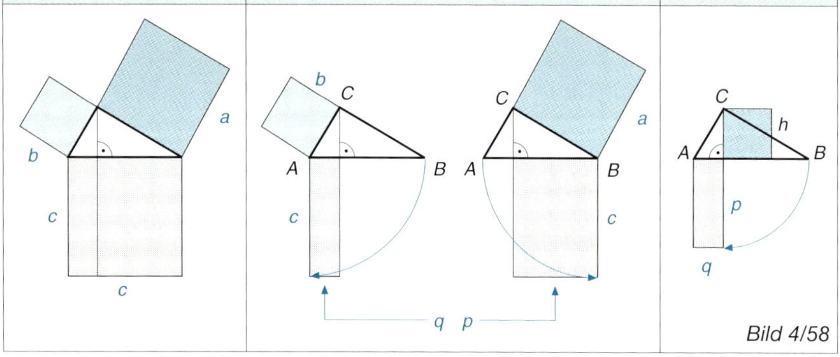


Bild 4/58

**Satz des Pythagoras** In jedem rechtwinkligen Dreieck ist die Summe der Flächeninhalte der Kathetenquadrate gleich dem Flächeninhalt des Hypotenusenquadrats (↗ Bild 4/58).
Für ein rechtwinkliges Dreieck *ABC* mit der Hypotenuse *c* gilt somit
$a^2 + b^2 = c^2$.

**Kathetensatz/Satz des Euklid** In jedem rechtwinkligen Dreieck hat das Quadrat über jeder Kathete den gleichen Flächeninhalt wie das Rechteck aus der Hypotenuse und dem (der Kathete) zugehörigen Hypotenusenabschnitt (↗ Bild 4/58).
Für ein rechtwinkliges Dreieck *ABC* mit der Hypotenuse *c* ist somit
$a^2 = c \cdot p$ und $b^2 = c \cdot q$.

**Höhensatz** In jedem rechtwinkligen Dreieck ist der Flächeninhalt des Quadrats über der Höhe gleich dem Flächeninhalt des Rechtecks aus den Hypotenusenabschnitten (↗ Bild 4/58).
Für ein rechtwinkliges Dreieck *ABC* mit der Hypotenuse *c* gilt somit
$h^2 = p \cdot q$.

Berechnungen am rechtwinkligen Dreieck sind aber auch möglich, wenn man sich nur auf die Ähnlichkeit gewisser Dreiecke und die Ähnlichkeitssätze stützt. Im Bild 4/59 ist das Dreieck *ABC* mit der Hypotenuse *c* durch die Höhe $h_c = h$ in zwei Dreiecke *ADC* und *CDB* zerlegt. Die Dreiecke *ABC*, *ADC* und *CDB* sind paarweise einander ähnlich.
Es gilt:

$$h : p = q : h \rightarrow h^2 = p \cdot q$$
$$a : p = c : a \rightarrow a^2 = p \cdot c$$
$$b : q = c : b \rightarrow b^2 = q \cdot c$$
$$a^2 + b^2 = (p + q) \cdot c = c^2$$

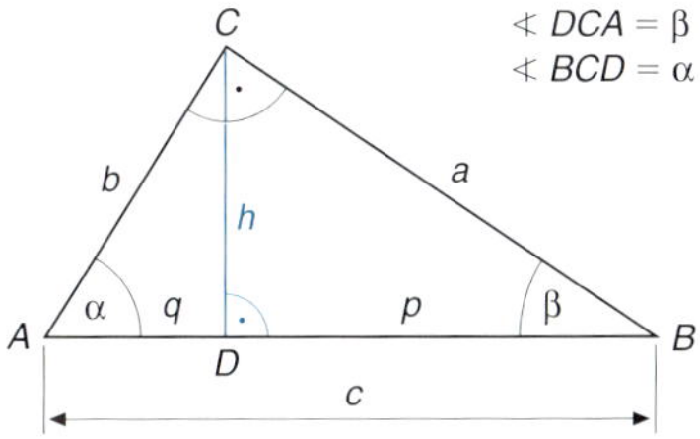

Bild 4/59

Mit Hilfe der Umkehrungen dieser Sätze kann man feststellen, ob ein Dreieck rechtwinklig ist. Am häufigsten verwendet man die

**Umkehrung des Satzes von Pythagoras** Wenn für die Seiten *a*, *b* und *c* eines Dreiecks *ABC* gilt $a^2 + b^2 = c^2$, so ist das Dreieck rechtwinklig, und *c* ist Hypotenuse.

**Anwendungen der Satzgruppe des Pythagoras**

Immer, wenn rechtwinklige Dreiecke auftreten oder durch Zerlegen bzw. Zusammensetzen von Figuren gebildet werden können, kann die Satzgruppe des Pythagoras angewendet werden.

■ Von einem gleichschenkligen Dreieck *ABC* sind die Seitenlängen $\overline{AB} = b$ und $\overline{AC} = \overline{BC} = a$ gegeben.
Welchen Flächeninhalt hat das Dreieck?

$$A = \frac{1}{2} g \cdot h_g$$

$$h_g = \sqrt{a^2 - \left(\frac{b}{2}\right)^2};$$

also ist

$$A = \frac{1}{2} b \sqrt{a^2 - \left(\frac{b}{2}\right)^2}.$$

- In einem Kreis mit dem Radius $r$ ist eine Sehne der Länge $b$ gezeichnet. Welchen Abstand $a$ hat diese Sehne vom Mittelpunkt des Kreises (↗ Bild 4/60)?

  Es ist $a = \sqrt{r^2 - \left(\frac{b}{2}\right)^2}$

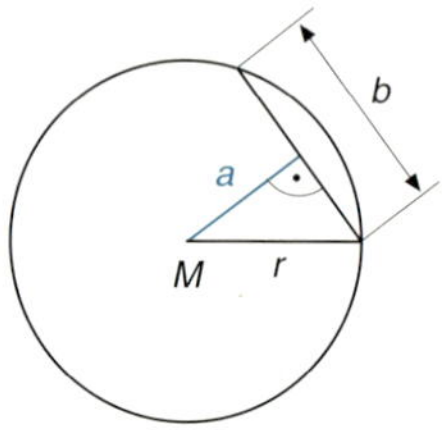


Bild 4/60

- Gegeben ist ein Würfel mit der Kantenlänge $a$ (↗ Bild 4/61). Wie lang ist die Strecke $\overline{MC}$?
  Das Dreieck $ACH$ ist gleichseitig, $M$ ist Mittelpunkt der Strecke $\overline{AH}$.
  Das Dreieck $ACM$ ist rechtwinklig.

4

$$\overline{MC}^2 = d^2 - \left(\frac{d}{2}\right)^2 = \frac{3}{4}d^2.$$

Wegen $d^2 = 2a^2$ ergibt sich

$$\overline{MC}^2 = \frac{3}{4} \cdot 2a^2$$

$$= \frac{6}{4}a^2$$

und weiter

$$\overline{MC} = \frac{a}{2}\sqrt{6}.$$

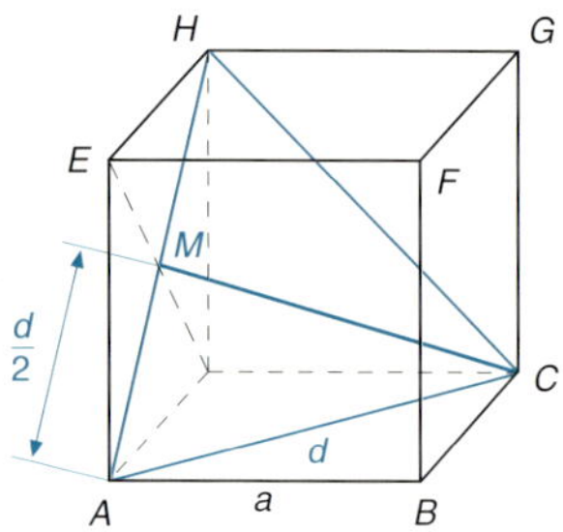


Bild 4/61

**Pythagoreische Zahlentripel**

Rechte Winkel steckt man im Gelände mit Hilfe einer Schnur ab. Sind auf ihr durch Knoten Längen von $3m$, $4m$ und $5m$ markiert und wird aus der Schnur ein Dreieck mit diesen Seitenlängen gebildet, dann ist es rechtwinklig.
Rechtwinklige Dreiecke mit ganzzahligen Seitenlängen heißen *pythagoreische Dreiecke*. Die Zahlenwerte der Seitenlängen bilden ein sogenanntes **pythagoreisches Zahlentripel**.

- Pythagoreische Zahlentripel sind (3; 4; 5), (5; 12; 13), …, denn es ist $3^2 + 4^2 = 5^2$, $5^2 + 12^2 = 13^2$, …
  Ist $(a; b; c)$ ein pythagoreisches Zahlentripel, dann ist auch $(ka; kb; kc)$ ein pythagoreisches Zahlentripel für jedes $k = 1, 2, \ldots$
  Weitere pythagoreische Zahlentripel können nach Formeln gebildet werden, die bereits seit etwa 2000 Jahren bekannt sind:
  $a = mn$,
  $b = \frac{1}{2}(m^2 - n^2)$,
  $c = \frac{1}{2}(m^2 + n^2)$ ($m$, $n$ ungerade und teilerfremd, $m > n$).

## Dreieckskonstruktionen mit Zirkel und Lineal

Gefragt wird nach Vorgaben, die ausreichend sind, um ein Dreieck eindeutig konstruieren zu können, d. h., je zwei dementsprechend konstruierte Dreiecke sollen kongruent sein.

Aus drei gegebenen Winkeln (Winkelgrößen) $\alpha$, $\beta$ und $\gamma$ können Dreiecke konstruiert werden, wenn $\alpha + \beta + \gamma = 180°$ ist. Diese Konstruktion ist aber **nicht eindeutig ausführbar**, denn es gibt einander ähnliche, nicht kongruente Dreiecke (mit einander entsprechenden, kongruenten Winkeln $\alpha$, $\beta$ und $\gamma$).

Dreieckskonstruktionen aus Stücken, die in den Voraussetzungen der Dreieckskongruenzsätze genannt sind (und gewissen Nebenbedingungen wie dem Innenwinkelsatz, der Dreiecksungleichung, ... genügen), sind **eindeutig ausführbar**.

↗ Kongruenzsätze für Dreiecke, S. 161 ↗ Besondere Linien im Dreieck, S. 162 ff.



■ Gegeben seien im Dreieck *ABC*: $c$, $\alpha$, $\beta$.
*Konstruktionsbeschreibung* (↗ Bild 4/62):
① Man zeichnet eine Strecke der Länge $c$ und bezeichnet ihre Endpunkte mit *A* bzw. *B*.
② An den Strahl $\overrightarrow{AB}$ trägt man im Punkt *A* den Winkel $\alpha$ an und bezeichnet den freien Schenkel mit *r*.
③ An den Strahl $\overrightarrow{BA}$ in der Halbebene bezüglich *AB*, in der *r* liegt, trägt man im Punkt *B* den Winkel $\beta$ an und bezeichnet den freien Schenkel mit *s*. Den Schnittpunkt der Strahlen *r* und *s* bezeichnet man mit *C*.
Das Dreieck *ABC* erfüllt die gegebenen Bedingungen.

| **Gegeben** | **Planfigur und Lösungsplan** |
| --- | --- |
| 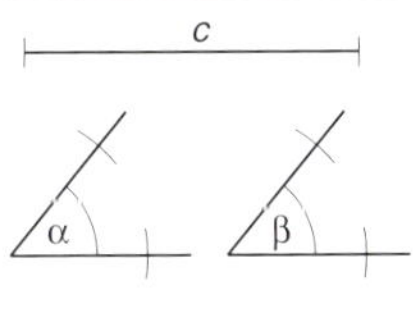 $\alpha + \beta < 180°$ | 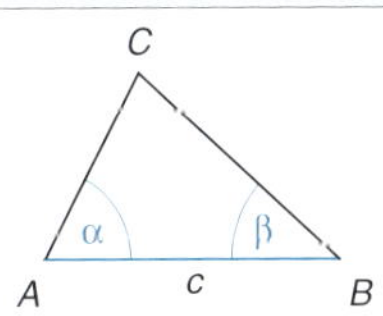 Durch $c$ sind *A* und *B* bestimmt. *C* liegt ① auf dem freien Schenkel von $\alpha$, ② auf dem freien Schenkel von $\beta$. |

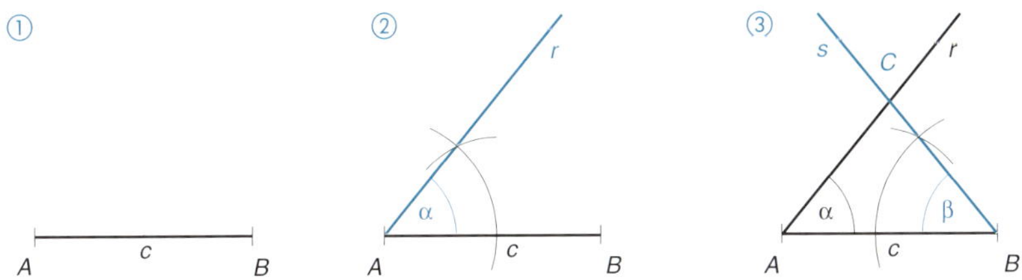


*Bild 4/62*

■ Gegeben seien im Dreieck *ABC*: $a$, $c$, $h_c$ (↗ Bild 4/63).
(Zu jeder Konstruktion gehört eine Konstruktionsbeschreibung, die hier und im folgenden weggelassen wird.)

Der dritte Schritt zeigt (↗ Bild 4/63), daß die Dreiecke $ABC_1$ und $ABC_2$ beide die gegebenen Bedingungen erfüllen. Sie sind nicht kongruent zueinander. Die Konstruktion ist demnach nicht eindeutig ausführbar.

**Gegeben**

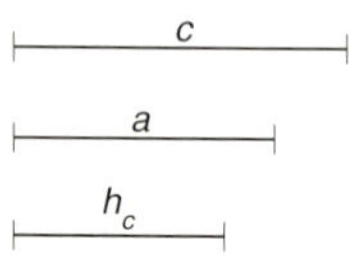


**Planfigur und Lösungsplan**

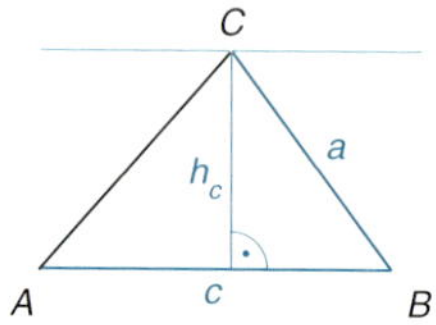


Durch $c$ sind $A$ und $B$ bestimmt.
$C$ liegt
① auf dem Kreis um $B$ mit dem Radius $a$,
② auf einer Parallelen zu $AB$ im Abstand $h_c$.

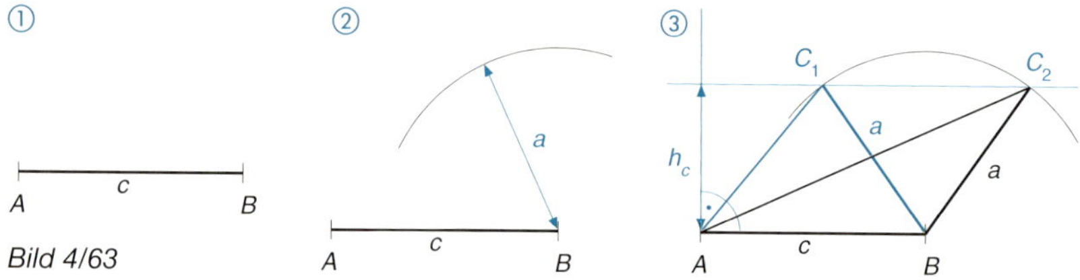


Bild 4/63

■ Gegeben seien im Dreieck $ABC$: $a$, $c$, $s_a$.

Das Bild 4/64 zeigt einen Fall, in dem $c$, $s_a$ und $\frac{a}{2}$ die Dreiecksungleichung, ↗ S. 161, erfüllen. Der dritte Schritt zeigt, daß die Dreiecke $A_1BC$ und $A_2BC$ die gegebenen Bedingungen erfüllen. Die Dreiecke sind zueinander kongruent, also ist die Konstruktion eindeutig ausführbar.

**Gegeben**

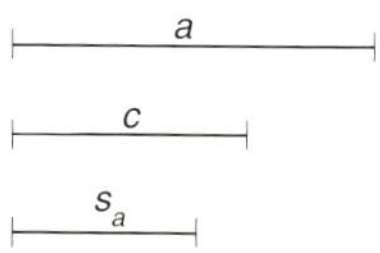


**Planfigur und Lösungsplan**

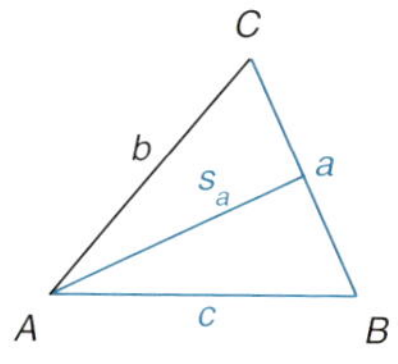


Durch $a$ sind $B$ und $C$ bestimmt.
$A$ liegt
① auf dem Kreis um $B$ mit dem Radius $c$ und
② auf dem Kreis um den Mittelpunkt von $a$ mit dem Radius $s_a$.

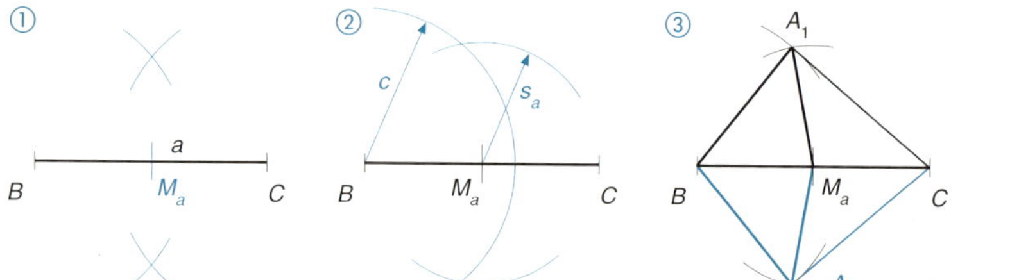


Bild 4/64

- Von einem Dreieck *ABC* sind die Winkelgrößen β und γ (β + γ < 180°) und die Länge der Winkelhalbierenden $w_\beta$ gegeben.
  ↗ Besondere Linien im Dreieck, S. 162ff.

**Gegeben**

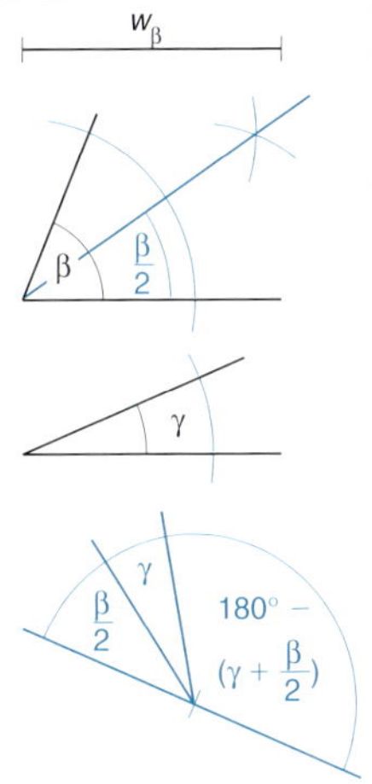


**Planfigur und Lösungsplan**

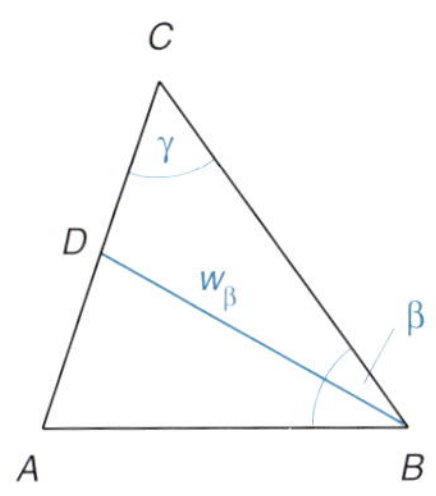


*D* und *B* werden durch $w_\beta$ bestimmt.
In *B* wird $\frac{\beta}{2}$ an $w_\beta$ angetragen, in *D* der Winkel
$\delta = 180° - \left(\gamma + \frac{\beta}{2}\right)$.
Der Schnittpunkt der freien Schenkel ist *C*. In *B* wird erneut $\frac{\beta}{2}$ in entgegengesetzter Richtung angetragen. Der Schnittpunkt des freien Schenkels mit *CD* ist *A*.

**Konstruktion**

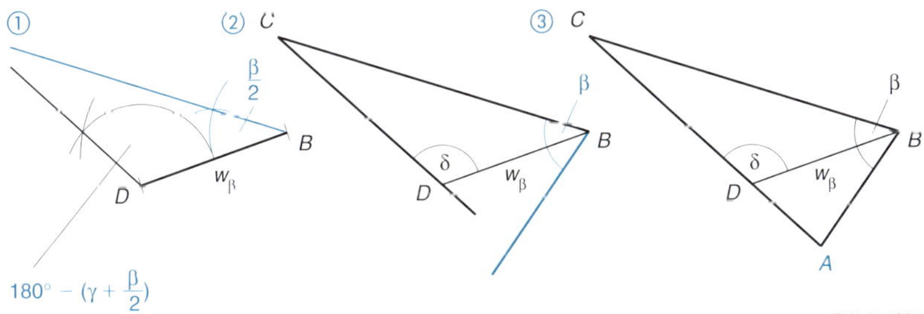


*Bild 4/65*

## Vielecke und Vierecke

### Vieleck

**Vieleck** nennt man einen geschlossenen ebenen Streckenzug (↗ S. 142f.). Ein Vieleck mit *n* Eckpunkten heißt auch *n*-Eck; ein *n*-Eck hat *n* Seiten. Ein Vieleck heißt **einfach**, wenn je zwei Seiten dieses Vielecks nur dann einen Punkt (inneren Punkt oder Eckpunkt) gemeinsam haben, wenn sie benachbart sind, und wenn zwei benachbarte Seiten des Vielecks auch nur den gemeinsamen Eckpunkt gemeinsam haben; andernfalls spricht man von einem Vieleck mit Selbstüberschneidung (↗ Bild 4/66).

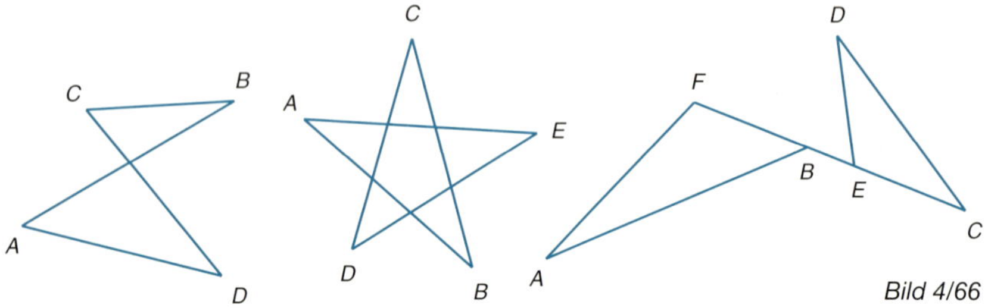


Bild 4/66

Jede Verbindungsstrecke zweier Eckpunkte, die nicht Seite des Vielecks ist, heißt **Diagonale** des Vielecks. Liegen alle Diagonalen innerhalb des Vielecks, so wird das Vieleck **konvex** genannt (↗ Bild 4/67).



| Konvexe Vielecke | Diagonalen | | | |
|---|---|---|---|---|
| | 0 | 2 | 5 | 9 |
| | 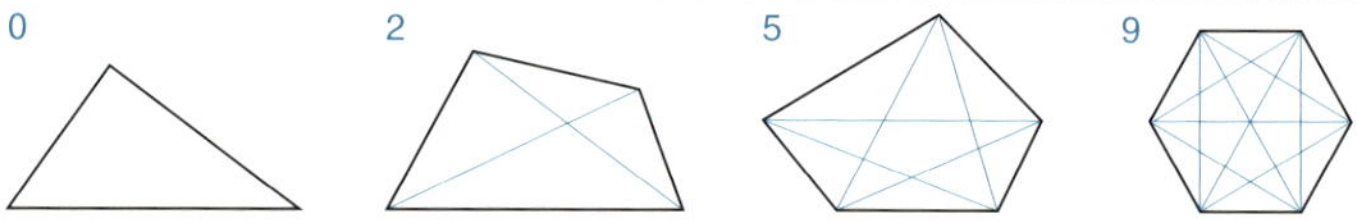 | | | |
| nicht konvexe Vielecke | Diagonalen | | | |
| | 2 | 2 | 5 | |
| | 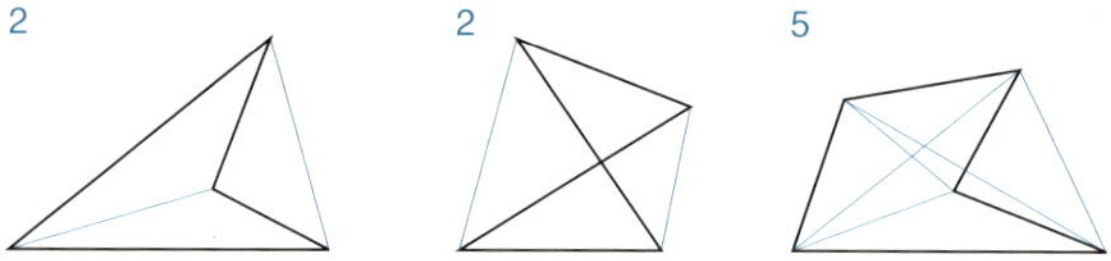 | | | |

Bild 4/67

Für jedes konvexe $n$-Eck gilt:

① Die Anzahl der Diagonalen ist $\frac{n \cdot (n-3)}{2}$.

② Die Summe der Innenwinkel[1] beträgt $(n-2) \cdot 180°$.

③ Die Summe der Außenwinkel beträgt 360°.

■ Das konvexe Sechseck im Bild 4/68 ist in $6 - 2 = 4$ Dreiecke zerlegt. Die Summe der Innenwinkel des Sechsecks ist gleich der Summe der Innenwinkel der Teildreiecke, also $4 \cdot 180°$.

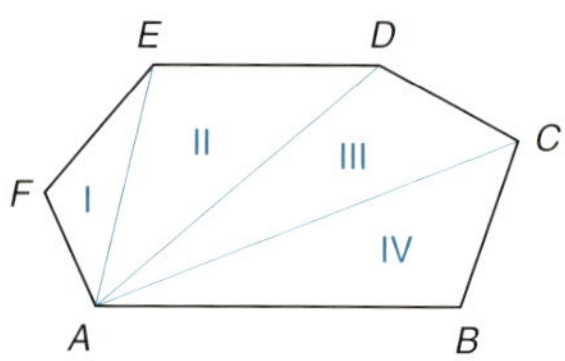


Bild 4/68

[1] Wie im Abschnitt „Dreiecke" müßte es auch hier *Winkelgröße* heißen. Da Mißverständnisse kaum auftreten können, wird im folgenden kürzer von „Winkeln" gesprochen.

- Jeder Außenwinkel des Fünfecks im Bild 4/69 ergänzt den anliegenden Innenwinkel zu 180°.
  Summe der Innenwinkel:
  $(5-2) \cdot 180° = 3 \cdot 180°$
  Summe der Außenwinkel:
  $5 \cdot 180° - 3 \cdot 180° = 360°$

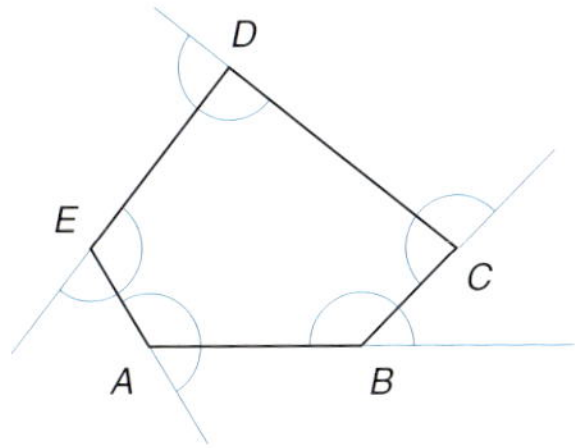


*Bild 4/69*

Jedes *n*-Eck, dessen Seiten gleich lang und dessen Winkel gleich groß sind, wird **regelmäßiges *n*-Eck** genannt (↗ Bild 4/70).

**Regelmäßige *n*-Ecke**

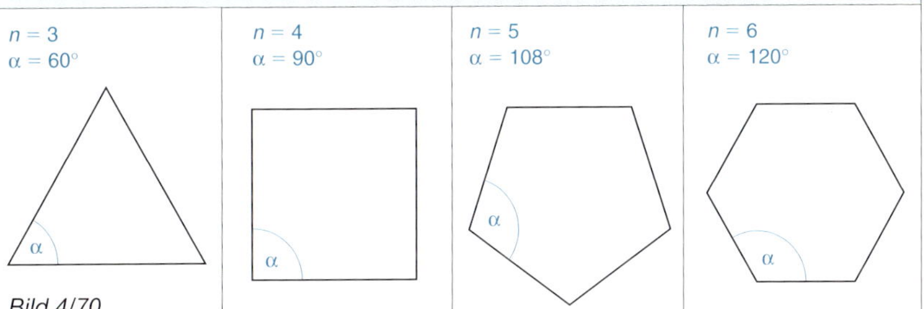


*Bild 4/70*



Jedem einfachen Vieleck ist eine **Vielecksfläche** zugeordnet. Ihr gehören alle Punkte des Vielecks sowie alle Punkte der Ebene an, die von dem Vieleck umschlossen werden (innere Punkte).

↗ Flächeninhalt und Umfang von Vielecken, S. 180

## Viereck

Ein Vieleck mit vier Seiten heißt **Viereck** (↗ Bild 4/71). Im Hinblick auf die Symmetrieeigenschaften kann die im Bild 4/72 angeführte Einteilung der Vierecke vorgenommen werden.

↗ Symmetrische Figuren, S. 155

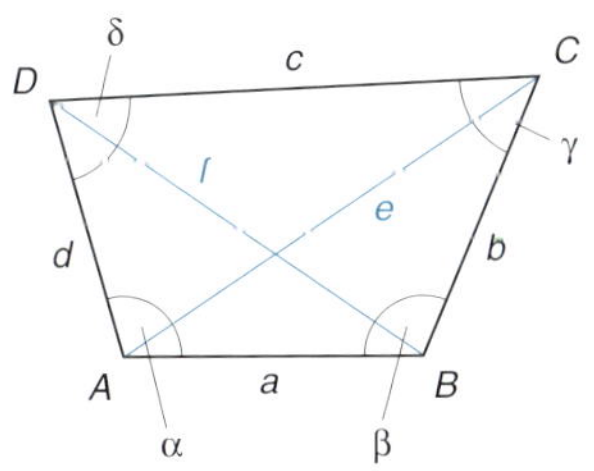


*Bild 4/71*

In jedem Viereck beträgt die Summe der Innenwinkel 360°.

Für die eindeutige **Konstruktion eines Vierecks** sind fünf geeignete Stücke erforderlich. Als Stücke des Vierecks bezeichnet man im Bild 4/71 die Seiten $\overline{AB} = a$, $\overline{BC} = b$, $\overline{CD} = c$, $\overline{DA} = d$, ferner die Winkel $\sphericalangle DAB = \alpha$; $\sphericalangle ABC = \beta$, $\sphericalangle BCD = \gamma$, $\sphericalangle CDA = \delta$ und die Diagonalen $\overline{AC} = e$, $\overline{BD} = f$.

**Einteilung der Vielecke nach ihren Symmetrieeigenschaften**

**Zentralsymmetrische Vierecke**
Parallelogramme (↗ S. 173)

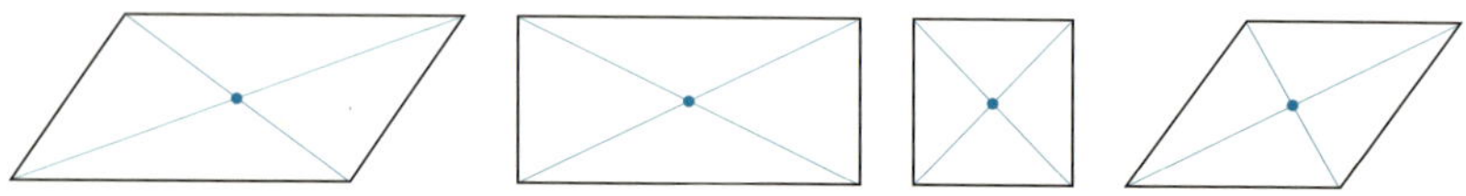

(• Drehzentrum) — Rechtecke (↗ S. 174) — Quadrate (↗ S. 174f.) — Rhomben (↗ S. 175)

**Axialsymmetrische Vierecke**
Drachenvierecke (↗ S. 176) — Gleichschenklige Trapeze (↗ S. 176)

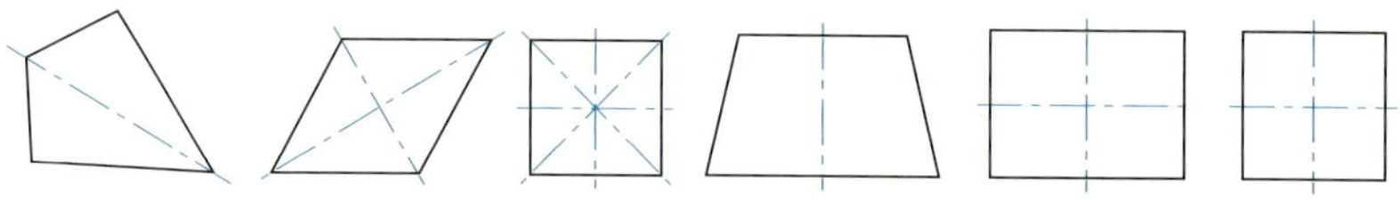

Rhomben — Quadrate — Rechtecke — Quadrate

(–·–·–·– Symmetrieachse)

*Bild 4/72*

4

■ Das Bild 4/73 veranschaulicht die Konstruktionsschritte, wenn ein Viereck *ABCD* aus *a*, *b*, $\alpha$, $\beta$, $\gamma$ zu konstruieren ist. (Als Planfigur diene das Bild 4/71.)
*Konstruktionsbeschreibung:*
① Man konstruiert aus *a*, *b*, $\beta$ das Teildreieck *ABC* (ohne die Strecke $\overline{AC}$ zu zeichnen).
② An den Strahl $\overline{CB}$ wird der Winkel $\gamma$ angetragen.
③ An den Strahl $\overline{AB}$ wird der Winkel $\alpha$ angetragen. Den Schnittpunkt der freien Schenkel von $\alpha$ und $\gamma$ bezeichnet man mit *D*.
Das Viereck *ABCD* erfüllt die gegebenen Bedingungen.

**Gegeben**

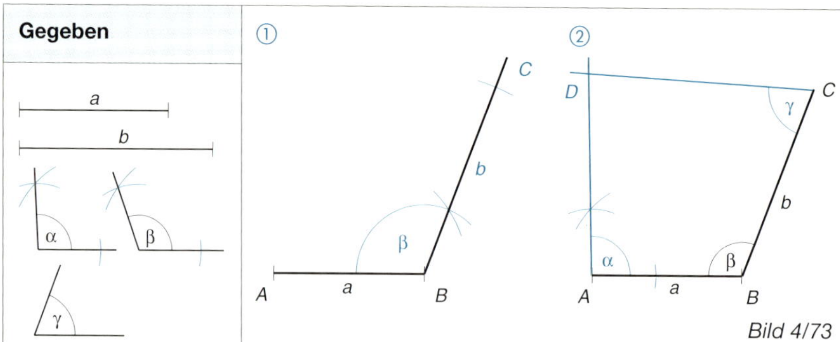


*Bild 4/73*

### Parallelogramm

Ein Viereck mit zwei Paaren zueinander paralleler Gegenseiten heißt **Parallelogramm** (↗ Bild 4/74).

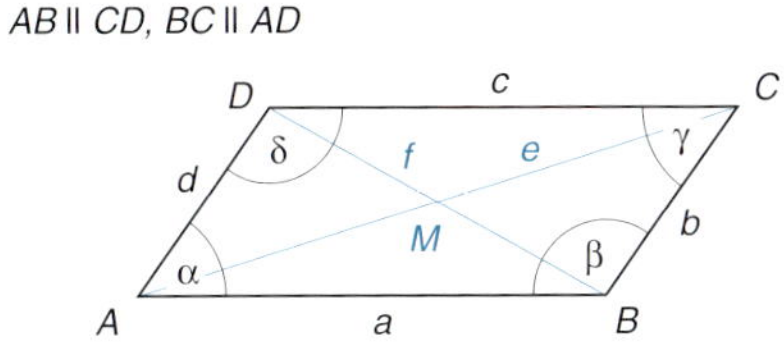


Bild 4/74

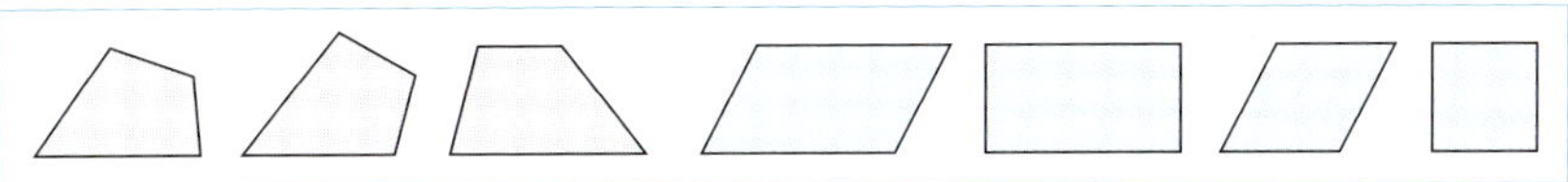

| **Ferner gilt für jedes Parallelogramm:** | ■ **Zum Bild 4/74** |
|---|---|
| ① Je zwei Gegenseiten sind kongruent.<br>② Je zwei Gegenwinkel sind kongruent.<br>③ Je zwei benachbarte Winkel haben die Summe 180°.<br>④ Die Diagonalen halbieren einander. | $\overline{AB} \cong \overline{DC}$; $\overline{BC} \cong \overline{AD}$<br>$\alpha \cong \gamma$; $\beta \cong \delta$<br>$\alpha + \beta = 180°$;<br>$\beta + \gamma = 180°$<br>$\overline{AM} \cong \overline{MC}$; $\overline{DM} \cong \overline{MB}$ |

Es gelten auch die Umkehrungen der Sätze ① und ④:

①a Wenn in einem Viereck je zwei Gegenseiten kongruent sind, so ist das Viereck ein Parallelogramm.

④a Wenn in einem Viereck die Diagonalen einander halbieren, so ist das Viereck ein Parallelogramm.

Das Parallelogramm kann deshalb auch als Viereck definiert werden,
- das zwei Paare einander kongruenter Gegenseiten hat bzw.
- in dem die Diagonalen einander halbieren.

Jedes Parallelogramm ist **zentralsymmetrisch**; Symmetriezentrum ist der Schnittpunkt der Diagonalen.

Bei der Drehung eines Parallelogramms *ABCD* mit dem Diagonalenschnittpunkt *M* als Drehzentrum und dem Drehwinkel 180° wird das Parallelogramm auf sich selbst abgebildet (↗ Bild 4/75).

| | | | | |
|---|---|---|---|---|
| **Original** | A | B | C | D |
| **Bild** | C | D | A | B |

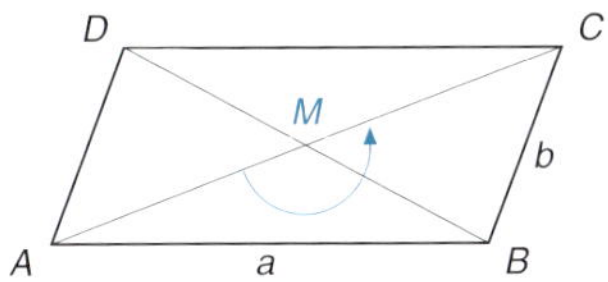


Bild 4/75

Die Eigenschaften der Parallelogramme kann man zur **Konstruktion** nutzen. Da jedes Parallelogramm in zwei kongruente Teildreiecke zerlegt werden kann, sind für die Konstruktion nur drei geeignete Stücke erforderlich.

- Das Bild 4/76 veranschaulicht die Konstruktionsschritte, wenn ein Parallelogramm aus zwei Seiten und dem eingeschlossenen Winkel zu konstruieren ist. (Als Planfigur diene das Bild 4/75.)

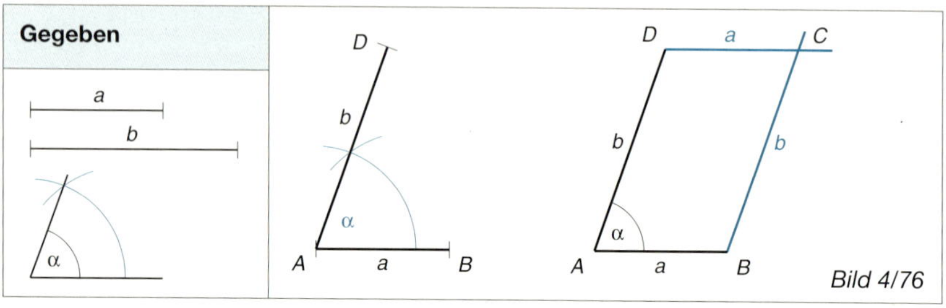


Bild 4/76



## Rechteck

Ein Parallelogramm mit einem rechten Winkel als Innenwinkel heißt **Rechteck** (↗ Bild 4/77). Damit gelten für Rechtecke alle Sätze, die für Parallelogramme aufgeführt wurden (↗ S. 173, ① bis ④).

Darüber hinaus gilt:

In jedem Rechteck sind die Diagonalen gleich lang.

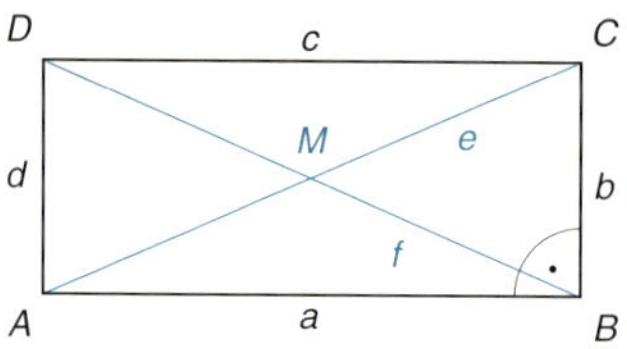


$AB \parallel DC$, $BC \parallel AD$,
$\sphericalangle ABC = 90°$

Bild 4/77

Umgekehrt gilt auch:

Wenn in einem Parallelogramm die Diagonalen gleich lang sind, so ist das Parallelogramm ein Rechteck.

Jedes Rechteck ist **axialsymmetrisch**; Symmetrieachsen sind die Mittelsenkrechten der Seiten. Jedes Rechteck ist **zentralsymmetrisch**; Drehzentrum ist der Schnittpunkt der Diagonalen (↗ Bild 4/72).

## Quadrat

Ein Rechteck, dessen Seiten gleich lang sind, heißt **Quadrat** (↗ Bild 4/78).

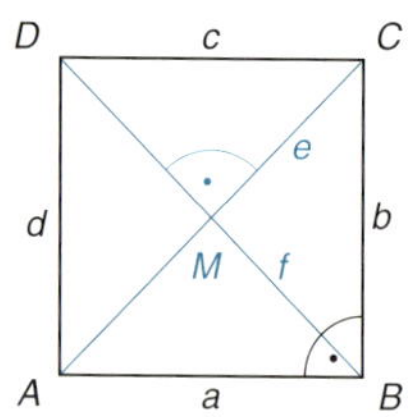


$AB \parallel CD$
$BC \parallel AD$
$\overline{AB} \cong \overline{BC}$

Bild 4/78

Für Quadrate gelten alle Sätze, die für Rechtecke gelten:

① In jedem Quadrat sind alle Innenwinkel rechte Winkel.
② In jedem Quadrat sind die Diagonalen gleich lang, und sie halbieren einander.
③ Jedes Quadrat ist zentralsymmetrisch und axialsymmetrisch.

Darüber hinaus gilt:

In jedem Quadrat stehen die Diagonalen senkrecht aufeinander.

## Rhombus (Raute)



Ein Parallelogramm mit gleich langen benachbarten Seiten heißt **Rhombus** (**Raute**) (↗ Bild 4/79). Für Rhomben gelten alle Sätze, die für Parallelogramme aufgeführt wurden. So gilt zum Beispiel (↗ S. 173):

Im Rhombus:

- sind die Gegenseiten einander kongruent,
- sind je zwei Gegenwinkel kongruent,
- halbieren die Diagonalen einander.

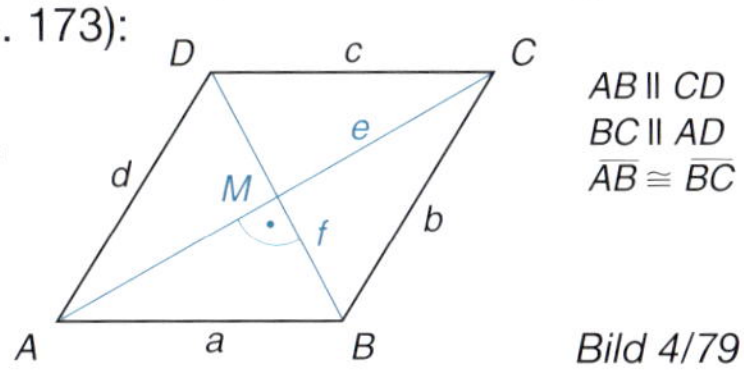


Bild 4/79

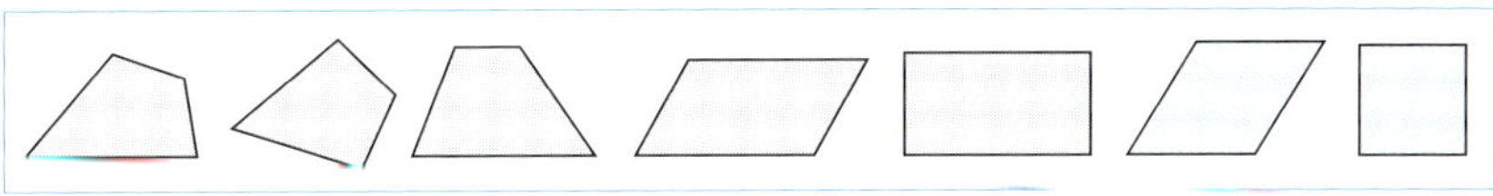

Darüber hinaus gilt:

In jedem Rhombus stehen die Diagonalen senkrecht aufeinander.

Jeder Rhombus ist **axialsymmetrisch**; Symmetrieachsen sind seine Diagonalen. Jeder Rhombus ist **zentralsymmetrisch**; Drehzentrum ist der Schnittpunkt der Diagonalen (↗ Bild 4/72).

## Trapez

Ein Viereck mit zwei zueinander parallelen Seiten heißt **Trapez** (↗ Bild 4/80).

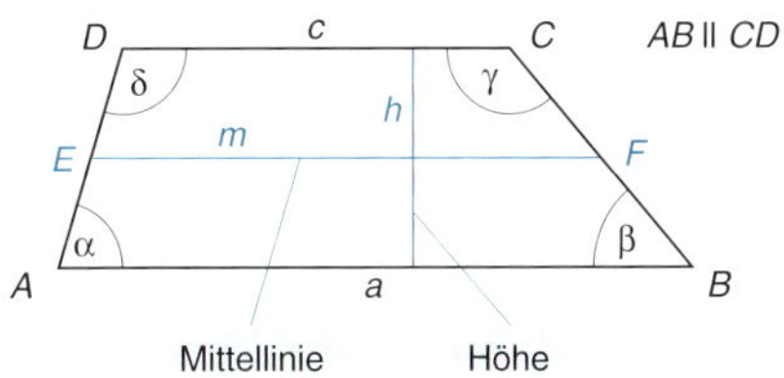


Bild 4/80

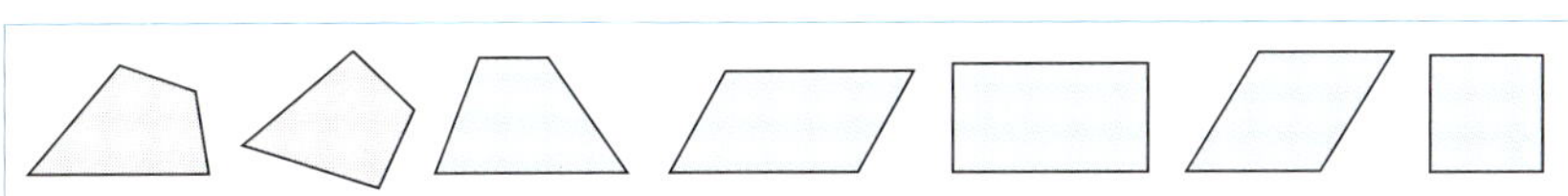

Bei Trapezen, die ein Paar nicht zueinander parallele Gegenseiten haben, nennt man diese Seiten **Schenkel** und die zueinander parallelen Seiten **Grundseiten**. Sind die Schenkel gleich lang, so heißt das Trapez **gleichschenklig**. Den Abstand der parallelen Seiten bezeichnet man als **Höhe des Trapezes**, die Strecke, die die Mittelpunkte seiner Schenkel verbindet, heißt **Mittellinie des Trapezes**.

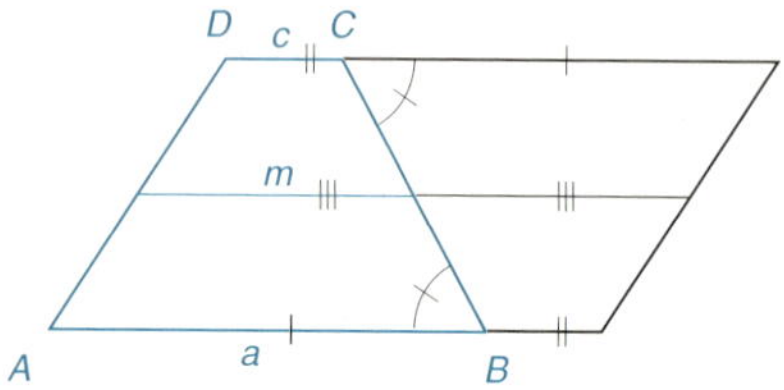


$AB \parallel CD$

$m = \frac{a+c}{2}$

*Bild 4/81*



| Für jedes Trapez gilt: | ■ Zum Bild 4/80 |
|---|---|
| ① Die Summe der Innenwinkel, die demselben Schenkel anliegen, beträgt 180°.<br>② Die Mittellinie ist parallel zu jeder der beiden Seiten, die parallel zueinander sind. | $\alpha + \delta = 180°$<br>$\beta + \gamma = 180°$<br>$EF \parallel AB$, $EF \parallel DC$ |
| ③ Die Länge der Mittellinie $m$ beträgt $m = \frac{a+c}{2}$, wobei $a$ und $c$ die Längen der zueinander parallelen Seiten im Trapez sind (↗ Bild 4/81). | |

## Drachenviereck

Ein Viereck, bei dem jede Seite eine gleich lange benachbarte Seite hat, heißt **Drachenviereck** (↗ Bild 4/82). Rhomben und Quadrate sind spezielle Drachenvierecke.

$\overline{AD} \cong \overline{AB}$
$\overline{BC} \cong \overline{DC}$

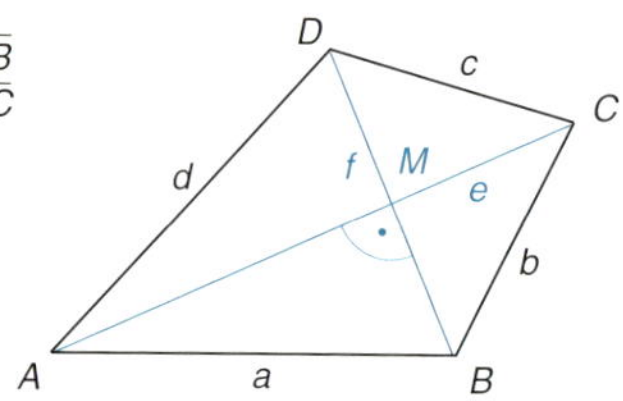


*Bild 4/82*

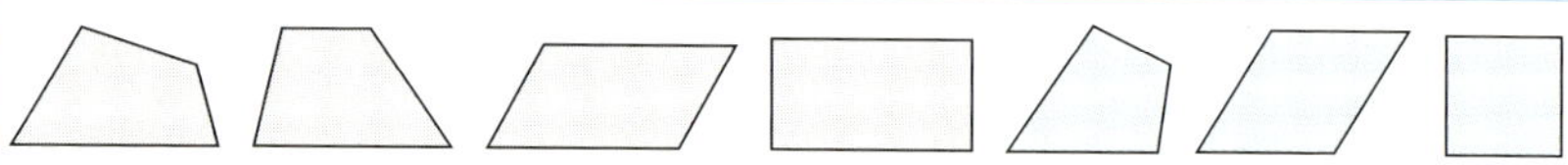

| Für jedes Drachenviereck gilt: | ■ Zum Bild 4/82 |
|---|---|
| ① Es gibt zwei gleich große Gegenwinkel.<br>② Die Diagonalen stehen senkrecht aufeinander.<br>③ Die Diagonale, die die Scheitelpunkte gleich großer Gegenwinkel verbindet, wird von der anderen Diagonalen halbiert.<br>④ Es gibt eine Symmetrieachse. (Jedes Drachenviereck ist axialsymmetrisch.) | $\sphericalangle ABC \cong \sphericalangle ADC$<br>$\overline{AC} \perp \overline{BD}$<br>$\overline{BM} \cong \overline{DM}$ |

## Flächeninhalt und Umfang von Vielecken

Jeder Vielecksfläche $V$ werden zwei Größen zugeordnet: ihr Flächeninhalt $A$ und ihr Umfang $u$. Sie werden jeweils durch einen Zahlenwert und eine Einheit angegeben. Als Einheit der Messung des Flächeninhalts von Vielecken verwendet man ein Quadrat, dessen Seiten der Einheit der Längenmessung kongruent sind (ein Einheitsquadrat). Der Umfang eines Vielecks ist die Summe der Längen aller Seiten des Vielecks. Der Flächeninhalt von Vielecken wird durch Auslegen mit Einheitsquadraten ermittelt (↗ Bild 4/83; gegebenenfalls näherungsweise) oder durch Zerlegen (Ergänzen) des Vielecks in (zu) solche(n) Vielecke(n), deren Flächeninhalt schon bekannt ist (↗ Bilder 4/84 und 85). Dabei nutzt man die Eigenschaften des Flächeninhalts aus:

① Der Zahlenwert des Flächeninhalts des Einheitsquadrats ist gleich 1.
② Kongruente Vielecke haben den gleichen Flächeninhalt.
③ Ist ein Vieleck $V$ in zwei oder mehr Vielecke zerlegt, so ist der Flächeninhalt von $V$ gleich der Summe der Flächeninhalte der Teilvielecke.

**Rechteck**

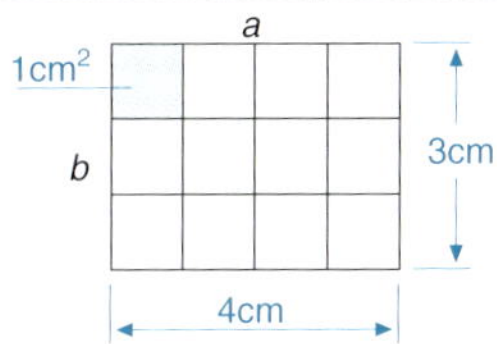


Maßstab 1: 2

■ $a = 4\text{cm}$ $A = 12\ \text{cm}^2$
$b = 3\text{cm}$ $u = 14\ \text{cm}$

*Bild 4/83*

| | | |
|---|---|---|
| **Rechteck** | $A = ab$ | $u = 2(a + b)$ |
| **Quadrat** | $A = a^2$ | $u = 4a$ |

Jedes rechtwinklige Dreieck läßt sich zu einem Rechteck ergänzen.

**Rechtwinkliges Dreieck (↗ Bild 4/84)**

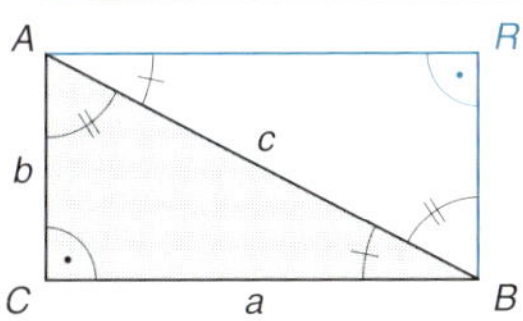


**Ist im Dreieck *ABC* $\gamma = 90°$, so gilt**

$A = \frac{ab}{2}$ $u = a + b + c$

*Bild 4/84*

Bei Dreiecken, die nicht rechtwinklig sind, kann der Flächeninhalt aus einer beliebig gewählten Seite $g$, die dann oft als Grundseite bezeichnet wird, und der zugehörigen Höhe $h$ berechnet werden. Unter Verwendung der Winkelfunktionen ergeben sich dann daraus weitere Berechnungsmöglichkeiten.
↗ Berechnungen in beliebigen Dreiecken, S. 135f.

| **Dreieck** (↗ **Bild 4/85**) | $A = \frac{gh}{2} = \frac{1}{2}ab \cdot \sin\gamma = \frac{c^2}{2} \cdot \frac{\sin\alpha \cdot \sin\beta}{\sin\gamma}$ | $u = a + b + c$ |
|---|---|---|
| 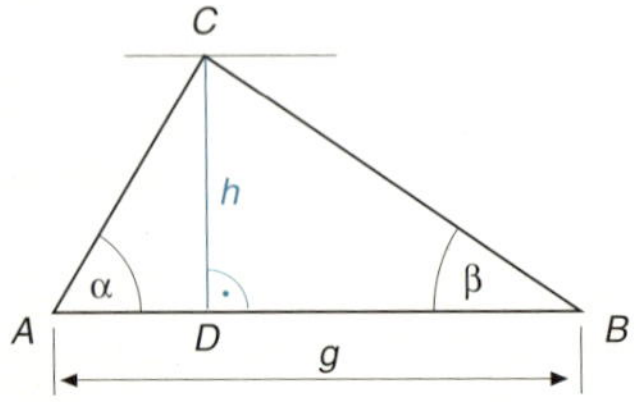 | Bild 4/85 | |

*Folgerungen:*

① Dreiecke, die in einer Seite und der zugehörigen Höhe übereinstimmen, haben gleiche Flächeninhalte (↗ Bild 4/86).

② Sind $a_1$ und $a_2$ die Grundseitenlängen zweier Dreiecke mit gleich langen zugehörigen Höhen, so gilt für die Flächeninhalte $A_1$ und $A_2$ beider Dreiecke:
$A_1 : A_2 = a_1 : a_2$.

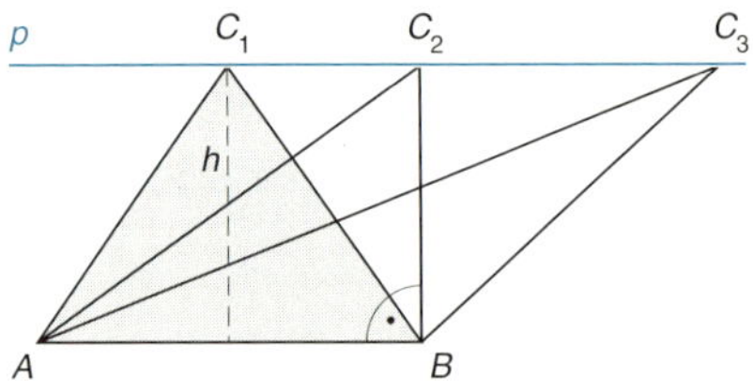


$A(ABC_1) = A(ABC_2) = A(ABC_3)$

Bild 4/86

Eine Beziehung zwischen dem Umfang und dem Flächeninhalt eines Dreiecks stellt die HERONsche[1] Formel her:
$A = \sqrt{p(p-a)(p-b)(p-c)}$, $u = 2p = a + b + c$.

| **Trapez** (↗ **Bild 4/87**) | $A = \frac{(a+c)h}{2}$ | $u = a + b + c + d$ |
|---|---|---|
| 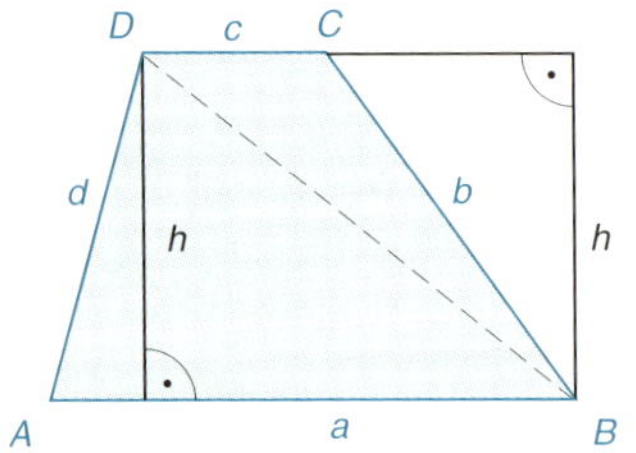 | Bild 4/87 | |

Es ist (↗ Bild 4/87)

$$A = \frac{ah}{2} + \frac{ch}{2} = \frac{(a+c)h}{2}$$

*Folgerung:*
Wegen $a + c = 2m$ haben Trapeze mit gleich langen Mittellinien und gleich langen Höhen gleiche Flächeninhalte.

[1] Der griechische Mathematiker HERON lebte im 1. Jh. n. Chr.

| **Parallelogramm (↗ Bild 4/88)** | $A = gh$ | $u = 2(a + b)$ |
|---|---|---|
| 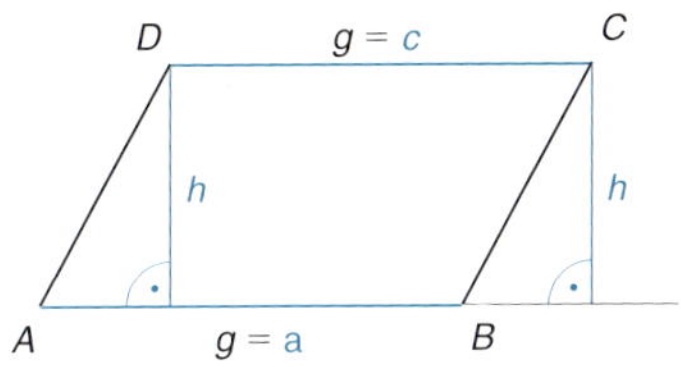  | Bild 4/88 | |

Setzt man $a = c = g$, so ergibt sich aus der Formel für den Flächeninhalt von Trapezen:

$$A = \frac{(g+g)\cdot h}{2} = \frac{2gh}{2} = gh\,.$$

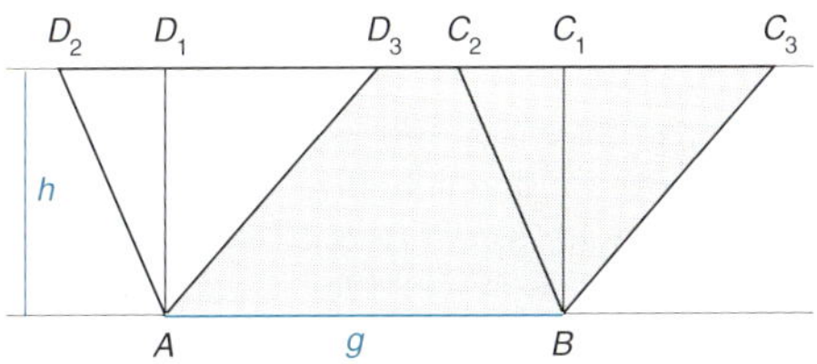

Bild 4/89

*Folgerung:*
Zwei Parallelogramme, die in einer Seite und der zugehörigen Höhe übereinstimmen, haben gleiche Flächeninhalte. (↗ Bild 4/89: Die Parallelogramme $ABC_1D_1$, $ABC_2D_2$ und $ABC_3D_3$ haben die gleichen Flächeninhalte.)
Wie die Dreiecke im Bild 4/85 sind die Parallelogramme im Bild 4/89 nicht paarweise kongruent, aber **flächen(inhalts)gleich**. Flächengleiche Figuren erzeugt man durch eine **Scherung** mit der **Scherungsachse** *s* und dem **Scherungswinkel** $\alpha$, bei der gilt (↗ Bild 4/90):

① Für jeden Punkt $P \in s$ ist $P' = P$.
② Ist $P \notin s$ und $L_P$ der Fußpunkt des Lotes von *P* auf *s*, so ist $\overline{PP'} \parallel s$ und $\sphericalangle(s, L_PP') = \alpha$.

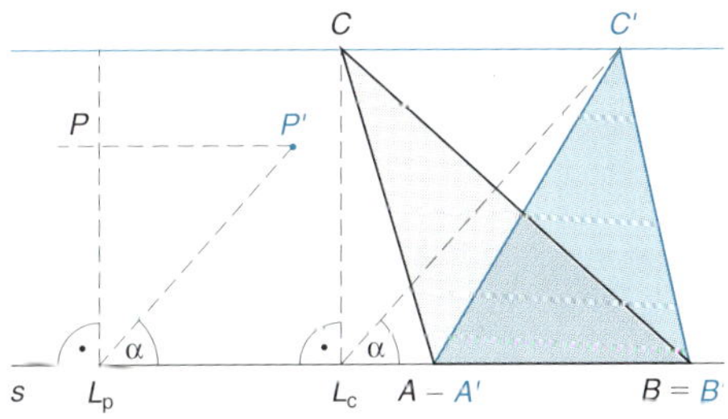

Bild 4/90

■ Das Quadrat *ABCD* ist flächengleich dem Rechteck *A″B″C″D″* mit der beliebig gewählten Seitenlänge *a* (↗ Bild 4/91).

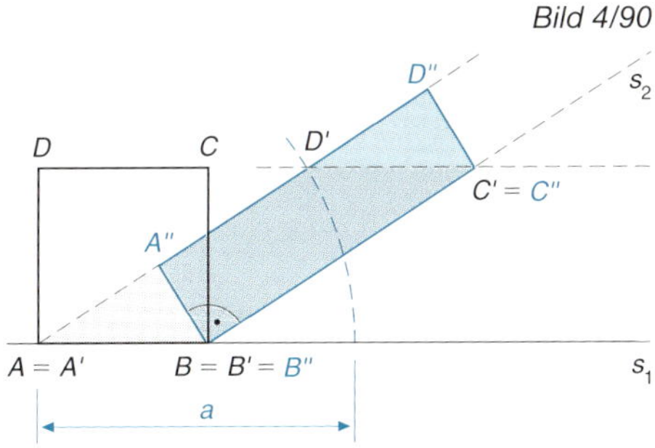

Bild 4/91

Von den flächengleichen Dreiecken $ABC_i$ im Bild 4/86 hat das gleichschenklige Dreieck mit der Basis $\overline{AB}$ den kleinsten Umfang und von den flächengleichen Parallelogrammen im Bild 4/89 das Rechteck.

| **Vieleck ($n$-Eck)** (↗ Bild 4/92) | $A = A_1 + A_2 + \ldots + A_{n-2}$ | $u = a + b + \ldots + x$<br>$x = \overline{GA}$ im Bild 4/92 |
|---|---|---|

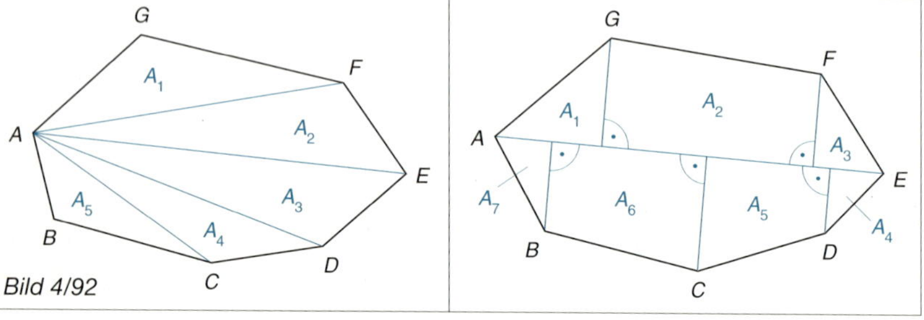

Bild 4/92

4

Jedes (konvexe) $n$-Eck kann durch Diagonalen in $n-2$ Teildreiecke zerlegt werden. Der Flächeninhalt ist dann gleich der Summe aus den Flächeninhalten der Teildreiecke. (Man nennt diese Verfahrensweise Dreiecksmethode zur Berechnung des Flächeninhalts.) Jedes (konvexe) Vieleck ($n > 4$) kann in Dreiecke und Trapeze zerlegt werden. Der Flächeninhalt des $n$-Ecks ist dann gleich der Summe aus den Flächeninhalten der Teilfiguren (Trapezmethode).

## Kreise

### Kreis und Kreisfläche

In einer Ebene $\alpha$ mit dem Punkt $M$ heißt **Kreis um $M$ mit dem Radius $r$** die Menge aller Punkte von $\alpha$, die von $M$ den Abstand $r$ haben. Neben der Größe $r$ nennt man auch jede Strecke $\overline{MP}$ einen Radius, die $M$ mit einem Punkt $P$ des Kreises verbindet.

Eine Gerade, die einen Kreis in zwei Punkten schneidet, heißt **Sekante des Kreises**. Hat eine Gerade mit einem Kreis genau einen Punkt gemeinsam, so nennt man sie eine **Tangente an den Kreis**.

Jeder Kreis begrenzt eine **Kreisfläche**, zu der alle Punkte der Ebene gehören, die auf dem Kreis oder innerhalb des Kreises liegen.

↗ Tangente an einen Kreis, S. 182f.

| **Zur gegenseitigen Lage eines Kreises und einer Geraden** | | |
|---|---|---|
| ① zwei Schnittpunkte | ② ein gemeinsamer Punkt | ③ kein gemeinsamer Punkt |

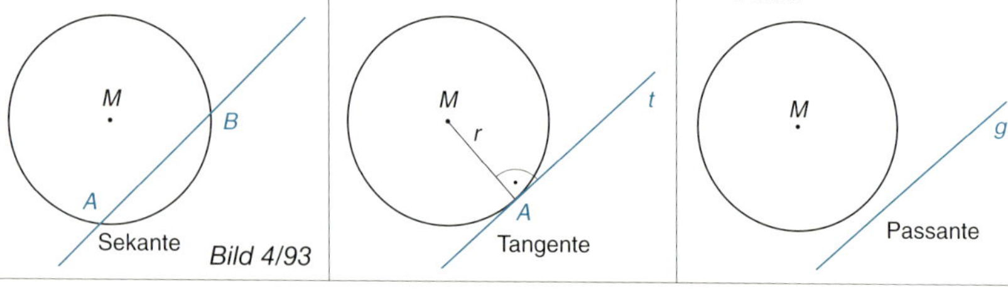

Bild 4/93

## Sehne eines Kreises

Jede Strecke, die zwei Punkte eines Kreises verbindet, ist eine **Sehne des Kreises**. Alle Sehnen, die durch den Mittelpunkt eines Kreises gehen, sind **Durchmesser** dieses Kreises. Die Durchmesser sind die längsten Sehnen eines Kreises. Die Länge jedes Durchmessers beträgt das Doppelte des Radius.

**SATZ** Wenn ein Durchmesser eines Kreises senkrecht auf einer Sehne dieses Kreises steht, so halbiert der Durchmesser die Sehne (↗ Bild 4/94).

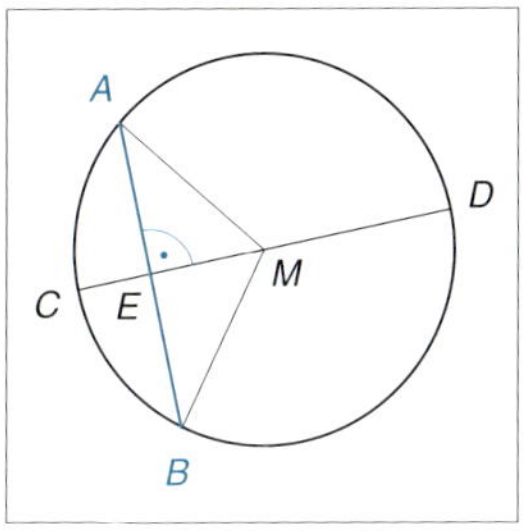


Bild 4/94



## Umkreis und Inkreis eines Dreiecks

**Umkreis eines Dreiecks** heißt der Kreis durch die Eckpunkte des Dreiecks. Die Seiten des Dreiecks sind Sehnen des Kreises (↗ Bild 4/95).

Der Mittelpunkt *M* des Umkreises eines Dreiecks ist der Schnittpunkt der Mittelsenkrechten der Seiten dieses Dreiecks.

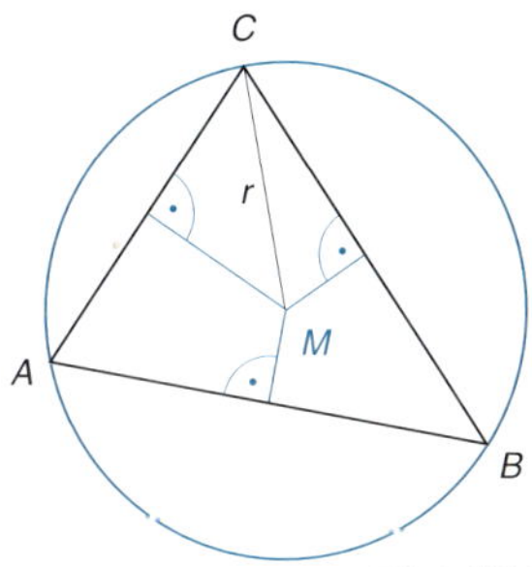


Bild 4/95

**Inkreis eines Dreiecks** heißt der Kreis im Innern des Dreiecks, der jede Dreiecksseite in genau einem Punkt berührt (↗ Bild 4/96).

Der Mittelpunkt *M* des Inkreises eines Dreiecks ist der Schnittpunkt der Winkelhalbierenden der Innenwinkel des Dreiecks.
Der Radius *r* des Inkreises ist gleich dem Abstand von *M* zu den Dreiecksseiten.
↗ Besondere Linien im Dreieck, S. 162ff.

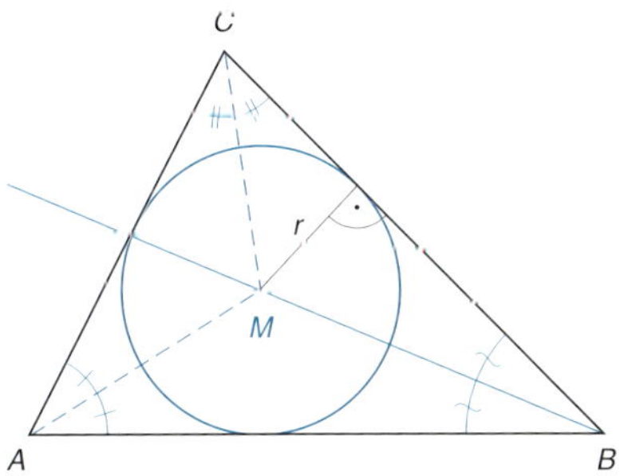


Bild 4/96

Durch drei Punkte, die nicht auf einer Geraden liegen, gibt es genau einen Kreis.

- Zu konstruieren ist ein Kreis durch drei gegebene Punkte *A, B, C*, die nicht auf einer Geraden liegen (↗ Bild 4/97).

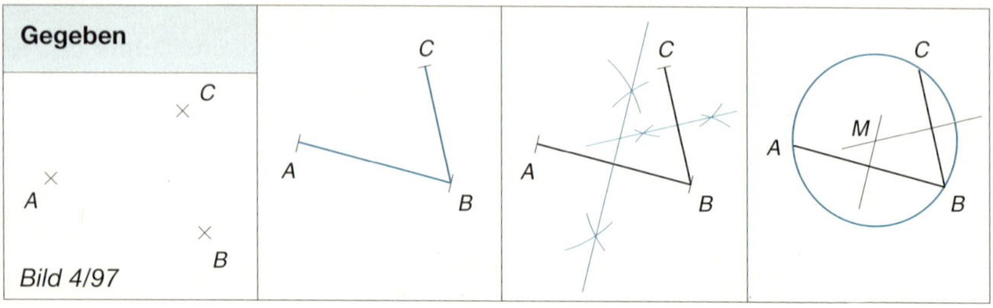

Bild 4/97

## Sehnenviereck

**Sehnenviereck** nennt man jedes Viereck, dessen Seiten Sehnen eines Kreises sind, das also einen Umkreis besitzt (↗ Bild 4/98a).
Es gibt auch Vierecke, die keinen Umkreis haben (↗ Bild 4/98b).



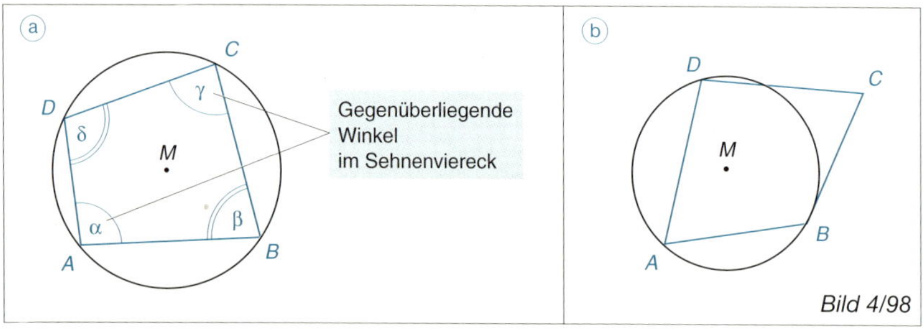

Bild 4/98

**Satz über die Gegenwinkel im Sehnenviereck** In jedem Sehnenviereck beträgt die Summe der gegenüberliegenden Winkel jeweils 180° (↗ Bild 4/99).

- Im Bild 4/99 liegt *M* innerhalb des Sehnenvierecks.

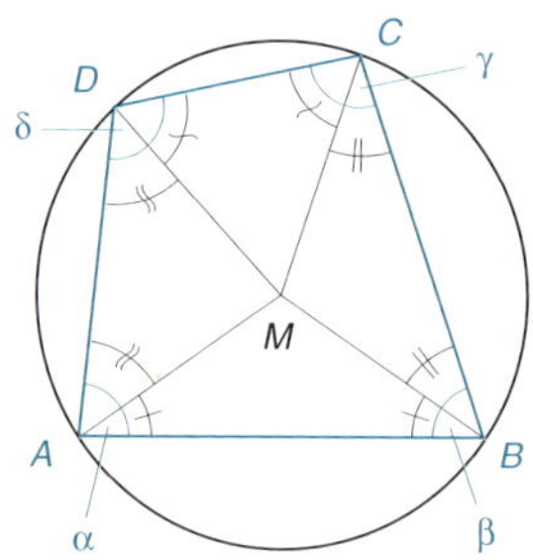

Bild 4/99

## Tangente an einen Kreis

Eine Gerade, die mit einem Kreis genau einen Punkt gemeinsam hat, heißt **Tangente an den Kreis**. Wenn *M* der Mittelpunkt des Kreises und *A* der Berührungspunkt der Tangente ist, so nennt man $\overline{MA}$ den **Berührungsradius der Tangente**. Tangente und Berührungsradius stehen aufeinander senkrecht (↗ Bild 4/100).

**SATZ** Für alle Geraden *g*, die mit einem Kreis um *M* mindestens einen Punkt *P* gemeinsam haben, gilt:
① Wenn *g* Tangente an den Kreis ist, dann steht *g* senkrecht auf $\overline{MP}$.
② Wenn *g* senkrecht auf $\overline{MP}$ steht, dann ist *g* Tangente an den Kreis.

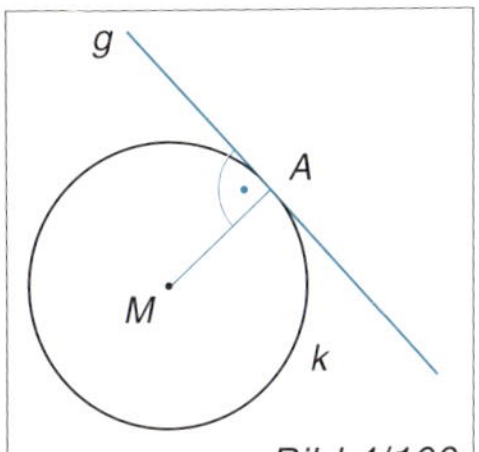

Bild 4/100

**Tangentenkonstruktionen:**

① An einen Kreis *k* ist im Punkt $A \in k$ die Tangente zu konstruieren (↗ Bild 4/101).

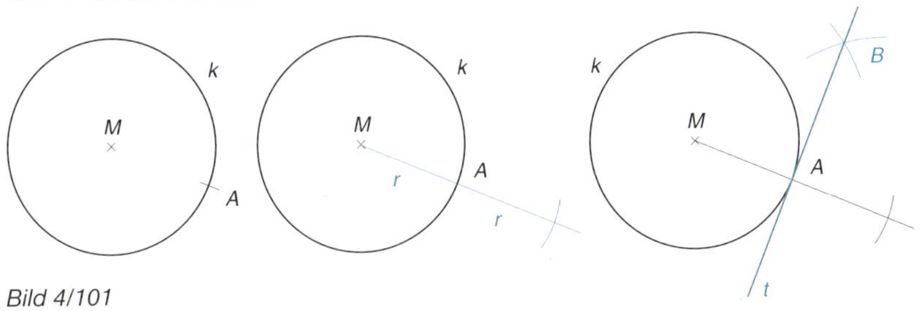

Bild 4/101

② An einen Kreis *k* sind von einem Punkt *P* außerhalb des Kreises die Tangenten zu konstruieren (↗ Bild 4/102).
↗ Kreisbögen; Winkel am Kreis (siehe „Satz des THALES“), S. 184

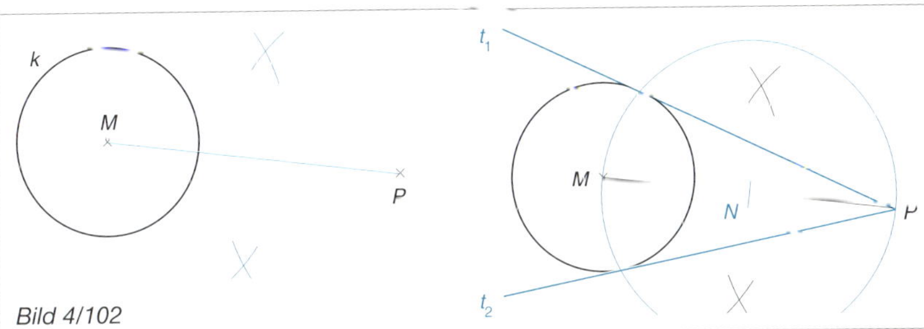

Bild 4/102

**Kreisbögen; Winkel am Kreis**

Zwei Punkte eines Kreises zerlegen ihn in zwei Kreisbögen (↗ Bild 4/103a).
Liegt ein Punkt *C* auf dem Kreis außerhalb des Bogens $\overset{\frown}{AB}$, so nennt man den Winkel $\sphericalangle ACB$, dem der Bogen $\overset{\frown}{AB}$ angehört, den **Peripherie- oder Umfangswinkel über dem Bogen** $\overset{\frown}{AB}$.
Als **Sehnentangentenwinkel über dem Bogen** $\overset{\frown}{AC}$ bezeichnet man die beiden Winkel $\sphericalangle(s, t)$ zwischen der Sehne *AB* und den Kreistangenten *t* in *A* bzw. *B*.

Einen Winkel, dessen Scheitel im Mittelpunkt eines Kreises liegt, nennt man **Zentri- oder Mittelpunktwinkel** des Kreises (↗ Bild 4/103b).

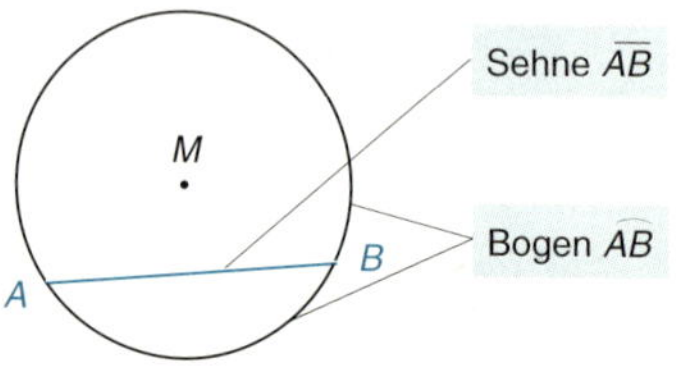


*Bild 4/103a*

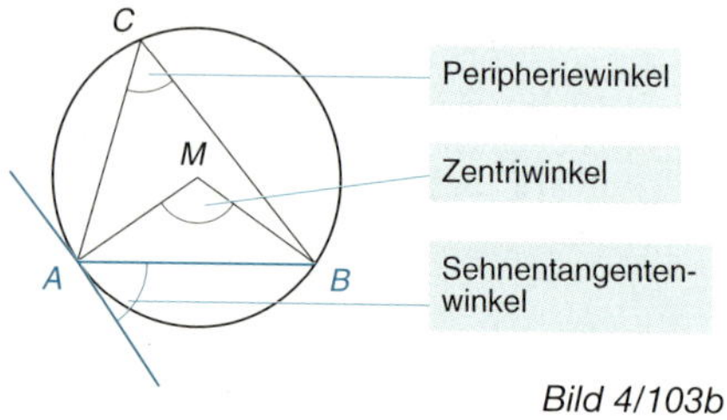


*Bild 4/103b*

## Sätze über Winkel und Strecken am Kreis

4

**Peripheriewinkelsatz** Gehören zwei Peripheriewinkel zu demselben Bogen eines Kreises, so sind sie gleich groß (↗ Bilder 4/103b und 4/104).

**Zentriwinkel – Peripheriewinkel – Satz** Jeder Peripheriewinkel über einem Kreisbogen ist halb so groß wie der Zentriwinkel über diesem Bogen (↗ Bilder 4/105 und 4/106).

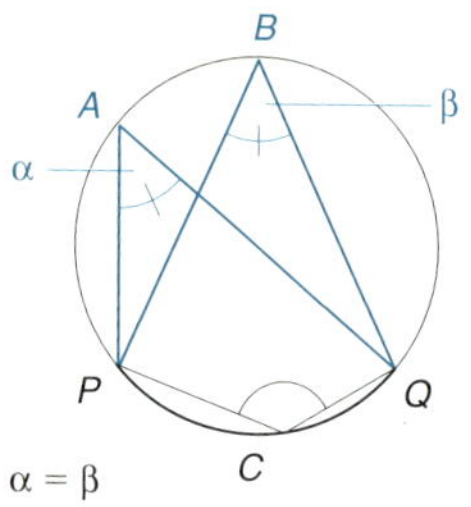


*Bild 4/104*

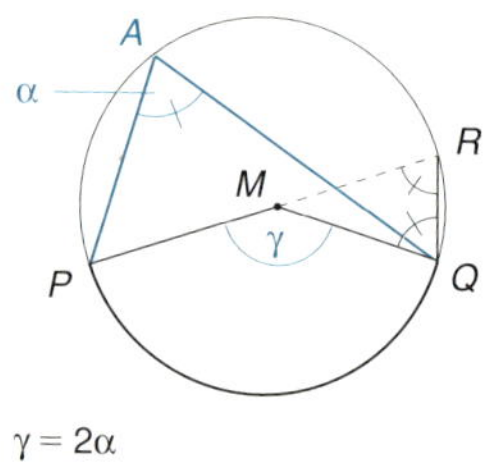


*Bild 4/105*

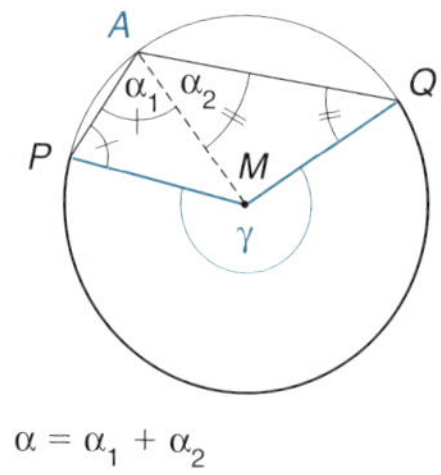


*Bild 4/106*

**Satz des Thales** Wenn ein Punkt $C$ auf einem Kreis mit $\overline{AB}$ als Durchmesser liegt, so ist $\sphericalangle ACB = 90°$ (↗ Bild 4/107).
*Merkform:* Alle Peripheriewinkel über einem Halbkreis sind rechte Winkel.

**Umkehrung des Thalessatzes** Wenn der Winkel $ACB$ ein rechter Winkel ist, so liegt sein Scheitelpunkt $C$ auf dem Kreis, für den $\overline{AB}$ ein Durchmesser ist.

**Zentriwinkel-Sehnentangentenwinkel-Satz** Jeder Zentriwinkel eines Kreises ist doppelt so groß wie der zugehörige Sehnentangentenwinkel (↗ Bilder 4/103b und 4/108).

**Sehnensatz** Legt man durch einen Punkt $P$ im Innern eines Kreises Sehnen, so sind die Produkte beider Sehnenabschnitte bei allen Sehnen gleich (↗ Bild 4/109).

**Sekantensatz** Legt man durch einen Punkt $P$ außerhalb eines Kreises Sekanten des Kreises, so sind die Produkte der Sekantenabschnitte von $P$ bis zum Kreis bei allen Sekanten gleich (↗ Bild 4/110).

$\gamma_1 + \gamma_2 = 90°$

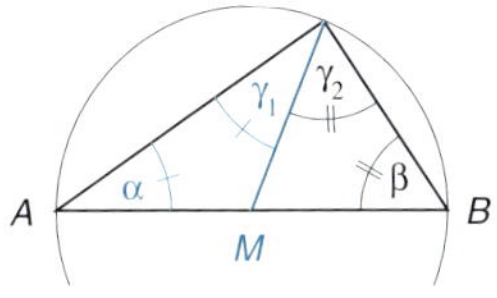


*Bild 4/107*

$\frac{\alpha}{2} = \gamma$

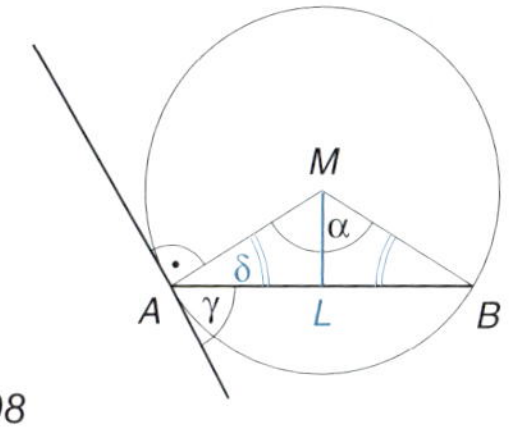


*Bild 4/108*

$\triangle APB_1 \sim \triangle A_1PB$
$\overline{PA_1} \cdot \overline{PA} = \overline{PB_1} \cdot \overline{PB}$

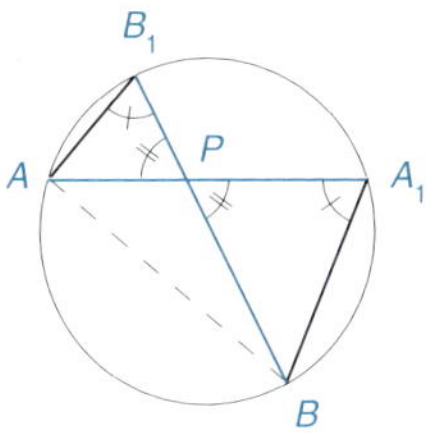


*Bild 4/109*

$\triangle PA_1B \sim \triangle PAB_1$
$\overline{PA_1} \cdot \overline{PA} = \overline{PB_1} \cdot \overline{PB}$

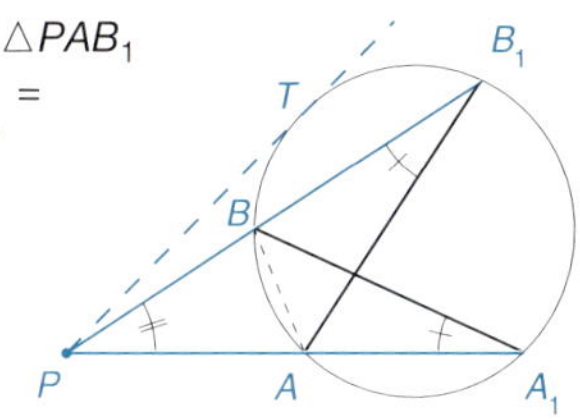


*Bild 4/110*

*Folgerung:* Die Tangente von $P$ an den Kreis kann man als Sekante auffassen, deren Schnittpunkte mit dem Kreis zusammenfallen ($B = B_1 = T$ im Bild 4/110). Deshalb ist das bei allen Sekanten gleiche Produkt der Sekantenabschnitte auch gleich dem Quadrat des Tangentenabschnitts $\overline{PT}$.

↗ Ähnlichkeit von Dreiecken, S. 195

### Gegenseitige Lage von zwei Kreisen

① **Die beiden Kreise haben keinen Punkt gemeinsam**

①a $M_1 = M_2$, $r_1 > r_2$

①b $\overline{M_1M_2} < r_1 - r_2$, $r_1 > r_2$

①c $\overline{M_1M_2} > r_1 + r_2$

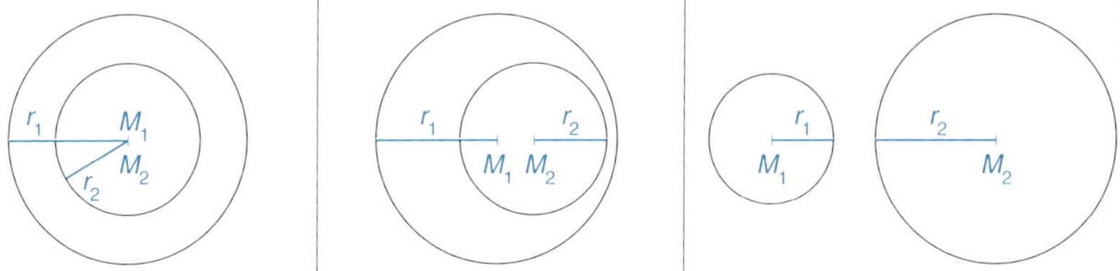


*Bild 4/111a–c*

**② Die beiden Kreise haben genau einen Punkt gemeinsam**

②a $\overline{M_1M_2} = r_1 + r_2$

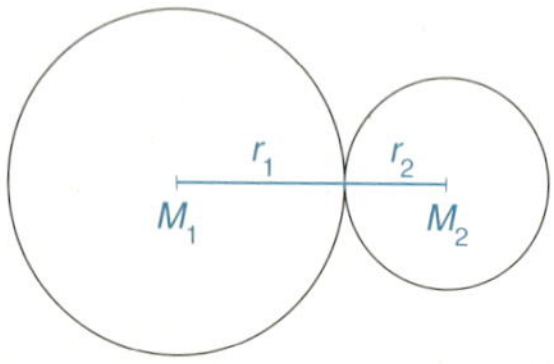


②b $\overline{M_1M_2} = r_1 - r_2$
$r_1 > r_2$

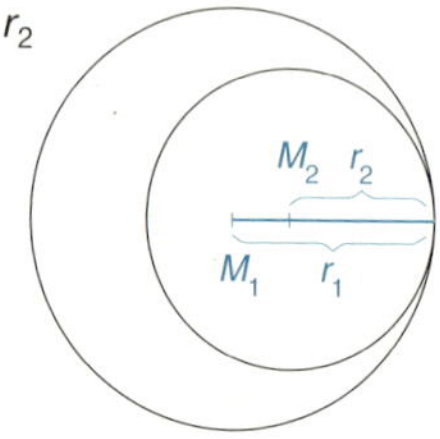


**③ Die beiden Kreise haben genau zwei Punkte gemeinsam**

$r_1 \geq r_2$
$r_1 - r_2 < \overline{M_1M_2} < r_1 + r_2$

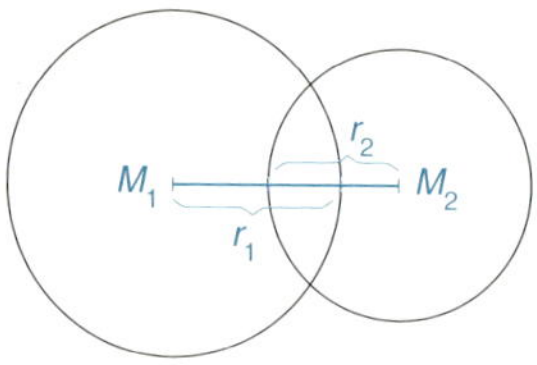


*Bilder 4/111d–f*

4

Im Fall ①a heißen die Kreise **konzentrisch**. Je zwei konzentrische Kreise begrenzen einen Kreisring.

## Symmetrieverhältnisse am Kreis

Jeder Kreis ist **axialsymmetrisch**. Symmetrieachse ist jede Gerade durch den Mittelpunkt des Kreises.

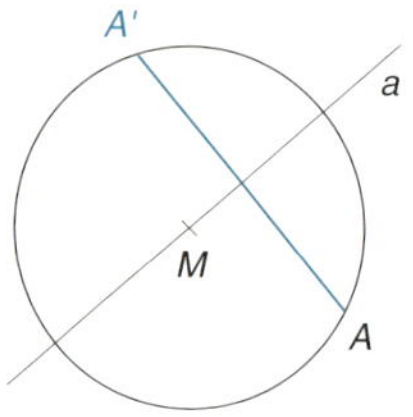


*Bild 4/112a*

Jeder Kreis ist **radialsymmetrisch**. Symmetriezentrum ist der Mittelpunkt des Kreises.

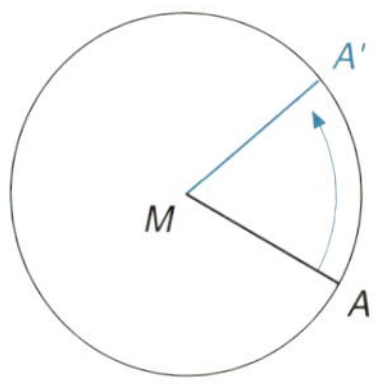


*Bild 4/112b*

## Flächeninhalt und Umfang von Kreisen und Kreisteilen

Gekrümmte Figuren wie Kreise können i. allg. nicht in Vielecke zerlegt werden. Ihr Flächeninhalt bzw. Umfang kann mit Hilfe des Flächeninhalts bzw. Umfangs von Vielecken nur angenähert werden, jedoch mit beliebiger Genauigkeit. Zwischen dem Flächeninhalt $A$ eines Kreises und dem Quadrat des Kreisradius besteht Proportionalität, ebenso zwischen dem Umfang $u$ und dem Durchmesser eines Kreises. In beiden Fällen ist der Proportionalitätsfaktor die irrationale Zahl $\pi$.
↗ Irrationale Zahlen, S. 56

Als Näherungswert für $\pi$ wird häufig die Zahl 3,14 oder die Zahl $\frac{22}{7}$ verwendet.

Viele Taschenrechner arbeiten mit dem Näherungswert 3,14159265.[1]

| | | |
|---|---|---|
| **Kreis** | $A = \pi r^2 = \frac{\pi}{4} d^2$ | $u = 2\pi r = \pi d$ |

Die folgenden Überlegungen führen zur Formel für den Flächeninhalt:

**1.** Die Kreisfläche wird mit einem quadratischen Gitter überdeckt (↗ Bild 4/113a). Durch Auszählen können a) die Summe $A_i$ der Inhalte aller Einheitsquadrate, die im Innern der Kreisfläche liegen, sowie b) die Summe $A_a$ der Inhalte aller Einheitsquadrate, in denen Punkte der Kreisfläche liegen, ermittelt werden.
Für den Inhalt $A$ der Kreisfläche gilt: $A_i < A < A_a$.

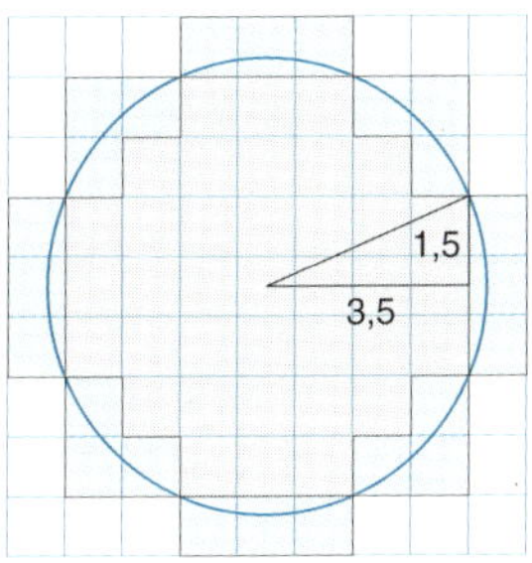


1 LE = 4 mm
$r = \sqrt{3{,}5^2 + 1{,}5^2}$ LE
$\approx 3{,}8$ LE
$r \approx 1{,}5$ cm

Bild 4/113a

①
$A_i = 37$ LE²
$= 5{,}92$ cm²
$A_a = 61$ LE²
$= 9{,}76$ cm²
$A \approx 7{,}84$ cm²
$\frac{A}{r^2} \approx 3{,}48$

②
$A_i = 156$ LE²
$= 6{,}24$ cm²
$A_a = 212$ LE²
$= 8{,}48$ cm²
$A \approx 7{,}36$ cm²
$\frac{A}{r^2} \approx 3{,}27$

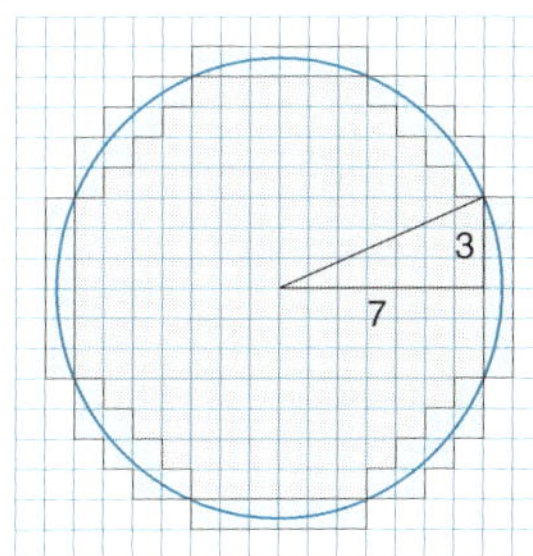


1 LE = 2 mm
$r = \sqrt{7^2 + 3^2}$ LE
$\approx 7{,}6$ LE
$r \approx 1{,}5$ cm

Bild 4/113b

**2.** Wird das quadratische Gitter verfeinert (↗ Bild 4/113b), dann wird $A_i$ größer und $A_a$ kleiner. Bei fortgesetzter Verfeinerung nähern sich die $A_i$ und $A_a$ einem gemeinsamen Wert $A$, dem Inhalt der Kreisfläche.

**3.** Ermittelt man für Kreisflächen verschiedener Radien jeweils $A_i$ und $A_a$ und schätzt man unter Verwendung dieser Werte jeweils $A$ ab, so lassen sich die Quotienten $\frac{A}{r^2}$ berechnen. Man erhält bei Verwendung feiner Quadratgitter als Quotienten Näherungswerte von $\pi$.

Eine Gerade, die einen Kreis in zwei Punkten $A$ und $B$ schneidet, zerlegt ihn in zwei **Kreisbögen** über der Sehne $s = \overline{AB}$ und die Kreisfläche in zwei **Kreisab-**

[1] Im Jahre 1989 haben die amerikanischen Mathematiker David und Gregory Chudnovsky die Zahl $\pi$ auf 480 Millionen Stellen berechnet.

**schnitte** (**-segmente**) mit den Höhen $h$ und $h_1 = 2r - h$. Außerdem bestimmen $A$, $B$ und $M$ einen **Kreisausschnitt** (**-sektor**) (↗ Bild 4/114).

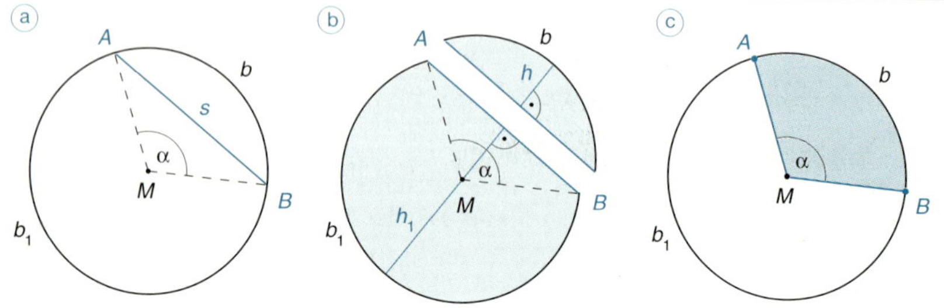


Bild 4/114



| | | |
|---|---|---|
| **Kreisbogen *b*** | | $b = \frac{\pi r \alpha}{180^\circ}$ |
| **Kreisausschnitt** | $A = \frac{\pi r^2 \alpha}{360^\circ}$ | $u = b + 2r$ |
| **Kreisabschnitt** | $A = A_{\text{Kreisausschnitt}} - A_{\triangle ABM}$<br>$A = \frac{\pi r^2 \alpha}{360^\circ} - \frac{1}{2} s (r - h)$ | $u = b + s$ |

Die Formeln stützen sich auf die Proportionen
$b : 2\pi r = \alpha : 360^\circ$ bzw. $A : \pi r^2 = \alpha : 360^\circ$.

## Ähnlichkeit

### Maßstäbliche Vergrößerung (bzw. Verkleinerung)

Unter einer **maßstäblichen Vergrößerung** (bzw. **Verkleinerung**) einer Figur $F$ versteht man die Konstruktion eines Bildes $F'$ von $F$ im Maßstab $k (k > 0)$, wobei für je zwei Punkte $A$ und $B$ von $F$ sowie ihre Bildpunkte $A'$ bzw. $B'$ gilt:
$\overline{A'B'} = k \cdot \overline{AB}$.
Ist $k > 1$, so heißt $F'$ eine **maßstäbliche Vergrößerung**,
ist $0 < k < 1$, so heißt $F'$ eine **maßstäbliche Verkleinerung** von $F$.
Bei $k = 1$ sind $F$ und $F'$ einander kongruent (deckungsgleich).

Der **Maßstab** $k$ ist das Verhältnis der Länge der Strecke $\overline{A'B'}$ für beliebige Punkte $A'$ und $B'$ der Bildfigur zur Länge der zugehörigen Originalstrecke $\overline{AB}$. Man ermittelt das Verhältnis, indem man bei gleicher Einheit den Quotienten aus den Zahlenwerten der Längen beider Strecken bildet.
Maßstäbliche Darstellungen von Figuren erhält man mit Hilfe von zentrischen Streckungen oder durch „Umzeichnen“ mit Hilfe von Quadratgitterpapier mit verschiedenen Längeneinheiten LE und LE′.

■ Bild 4/114 zeigt einen Drachen $F$ und eine maßstäbliche Vergrößerung $F'$ von $F$.
Es ist
$k = \mathrm{LE'} : \mathrm{LE} = 0{,}5\,\mathrm{cm} : 0{,}25\,\mathrm{cm} = 2:1$,
aber auch
$k = \overline{A'B'} : \overline{AB} = 3{,}4\,\mathrm{cm} : 1{,}7\,\mathrm{cm} = 2:1$,
$k = \overline{D'C'} : \overline{DC} = 1{,}8\,\mathrm{cm} : 0{,}9\,\mathrm{cm} = 2:1$.

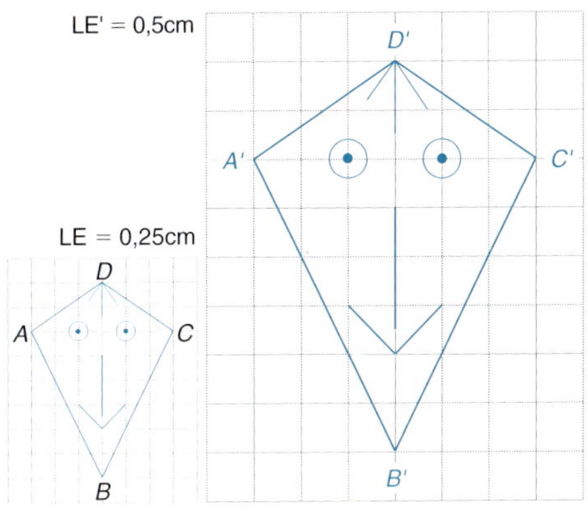


Bild 4/115

Für jedes $k \neq 0$ sind $F$ und ihre maßstäbliche Darstellung $F'$ einander ähnlich.
↗ Zentrische Streckung, S. 190ff.
↗ Ähnlichkeit von Figuren, S. 194

**Strahlensätze**

Werden Strahlen, die einen gemeinsamen Anfangspunkt haben und nicht auf einer Geraden liegen, von Parallelen geschnitten, so entstehen **Strahlenabschnitte** und **Parallelenabschnitte**.

■ **Strahlenabschnitte**
auf $s_1$: $\overline{ZA}$, $\overline{ZB}$, $\overline{AB}$;
auf $s_2$: $\overline{ZC}$, $\overline{ZD}$, $\overline{CD}$.
**Parallelenabschnitte**
auf $g_1$: $\overline{AC}$;
auf $g_2$: $\overline{BD}$.

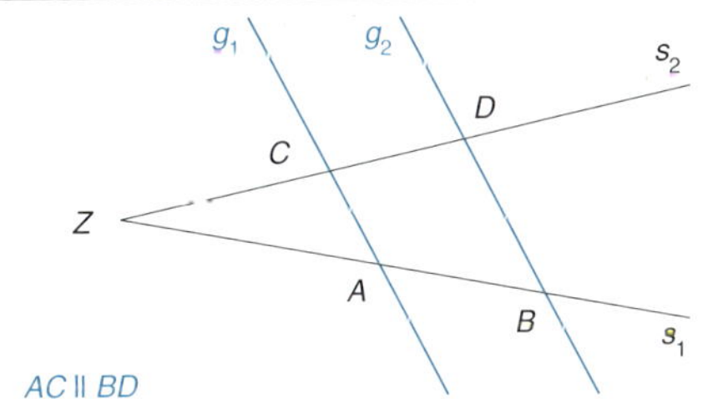


Bild 4/116

**Gleichliegende Strahlenabschnitte** sind $\overline{ZA}$ und $\overline{ZC}$; $\overline{ZB}$ und $\overline{ZD}$; $\overline{AB}$ und $\overline{CD}$. **Einander zugehörige Strahlen- und Parallelenabschnitte** sind $\overline{ZA}$ und $\overline{AC}$; $\overline{ZC}$ und $\overline{CA}$; $\overline{ZB}$ und $\overline{BD}$; $\overline{ZD}$ und $\overline{DB}$.

**Strahlensätze** Werden zwei Strahlen mit gemeinsamem Anfangspunkt, die nicht auf einer Geraden liegen, von zwei Parallelen geschnitten, so gilt:

① Die Längen der Abschnitte auf dem einen Strahl verhalten sich wie die Längen der gleichliegenden Abschnitte auf dem anderen Strahl (Bild 4/117).

② Die Längen der Parallelenabschnitte verhalten sich zueinander wie die Längen der zugehörigen Abschnitte ein und desselben Strahls (Bild 4/118).

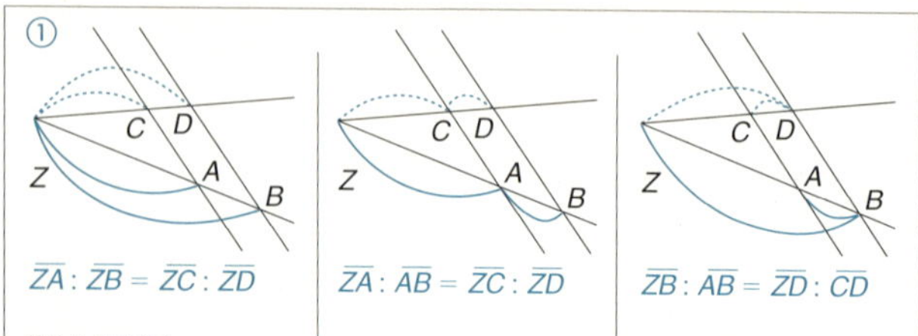


Bild 4/117

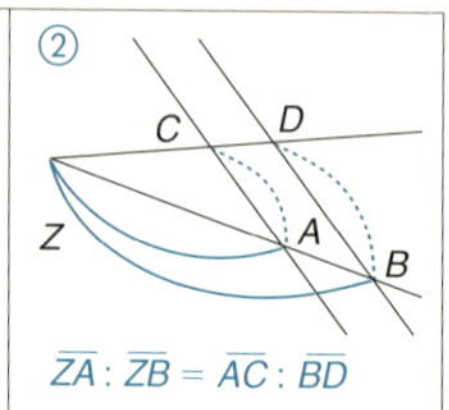


Bild 4/118

In Anwendungen benutzt man oft die

**Umkehrung des ersten Strahlensatzes** Es seien $\overline{ZB}$ und $\overline{ZD}$ zwei Strahlen, $A$ sei ein Punkt zwischen $Z$ und $B$ sowie $C$ zwischen $Z$ und $D$.
Dann gilt:
Wenn $\overline{ZA} : \overline{ZB} = \overline{ZC} : \overline{ZD}$, so ist $\overline{AC} \parallel \overline{BD}$.

4

Bild 4/119 zeigt, daß die entsprechende Umkehrung des zweiten Strahlensatzes nicht stets gilt.

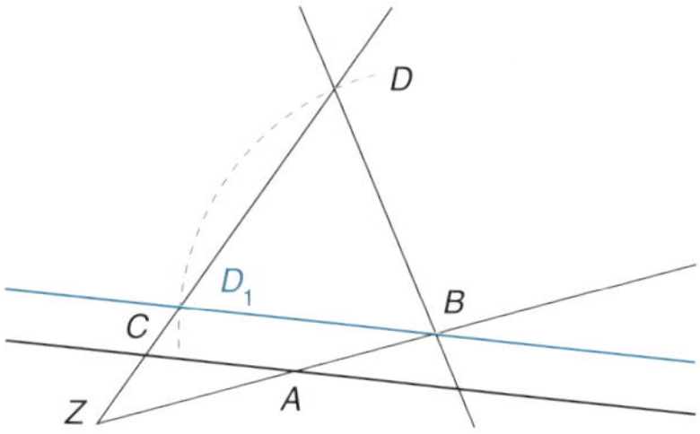


Bild 4/119

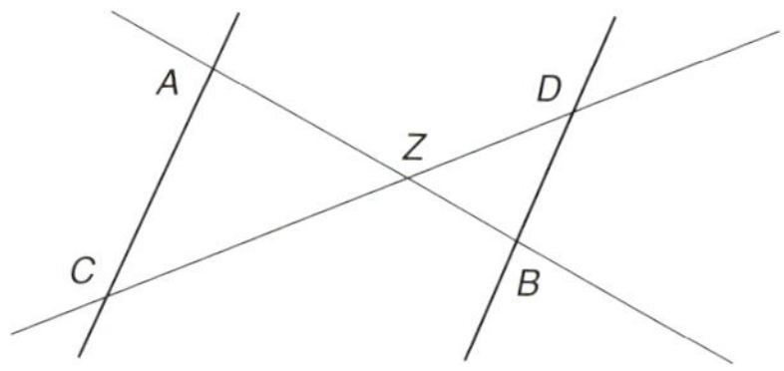


Bild 4/120

Die Strahlensätze gelten auch für den Fall, daß zwei Geraden, die einander schneiden, von Parallelen geschnitten werden (↗ Bild 4/120). Es gilt z. B.
$\overline{ZA} : \overline{ZB} = \overline{ZC} : \overline{ZD}$, $\overline{ZA} : \overline{ZB} = \overline{AC} : \overline{BD}$.

## Zentrische Streckung

**DEFINITION** $Z$ sei ein beliebiger Punkt einer Ebene und $k$ eine positive reelle Zahl. **Zentrische Streckung mit dem Streckzentrum** $Z$ und dem **Streckungsfaktor** $k$ heißt die Abbildung der Ebene auf sich, für die gilt:
① $Z$ wird auf sich abgebildet.
② Ist $P \neq Z$, so liegt sein Bildpunkt $P'$ auf dem Strahl $\overline{ZP}$.
③ $\overline{ZP'} = k \cdot \overline{ZP}$.

Man bezeichnet eine zentrische Streckung mit dem Streckungszentrum $Z$ und dem Streckungsfaktor $k$ mit $(Z; k)$.

Streckung $(Z; 1{,}5)$

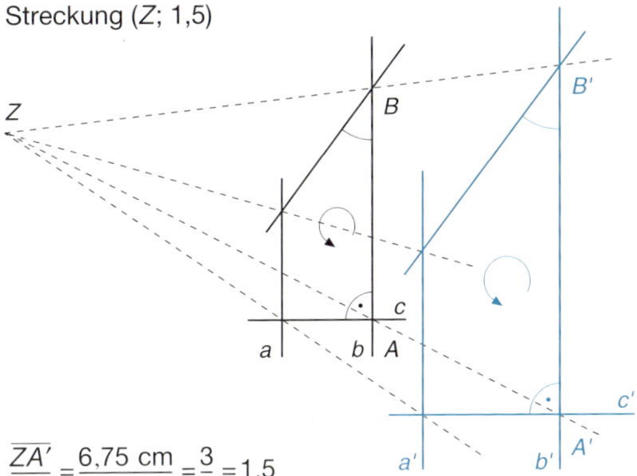


$$\frac{\overline{ZA'}}{\overline{ZA}} = \frac{6{,}75\text{ cm}}{4{,}5\text{ cm}} = \frac{3}{2} = 1{,}5$$

Bild 4/121

4

Jede Streckung $(Z; k)$ ist durch $Z$ und $k$ bzw. $Z$ und ein Punktepaar $(P; P')$ eindeutig bestimmt.
Die Streckung $(Z; 1)$ ist die Identität (↗ S. 192).

**Konstruktion des Bildpunktes von $X$ bei einer zentrischen Streckung $(Z; k = \overline{ZA'} : \overline{ZA})$**

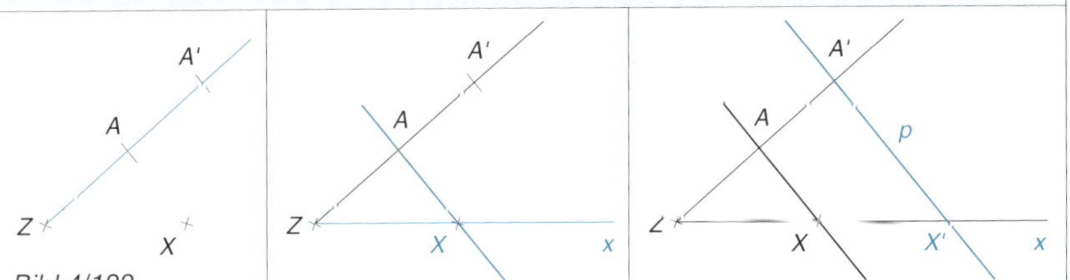


Bild 4/122

*Konstruktionsbeschreibung:*
① Man zeichnet den Strahl $\overline{ZX}$ und bezeichnet ihn mit $x$.
② Man zeichnet die Gerade $AX$.
③ Durch $A'$ konstruiert man die Parallele $p$ zu $AX$. Den Schnittpunkt von $p$ und $x$ bezeichnet man mit $X'$.
Der Punkt $X'$ ist das Bild von $X$ bei der zentrischen Streckung $(Z; \overline{ZA'} : \overline{ZA})$.

**Eigenschaften der zentrischen Streckungen** (↗ Bild 4/121)
① Jede Strecke $\overline{AB}$ hat als Bild die Strecke $\overline{A'B'}$.
Dabei ist $\overline{A'B'} = k \cdot \overline{AB}$.
② Jede Gerade $AB$ hat als Bild die Gerade $A'B'$.
③ Das Bild jedes Winkels $\sphericalangle(h, l)$ ist der Winkel $\sphericalangle(h', l')$ gleicher Größe.
Insbesondere gilt für zwei Geraden $a$, $b$ und ihre Bilder $a'$, $b'$:
a) Wenn $a \parallel b$, so ist $a' \parallel b'$ und b) wenn $a \perp b$, so ist $a' \perp b'$.

④ Original- und Bildgerade sind einander parallel.
⑤ Der Umlaufsinn von Figuren bleibt erhalten.
Wegen der Eigenschaft ① erzeugt jede zentrische Streckung ($Z$; $k$) von einer Figur $F$ eine maßstäbliche Darstellung $F'$ mit dem Maßstab $k$.
Die Eigenschaften der zentrischen Streckungen können mit Hilfe der Strahlensätze sowie der Umkehrung des 1. Strahlensatzes bewiesen werden.
↗ Maßstäbliche Vergrößerung (Verkleinerung), Strahlensätze, S. 188f.

Die Nacheinanderausführung zweier zentrischer Streckungen ($Z_1$; $k_1$) und ($Z_2$; $k_2$) ist nicht stets eine zentrische Streckung. Es sind folgende Fälle möglich:

| **Fall 1: $Z_1 = Z_2$** | |
|---|---|
| Fall 1a:<br>$k_1 \cdot k_2 \neq 1$ | $\left(Z_1; \frac{3}{4}\right)$, $(Z_2; 2)$; Ergebnis: $\left(Z; \frac{3}{4} \cdot 2 = \frac{3}{2}\right)$<br>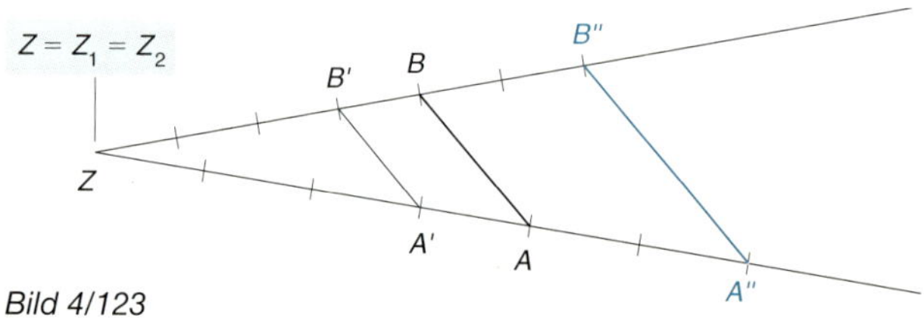<br><br>*Bild 4/123* |
| Fall 1b:<br>$k_1 \cdot k_2 = 1$ | $\left(Z_1; \frac{3}{4}\right)$, $\left(Z_2; \frac{4}{3}\right)$; Ergebnis: $\left(Z; \frac{3}{4} \cdot \frac{4}{3} = 1\right)$ Identität<br>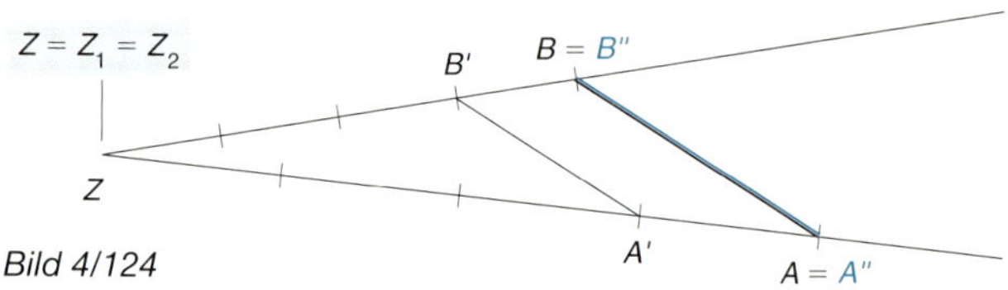<br><br>*Bild 4/124* |
| **Fall 2: $Z_1 \neq Z_2$** | |
| Fall 2a:<br>$k_1 \cdot k_2 \neq 1$ | $\left(Z_1; \frac{3}{4}\right)$, $(Z_2; 2)$; Ergebnis: $\left(Z; \frac{3}{4} \cdot 2 = \frac{3}{2}\right)$<br>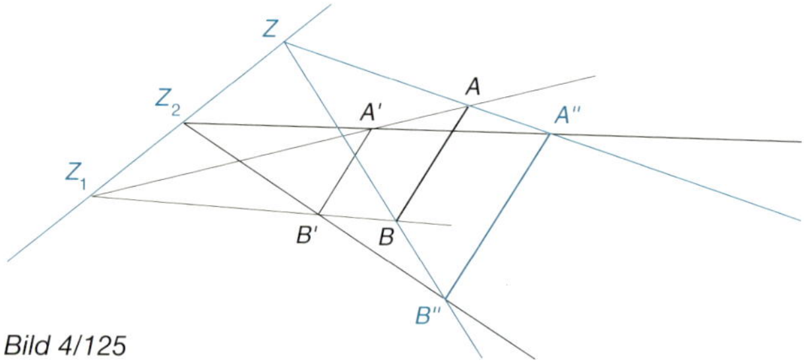<br><br>*Bild 4/125* |

| | |
|---|---|
| Fall 2b:<br>$k_1 \cdot k_2 = 1$ | $\left(Z_1; \frac{3}{4}\right), \left(Z_2; \frac{4}{3}\right)$; Ergebnis: Verschiebung $\overrightarrow{AA''}$<br>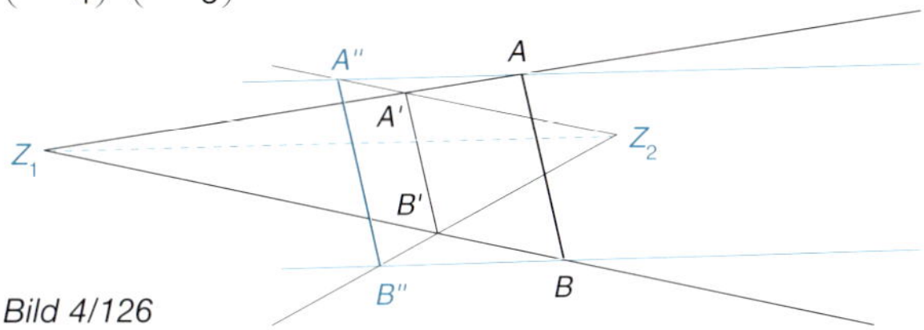<br><br>*Bild 4/126* |

## Ähnlichkeitsabbildung

**Ähnlichkeitsabbildung** nennt man jede Nacheinanderausführung einer zentrischen Streckung und einer Bewegung. Weil die Identität sowohl als Bewegung als auch als zentrische Streckung mit $k = 1$ aufgefaßt werden kann, sind auch alle zentrischen Streckungen und alle Bewegungen Ähnlichkeitsabbildungen der Ebene auf sich.

↗ Bewegung, S. 154
↗ Zentrische Streckung, S. 190ff.

■ Das Dreieck *ABC* im Bild 4/127 wird durch die Nacheinanderausführung der Spiegelung an der Geraden *a* und der zentrischen Streckung (*Z*; 1,5) auf das Dreieck *A″B″C″* abgebildet.

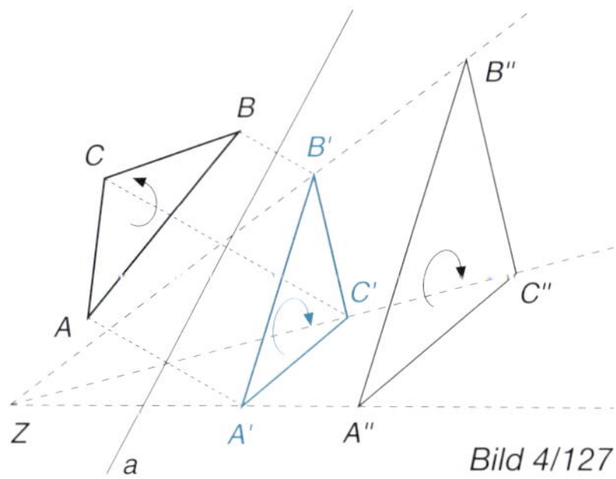

*Bild 4/127*

4

## Eigenschaften der Ähnlichkeitsabbildungen

**Eigenschaften von Ähnlichkeitsabbildungen** sind die gemeinsamen Eigenschaften von zentrischen Streckungen und Bewegungen. Das sind die Eigenschaften ② und ③ sowie die Eigenschaft ① der zentrischen Streckungen, denn die Eigenschaft ① der Bewegungen ist in ihr enthalten ($k = 1$).

Wie die Bewegungen erhalten auch die Ähnlichkeitsabbildungen die Form der Figuren, ändern aber ihre Größe.

Jede Ähnlichkeitsabbildung ist eine eineindeutige Abbildung der Ebene auf sich, ihre Umkehrung ist eine Ähnlichkeitsabbildung, und auch die Nacheinanderausführung zweier Ähnlichkeitsabbildungen ist eine Ähnlichkeitsabbildung.

↗ Eigenschaften der Bewegungen, S. 154
↗ Ähnlichkeit von Figuren, S. 194

**Ähnlichkeitsabbildungen des Raumes** sind die zentrischen Streckungen des Raumes, die Bewegungen des Raums und ihre Nacheinanderausführungen.

Die zentrische Streckung $(Z; k)$ des Raumes wird ebenso definiert wie die zentrische Streckung einer Ebene (↗ Bild 4/128).

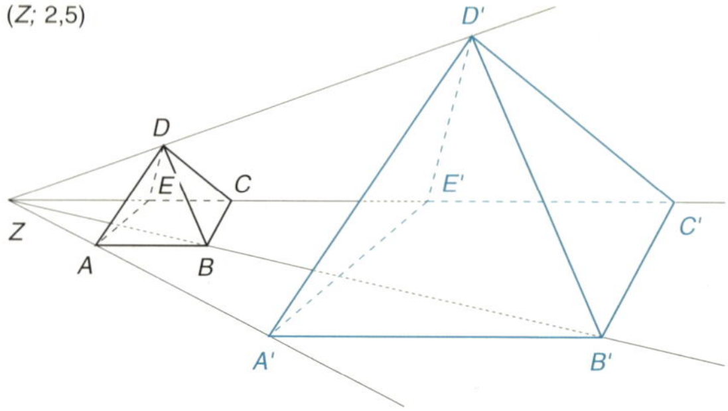


Bild 4/128

Bei Ähnlichkeitsabbildungen des Raumes ändert sich der Oberflächeninhalt und das Volumen von Körpern (↗ S. 197).

## 4 Ähnlichkeit von Figuren

**DEFINITION** Zwei Figuren heißen **einander ähnlich** genau dann, wenn es eine Ähnlichkeitsabbildung gibt, bei der die eine Figur das Bild der anderen ist.
Schreibweise: $F_1 \sim F_2$ ($F_1$ ist ähnlich zu $F_2$)

Ist $F_2$ das Bild von $F_1$ bei der Nacheinanderausführung einer Streckung $(Z; k)$ und einer Bewegung $f$, so ist $F_2$ eine maßstäbliche Darstellung von $F_1$ mit dem Maßstab $k$. Man nennt $k$ deshalb auch den **Ähnlichkeitsfaktor** der entsprechenden Ähnlichkeitsabbildung. Es gilt:

$F_1$ und $F_2$ seien zwei ebene Figuren, die einander mit dem Ähnlichkeitsfaktor $k$ ähnlich sind. Haben $F_1$ und $F_2$ die Umfänge $u_1$ und $u_2$ sowie die Flächeninhalte $A_1$ und $A_2$, so ist $u_2 = k \cdot u_1$ und $A_2 = k^2 \cdot A_1$.

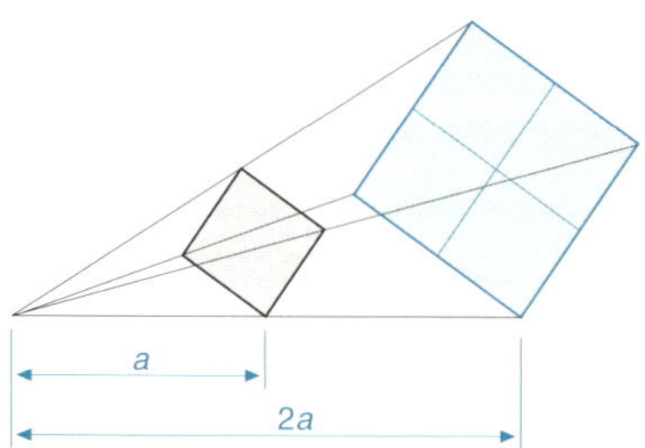


Bild 4/129

Ist die Bewegung $f$ die Identität, so reduziert sich die Ähnlichkeitsabbildung auf die Streckung $(Z; k)$ – die Figuren $F_1$, $F_2$ sind dann in **Ähnlichkeitslage**. Ist die Bewegung $f$ eine Punktspiegelung an $Z$, dann kann $F_2$ als Bild von $F_1$ bei einer Streckung $(Z; k)$ mit negativem Streckungsfaktor aufgefaßt werden. Bei Ähnlichkeitsabbildungen kann der Umlaufsinn einer Figur erhalten bleiben, er kann sich aber auch umkehren (↗ Bild 4/127). Man spricht dann entsprechend von **gleichsinniger** bzw. **ungleichsinniger** Ähnlichkeit.
Einander ähnliche Figuren sind im allgemeinen nicht kongruent zueinander; einander kongruente Figuren sind dagegen stets einander ähnlich.

## Ähnlichkeit von Vielecken

Wie im Falle der Kongruenz kann für zwei Dreiecke anhand ihrer Seiten und Winkel festgestellt werden, ob sie einander ähnlich sind.

**Ähnlichkeitssätze für Dreiecke** Zwei Dreiecke sind einander ähnlich,
① wenn sie in der Größe zweier Innenwinkel übereinstimmen; oder
② wenn sie in der Größe eines Innenwinkels und im Längenverhältnis der Seiten übereinstimmen, die diesem Winkel anliegen; oder
③ wenn die Eckpunkte des einen Dreiecks den Eckpunkten des anderen so zugeordnet werden können, daß die Längenverhältnisse entsprechender Seiten übereinstimmen; oder
④ wenn sie übereinstimmen im Längenverhältnis zweier Seiten und der Größe des Winkels, der der größeren dieser beiden Seiten gegenüberliegt.



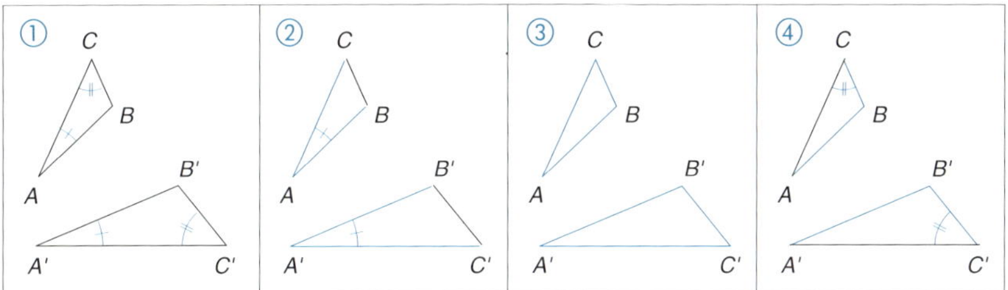


| ① | ② | ③ | ④ |
|---|---|---|---|
| $\alpha = \alpha'$, $\gamma = \gamma'$ | $\alpha = \alpha'$<br>$b : b' = c : c'$ | $a : a' = b : b' = c : c'$ | $\gamma = \gamma'$<br>$a : a' = c : c'$ |

*Bild 4/130*

Bei einander ähnlichen Dreiecken sind auch die Längenverhältnisse der Seiten gleich, denn statt
$a : a' = b : b'$, $b : b' = c : c'$, $a : a' = c : c'$
kann man schreiben:
$a : b = a' : b'$, $b : c = b' : c'$, $a : c = a' : c'$.
Gilt darüber hinaus $\gamma = \gamma' = 90°$ (↗ Bild 4/131), dann ist
$a : b = a' : b' = \tan \alpha$,
$b : c = b' : c' = \cos \alpha$,
$a : c = a' : c' = \sin \alpha$.
↗ Winkelfunktionen im rechtwinkligen Dreieck, S. 134

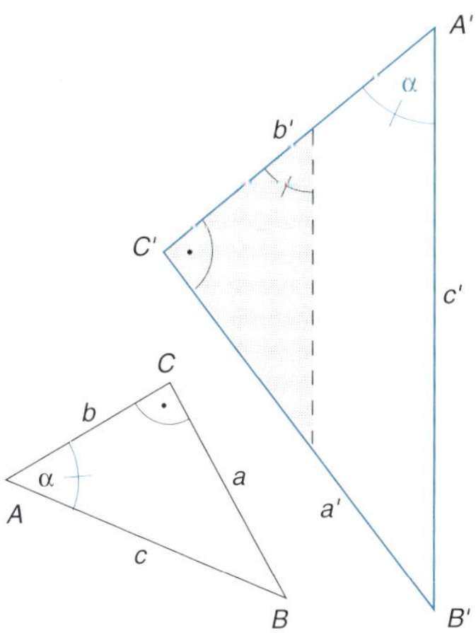


*Bild 4/131*

**Ähnlichkeitssatz für Vielecke** Zwei $n$-Ecke ($n \geq 3$) sind einander ähnlich, wenn sich zwischen ihren Eckpunkten (bei Beachtung der Reihenfolge) eine eineindeutige Zuordnung herstellen läßt, so daß
- einander entsprechende Winkel gleich groß sind und
- einander entsprechende Seiten das gleiche Verhältnis bilden.

4

■ $\overline{ABCDEF} \sim \overline{HJKLMN}$, aber $\overline{ABCDEF} \not\sim \overline{QRSTUV}$.

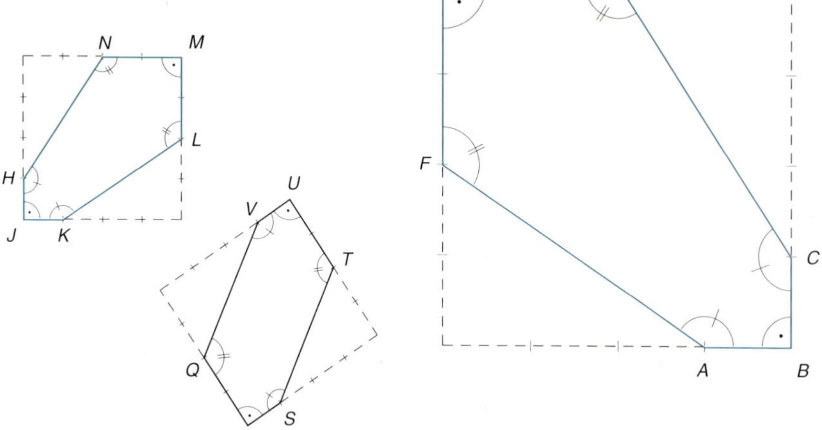


Bild 4/132

**Konstruktionen mit Hilfe der Ähnlichkeit**

Ist eine gesuchte Figur nicht unmittelbar konstruierbar, kann man eventuell folgendermaßen vorgehen:

① Es wird eine Hilfsfigur konstruiert, die nur einen Teil der gegebenen Bedingungen erfüllt.

② Nach der Hilfsfigur konstruiert man die gesuchte Figur (die alle Bedingungen erfüllt), indem man auf sie eine geeignete zentrische Streckung anwendet.

Welche Bedingungen zuerst vernachlässigt werden können, hängt von der jeweiligen Aufgabenstellung ab.

■ Einem Dreieck ist ein Quadrat so einzubeschreiben, daß seine Eckpunkte auf den Dreiecksseiten liegen.

*Lösungsplan* (↗ Bild 4/133, ①):

① Als Hilfsfigur wird zunächst ein Quadrat konstruiert, von dem nur ein Eckpunkt nicht auf einer Seite des Dreiecks $ABC$ liegt. Im Falle des Bildes 4/133, ② liegen die Punkte $Q_1$ und $R_1$ des Quadrates $P_1Q_1R_1S_1$ auf der Seite $\overline{AB}$ des Dreiecks, der Punkt $P_1$ liegt auf der Dreiecksseite $\overline{AC}$ und nur $S_1$ liegt nicht auf $\overline{BC}$. (Bei der Konstruktion der Hilfsfigur wurde mit der Seite $\overline{P_1Q_1}$ unter Beachtung von $PQ \perp AB$ begonnen.)

② Der Punkt $S$ des gesuchten Quadrates $PQRS$ liegt sowohl auf dem Strahl $AS_1$ als auch auf $\overline{BC}$.

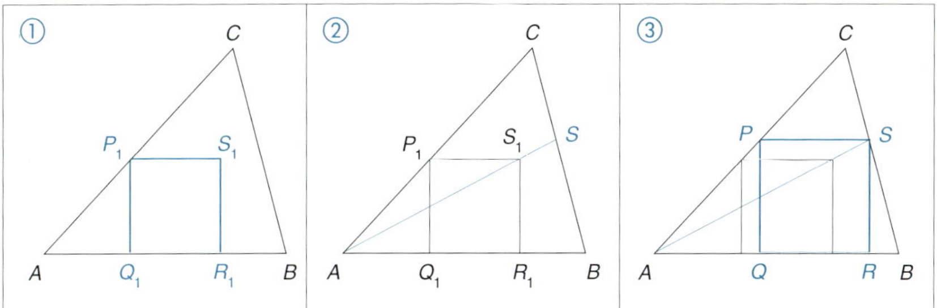


*Bild 4/133*

**Ähnlichkeit von Körpern**

Zwei Körper heißen einander ähnlich, wenn es eine Ähnlichkeitsabbildung gibt, bei der der eine Körper Bild des anderen ist.



- **a)** Zwei Würfel sind stets einander ähnlich.
  **b)** Zwei Kugeln sind ebenfalls stets einander ähnlich.
  **c)** Zwei Quader sind einander genau dann ähnlich, wenn es eine eineindeutige Zuordnung zwischen den Kanten der Quader gibt, so daß die einander entsprechenden Kanten das gleiche Verhältnis bilden.

$K_1$ und $K_2$ seien zwei Körper, die einander mit dem Ähnlichkeitsfaktor $k$ ähnlich sind. Haben $K_1$ und $K_2$ die Oberflächeninhalte $A_1$ bzw. $A_2$ und die Volumina $V_1$ bzw. $V_2$, so gilt $A_2 = k^2 \cdot A_1$ und $V_2 = k^3 \cdot V_1$.

## Körper

**Geometrische Körper**

Als **geometrischen Körper** bezeichnet man jede beschränkte dreidimensionale Menge von Punkten des Raumes, die allseitig von endlich vielen ebenen oder gekrümmten (nicht ebenen) Flächenstücken begrenzt wird, einschließlich dieser begrenzenden Flächenstücke. Die Vereinigung nur der Punkte aller begrenzenden Flächenstücke heißt die **Oberfläche** des Körpers.
Bei bestimmten Körpern wird eine Begrenzungsfläche als **Grundfläche** ausgezeichnet, z. B. kann bei Quadern jede Seitenfläche, bei Pyramiden- und Kegelstümpfen jede der beiden parallelen Seitenflächen als Grundfläche gewählt werden. Eine zur Grundfläche parallele Begrenzungsfläche wird oft **Deckfläche** genannt, z. B. bei einem Prisma oder einem Pyramidenstumpf. Die Vereinigung der von Grund- und Deckfläche verschiedenen Begrenzungsflächen heißt der **Mantel** des Körpers. An ebenflächig begrenzten Körpern heißen Strecken, die Seiten von genau zwei Begrenzungsflächen sind, **Kanten**, und zwar **Grundkanten**, wenn sie in der Grund- oder Deckfläche liegen, oder **Seitenkanten**, wenn sie weder in der Grund-, noch in der Deckfläche liegen.

Der **Oberflächeninhalt** $A_O$ und das **Volumen** (der **Rauminhalt**) $V$ eines Körpers ist jeweils eine Größe, bestehend aus einem Zahlenwert und einer Einheit.

Der Oberflächeninhalt $A_O$ eines Körpers $K$ ist gleich der Summe der Flächeninhalte der Begrenzungsflächen von $K$.

Als Einheit der Messung des Volumens von Körpern verwendet man einen Würfel, dessen Grundfläche ein Einheitsquadrat ist (einen Einheitswürfel). Das Volumen von Körpern kann durch Auslegen mit Einheitswürfeln ermittelt werden, gegebenenfalls näherungsweise. Dabei nutzt man die Eigenschaften des Volumens aus:

① Der Zahlenwert des Volumens des Einheitswürfels ist gleich 1.
② Kongruente Körper haben das gleiche Volumen.
③ Ist ein Körper $K$ in zwei oder mehr Körper zerlegt, so ist das Volumen von $K$ gleich der Summe der Volumina der Teilkörper.

■ Würfel mit der Kantenlänge 2 cm
$V = 8\ \text{cm}^3$ (Größe); Einheit $1\ \text{cm}^3$
$A_O = 24\ \text{cm}^2$ (Größe); Einheit $1\ \text{cm}^2$

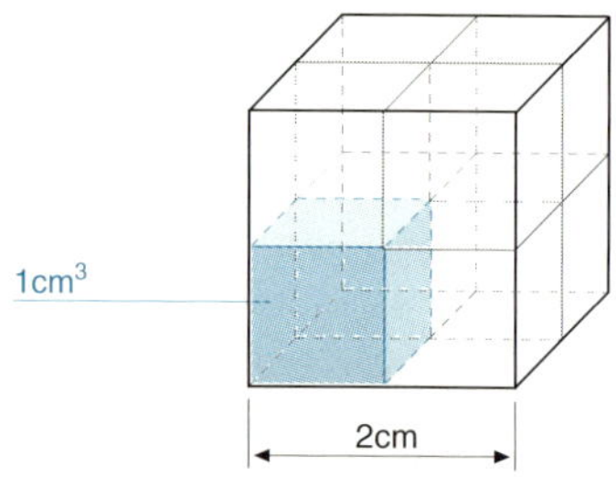


*Bild 4/134*

Kongruente Körper haben gleichen Oberflächeninhalt und das gleiche Volumen, bei ähnlichen Körpern unterscheiden sich die Oberflächeninhalte bzw. Volumina um jeweils einen Faktor (↗ S. 197).
Zum Volumenvergleich und zur Volumenberechnung wird oft der Satz des CAVALIERI herangezogen. Beispiele dafür sind die Berechnung des Volumens eines Prismas, eines Kreiszylinders, eines Kegels, …

**Satz des CAVALIERI** Zwei Körper haben das gleiche Volumen, wenn man sie so zwischen zwei zueinander parallele Ebenen legen kann, daß jede zu diesen Ebenen parallele Ebene die beiden Körper in Schnittfiguren gleichen Flächeninhalts schneidet (↗ Bild 4/135).

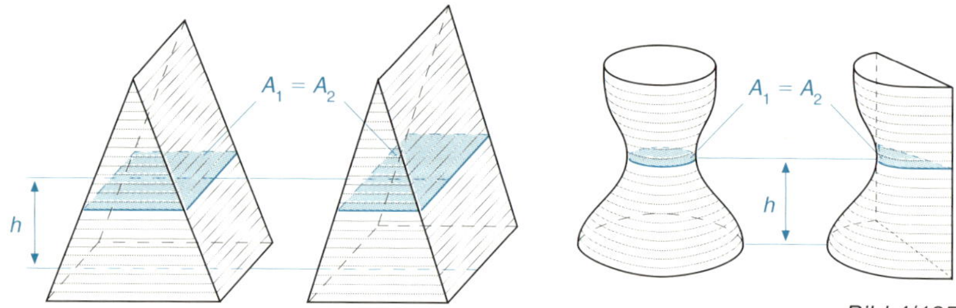


*Bild 4/135*

## Quader

Ein geometrischer Körper, der von drei Paaren jeweils kongruenter, in parallelen Ebenen liegender Rechtecke begrenzt wird, heißt **Quader**.

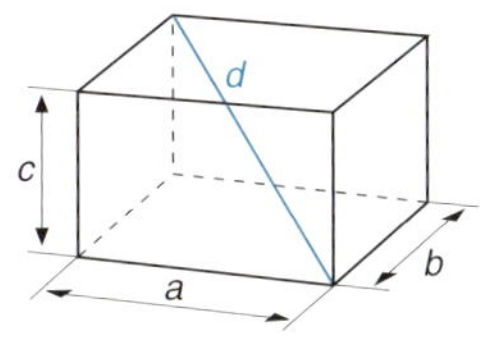


Bild 4/136

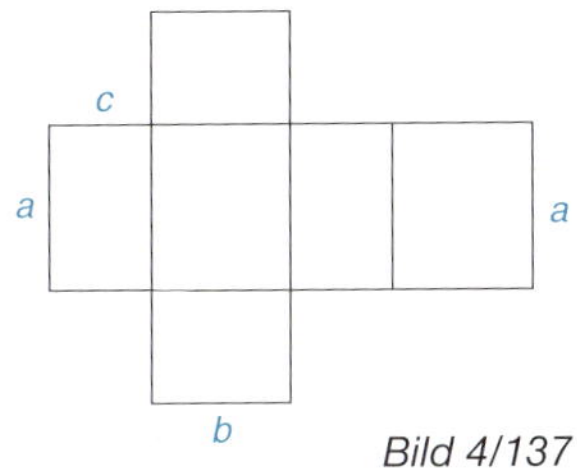


Bild 4/137

$V = abc$

$A_O = 2(ab + ac + bc)$

$d = \sqrt{a^2 + b^2 + c^2}$

Ein **Würfel** ist ein Quader, bei dem alle Kanten die gleiche Länge haben. Der Würfel gehört zu den fünf platonischen Körpern.



| | |
|---|---|
| **Würfel** | $V = a^3$; $A_O = 6a^2$; $d = a\sqrt{3}$ |

## n-seitiges Prisma

Jeder geometrische Körper, der begrenzt wird

① von zwei zueinander kongruenten und in zueinander parallelen Ebenen liegenden $n$-Eckflächen sowie

② von $n$ Parallelogrammen

heißt ***n*-seitiges Prisma**.

Die $n$ Parallelogramme nennt man seine **Seitenflächen** und ihre Gesamtheit den **Mantel des Prismas**.

Der Körper heißt **gerades Prisma** genau dann, wenn die den Mantel bildenden Parallelogramme sämtlich Rechtecke sind; anderenfalls spricht man von einem **schiefen Prisma**.

Ein $n$-seitiges Prisma hat $n + 2$ Begrenzungsflächen, $3n$ Kanten sowie $2n$ Ecken. Den Abstand der Ebenen von Grund- und Deckfläche eines Prismas bezeichnet man als seine Höhe (↗ Bild 4/138 und auch 4/139).

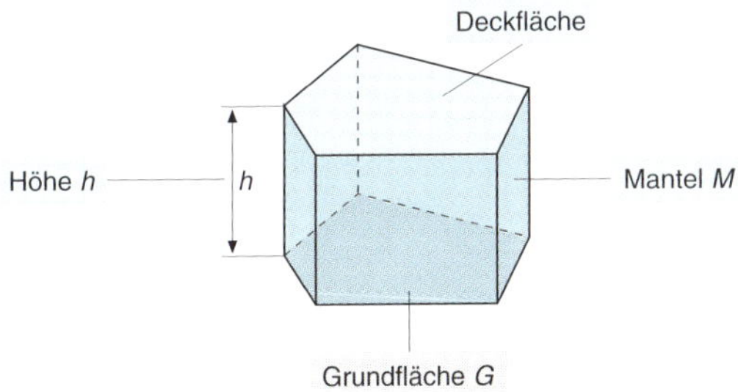


Bild 4/138

$V = A_G h$

$A_O = 2A_G + A_M$

Die die Eckpunkte von Grund- und Deckfläche verbindenden Kanten eines Prismas, seine Seitenkanten, sind alle gleich lang.
Die neben dem Bild 4/138 angegebenen Formeln für den Oberflächeninhalt $A_O$ und das Volumen $V$ gelten für gerade und für schiefe Prismen.

■ Im Bild 4/139 haben das schiefe Prisma, das gerade Prisma und der Quader den Grundflächeninhalt $A_G = \frac{1}{2} g \cdot h_g$ und die gleiche Höhe $h$.

Bei einem Schnitt parallel zur Grundflächenebene haben die drei Körper in jeder Höhe flächengleiche Schnittflächen. Nach dem Satz des CAVALIERI haben das schiefe Prisma, das gerade Prisma und der Quader das gleiche Volumen, nämlich $V = \frac{1}{2} g \cdot h_g \cdot h$.

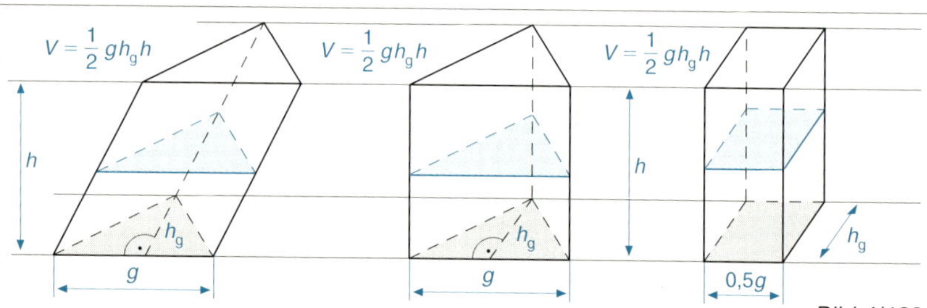

Bild 4/139

## Pyramide

**Pyramide** heißt jeder geometrische Körper, der begrenzt wird von einer $n$-Eckfläche (der Grundfläche) und $n$ Dreiecksflächen (den Seitenflächen), die einen Eckpunkt $S$ gemeinsam haben (die Spitze der Pyramide). Hat die Grundfläche einen Mittelpunkt $M$, so unterscheidet man **gerade** und **schiefe Pyramiden**, je nachdem, ob die Gerade $SM$ auf der Grundflächenebene senkrecht steht oder nicht.
Die im Bild 4/140 angegebenen Formeln für den Oberflächeninhalt $A_O$ und das Volumen $V$ gelten für gerade und für schiefe Pyramiden.

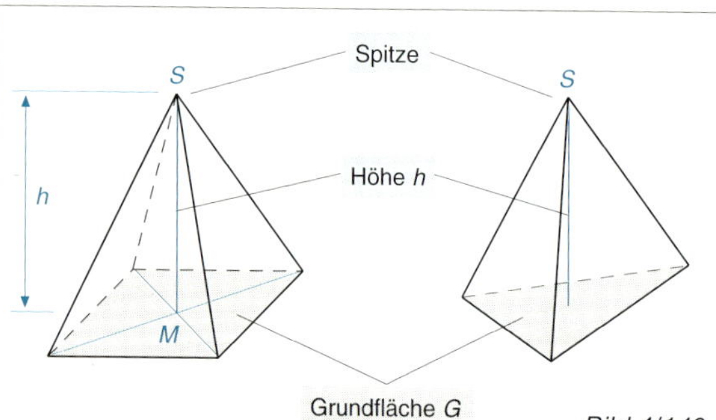

Bild 4/140

$$V = \frac{1}{3} A_G \cdot h$$
$$A_O = A_G + A_M$$

Eine $n$-seitige Pyramide hat $2n$ Kanten sowie $n + 1$ Ecken.
Der Abstand der Spitze $S$ von der Ebene der $n$-Eckfläche (Grundflächenebene) wird Höhe der Pyramide genannt (↗ Bild 4/140).

**Berechnungen an der quadratischen Pyramide:**
Für die Pyramide im Bild 4/141 gilt

$$h_S = \sqrt{h^2 + \frac{a^2}{4}} \qquad h = \sqrt{s^2 - \frac{a^2}{2}}$$

$$A_0 = a^2 + 4 \cdot \frac{1}{2} a \cdot h_S$$

$$= a^2 + 2a \sqrt{h^2 + \frac{a^2}{4}}$$

$$V = \frac{1}{3} a^2 \cdot h$$

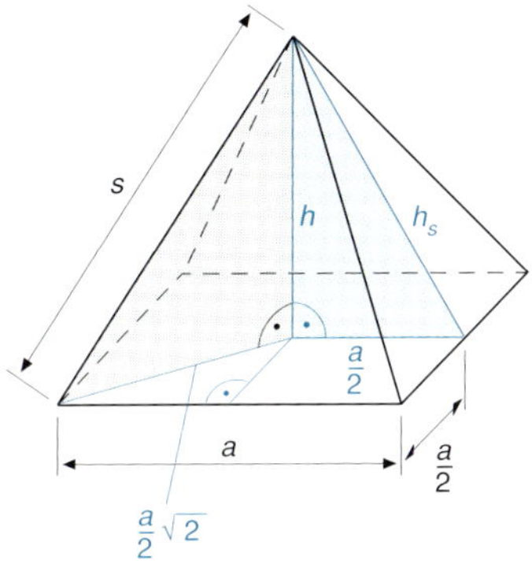


Bild 4/141

4

## Pyramidenstumpf

**Pyramidenstumpf** nennt man jeden geometrischen Körper, der entsteht, wenn eine Pyramide durch eine zur Grundflächenebene parallele Ebene geschnitten wird; man erhält auf diese Weise einen Pyramidenstumpf und eine Ergänzungspyramide.
Ein Pyramidenstumpf wird von zwei zueinander parallelen und ähnlichen, aber nicht kongruenten $n$-Ecken sowie $n$ Trapezen begrenzt. Ein Pyramidenstumpf hat $3n$ Kanten und $2n$ Ecken.
Den Abstand von Grund- und Deckfläche eines Pyramidenstumpfes bezeichnet man als seine Höhe (↗ Bild 4/142).

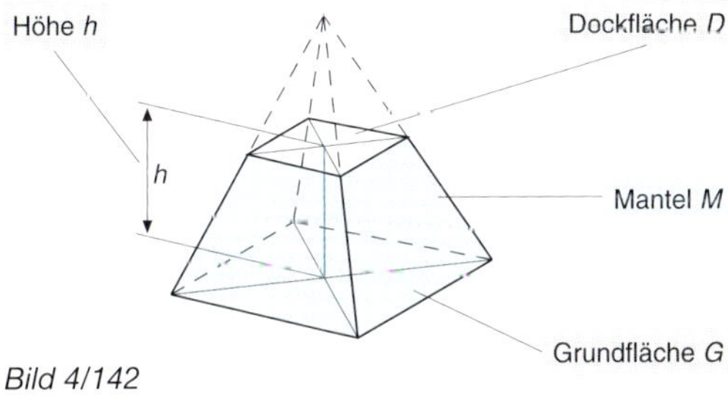


Bild 4/142

$$V = \frac{1}{3} h \left(A_G + \sqrt{A_G A_D} + A_D\right)$$

$$A_O = A_G + A_M + A_D$$

## Kreiszylinder

**Kreiszylinder** heißt jeder geometrische Körper, der entsteht, wenn man die Punkte zweier Kreisflächen, die einander kongruent sind und in zueinander parallelen Ebenen liegen, paarweise durch zueinander parallele Strecken verbindet (↗ Bilder 4/143 und 4/146). Jede solche Verbindungsstrecke von Punkten der beiden Kreislinien heißt **Mantellinie** des Kreiszylinders und die Verbindungsstrecke der Kreismittelpunkte seine **Achse**. Alle Mantellinien und die Achse sind gleich lang.

Ein Kreiszylinder wird begrenzt von den beiden Kreisflächen (Grund- und Deckfläche) und seinem **Mantel** (der Menge aller Mantellinien). Den Abstand von Grund- und Deckfläche bezeichnet man als die **Höhe** des Kreiszylinders.

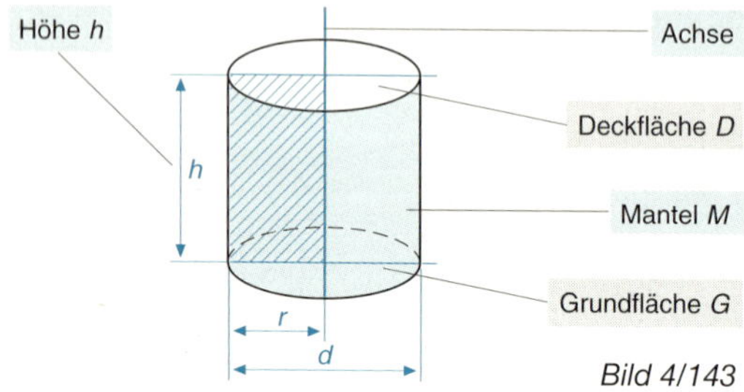


*Bild 4/143*

$$V = \pi r^2 h = \frac{\pi}{4} d^2 h$$

$$A_M = 2\pi r h = \pi d h$$

$$A_O = 2\pi r(r + h)$$



Bei einem **geraden Kreiszylinder** steht die Achse auf der Grundfläche senkrecht. Man kann ihn sich erzeugt denken durch Drehung eines Rechtecks um eine der Rechteckseiten.

Zu jedem geraden Kreiszylinder gibt es einen Quader gleicher Höhe $h$ und mit gleichem Grundflächeninhalt:
$A_G = \pi r \cdot r$ (↗ Bild 4/144).
Beide Körper genügen dem Satz des CAVALIERI und sind volumengleich:
$V_{Quader} = \pi r^2 h = V_{Zylinder}$

Der Oberflächeninhalt des geraden Kreiszylinders ist die Summe der Inhalte der Flächenstücke seines Netzes (↗ Bild 4/145).

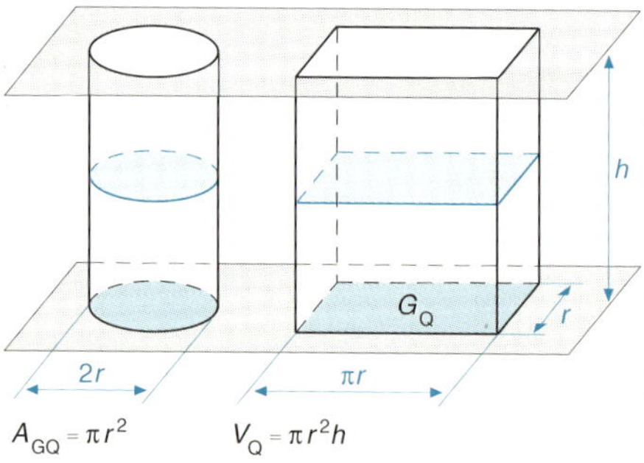


*Bild 4/144*

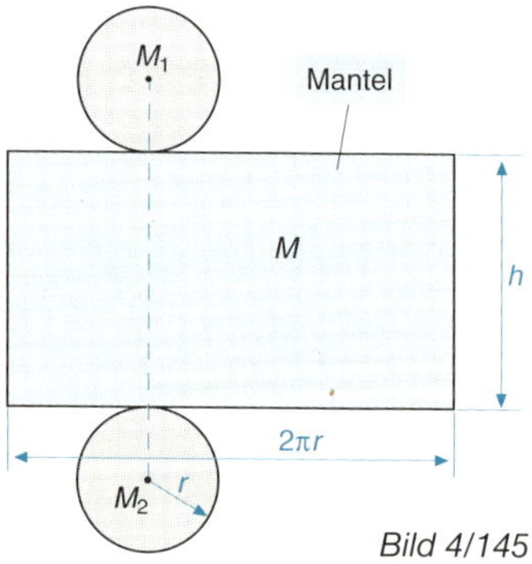


*Bild 4/145*

Ein Kreiszylinder, bei dem die Gerade durch die Mittelpunkte der beiden Kreisflächen nicht senkrecht auf der Grundflächenebene steht, heißt **schiefer Kreiszylinder**. Zu jedem schiefen Kreiszylinder gibt es einen geraden Kreiszylinder gleicher Höhe und mit gleichem Grundkreisradius (↗ Bild 4/146). Beide Zylinder erfüllen die Voraussetzungen des Satzes von CAVALIERI und haben demzufolge das gleiche Volumen.

**Hohlzylinder:** Es gilt im Falle $r_1 > r_2$ für einen geraden Hohlzylinder (↗ Bild 4/147):
$V = \pi(r_1^2 - r_2^2)h$
$A_O = 2\pi(r_1^2 - r_2^2 + r_1h + r_2h)$

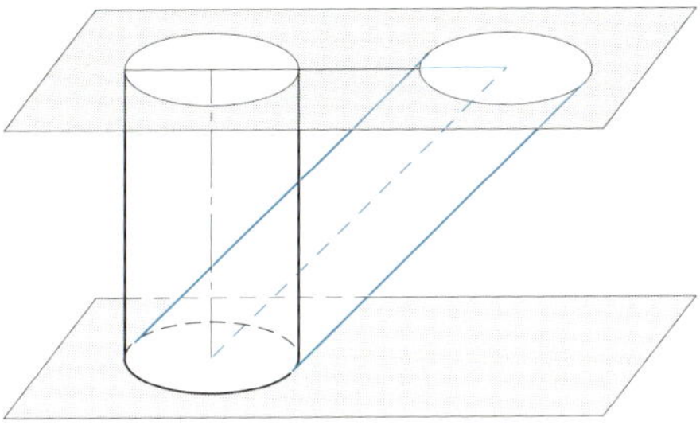

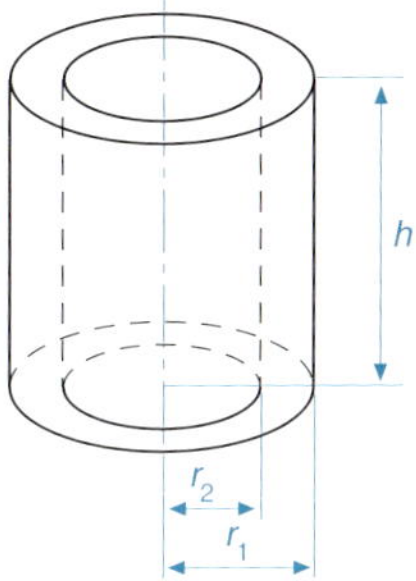


Bild 4/146 (links); Bild 4/147



**Kreiskegel**

Jeder geometrische Körper, der entsteht, wenn man die Punkte einer Kreisfläche mit einem nicht in der Ebene des Kreises liegenden Punkt *S* verbindet, heißt **Kreiskegel** (↗ Bild 4/148).
Er wird von der Kreisfläche (Grundfläche) und einer gekrümmten Fläche, dem **Mantel**, begrenzt.
Jede Strecke, die einen Punkt der Kreislinie mit der Spitze verbindet, heißt **Mantellinie** *s*. Den Abstand der Spitze *S* von der Grundfläche des Kegels bezeichnet man als seine **Höhe** *h* (↗ Bilder 4/148 und 4/151).
Ist der Fußpunkt des Lotes von *S* auf die Ebene des Kreises der Kreismittelpunkt, so heißt der Kreiskegel **gerade**. Ein gerader Kreiskegel entsteht, wenn man ein rechtwinkliges Dreieck um eine seiner Katheten dreht.

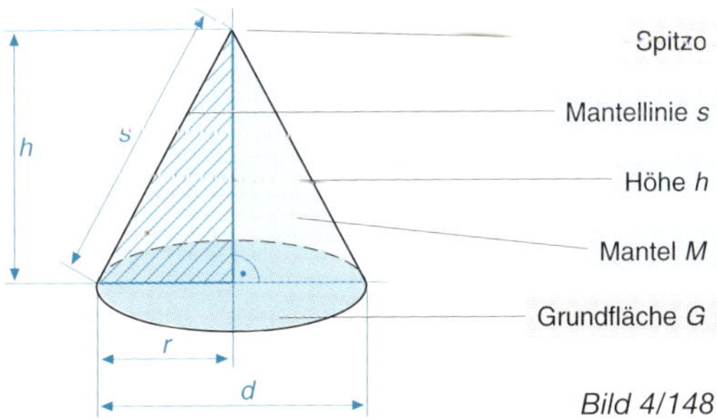


Bild 4/148

$V = \frac{1}{3}\pi r^2 h = \frac{1}{12}\pi d^2 h$

$A_M = \pi rs = \frac{1}{2}\pi ds$

$A_O = \pi r(r+s)$

Zu jedem geraden Kreiskegel gibt es eine Pyramide gleicher Höhe und mit dem gleichen Grundflächeninhalt: $A_G = \pi r \cdot r$ (↗ Bild 4/149). Beide Körper genügen dem Satz des CAVALIERI und sind volumengleich:

$V_{Pyramide} = \frac{1}{3}\pi r \cdot r \cdot h = V_{Kegel}$

Der Oberflächeninhalt ist die Summe der Inhalte der Flächenstücke seines Netzes (↗ Bild 4/150).

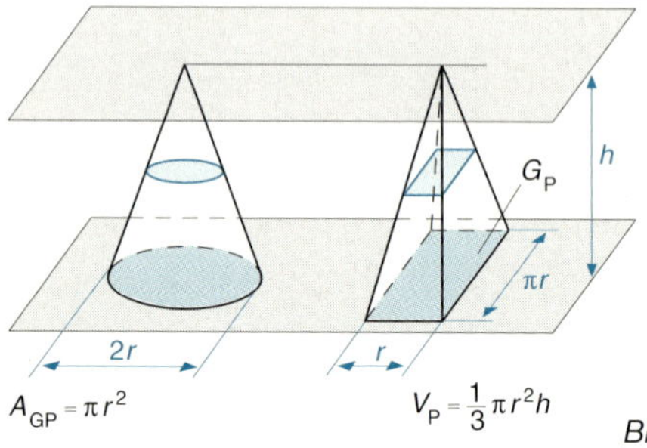


Bild 4/149

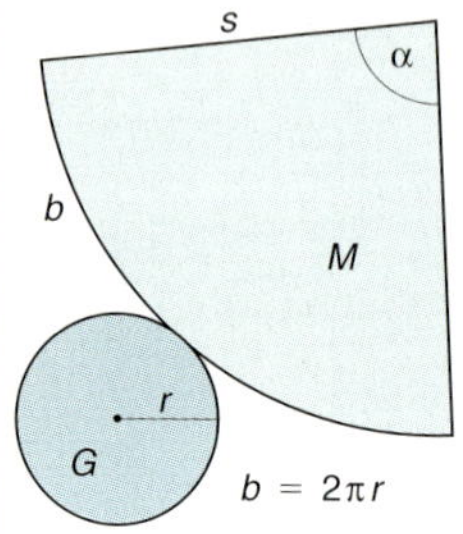


Bild 4/150

4

Ein Kreiskegel, bei dem der Fußpunkt des Lotes von der Spitze auf die Kreisebene nicht der Mittelpunkt des Kreises ist, heißt **schiefer Kreiskegel** (↗ Bild 4/151). Zu jedem schiefen Kreiskegel gibt es einen geraden Kreiskegel gleicher Höhe und mit gleichem Grundkreisradius. Beide Körper erfüllen die Voraussetzungen des Satzes von CAVALIERI und sind also volumengleich.

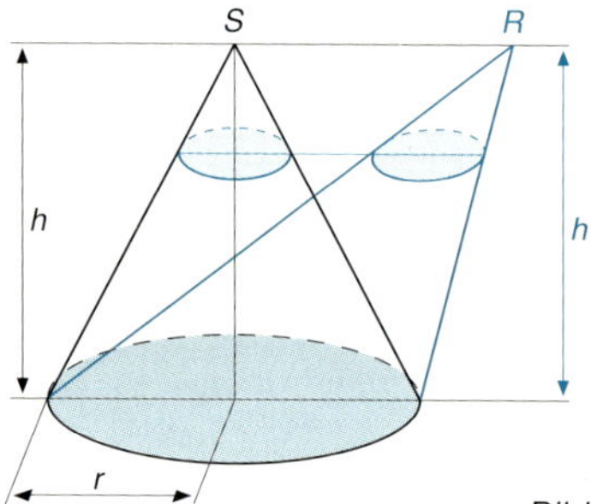


Bild 4/151

## Kreiskegelstumpf

**Kreiskegelstumpf** nennt man jeden geometrischen Körper, der entsteht, wenn ein Kreiskegel durch eine zur Grundflächenebene parallele Ebene geschnitten wird; und zwar erhält man auf diese Weise einen Kreiskegelstumpf und einen Rest- oder Ergänzungskegel.

Ein gerader Kreiskegelstumpf entsteht, wenn man ein gleichschenkliges Trapez um seine Symmetrieachse dreht (↗ Bild 4/152).

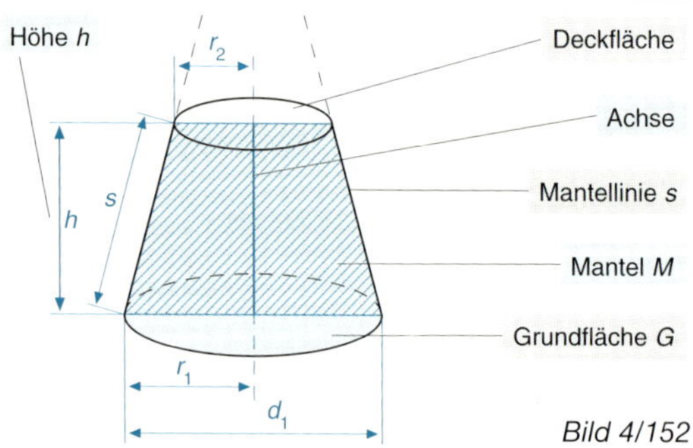


Bild 4/152

$$V = \frac{1}{3}\pi h\,(r_1^2 + r_1 r_2 + r_2^2)$$

$$A_M = \pi s(r_1 + r_2)$$

$$A_O = \pi r_1^2 + \pi r_2^2 + \pi s(r_1 + r_2)$$

### Kugel

**Kugel** heißt jeder geometrische Körper, der durch Drehung einer Kreisfläche um einen Durchmesser der Kreisfläche entsteht.

**Kugeloberfläche** heißt die Menge aller Punkte $P$ des Raumes, die von einem Punkt $M \neq P$ den Abstand $\overline{PM} = r$ haben. Eine Kugeloberfläche läßt sich nicht in eine Ebene abwickeln.

*Schneidet* eine Ebene eine Kugel, so entsteht als Schnittfigur ein Kreis.

*Berührt* eine Ebene eine Kugel, so heißt die Ebene **Tangentialebene der Kugel**. Der gemeinsame Punkt $P$ einer Kugel und einer Tangentialebene heißt ihr Berührungspunkt (↗ Bild 4/153). Der **Berührungsradius** $\overline{PM}$ steht senkrecht auf der Tangentialebene.

Jede Ebene durch den Mittelpunkt einer Kugel ist Symmetrieebene dieser Kugel.

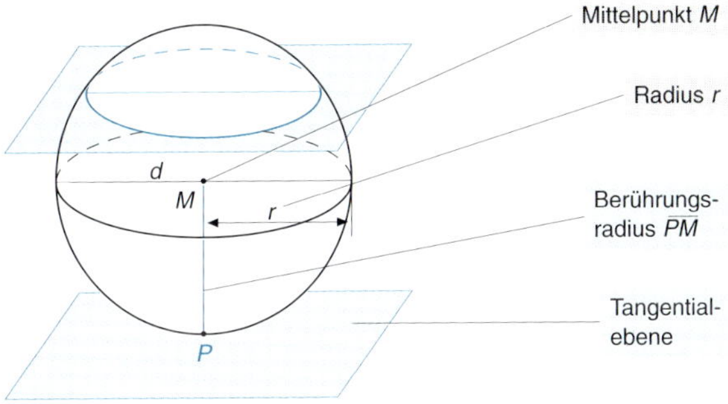


*Bild 4/153*

$$V = \frac{4}{3}\pi r^3 = \frac{1}{6}\pi d^3$$

$$A_O = 4\pi r^2 = \pi d^2$$

4

## Darstellende Geometrie

Die darstellende Geometrie untersucht Gesetzmäßigkeiten, nach denen räumliche Objekte auf eine Ebene abgebildet und ebene Bilder von geometrischen Objekten räumlich interpretiert werden können.

Abbildungsverfahren der darstellenden Geometrie nennt man auch **Projektionsverfahren**.

### Projektion

**Projektion** nennt man jede eindeutige Abbildung von Punkten des Raumes auf Punkte einer Ebene, der **Projektionsebene**.

Jede Gerade, die einen Punkt mit seinem Bild bei einer Projektion verbindet, nennt man **Projektionsgerade**.

**Zentralprojektion**: Alle Projektionsgeraden gehen durch ein und denselben Punkt $Z$ außerhalb der Projektionsebene (↗ Bild 4/154a).

**Parallelprojektion**: Die Projektionsgeraden sind einander parallel (↗ Bild 4/154b).

**Senkrechte Parallelprojektion**: Die Projektionsgeraden stehen senkrecht auf der Projektionsebene.

**Schräge Parallelprojektion**: Die Projektionsgeraden bilden mit der Projektionsebene einen Winkel $\alpha \neq 90°$.

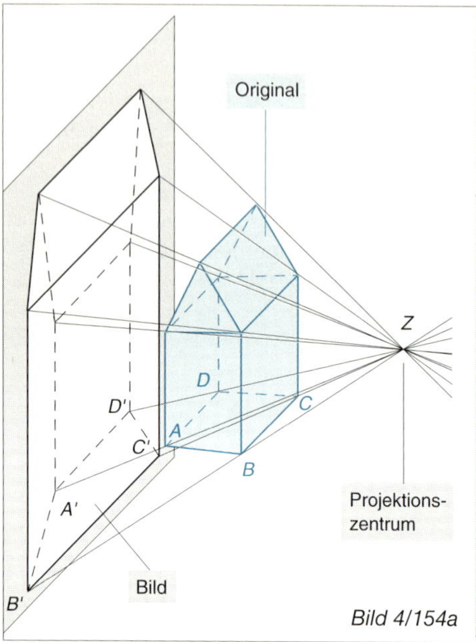

Bild 4/154a

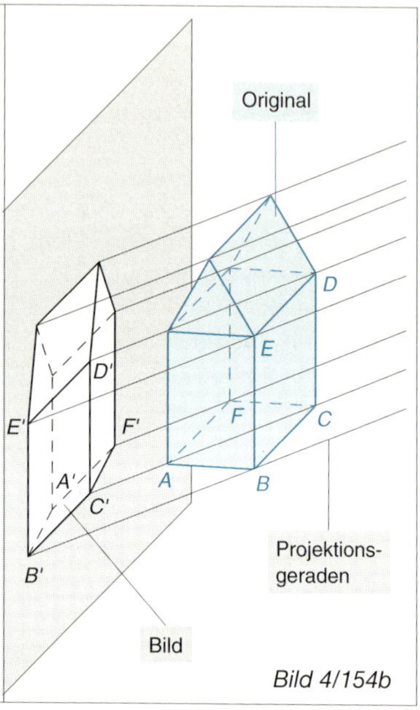

Bild 4/154b



Bei Parallelprojektion werden

- Strecken und ebene Figuren, die parallel zur Bildebene liegen, in wahrer Länge bzw. in wahrer Größe und Gestalt abgebildet (↗ Bild 4/154b, $BCDE \cong B'C'D'E'$);
- Strecken und ebene Figuren, die geneigt zur Bildebene liegen, verzerrt wiedergegeben ($\overline{AB} \not\cong \overline{A'B'}$);
- parallele Strecken haben parallele Bilder ($\overline{AB} \parallel \overline{FC}$, also $\overline{A'B'} \parallel \overline{F'C'}$).

Die Verzerrung hängt von der Neigung der Originalstrecken und -figuren gegen die Bildebene und von dem Winkel ab, den die Projektionsgeraden mit der Projektionsebene bilden. Strecken, die in Richtung der Projektionsgeraden liegen, werden als Punkte abgebildet.

## Schrägbilder

**Schrägbild** nennt man jedes Bild einer Figur bei einer schrägen Parallelprojektion.

**Zur Konstruktion eines Schrägbildes** denkt man sich die Bildebene meistens senkrecht hinter dem Original stehend. Das Original bringt man in eine Lage, bei der möglichst viele Strecken bzw. Flächen parallel zur Bildebene liegen. Dann werden Strecken, die parallel zur Bildebene liegen, in wahrer Länge abgebildet; die Richtung der Bildstrecken entspricht der der Originale. Strecken, die senkrecht zur Bildebene liegen, werden je nach Projektionsrichtung verkürzt oder verlängert dargestellt; die Richtung der Bildstrecken hängt von der Richtung der Projektionsgeraden ab. Es entsteht ein verzerrtes Bild, die Verzerrung ist durch das **Verzerrungsverhältnis** $q$ und durch den **Verzerrungswinkel** $\alpha$ festgelegt.

Das Verzerrungsverhältnis ist der Quotient aus der Länge des Schrägbildes einer Strecke, die senkrecht zur Bildebene liegt, und der Länge dieser Strecke (↗ Bild 4/157).
Der Verzerrungswinkel ist derjenige Winkel, den das Bild einer senkrecht zur Bildebene liegenden Strecke mit einer Horizontalen bildet.

| **$\alpha$ = 15°; $q$ = 1,2** | **$\alpha$ = 55°; $q$ = 1** | **$\alpha$ = 45°; $q = \frac{1}{2}$** |
|---|---|---|
| Original: Würfel, $a$ = 1 cm | | |

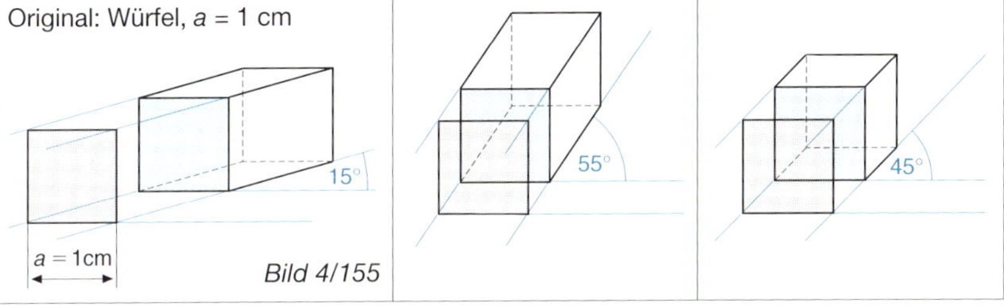


Bild 4/155

Im Bild 4/155 wird ein Würfel, der vor der Bildebene in Parallellage zu denken ist, bei drei unterschiedlichen Parallelprojektionen abgebildet. Eine der senkrecht zur Bildebene zu denkenden Würfelkanten ($a$ = 1 cm) wird im ersten Bild mit 15° gegen die Horizontale geneigt und auf 1,2 cm verlängert abgebildet (15°; 1,2). Das Original wird normalerweise nicht mitgezeichnet. Bei technischen Zeichnungen wird häufig die Projektion $\left(45°; \frac{1}{2}\right)$ bevorzugt, die **Kavalierperspektive.**

Die Konstruktion der Schrägbilder von Körpern kann schrittweise erfolgen. Dabei werden mitunter Hilfsstrecken des Originals verwendet.

■ **Konstruktion des Schrägbildes ($\alpha$ = 45°; $q = \frac{1}{2}$) eines dreiseitigen Prismas**

Grundfläche: $\triangle ABC$ mit $\overline{AB} = \overline{BC} = \overline{CA}$ = 4 cm; Höhe 5 cm
Wir beginnen mit der Grundfläche und zeichnen im Maßstab 1:2; Hilfsstrecke blau.

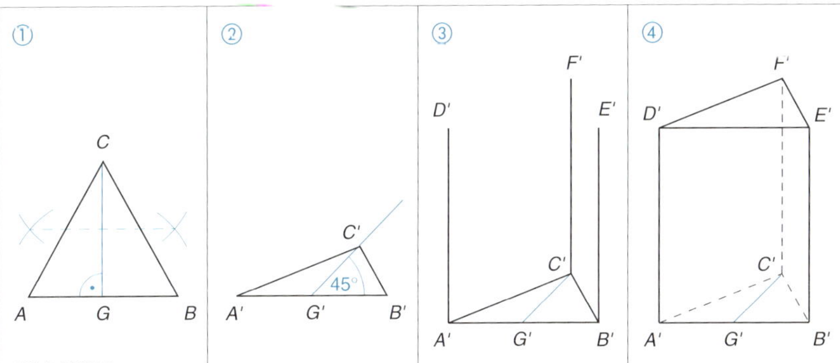


Bild 4/156

■ **Schrägbild $\left(\alpha = 45°,\ q = \frac{1}{2}\right)$ einer quadratischen Pyramide**

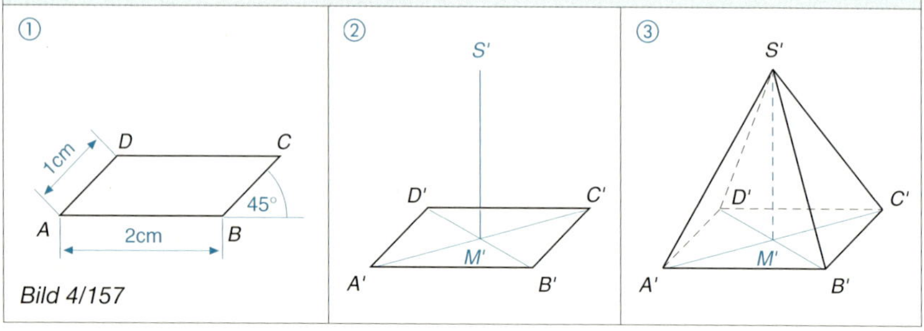


Bild 4/157

4

Bild 4/158 zeigt einen geraden Kreiszylinder in Kavalierperspektive. In die Grundfläche sind als Hilfslinien parallele Sehnen eingezeichnet.

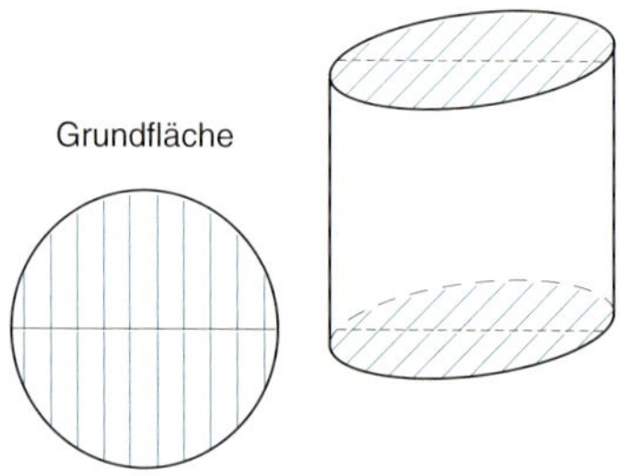


Bild 4/158

## Senkrechte Eintafelprojektion

**Senkrechte Eintafelprojektion** nennt man jede senkrechte Parallelprojektion auf eine im allgemeinen horizontal gelegene Bildebene. Bei der senkrechten Eintafelprojektion wird jedem Originalpunkt $P$ eindeutig ein Bildpunkt $P'$ auf der Bildebene zugeordnet. Um auch umgekehrt zu jedem Bildpunkt $P'$ eindeutig einen Originalpunkt $P$ festlegen zu können, wird ein Höhenmaßstab beigegeben (↗ Bild 4/159).

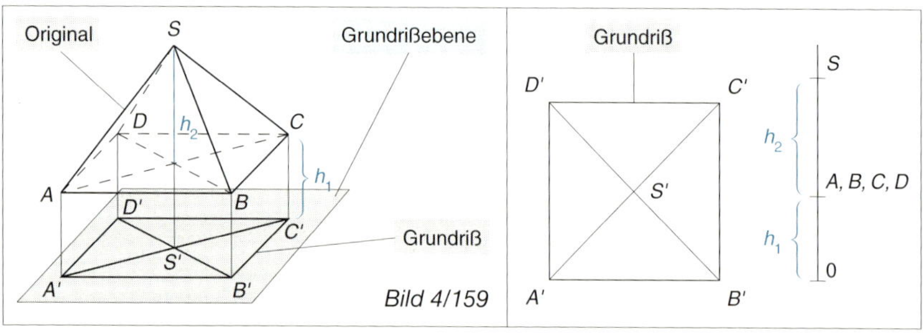


Bild 4/159

Bei der senkrechten Eintafelprojektion werden wie bei jeder Parallelprojektion (↗ S. 205) Strecken und ebene Figuren, die parallel zur Grundrißebene liegen, in wahrer Länge bzw. in wahrer Größe und Gestalt abgebildet (↗ Quadrat *ABCD* im Bild 4/159).

Strecken und ebene Figuren, die gegen die Grundrißebene geneigt sind, werden gekürzt bzw. verzerrt abgebildet (↗ $\overline{AS}$ bzw. $\triangle ABS$ im Bild 4/159). Zur Ermittlung der wahren Länge einer gegen die Grundrißebene geneigten Strecke wird ein **Stützdreieck** umgeklappt (↗ Bild 4/160).

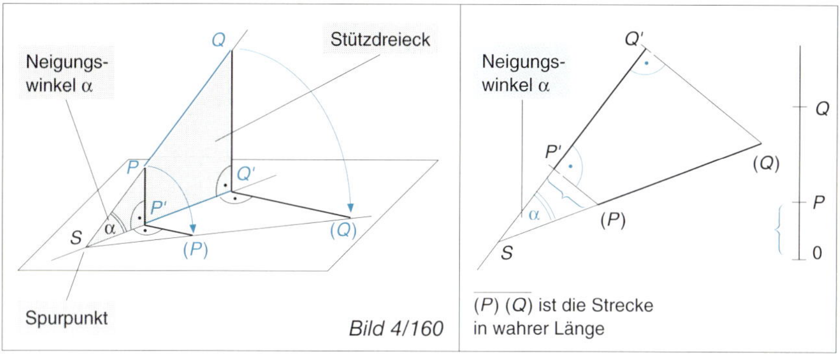


*Bild 4/160*

4

Dieses Verfahren wird auch angewendet, um den **Neigungswinkel** der Strecke $\overline{PQ}$ oder der Geraden $PQ$ gegen die Grundrißebene zu ermitteln (↗ Bild 4/160). Zur Ermittlung der wahren Größe und Gestalt einer ebenen Figur, die gegen die Grundrißebene geneigt ist, betrachtet man die Ebene, in der diese Figur liegt. Diese Ebene schneidet die Grundrißebene in einer Geraden, der **Spurgeraden**. Für jedes geneigt liegende Dreieck im Raum kann die Spurgerade der Ebene, in der das Dreieck liegt, durch zwei **Spurpunkte** ermittelt werden (↗ Bild 4/161).

Wenn man die Ebene, in der die betrachtete Figur liegt, um die Spurgerade in die Grundrißebene hineindreht, so erhält man die Figur in wahrer Größe und Gestalt.

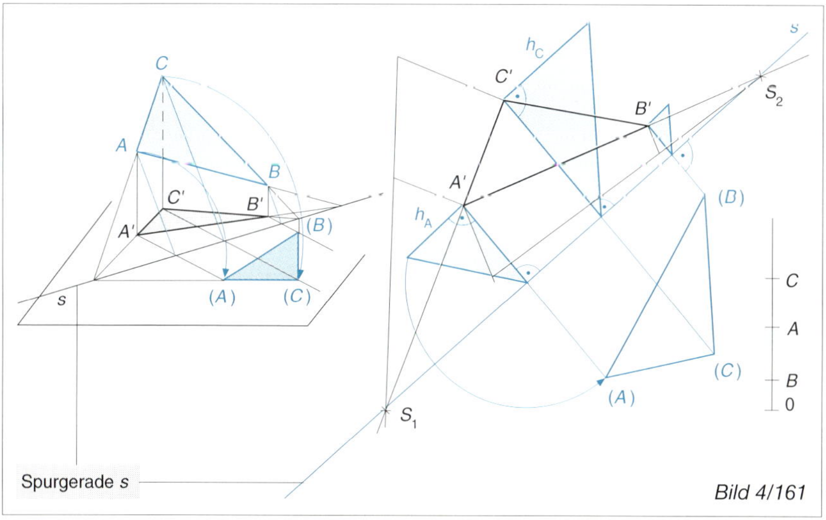


*Bild 4/161*

Geraden der geneigten Ebene, die parallel zur Spurgeraden liegen, heißen **Höhenlinien** und Geraden dieser Ebene, die zu den Höhenlinien senkrecht sind, **Fallinien**. Fallinien und ihre Risse stehen auf der Spurgeraden senkrecht.

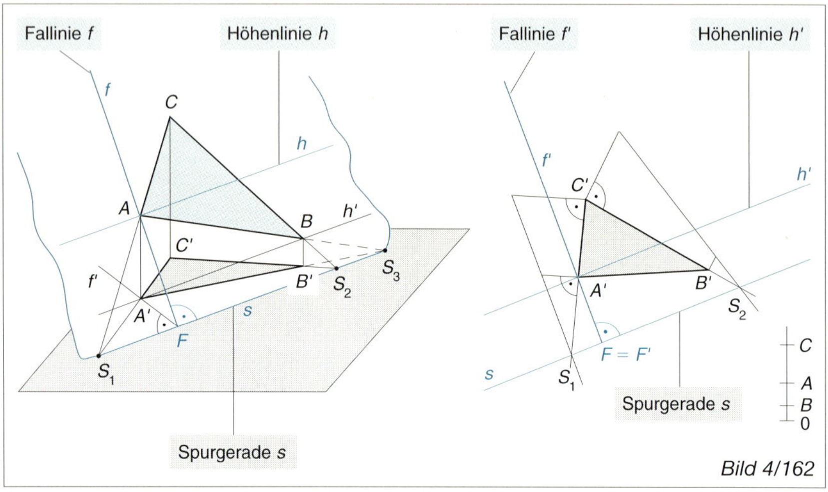


Bild 4/162

4

■ **Konstruktion der wahren Größe und Gestalt der Seitenfläche einer quadratischen Pyramide**

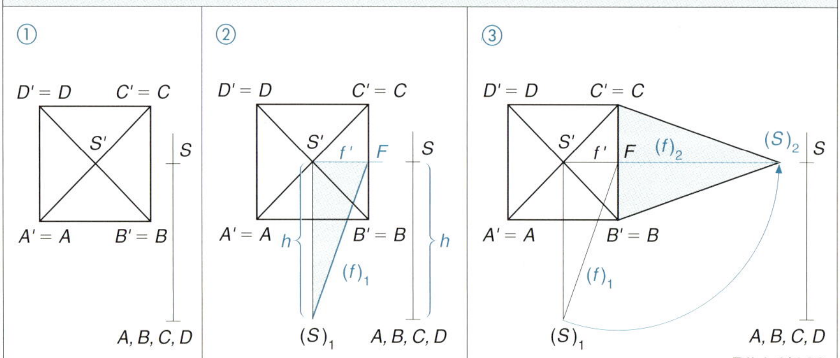


Bild 4/163

## Senkrechte Zweitafelprojektion

**Senkrechte Zweitafelprojektion** nennt man jede senkrechte Parallelprojektion auf zwei Projektionsebenen, die senkrecht aufeinander stehen.

Bei der senkrechten Zweitafelprojektion wird jedem Originalpunkt $P$ eindeutig ein Bildpunkt in jeder Bildebene zugeordnet, ein **Grundriß** $P'$ in der Grundrißebene und ein **Aufriß** $P''$ in der Aufrißebene. Die Aufrißebene, die man sich senkrecht zur Grundrißebene meistens hinter dem Original denkt, wird durch eine Drehung um die beiden Bildebenen gemeinsame Gerade, die **Rißachse**, in die

Grundrißebene gedreht. Grund- und Aufriß gemeinsam sichern, daß aus den beiden Bildern eines Punktes $P$ eindeutig auf dessen Lage im Raum geschlossen werden kann (↗ Bild 4/164).

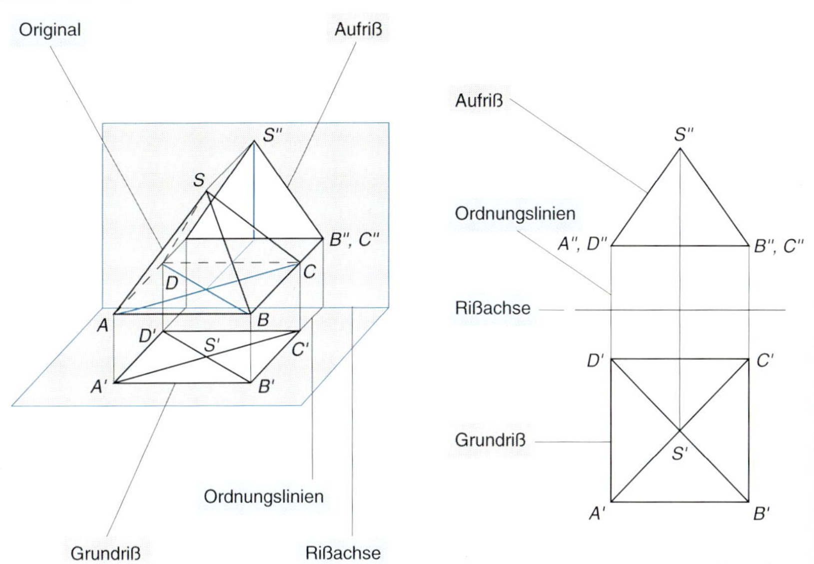


Bild 4/164



**Strecken** werden bei der Zweitafelprojektion eineindeutig abgebildet. Wenn eine Strecke zu einer Bildebene parallel ist, kann ihre wahre Länge einem Riß entnommen werden. Im Bild 4/164 bilden Grund- und Aufriß die Strecke $\overline{AB}$ in wahrer Länge ab; die Strecke $\overline{BC}$ gibt der Grundriß in wahrer Länge wieder.
Liegt eine Strecke zu keiner Rißebene parallel, so ermittelt man ihre wahre Länge durch eine geeignete Drehung der Strecke (↗ Bild 4/165) oder durch Umklappen einer geeigneten Stützfigur (↗ Bild 4/166; Umklappen von $Q'P'PQ$ um $Q'P'$).

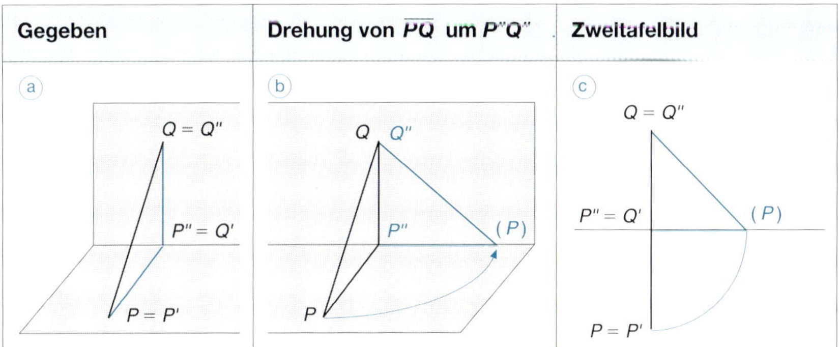


Bild 4/165

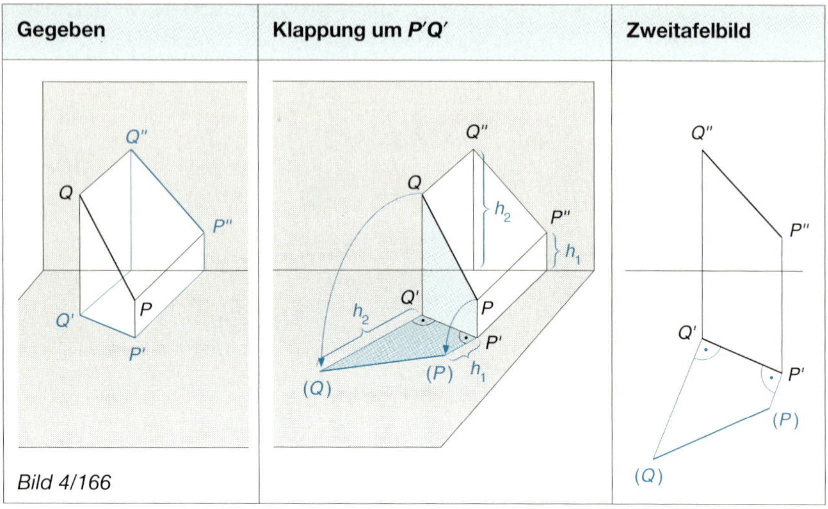

Bild 4/166



**Ebene Figuren** im Raum werden bei der Zweitafelprojektion nur dann in wahrer Größe im Grundriß oder im Aufriß abgebildet, wenn die Figur zur jeweiligen Bildebene parallel liegt. Zur Ermittlung der wahren Größe und Gestalt werden a) weitere Aufrißebenen eingeführt, b) Umklappungen vorgenommen oder c) Drehungen in eine besondere Lage zur Grundrißebene bzw. zur Aufrißebene vorgenommen.

Im Bild 4/167 wurde ein Schnitt durch einen Zylinder gelegt, wobei die Schnittebene senkrecht zur Aufrißebene liegt. Die Schnittfigur ist eine Ellipse.

↗ Ellipse, S. 302f.

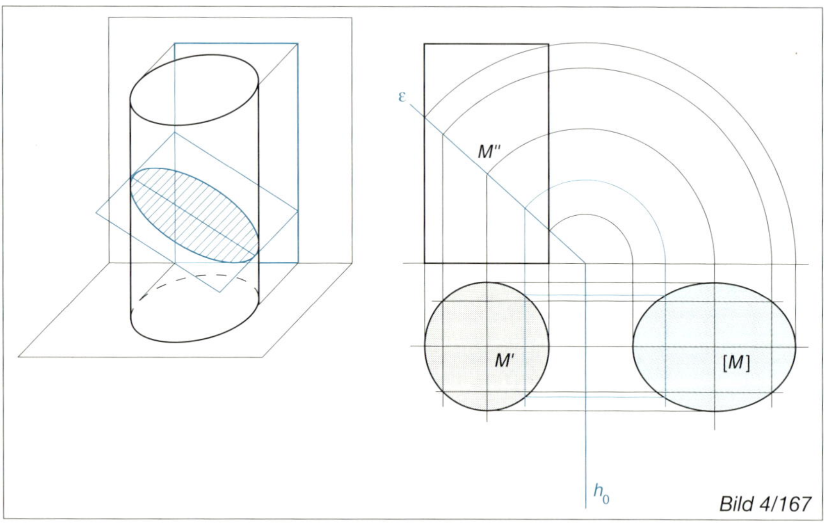

Bild 4/167

Im Bild 4/168 wurde eine Pyramide um eine durch die Spitze senkrecht zur Grundrißebene verlaufende Achse so gedreht, daß die Schnittfigur *ACS* parallel zur Aufrißebene zu liegen kommt und dann in dieser Ebene in wahrer Größe und Gestalt abgebildet wird.

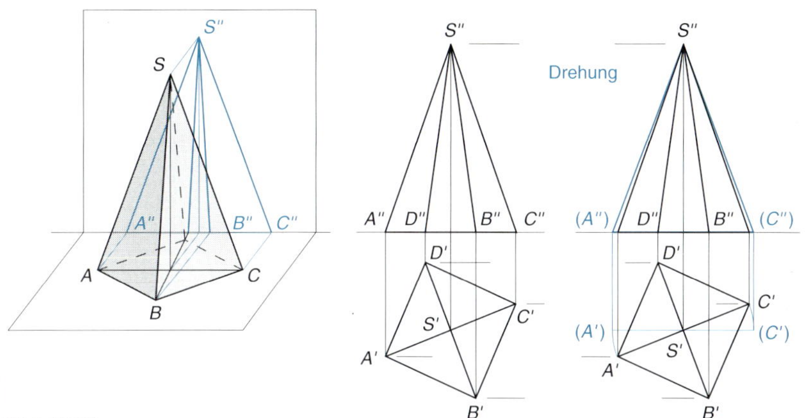


*Bild 4/168*

**Körper** bzw. die Lage von **Geraden** werden durch Zweitafelprojektion nicht stets eineindeutig wiedergegeben. So haben im Bild 4/169 der Würfel und der Zylinder gleiche Grund- und gleiche Aufrisse; dasselbe trifft für die beiden zur Rißachse senkrechten windschiefen Geraden zu.

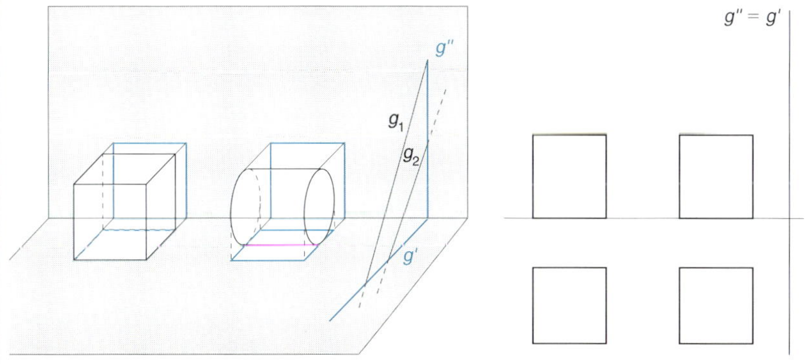


*Bild 4/169*

In solchen Fällen fügt man eine weitere Aufrißebene hinzu (↗ Bild 4/170). Steht diese auf Grund- und Aufrißebene senkrecht, so nennt man sie **Seiten**- oder **Kreuzrißebene** und das entstehende Bild eine **senkrechte Dreitafelprojektion**.

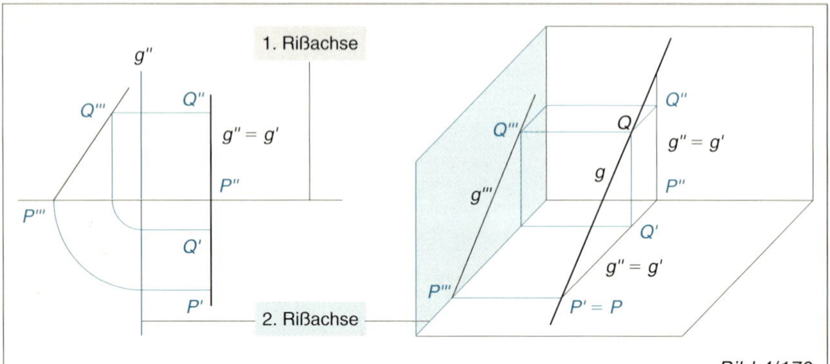


Bild 4/170

4

Im Bild 4/171 wurde ein Werkstück in drei Rissen dargestellt, so daß die Ansicht mit der Bohröffnung sichtbar wird.

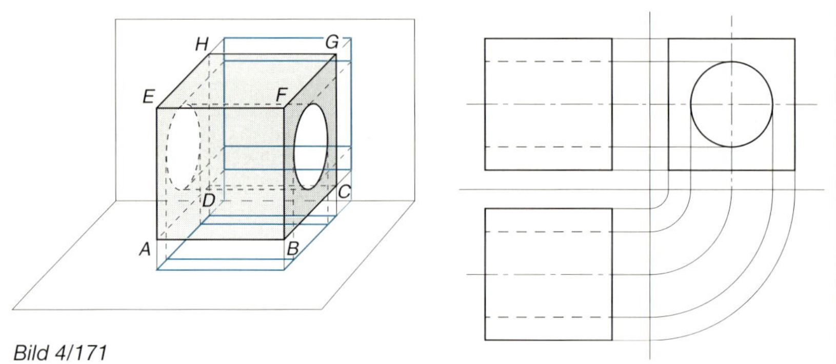


Bild 4/171

# Zahlenfolgen

## Zahlenfolge

**DEFINITION** Eine Funktion $f$ mit dem Definitionsbereich $\mathbb{N}$ oder einer unendlichen Teilmenge von $\mathbb{N}$ und $W(f) \subseteq \mathbb{R}$ heißt **Zahlenfolge**. Für die Funktionswerte $f(n)$ schreibt man $a_n$. Sie heißen die **Glieder** der Zahlenfolge.

Eine Zahlenfolge wird mit $(a_n) = a_0, a_1, a_2, \ldots, a_n, \ldots$ bezeichnet. Ihre Glieder bilden eine unendliche, abzählbare Menge.

■ $a_n = \frac{1}{2n+1}$; $a_n$ heißt $n$-tes Glied der Zahlenfolge.

$(a_n) = 1; \frac{1}{3}; \frac{1}{5}; \frac{1}{7}; \ldots; \frac{1}{2n+1}; \ldots$

Zur Veranschaulichung einer Zahlenfolge kann man die geordneten Paare $(n; a_n)$ in einem Koordinatensystem oder die Glieder $a_n$ auf einer Zahlengeraden darstellen.

↗ Abzählbare Mengen, S. 26
↗ Geordnetes Paar, S. 24
↗ Koordinatensystem, S. 11f.

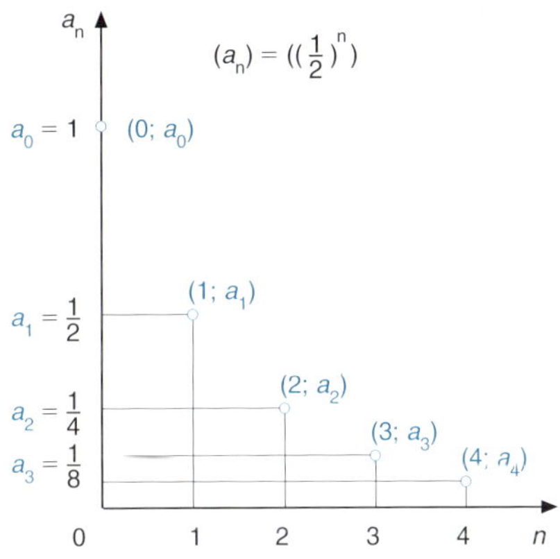


Bild 5/1

Bild 5/2

### Explizite Definition einer Zahlenfolge

Die Angabe einer Zahlenfolge durch eine Funktionsgleichung $a_n = f(n)$ heißt **explizite Definition** der Zahlenfolge. Mit ihrer Hilfe kann jedes beliebige Glied unmittelbar berechnet werden.

■ $a_n = f(n) = \frac{n}{n+1}$; $a_0 = 0$; $a_4 = \frac{4}{5}$; $a_{1000} = \frac{1000}{1001}$

## Rekursive Definition einer Zahlenfolge

Die Angabe einer Zahlenfolge durch das Anfangsglied $a_0$ und eine Gleichung $a_{n+1} = g(a_n)$ zur Berechnung eines beliebigen Folgengliedes aus dem vorangehenden Glied heißt **rekursive Definition** der Zahlenfolge.
Die Gleichung $a_{n+1} = g(a_n)$ heißt **Rekursionsgleichung**, da man zur Berechnung von $a_{n+1}$ zum Glied $a_n$ „zurücklaufen" (lat.: recurrere) muß.

■ $a_0 = 1; \quad a_{n+1} = g(a_n) = \frac{1}{2}a_n + 1$

$a_1 = g(a_0) = \frac{1}{2}a_0 + 1 = \frac{1}{2} \cdot 1 + 1 = 1{,}5$

$a_2 = g(a_1) = \frac{1}{2}a_1 + 1 = \frac{1}{2} \cdot 1{,}5 + 1 = 1{,}75$

$a_3 = g(a_2) = \frac{1}{2}a_2 + 1 = \frac{1}{2} \cdot 1{,}75 + 1 = 1{,}875$ usw.

## Monotonie einer Zahlenfolge

5

**DEFINITION** Eine Zahlenfolge $(a_n)$ ist **monoton wachsend** (bzw. **streng monoton wachsend**) :⇔ für alle $n$ gilt
$a_n \leq a_{n+1}$ (bzw. $a_n < a_{n+1}$).
Eine Zahlenfolge $(a_n)$ ist **monoton fallend** (bzw. **streng monoton fallend**) :⇔ für alle $n$ gilt
$a_n \geq a_{n+1}$ (bzw. $a_n > a_{n+1}$).

Man nennt eine Zahlenfolge kurz „monoton", wenn einer dieser Fälle zutrifft.
↗ Monotone Funktion, S. 72

■ $a_n = \frac{n}{3} + 2 \qquad a_{n+1} - a_n = \frac{n+1}{3} + 2 - \left(\frac{n}{3} + 2\right) = \frac{1}{3}$

Folglich gilt $a_{n+1} - a_n > 0$, und somit $a_{n+1} > a_n$.
Also ist die Folge $\left(\frac{n}{3} + 2\right)$ streng monoton wachsend.

■ Die Folge $\left(\frac{2^n}{n}\right)$ $(n > 0)$ ist monoton wachsend, aber nicht *streng* monoton wachsend:

$$a_{n+1} - a_n = \frac{2^{n+1}}{n+1} - \frac{2^n}{n}$$
$$= \frac{n \cdot 2^{n+1} - (n+1) \cdot 2^n}{(n+1) \cdot n}$$
$$= \frac{2^n (2n - n) - 2^n}{(n+1) \cdot n} = \frac{2^n (n-1)}{(n+1) \cdot n} \geq 0$$

Für $n = 1$ ist $a_{n+1} - a_n = 0$, d. h., die ersten beiden Glieder sind gleich.

$(a_n) = 2; 2; \frac{8}{3}; \frac{16}{4}; \ldots$

- Die Folge $\left(\left(\frac{1}{2}\right)^n\right)$ ist streng monoton fallend, denn für jedes $n$ gilt $\left(\frac{1}{2}\right)^n > \left(\frac{1}{2}\right)^{n+1}$.
- Die Zahlenfolge 1; 2; 2; 3; 3; 3; 4; 4; 4; 4; … ist monoton wachsend, aber nicht streng monoton wachsend.
- Die Zahlenfolge $((-1)^n)$ ist weder monoton fallend noch monoton wachsend, also nicht monoton, denn $(-1)^n$ ist gleich 1 für gerades $n$ und gleich $-1$ für ungerades $n$.
- Die Zahlenfolge $(a_n)$ mit $a_n = 3$ für jedes $n$ ist sowohl monoton wachsend als auch monoton fallend. Derartige Zahlenfolgen heißen **konstante Zahlenfolgen**.

## Arithmetische Zahlenfolge, geometrische Zahlenfolge

Eine Zahlenfolge $(a_n)$ heißt
**arithmetische Zahlenfolge**
genau dann, wenn es eine Zahl $d$ gibt, so daß die Differenz von je zwei aufeinanderfolgenden Gliedern gleich $d$ ist:

$$a_{n+1} - a_n = d$$
$$a_{n+1} = a_n + d \quad \text{für jedes } n$$

Die Zahl $d$ heißt **Differenz** der arithmetischen Folge.

Eine Zahlenfolge $(a_n)$ heißt
**geometrische Zahlenfolge**
genau dann, wenn es eine Zahl $q$ mit $q \neq 0$ gibt, so daß der Quotient von je zwei aufeinanderfolgenden Gliedern gleich $q$ ist:

$$a_{n+1} : a_n = q$$
$$a_{n+1} = a_n \cdot q \quad \text{für jedes } n$$

Die Zahl $q$ heißt **Quotient** der geometrischen Folge.

5

| **Explizite Definition** | |
|---|---|
| $a_n = a + n \cdot d;\quad n \in \mathbb{N}$ | $a_n = a \cdot q^n;\quad n \in \mathbb{N}; q \neq 0$ |
| **Rekursive Definition** | |
| $a_0 = a$<br>$a_{n+1} = a_n + d;\quad n \in \mathbb{N}$ | $a_0 = a$<br>$a_{n+1} = a_n \cdot q;\quad n \in \mathbb{N}; q \neq 0$ |

**Summenformeln**

$$s_n = \sum_{k=0}^{n} (a + k \cdot d) = (n+1)a + \frac{n(n+1)}{2}d = \frac{n+1}{2}(a + a_n)$$

$$s_n = \begin{cases} \sum_{k=0}^{n} aq^k = a\frac{q^{n+1}-1}{q-1} = a\frac{1-q^{n+1}}{1-q} & \text{für } q \neq 1 \\ = (n+1)a & \text{für } q = 1 \end{cases}$$

- **a)** Summe der natürlichen Zahlen von 1 bis $n$

  $$s_n = \sum_{k=1}^{n} k = \frac{n(n+1)}{2} \quad (a = 1;\, d = 1)$$

  ↗ Beweis durch vollständige Induktion, S. 19f.

  **b)** Summe der ersten $n + 1$ ungeraden Zahlen

  $$s_n = \sum_{k=0}^{n} (2k+1) = (n+1)^2 \quad (a = 1;\, d = 2)$$

  **c)** Summe der ersten $n$ (von 0 verschiedenen) geraden Zahlen

  $$s_n = \sum_{k=1}^{n} 2k = n(n+1)$$

- **a)** Summe der ersten $n + 1$ Zweierpotenzen

  $$s_n = \sum_{k=0}^{n} 2^k = 2^{n+1} - 1$$

  **b)** Summe der ersten $n + 1$ Potenzen einer reellen Zahl $z \neq 0;\, z \neq 1$

  $$s_n = \sum_{k=0}^{n} z^k = \frac{z^{n+1} - 1}{z - 1}$$

  **c)** Summe der ersten $n$ Quadratzahlen:

  $$1^2 + 2^2 + 3^2 + \ldots + n^2 = \sum_{k=1}^{n} k^2 = \frac{n(n+1)(2n+1)}{6}$$

5

**Fakultätsfunktion**

Die Folge, die durch die rekursive Zuordnungsvorschrift $a_0 = 1;\, a_{k+1} = a_k \cdot (k + 1)$ beschrieben wird, heißt **Fakultätsfunktion**.

Die Folgenglieder $a_n$ bezeichnet man mit $n!$ (gelesen „$n$ Fakultät“), so daß folgt:

**$0! = 1$ und $(k + 1)! = k! \cdot (k + 1)$.**

- $a_0 = 1 \qquad\qquad\qquad\qquad = 0! = 1$

  $a_1 = a_0 \cdot 1 = 1 \cdot 1 \qquad\qquad = 1! = 1$

  $a_2 = a_1 \cdot 2 = 1 \cdot 2 \qquad\qquad = 2! = 2$

  $a_3 = a_2 \cdot 3 = 1 \cdot 2 \cdot 3 \qquad\quad = 3! = 6$

  $a_4 = a_3 \cdot 4 = 1 \cdot 2 \cdot 3 \cdot 4 \qquad = 4! = 24$

  $a_5 = a_4 \cdot 5 = 1 \cdot 2 \cdot 3 \cdot 4 \cdot 5 = 5! = 120$

  Allgemein: $a_n = 1 \cdot 2 \cdot 3 \cdot \ldots \cdot n = n! \quad (n \geq 1)$

**Binomialkoeffizient**

Die Zahlen, die bei der Summenentwicklung eines Binoms $(a + b)^n$ auftreten, heißen **Binomialkoeffizienten**. Zeichen $\binom{n}{k}$, gelesen: $n$ über $k$.

$$\boldsymbol{\binom{n}{k} := \frac{n!}{k!\,(n-k)!} \quad (n \in \mathbb{N},\, k \in \mathbb{N},\, k \leq n)}$$

■ $\binom{5}{3} = \frac{5!}{3!\,(5-3)!} = \frac{5!}{3! \cdot 2!} = \frac{1 \cdot 2 \cdot 3 \cdot 4 \cdot 5}{1 \cdot 2 \cdot 3 \cdot 1 \cdot 2} = 10$

für $k \geq 1$ gilt:

$$\binom{n}{k} = \frac{n \cdot (n-1) \cdot \ldots \cdot (n-(k-2)) \cdot (n-(k-1))}{1 \cdot 2 \cdot \ldots \cdot (k-1) \cdot k}$$

■ **a)** $\binom{5}{3} = \frac{5 \cdot 4 \cdot 3}{1 \cdot 2 \cdot 3} = 10$ **b)** $\binom{7}{5} = \frac{7 \cdot 6 \cdot 5 \cdot 4 \cdot 3}{1 \cdot 2 \cdot 3 \cdot 4 \cdot 5} = \frac{7 \cdot 6}{1 \cdot 2} = \binom{7}{2}$

**Es gilt $\binom{n}{n} = 1$, $\binom{n}{0} = 1$, $\binom{n}{1} = n$; $\binom{n}{k} = 0$ für $k > n$.**

**Pascalsches Dreieck**

Die Anordnung der Binomialkoeffizienten im Bild 5/3 heißt **Pascalsches Dreieck**. Aus dieser Anordnung liest man ab:

① $\binom{n}{k} = \binom{n}{n-k}$; $(k \leq n)$ (Symmetrie)

② $\binom{n}{k} + \binom{n}{k+1} = \binom{n+1}{k+1}$; $(k < n)$ (Additionstheorem)

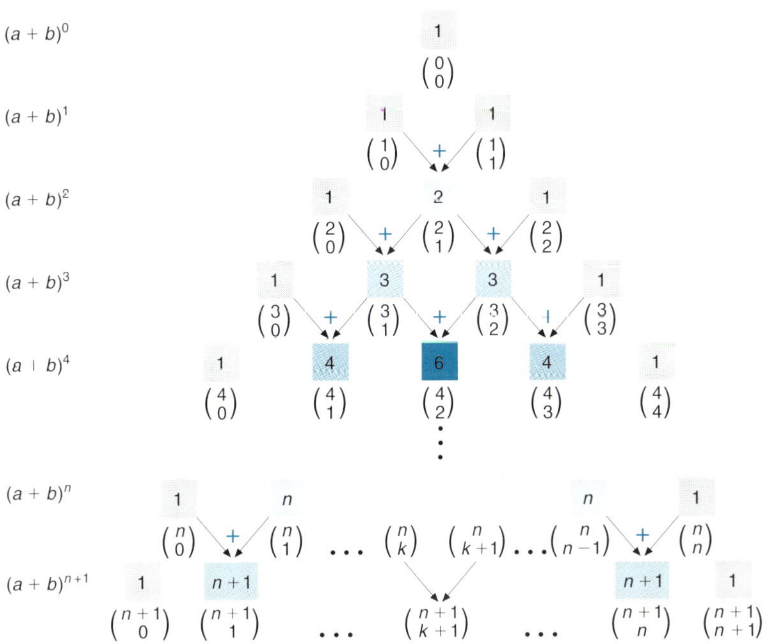


Bild 5/3



5

### Partialsumme

Die Summe der ersten $n + 1$ Glieder einer Zahlenfolge $(a_n)$ heißt $n$-te Partialsumme dieser Folge.

$$s_n = a_0 + a_1 + a_2 + \ldots + a_n = \sum_{k=0}^{n} a_k$$

■ Gegeben $(a_n)$ mit $a_n = 2n + 1$, d. h. $(a_n) = 1; 3; 5; 7; \ldots; 2n+1; \ldots$

$$\begin{aligned}
s_0 &= a_0 &&= 1\\
s_1 &= a_0 + a_1 = 1 + 3 &&= 4\\
s_2 &= a_0 + a_1 + a_2 = 1 + 3 + 5 &&= 9\\
s_3 &= a_0 + a_1 + a_2 + a_3 = 1 + 3 + 5 + 7 &&= 16\\
&\vdots\\
s_n &= a_0 + a_1 + a_2 + \ldots + a_n &&= (n + 1)^2
\end{aligned}$$

Die letzte Gleichung für $s_n$ kann durch vollständige Induktion bewiesen werden.
Es gilt $s_n = s_{n-1} + a_n$, daraus folgt:
$a_n = s_n - s_{n-1}$.

5

### Reihen

Die Partialsummen $s_n$ einer gegebenen Folge $(a_n)$ bilden ihrerseits eine Folge $(s_n)$. Diese Folge der Partialsummen heißt die zur Folge $(a_n)$ gehörige (unendliche) **Reihe**.
Man schreibt

$$(s_n) = \sum_{k=0}^{\infty} a_k = a_0 + a_1 + a_2 + \ldots + a_n + \ldots$$

■ $(a_n) = 1; \frac{1}{2}; \frac{1}{4}; \frac{1}{8}; \ldots; \frac{1}{2^n}; \ldots$ (geometrische Folge

$\sum_{k=0}^{\infty} \frac{1}{2^k} = 1 + \frac{1}{2} + \frac{1}{4} + \frac{1}{8} + \ldots + \frac{1}{2^n} + \ldots$ (geometrische Reihe

$\Big\} \; q = \frac{1}{2})$

↗ Beispiele arithmetischer Folgen, S. 218
↗ Geometrische Folgen, S. 217
↗ Summenzeichen, S. 35

### Schranken einer Zahlenfolge

**DEFINITION** Eine reelle Zahl $S$ ist obere Schranke der Zahlenfolge $(a_n)$ :⇔ für alle $n$ gilt $a_n \leq S$.
Eine reelle Zahl $S$ ist **untere Schranke** der Zahlenfolge $(a_n)$ :⇔ für alle $n$ gilt $a_n \geq S$.

Hat eine Zahlenfolge eine obere (untere) Schranke, so heißt sie nach oben (nach unten) beschränkt. Ist die Zahlenfolge sowohl nach oben als auch nach unten beschränkt, so sagt man: Die Zahlenfolge ist beschränkt.

## Grenzen einer Zahlenfolgen

**DEFINITION** Die reelle Zahl $G$ ist die obere Grenze einer Zahlenfolgen :⇔
$G$ ist die kleinste aller oberen Schranken dieser Zahlenfolge.
Die reelle Zahl $G$ ist die **untere Grenze** einer Zahlenfolgen :⇔
$G$ ist die größte aller unteren Schranken dieser Zahlenfolge.

- Gegeben:
  $(a_n) = \left(\frac{3}{n}\right); n \in \mathbb{N}; n \geq 1,$
  also
  $(a_n) = 3, \frac{3}{2}, 1, \frac{3}{4}, \frac{3}{5}, \frac{3}{6}, \ldots$
  Die Folge ist nach oben und nach unten beschränkt, also beschränkt.
  Untere Schranke ist jede negative Zahl und die Zahl 0; obere Schranke ist jede Zahl, die nicht kleiner ist als 3.
  Obere Grenze ist 3, untere Grenze ist 0.
  Die obere Grenze ist ein Glied der Folge, die untere Grenze nicht.

5

- Gegeben:
  $(a_n)$ mit $a_n = (-1)^n \cdot \frac{1}{2^n}$.
  Also:
  $(a_n) = 1, -\frac{1}{2}, \frac{1}{4}, -\frac{1}{8}, \frac{1}{16}, -\frac{1}{32}, \ldots$
  Die Folge ist nach oben und nach unten beschränkt, also beschränkt.
  Untere Schranke ist jede Zahl, die nicht größer ist als $-\frac{1}{2}$; obere Schranke ist jede Zahl, die nicht kleiner ist als 1. Die obere Grenze ist 1; die untere Grenze ist $-\frac{1}{2}$.
  Obere und untere Grenze sind Glieder der Zahlenfolge.

- Gegeben:
  $(a_n)$ mit $a_n = (-2)^n$.
  Also
  $(a_n) = 1, -2, 4, -8, 16, -32, 64, \ldots$
  Die Folge hat weder eine obere noch eine untere Schranke.

- Gegeben:
  $(a_n)$ mit $a_n = n^2$.
  Also $(a_n) = 0, 1, 4, 9, 16, \ldots$
  Die Folge ist nach unten beschränkt. Die untere Grenze ist 0 und ist ein Glied der Folge. Die Folge ist unbeschränkt wachsend.

### Satz von der oberen und der unteren Grenze

Jede nach oben beschränkte Zahlenfolge besitzt eine eindeutig bestimmte obere Grenze. Jede nach unten beschränkte Zahlenfolge besitzt eine eindeutig bestimmte untere Grenze.

### $\varepsilon$-Umgebung einer reellen Zahl *a*

Die Menge aller reellen Zahlen $x$, für die $|x - a| < \varepsilon$ mit $\varepsilon > 0$ gilt, heißt **$\varepsilon$-Umgebung der Zahl *a*** (in Zeichen: $U_\varepsilon(a)$). Es gilt $U_\varepsilon(a) = ]a - \varepsilon; a + \varepsilon[$ (↗ Bild 5/4).

5

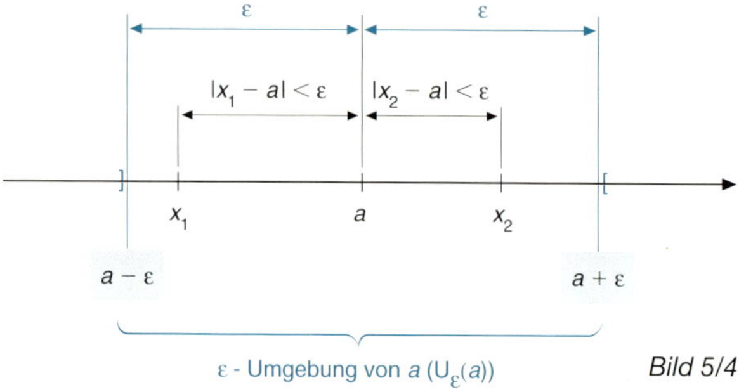


*Bild 5/4*

■ $a = 7$; $\varepsilon = \frac{1}{10}$

Die $\frac{1}{10}$-Umgebung der Zahl 7, also $U_{\frac{1}{10}}(7)$, ist das offene Intervall $]6{,}9; 7{,}1[$ bzw. die Menge aller reellen Zahlen $x$, für die gilt $|x - 7| < \frac{1}{10}$.

### Grenzwert einer Zahlenfolge

Die Zahl $g$ heißt **Grenzwert** der Zahlenfolge $(a_n)$ gdw. in jeder (beliebig kleinen) $\varepsilon$-Umgebung von $g$ fast alle Glieder der Folge $(a_n)$ liegen. Dabei bedeutet „fast alle" eine Kurzform für „alle bis auf höchstens endlich viele Ausnahmen", mit anderen Worten **außerhalb** jeder $\varepsilon$-Umgebung von $g$ liegen höchstens endlich viele Glieder der Folge. Das bedeutet, daß von einer Nummer $n_0$ an alle Folgenglieder in der $\varepsilon$-Umgebung von $g$ liegen. Die Nummer $n_0$ hängt im allgemeinen von dem vorgegebenen $\varepsilon > 0$ ab.

**DEFINITION** Die Zahl $g$ ist **Grenzwert der Folge $(a_n)$** $:\Leftrightarrow$
Für jedes $\varepsilon > 0$ gibt es eine natürliche Zahl $n_0(\varepsilon)$, so daß für alle $n \geq n_0$ gilt:
$a_n \in U_\varepsilon(g)$, d. h. $|a_n - g| < \varepsilon$.

Ist $g$ Grenzwert der Folge $(a_n)$, so schreibt man: $g = \lim\limits_{n \to \infty} a_n$ (gelesen: „Limes $a_n$ für $n$ gegen unendlich"). Jede konvergente Zahlenfolge hat genau einen Grenzwert.
↗ Konvergenz einer Zahlenfolge, S. 223

■ Die Folge $(a_n)$ mit $a_n = \frac{n+1}{2n}$ hat den Grenzwert $g = \frac{1}{2}$.

Sei $\varepsilon > 0$ beliebig vorgegeben. Es ist

$$|a_n - g| = \left|\frac{n+1}{2n} - \frac{1}{2}\right| = \left|\frac{1}{2n}\right| = \frac{1}{2n}$$

Gesucht ist ein $n_0$, so daß für alle $n \geq n_0$ gilt

$|a_n - g| = \frac{1}{2n} < \varepsilon$; nun ist $\frac{1}{2n} < \varepsilon$ gdw. $n > \frac{1}{2\varepsilon}$.

Für $\varepsilon = \frac{1}{100}$ ergibt sich $n > \frac{100}{2} = 50$. Dies ist für alle $n$ mit $n \geq 51$ erfüllt, also genügt $n_0 = 51$ der obigen Forderung, aber auch jede größere Zahl. Für $\varepsilon = \frac{1}{1000}$ ergibt sich $n_0 = 501$. Daraus ist die Abhängigkeit der Zahl $n_0$ von $\varepsilon$ ersichtlich.

### Konvergenz einer Zahlenfolge

**DEFINITION** Die Zahlenfolge $(a_n)$ ist **konvergent** :⇔
Es gibt eine Zahl $g$ mit $g = \lim\limits_{n \to \infty} a_n$.

5

### Nullfolge

Eine Zahlenfolge mit dem Grenzwert 0 heißt **Nullfolge**.

■ **a)** $\left(\frac{1}{n}\right) = \frac{1}{1}, \frac{1}{2}, \frac{1}{3}, \frac{1}{4}, \ldots, \frac{1}{n}, \ldots;\ (n \geq 1)$ **b)** $\left(\frac{a}{n}\right); n \geq 1$ **c)** $\left(\left(\frac{1}{2}\right)^n\right)$

**d)** $\left(\frac{a}{n^2}\right); n \geq 1$

### Divergenz einer Zahlenfolge

Eine Zahlenfolge heißt **divergent**, wenn sie nicht konvergiert.

■ Die Zahlenfolge $(a_n)$ mit $a_n = (-1)^n \cdot \frac{n+1}{n}$ $(n \geq 1)$ ist divergent.

### Uneigentliche Grenzwerte von Zahlenfolgen

Auf unbeschränkt wachsende bzw. unbeschränkt fallende Zahlenfolgen wird die Schreibweise für Grenzwerte in folgender Weise übertragen:

■

| **Unbeschränkt wachsende Zahlenfolge** | **Unbeschränkt fallende Zahlenfolge** |
|---|---|
| $\lim\limits_{n \to \infty} n^2 = +\infty$ | $\lim\limits_{n \to \infty} (1 - n^2) = -\infty$ |

In diesem Fall heißen $+\infty$ bzw. $-\infty$ **uneigentliche** Grenzwerte und die Zahlenfolgen **bestimmt** divergent.

↗ Schranken einer Zahlenfolge, S. 220

## Sätze über konvergente Zahlenfolgen

Jede nach oben beschränkte, monoton wachsende Zahlenfolge konvergiert, und zwar gegen ihre obere Grenze.
Jede nach unten beschränkte, monoton fallende Zahlenfolge konvergiert, und zwar gegen ihre untere Grenze.

Dieser Satz gestattet es, die Konvergenz einer Folge nachzuweisen, ohne daß der Grenzwert bekannt zu sein braucht.

**Grenzwertsätze für Zahlenfolgen**

Konvergieren die Folgen $(a_n)$ und $(b_n)$, so konvergieren auch die Folgen $(a_n + b_n)$, $(a_n - b_n)$, $(a_n \cdot b_n)$ und, falls $b_n$ für alle $n$ verschieden von Null und $(b_n)$ keine Nullfolge ist, auch $\left(\frac{a_n}{b_n}\right)$, und es gilt:

$$\lim_{n\to\infty} (a_n + b_n) = \lim_{n\to\infty} a_n + \lim_{n\to\infty} b_n$$

$$\lim_{n\to\infty} (a_n - b_n) = \lim_{n\to\infty} a_n - \lim_{n\to\infty} b_n$$

$$\lim_{n\to\infty} (a_n \cdot b_n) = \lim_{n\to\infty} a_n \cdot \lim_{n\to\infty} b_n$$

$$\lim_{n\to\infty} \left(\frac{a_n}{b_n}\right) = \frac{\lim\limits_{n\to\infty} a_n}{\lim\limits_{n\to\infty} b_n}$$

5

■ **a)** $$\lim_{n\to\infty}\left(\frac{n+1}{2n}\right) = \lim_{n\to\infty}\left(\frac{1}{2}+\frac{1}{2n}\right) = \lim_{n\to\infty}\frac{1}{2} + \lim_{n\to\infty}\frac{1}{2n} = \frac{1}{2} + 0 = \frac{1}{2}$$

**b)** $$\lim_{n\to\infty}\left(\frac{3n-4}{n^2+1}\right) = \lim_{n\to\infty}\frac{n\left(3-\frac{4}{n}\right)}{n^2\left(1+\frac{1}{n^2}\right)}$$

$$= \lim_{n\to\infty}\frac{1}{n}\cdot\frac{\lim\limits_{n\to\infty}\left(3-\frac{4}{n}\right)}{\lim\limits_{n\to\infty}\left(1+\frac{1}{n^2}\right)}$$

$$= 0\cdot\frac{3}{1} = 0$$

# Differentialrechnung

## Grenzwerte von Funktionen; Stetigkeit

### Grenzwert einer Funktion

**DEFINITION** Eine **Funktion $f$ hat an der Stelle $x_0$ den Grenzwert $g$** (in Symbolen: $\lim\limits_{x \to x_0} f(x) = g$; gelesen: limes $f$ von $x$ für $x$ gegen $x_0$ ist gleich $g$) genau dann, wenn folgendes gilt:
① Die Funktion $f$ ist in einer $\varepsilon$-Umgebung von $x_0$, eventuell unter Ausschluß von $x_0$, definiert.
② Für jede gegen $x_0$ konvergierende Folge $(x_n)$, deren Glieder von $x_0$ verschieden sind und in der $\varepsilon$-Umgebung von $x_0$ liegen, konvergiert die Folge der zugehörigen Funktionswerte $(f(x_n))$ gegen $g$.

6

Schränkt man in dieser Definition die Folgen $(x_n)$ durch den Zusatz $x_n > x_0$ bzw. $x_n < x_0$ ein, so heißt $g$ der rechts- bzw. linksseitige Grenzwert von $f$ an der Stelle $x_0$. Die Funktion $f$ hat an der Stelle $x_0$ den Grenzwert $g$ genau dann, wenn gilt

$$\lim_{\substack{x \to x_0 \\ x > x_0}} f(x) = \lim_{\substack{x \to x_0 \\ x < x_0}} f(x) = g.$$

■ Die Funktion $f(x) = x^2$ $(x \in \mathbb{R})$ hat an der Stelle $x_0 = 2$ den Grenzwert 4 (↗ Bild 6/1): $\lim\limits_{x \to 2} x^2 = 4$.

**1.** Die Funktion $f$ ist in einer $\varepsilon$-Umgebung von $x_0 = 2$ definiert, denn sie ist sogar für alle $x$ definiert.
**2.** Für jede Folge $(x_n)$, die gegen $x_0 = 2$ konvergiert, gilt

$$\lim_{n \to \infty} f(x_n) = \lim_{n \to \infty} x_n^2 = \lim_{n \to \infty} x_n \cdot \lim_{n \to \infty} x_n$$
$$= 2 \cdot 2 = 4.$$

Rechtsseitiger und linksseitiger Grenzwert von $f$ an der Stelle $x_0 = 2$ stimmen überein.

■ Die Funktion $f(x) = \dfrac{|x|}{x}$ $(x \in \mathbb{R};\ x \neq 0)$ hat an der Stelle $x_0 = 0$ keinen Grenzwert. Sie ist in jeder Umgebung von $x_0$ mit Ausnahme von $x_0$ selbst definiert.

**a)** Für die Folge $(x_n)$ mit $x_n = \dfrac{1}{n}$ gilt $x_n \in D(f)$ und $x_n > x_0 = 0$ für jedes $n$ und $\lim\limits_{n \to \infty} x_n = 0 = x_0$.

Für die Folge $(f(x_n))$ der zugehörigen Funktionswerte gilt

$$f(x) = \frac{\left|\frac{1}{n}\right|}{\frac{1}{n}} = 1 \text{ für jedes } n, \text{ also } \lim_{\substack{x \to 0 \\ x > 0}} f(x) = 1.$$

**b)** Für die Folge $(x_n)$ mit $x_n = -\frac{1}{n}$ gilt $x_n \in D(f)$ und $x_n < x_0 = 0$ für jedes $n$ und ebenfalls $\lim\limits_{n \to \infty} x_n = 0 = x_0$.
Für die Folge $(f(x_n))$ der zugehörigen Funktionswerte gilt jetzt

$$f(x_n) = \frac{\left|-\frac{1}{n}\right|}{-\frac{1}{n}} = -1 \text{ für jedes } n, \text{ also } \lim_{\substack{x \to 0 \\ x < 0}} f(x) = -1.$$

Rechts- und linksseitiger Grenzwert der Funktion stimmen also nicht überein (↗ Bild 6/2).

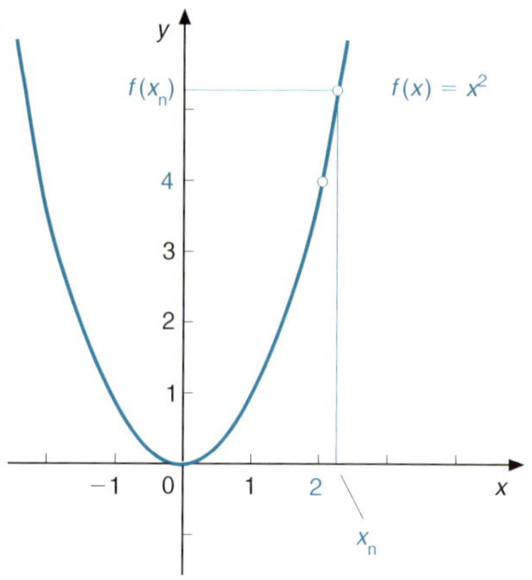


Bild 6/1

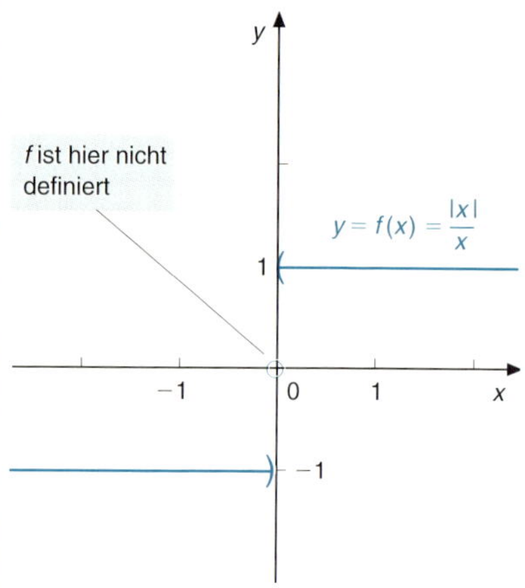


Bild 6/2

■ Die Funktion $f(x) = \frac{x^2-1}{x-1}$ $(x \in \mathbb{R}, x \neq 1)$ hat an der Stelle $x_0 = 1$ den Grenzwert $\lim\limits_{x \to 1} \frac{x^2-1}{x-1} = 2$ (↗ Bild 6/3).

**1.** Die Funktion $f$ ist in jeder ε-Umgebung von $x_0 = 1$ unter Ausschluß von $x_0 = 1$ definiert,
denn für $x \neq 1$ gilt:

$$\frac{x^2-1}{x-1} = \frac{(x+1)\,(x-1)}{x-1}$$
$$= x + 1$$

**2.** Für jede Folge $(x_n)$, deren Glieder von $x_0$ verschieden sind und die gegen $x_0 = 1$ konvergiert, gilt

$$\lim_{n\to\infty} f(x_n) = \lim_{n\to\infty} \frac{x_n^2 - 1}{x_n - 1} = \lim_{n\to\infty} (x_n + 1) = 2\,.$$

Rechtsseitiger und linksseitiger Grenzwert an der Stelle $x_0 = 1$ stimmen überein.

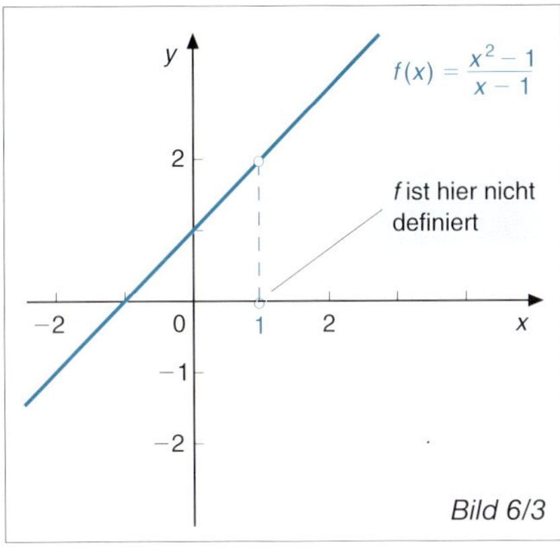


Bild 6/3

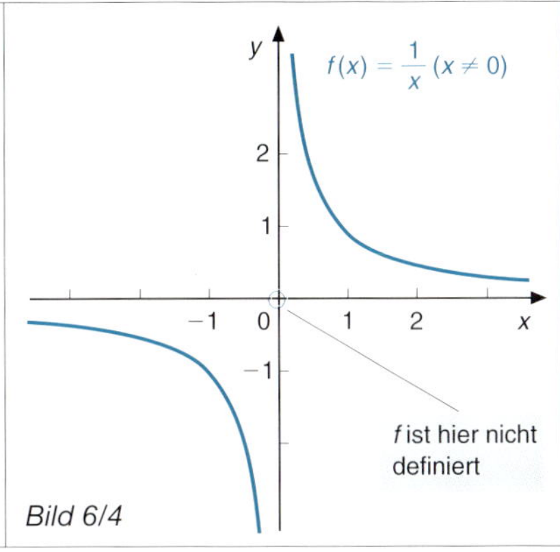


Bild 6/4

■ Die Funktion $f(x) = \frac{1}{x}$ $(x \in \mathbb{R};\ x \neq 0)$ hat an der Stelle $x_0 = 0$ keinen Grenzwert (↗ Bild 6/4).

**1.** Die Funktion ist in jeder ε-Umgebung von $x_0 = 0$ außer in $x_0$ definiert.

**2.** Es gibt aber Folgen $(x_n)$, deren Glieder von $x_0 = 0$ verschieden sind und die gegen $x_0 = 0$ konvergieren, für die die Folgen $(f(x_n))$ aber unbeschränkt wachsen, z. B.

$$(x_n) = \left(\frac{1}{n}\right).$$

Es folgt

$$f(x_n) = \frac{1}{\frac{1}{n}} = n\,.$$

Die Folge $(f(x_n)) = (n)$ ist divergent.

Die Funktion $f(x) = \frac{1}{x}$ hat an der Stelle $x_0 = 0$ weder einen rechtsseitigen noch einen linksseitigen eigentlichen Grenzwert.

↗ Uneigentliche Grenzwerte, S. 223

## Grenzwertsätze für Funktionen

Wenn die Grenzwerte zweier Funktionen $u$ und $v$ an der Stelle $x_0$ existieren, so existieren auch die Grenzwerte der Funktionen $u + v$, $u - v$, $u \cdot v$ und, falls $\lim_{x\to x_0} v(x) \neq 0$, auch der Funktion $u : v$ an der Stelle $x_0$, und es gilt:

$$\lim_{x \to x_0} (u(x) + v(x)) = \lim_{x \to x_0} u(x) + \lim_{x \to x_0} v(x)$$

$$\lim_{x \to x_0} (u(x) - v(x)) = \lim_{x \to x_0} u(x) - \lim_{x \to x_0} v(x)$$

$$\lim_{x \to x_0} (u(x) \cdot v(x)) = \lim_{x \to x_0} u(x) \cdot \lim_{x \to x_0} v(x)$$

$$\lim_{x \to x_0} \frac{u(x)}{v(x)} = \frac{\lim\limits_{x \to x_0} u(x)}{\lim\limits_{x \to x_0} v(x)}.$$

■ $$\lim_{x \to 2}\left(\frac{1}{x} + \frac{1}{x^2}\right) = \lim_{x \to 2}\frac{1}{x} + \lim_{x \to 2}\frac{1}{x^2} = \frac{1}{2} + \frac{1}{4} = \frac{3}{4}$$

■ $$\lim_{x \to -10} \frac{x^2+3}{x+7} = \frac{\lim\limits_{x \to -10}(x^2+3)}{\lim\limits_{x \to -10}(x+7)} = \frac{103}{-3} = -\frac{103}{3}$$



■ $$\lim_{x \to 3}(x-5)(x-7) = \lim_{x \to 3}(x-5) \cdot \lim_{x \to 3}(x-7) = -2 \cdot (-4) = 8$$

■ $\lim\limits_{x \to 0} \frac{\sin x}{x} = 1$ (ohne Beweis)

**Uneigentliche Grenzwerte von Funktionen, Unendlichkeitsstellen**

Gilt für jede Folge $(x_n)$ mit $\lim\limits_{n \to \infty} x_n = x_0$ ($x_n \neq x_0$ und $x_n \in D(f)$ für jedes $n$), $\lim\limits_{n \to \infty} (f(x_n) = \infty$ oder $\lim\limits_{x \to \infty} f(x_n) = -\infty$, so schreibt man $\lim\limits_{x \to x_0} f(x) = \infty$ oder $\lim\limits_{x \to x_0} f(x) = -\infty$ und nennt $\infty$ bzw. $-\infty$ **uneigentliche Grenzwerte** der Funktion $f$ an der Stelle $x_0$. Eine solche Stelle $x_0$ heißt auch **Unendlichkeitsstelle** von $f$.

■ Für die Funktion

$f(x) = \frac{1}{(x-1)^2}$ $(x \neq 1)$

gilt (↗ Bild 6/5):

$\lim\limits_{\substack{x \to 1 \\ x > 1}} f(x) = \lim\limits_{\substack{x \to 1 \\ x < 1}} f(x) = +\infty$, d.h.

$\lim\limits_{x \to 1} f(x) = +\infty$

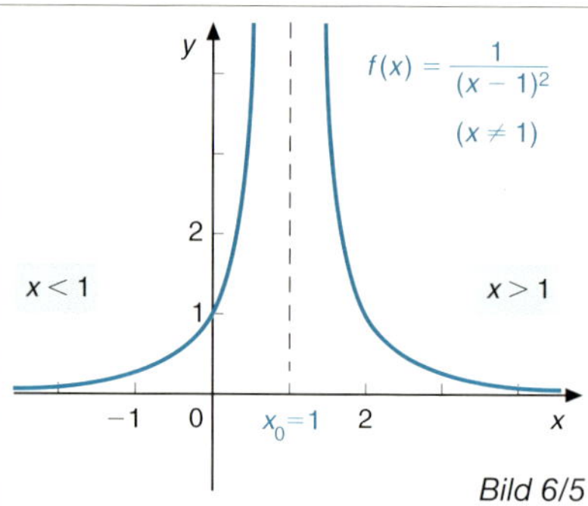


*Bild 6/5*

■ Für die Funktion

$$f(x) = \frac{1}{x-1} \quad (x \neq 1)$$

gilt (↗ Bild 6/6):

$$\lim_{\substack{x \to 1 \\ x > 1}} f(x) = +\infty \quad \text{und}$$

$$\lim_{\substack{x \to 1 \\ x < 1}} f(x) = -\infty$$

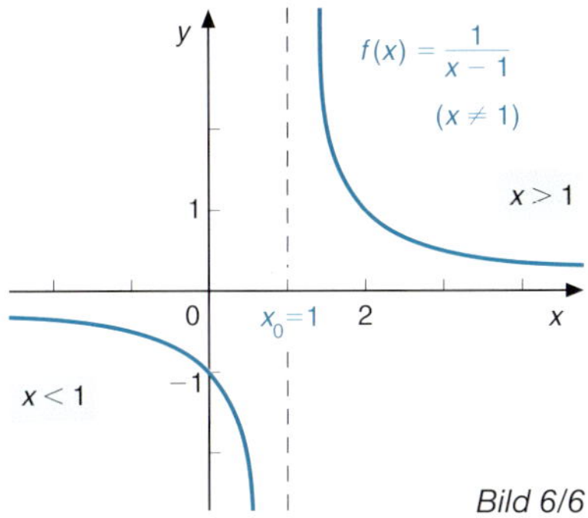


Bild 6/6

**Grenzwerte von Funktionen bei unbeschränktem Argument**

Ist der Definitionsbereich einer Funktion $f$ nach unten bzw. nach oben nicht beschränkt und konvergiert für jede Folge $(x_n)$ mit $\lim_{n \to \infty} x_n = -\infty$ bzw. $\lim_{n \to \infty} x_n = \infty$ die Folge der zugehörigen Funktionswerte $f(x_n)$ gegen die Zahl $g$, so schreibt man

$$\lim_{x \to -\infty} f(x) = g \text{ bzw. } \lim_{x \to \infty} f(x) = g\,.$$

6

■ **a)** $f(x) = \frac{4x^2 - 3x + 2}{3x^2 - x + 5}$

$$= \frac{4 - \frac{3}{x} + \frac{2}{x^2}}{3 - \frac{1}{x} + \frac{5}{x^2}} \quad (x \neq 0)$$

Mit den Grenzwertsätzen für Funktionen folgt:

$$\lim_{x \to -\infty} f(x) = \lim_{x \to \infty} f(x) = \frac{4}{3}; \text{ kürzer: } \lim_{x \to \pm\infty} f(x) = \frac{4}{3}$$

**b)** $f(x) = \frac{2x+4}{x^2+3x} = \frac{\frac{2}{x} + \frac{4}{x^2}}{1 + \frac{3}{x}}$ $(x \neq 0)$; es folgt:

$$\lim_{x \to \pm\infty} f(x) = 0$$

Die Bestimmung der Grenzwerte $\lim_{x \to -\infty} f(x)$ bzw. $\lim_{x \to \infty} f(x)$ nennt man auch **Untersuchung des Verhaltens der Funktion *f* im Unendlichen**.

↗ Grenzwertsätze für Funktionen, S. 227 f.

**Asymptote des Graphen einer Funktion**

Ist der Definitionsbereich einer Funktion $f$ nach oben bzw. nach unten unbeschränkt, so heißt eine Kurve, der sich der Graph von $f$ unbegrenzt nähert, seine **Asymptote**.

■ $f(x) = \frac{x^2 + 2x - 5}{x + 4}$

Anwendung des Divisionsalgorithmus auf $(x^2 + 2x - 5) : (x + 4)$ ergibt:

$f(x) = (x - 2) + \frac{3}{x + 4}$

↗ Dividieren einer Summe; Polynomdivision, S. 64

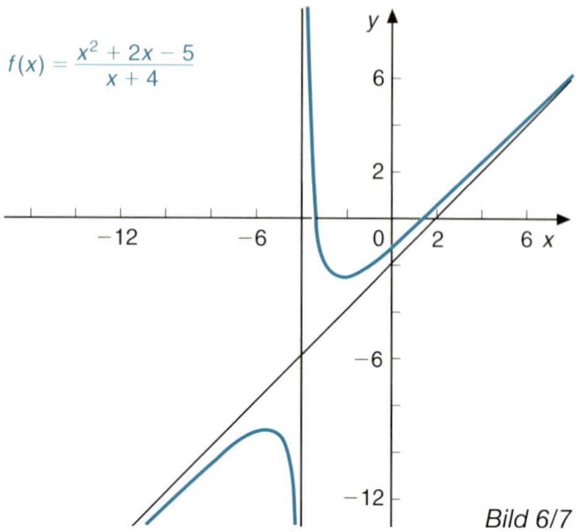


Bild 6/7

Für sehr große $|x|$ verhält sich $f(x)$ angenähert wie $g(x) = x - 2$. Die Gerade $y = x - 2$ ist Asymptote des Graphen von $f$.

### Stetigkeit an einer Stelle $x_0$

6

**DEFINITION** Eine Funktion $f$ ist an einer Stelle $x_0$ stetig genau dann, wenn folgendes gilt:
① Die Funktion $f$ ist an der Stelle $x_0$ definiert.
② Der Grenzwert $\lim\limits_{x \to x_0} f(x)$ existiert.
③ Es gilt: $\lim\limits_{x \to x_0} f(x) = f(x_0)$.

Eine Funktion, die in $x_0$ nicht stetig ist, heißt dort **unstetig**.

■ Die Funktion $f(x) = x^2 \quad (x \in \mathbb{R})$ ist an der Stelle $x_0 = 2$ stetig, denn alle drei Bedingungen sind erfüllt (↗ Bild 6/1).

■ Die Funktion $f(x) = \frac{|x|}{x} \quad (x \in \mathbb{R};\ x \neq 0)$ ist an der Stelle $x_0 = 0$ unstetig, denn $f(x)$ ist dort nicht definiert (↗ Bild 6/2).

■ Die Funktion $f(x) = \frac{x^2 - 1}{x - 1} \quad (x \in \mathbb{R};\ x \neq 1)$ ist an der Stelle $x_0 = 1$ unstetig denn $f$ ist dort nicht definiert (↗ Bild 6/3).

Hier liegt eine Unstetigkeit besonderer Art vor, die man als **hebbare Unstetigkeit** bezeichnet.
Zwar ist $f$ an der Stelle $x_0$ nicht definiert, aber die Funktion hat an der Stelle $x_0$ den Grenzwert
$\lim\limits_{x \to 1} f(x) = 2$.

Man kann eine neue Funktion $g$ definieren, die mit $f$ in deren Definitionsbereich übereinstimmt, aber darüberhinaus an der Stelle $x_0 = 1$ definiert ist und dort stetig ist.

$$g(x) = \begin{cases} \frac{x^2-1}{x-1} & \text{für } x \neq 1 \\ 2 & \text{für } x = 1 \end{cases}$$

Diese Funktion ist identisch mit der Funktion $h(x) = x + 1$.

- Die Funktion

$$f(x) = \begin{cases} \frac{x^2-1}{x-1} & \text{für } x \neq 1 \\ 3 & \text{für } x = 1 \end{cases}$$

ist an der Stelle $x_0 = 1$ unstetig.
Die Funktion $f$ ist zwar für eine ε-Umgebung von $x_0 = 1$ definiert, sie besitzt auch an der Stelle $x_0 = 1$ einen Grenzwert, $\lim\limits_{x \to 1} f(x) = 2$, aber dieser Grenzwert stimmt nicht mit dem Funktionswert $f(x_0)$ von $f$ an der Stelle $x_0 = 1$ überein.

- Die Funktion

$$f(x) = \frac{1}{x} \quad (x \in \mathbb{R};\ x \neq 0)$$

ist an der Stelle $x_0 = 0$ unstetig, denn die Funktion $f$ ist an dieser Stelle nicht definiert (↗ Bild 6/4, S. 227).
Die Funktion hat $x_0 = 0$ als Unendlichkeitsstelle.
↗ ε-Umgebung einer reellen Zahl $a$, S. 222 ↗ Grenzwert einer Funktion, S. 225
↗ Unendlichkeitsstellen, S. 228f.

6

### Stetigkeit einer Funktion in einem Intervall

**DEFINITION** Eine Funktion $f$ ist in einem **offenen Intervall ihres Definitionsbereiches stetig** genau dann, wenn sie in jedem Punkt des Intervalls stetig ist.
Eine Funktion $f$ ist in einem **abgeschlossenen Intervall [a; b] ihres Definitionsbereiches stetig**, genau dann, wenn sie im offenen Intervall ]a; b[ stetig ist und an der Stelle $a$ einen mit $f(a)$ übereinstimmenden rechtsseitigen sowie an der Stelle $b$ einen mit $f(b)$ übereinstimmenden linksseitigen Grenzwert besitzt.

**DEFINITION** Eine Funktion heißt **stetig** genau dann, wenn sie in ihrem ganzen Definitionsbereich stetig ist.

### Zwischenwertsatz

**SATZ** Wenn $f$ eine in einem abgeschlossenen Intervall $[a; b]$ stetige Funktion mit $f(a) \neq f(b)$ ist, so nimmt $f$ im Intervall $]a; b[$ jede Zahl $y_0$ zwischen $f(a)$ und $f(b)$ mindestens einmal an, d. h. $y_0$ ist Funktionswert von $f$ (↗ Bilder 6/8a und b).

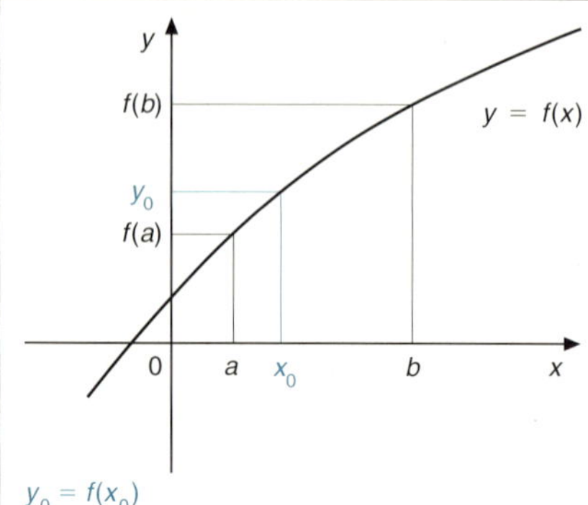


Bild 6/8a

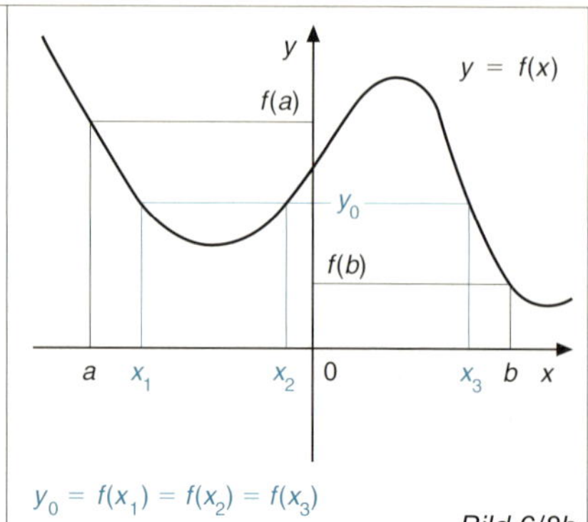


Bild 6/8b

Auf der Grundlage dieses Satzes lassen sich näherungsweise Nullstellen stetiger Funktionen ermitteln.



■ Die Funktion $f(x) = x^3 - x - 3$ $(x \in \mathbb{R})$ ist in $\mathbb{R}$ stetig, also auch in jedem abgeschlossenen Intervall $[a; b]$ stetig. Es sollen Nullstellen der Funktion ermittelt werden.
Es werden zunächst zwei Zahlen $a$, $b$ $(a < b)$ ermittelt, für die die Funktionswerte $f(a)$ und $f(b)$ verschiedene Vorzeichen haben. In diesem Fall nimmt die Funktion $f$ im Intervall $]a; b[$ mindestens einmal den Wert 0 an.
Mit $a = 0$ und $b = 2$ hat man wegen $f(0) = -3$ und $f(2) = 3$ solche Zahlen gefunden. Nach dem Zwischenwertsatz gilt dann:
Es gibt eine Zahl $x_0$ mit $0 < x_0 < 2$, für die gilt
$f(x_0) = 0$
$f(0) = -3$, $f(2) = 3$, also $0 < x_0 < 2$
$f(1) = -3$, $f(2) = 3$, also $1 < x_0 < 2$
$f(1{,}5) = -1{,}125$, $f(2) = 3$, also $1{,}5 < x_0 < 2$
$f(1{,}6) = -0{,}504$, $f(2) = 3$, also $1{,}6 < x_0 < 2$
$f(1{,}7) = 0{,}213$, also $1{,}6 < x_0 < 1{,}7$
Eine Nullstelle von $f$ liegt zwischen 1,6 und 1,7.

## Beschränktheit einer Funktion

$I$ sei ein Intervall mit $I \subseteq D(f)$.

Eine Funktion $f$ heißt **auf *I***

| | |
|---|---|
| **nach unten beschränkt** | **nach oben beschränkt** |
| genau dann, wennl es eine Zahl | |
| $S_u$ (untere Schranke) | $S_o$ (obere Schranke) |
| gibt, so daß für alle $x \in I$ gilt | |
| $f(x) \geq S_u$ | $f(x) \leq S_o$. |

$f$ heißt auf $I$ beschränkt gdw. $f$ auf $I$ nach oben und nach unten beschränkt ist.

*Bemerkung:* Die Funktion $f$ ist auf $I$ beschränkt gdw. es eine Zahl $S$ gibt mit $|f(x)| \leq S$ für alle $x \in I$. Ist $I = D(f)$, so heißt $f$ (nach unten, nach oben) **beschränkt**.

**SATZ** Ist eine Funktion $f$ auf $[a; b]$ stetig, so ist sie auf $[a; b]$ auch beschränkt.

### Maximum (Minimum) einer Funktion

Unter dem **Maximum einer Funktion *f* in einem Intervall** $I \subseteq D(f)$ (auch **globales Maximum** genannt) versteht man eine Zahl $M$, für die folgendes gilt:
① Es gibt eine Zahl $x_0 \in I$ mit $f(x_0) = M$. ② Für alle $x \in I$ gilt $f(x) \leq M$.
Analog muß für das **globale Minimum** der Funktion $f$ im Intervall $I$ gelten: $f(x) \geq M$.
Dieses globale Maximum bzw. globale Minimum kann zugleich ein lokales Maximum bzw. ein lokales Minimum sein.
↗ Lokale Extrema, S. 242ff.

**SATZ** Jede in einem abgeschlossenen Intervall $[a; b]$ stetige Funktion hat in diesem Intervall ein Maximum und ein Minimum.

## Ableitung einer Funktion

### Differenzenquotient

Ist $f$ eine in einer $\varepsilon$-Umgebung von $x_0$ definierte Funktion, $h \in \mathbb{R}$; $h \neq 0$ und $x_0 + h \in D(f)$, so bezeichnet man

$$\frac{f(x_0+h) - f(x_0)}{h}$$

als den **zu *h* gehörigen Differenzenquotienten von *f* an der Stelle $x_0$**. Man kann bei festem $x_0$ jedem $h$ einen derartigen Differenzenquotienten zuordnen, so daß man eine Funktion

$D(h) = \dfrac{f(x_0+h) - f(x_0)}{h}$ erhält, die in der $\varepsilon$-Umgebung von $x_0$ definiert ist.

Der zu $h$ gehörige Differenzenquotient der Funktion $f$ an der Stelle $x_0$ gibt den Anstieg der Geraden an, die durch die Punkte $P_0(x_0; f(x_0))$ und $P(x_0 + h; f(x_0 + h))$ geht. Es gilt demnach

$$\tan\alpha_s = \frac{f(x_0+h) - f(x_0)}{h},$$

wobei $\alpha_s$ der Winkel ist, den die Gerade mit der positiven Richtung der $x$-Achse einschließt (↗ Bild 6/9).
↗ Lineare Funktion, S. 85ff.

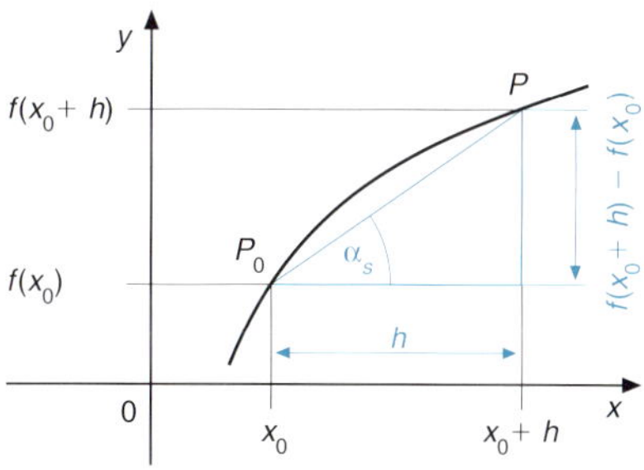


Bild 6/9

## Ableitung einer Funktion an einer Stelle $x_0$

**DEFINITION** $f$ sei eine Funktion, die in einer $\varepsilon$-Umgebung von $x_0$ definiert ist. Die **Funktion $f$ ist an der Stelle $x_0$ differenzierbar** genau dann, wenn der Grenzwert

$$\lim_{h \to 0} D(h) = \lim_{h \to 0} \frac{f(x_0 + h) - f(x_0)}{h}$$

existiert.
Dieser Grenzwert heißt die **Ableitung der Funktion $f$ an der Stelle $x_0$** oder der **Differentialquotient der Funktion $f$ an der Stelle $x_0$**.

Für $\lim\limits_{h \to 0} \frac{f(x_0 + h) - f(x_0)}{h}$ schreibt man kürzer $f'(x_0)$ (gelesen: $f$ Strich von $x_0$)

oder $\left.\frac{\mathrm{d}f}{\mathrm{d}x}\right|_{x = x_0}$ (gelesen: d$f$ nach d$x$ an der Stelle $x_0$)

oder $\left.\frac{\mathrm{d}y}{\mathrm{d}x}\right|_{x = x_0}$

6

Der Anstieg des Graphen der Funktion $f$ im Punkt $P_0(x_0;\ f(x_0))$ ist definiert als $f'(x_0)$, falls $f'(x_0)$ existiert:

$\tan \alpha_t := f'(x_0)$

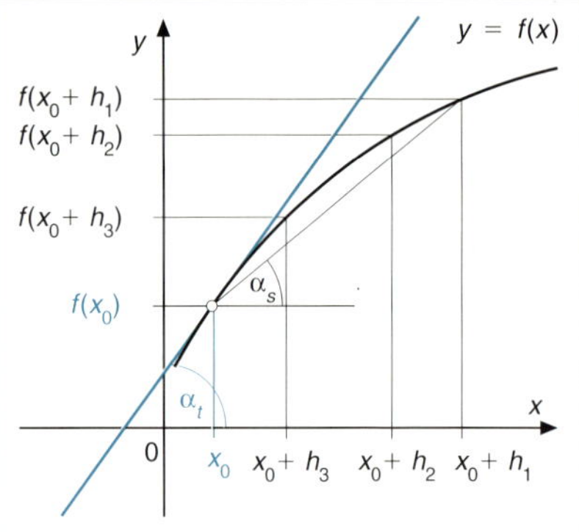


Bild 6/10

## Tangenten an einen Funktionsgraphen

Falls die Funktion $f$ an der Stelle $x_0$ differenzierbar ist, definiert man:

Die **Tangente** an den Graphen der Funktion $f$ im Punkt $P_0(x_0;\ f(x_0))$ ist die Gerade, die durch $P_0$ geht und den Anstieg $m = f'(x_0)$ hat.

- Es soll der Anstieg der Tangente an den Graphen der Funktion $f(x) = x^3$ im Punkt $P_0(1;\ 1)$ ermittelt werden.

  Es gilt:
  $x_0 = 1;\ f(x_0) = 1;\ f(x_0 + h) = (1 + h)^3$.

$$\tan\alpha_t = \lim_{h\to 0}\frac{f(x_0+h)-f(x_0)}{h}$$
$$= \lim_{h\to 0}\frac{(1+h)^3-1^3}{h} = \lim_{h\to 0}\frac{1+3h+3h^2+h^3-1}{h}$$
$$= \lim_{h\to 0}(3+3h+h^2) = 3, \text{ also}$$
$$\tan\alpha_t = 3$$
$$\alpha_t \approx 71{,}56°$$

**Differenzierbarkeit und Stetigkeit**

**SATZ** Ist $f$ an der Stelle $x_0$ differenzierbar, so ist $f$ an der Stelle $x_0$ stetig.

■ Durch folgendes Beispiel wird deutlich, daß die Umkehrung dieses Satzes nicht gilt:
Die Funktion $f(x) = |x|$ (↗ Bild 6/11) ist an der Stelle $x_0 = 0$ zwar stetig, aber sie ist an der Stelle $x_0 = 0$ nicht differenzierbar.
Es gilt nämlich

$$\lim_{h\to 0}\frac{f(x_0+h)-f(x_0)}{h} = \begin{cases} +1 \text{ für } h>0 \\ -1 \text{ für } h<0. \end{cases}$$

↗ Stetigkeit an einer Stelle $x_0$, S. 230f.

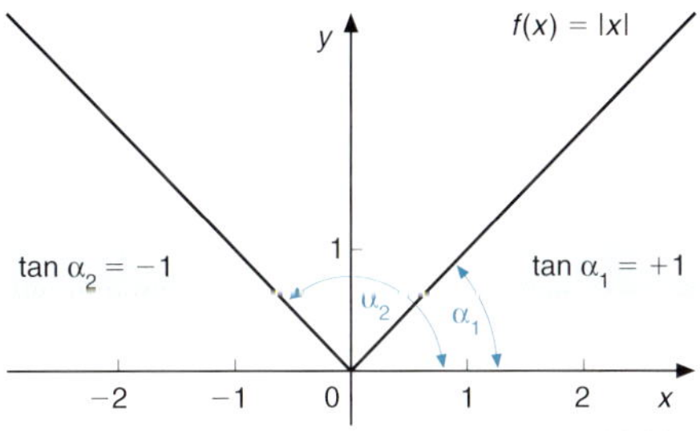

Bild 6/11

6

**Ableitung einer Funktion in einem Intervall**

**DEFINITION** Eine in einem offenen Intervall $]a; b[$ definierte Funktion ***f* ist in $]a; b[$ differenzierbar** genau dann, wenn $f$ an jeder Stelle des Intervalls differenzierbar ist.
Eine in einem abgeschlossenen Intervall $[a; b]$ definierte Funktion ***f* ist im Intervall $[a; b]$ differenzierbar** genau dann, wenn $f$ im offenen Intervall $]a; b[$ differenzierbar ist und wenn an den Intervallenden $a$ bzw. $b$ der rechtsseitige bzw. der linksseitige Differentialquotient der Funktion $f$ existiert[1].

**Ableitung einer Funktion**

$f$ sei eine in einem Intervall $I$ differenzierbare Funktion.

[1] Hierunter ist der rechtsseitige bzw. linksseitige Grenzwert des Differenzenquotienten $D(h)$ an der Stelle $a$ bzw. $b$ zu verstehen.

Die Funktion, die aus der Menge aller geordneten Paare $(x; f'(x))$, mit $x \in I$ besteht, heißt **Ableitungsfunktion** der Funktion $f$ und wird mit $f'$ bezeichnet.

*Bemerkung:* Statt „Ableitungsfunktion" sagt man auch kurz „Ableitung".
↗ Ableitung einer Funktion an einer Stelle $x_0$, S. 234f.

**Ableitungen höherer Ordnung**

Ist die Ableitung $f'$ einer Funktion $f$ ihrerseits wieder an einer Stelle $x_0$ des Definitionsbereiches von $f$ differenzierbar, so nennt man die Ableitung von $f'$ an der Stelle $x_0$ die **zweite Ableitung von $f$ an der Stelle $x_0$** und bezeichnet sie in folgender Weise:
$f''(x_0)$ (gelesen: $f$ zwei Strich von $x_0$)
oder

$\left.\frac{d^2f}{dx^2}\right|_{x=x_0}$ (gelesen: d zwei $f$ nach d$x$ Quadrat an der Stelle $x_0$).

Falls die Funktion $f$ durch eine Gleichung $y = f(x)$ gegeben ist, schreibt man

$\left.\frac{d^2y}{dx^2}\right|_{x=x_0}$ (gelesen: d zwei $y$ nach d$x$ Quadrat an der Stelle $x_0$).

6

Analog zur Definition der Ableitung einer Funktion in einem Intervall wird die **zweite Ableitung $f''$ einer Funktion $f$** in einem Intervall als eine neue Funktion definiert.

Sie wird mit $f''(x)$ oder $\frac{d^2f}{dx^2}$ oder $y''$ oder $\frac{d^2y}{dx^2}$ bezeichnet.
In gleicher Weise werden die dritte, vierte, ..., ***n*-te Ableitung einer Funktion *f*** definiert und mit $f'''$, $f^{(4)}$, ... $f^{(n)}$ bezeichnet.
Die Funktion $f'$ ist dann die erste Ableitung.
Das Bilden der Ableitung einer Funktion heißt **Differenzieren**.

**Differentiationsregeln**

Ist $f(x) = c$ ($c \in \mathbb{R}$ konstant) für jedes $x \in \mathbb{R}$, so gilt
$f'(x) = 0$.
Wenn die Funktionen $u$, $v$ an einer Stelle $x_0$ differenzierbar sind, so sind auch die Funktionen $u \pm v$, $u \cdot v$ und, falls $v(x_0) \neq 0$, auch die Funktion $\frac{u}{v}$ an der Stelle $x_0$ differenzierbar, und es gilt

$(u \pm v)'(x_0) = u'(x_0) \pm v'(x_0)$ (**Summenregel**)

$(u \cdot v)'(x_0) = u'(x_0) \cdot v(x_0) + u(x_0) \cdot v'(x_0)$ (**Produktregel**)

$\left(\frac{u}{v}\right)'(x_0) = \frac{u'(x_0) \cdot v(x_0) - u(x_0) \cdot v'(x_0)}{(v(x_0))^2}$ (**Quotientenregel**)

Ist $u(x)$ eine konstante Funktion, so folgt aus der Produktregel, daß ein konstanter Faktor bei der Differenzierung erhalten bleibt, d. h.
$(c \cdot g(x))' = c \cdot g'(x)$.
Hierbei wird berücksichtigt, daß die Ableitung einer konstanten Funktion gleich Null ist.

### Ableitung der Umkehrfunktion einer Funktion

Es sei $f$ eine in einem Intervall $I$ definierte stetige und streng monotone Funktion, die an der Stelle $x_0$ im Innern des Intervalls differenzierbar ist, und es gelte $f'(x_0) \neq 0$.
Dann ist die Umkehrfunktion $\bar{f}$ an der Stelle $y_0 = f(x_0)$ ebenfalls differenzierbar, und es gilt

$$\bar{f}'(y_0) = \frac{1}{f'(x_0)}.$$

↗ Umkehrfunktion einer Funktion, S. 74f.

### Ableitung einer verketteten Funktion (Kettenregel)

Ist die Funktion $v$ an der Stelle $x_0$ und ist die Funktion $u$ an der Stelle $v(x_0)$ differenzierbar, so ist auch die verkettete Funktion $f$ mit $f(x) = u(v(x))$ an der Stelle $x_0$ differenzierbar, und es gilt

$$\mathbf{f'(x_0) = u'(v(x_0)) \cdot v'(x_0).}$$

↗ Verkettung von Funktionen, S. 76f.

### Ableitung elementarer Funktionen

| **Funktion *f*** | **Definitionsbereich von *f*** | **1. Ableitung von *f*** | **Definitionsbereich von *f′* (*D*(*f′*))** |
|---|---|---|---|
| $f(x) = c;\ c \in \mathbb{R}$ | $x \in \mathbb{R}$ | $f'(x) = 0$ | $D(f)$ |
| $f(x) = x^n;\ n \in \mathbb{N};\ n > 0$ | $x \in \mathbb{R}$ | $f'(x) = n \cdot x^{n-1}$ | $D(f)$ |
| $f(x) = x^m;\ m \in \mathbb{Z};\ m < 0$ | $x \in \mathbb{R};\ x \neq 0$ | $f'(x) = m \cdot x^{m-1}$ | $D(f)$ |
| $f(x) = x^r;\ r \in \mathbb{R}$ | $x \in \mathbb{R};\ x > 0$ | $f'(x) = r \cdot x^{r-1}$ | $D(f)$ |
| $f(x) = \sin x$ | $x \in \mathbb{R}$ | $f'(x) = \cos x$ | $D(f)$ |
| $f(x) = \cos x$ | $x \in \mathbb{R}$ | $f'(x) = -\sin x$ | $D(f)$ |
| $f(x) = \tan x$ | $x \in \mathbb{R}$<br>$x \neq \frac{2k+1}{2}\pi;\ k \in \mathbb{Z}$ | $f'(x) = \frac{1}{\cos^2 x}$ | $D(f)$ |
| $f(x) = \cot x$ | $x \in \mathbb{R}$<br>$x \neq k\pi;\ k \in \mathbb{Z}$ | $f'(x) = -\frac{1}{\sin^2 x}$ | $D(f)$ |
| $f(x) = \arcsin x$ | $x \in [-1; 1]$ | $f'(x) = \frac{1}{\sqrt{1-x^2}}$ | $x \in \,]-1; 1[$ |
| $f(x) = \arccos x$ | $x \in [-1; 1]$ | $f'(x) = -\frac{1}{\sqrt{1-x^2}}$ | $x \in \,]-1; 1[$ |
| $f(x) = \arctan x$ | $x \in \mathbb{R}$ | $f'(x) = \frac{1}{1+x^2}$ | $D(f)$ |
| $f(x) = \operatorname{arccot} x$ | $x \in \mathbb{R}$ | $f'(x) = -\frac{1}{1+x^2}$ | $D(f)$ |
| $f(x) = \log_a x$<br>$a \in \mathbb{R};\ a > 0;\ a \neq 1$ | $x \in \mathbb{R};\ x > 0$ | $f'(x) = \frac{1}{x \cdot \ln a}$ | $D(f)$ |
| $f(x) = \ln x$ | $x \in \mathbb{R};\ x > 0$ | $f'(x) = \frac{1}{x}$ | $D(f)$ |
| $f(x) = a^x;$<br>$a \in \mathbb{R};\ a > 0;\ a \neq 1$ | $x \in \mathbb{R}$ | $f'(x) = a^x \cdot \ln a$ | $D(f)$ |
| $f(x) = e^x$ | $x \in \mathbb{R}$ | $f'(x) = e^x$ | $D(f)$ |

6

- $f(x) = 3x^5 + 5x^3 + x$
  $f'(x) = 3 \cdot 5x^4 + 5 \cdot 3x^2 + 1$
  $f'(x) = 15x^4 + 15x^2 + 1$

- $f(x) = x \cdot \sin x$
  $f'(x) = 1 \cdot \sin x + x \cdot \cos x = \sin x + x \cdot \cos x$

- $f(x) = \dfrac{x^2 - \sin x}{x+3}$
  $f'(x) = \dfrac{(2x - \cos x) \cdot (x+3) - (x^2 - \sin x) \cdot 1}{(x+3)^2}$
  $f'(x) = \dfrac{x^2 + 6x - (x+3)\cos x + \sin x}{(x+3)^2}$

- Die 1. Ableitung von $g(x) = \sqrt[3]{x} = x^{\frac{1}{3}}$; $(x > 0)$ ist zu ermitteln. Die erste Ableitung von $f(x) = x^3$ ist für alle $x > 0$ $f'(x) = 3x^2$; also gilt $f'(x) > 0$.
  Es folgt wegen $\bar{f}'(y) = \dfrac{1}{f'(x)}$ mit $y = f(x) = x^3$
  $$\bar{f}'(y) = \frac{1}{3x^2} = \frac{1}{3(\sqrt[3]{y})^2} \text{ mit } x = \sqrt[3]{y}.$$
  Nach Umbenennung der Variablen folgt:
  $$\bar{f}'(x) = g'(x) = \frac{1}{3(\sqrt[3]{x})^2} = \frac{1}{3}x^{-\frac{2}{3}}$$

- $f(x) = \sin(10x^2 + 7)$ — äußere Funktion: $u(z) = \sin z$ mit $z = v(x)$
  $f(x) = u(v(x)) = u(z)$ — $u'(z) = \cos z$
  $f'(x) = u'(v(x)) \cdot v'(x)$ — innere Funktion: $z = v(x) = 10x^2 + 7$
  $f'(x) = \cos(10x^2 + 7) \cdot 20x$ — $v'(x) = 20x$
  $f'(x) = 20x \cdot \cos(10x^2 + 7)$

- Ableitung der Funktion $\arcsin x$
  $y = f(x) = \sin x$ ist im Intervall $]-\frac{\pi}{2}; \frac{\pi}{2}[ = D(f)$ streng monoton wachsend und dort überall differenzierbar mit $f'(x) = \cos x \neq 0$.
  Daher ist die Umkehrfunktion $x = \bar{f}(y) = \arcsin y$ für alle $y \in ]-1; 1[ = W(f)$ ebenfalls differenzierbar und es gilt
  $$\bar{f}'(y) = \frac{1}{f'(x)} = \frac{1}{\cos x} = \frac{1}{\sqrt{1 - \sin^2 x}} = \frac{1}{\sqrt{1 - y^2}}.$$
  Umbenennung der Variablen ergibt für die Funktion $y = f(x) = \arcsin x$:
  $$y' = f'(x) = \frac{1}{\sqrt{1 - x^2}} \qquad (x \in ]-1; 1[)$$

↗ Beziehungen zwischen Winkelfunktionswerten, S. 128f.
↗ Umkehrfunktionen der Winkelfunktionen, S. 133
↗ Ableitung der Umkehrfunktion einer Funktion, S. 237

# Lokales Verhalten von Funktionen

## Lokale Monotonie

**Die Funktion *f* ist in $x_0$ monoton wachsend**

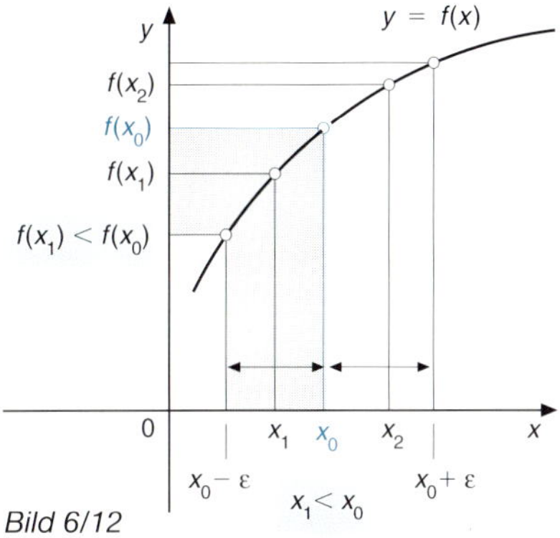


*Bild 6/12*

Im Intervall $]x_0 - \varepsilon; x_0 + \varepsilon[$ gilt:
Für alle Argumente, die kleiner als $x_0$ sind, sind die Funktionswerte auch kleiner als $f(x_0)$.
Für alle Argumente, die größer als $x_0$ sind, sind die Funktionswerte auch größer als $f(x_0)$.

**Die Funktion *f* ist in $x_0$ monoton fallend**

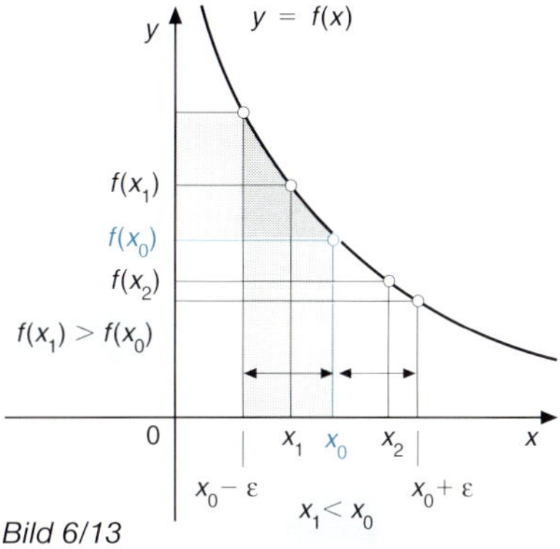


*Bild 6/13*

Im Intervall $]x_0 - \varepsilon; x_0 + \varepsilon[$ gilt:
Für alle Argumente, die kleiner als $x_0$ sind, sind die Funktionswerte größer als $f(x_0)$.
Für alle Argumente, die größer als $x_0$ sind, sind die Funktionswerte kleiner als $f(x_0)$.

Wenn eine Funktion *f* an der Stelle $x_0$ monoton wachsend und in $x_0$ differenzierbar ist, so gilt $f'(x_0) \geq 0$.

Wenn eine Funktion *f* an der Stelle $x_0$ monoton fallend und in $x_0$ differenzierbar ist, so gilt $f'(x_0) \leq 0$.

■ **Die Funktion *f* ist monoton wachsend**

Der Anstieg der Tangente im Punkt $P(x_0; f(x_0))$ ist nicht negativ.

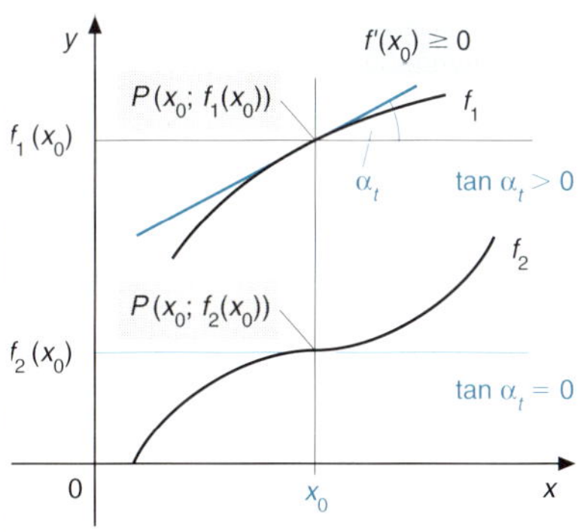


*Bild 6/14*

6

6

■ **Die Funktion *f* ist monoton fallend**

Der Anstieg der Tangente im Punkt $P(x_0; f(x_0))$ ist nicht positiv.

Bild 6/15

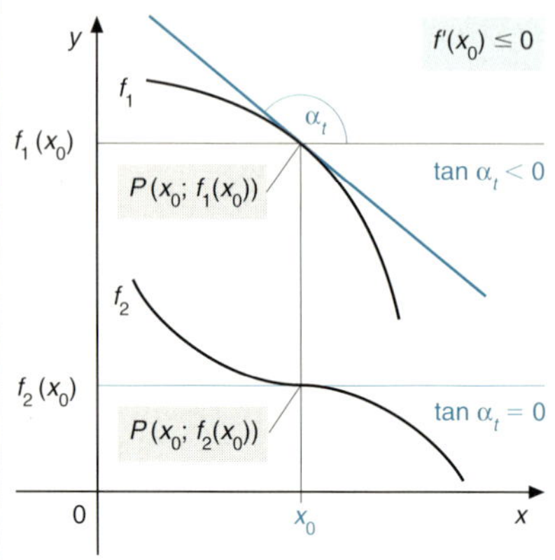


Im Falle $f'(x_0) = 0$ kann nicht auf das Wachsen oder Fallen der Funktion an der Stelle $x_0$ geschlossen werden (↗ Bild 6/16).

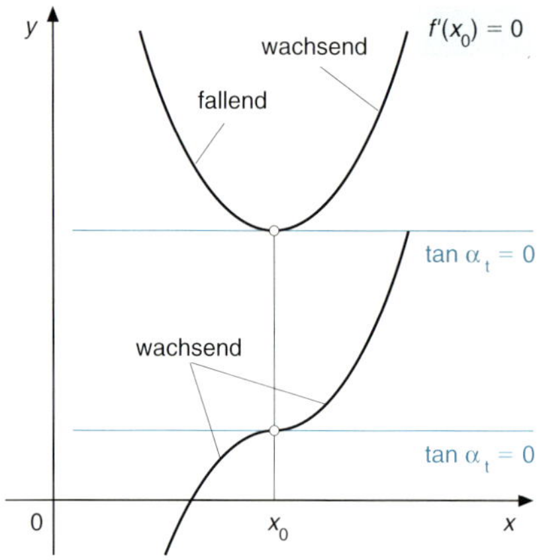


Bild 6/16

**Nachweis der Monotonie einer Funktion an der Stelle $x_0$:**

| | |
|---|---|
| Wenn eine Funktion $f$ an der Stelle $x_0$ differenzierbar ist und $f'(x_0) > 0$ gilt, so ist $f$ in $x_0$ monoton wachsend. | Wenn eine Funktion $f$ an der Stelle $x_0$ differenzierbar ist und $f'(x_0) < 0$ gilt, so ist $f$ in $x_0$ monoton fallend. |

Gilt für eine in einem Intervall $I$ definierte und dort überall differenzierbare Funktion $f$ die Relation $f'(x) > 0$ bzw. $f'(x) < 0$ für jedes $x \in I$, so ist $f$ in $I$ streng monoton wachsend bzw. streng monoton fallend.

■ Es ist die Funktion $f(x) = e^x$ auf Monotonie zu untersuchen.
Es gilt $f'(x) = e^x$.
Da $f'(x) = e^x$ für alle $x$ positiv ist, ist $f(x) = e^x$ im ganzen Definitionsbereich streng monoton wachsend.

## Mittelwertsatz der Differentialrechnung und Satz von ROLLE

**Mittelwertsatz der Differentialrechnung** Ist eine Funktion $f$ in $[a; b]$ stetig und in $]a; b[$ differenzierbar, so gibt es mindestens eine Zahl $\xi$ mit $a < \xi < b$, so daß gilt

$$\frac{f(b) - f(a)}{b - a} = f'(\xi).$$

Ein Spezialfall des Mittelwertsatzes der Differentialrechnung für $f(a) = f(b) = 0$ ist der folgende Satz.

**Satz von ROLLE[1]:** Ist eine Funktion $f$ in $[a; b]$ stetig und in $]a; b[$ differenzierbar und gilt $f(a) = f(b) = 0$, so gibt es mindestens eine Zahl $\xi$ mit $a < \xi < b$, so daß gilt $f'(\xi) = 0$.

**Geometrische Bedeutung**

Mittelwertsatz der Differentialrechnung

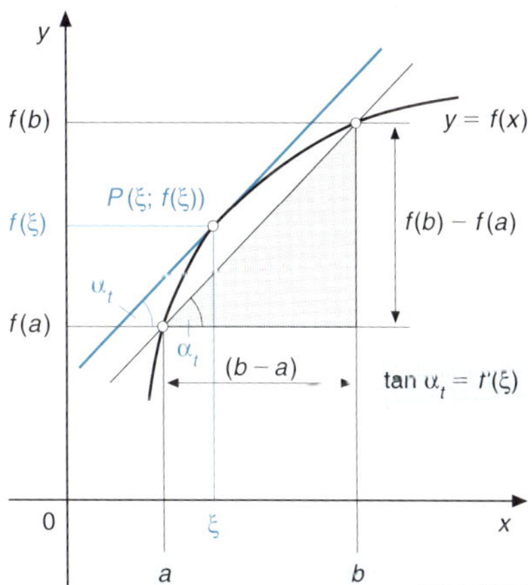


Bild 6/17

Der Graph der in $[a; b]$ stetigen und in $]a; b[$ differenzierbaren Funktion $f$ enthält mindestens einen Punkt $P(\xi; f(\xi))$ mit $a < \xi < b$, in dem die Tangente an den Graphen parallel zur Sekante durch $P_1(a; f(a))$ und $P_2(b; f(b))$ verläuft.

Satz von ROLLE

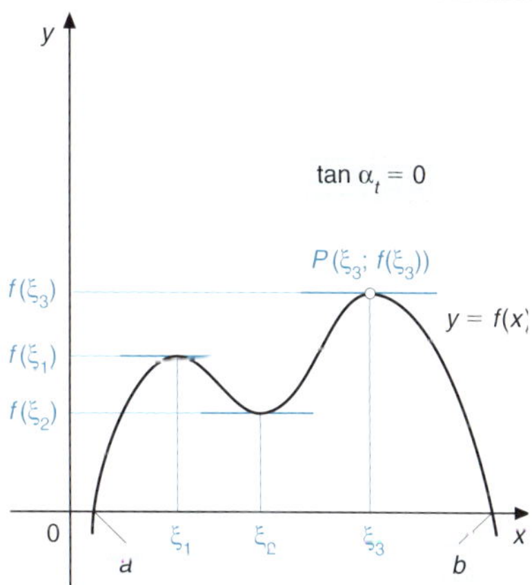


Bild 6/18

Der Graph der in $[a; b]$ stetigen und in $]a; b[$ differenzierbaren Funktion $f$, die die Nullstellen $a$ und $b$ besitzt, enthält mindestens einen Punkt $P(\xi; f(\xi))$ mit $a < \xi < b$, in dem die Tangente an den Graphen von $f$ parallel zur Abszissenachse verläuft.

[1] ROLLE, MICHEL (1652–1719), französischer Mathematiker, Mitglied der Académie des sciences, fand 1690 den hier angegebenen Satz und konnte ihn im Jahre 1691 beweisen.

Die Funktion $f$ ist eine in einem Intervall $I$ konstante Funktion genau dann, wenn für jedes $x \in I$ gilt: $f'(x) = 0$.
Es seien $u$ und $v$ zwei im Intervall $I$ stetige und differenzierbare Funktionen mit $u'(x) = v'(x)$ für alle $x \in I$.
Dann gilt: $u(x) - v(x) = c$, $c \in \mathbb{R}$, für alle $x \in I$.

## Lokale Extrema

**DEFINITION** Die Funktion $f$ hat an der Stelle $x_0$ ein **lokales Maximum** genau dann, wenn es ein $\varepsilon > 0$ gibt, so daß für jedes $x$ mit $x \neq x_0$ und $x_0 - \varepsilon < x < x_0 + \varepsilon$ gilt $f(x) < f(x_0)$.

**DEFINITION** Die Funktion $f$ hat an der Stelle $x_0$ ein **lokales Minimum** genau dann, wenn es ein $\varepsilon > 0$ gibt, so daß für jedes $x$ mit $x \neq x_0$ und $x_0 - \varepsilon < x < x_0 + \varepsilon$ gilt $f(x) > f(x_0)$.

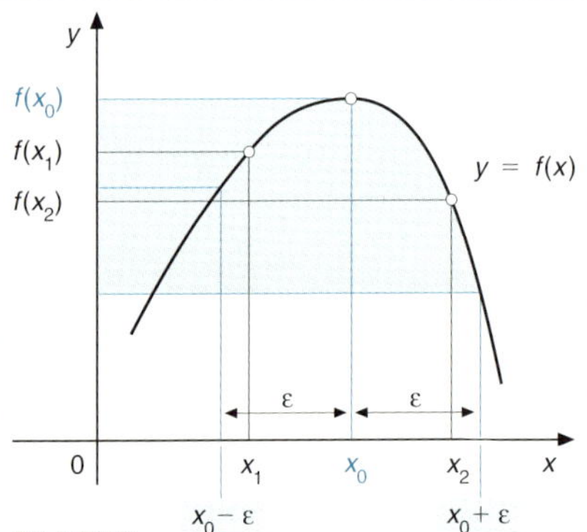


Bild 6/19

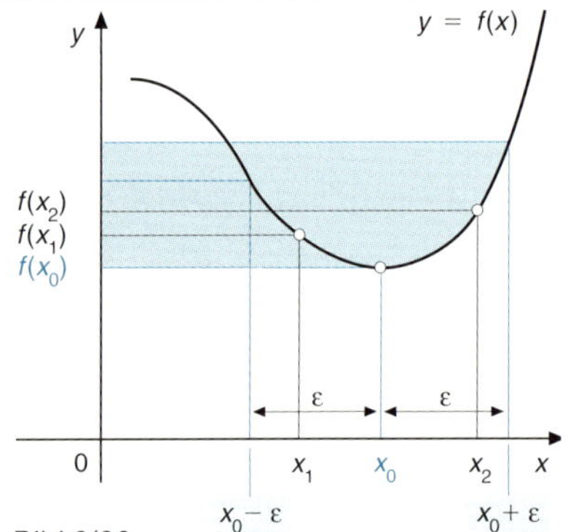


Bild 6/20



Im Unterschied zum globalen Maximum $M$, also dem Maximum in einem Intervall, bei dem nur verlangt wird, daß kein Funktionswert im Intervall größer als $M$ ist, wird beim lokalen Maximum $M = f(x_0)$ verlangt, daß die Funktionswerte nur für Argumente $x \neq x_0$ in einer hinreichend kleinen $\varepsilon$-Umgebung von $x_0$ echt kleiner sind als $M$ (↗ S. 233 „Maximum – Minimum"). Entsprechendes gilt für Minima.

■ Die Funktion $y = f(x)$ im Bild 6/21 besitzt in $[a; b]$ zwar ein globales, aber kein lokales Maximum, da die Funktion $f$ in einer Umgebung von $x_0$ konstant ist.

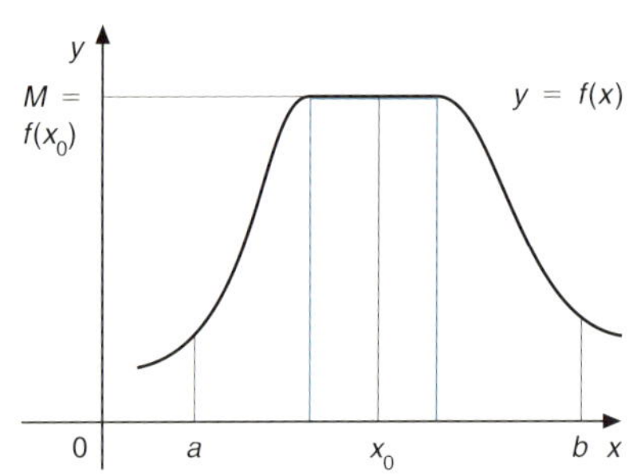


Bild 6/21

■ Ein lokales Extremum einer Funktion $f$ kann auch globales Extremum sein. Das globale Maximum einer in einem Intervall $[a; b]$ stetigen Funktion $f$ ist entweder das größte lokale Maximum von $f$ in $[a; b]$ oder einer der Funktionswerte $f(a)$ oder $f(b)$ (↗ Bild 6/22). Entsprechendes gilt für das globale Minimum.

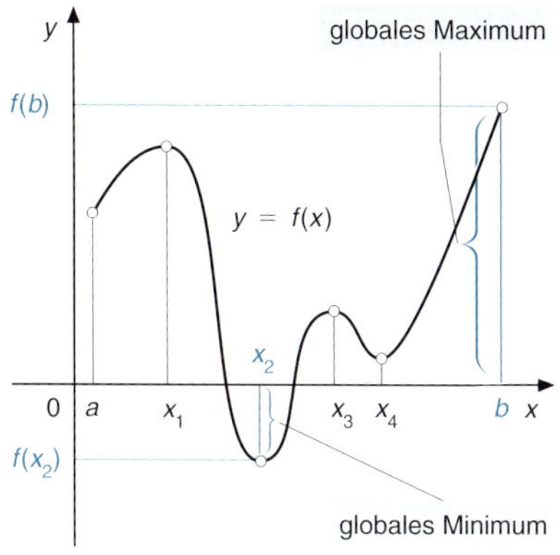


*Bild 6/22*

**Untersuchung einer Funktion auf lokale Extrema**

Wenn eine Funktion $f$ in $x_0$ ein lokales Extremum hat und in $x_0$ differenzierbar ist, so gilt:
$f'(x_0) = 0$.

6

Die folgenden Beispiele machen deutlich, daß diese Bedingung nicht hinreichend ist.

■ Für jede konstante Funktion
$f(x) = c$ gilt
$f'(x) = 0$.

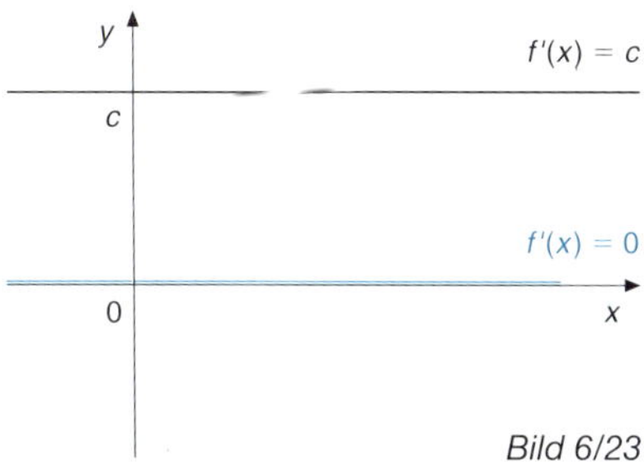


*Bild 6/23*

Die Funktion $f(x) = c$ hat kein lokales Extremum.

Für $f(x) = x^3$ ist an der Stelle $x_0 = 0$
$f'(0) = 3 \cdot 0^2 = 0$.

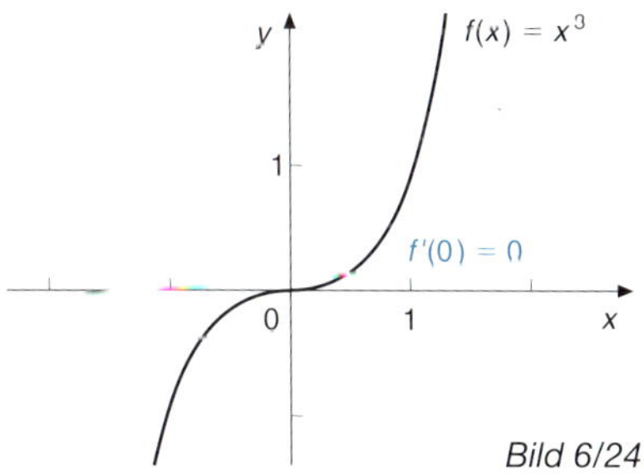


*Bild 6/24*

Die Funktion $f(x) = x^3$ hat an der Stelle $x_0 = 0$ kein lokales Extremum.

*Es ist zu beachten:* Der Satz liefert ein notwendiges Kriterium der Existenz lokaler Extrema nur für differenzierbare Funktionen. Es gibt darüber hinaus Funktionen, die lokale Extrema an Stellen haben, an denen sie keine Ableitung besitzen. So hat beispielsweise $f(x) = |x|$ an der Stelle $x_0 = 0$ ein lokales Minimum (↗ S. 235).

Wenn $f$ in einer Umgebung von $x_0$ differenzierbar ist, wenn $f'(x_0) = 0$ ist **und** $f'$ an der Stelle $x_0$ das Vorzeichen wechselt, dann hat $f$ an der Stelle $x_0$ ein lokales Extremum, und zwar

| | |
|---|---|
| ein lokales Maximum, wenn $f'$ mit wachsendem $x$ von positiven zu negativen Werten übergeht. | ein lokales Minimum, wenn $f'$ mit wachsendem $x$ von negativen zu positiven Werten übergeht. |

6

■ Die Funktion $f$ hat bei $x_0$ ein lokales Maximum. Es geht $f'$ bei $x_0$ mit wachsendem $x$ von positiven zu negativen Werten über.

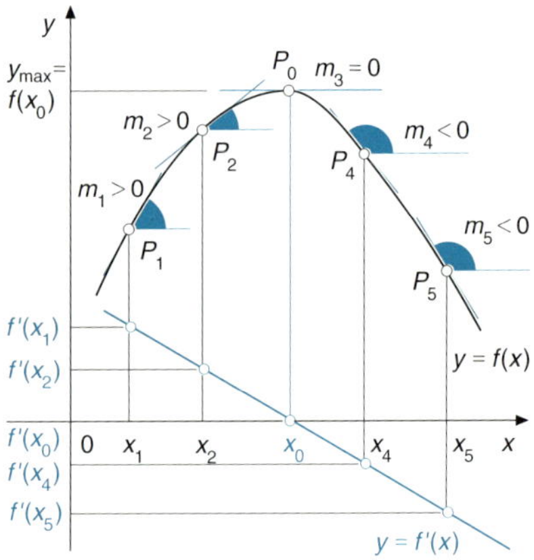


Bild 6/25

Die Funktion $f(x) = x^4$ hat an der Stelle $x_0 = 0$ ein lokales Minimum.

1. $f$ ist in der Umgebung von $x_0 = 0$ differenzierbar: $f'(x) = 4x^3$.
2. $f'(0) = 0$
3. $f'$ wechselt an der Stelle $x_0 = 0$ das Vorzeichen von negativen zu positiven Werten.

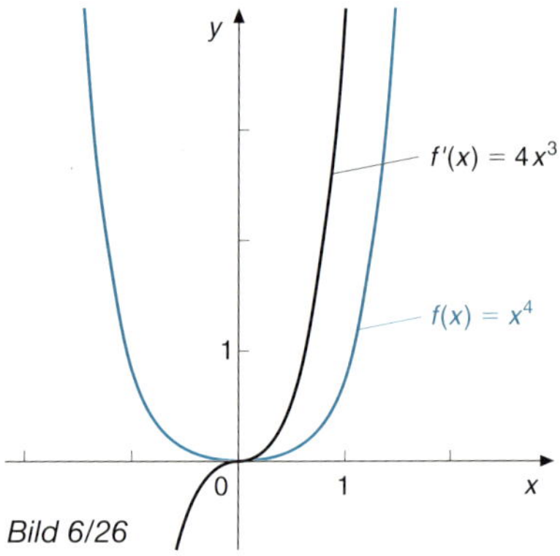


Bild 6/26

Wenn $f$ eine an der Stelle $x_0$ zweimal differenzierbare Funktion ist, für die gilt
$f'(x_0) = 0$ und
$f''(x_0) \neq 0$,
dann hat $f$ an der Stelle $x_0$ ein lokales Extremum, und zwar ein lokales Maximum, wenn
$f''(x_0) < 0$,
und ein lokales Minimum, wenn
$f''(x_0) > 0$.

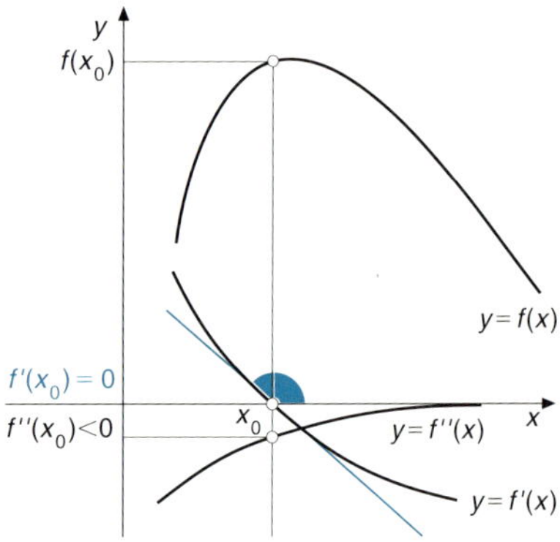


Bild 6/27

Es ist zu beachten:
Dieser Satz besagt nicht, daß im Falle $f''(x_0) = 0$ etwa kein Extremum vorliegt.
Zum Beispiel ist für $f(x) = x^4$
$f''(x) = 12x^2$.
Für $x_0 = 0$ gilt $f''(x_0) = 0$. Dennoch hat $f(x) = x^4$ an der Stelle $x_0 = 0$ ein lokales Minimum.

**Berechnung lokaler Extrema**

*1. Fall:*
$f$ ist im Intervall $I$ zweimal differenzierbar.
① Man bildet die 1. Ableitung $f'$ und die zweite Ableitung $f''$.
② Man berechnet die Nullstellen von $f'$ in $I$ d. h., man löst die Gleichung $f'(x) = 0$.
Da $f'(x_0) = 0$ eine notwendige Bedingung dafür ist, daß $f$ an der Stelle $x_0$ ein lokales Extremum besitzt, müssen sich die Extremstellen unter den Nullstellen von $f'$ befinden. Andere Argumente kommen im Falle der Differenzierbarkeit von $f$ als Extremstellen nicht in Frage.
③ Für jede dieser Nullstellen ist mit Hilfe der weiteren Bedingungen ($f''(x_0) \neq 0$; Vorzeichenwechsel von $f'$ an der Stelle $x_0$) zu entscheiden, ob dort ein lokales Extremum vorliegt.
*2. Fall:*
Es gibt im Intervall $I$ Stellen, an denen $f$ nicht differenzierbar ist. Für diese Stellen sind gesonderte Untersuchungen erforderlich.



↗ Beispiele für die Berechnung lokaler Extrempunkte, S. 249ff.

## Wendepunkte, Wendestellen

**DEFINITION** Ein Punkt $P_0(x_0; f(x_0))$ des Graphen einer Funktion $f$ heißt **Wendepunkt** des Graphen, wenn dieser in $P_0$ seine Krümmung ändert. Die Abszisse $x_0$ heißt **Wendestelle** der Funktion $f$.

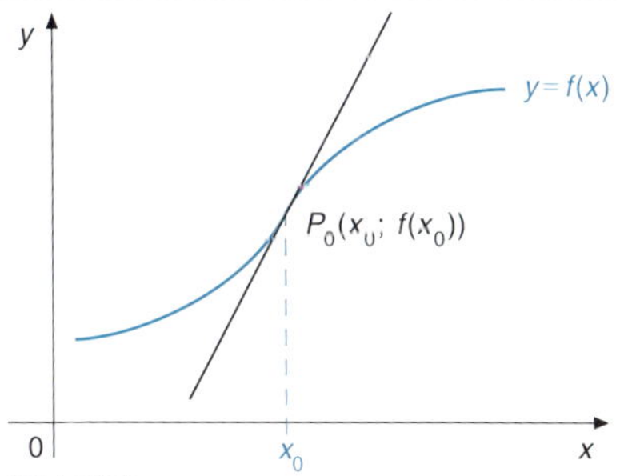


*Bild 6/28*

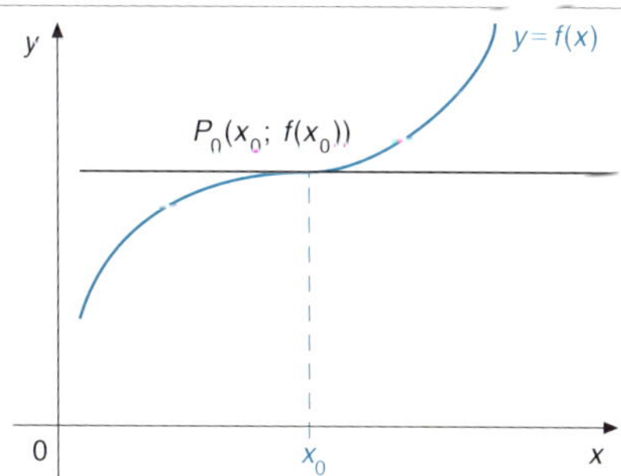


*Bild 6/29*

Änderung der Krümmung

von Links- in Rechtskrümmung (↗ Bild 6/28)

von Rechts- in Linkskrümmung (↗ Bild 6/29)

### Wendetangenten

**DEFINITION** Die Tangente an den Graphen einer Funktion in einem seiner Wendepunkte heißt **Wendetangente**. Verläuft sie parallel zur Abszissenachse, so heißt der Wendepunkt **Horizontalwendepunkt** (↗ Bild 6/29).

### Untersuchung einer Funktion auf Wendepunkte

**SATZ** Ist $f$ in $x_0$ zweimal differenzierbar und $x_0$ Wendestelle von $f$, so gilt $f''(x_0) = 0$.

Diese Bedingung ist aber nicht hinreichend für die Existenz einer Wendestelle.

■ Für die Funktion $f$ mit $f(x) = x^4$ gilt in $x_0 = 0$:
$f''(x_0) = 12x_0^2 = 0$.

Die Stelle $x_0$ ist aber keine Wendestelle von $f$ (↗ Bild 6/26). Eine hinreichende Bedingung dafür, daß $x_0$ Wendestelle von $f$ ist, liefert der folgende Satz.

6

**SATZ** Ist $f$ in $x_0$ dreimal differenzierbar und gilt $f''(x_0) = 0$ und $f'''(x_0) \neq 0$, so ist $x_0$ Wendestelle von $f$.

Wenn $f$ in $x_0$ nur zweimal differenzierbar ist, so ist der Vorzeichenwechsel von $f''$ in $x_0$ hinreichend dafür, daß $x_0$ Wendestelle von $f$ ist.

## Kurvendiskussion; Extremwertaufgaben

### Kurvendiskussion

| | **Merkmale der Funktion** | **Graphische Darstellung dieser Merkmale** | **Berechnung mit Hilfe der Funktionsgleichung** |
|---|---|---|---|
| **1.1.** | Nullstellen $x_1, x_2, \ldots$ | Abszissen der Schnittpunkte der Kurve mit der Abszissenachse $P_1\,(x_1; 0)$, $P_2\,(x_2; 0), \ldots$ | Ermitteln der Lösungen der Gleichung $f(x) = 0$ |
| **1.2.** | Funktionswert für $x_0 = 0$ $y_0 = f(0)$ | Ordinate $y_0$ des Schnittpunktes der Kurve mit der Ordinatenachse $P_0(0; y_0)$ | Ermitteln des Funktionswertes $f(0) = y_0$ |

| | Merkmale der Funktion | Graphische Darstellung dieser Merkmale | Berechnung mit Hilfe der Funktionsgleichung | |
|---|---|---|---|---|
| **2.** | Unendlichkeitsstellen $x_{u_1}, x_{u_2}, \ldots$ | Asymptoten parallel zur Ordinatenachse durch $P(x_{u_1}; 0)$; $P(x_{u_2}; 0)$; … | Bei gebrochenen rationalen Funktionen $\frac{u(x)}{v(x)}$: Ermitteln der x, für die gilt: $v(x) = 0$ und $u(x) \neq 0$. | |
| **3.** | Verhalten im Unendlichen | Spezielle Fälle: a) Asymptoten, die parallel zur Abszissenachse verlaufen | Berechnen von $\lim\limits_{x \to +\infty} f(x) = g$ bzw. $\lim\limits_{x \to -\infty} f(x) = g$ | |
| | | b) Asymptoten, die weder zur Abszissenachse noch zur Ordinatenachse parallel verlaufen | Bestimmen einer Funktion $g(x)$ mit $\lim\limits_{x \to \pm\infty} [f(x) - g(x)] = 0$ | |
| **4.** | Lokale Extrema $f(x_{E_1}), f(x_{E_2}), \ldots$ an den Extremstellen $x_{E_1}, x_{E_2}, \ldots$ | Lokale Extrempunkte $P_{E_1}$, $P_{E_2}$, … . | **4.1.** Ermitteln der Lösungen der Gleichung $f'(x) = 0$ (notwendige Bedingung) | |
| | | | **4.2.** Entscheiden, ob ein lokales Extremum vorliegt (hinreichende Bedingung) | |
| | | | 1. Möglichkeit $f''(x_E) \neq 0$ | 2. Möglichkeit $f'(x)$ wechselt Vorzeichen bei $x_E$ |
| | an der Stelle $x_E$ lokales Maximum | bei $x_E$ ein Hochstpunkt | $f''(x_E) < 0$ | $f'(x)$ wechselt von positiven zu negativen Werten bei $x_E$ |
| | an der Stelle $x_E$ lokales Minimum | bei $x_E$ ein Tiefstpunkt | $f''(x_E) > 0$ | $f'(x)$ wechselt von negativen zu positiven Werten bei $x_E$ |
| | | | **4.3.** Berechnen der lokalen Extrema $y_{E_k} = f(x_{E_k})$ | |

6

<table>
<tr><th></th><th>Merkmale der Funktion</th><th>Graphische Darstellung dieser Merkmale</th><th colspan="2">Berechnung mit Hilfe der Funktionsgleichung</th></tr>
<tr><td></td><td></td><td></td><td colspan="2">4.4. Untersuchung auf weitere Extremstellen, an denen $f$ definiert ist, aber $f'(x)$ nicht existiert.</td></tr>
<tr><td rowspan="3">5.</td><td rowspan="3">Wendestellen $x_{W_1}, x_{W_2}, \dots$</td><td rowspan="3">Wendepunkte $P_{W_1}, P_{W_2}, \dots$<br>$f'(x_W)$ ist Anstieg der Wendetangente</td><td colspan="2">5.1. Ermitteln der Lösungen der Gleichung $f''(x) = 0$ (notwendige Bedingung)</td></tr>
<tr><td colspan="2">5.2. Entscheiden, ob ein Wendepunkt vorliegt (hinreichende Bedingung)</td></tr>
<tr><td>1. Möglichkeit<br>$f'''(x_W) \neq 0$</td><td>2. Möglichkeit<br>$f''(x)$ wechselt Vorzeichen bei $x_W$</td></tr>
<tr><td></td><td></td><td>Wechsel von Linkskrümmung zu Rechtskrümmung</td><td>$f'''(x_W) < 0$</td><td>$f''(x)$ wechselt von positiven zu negativen Werten bei $x_W$</td></tr>
<tr><td></td><td></td><td>Wechsel von Rechtskrümmung zu Linkskrümmung</td><td>$f'''(x_W) > 0$</td><td>$f''(x)$ wechselt von negativen zu positiven Werten bei $x_W$</td></tr>
<tr><td></td><td></td><td></td><td colspan="2">5.3. Berechnen der Ordinaten der Wendepunkte<br>$y_{W_k} = f(x_{W_k})$</td></tr>
</table>

**SATZ** Ist $f$ in $x_0$ wenigstens $n$-mal differenzierbar und gilt
$f'(x_0) = f''(x_0) = \dots = f^{(n-1)}(x_0) = 0$ und
$f^{(n)}(x_0) \neq 0$
für eine **gerade** Zahl $n \geq 2$, so hat $f$ in $x_0$ ein lokales

Maximum | Minimum
falls
$f^{(n)}(x_0) < 0$ | $f^{(n)}(x_0) > 0$.

**SATZ** Ist $f$ in $x_0$ wenigstens $n$-mal differenzierbar und gilt
$f''(x_0) = f'''(x_0) = \ldots = f^{(n-1)}(x_0) = 0$ und $f^{(n)}(x_0) \neq 0$
für eine **ungerade Zahl** $n \geq 3$, so ist $x_0$ Wendestelle von $f$.

- Kurvendiskussion für die Funktion $f(x) = \frac{x^2 + 4x + 3}{x^2}$

**1. Schnittpunkte der Kurve mit den Koordinatenachsen**

1.1. Schnittpunkte mit der Abszissenachse:

$$f(x) = 0$$

$$\frac{x^2 + 4x + 3}{x^2} = 0$$

$$x^2 + 4x + 3 = 0 \quad (x^2 \neq 0)$$

$$x_1 = -1;\ x_2 = -3$$

| | |
|---|---|
| $P_1(-1;\ 0)$ | $P_2(-3;\ 0)$ |

1.2. Schnittpunkt mit der Ordinatenachse:
$f(x)$ ist für $x = 0$ nicht definiert, also existiert kein Schnittpunkt mit der Ordinatenachse.

**2. Unendlichkeitsstelle**

Unendlichkeitsstelle bei $x = 0$, denn $f(x) = \frac{u(x)}{v(x)}$ liefert im Fall $x = 0$ einerseits $v(x) = 0$ und andererseits $u(x) = 3$, also $u(x) \neq 0$.
Bei Annäherung an die Stelle $x = 0$ wächst die Funktion unbeschränkt:
$\lim\limits_{x \to 0} f(x) = +\infty$.

Ein Beispiel ist die Folge $(x_n)$ mit $x_n = -\frac{1}{n}$ für die Annäherung von links an die Stelle $x = 0$. Man erhält:

$$f(x_n) = \frac{\left(-\frac{1}{n}\right)^2 + 4 \cdot \left(-\frac{1}{n}\right) + 3}{\left(-\frac{1}{n}\right)^2} = \frac{\frac{1 - 4n + 3n^2}{n^2}}{\frac{1}{n^2}}$$

$$= 1 - 4n + 3n^2 = n^2\left(\frac{1}{n^2} - \frac{4}{n} + 3\right) \to +\infty$$

Für die Annäherung von rechts ist die Folge $(x_n)$ mit $x_n = \frac{1}{n}$ ein Beispiel. Man erhält mit $f(x_n) = 1 + 4n + 3n^2$ ebenfalls eine Folge $(f(x_n))$, die unbeschränkt wächst.

**3. Verhalten im Unendlichen**

$$\lim_{x \to \pm\infty} f(x) = \lim_{x \to \pm\infty} \left(1 + \frac{4}{x} + \frac{3}{x^2}\right) = 1$$

Die Gerade $y = 1$ ist Asymptote.

6

**4. Lokale Extrempunkte**

4.1. Extremstellen (notwendige Bedingung $f'(x) = 0$)

$$f(x) = \frac{x^2+4x+3}{x^2}$$

$$f'(x) = \frac{(2x+4)\,x^2-(x^2+4x+3)\,2x}{x^4} = \frac{-4x-6}{x^3}$$

$$f'(x) = 0 \qquad \frac{-4x-6}{x^3} = 0$$

$$-4x-6 = 0 \quad (x \neq 0)$$

$$x_E = -1{,}5$$

4.2. Entscheidung (hinreichende Bedingung – Vorzeichen von $f''(x_E)$)

$$f'(x) = \frac{-4x-6}{x^3}$$

$$f''(x) = \frac{-4x^3-(-4x-6)\,3x^2}{x^6} = \frac{8x+18}{x^4}$$

$$f''(x_E) = f''(-1{,}5) = \frac{8\cdot(-1{,}5)+18}{(-1{,}5)^4} > 0\,,$$

6

also hat $f$ bei $x_E = -1{,}5$ ein lokales Minimum.

4.3. Ordinaten der Extrempunkte

$$f(x) = \frac{x^2+4x+3}{x^2}$$

$$f(x_E) = f(-1{,}5) = -\frac{1}{3}$$

$P_{min}(-1{,}5; -0{,}3)$

**5. Wendepunkte**

5.1. Wendestellen (notwendige Bedingung $f''(x) = 0$)

$$f''(x) = \frac{8x+18}{x^4} \qquad \frac{8x+18}{x^4} = 0 \quad (x \neq 0)$$

$$f''(x) = 0 \qquad 8x+18 = 0$$

$$x_W = -2{,}25$$

5.2. Untersuchung der hinreichenden Bedingung $f'''(x_W) \neq 0$

$$f'''(x) = \frac{8x^4-(8x+18)\,4x^3}{x^8} = \frac{-24x-72}{x^5}$$

$$f'''(x_W) = f'''(-2{,}25) = \frac{-2{,}4\,(-2{,}25)-72}{(-2{,}25)^5} = \frac{5{,}4-72}{(-2{,}25)^5} > 0,$$

also wechselt der Graph von $f$ bei $x_W = -2{,}25$ von Rechtskrümmung zu Linkskrümmung.

5.3. Ordinate des Wendepunktes

$$f(x) = \frac{x^2+4x+3}{x^2}$$

$$f(x_W) = f(-2{,}25) \approx -0{,}18$$

$P_W(-2{,}25; -0{,}18)$

Für das Zeichnen der Kurve berechnet man die Koordinaten weiterer Punkte.

■ Kurvendiskussion für die Funktion $f(x) = \sin 2x + 2 \cdot \cos x$
*Vorbemerkung:* Wegen der Periodizität der Funktion mit der Periode $2\pi$ wird die Untersuchung auf das Intervall $0 \leq x \leq 2\pi$ beschränkt.

**1. Schnittpunkte der Kurve mit den Koordinatenachsen**

1.1. Schnittpunkte mit der Abszissenachse

$$\begin{aligned} f(x) &= 0 \\ \sin 2x + 2 \cdot \cos x &= 0 \\ 2 \cdot \sin x \cdot \cos x + 2 \cdot \cos x &= 0 \\ \cos x\,(\sin x + 1) &= 0 \end{aligned}$$

(1) $\cos x = 0$: $\quad x_1 = \frac{\pi}{2}$; $x_2 = \frac{3}{2}\pi$

(2) $\sin x + 1 = 0$: $x_3 = \frac{3}{2}\pi \quad (= x_2)$

| | |
|---|---|
| $P_1\left(\frac{\pi}{2}; 0\right); P_2\left(\frac{3}{2}\pi; 0\right)$ | $P_1(1{,}57; 0); P_2(4{,}71; 0)$ |

1.2. Schnittpunkt mit der Ordinatenachse

$$\begin{aligned} f(0) &= \sin(2 \cdot 0) + 2 \cdot \cos 0 \\ &= 0 + 2 \cdot 1 = 2 \end{aligned}$$

| |
|---|
| $P_3(0; 2)$ |

**2. Unendlichkeitsstellen**

Die Funktion ist beschränkt, denn es gilt
$|\sin 2x + 2 \cdot \cos x| \leq |\sin 2x| + |2 \cdot \cos x| \leq 1 + 2$.
Unendlichkeitsstellen existieren nicht.

**3. Verhalten im Unendlichen**

Die Funktion ist periodisch und beschränkt. Der Verlauf im Intervall $0 \leq x \leq 2\pi$ setzt sich mit der Periode $2\pi$ fort.

**4. Lokale Extrempunkte**

4.1. Extremstellen (notwendige Bedingung $f'(x) = 0$)

$f(x) = \sin 2x + 2 \cdot \cos x$

$f'(x) = 2 \cdot \cos 2x - 2 \cdot \sin x$

$f'(x) = 0$

$$\begin{aligned} 2 \cdot \cos 2x - 2 \cdot \sin x &= 0 \\ 1 - 2 \cdot \sin^2 x - \sin x &= 0 \\ 2z^2 + z - 1 &= 0 \\ z^2 + \frac{1}{2}z - \frac{1}{2} &= 0 \\ z_1 &= \frac{1}{2} \\ z_2 &= -1 \end{aligned}$$

$$\begin{aligned} \cos 2x &= 1 - 2\sin^2 x \\ \sin x &= z \end{aligned}$$

Zu $z_1 = \frac{1}{2}$: $\quad \sin x = \frac{1}{2} \quad x_{E_1} = \frac{\pi}{6} \approx 0{,}52$

$x_{E_2} = \frac{5}{6}\pi \approx 2{,}62$

Zu $z_2 = -1$: $\quad \sin x = -1 \quad x_{E_3} = \frac{3}{2}\pi \approx 4{,}71$

4.2. Entscheidung (hinreichende Bedingung – Vorzeichen von $f''(x_E)$)
$f'(x) = 2 \cdot \cos 2x - 2 \cdot \sin x$
$f''(x) = -4 \cdot \sin 2x - 2 \cdot \cos x$

$x_{E_1} = \frac{\pi}{6}$: $\quad f''\left(\frac{\pi}{6}\right) = -4 \cdot \sin\frac{\pi}{3} - 2 \cdot \cos\frac{\pi}{6} < 0,$

also bei $x_{E_1} = \frac{\pi}{6}$ ein lokales Maximum.

$x_{E_2} = \frac{5}{6}\pi$: $\quad f''\left(\frac{5}{6}\pi\right) = -4 \cdot \sin\frac{5}{3}\pi - 2 \cdot \cos\frac{5}{6}\pi > 0,$

also bei $x_{E_2} = \frac{5}{6}\pi$ ein lokales Minimum.

$x_{E_3} = \frac{3}{2}\pi$: $\quad f''\left(\frac{3}{2}\pi\right) = -4 \cdot \sin 3\pi - 2 \cdot \cos\frac{3}{2}\pi = 0$

6

Hinreichende Bedingung nicht erfüllt; auf die Existenz einer Extremstelle kann nicht geschlossen werden. Notwendige Bedingung für Wendepunkt erfüllt (↗ Bild 6/30).

4.3. Ordinaten der Extrempunkte
$f(x) = \sin 2x + 2 \cdot \cos x$

$x_{E_1} = \frac{\pi}{6}$: $\quad f\left(\frac{\pi}{6}\right) = \sin\frac{\pi}{3} + 2 \cdot \cos\frac{\pi}{6}$

$= \frac{1}{2}\sqrt{3} + 2 \cdot \frac{1}{2}\sqrt{3}$

$= \frac{3}{2}\sqrt{3} \approx 2{,}60$

$P_{max}(0{,}5;\ 2{,}6)$

$x_{E_2} = \frac{5}{6}\pi$: $\quad f\left(\frac{5}{6}\pi\right) = \sin\frac{5}{3}\pi + 2 \cdot \cos\frac{5}{6}\pi$

$= -\frac{1}{2}\sqrt{3} + 2 \cdot \left(-\frac{1}{2}\sqrt{3}\right)$

$= -\frac{3}{2}\sqrt{3} \approx -2{,}60$

$P_{min}(2{,}6;\ -2{,}6)$

**5. Wendepunkte**

5.1. Wendestellen (notwendige Bedingung $f''(x) = 0$)
$f''(x) = -4 \cdot \sin 2x - 2 \cdot \cos x$

$f''(x) = 0$: $\quad -4 \cdot \sin 2x - 2 \cdot \cos x = 0$

$-4 \cdot 2 \cdot \sin x \cdot \cos x - 2 \cdot \cos x = 0$

$\cos x\,(4 \cdot \sin x + 1) = 0$

(1) $\cos x = 0$: $\quad x_{W_1} = \frac{\pi}{2} \approx 1{,}57$; $x_{W_2} = \frac{3}{2}\pi \approx 4{,}71$

(2) $4 \cdot \sin x + 1 = 0$

$\sin x = -\frac{1}{4} \quad x_{W_3} \approx 3{,}39$; $x_{W_4} \approx 6{,}03$

5.2. Untersuchung der hinreichenden Bedingung $f'''(x_W) \neq 0$

$f'''(x) = -8\cos 2x + 2\sin x$

$f'''(x_{W_1}) = f'''(\frac{\pi}{2}) = -8\cos\pi + 2\sin\frac{\pi}{2} > 0$ (Wechsel von Rechts- zu Linkskrümmung)

$f'''(x_{W_2}) = f'''(\frac{3}{2}\pi) = -8\cos 3\pi + 2\sin\frac{3}{2}\pi > 0$ (Wechsel von Rechts- zu Linkskrümmung)

$f'''(x_{W_3}) = f'''(3{,}39) = 8\cos 6{,}78 + 2\sin 3{,}39 < 0$ (Wechsel von Links- zu Rechtskrümmung)

$f'''(x_{W_4}) = f'''(6{,}03) = -8\cos 12{,}06 + 2\sin 6{,}03 < 0$ (Wechsel von Links- zu Rechtskrümmung)

5.3. Ordinaten der Wendepunkte

$f(x) = \sin 2x + 2 \cdot \cos x$

$f(x_{W_1}) = f\left(\frac{\pi}{2}\right) = \sin\left(2 \cdot \frac{\pi}{2}\right) + 2 \cdot \cos\frac{\pi}{2} = 0$ usw.

6

$P_{W_1}\left(\frac{\pi}{2}; 0\right)$, $P_{W_2}\left(\frac{3}{2}\pi; 0\right)$, $P_{W_3}(3{,}39; -1{,}46)$, $P_{W_4}(6{,}03; 1{,}45)$

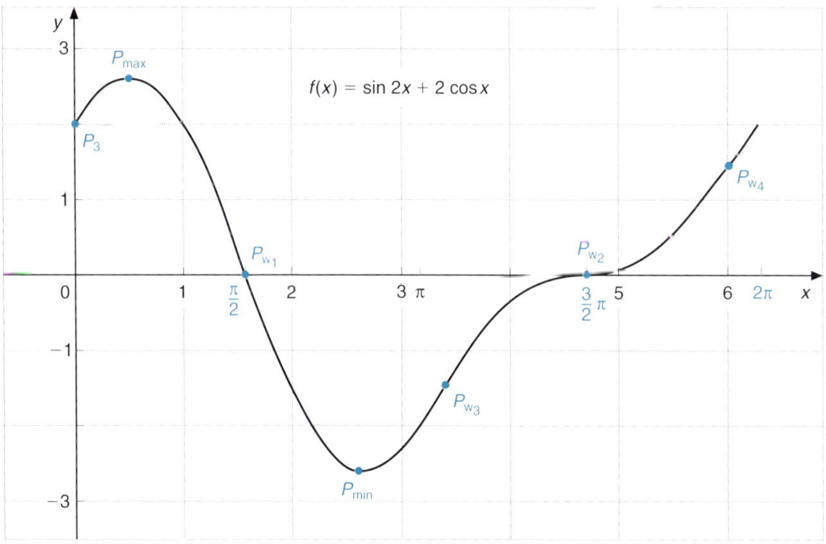


*Bild 6/30*

Die Definitionsbereiche der bei solchen Aufgaben zu untersuchenden Funktionen ergeben sich aus den jeweils zugrunde liegenden Sachverhalten, wie sie aus dem Aufgabentext ersichtlich sind. Durch die Sachverhalte wird der größtmögliche Definitionsbereich der betreffenden Funktion oft auf abgeschlossene Intervalle eingeschränkt.
Nach einem Satz über in einem abgeschlossenen Intervall $I$ stetige Funktionen haben diese Funktionen in $I$ ein globales Maximum und ein globales Minimum. Liegen das globale Minimum oder Maximum auf einem Rand von $I$, brauchen sie nicht gleichzeitig auch lokale Extrema zu sein. Daher muß man bei der Lösung von Extremwertaufgaben auch die Funktionswerte an den Rändern von $I$ bestimmen und diese mit den lokalen Extrema vergleichen.
↗ Maximum – Minimum, S. 233

## Extremwertaufgaben

Aufgaben, bei denen globale Extremwerte für Funktionen ermittelt werden, die sich aus praktischen Sachverhalten ergeben, heißen **Extremwertaufgaben**.

■ Welche Abmessungen müßten Konservendosen in der Form eines geraden Kreiszylinders haben, wenn das Volumen $V$ festgelegt ist und zur Herstellung möglichst wenig Blech verbraucht werden soll?



**Mathematische Formulierung des Problems**
(↗ Bild 6/31)
$A_0$ soll ein globales Minimum werden.
Gesucht: $r_{min}$, $h_{min}$
$V$ = konstant

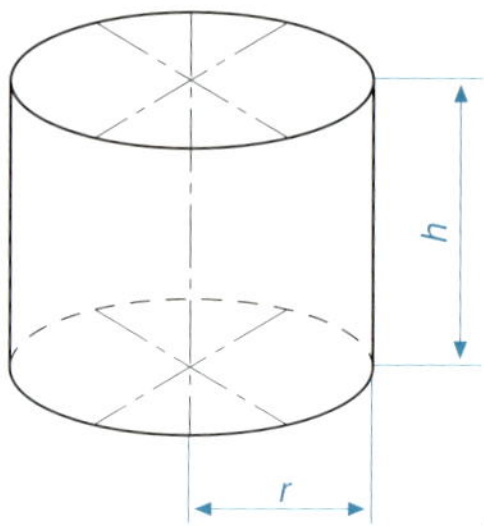

*Bild 6/31*

**Lösung des mathematischen Problems**
1. Aufstellen einer Funktionsgleichung für die zu minimierende Funktion $A_O$.
1.1. $A_O(r; h) = 2\pi r^2 + 2\pi rh$
Das ist eine Funktion von zwei Variablen $r$ und $h$.
1.2. Reduzierung der Variablenanzahl durch Einbeziehung der Nebenbedingung $V$ = konst.

Aus $V = \pi r^2 h$ folgt $\frac{V}{\pi r^2} = h$.

Damit kann $h$ eliminiert werden:

$$A_O(r) = 2\pi r^2 + 2\pi r \cdot \frac{V}{\pi r^2}$$

$$A_O(r) = 2\pi r^2 + \frac{2V}{r} \quad (r > 0)$$

Da $r$ eine Länge bedeutet, also positiv ist, wird das Problem durch die Funktion $A_O(r)$ mit $0 < r < \infty$ erfaßt.

2. Bestimmen der lokalen Extrema von $A_O(r)$ für $r > 0$ (↗ Bild 6/32)

2.1. Extremstellen $r_E$ (notwendige Bedingung: $A_O'(r_E) = 0$)

$$A_O'(r) = 4\pi r - \frac{2V}{r^2}$$

$$A_O'(r) = 0: \qquad 4\pi r - \frac{2V}{r^2} = 0$$

$$4\pi r^3 = 2V$$

$$r_E = \sqrt[3]{\frac{V}{2\pi}}$$

2.2. Entscheidung (hinreichende Bedingung: $A_O''(r_E) \neq 0$)

$$A_O''(r) = 4\pi + \frac{4V}{r^3}$$

$$A_O''(r_E) = A_O''\left(\sqrt[3]{\frac{V}{2\pi}}\right) = 4\pi + \frac{4V}{\frac{V}{2\pi}} > 0$$

Also hat $A_O(r)$ bei $r_E = \sqrt[3]{\frac{V}{2\pi}}$ ein lokales Minimum.

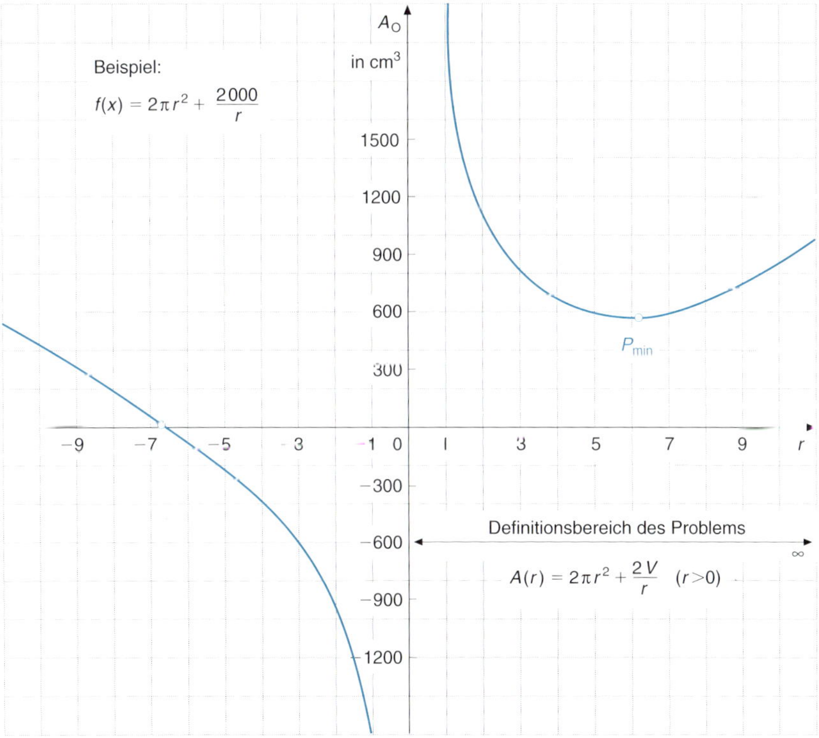


Bild 6/32

3. Bestimmen des globalen Extremums; insbesondere Untersuchen der Intervallenden.
Im Definitionsbereich gibt es keine Stelle, für die $A_O(r)$ kleiner wäre als $A_O(r_E)$, denn $A_O(r)$ ist im betrachteten Intervall ]0; ∞[ stetig, und es gilt

$$\lim_{r \to 0} A_O(r) = +\infty,$$

$$\lim_{r \to +\infty} A_O(r) = +\infty.$$

Da ferner $A_O(r)$ für alle $r > 0$ differenzierbar ist, gibt es außer $r_E$ keine weitere Stelle, an der die Funktion $A_O(r)$ ein lokales Extremum haben könnte. Damit ist das lokale Minimum im gesamten Intervall ]0; ∞[ auch globales Minimum.

4. Bestimmen von $h_{min}$

$$r_{min} = \sqrt[3]{\frac{V}{2\pi}}$$

$$h_{min} = \frac{V}{\pi r^2_{min}} = \frac{V}{\pi \sqrt[3]{\frac{V^2}{4\pi^2}}} = \sqrt[3]{\frac{V^3}{\pi^3 \frac{V^2}{4\pi^2}}} = \sqrt[3]{\frac{4V}{\pi}} = \sqrt[3]{8\frac{V}{2\pi}} = 2\sqrt[3]{\frac{V}{2\pi}}$$

$$= 2r_{min}$$

5. Diskussion der Lösung (↗ Bild 6/33)
Der Zylinder mit der geforderten Minimalbedingung für die Oberfläche hat einen quadratischen Achsenschnitt:
$h_{min} = d_{min}$.

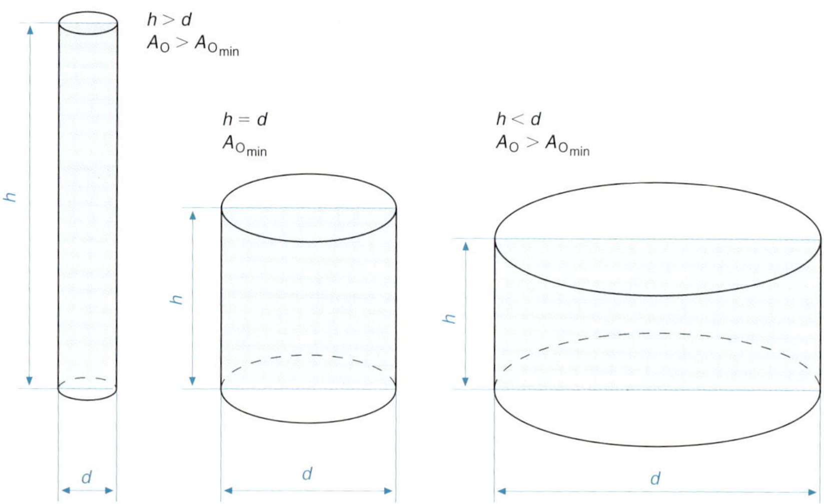


Bild 6/33

**Lösung des praktischen Problems**
Minimaler Blechverbrauch tritt genau dann ein, wenn die Konservendosen einen quadratischen Achsenschnitt besitzen.

## Stammfunktionen

### Stammfunktion

**DEFINITION** Es sei $f$ eine in einem Intervall $I$ definierte Funktion. Eine ebenfalls in $I$ definierte Funktion $F$ heißt **Stammfunktion von *f*** genau dann, wenn $F$ in $I$ differenzierbar ist und $F'(x) = f(x)$ für alle $x \in I$ gilt.

- Stammfunktionen von $f(x) = x^2$ im Intervall $-\infty < x < \infty$ sind zum Beispiel die Funktionen

$$F_1(x) = \frac{1}{3}x^3,$$

$$F_2(x) = \frac{1}{3}x^3 + 5,$$

$$F_3(x) = \frac{1}{3}x^3 + 7,$$

allgemein jede Funktion $F$ mit $F(x) = \frac{1}{3}x^3 + c$ mit $c \in \mathbb{R}$, denn

$$F'(x) = \frac{1}{3} \cdot (3x^2) + 0 = x^2 = f(x).$$

Ist $F$ *eine* Stammfunktion von $f$, so ist die Menge *aller* Stammfunktionen von $f$ gleich der Menge $\{F + c, c \in \mathbb{R}\}$.

6

**DEFINITION** Das **unbestimmte Integral der Funktion *f*** (in Symbolen: $\int f$; gelesen: Integral $f$ bzw. $\int f(x)\mathrm{d}x$; gelesen: Integral $f$ von $x$ d$x$) ist die Menge aller Stammfunktionen von $f$.

Ist $F$ eine Stammfunktion von $f$, so gilt:
$\int f = \{F + c\}$ bzw. $\int f(x)\mathrm{d}x = \{F(x) + c\}$ $(c \in \mathbb{R})$.
Im allgemeinen schreibt man nur $\int f = F + c$ bzw. $\int f(x)\mathrm{d}x = F(x) + c$.
In diesem Zusammenhang ist dann $F + c$ bzw. $F(x) + c$ als eine Bezeichnung für die Menge aller Stammfunktionen aufzufassen.
Die gegebene Funktion $f$ heißt **Integrand des unbestimmten Integrals**, die Konstante $c$ heißt **Integrationskonstante**.

Für stetige Funktionen ist die Existenz von Stammfunktionen gesichert.

- Das unbestimmte Integral der Funktion $f$ mit $f(x) = 2x$, $x \in \mathbb{R}$ ist die Menge aller Funktionen $F$ mit $F(x) = x^2 + c$, $x \in \mathbb{R}$, $c \in \mathbb{R}$ (↗ Bild 6/34).

### Integrationsregeln

Es habe $f$ eine Stammfunktion in einem Intervall $I$, und $k$ sei eine reelle Zahl. Dann hat auch die Funktion $k \cdot f$ im Intervall $I$ eine Stammfunktion, und es gilt $\int k \cdot f(x)\mathrm{d}x = k \cdot \int f(x)\mathrm{d}x$.

**Graphische Darstellung des unbestimmten Integrals der Funktion $f(x) = 2x$**

$\int 2x \, dx = x^2 + c$

Die graphische Darstellung des unbestimmten Integrals ist eine Kurvenschar mit dem Scharparameter $c$. Alle Kurven haben an jeder Stelle $x_0$ des Intervalls den gleichen Anstieg. Jede dieser Kurven läßt sich in jede andere durch Verschiebung in Richtung der Ordinatenachse überführen.

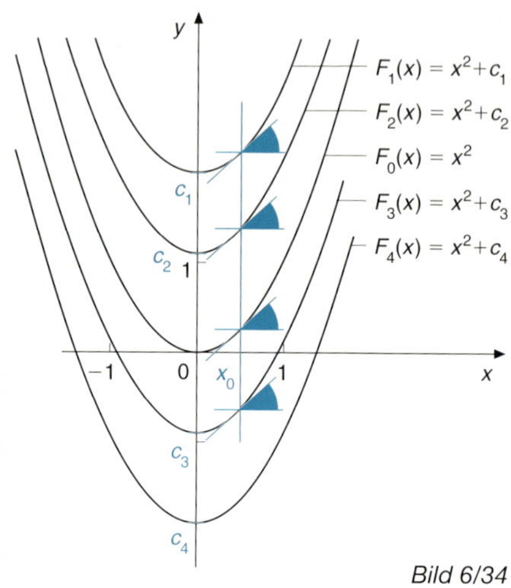

Bild 6/34



■ $\int 5x^2 dx = 5 \cdot \int x^2 dx = 5 \cdot \left(\frac{1}{3}x^3 + c\right)$

$$= \frac{5}{3}x^3 + 5 \cdot c$$

$$= \frac{5}{3}x^3 + c^*$$

*Bemerkung:* Wenn $c$ alle reellen Zahlen durchläuft, dann durchläuft auch $c^*$ alle reellen Zahlen.

Es seien $f$ und $g$ zwei Funktionen, die im gleichen Intervall Stammfunktionen besitzen. Dann haben auch die Funktionen $f + g$ und $f - g$ im gegebenen Intervall Stammfunktionen, und es gilt

$\int (f(x) \pm g(x)) dx = \int f(x) dx \pm \int g(x) dx.$

■ $\int (x^2 + \cos x) dx = \int x^2 dx + \int \cos dx$

$$= \left(\frac{x^3}{3} + c_1\right) + (\sin x + c_2) \quad (c_1, c_2 \in \mathbb{R})$$

$$= \frac{x^3}{3} + \sin x + (c_1 + c_2)$$

$$= \frac{x^3}{3} + \sin x + c \quad (c \in \mathbb{R})$$

*Bemerkung:* Wenn $c_1$, $c_2$ alle möglichen reellen Zahlen durchlaufen, so durchläuft auch $c = c_1 + c_2$ alle reellen Zahlen.

↗ Unbestimmte Integrale von einigen elementaren Funktionen, S. 259f.

**Integration durch Substitution**

Es sei $f$ eine in einem Intervall $I$ stetige Funktion und $F$ eine Stammfunktion von $f$. Ferner sei $g$ eine in einem Intervall $J$ differenzierbare Funktion, deren Funktionswerte in $I$ liegen.
Dann gilt:
$\int f(g(x))g'(x)\mathrm{d}x = F(g(x)) + c.$

■ $\int \frac{\mathrm{d}x}{\sqrt{5x-3}}$  Substitution: $y = g(x) = 5x - 3$  $g'(x) = 5$

$f(y) = \frac{1}{\sqrt{y}}$  $F(y) = \frac{y^{\frac{1}{2}}}{\frac{1}{2}}$

$I = \{y \mid y \geq 0\}$

$J = \{x \mid x \geq \frac{3}{5}\}$

Dann ist $\frac{1}{5}\int \frac{5\mathrm{d}x}{\sqrt{5x-3}} = \frac{1}{5}\int f(g(x)) \cdot g'(x)\,dx =$

$\frac{1}{5}F(g(x)) + c = \frac{1}{5}\frac{\sqrt{5x-3}}{\frac{1}{2}} + c = \frac{2}{5}\sqrt{5x-3} + c.$

**Partielle Integration**

Es seien $f$ und $g$ in einem Intervall $I$ differenzierbare Funktionen.
Dann gilt:
$\int f'(x)g(x)\mathrm{d}x = f(x) \cdot g(x) - \int f(x)g'(x)\mathrm{d}x$

■ $\int x \cdot \cos x\,\mathrm{d}x$
Setzt man $f'(x) = \cos x$ und $g(x) = x$, so ergibt sich $f(x) = \sin x$ und $g'(x) = 1$.
Damit erhält man
$\int x \cdot \cos x\,\mathrm{d}x = x \cdot \sin x - \int \sin x\,\mathrm{d}x = x \cdot \sin x + \cos x + c.$
*Bemerkung:* Der Ansatz $f'(x) = x$ und $g(x) = \cos x$ führt nicht zum Erfolg.

**Unbestimmte Integrale von einigen elementaren Funktionen**

$\int a\,\mathrm{d}x = ax + c \quad (a \in \mathbb{R})$

$\int x^m\mathrm{d}x = \frac{x^{m+1}}{m+1} + c \quad (m \in \mathbb{Z};\, m \neq -1) \begin{cases} x \in \mathbb{R}, \text{ falls } m > 0 \\ x \in \mathbb{R}, x \neq 0, \text{ falls } m < 0 \end{cases}$

$\int x^{-1}\mathrm{d}x = \int \frac{dx}{x} = \ln|x| + c = \begin{cases} \ln x + c, \text{ falls } x > 0 \\ \ln(-x) + c, \text{ falls } x < 0 \end{cases}$

$\int x^r\,\mathrm{d}x = \frac{x^{r+1}}{r+1} + c \quad (r \in \mathbb{Q}, r \neq -1;\, x \in \mathbb{R}, x > 0)$

$\int \sin x\,\mathrm{d}x = -\cos x + c \quad (x \in \mathbb{R})$

$\int \cos x\,\mathrm{d}x = \sin x + c \quad (x \in \mathbb{R})$

$\int \mathrm{e}^x\mathrm{d}x = \mathrm{e}^x + c \quad (x \in \mathbb{R})$

$\int a^x\mathrm{d}x = \frac{a^x}{\ln a} + c \quad (a \in \mathbb{R}, a > 0, a \neq 1;\, x \in \mathbb{R})$

$$\int \tan x \,dx = -\ln|\cos x| + c \quad \left(x \neq (2k+1)\frac{\pi}{2},\ k \in \mathbb{Z}\right)$$

$$\int \cot x \,dx = \ln|\sin x| + c \quad (x \neq k\pi,\ k \in \mathbb{Z})$$

■ $$\int \frac{1}{x^3}dx = \int x^{-3}dx = \frac{x^{-3+1}}{-3+1} + c = -\frac{1}{2x^2} + c \quad (x \neq 0)$$

■ $$\int \sqrt[3]{x}\,dx = \int x^{\frac{1}{3}}dx = \frac{x^{\frac{1}{3}+1}}{\frac{1}{3}+1} + c = \frac{3}{4}x^{\frac{4}{3}} + c = \frac{3}{4}x\sqrt[3]{x} + c \quad (x > 0)$$

■ $$\int x\sqrt{x}\,dx = \int \sqrt{x^3}dx = \int x^{\frac{3}{2}}dx = \frac{x^{\frac{3}{2}+1}}{\frac{3}{2}+1} + c = \frac{2}{5}\sqrt{x^5} + c \quad (x > 0)$$

6

# Integralrechnung

## Das bestimmte Integral

Es sei $f$ eine in einem Intervall $[a; b]$ definierte Funktion, deren Wertebereich beschränkt ist.
Das Intervall $[a; b]$ wird in $n$ Teilintervalle $[a = x_0; x_1]$, $[x_1; x_2]$, …, $[x_{n-1}; x_n = b]$ zerlegt.
In jedem Teilintervall $[x_{i-1}; x_i]$ für $i = 1, 2, …, n$ wird die obere Grenze $M_i$ der Funktionswerte der Funktion $f$ und die untere Grenze $m_i$ der Funktionswerte der Funktion $f$ ermittelt.

Die Zahl $S_n = \sum_{i=1}^{n} M_i(x_i - x_{i-1})$ heißt **Obersumme** der Funktion $f$ für die vorgenommene Zerlegung und die Zahl $s_n = \sum_{i=1}^{n} m_i(x_i - x_{i-1})$ heißt **Untersumme** der Funktion $f$ für die vorgenommene Zerlegung.
Für jede natürliche Zahl $n$ ($n > 0$) betrachtet man eine Zerlegung des Intervalls $[a; b]$ in $n$ Teilintervalle, wobei gefordert wird, daß die Folge der Längen der längsten Teilintervalle eine Nullfolge bildet.
Es entstehen Zahlenfolgen $(S_n)$ und $(s_n)$.

**DEFINITION** **Die Funktion *f* ist in dem Intervall [*a*; *b*] integrierbar** genau dann, wenn die Zahlenfolgen $(S_n)$ und $(s_n)$ konvergieren und den gleichen Grenzwert haben.

**DEFINITION** Ist eine Funktion $f$ in dem Intervall $[a; b]$ integrierbar, so heißt der gemeinsame Grenzwert der Folgen $(S_n)$ und $(s_n)$ das **bestimmte Integral der Funktion *f* in dem Intervall [*a*; *b*]** (in Symbolen: $\int_a^b f(x)\,dx$; gelesen: „Integral von a bis b über f von x dx“).

↗ Schranken einer Zahlenfolge, S. 220
↗ Grenze einer Zahlenfolge, S. 221
↗ Nullfolge, S. 223
↗ konvergente Zahlenfolgen, S. 223f.

■ $f$ mit $f(x) = x^2$ auf $[0; 2]$
Der Wertebereich von $f$ ist beschränkt (nach oben z. B. durch die Zahl 4 und nach unten z. B. durch die Zahl 0).

7

Das Intervall [0; 2] wird in $n$ gleich lange Intervalle zerlegt:

$$x_0 = 0,\ x_1 = \frac{2}{n},\ x_2 = \frac{4}{n}, \ldots,\ x_i = \frac{i \cdot 2}{n}, \ldots,\ x_{n-1} = \frac{(n-1)\,2}{n},\ x_n = 2.$$

Die Teilintervalle haben alle die gleiche Länge $\frac{2}{n}$. Die Folge $\left(\frac{2}{n}\right)$ ist eine Nullfolge.

$f$ hat in jedem Teilintervall einen größten Funktionswert (am rechten Intervallende) und einen kleinsten Funktionswert (am linken Intervallende).

Es gilt: $S_n = \sum_{i=1}^{n} f(x_i) \cdot \frac{2}{n} = \sum_{i=1}^{n} \left(\frac{i \cdot 2}{n}\right)^2 \cdot \frac{2}{n}$ und $s_n = \sum_{i=1}^{n} f(x_{i-1}) \cdot \frac{2}{n} = \sum_{i=1}^{n} \left(\frac{(i-1) \cdot 2}{n}\right)^2 \cdot \frac{2}{n}$.

Wegen $\lim_{n \to \infty} S_n = \lim_{n \to \infty} s_n = \frac{8}{3}$ ist $\int_0^2 x^2 dx = \frac{8}{3}$.

■ Es sei $f$ eine in einem abgeschlossenen Intervall $[a; b]$ stetige Funktion, die im Intervall $[a; b]$ nur nichtnegative Werte annimmt.

Als Flächeninhalt $A$ der Fläche, die von dem Graphen der Funktion $f$, von der Abszissenachse und von den Geraden $x = a$ und $x = b$ eingeschlossen wird, kann sinnvoll der Grenzwert den Folgen $(s_n)$ und $(S_n)$ erklärt werden (↗ Bild 7/1). Die gegebene Fläche ist Teilmenge jeder Fläche, die einer Summe $S_n$ entspricht, und enthält selber als Teilmenge jede Fläche, die einer Summe $s_n$ entspricht. Jede Summe $S_n$ bzw. jede Summe $s_n$ kann somit in sinnvoller Weise als ein Näherungswert des Flächeninhaltes $A$ der gegebenen Fläche aufgefaßt werden.

7

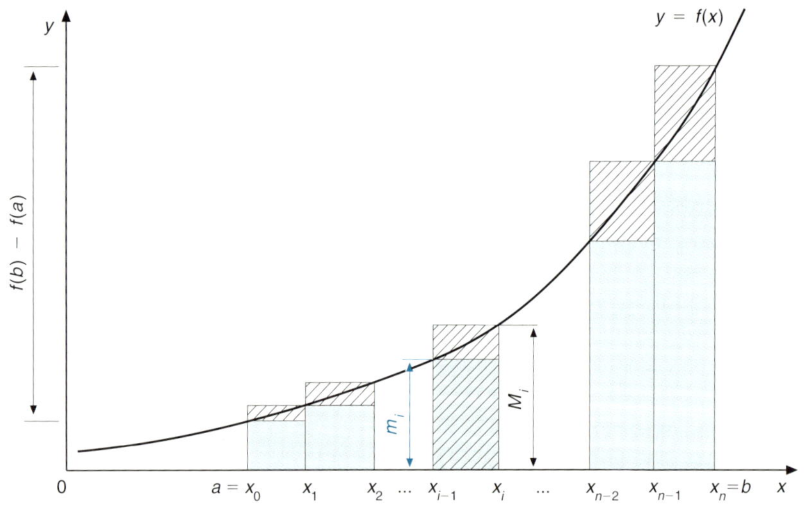


Bild 7/1

Unter den gegebenen Voraussetzungen an die Funktion $f$ gilt nun folgendes: Jede Summe $s_n$ ist kleiner als jede Summe $S_n$.

Die Folge $(s_n)$ ist monoton wachsend und durch jede Summe $S_n$ nach oben beschränkt, besitzt also einen Grenzwert. Die Folge $(S_n)$ ist monoton fallend und durch jede Summe $s_n$ nach unten beschränkt, besitzt also einen Grenzwert.
Die Grenzwerte der beiden Folgen $(s_n)$ und $(S_n)$ sind einander gleich.

**Hinreichende Kriterien für Integrierbarkeit**

Jede in einem Intervall $[a; b]$ monotone Funktion $f$ ist in $[a; b]$ integrierbar.
Jede in einem Intervall $[a; b]$ stetige Funktion $f$ ist in $[a; b]$ integrierbar.
(Es gibt auch integrierbare Funktionen, die weder monoton noch stetig sind.)

**Erweiterung des Integralbegriffs**

**DEFINITION**

① $\int_a^a f(x)\,dx := 0$ ② $\int_a^b f(x)\,dx := -\int_b^a f(x)\,dx$, falls $a > b$ ist.

Beim Vertauschen der Integrationsgrenzen ändert das bestimmte Integral das Vorzeichen.

**Additivität des bestimmten Integrals**

Existiert das Integral $\int_a^b f(x)\,dx$ und ist $c$ eine Zahl im Inneren des Intervalls $[a; b]$,

so existieren auch die Integrale $\int_a^c f(x)\,dx$ und $\int_c^b f(x)\,dx$, und es gilt:

$$\int_a^b f(x)\,dx = \int_a^c f(x)\,dx + \int_c^b f(x)\,dx.$$

7

**Linearität des bestimmten Integrals**

Es seien $f$ und $g$ zwei in dem Intervall $[a; b]$ integrierbare Funktionen und $c$ eine reelle Zahl. Dann sind auch die Funktionen $c \cdot f$ und $f + g$ integrierbar, und es gilt

① $\int_a^b c\,f(x)\,dx = c\int_a^b f(x)\,dx$ ② $\int_a^b (f(x) + g(x))\,dx = \int_a^b f(x)\,dx + \int_a^b g(x)\,dx$

**Mittelwertsatz der Integralrechnung**

Wenn $f$ eine im Intervall $[a; b]$ stetige Funktion ist, dann existiert ein

$c \in\, ]a; b[$ mit $\int_a^b f(x)\,dx = f(c) \cdot (b - a)$.

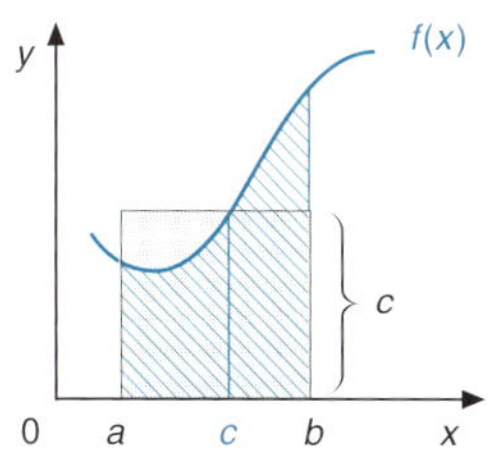

Bild 7/2

**Das bestimmte Integral mit variabler oberer Grenze**

Es sei $f$ eine in $[a; b]$ integrierbare Funktion.

Dann ist die Funktion $F$ mit $F(x) = \int_a^x f(t)\,dt$ eine im Intervall $[a; b]$ stetige Funktion der oberen Grenze.

Es sei $f$ eine in $[a; b]$ stetige Funktion.

Dann ist die Funktion $F$ mit $F(x) = \int_a^x f(t)\,dt$ im Intervall $[a; b]$ differenzierbar und es gilt:

$$\frac{d}{dx}\left(\int_a^x f(t)\,dt\right) = f(x) .$$

*Erläuterung:* Jede in einem Intervall $[a; b]$ stetige Funktion $f$ besitzt in diesem Intervall eine Stammfunktion $F$, nämlich die Funktion $F$ mit

$$F(x) = \int_a^x f(t)\,dt .$$

- Die Funktion $f$ mit $f(x) = \frac{1}{x}$ ist für $x > 0$ stetig. Damit besitzt $f$ für $x > 0$ im Intervall $[x; 1]$ bzw. $[1; x]$ eine Stammfunktion. Es gilt

$$\ln x = \int_1^x \frac{1}{t}\,dt .$$

7

↗ Stammfunktion, S. 257
↗ Logarithmusfunktion, S. 122

**Hauptsatz der Differential- und Integralrechnung**

Es sei $f$ eine in $[a; b]$ stetige Funktion und $F$ in $[a; b]$ eine Stammfunktion von $f$. Dann gilt

$$\int_a^b f(x)\,dx = F(b) - F(a).$$

Die Regeln zur Ermittlung des unbestimmten Integrals übertragen sich auf die Ermittlung des bestimmten Integrals.

↗ Stammfunktion, S. 257

- **Die Integration von Summen:** Summen können gliedweise integriert werden. Es sei $F$ eine Stammfunktion von $f$ im Intervall $[a; b]$ und $G$ eine Stammfunktion von $g$ im Intervall $[a; b]$. Dann ist aufgrund der Integrationsregel für unbestimmte Integrale $F + G$ eine Stammfunktion für $f + g$ im Intervall $[a; b]$.
Folglich gilt:

$$\int_a^b (f(x) + g(x))\,dx = \int_a^b f(x)\,dx + \int_a^b g(x)\,dx .$$

Bei Berechnungen von bestimmten Integralen ist die folgende Schreibweise üblich:

$$\int_a^b f(x)\,dx = [F(x)]_a^b = F(b) - F(a).$$

■ $\int_1^2 x^2 dx$ ist zu berechnen.

Aus der Menge aller Stammfunktionen, also aus dem unbestimmten Integral $\int x^2\,dx$, wird eine Stammfunktion $F$ ermittelt, z. B. $F$ mit

$$F(x) = \frac{x^3}{3}.$$

$$\int_1^2 x^2 dx = \left[\frac{x^3}{3}\right]_1^2$$

$$= \frac{2^3}{3} - \frac{1^3}{3} = \frac{8}{3} - \frac{1}{3} = \frac{7}{3}$$

■ $\int_0^\pi \sin x\,dx$ ist zu berechnen.

Man erhält:

$$\int_0^\pi \sin x\,dx = [-\cos x]_0^\pi$$

$$= -\cos\pi + \cos 0 = +1 + 1 = 2$$

**Uneigentliches Integral**

Sei $f$ eine in dem Intervall $[a; \infty[$ definierte Funktion, die in jedem Teilintervall $[a; x]$ integrierbar ist. Falls für die Funktion $F$ mit $F(x) = \int_a^x f(t)\,dt$ der Grenzwert $\lim_{x \to \infty} F(x)$ eine Zahl $J$ ist, so heißt $J$ das **uneigentliche Integral von *f* im Intervall [*a*; ∞[** (in Symbolen: $\int_a^\infty f(x)\,dx = J$). Falls $\lim_{x \to \infty} F(x)$ nicht existiert, so existiert auch das uneigentliche Integral nicht.

↗ Grenzwert einer Funktion, S. 225

■ $\int_1^\infty \frac{dx}{x^2} = \lim_{x \to \infty}\left(-\frac{1}{x} - (-1)\right) = 1$

Das uneigentliche Integral $\int_1^\infty \frac{dx}{x}$ existiert nicht, da $\lim_{x \to \infty} (\ln x - \ln 1) = \infty$ ist.

7

## Anwendungen der Integralrechnung

### ① Flächeninhalt

**DEFINITION** Ist $f$ eine im Intervall $[a;\, b]$ stetige Funktion, deren Funktionswerte in $[a;\, b]$ nicht negativ sind, so ist der Flächeninhalt[1] $A$ des Flächenstücks, das von dem Graphen von $f$, der Abszissenachse und den Parallelen zur Ordinatenachse durch $x = a$ und $x = b$ begrenzt wird, das bestimmte Integral der Funktion $f$ im Intervall $[a;\, b]$, d. h., es ist

$$A = \int_a^b f(x)\,dx\,.$$



**Die Fläche liegt nur oberhalb der Abszissenachse**

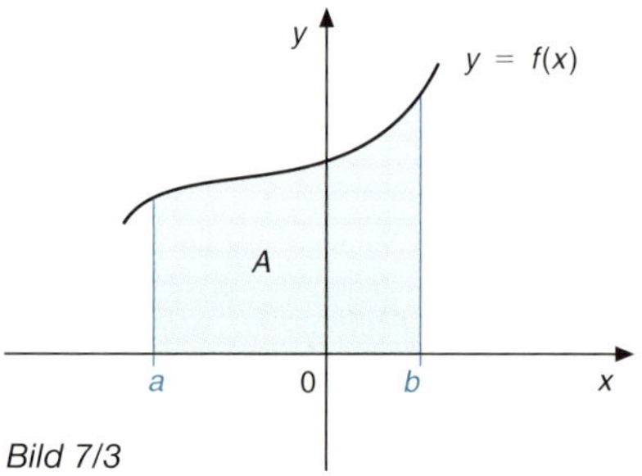

Bild 7/3

$$\int_a^b f(x)\,dx \geq 0,$$

denn die Summanden
$(x_i - x_{i-1}) \cdot M_i$ bzw.
$(x_i - x_{i-1}) \cdot m_i$ sind sämtlich nicht negativ.

$$\mathbf{A = \int_a^b f(x)\,dx}$$

**Die Fläche liegt nur unterhalb der Abszissenachse**

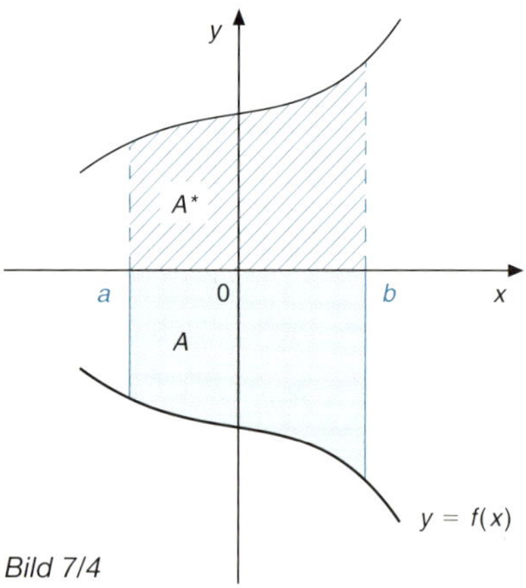

Bild 7/4

$$\int_a^b f(x)\,dx \leq 0,$$

denn die Summanden
$(x_i - x_{i-1}) \cdot M_i$ bzw.
$(x_i - x_{i-1}) \cdot m_i$ sind sämtlich nicht positiv.

$A = A^*$

$$A^* = \int_a^b (-f(x))\,dx = -\int_a^b f(x)\,dx = \int_b^a f(x)\,dx$$

$$= \left|\int_a^b f(x)\,dx\right|$$

$$\mathbf{A = \left|\int_a^b f(x)\,dx\right| = \int_b^a f(x)\,dx}$$

[1] Hier wird der Flächeninhalt als reelle Zahl definiert. Dieser Zahl entspricht bei Vorgabe von Einheiten des Flächeninhalts in praktischen Berechnungen der Zahlenwert der Fläche.

**Die Fläche liegt sowohl oberhalb als auch unterhalb der Abszissenachse**

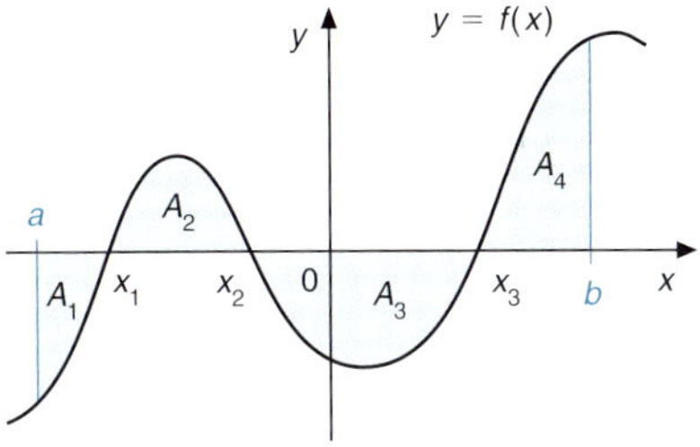


$A = A_1 + A_2 + A_3 + A_4$

*Bild 7/5*

Die Berechnung der Gesamtfläche wird auf die Berechnung der Teilflächen zurückgeführt. Hierzu sind die Nullstellen der Funktion zu bestimmen.

$$A_1 = \left| \int_a^{x_1} f(x)\,dx \right|$$

$$A_2 = \int_{x_1}^{x_2} f(x)\,dx$$

$$A_3 = \left| \int_{x_2}^{x_3} f(x)\,dx \right|$$

$$A_4 = \int_{x_3}^{b} f(x)\,dx$$

$$\boldsymbol{A = A_1 + A_2 + A_3 + A_4}$$

**Die Fläche wird von den Graphen zweier Funktionen eingeschlossen**

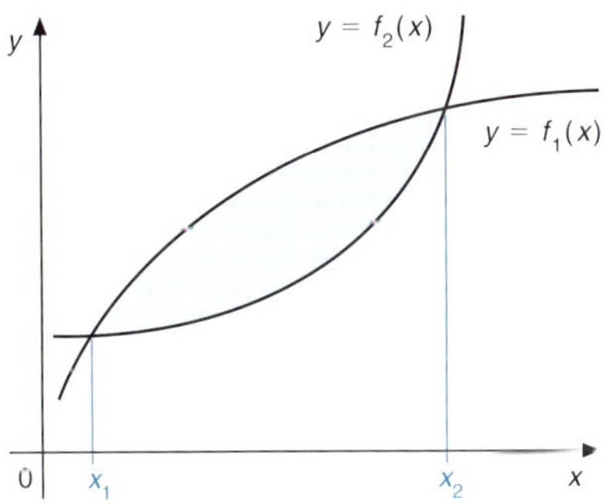


*Bild 7/6*

In diesem Fall sind die Abszissen der Schnittpunkte der beiden Graphen als Integrationsgrenzen zu nehmen.

$$\boldsymbol{A = \int_{x_1}^{x_2} \left| f_1(x) - f_2(x) \right| dx}$$



■ Es ist die Fläche zu berechnen, die eingeschlossen wird von dem Graphen der Funktion $f$ mit $f(x) = (x - 3)(x + 2)$, von der Abszissenachse und von den Geraden mit den Gleichungen $x = -3$ und $x = 4$.
*Lösung:* Zunächst ermittelt man die Schnittpunkte des Graphen von $y = f(x)$ mit der Abszissenachse im Intervall $[-3; 4]$, um festzustellen, ob das Flächenstück ganz oberhalb, ganz unterhalb oder auf beiden Seiten der Abszissenachse liegt.
Die Nullstellen von $f$ sind $x = 3$ und $x = -2$. Beide Nullstellen liegen im Intervall $[-3; 4]$.
Die gesuchte Fläche liegt also sowohl oberhalb als auch unterhalb der Abszissenachse (↗ Bild 7/7).

Somit sind drei Flächenstücke mit den Inhalten $A_1$, $A_2$ und $A_3$ zu berechnen.

$$A = A_1 + A_2 + A_3$$

$$A_1 = \int_{-3}^{-2} (x^2 - x - 6)\,dx$$

$$= \left[\frac{x^3}{3} - \frac{x^2}{2} - 6x\right]_{-3}^{-2}$$

$$= \left[\frac{(-2)^3}{3} - \frac{(-2)^2}{2} - 6\cdot(-2)\right] - \left[\frac{(-3)^3}{3} - \frac{(-3)^2}{2} - 6\cdot(-3)\right]$$

$$A_1 = \frac{17}{6}$$

$$A_2 = \left|\int_{-2}^{3} (x^2 - x - 6)\,dx\right|$$

$$= -\int_{-2}^{3} (x^2 - x - 6)\,dx$$

$$A_2 = \frac{125}{6}$$

$A_3 = A_1$ aufgrund der Symmetrieeigenschaften der Parabel

$$A = A_1 + A_2 + A_3$$

$$= 2\cdot\frac{17}{6} + \frac{125}{6} = \frac{53}{2}$$

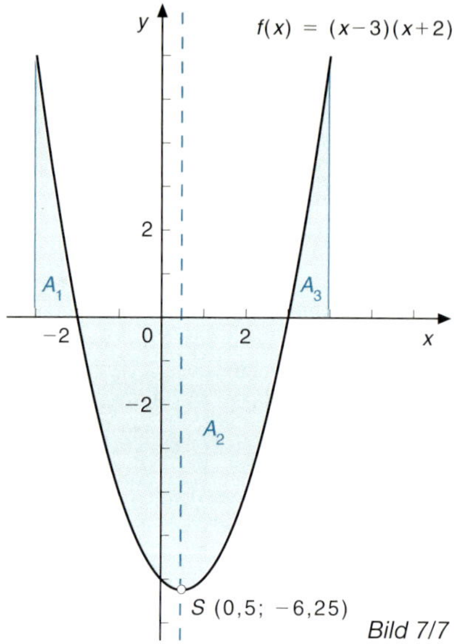


Bild 7/7

7

■ Es ist die Fläche zu berechnen, die eingeschlossen wird von dem Graphen der Funktion $y = 2 \cdot \sin(3x + \pi)$ und der Abszissenachse im Intervall $[0; 2\pi]$ (↗ Bild 7/8).

Aufgrund der Symmetrieeigenschaften des Graphen von

$y = 2 \cdot \sin(3x + \pi)$

gilt

$A = 6 \cdot A_1$.

$$A_1 = \left|\int_{0}^{\frac{\pi}{3}} 2\cdot\sin(3x + \pi)\,dx\right|$$

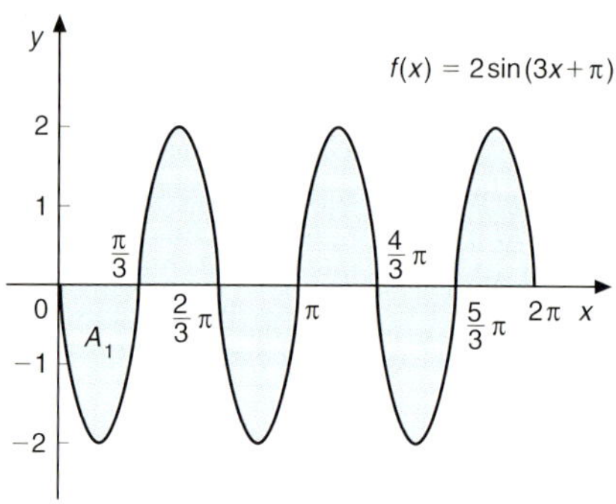


Bild 7/8

Mittels Integration durch Substitution bestimmt man zunächst das unbestimmte Integral:

$$\int 2 \cdot \sin(3x+\pi)\,dx = 2 \cdot \int \frac{1}{3}\sin z\,dz \quad \text{mit } z = 3x + \pi$$
$$= \frac{2}{3} \cdot (-\cos z) + c$$
$$= -\frac{2}{3} \cdot \cos(3x+\pi) + c\,.$$

$$\int_0^{\frac{\pi}{3}} 2 \cdot \sin(3x+\pi)\,dx = -\frac{2}{3}\left[\cos(3x+\pi)\right]_0^{\frac{\pi}{3}} = -\frac{2}{3}\left[\cos\left(3 \cdot \frac{\pi}{3} + \pi\right) - \cos(3 \cdot 0 + \pi)\right]$$
$$= -\frac{2}{3}(\cos 2\pi - \cos\pi)$$
$$= -\frac{2}{3}(1-(-1)) = -\frac{4}{3}$$

$$A_1 = \left|\int_0^{\frac{\pi}{3}} 2 \cdot \sin(3x+\pi)\,dx\right| = \frac{4}{3}$$

$$A = 6 \cdot A_1 = 6 \cdot \frac{4}{3} = 8$$

↗ Integration durch Substitution, S. 259
↗ Winkelfunktionen, S. 126ff.

7

■ Es ist die Fläche zu berechnen, die von den Graphen der Funktionen $f_1$ und $f_2$ mit

$f_1(x) = \frac{1}{5}(x^2 - 2x + 10)$ und $f_2(x) = \frac{1}{5}(2x + 31)$

eingeschlossen wird (↗ Bild 7/9).

Zur Berechnung der Schnittpunkte der Graphen von $f_1$ und $f_2$ ist das Gleichungssystem

$$y = \frac{1}{5}(x^2 - 2x + 10)$$
$$y = \frac{1}{5}(2x + 31)$$

zu lösen.

Man erhält die Koordinaten der Schnittpunkte $P_1(7;\,9)$ und $P_2(-3;\,5)$.

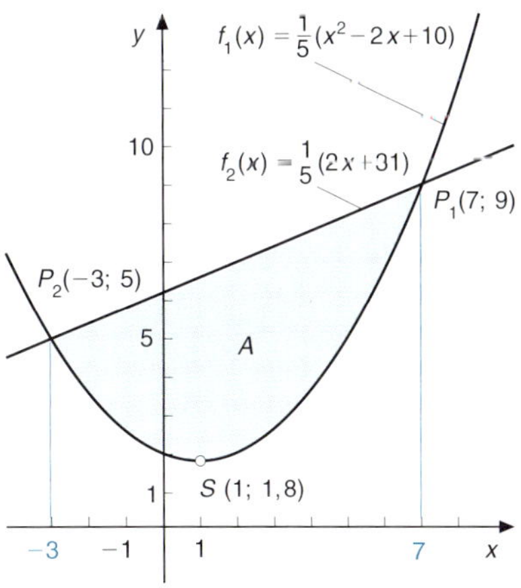


Bild 7/9

*Berechnung des gesuchten Flächeninhalts:*
Im Intervall [–3; 7] liegt $f_2$ ganz oberhalb von $f_1$. Folglich gilt:
$|f_1(x) - f_2(x)| = f_2(x) - f_1(x)$.

$$A = \int_{-3}^{7} [f_2(x) - f_1(x)]\,dx$$
$$= \int_{-3}^{7} \left[\frac{1}{5}(2x + 31) - \frac{1}{5}(x^2 - 2x + 10)\right] dx$$
$$= \frac{1}{5}\int_{-3}^{7} (-x^2 + 4x + 21)\,dx$$
$$= \frac{1}{5}\left[-\frac{x^3}{3} + 2x^2 + 21x\right]_{-3}^{7}$$
$$= \frac{1}{5}\left[-\frac{343}{3} + 98 + 147 - (9 + 18 - 63)\right]$$
$$= \frac{1}{5}\left(-\frac{343}{3} + 281\right) = \frac{1}{5} \cdot \frac{500}{3}$$
$$= \frac{100}{3}$$

7

② **Volumen von Rotationskörpern**
Es sei $f$ eine in dem Intervall $[a; b]$ integrierbare Funktion. Rotiert die Fläche, die vom Graphen von $f$, der $x$-Achse und den Geraden $x = a$ und $x = b$ begrenzt wird, um die x-Achse, so entsteht ein Rotationskörper.

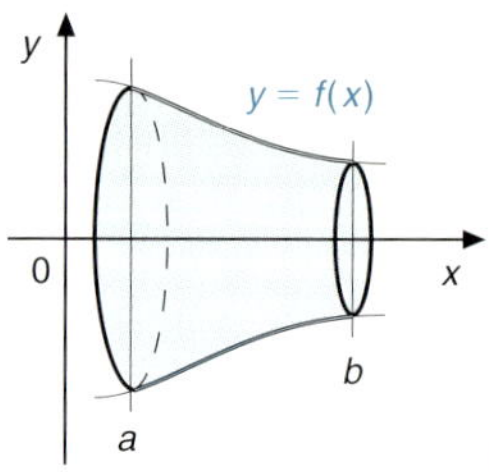

*Bild 7/10*

Für sein Volumen $V$ gilt:

$$V = \pi \int_a^b (f(x))^2\,dx\,.$$

■ Rotiert ein rechtwinkliges Dreieck mit den Kathetenlängen $h$ und $r$ um eine Kathete, so entsteht ein Kreiskegel (↗ Bild 7/11).

Mit Hilfe der Funktion $f$ mit $f(x) = \frac{r}{h}x$ kann das Kegelvolumen berechnet werden.

Es gilt:

$$V = \pi \int_0^h \left(\frac{r}{h}x\right)^2 dx = \pi\left[\frac{r^2x^3}{h^2 3}\right]_0^h = \frac{\pi r^2 h}{3}\,.$$

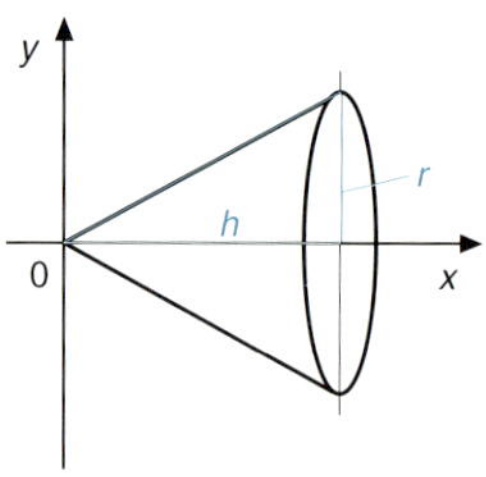

*Bild 7/11*

# Vektorrechnung und analytische Geometrie

## Grundlegendes über Vektoren

### Vektoren

Vektoren werden in der Mathematik u. a. zum Erfassen von Lagebeziehungen verwendet. Deshalb werden Vektoren hier als geometrische Objekte eingeführt[1].

**Vektor** (**Pfeilklasse**) heißt jede Menge gerichteter Strecken (von Pfeilen), die zu einer gegebenen gerichteten Strecke parallel und mit ihr gleich lang und gleich gerichtet sind. Jede gerichtete Strecke der Menge ist ein **Repräsentant** (Vertreter) des Vektors (↗ Bild 8/1).

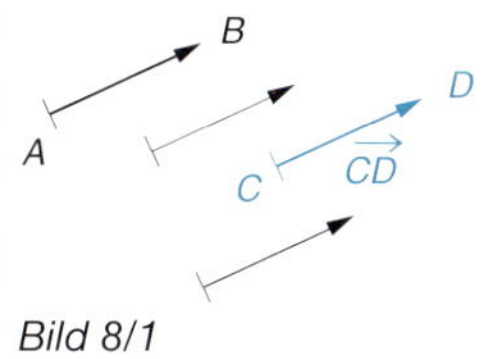

*Bild 8/1*

Vektoren bezeichnet man mit $\vec{a}$, $\vec{x}$, … (gelesen: Vektor *a*, …).
Man schreibt auch $\vec{a} = \overrightarrow{AB}$, wenn der Pfeil $\overrightarrow{AB}$ zu $\vec{a}$ gehört.
Vektoren der Ebene bzw. des Raumes können bezüglich eines kartesischen Koordinatensystems eineindeutig durch ihre **Koordinaten** $a_x$, $a_y$, $a_z$, also durch geordnete Zahlenpaare bzw. -tripel, beschrieben werden (↗ Bilder 8/2 und 8/3).

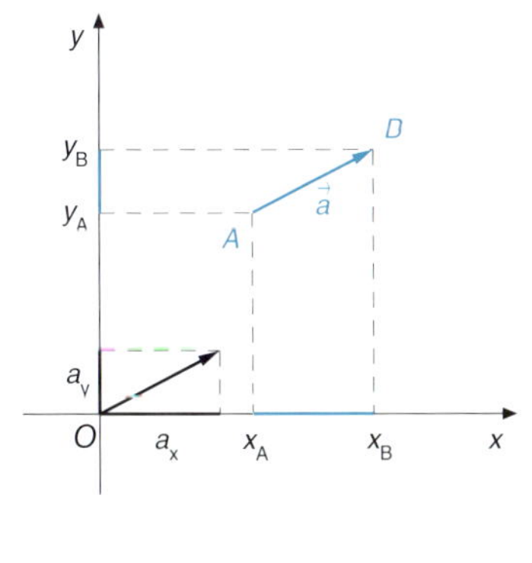

*Bild 8/2*

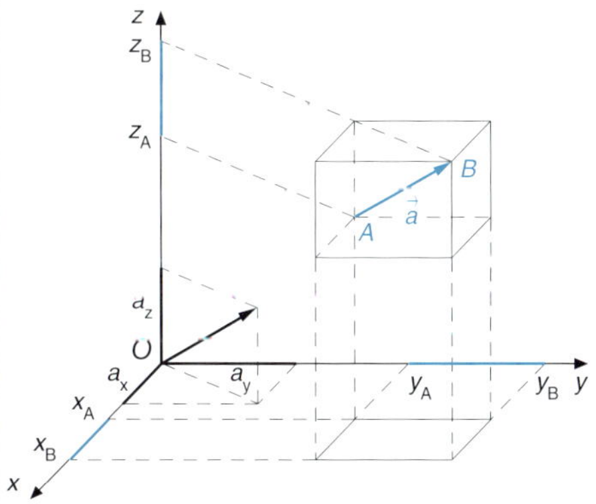

*Bild 8/3*

$\vec{a} = \overrightarrow{AB} \Leftrightarrow (a_x; a_y) = (x_B - x_A; y_B - y_A)$ im Fall der Ebene,

$\vec{a} = \overrightarrow{AB} \Leftrightarrow (a_x; a_y; a_z) = (x_B - x_A; y_B - y_A; z_B - z_A)$ im Fall des Raumes.

[1] Der allgemeine Vektorbegriff ist umfassender, ↗ S. 276

8

Man faßt deshalb auch die geordneten Zahlenpaare bzw. -tripel als Vektoren auf und nennt sie **arithmetische Vektoren**.
Wenn der (geometrische) Vektor $\vec{a}$ die Koordinaten $(a_x; a_y; a_z)$ hat, schreibt man kurz

$$\vec{a} = (a_x; a_y; a_z) \text{ oder als Spalte } \vec{a} = \begin{pmatrix} a_x \\ a_y \\ a_z \end{pmatrix}.$$

Die Spaltenschreibweise wird gewählt, wenn man die Koordinatendarstellung von Vektoren von der Koordinatendarstellung $A(x_A; y_A; z_A)$ der Punkte abheben will oder Gleichungen für Vektoren damit übersichtlicher schreiben kann.

| | |
|---|---|
| **Ortsvektor des Punktes *A*** heißt der Vektor, der den Pfeil $\overrightarrow{OA}$ als Repräsentanten enthält. | $\overrightarrow{OA} = \begin{pmatrix} x_A - 0 \\ y_A - 0 \\ z_A - 0 \end{pmatrix} = \begin{pmatrix} x_A \\ y_A \\ z_A \end{pmatrix}$ |
| **Betrag des Vektors** $\vec{a}$ heißt die Länge eines beliebigen seiner Repräsentanten.<br>Es gilt in der Ebene<br>im Raum | Zeichen: $\lvert\vec{a}\rvert$<br>$\lvert\vec{a}\rvert = \sqrt{a_x^2 + a_y^2}$<br>$\lvert\vec{a}\rvert = \sqrt{a_x^2 + a_y^2 + a_z^2}$ |
| **Nullvektor** heißt der Vektor mit dem Betrag 0. Es ist $\vec{o} = \overrightarrow{AA} = \overrightarrow{BB} = \ldots$<br>und $\vec{o} = (0; 0)$ bzw. $\vec{o} = (0; 0; 0)$. | Zeichen: $\vec{o}$; $\lvert\vec{o}\rvert = 0$ |
| **Einheitsvektor** heißt ein Vektor mit dem Betrag 1. Die Basisvektoren im kartesischen Koordinatensystem, die gewöhnlich mit $\vec{i}$, $\vec{j}$, $\vec{k}$ bezeichnet werden, haben den Betrag 1. | $\vec{i}$, $\vec{j}$, $\vec{k}$<br>$\lvert\vec{i}\rvert = \lvert\vec{j}\rvert = \lvert\vec{k}\rvert = 1$ |

8

↗ Koordinatensystem, S. 278
↗ Basis, S. 278

## Gegenseitige Lage zwer Vektoren

Zwei von $\vec{o}$ verschiedene Vektoren $\vec{a}$ und $\vec{b}$ sind entweder zueinander parallel oder nicht parallel (↗ Bild 8/4a–c).

**Zwei** von $\vec{o}$ verschiedene **Vektoren** $\vec{a} = (a_x; a_y; a_z)$ und $\vec{b} = (b_x; b_y; b_z)$ **sind gleich** genau dann, wenn gilt
$\vec{a} \uparrow\uparrow \vec{b}$ und $\lvert\vec{a}\rvert = \lvert\vec{b}\rvert$ bzw. $a_x = b_x$, $a_y = b_y$, $a_z = b_z$.

Der Vektor $\vec{b}$ heißt **Gegenvektor von $\vec{a}$ (der zu $\vec{a}$ entgegengesetzte Vektor**) genau dann, wenn gilt
$\vec{a} \uparrow\downarrow \vec{b}$ und $\lvert\vec{a}\rvert = \lvert\vec{b}\rvert$ bzw. $a_x = -b_x$, $a_y = -b_y$, $a_z = -b_z$.

Man schreibt $\vec{b} = -\vec{a}$.
Der Nullvektor ist sein eigener Gegenvektor.
Für jeden Vektor $\vec{a}$ ist $-(-\vec{a}) = \vec{a}$.

| $\vec{a} \parallel \vec{b}$ | | $\vec{a} \nparallel \vec{b}$ |
|---|---|---|
| $\vec{a}$ und $\vec{b}$ sind gleich gerichtet: $\vec{a} \uparrow\uparrow \vec{b}$ | $\vec{a}$ und $\vec{b}$ sind entgegengesetzt gerichtet: $\vec{a} \uparrow\downarrow \vec{b}$ | $\vec{a}$ und $\vec{b}$ sind verschieden gerichtet. |
| 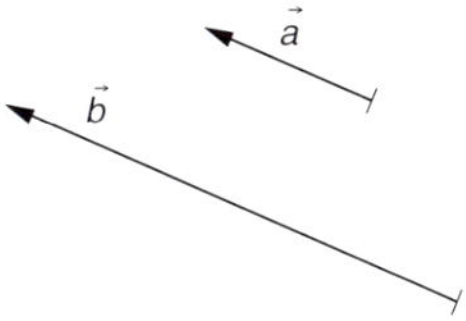 Bild 8/4a | 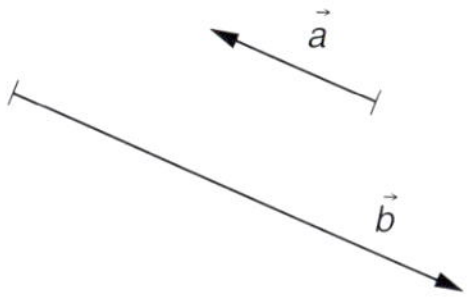 Bild 8/4b | 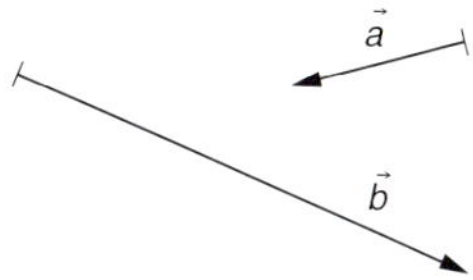 Bild 8/4c |

## Winkel zwischen zwei Vektoren

$\vec{a}$ und $\vec{b}$ seien von $\vec{o}$ verschiedene Vektoren.
**Winkel $\measuredangle(\vec{a}, \vec{b})$ zwischen den Vektoren $\vec{a}$ und $\vec{b}$** heißt der Winkel, den ein beliebiger Repräsentant von $\vec{a}$ mit dem Repräsentanten von $\vec{b}$ bildet, der den gleichen Anfangspunkt hat (↗ Bild 8/5).

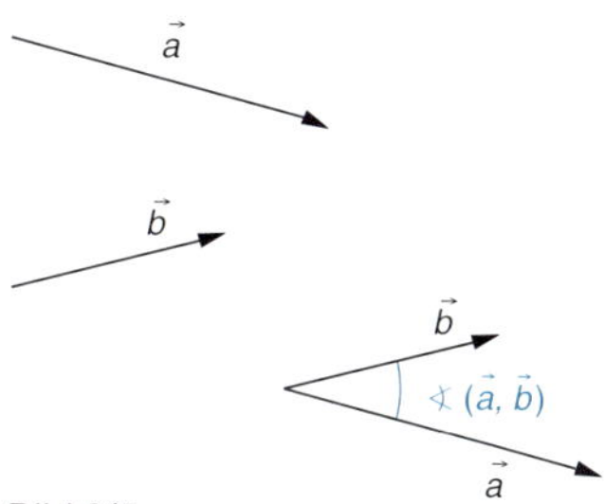

Bild 8/5

Man schreibt
$\measuredangle(\vec{a}, \vec{b})$ im Falle des **nichtorientierten Winkels** und
$\sphericalangle(\vec{a}, \vec{b})$ im Falle des **orienterten Winkels**.
Nichtorientierte Winkel werden im Intervall $0 \leq \measuredangle(\vec{a}, \vec{b}) \leq \pi$ angegeben, und es ist $\measuredangle(\vec{a}, \vec{b}) = \measuredangle(\vec{b}, \vec{a})$.
Orientierte Winkel werden im Intervall $-\pi < \sphericalangle(\vec{a}, \vec{b}) \leq \pi$ angegeben, und es ist $\sphericalangle(\vec{a}, \vec{b}) = -\sphericalangle(\vec{b}, \vec{a})$.

■ Im Bild 8/5 ist $\measuredangle(\vec{a}, \vec{b}) = \measuredangle(\vec{b}, \vec{a}) = \sphericalangle(\vec{a}, \vec{b}) = 30°$, aber $\sphericalangle(\vec{b}, \vec{a}) = -30°$.
↗ Winkel, S. 143
↗ Berechnung des Winkels zwischen zwei Vektoren, S. 280

## Addition und Subtraktion von Vektoren

Ist $\vec{a} = \overrightarrow{AB}$ und $\vec{b} = \overrightarrow{BC} = \overrightarrow{AD}$ (↗ Bild 8/6), so können $\vec{a}$ und $\vec{b}$ die Vektoren $\overrightarrow{AC}$ bzw. $\overrightarrow{BD}$ zugeordnet werden.

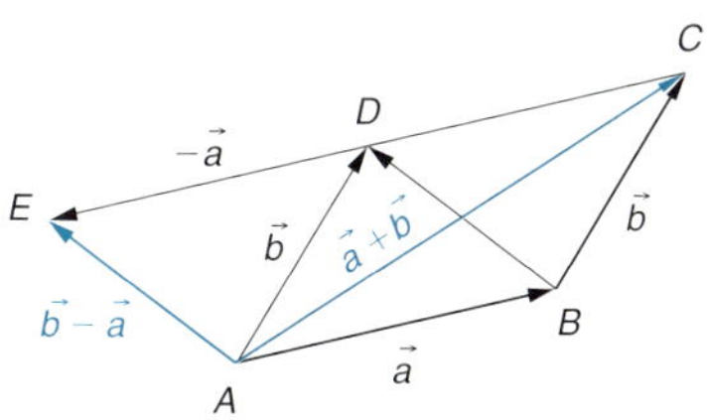

Bild 8/6

**Addition:** Der Vektor $\overrightarrow{AC}$ heißt die **Summe** $\vec{a} + \vec{b}$ von $\vec{a}$ und $\vec{b}$.
**Subtraktion:** Der Vektor $\overrightarrow{BD}$ heißt die **Differenz** $\vec{b} - \vec{a}$ von $\vec{b}$ und $\vec{a}$.
Für beliebige Vektoren $\vec{a}$ und $\vec{b}$ gilt: $\vec{b} - \vec{a} = \vec{b} + (-\vec{a})$.
Sind $\vec{a}$ und $\vec{b}$ in Koordinatendarstellung gegebene Vektoren des Raumes, so ist (↗ Bild 8/7 für Vektoren einer Ebene)

$$\vec{a}+\vec{b} = \begin{pmatrix} a_x \\ a_y \\ a_z \end{pmatrix} + \begin{pmatrix} b_x \\ b_y \\ b_z \end{pmatrix} = \begin{pmatrix} a_x+b_x \\ a_y+b_y \\ a_z+b_z \end{pmatrix};$$

$$\vec{b}-\vec{a} = \begin{pmatrix} b_x \\ b_y \\ b_z \end{pmatrix} - \begin{pmatrix} -a_x \\ -a_y \\ -a_z \end{pmatrix} = \begin{pmatrix} b_x-a_x \\ b_y-a_y \\ b_z-a_z \end{pmatrix}.$$

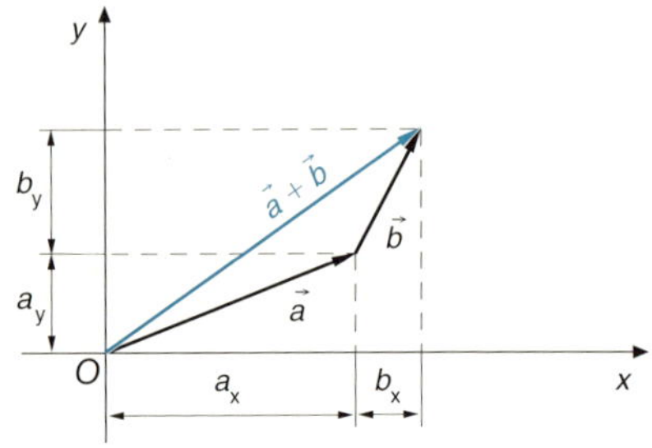

*Bild 8/7*

Sind $\vec{a}$ und $\vec{b}$ Ortsvektoren von $A$ bzw. $B$, dann ist $\vec{b} - \vec{a} = \overrightarrow{AB}$.
Für beliebige Vektoren $\vec{a}$ und $\vec{b}$ gilt die Dreiecksungleichung

der Vektoraddition
$|\vec{a} + \vec{b}| \leq |\vec{a}| + |\vec{b}|$

der Vektorsubtraktion
$|\vec{a} - \vec{b}| \leq |\vec{a}| - |\vec{b}|$

Dabei ist $\vec{a} \uparrow\uparrow \vec{b} \Leftrightarrow |\vec{a} + \vec{b}| = |\vec{a}| + |\vec{b}|$.

**SATZ** Die Addition von Vektoren ist
- kommutativ: $\vec{a} + \vec{b} = \vec{b} + \vec{a}$ (↗ Bild 8/8),
- assoziativ: $(\vec{a} + \vec{b}) + \vec{c} = \vec{a} + (\vec{b} + \vec{c}) = \vec{a} + \vec{b} + \vec{c}$ (↗ Bild 8/9).

8

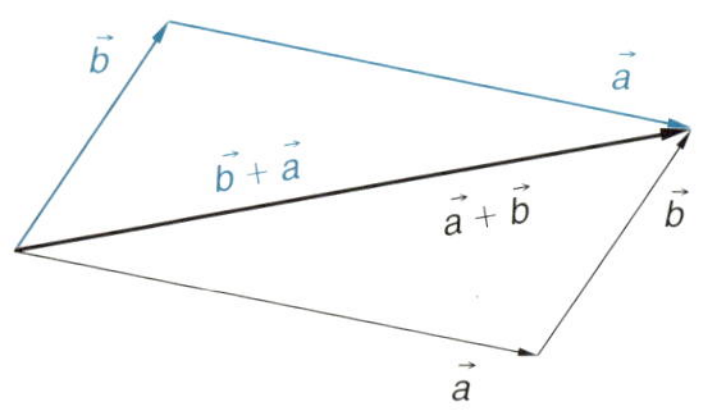

*Bild 8/8*

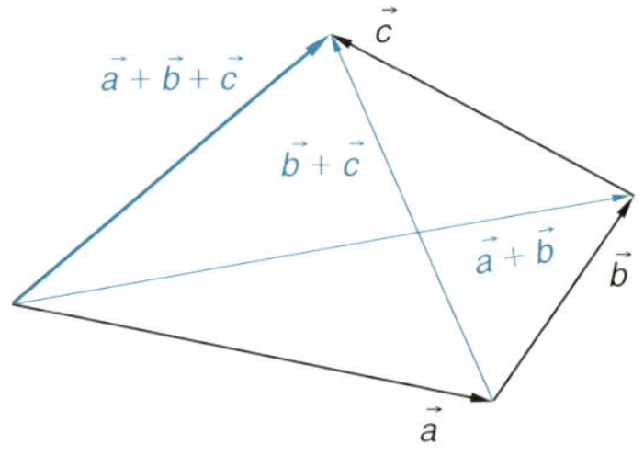

*Bild 8/9*

Weiterhin gilt

① $\vec{a} + \vec{o} = \vec{a}$

② $\vec{a} - \vec{a} = \vec{a} + (-\vec{a}) = \vec{o}$

③ Aus $\vec{a} + \vec{b} = \vec{o}$ folgt $\vec{a} = -\vec{b}$ bzw. $\vec{b} = -\vec{a}$.

④ $\vec{a} - (-\vec{b}) = \vec{a} + \vec{b}$

⑤ $-(\vec{a} - \vec{b}) = \vec{b} - \vec{a}$

## Multiplikation eines Vektors mit einer reellen Zahl

**DEFINITION** Der Vektor $\vec{b}$ heißt das **Produkt des Vektors $\vec{a}$ mit der reellen Zahl $r$** genau dann, wenn gilt:

① $|\vec{b}| = |r|\,|\vec{a}|$ und

② $\vec{b} \uparrow\uparrow \vec{a}$ für $r > 0$, $\vec{b} \uparrow\downarrow \vec{a}$ für $r < 0$, $\vec{b} = \vec{o}$ für $r = 0$.

Man schreibt: $\vec{b} = r\vec{a}$.

| **$r > 1$** | **$r = 1$** | **$0 < r < 1$** | **$r < 0$** |
|---|---|---|---|
| z. B. $r = 1{,}5$ 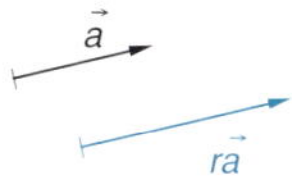 Bild 8/10 | 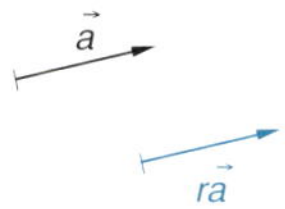 | z. B. $r = 0{,}5$ 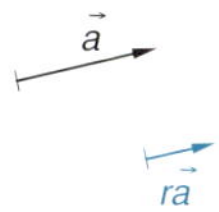 | z. B. $r = -2$ 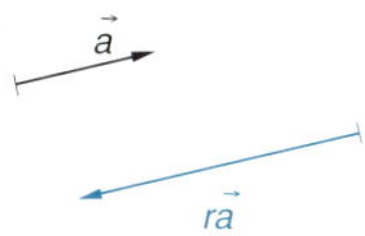 |

Für $\vec{a} = \begin{pmatrix} a_x \\ a_y \\ a_z \end{pmatrix}$ ist $r\vec{a} = \begin{pmatrix} ra_x \\ ra_y \\ ra_z \end{pmatrix}$.

**SATZ** Die Multiplikation von Vektoren mit reellen Zahlen ist
- distributiv: I. $r(\vec{a} + \vec{b}) = r\vec{a} + r\vec{b}$,
  II. $(r + s)\vec{a} = r\vec{a} + s\vec{a}$,
- assoziativ in bezug auf reelle Zahlen als Faktoren:
  $r(s\vec{a}) = (rs)\vec{a} = rs\vec{a}$.



Weiterhin gilt:

① $1 \cdot \vec{a} = \vec{a}$, ② $r\vec{o} = \vec{o}$ $(r \in \mathbb{R})$, ③ $(-1)\vec{a} = -\vec{a}$.

Für jeden von $\vec{o}$ verschiedenen Vektor ist $\frac{1}{|\vec{a}|}\vec{a} = \frac{\vec{a}}{|\vec{a}|}$ ein Einheitsvektor.

### Vektorraum

**Vektorraum** über den reellen Zahlen heißt eine Menge $V$, für deren Elemente eine Addition und eine Multiplikation mit reellen Zahlen definiert ist, wenn für beliebige $\vec{a}$, $\vec{b}$, $\vec{c} \in V$ sowie beliebige $r, s \in \mathbb{R}$ gilt:

① $\vec{a} + \vec{b} = \vec{b} + \vec{a}$

② $(\vec{a} + \vec{b}) + \vec{c} = \vec{a} + (\vec{b} + \vec{c})$

③ In $V$ gibt es ein Element $\vec{o}$, für das bei jedem $\vec{a}$ gilt: $\vec{a} + \vec{o} = \vec{a}$.

④ In $V$ gibt es für jedes $\vec{a}$ ein Element $-\vec{a}$, so daß gilt: $\vec{a} + (-\vec{a}) = \vec{o}$.

⑤ $1 \cdot \vec{a} = \vec{a}$
⑥ $r(s\vec{a}) = (rs)\vec{a}$
⑦ $(r + s)\vec{a} = r\vec{a} + s\vec{a}$
⑧ $r(\vec{a} + \vec{b}) = r\vec{a} + r\vec{b}$

Die Elemente eines Vektorraums heißen **Vektoren**.
Jedes Beispiel für (jede Interpretation von) „Vektorraum“ nennt man ein **Modell** dieses Begriffs.

- Pfeilklassen, geordnete Zahlenpaare, Verschiebungen, an einem festen Punkt angreifende Kräfte, ... sind Vektoren, denn sie sind Elemente von Vektorräumen.

- Wir bezeichnen mit $R^n$ die Menge aller $n$-Tupel reeller Zahlen:
$R^n = \{(x_1; x_2; ...; x_n) | x_i \in \mathbb{R}, i = 1, 2, ..., n\}$.
In $R^n$ wird eine **Addition von $n$-Tupeln** erklärt:
$(x_1; x_2; ...; x_n) + (y_1; y_2; ...; y_n) := (x_1 + y_1; x_2 + y_2; ...; x_n + y_n)$,
und eine **Multiplikation von $n$-Tupeln mit einer reellen Zahl** $r \in \mathbb{R}$:
$r(x_1; x_2; ...; x_n) := (rx_1; rx_2; ...; rx_n)$.

Dann sind in $R^n$ bezüglich dieser Rechenoperationen $+_{R^n}$ und $\cdot_R$ die Forderungen ① bis ⑧ erfüllt.
$(R^n, +_{R^n}, \cdot_R)$ ist also ein (konkreter) Vektorraum, ein Modell für den (abstrakten) Begriff Vektorraum.
In $(R^n, +_{R^n}, \cdot_R)$
- gibt es $n$ linear unabhängige Vektoren, z. B.
$\overrightarrow{e_1} = (1; 0; ...; 0)$, $\overrightarrow{e_2} = (0; 1; 0; ...; 0)$, ..., $\overrightarrow{e_n} = (0; 0; ...; 0; 1)$;
- kann jeder Vektor $\vec{x} = (x_1; x_2; ...; x_n)$ als Linearkombination der Vektoren $\overrightarrow{e_1}, ..., \overrightarrow{e_n}$ geschrieben werden: $\vec{x} = x_1\overrightarrow{e_1} + x_2\overrightarrow{e_2} + ... + x_n\overrightarrow{e_n}$;
- sind je $n + 1$ Vektoren linear abhängig.

8

Der Vektorraum $(R^n, +_{R^n}, \cdot_R)$ ist damit $n$-dimensional, die Menge $\{\overrightarrow{e_1}, \overrightarrow{e_2}, ...\overrightarrow{e_n}\}$ ist eine Basis des Vektorraums und die $x_1, x_2, ..., x_n$ sind die Koordinaten des Vektors $\vec{x}$ bezüglich dieser Basis.
↗ Linearkombination, S. 277
↗ Lineare Unabhängigkeit, S. 277
↗ Basis, S. 278

- Es gibt Vektoren, die nicht durch Pfeile bzw. geordnete Zahlentupel dargestellt werden können. So ist die Menge $F$ der über $\mathbb{R}$ definierten Funktionen ein Vektorraum bezüglich folgender Rechenoperationen für Funktionen:
Summe von $f_1, f_2 \in F$ heißt die Funktion $f_1 + f_2 \in F$, für die gilt:
$(f_1 + f_2)(x) := f_1(x) + f_2(x)$ für alle $x \in \mathbb{R}$,
Produkt von $f \in F$ mit $r \in \mathbb{R}$ heißt die Funktion $rf \in F$, für die gilt:
$(rf)(x) := rf(x)$ für alle $x \in \mathbb{R}$.
↗ Rationale Operationen mit Funktionen, S. 74

## Komponenten- und Koordinatendarstellung von Vektoren

### Linearkombination

Jeder Vektor $\vec{b}$, der sich als Summe
$\vec{b} = r_1\vec{a_1} + r_2\vec{a_2} + \ldots + r_n\vec{a_n}$   $(r_i \in \mathbb{R})$
darstellen läßt, heißt **Linearkombination der Vektoren** $\vec{a_1}, \vec{a_2}, \ldots, \vec{a_n}$. Die $r_i$ heißen die **Koeffizienten der Linearkombination**.

Sind $\vec{a_1}$ und $\vec{a_2}$ zwei von $\vec{o}$ verschiedene und nicht parallele Vektoren **einer Ebene**, so kann jeder Vektor $\vec{b}$ dieser Ebene auf eindeutige Weise als Linearkombination $\vec{b} = r_1\vec{a_1} + r_2\vec{a_2}$ von $\vec{a_1}$ und $\vec{a_2}$ dargestellt werden (↗ Bild 8/11).
**Im Raum** gibt es zu zwei Vektoren $\vec{a_1}$ und $\vec{a_2}$ stets einen von $\vec{o}$ verschiedenen Vektor $\vec{a_3}$, der keine Linearkombination von $\vec{a_1}$ und $\vec{a_2}$, also mit diesen **nicht komplanar** ist (d. h. nicht in der von $\vec{a_1}$ und $\vec{a_2}$ bestimmten Ebene liegt).

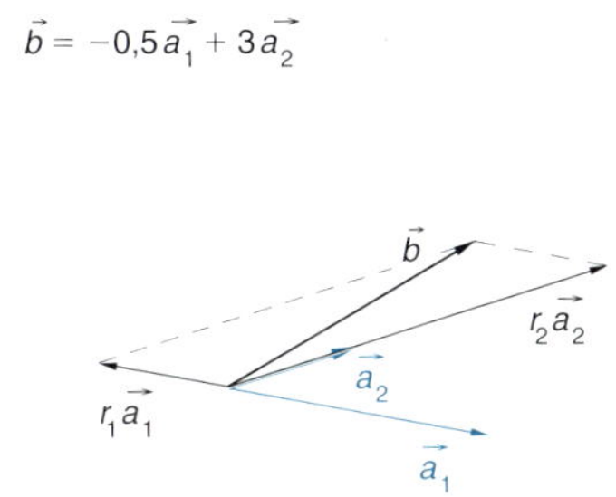


Bild 8/11

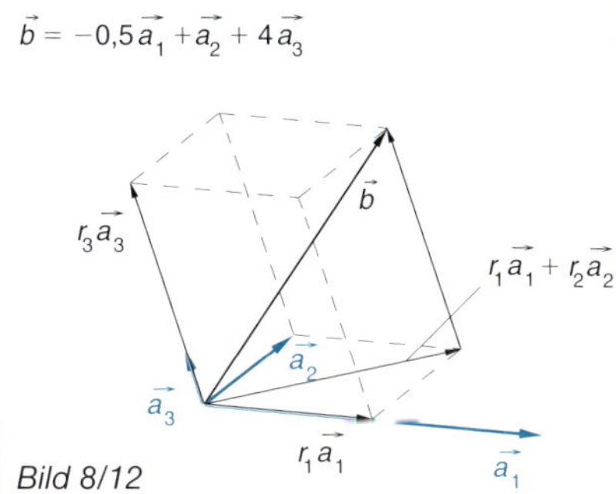


Bild 8/12

Sind $\vec{a_1}, \vec{a_2}, \vec{a_3}$ drei von $\vec{o}$ verschiedene Vektoren, von denen keiner eine Linearkombination der beiden anderen ist, dann kann jeder Vektor $\vec{b}$ des Raumes auf eindeutige Weise als Linearkombination
$\vec{b} = r_1\vec{a_1} + r_2\vec{a_2} + r_3\vec{a_3}$
von $\vec{a_1}, \vec{a_2}, \vec{a_3}$ dargestellt werden (↗ Bild 8/12).
Es ist
$r_1\vec{a_1} + r_2\vec{a_2} + r_3\vec{a_3} = \vec{o} \quad \leftrightarrow \quad r_1 = r_2 = r_3 = 0.$

### Lineare Unabhängigkeit von Vektoren

**Linear unabhängig** heißen Vektoren $\vec{a_1}, \vec{a_2}, \ldots, \vec{a_n}$ genau dann, wenn die Gleichung:
$r_1\vec{a_1} + r_2\vec{a_2} + \ldots + r_n\vec{a_n} = \vec{o}$ nur für $r_1 = r_2 = \ldots = r_n = 0$ erfüllt ist.
Sind Vektoren nicht linear unabhängig, dann heißen sie **linear abhängig**.

In einer Ebene (im Raum) sind drei (vier) Vektoren stets linear abhängig.

8

### Basis

Jedes Paar linear unabhängiger Vektoren $\vec{a_1}$, $\vec{a_2}$ der Ebene bzw. Tripel linear unabhängiger Vektoren $\vec{a_1}$, $\vec{a_2}$, $\vec{a_3}$ des Raumes nennt man eine **Basis** der Menge der (geometrischen oder arithmetischen) Vektoren.
Bezeichnung: $\{\vec{a_1}, \vec{a_2}\}$ bzw. $\{\vec{a_1}, \vec{a_2}, \vec{a_3}\}$
Jeder Vektor $\vec{b}$ kann auf genau eine Weise als Linearkombination der Vektoren einer beliebigen Basis geschrieben werden (↗ Bild 8/11 bzw. 8/12):

Komponenten des Vektors

$$(*)\ \vec{b} = r_1\vec{a_1} + r_2\vec{a_2} \qquad (**)\ \vec{b} = r_1\vec{a_1} + r_2\vec{a_2} + r_3\vec{a_3}$$

Koordinaten des Vektors

Er kann deshalb angegeben werden in der **Komponentendarstellung** (∗) bzw. (∗∗) oder der **Koordinatendarstellung** $(r_1; r_2)$ bzw. $(r_1; r_2; r_3)$.
In der Ebene bzw. im Raum wählt man als Basisvektoren meist paarweise aufeinander senkrecht stehende Einheitsvektoren:
$\vec{i} = \overrightarrow{OE_1}$, $\vec{j} = \overrightarrow{OE_2}$ bzw. $\vec{i} = \overrightarrow{OE_1}$, $\vec{j} = \overrightarrow{OE_2}$, $\vec{k} = \overrightarrow{OE_3}$,
wobei $E_1$, $E_2$ bzw. $E_1$, $E_2$, $E_3$ die Einheitspunkte der Koordinatenachsen sind.
Eine solche Basis heißt **orthogonal** und **normiert**, kurz **orthonormiert**. Die Begriffe lineare Unabhängigkeit von Vektoren, Basis, … können verallgemeinert werden (↗ S. 277).

### Koordinatensystem

8

Trägt man die Vektoren einer Basis $\{\vec{a_1}, \vec{a_2}\}$ bzw. $\{\vec{a_1}, \vec{a_2}, \vec{a_3}\}$ an einen festen Punkt $O$ an, so erhält man ein **Koordinatensystem der Ebene** bzw. **des Raumes**.
Bezeichnung: $\{O; \vec{a_1}, \vec{a_2}\}$ bzw. $\{O; \vec{a_1}, \vec{a_2}, \vec{a_3}\}$
Die orientierten Geraden durch den **Ursprung** $O$, deren Richtung den Basisvektoren entspricht, heißen **Koordinatenachsen**; ihre Bezeichnung stimmt mit der Bezeichnung der Koordinaten überein. Je zwei Koordinatenachsen bestimmen eine **Koordinatenebene**; sie werden nach den betreffenden Koordinatenachsen benannt.
Bezüglich eines Koordinatensystems kann jeder Vektor und jeder Punkt durch Koordinaten beschrieben werden. Die Koordinaten eines Punktes $P$ sind die Koordinaten seines Ortsvektors $\overrightarrow{OP}$ bezüglich der Basis des Koordinatensystems.
Liegt einem Koordinatensystem eine orthonormierte Basis zugrunde, dann heißt es **kartesisch**, benannt nach dem französischen Mathematiker René Descartes – latinisiert Cartesius; 1596–1650).
(Für den Raum ↗ Bild 8/13.)

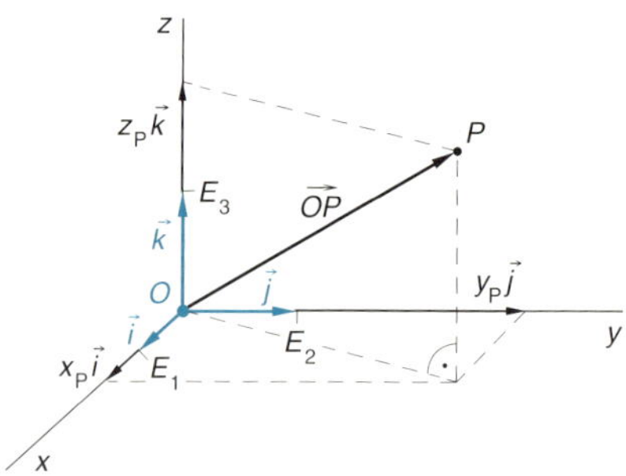

*Bild 8/13*

### Rechtssystem – Linkssystem

**In der Ebene** entspricht dem Rechtssystem diejenige Lage der Basisvektoren, bei der $\vec{a_1}$ dem Daumen und $\vec{a_2}$ dem Zeigefinger der rechten Hand entspricht, wenn der Blick auf die Handinnenfläche gerichtet ist. (Trifft das für die linke Hand zu, handelt es sich um ein Linkssystem.)

**Im Raum** entspricht dem Rechtssystem diejenige Lage der Basisvektoren, die bei Spreizung der Finger der rechten Hand dem Daumen $\vec{a_1}$, dem Zeigefinger $\vec{a_2}$ und dem Mittelfinger $\vec{a_3}$ zuordnet. (Trifft das für die linke Hand zu, handelt es sich um ein Linkssystem.)

| **Rechtssysteme** | **Linkssysteme** |
|---|---|

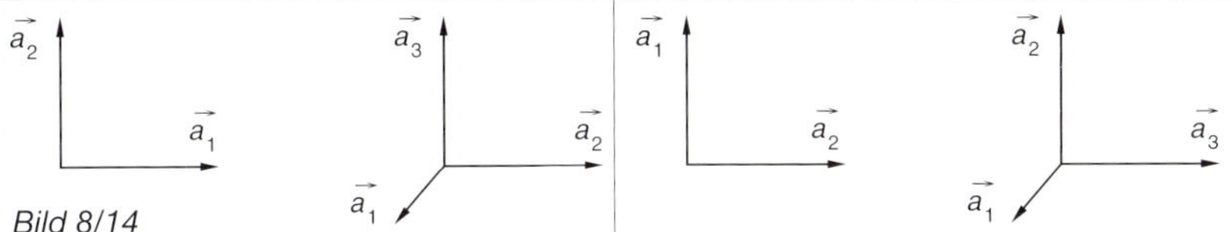


*Bild 8/14*

## Skalarprodukt und Vektorprodukt

### Skalare Multiplikation von Vektoren

**DEFINITION** $\vec{a}$ und $\vec{b}$ seien von $\vec{o}$ verschiedene Vektoren. **Skalarprodukt** $\vec{a} \cdot \vec{b}$ (gelesen Vektor *a* Punkt Vektor *b*) **von** $\vec{a}$ **und** $\vec{b}$ heißt die reelle Zahl $|\vec{a}||\vec{b}| \cos\sphericalangle(\vec{a},\vec{b})$. Im Falle $\vec{a} = \vec{o}$ oder $\vec{b} = \vec{a}$ setzt man $\vec{a} \cdot \vec{b} := 0$.



**SATZ** Die skalare Multiplikation von Vektoren ist

- kommutativ: $\vec{a} \cdot \vec{b} = \vec{b} \cdot \vec{a}$
- distributiv: $\vec{a} \cdot (\vec{b} + \vec{c}) = \vec{a} \cdot \vec{b} + \vec{a} \cdot \vec{c}$,
- assoziativ in bezug auf reelle Zahlen als Faktoren:
  $$r(\vec{a} \cdot \vec{b}) = (r\vec{a}) \cdot \vec{b} = \vec{a} \cdot (r\vec{b}),$$
- nicht assoziativ in bezug auf Vektoren als Faktoren.

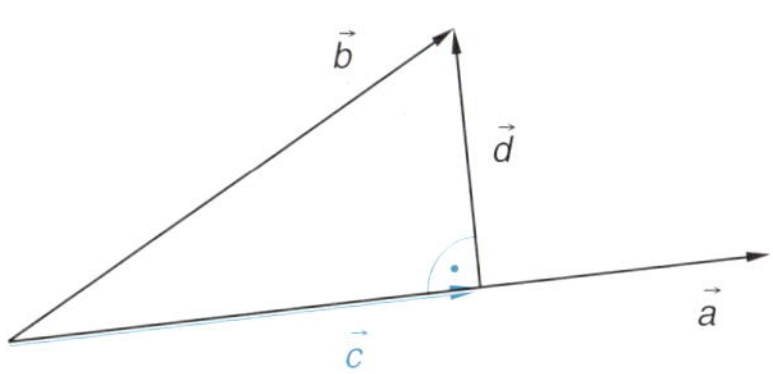


*Bild 8/15*

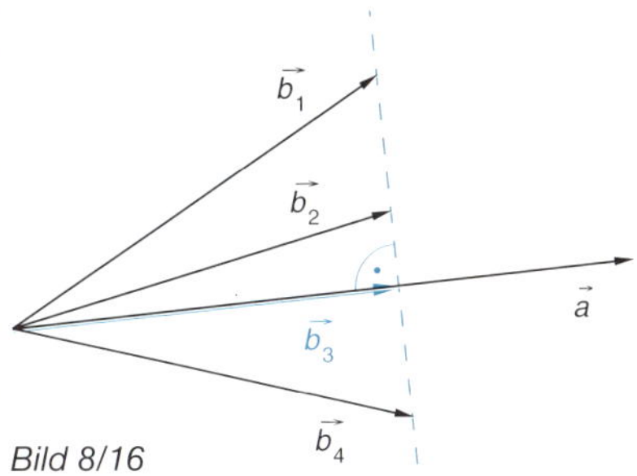


*Bild 8/16*

Folgerungen:

- $\vec{a} \cdot \vec{a} = |\vec{a}|^2$; für $\vec{a} \cdot \vec{a}$ kann auch $\vec{a}^2$ geschrieben werden.
- Für $\vec{a} \neq \vec{o}$ und $\vec{b} \neq \vec{o}$ gilt: $\vec{a} \cdot \vec{b} = 0 \quad \Leftrightarrow \quad \vec{a} \perp \vec{b}$.
- Ist $\vec{b} = \vec{c} + \vec{d}$ mit $\vec{c} \parallel \vec{a}$ und $\vec{d} \perp \vec{a}$ (↗ Bild 8/15), so gilt $\vec{a} \cdot \vec{b} = \vec{a} \cdot (\vec{c} + \vec{d}) = \vec{a} \cdot \vec{c}$.
- Die Gleichung $\vec{a} \cdot \vec{x} = r$, $r \in \mathbb{R}$, hat für feste $\vec{a}$ und $r$ keine eindeutige Lösung $\vec{x}$ (↗ Bild 8/16).

### Das Skalarprodukt in Koordinatendarstellung

Im kartesischen Koordinatensystem $\{O; \vec{i}, \vec{j}, \vec{k}\}$ folgt aus den Eigenschaften der skalaren Multiplikation

**a)** für die Basisvektoren: $\vec{i} \cdot \vec{i} = \vec{j} \cdot \vec{j} = \vec{k} \cdot \vec{k} = 1$ und
$\vec{i} \cdot \vec{j} = \vec{j} \cdot \vec{k} = \vec{k} \cdot \vec{i} = 0$;

**b)** für Vektoren $\vec{a} = (a_x; a_y; a_z)$ und $\vec{b} = (b_x; b_y; b_z)$:

$$(*)\ \vec{a} \cdot \vec{b} = \begin{pmatrix} a_x \\ a_y \\ a_z \end{pmatrix} \cdot \begin{pmatrix} b_x \\ b_y \\ b_z \end{pmatrix} = a_x b_x + a_y b_y + a_z b_z .$$

Das ist die **Koordinatendarstellung** von $\vec{a} \cdot \vec{b}$.

Für arithmetische Vektoren wird das Skalarprodukt mit Hilfe der Gleichung (*) definiert. Die Eigenschaften der skalaren Multiplikation von Vektoren folgen dann aus den Eigenschaften der Rechenoperationen für reelle Zahlen; die Formel
$\vec{a} \cdot \vec{b} = |\vec{a}|\,|\vec{b}| \cos\sphericalangle(\vec{a}, \vec{b})$
kann hergeleitet werden.

Aus dieser Formel ermittelt man den Winkel zwischen zwei Vektoren.

### Winkel zwischen zwei Vektoren



Für Vektoren $\vec{a} \neq \vec{o}$ und $\vec{b} \neq \vec{o}$ ist

$$\cos\sphericalangle(\vec{a}, \vec{b}) = \frac{\vec{a} \cdot \vec{b}}{|\vec{a}| \cdot |\vec{b}|} = \frac{a_x b_x + a_y b_y + a_z b_z}{\sqrt{a_x^2 + a_y^2 + a_z^2}\,\sqrt{b_x^2 + b_y^2 + b_z^2}} .$$

↗ $\sphericalangle(\vec{a}, \vec{b})$, S. 273

### Vektorielle Multiplikation von Vektoren

**DEFINITION** $\vec{a}$ und $\vec{b}$ seien von $\vec{o}$ verschiedene Vektoren. **Vektorprodukt** $\vec{a} \times \vec{b}$ (gelesen: Vektor *a* Kreuz Vektor *b*) **von** $\vec{a}$ **und** $\vec{b}$ heißt der Vektor, für den gilt:
① $|\vec{a} \times \vec{b}| = |\vec{a}| \cdot |\vec{b}| \cdot |\sin\sphericalangle(\vec{a}, \vec{b})|$,
② $\vec{a} \times \vec{b}$ ist zu $\vec{a}$ und $\vec{b}$ orthogonal und
③ $\vec{a}$, $\vec{b}$ und $\vec{a} \times \vec{b}$ bilden in dieser Reihenfolge ein Rechtssystem (↗ Bild 8/17).
Im Falle $\vec{a} = \vec{o}$ oder $\vec{b} = \vec{o}$ setzt man $\vec{a} \times \vec{b} := \vec{o}$.

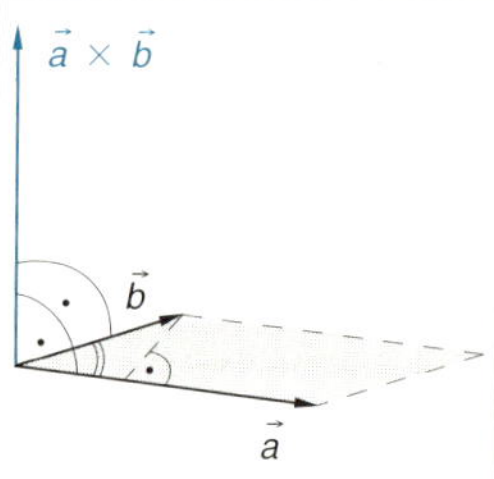

*Bild 8/17*

Das Vektorprodukt wird auch als **Kreuzprodukt** bezeichnet.

↗ Rechtssystem, S. 279

**SATZ** Die vektorielle Multiplikation von Vektoren ist
- nicht kommutativ, jedoch ist $\vec{a} \times \vec{b} = -(\vec{b} \times \vec{a})$,
- distributiv: $\vec{a} \times (\vec{b} + \vec{c}) = \vec{a} \times \vec{b} + \vec{a} \times \vec{c}$,
  $(\vec{a} + \vec{b}) \times \vec{c} = \vec{a} \times \vec{c} + \vec{b} \times \vec{c}$,
- assoziativ in bezug auf eine reelle Zahl als Faktor:
  $r(\vec{a} \times \vec{b}) = (r\vec{a}) \times \vec{b} = \vec{a} \times (r\vec{b})$,
- nicht assoziativ in bezug auf Vektoren als Faktoren.

Folgerungen:
- $|\vec{a} \times \vec{b}|$ ist der Flächeninhalt des von $\vec{a}$ und $\vec{b}$ aufgespannten Parallelogramms (↗ Bild 8/17).
- Für $\vec{a} \neq \vec{o}$ und $\vec{b} \neq \vec{o}$ gilt:
  $\vec{a} \times \vec{b} = \vec{o} \quad \Leftrightarrow \quad \vec{a} \parallel \vec{b}$.
- Ist $\vec{b} = \vec{c} + \vec{d}$ mit $\vec{c} \parallel \vec{a}$ und $\vec{d} \perp \vec{a}$ (↗ Bild 8/18), so gilt
  $\vec{a} \times \vec{b} = \vec{a} \times (\vec{c} + \vec{d}) = \vec{a} \times \vec{d}$.
- Die Gleichung $\vec{a} \times \vec{x} = \vec{c}$ hat für feste $\vec{a}$ und $\vec{c}$ keine eindeutige Lösung $\vec{x}$ (↗ Bild 8/19).

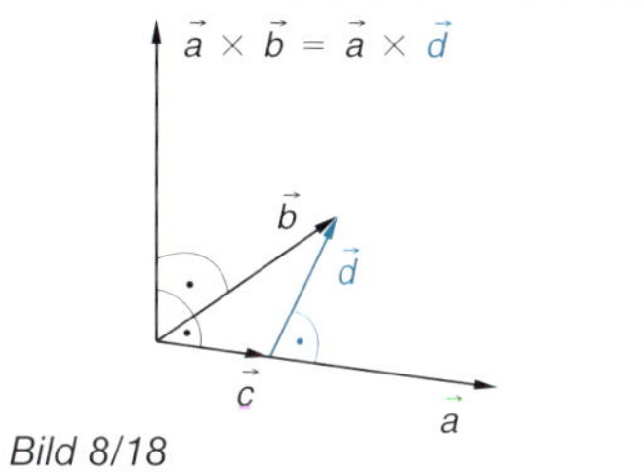

Bild 8/18

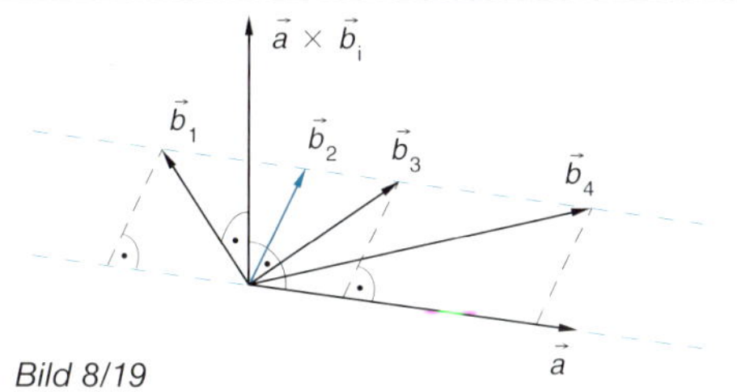

Bild 8/19

8

**Das Vektorprodukt in Koordinatendarstellung**

Im kartesischen Koordinatensystem $\{O; \vec{i}, \vec{j}, \vec{k}\}$ folgt aus den Eigenschaften der vektoriellen Multiplikation

**a)** für die Basisvektoren: $\vec{i} \times \vec{i} = \vec{j} \times \vec{j} = \vec{k} \times \vec{k} = \vec{o}$
und $\quad \vec{i} \times \vec{j} = \vec{k}, \quad \vec{j} \times \vec{k} = \vec{i}, \quad \vec{k} \times \vec{i} = \vec{j}$,
aber $\quad \vec{j} \times \vec{i} = -\vec{k}, \quad \vec{k} \times \vec{j} = -\vec{i}, \quad \vec{i} \times \vec{k} = -\vec{j}$.

**b)** für Vektoren $\vec{a} = (a_x; a_y; a_z)$ und $\vec{b} = (b_x; b_y; b_z)$:

$$\vec{a} \times \vec{b} = (a_x\vec{i} + a_y\vec{j} + a_z\vec{k}) \times (b_x\vec{i} + b_y\vec{j} + b_z\vec{k})$$
$$= (a_yb_z - a_zb_y)\vec{i} + (a_zb_x - a_xb_z)\vec{j} + (a_xb_y - a_yb_x)\vec{k}.$$

In Spaltenschreibweise steht dafür übersichtlicher

$$(**)\ \vec{a} \times \vec{b} = \begin{pmatrix} a_x \\ a_y \\ a_z \end{pmatrix} \times \begin{pmatrix} b_x \\ b_y \\ b_z \end{pmatrix} = \begin{pmatrix} a_yb_z - a_zb_y \\ a_zb_x - a_xb_z \\ a_xb_y - a_yb_x \end{pmatrix}.$$

Für arithmetische Vektoren wird das Vektorprodukt mit Hilfe der Gleichung (**) definiert.

Die Sätze über die vektorielle Multiplikation von Vektoren folgen dann aus den Eigenschaften der Rechenoperationen für reelle Zahlen; die Formel $|\vec{a} \times \vec{b}| = |\vec{a}||\vec{b}| \cdot |\sin\sphericalangle(\vec{a},\vec{b})|$ kann dann hergeleitet werden.

## Das Spatprodukt von Vektoren

**DEFINITION** $\vec{a}$, $\vec{b}$ und $\vec{c}$ seien beliebige Vektoren.
**Spatprodukt** (gemischtes Produkt) $(\vec{a}, \vec{b}, \vec{c})$ **von** $\vec{a}$, $\vec{b}$ **und** $\vec{c}$ heißt die reelle Zahl $(\vec{a} \times \vec{b}) \cdot \vec{c}$.

Das Spatprodukt $(\vec{a} \times \vec{b}) \cdot \vec{c}$ ist dem Betrage nach das Volumen des von $\vec{a}$, $\vec{b}$ und $\vec{c}$ aufgespannten Spats (Parallelflachs; ↗ Bild 8/20 und ↗ $|\vec{a} \times \vec{b}|$, S. 280):
$|(\vec{a} \times \vec{b}) \cdot \vec{c}| = |\vec{a} \times \vec{b}||\vec{c}| \cos\sphericalangle(\vec{a} \times \vec{b}, \vec{c})$.
Es ist positiv (negativ), wenn $\vec{a}$, $\vec{b}$ und $\vec{c}$ ein Rechtssystem (Linkssystem) bilden.

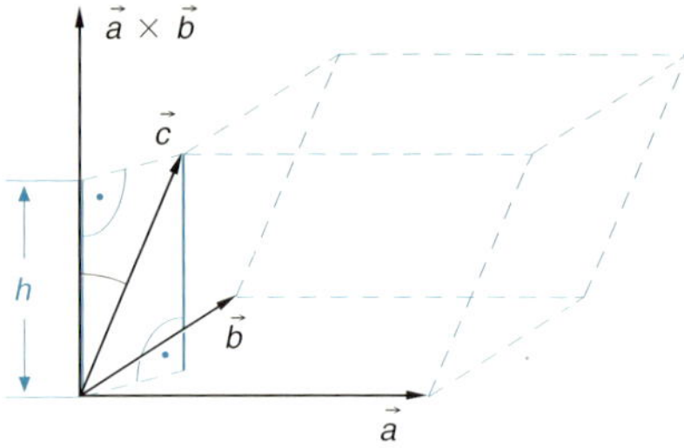


$h = |\vec{c}| \cos\sphericalangle(\vec{a} \times \vec{b}, \vec{c})$ *Bild 8/20*

**SATZ** Für alle Vektoren $\vec{a}$, $\vec{b}$ und $\vec{c}$ gilt:
- $(\vec{a}, \vec{b}, \vec{c}) = -(\vec{a} \times \vec{b}) \cdot \vec{c} = -(\vec{b} \times \vec{c}) \cdot \vec{a} = -(\vec{c} \times \vec{a}) \cdot \vec{b}$
- $\qquad = -(\vec{b} \times \vec{a}) \cdot \vec{c} = -(\vec{c} \times \vec{b}) \cdot \vec{a} = -(\vec{a} \times \vec{c}) \cdot \vec{b}$;
- $(\vec{a}, \vec{b}, \vec{c}) = 0 \Leftrightarrow \vec{a}$, $\vec{b}$ und $\vec{c}$ sind linear abhängig (komplanar).

8

## Übersicht über Multiplikationen von Zahlen und Vektoren

$r$, $s$, $t$ beliebige reelle Zahlen; $\vec{a}$, $\vec{b}$, $\vec{c}$ beliebige Vektoren

| Art der Multiplikation | Resultat | Kommutativität |
|---|---|---|
| Multiplikation von zwei reellen Zahlen $r$, $s$ | reelle Zahl $rs$ | $rs = sr$ |
| Multiplikation eines Vektors $\vec{a}$ mit einer reellen Zahl $r\vec{a}$ | Vektor $r\vec{a}$ | $r\vec{a} = \vec{a}r$ |
| Skalare Multiplikation von zwei Vektoren $\vec{a}$, $\vec{b}$ | reelle Zahl $\vec{a} \cdot \vec{b}$ | $\vec{a} \cdot \vec{b} = \vec{b} \cdot \vec{a}$ |
| Vektorielle Multiplikation von zwei Vektoren $\vec{a}$, $\vec{b}$ | Vektor $\vec{a} \times \vec{b}$ | Keine Kommutativität; dafür gilt $\vec{a} \times \vec{b} = -(\vec{b} \times \vec{a})$ |
| gemischte Multiplikation von drei Vektoren $\vec{a}$, $\vec{b}$, $\vec{c}$ | reelle Zahl $(\vec{a} \times \vec{b}) \cdot \vec{c}$ bzw. $(\vec{a}, \vec{b}, \vec{c})$ | – |

Im kartesischen Koordinatensystem $\{O;\ \vec{i},\ \vec{j},\ \vec{k}\}$ ist für Vektoren
$\vec{a} = (a_x;\ a_y;\ a_z)$, $\vec{b} = (b_x;\ b_y;\ b_z)$ und $\vec{c} = (c_x;\ c_y;\ c_z)$

$$(\vec{a},\ \vec{b},\ \vec{c}) = (\vec{a} \times \vec{b}) \cdot \vec{c} = \begin{pmatrix} a_y b_z - a_z b_y \\ a_z b_x - a_x b_z \\ a_x b_y - a_y b_x \end{pmatrix} \cdot \begin{pmatrix} c_x \\ c_y \\ c_z \end{pmatrix}$$

$$= (a_y b_z - a_z b_y)c_x + (a_z b_x - a_x b_z)c_y + (a_x b_y - a_y b_x)c_z \quad (*)$$

$$= \begin{vmatrix} a_x & b_x & c_x \\ a_y & b_y & c_y \\ a_z & b_z & c_z \end{vmatrix}.$$

Die Zeile mit (*) wurde übersichtlicher als Determinante geschrieben. Diese Schreibweise erleichtert die Berechnung von $(\vec{a},\ \vec{b},\ \vec{c})$, denn es gilt:

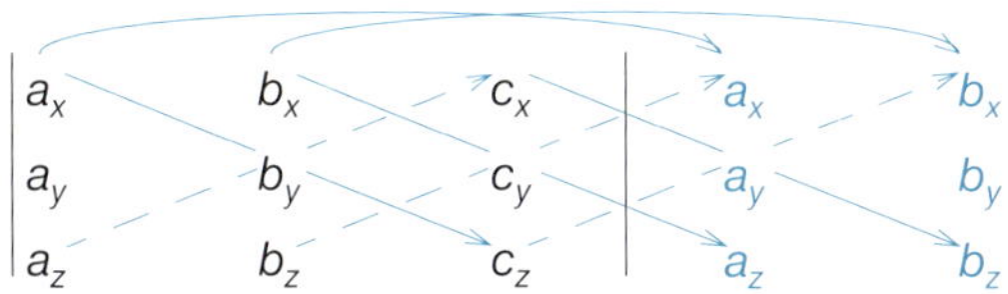


$= a_x b_y c_z + b_x c_y a_z + c_x a_y b_z - a_z b_y c_x - b_z c_y a_x - c_z a_y b_x$
$= (a_y b_z - a_z b_y)c_x + (a_z b_x - a_x b_z)c_y + (a_x b_y - a_y b_x)c_z$
$= (\vec{a},\ \vec{b},\ \vec{c})$.

8

| Assoziativität | Distributivität | Weitere Eigenschaften |
|---|---|---|
| $r(st) = (rs)t$ | $r(s + t) = rs + rt$ | |
| $r(s\vec{a}) = (rs)\vec{a}$ | $(r + s)\vec{a} = r\vec{a} + s\vec{a}$<br>$r(\vec{a} + \vec{b}) = r\vec{a} + r\vec{b}$ | |
| – | $\vec{a} \cdot (\vec{b} + \vec{c}) = \vec{a} \cdot \vec{b} + \vec{a} \cdot \vec{c}$ | $r(\vec{a} \cdot \vec{b}) = (r\vec{a}) \cdot \vec{b} = \vec{a}(r\vec{b})$ |
| – | $\vec{a} \times (\vec{b} + \vec{c}) = \vec{a} \times \vec{b} + \vec{a} \times \vec{c}$<br>$(\vec{a} + \vec{b}) \times \vec{c} = \vec{a} \times \vec{c} + \vec{b} \times \vec{c}$ | $r(\vec{a} \times \vec{b})$<br>$= (r\vec{a}) \times \vec{b} = \vec{a} \times (r\vec{b})$ |
| – | – | $(\vec{a} \times \vec{b}) \cdot \vec{c} = (\vec{b} \times \vec{c}) \cdot \vec{a} = (\vec{c} \times \vec{a}) \cdot \vec{b}$<br>$(\vec{a} \times \vec{b}) \cdot \vec{c} = -(\vec{b} \times \vec{a}) \cdot \vec{c}$ |

## Analytische Geometrie der Geraden

Eine Gerade ist eindeutig bestimmt durch
- zwei Punkte der Geraden oder
- einen Punkt der Geraden und ihre Richtung.

### Parametergleichung einer Geraden

Sind $P_0$ und $P_1$ zwei Punkte einer Geraden $g$, so kann jeder Punkt $P \in g$ mit Hilfe der Ortsvektoren $\vec{x_0} = \overrightarrow{OP_0}$, $\vec{x_1} = \overrightarrow{OP_1}$ und $\vec{x} = \overrightarrow{OP}$ erfaßt werden:

$\overrightarrow{OP} = \overrightarrow{OP_0} + t\overrightarrow{P_0P_1}$

oder

$\vec{x} = \vec{x_0} + t\overrightarrow{P_0P_1}$.

Dabei ist $t$ eine reelle Zahl, die die Lage von $P$ auf $g$ festgelegt (↗ Bild 8/21).

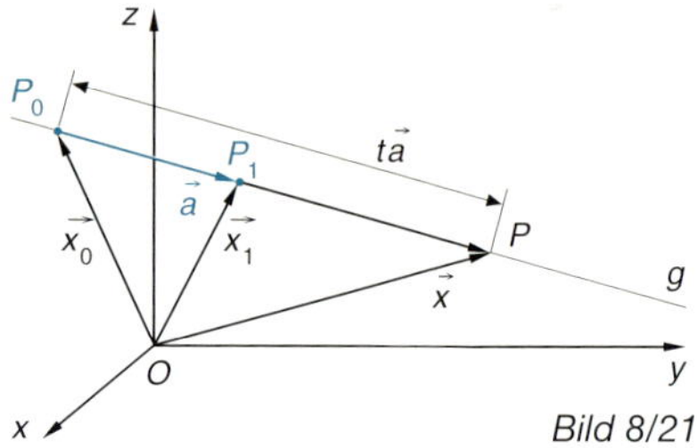


*Bild 8/21*

$t$ ist eine Hilfsvariable, ein **Parameter**.
Der Vektor $\vec{a} = \overrightarrow{P_0P_1} = \vec{x_1} - \vec{x_0}$ ist ein **Richtungsvektor von *g*** und

(*) $\quad \vec{x} = \vec{x_0} + t\vec{a},\ t \in \mathbb{R}$

eine **Punkt-Richtungs-Gleichung von *g***.
In der Form

(**) $\quad \vec{x} = \vec{x_0} + t(\vec{x_1} - \vec{x_0}),\ t \in \mathbb{R}$

8

heißt sie **Zweipunktegleichung** von $g$.
Beides sind **Parametergleichungen (-darstellungen) der Geraden *g***.

Wird in einer Parametergleichung einer Geraden der Parameter eingeschränkt, so werden nur noch Teile der Geraden beschrieben:

**a)** $\vec{x} = \vec{x_0} + t\vec{a},\ t \geq 0$ ist eine Gleichung des **Strahls** mit dem Anfangspunkt $P_0$ und der gleichen Richtung wie der Vektor $\vec{a}$.

**b)** $\vec{x} = \vec{x_0} + t(\vec{x_1} - \vec{x_0}),\ 0 \leq t \leq 1$ ist eine Gleichung der **Strecke** $\overline{P_0P_1}$.

Gleichungen für die Koordinaten des Punktes $P(x; y; z) \in g$ erhält man, wenn die Gleichung (*) bzw. (**) in Spaltenform oder als Gleichungssystem geschrieben wird:

| $\vec{x} = \vec{x_0} + t\vec{a}$ | $\vec{x} = \vec{x_0} + t(\vec{x_1} - \vec{x_0})$ |
|---|---|
| $\begin{pmatrix} x \\ y \\ z \end{pmatrix} = \begin{pmatrix} x_0 \\ y_0 \\ z_0 \end{pmatrix} + t\begin{pmatrix} a_x \\ a_y \\ a_z \end{pmatrix}$ | $\begin{pmatrix} x \\ y \\ z \end{pmatrix} = \begin{pmatrix} x_0 \\ y_0 \\ z_0 \end{pmatrix} + t\begin{pmatrix} x_1 - x_0 \\ y_1 - y_0 \\ z_1 - z_0 \end{pmatrix}$ |

| $\vec{x} = \vec{x_0} + t\vec{a}$ | $\vec{x} = \vec{x_0} + t(\vec{x_1} - \vec{x_0})$ |
|---|---|
| $x = x_0 + ta_x$,<br>$y = y_0 + ta_y$,<br>$z = z_0 + ta_z$ | $x = x_0 + t(x_1 - x_0)$,<br>$y = y_0 + t(y_1 - y_0)$,<br>$z = z_0 + t(z_1 - z_0)$ |

**Parameterfreie Geradengleichungen in der Ebene**

Für Geraden einer Ebene ist es oft bequemer, mit parameterfreien Gleichungen zu arbeiten.

**Punkt-Richtungs-Gleichung**: Bezüglich eines Koordinatensystems $\{O; \vec{i}, \vec{j}\}$ der Ebene entspricht der Punkt-Richtungs-Gleichung $\vec{x} = \vec{x_0} + t\vec{a}$ einer Geraden $g$ das Gleichungssystem

$x = x_0 + ta_x$,
$y = y_0 + ta_y$.

Elimination von $t$ führt auf

$a_y x - a_x y = a_y x_0 - a_x y_0$.

Für $a_x = 0$ ist $x = x_0$ Gleichung von $g$.

Für $a_x \neq 0$ ist $y - y_0 = m(x - x_0)$ die

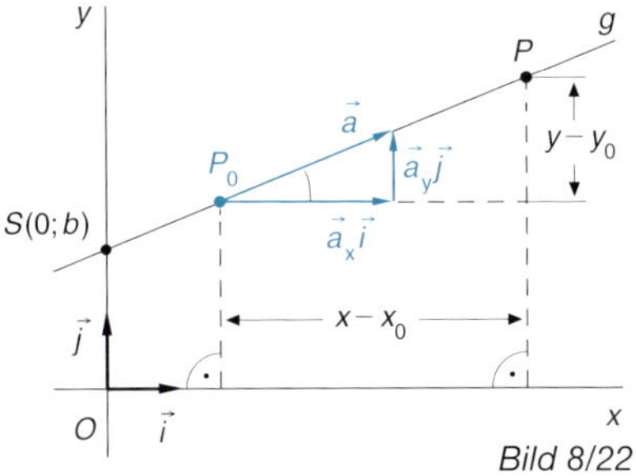

Bild 8/22

Punkt-Richtungs-Gleichung von $g$.

Der Koeffizient $m = \frac{a_y}{a_x} = \tan\sphericalangle(\vec{i}, \vec{a})$ gibt den Anstieg der Geraden an (↗ Bild 8/22). Das drückt direkt die (nicht für $x = x_0$ geltende) Form

$\frac{y - y_0}{x - x_0} = m$ dieser Gleichung aus.

↗ Lineare Funktion, S. 85ff.

8

**Normalform der Geradengleichung**: Punkt-Richtungs-Gleichung, in der der Punkt $P_0$ der Schnittpunkt $S(0; b)$ der Geraden mit der $y$-Achse ist:

$y = mx + b$

**Zweipunktegleichung**: Bezüglich eines Koordinatensystems $\{O; \vec{i}, \vec{j}\}$ der Ebene entspricht der Zweipunktegleichung $\vec{x} = \vec{x_0} + t(\vec{x_1} - \vec{x_0})$ das Gleichungssystem

$x = x_0 + t(x_1 - x_0)$,
$y = y_0 + t(y_1 - y_0)$.

Elimination von $t$ führt auf die Form

$$(x - x_0)(y_1 - y_0) = (y - y_0)(x_1 - x_0)$$

der Zweipunktegleichung.
Für $x_1 - x_0 \neq 0$
schreibt man sie auch in der (nicht für $x = x_0$ geltenden) Form

$$\frac{y - y_0}{x - x_0} = \frac{y_1 - y_0}{x_1 - x_0}.$$

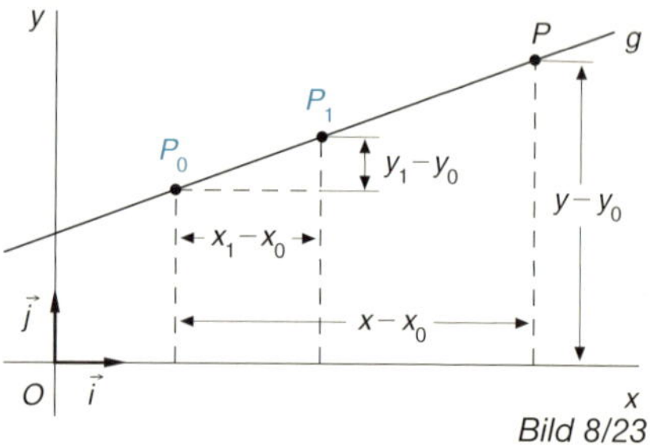


Bild 8/23

Beide Quotienten drücken den Anstieg der Geraden aus (↗ Bild 8/23).

**Achsenabschnittsgleichung**: Zweipunktegleichung, in der die Punkte $P_0$ und $P_1$ die Schnittpunkte $S_y(0;\, b)$ und $S_x(a;\, 0)$ der Geraden mit der $y$- bzw. $x$-Achse sind: $(x - a)b = y(-a)$. Für $a \neq 0$ und $b \neq 0$ (↗ Bild 8/24) schreibt man

$$\frac{x}{a} + \frac{y}{b} = 1.$$

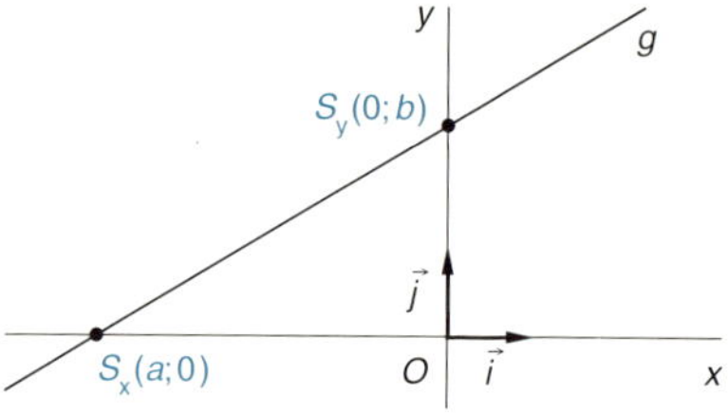


Bild 8/24

**Allgemeine Geradengleichung**: Jede Gleichung für eine Gerade einer Ebene kann als allgemeine Geradengleichung in der Form

$$Ax + By + C = 0 \quad \text{mit} \quad A^2 + B^2 \neq 0$$

geschrieben werden. Umgekehrt kann jede allgemeine Geradengleichung in wenigstens eine der oben genannten Formen gebracht werden, beschreibt also stets eine Gerade der Ebene.

**Normalengleichung einer Geraden**: In einer Ebene ist eine Gerade $g$ auch durch einen ihrer Punkte $P_0$ und einen **Normal**- oder **Normalenvektor** $\vec{n}$ von $g$ ($\vec{n} \neq \vec{o}$, $\vec{n} \perp g$) eindeutig bestimmt (↗ Bild 8/25).

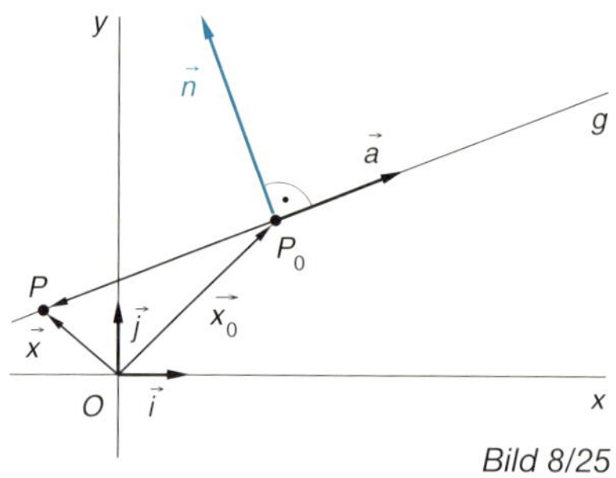


Bild 8/25

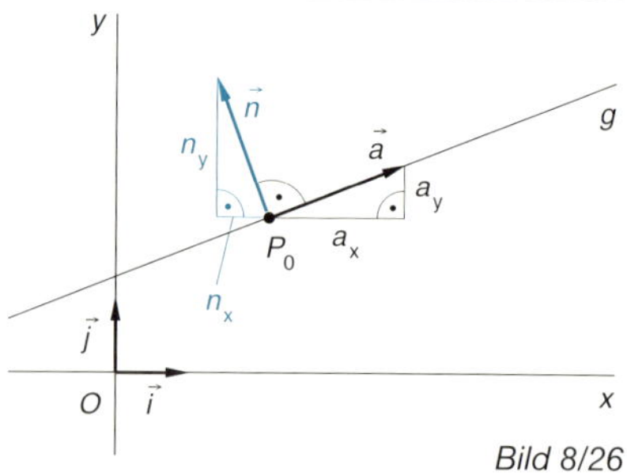


Bild 8/26

Ist $\vec{x} = \vec{x_0} + t\vec{a}$ eine Gleichung von $g$, dann kann $\vec{n} = (-a_y;\ a_x)$ gesetzt werden (↗ Bild 8/26).

Wegen $\vec{n} \cdot \vec{a} = 0$ gilt $\vec{x} \cdot \vec{n} = (\vec{x_0} + t\vec{a}) \cdot \vec{n} = \vec{x_0} \cdot \vec{n}$ oder

$$(\vec{x} - \vec{x_0}) \cdot \vec{n} = 0.$$

Diese Normalengleichung gilt genau für die Punkte von $g$. Aus der Spaltenschreibweise

$\begin{pmatrix} x - x_0 \\ y - y_0 \end{pmatrix} \cdot \begin{pmatrix} n_x \\ n_y \end{pmatrix} = 0$ erhält man sofort eine allgemeine Geradengleichung für $g$:

$n_x x + n_y y - (n_x x_0 + n_y y_0) = 0.$

In der allgemeinen Geradengleichung $Ax + By + C = 0$ einer Geraden sind also $A$ und $B$ stets die Koordinaten eines Vektors $\vec{n}(A;\ B)$, der auf $g$ senkrecht steht. Ist $|\vec{n}| = \sqrt{n_x^2 + n_y^2} = \sqrt{A^2 + B^2} = 1$, so spricht man von einer **Hesseschen Normalengleichung** oder einer Gleichung in **Hessescher Normalenform**. Sie ermöglicht eine schnelle Berechnung des **Abstandes** $d(Q, g)$ eines Punktes $Q$ von der Geraden $g$. Für einen Einheitsvektor $\vec{n_0}$ ist (↗ Bild 8/27)

$$(\vec{x_Q} - \vec{x_0}) \cdot \vec{n_0} = (\overrightarrow{P_0Q'} + \overrightarrow{Q'Q}) \cdot \vec{n_0}$$
$$= \overrightarrow{Q'Q} \cdot \vec{n_0} = d\vec{n_0} \cdot \vec{n_0} = d.$$

Folglich gilt bei $\vec{n_0}^2 = A^2 + B^2 = 1$

$$d(Q, g) = |d| = |(\vec{x_Q} - \vec{x_0}) \cdot \vec{n_0}|$$
$$= |Ax_Q + By_Q + C|,$$

und $d(O, g) - |\vec{x_O} \cdot \vec{n_0}| - |C|$.

↗ Abstand eines Punktes von einer Geraden, S. 146

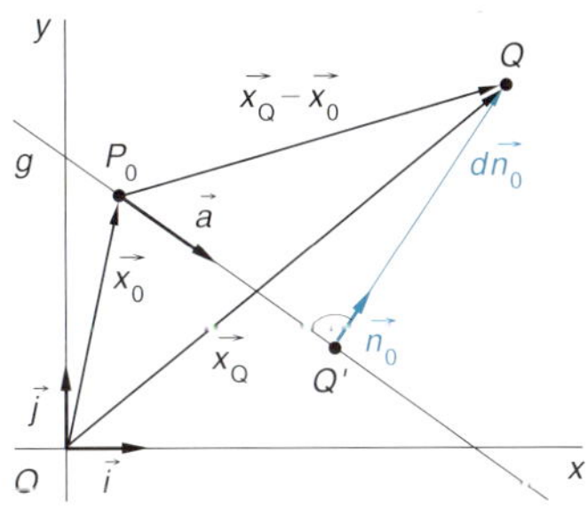


Bild 8/27

■ *Gegeben:* Punkt Q(7; 1) und Gerade $g$: $\begin{pmatrix} x \\ y \end{pmatrix} = \begin{pmatrix} 1 \\ 3 \end{pmatrix} + t\begin{pmatrix} 2 \\ 1 \end{pmatrix}$

*Gesucht:* Abstand $d(Q, g)$

1. Lösungsweg: $\vec{a} = \begin{pmatrix} 2 \\ 1 \end{pmatrix}$, also ist $\vec{n} = \begin{pmatrix} -1 \\ 2 \end{pmatrix}$ ein Normalenvektor für $g$. Es ist

$|\vec{n}| = \sqrt{1^2 + 2^2} = \sqrt{5}$, $\vec{n_0} = \frac{1}{\sqrt{5}}\vec{n}$

und

$$d(Q, g) = \left| \begin{pmatrix} 7 - 1 \\ 1 - 3 \end{pmatrix} \cdot \begin{pmatrix} -\frac{1}{\sqrt{5}} \\ \frac{2}{\sqrt{5}} \end{pmatrix} \right|$$
$$= \left| -\frac{6}{\sqrt{5}} - \frac{4}{\sqrt{5}} \right| = 2\sqrt{5}.$$

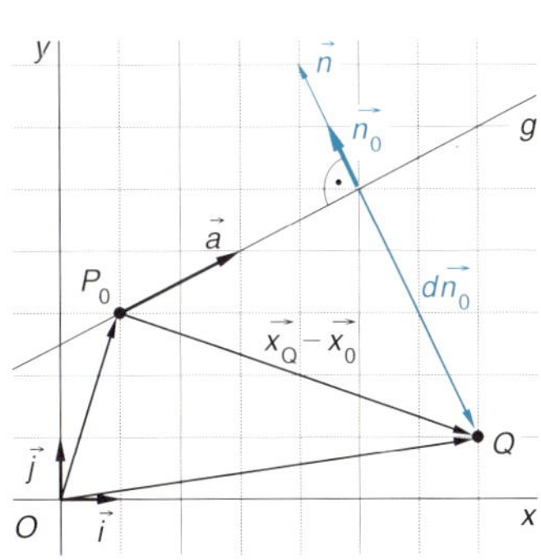


Bild 8/28

*2. Lösungsweg:* $\vec{a} = \begin{pmatrix} 2 \\ 1 \end{pmatrix}$, also ist $\vec{n} = \begin{pmatrix} -1 \\ 2 \end{pmatrix}$ ein Normalenvektor,

$\begin{pmatrix} x-1 \\ y-3 \end{pmatrix} \cdot \begin{pmatrix} -1 \\ 2 \end{pmatrix} = 0$ eine Normalengleichung und

$-x + 2y + (1 - 6) = 0$ eine allgemeine Geradengleichung für $g$;
$A^2 + B^2 = (-1)^2 + 2^2 = 5.$

$-\frac{1}{\sqrt{5}}x + \frac{2}{\sqrt{5}}y - \frac{5}{\sqrt{5}} = 0$ ist die Hessesche Normalenform für $g$ und

$$d(Q, g) = \left|-\frac{1}{\sqrt{5}} \cdot 7 + \frac{2}{\sqrt{5}} \cdot 1 - \frac{5}{\sqrt{5}}\right| = \left|\frac{10}{\sqrt{5}}\right| = 2\sqrt{5}.$$

## Gegenseitige Lage zweier Geraden

Die Geraden $g$ und $h$ seien durch $\vec{x} = \overrightarrow{x_0} + t\vec{a}$ bzw. $\vec{x} = \overrightarrow{x_1} + r\vec{b}$ gegeben. Folgende Fälle der gegenseitigen Lage sind möglich:

$\vec{a} \parallel \vec{b}$, d. h., $g$ und $h$ haben die gleiche Richtung.

$\overrightarrow{x_0} - \overrightarrow{x_1} \parallel \vec{a}$
Die Geraden sind **identisch**, d. h., sie haben alle Punkte gemeinsam.

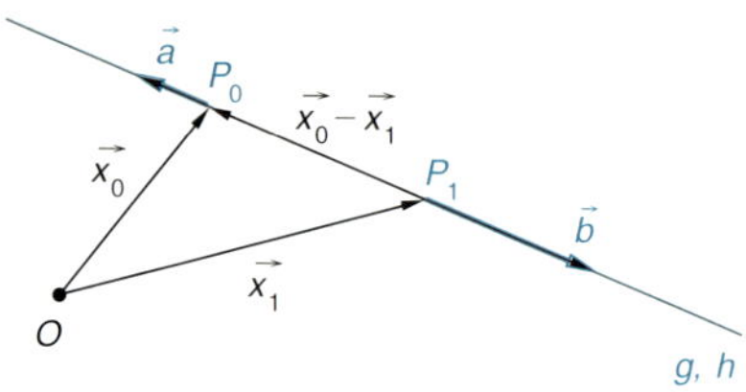


$\overrightarrow{x_0} - \overrightarrow{x_1} \nparallel \vec{a}$
Die Geraden sind **parallel**, **aber nicht identisch**. Sie haben keinen gemeinsamen Punkt.

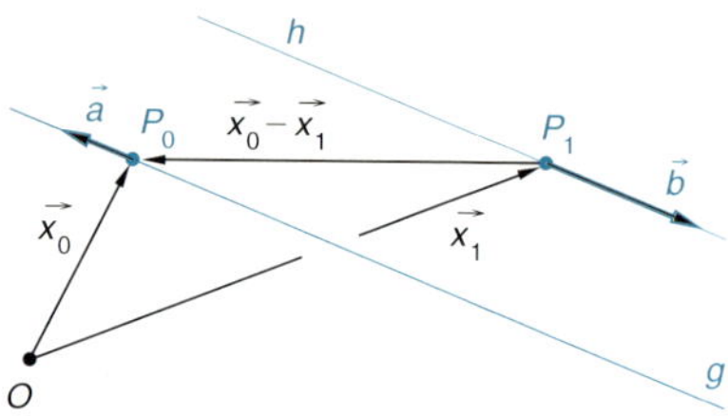


$\vec{a} \nparallel \vec{b}$, d. h., $g$ und $h$ haben verschiedene Richtungen.

$\vec{a}$, $\vec{b}$ und $\overrightarrow{x_0} - \overrightarrow{x_1}$ sind linear abhängig. $g$ und $h$ **schneiden einander**, d. h., sie haben genau einen Punkt, ihren **Schnittpunkt**, gemeinsam.

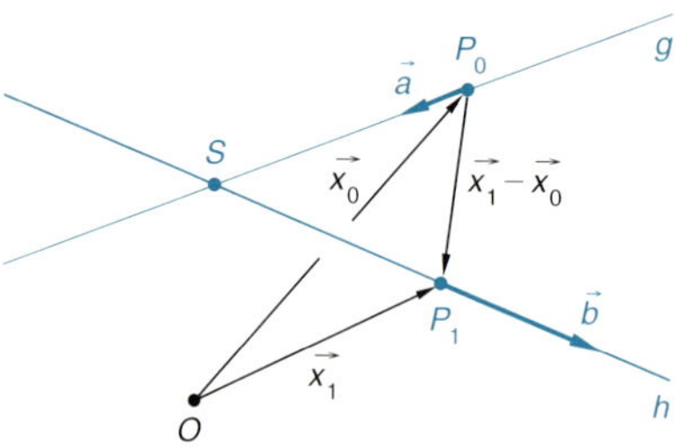


$\vec{a}$, $\vec{b}$ und $\overrightarrow{x_0} - \overrightarrow{x_1}$ sind linear unabhängig. $g$ und $h$ sind **windschief**, d. h., sie haben keinen gemeinsamen Punkt und sind nicht parallel.

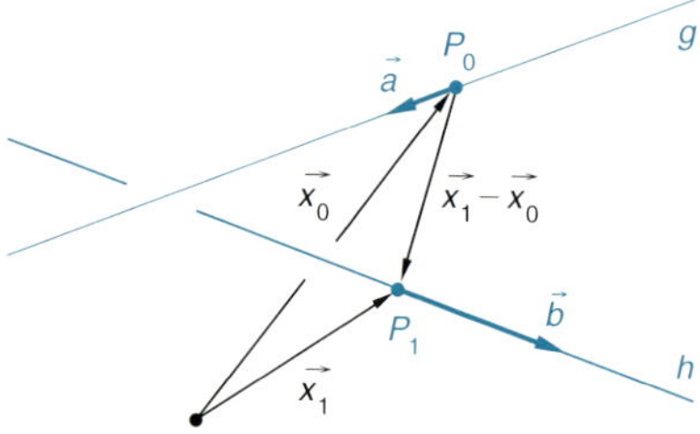


*Bilder 8/29–32*

Sind die Geraden $g$ und $h$ einer Ebene durch allgemeine Geradengleichungen
$g\colon A_1x + B_1y + C_1 = 0, \quad h\colon A_2x + B_2y + C_2 = 0.$
gegeben, so gilt:

- $g \parallel h \Leftrightarrow \vec{n}_g = \begin{pmatrix} A_1 \\ B_1 \end{pmatrix} \parallel \vec{n}_h = \begin{pmatrix} A_2 \\ B_2 \end{pmatrix}$, d. h., wenn
  $A_1 : A_2 = B_1 : B_2$ ist.
- $g = h \Leftrightarrow A_1 : A_2 = B_1 : B_2 = C_1 : C_2.$

Wenn $g$ und $h$ einen Schnittpunkt $S$ haben, ist $\overrightarrow{x_0} + t_S\vec{a} = \overrightarrow{x_1} + r_S\vec{b}$.

■ Festzustellen sei die gegenseitige Lage der Geraden
$g\colon \vec{x} = 4\vec{i} + t\vec{j}$ und $h\colon \vec{x} = 6\vec{j} + 3\vec{k} + r(4\vec{i} - 3\vec{k})$.

*Lösung:* Vergleich der Richtungsvektoren:
$\vec{j} \nparallel 4\vec{i} - 3\vec{k}$, also $g \nparallel h$, $g \neq h$.
Falls $g$ und $h$ einen Punkt $S$ gemeinsam haben, muß gelten
$4\vec{i} + t_S\vec{j} = 6\vec{j} + 3\vec{k} + r_S(4\vec{i} - 3\vec{k})$ oder
in Spaltenschreibweise bzw. als Gleichungssystem

$$\begin{pmatrix} 4 \\ t_S \\ 0 \end{pmatrix} = \begin{pmatrix} 4r_S \\ 6 \\ 3 - 3r_S \end{pmatrix} \qquad \begin{aligned} 4 &= 4r_S \\ t_S &= 6 \\ 0 &= 3 - 3r_S \\ \hline t_S &= 6, r_S = 1 \end{aligned}$$

Der Schnittpunkt $S$ von $g$ und $h$ ist $S(x_S; y_S; z_S) = (4; 6; 0)$. Man erhält ihn, wenn man $t_S = 6$ in die Parameterdarstellung von $g$ bzw. $r_S = 1$ in die Parameterdarstellung von $h$ einsetzt.

### Schnittwinkel zweier Geraden

Im Schnittpunkt bilden zwei Geraden zwei Paare von Scheitelwinkeln (↗ Bild 8/33). **Schnittwinkel $\sphericalangle(g, h)$ von $g$ und $h$** heißt (jeder) der kleinere(n) Winkel. Sind alle vier Winkel gleich, so ist $\sphericalangle(g, h) = 90°$.
Für $g\colon \vec{x} = \overrightarrow{x_0} + t\vec{a}$ und $h\colon \vec{x} = \overrightarrow{x_1} + r\vec{b}$
ist

$$\cos\sphericalangle(g, h) = |\cos\sphericalangle(\vec{a}, \vec{b})| = \left|\frac{\vec{a} \cdot \vec{b}}{|\vec{a}| \cdot |\vec{b}|}\right|.$$

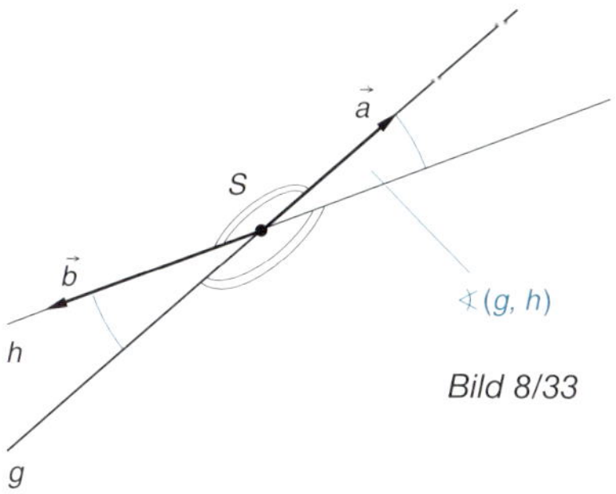


*Bild 8/33*

Für Geraden einer Ebene
$g\colon y = mx + b$ und
$h\colon y = \overline{m}x + \overline{b}$

kann $\vec{a} = (1; m)$ und $\vec{b} = (1; \overline{m})$ gewählt werden:

$$\cos\sphericalangle(g, h) = \left|\frac{m\overline{m} + 1}{\sqrt{m^2 + 1}\sqrt{\overline{m}^2 + 1}}\right|.$$

## Abstand eines Punktes von einer Geraden

**Abstand eines Punktes von einer Geraden** heißt die Länge des Lotes von diesem Punkt $Q$ auf diese Gerade $g$ (↗ Kapitel 4, S. 146). Hat $g$ die Gleichung $\vec{x} = \vec{x_0} + t\vec{a}$, dann ist
$d = |\vec{n}|$ (↗ Bild 8/34),
also

$$d(Q, g) = \frac{|\vec{a} \times (\vec{x_Q} - \vec{x_0})|}{|\vec{a}|}$$

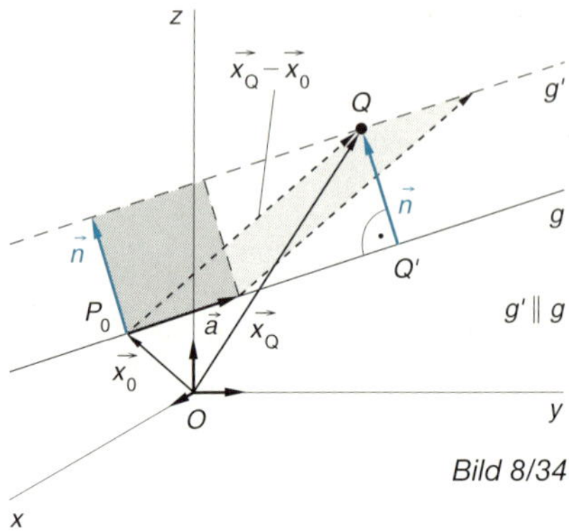

Bild 8/34

Dabei ist $|\vec{a} \times (\vec{x_Q} - \vec{x_0})|$ der Flächeninhalt des von den Vektoren $\vec{a}$ und $\vec{x_Q} - \vec{x_0}$ aufgespannten Parallelogramms (↗ Vektorprodukt, S. 280f.).
In einer Ebene kann der Abstand $d(Q, g)$ auch mit Hilfe der Hesseschen Normalengleichung für $g$ berechnet werden (↗ S. 287).

## Abstand zweier windschiefer Geraden

**Abstand zweier windschiefer Geraden** heißt die Länge $d(g, h)$ des gemeinsamen Lotes (↗ Bild 8/35).
Sind $g$ und $h$ zwei windschiefe Geraden, dann gibt es genau eine Gerade $l$, die auf $g$ und auf $h$ senkrecht steht (↗ Bild 8/35). Schneidet $l$ die Gerade $g$ im Punkt $G$ und die Gerade $h$ in $H$, so ist die Strecke $\overline{GH}$ das **gemeinsame Lot von *g* und *h***. Sie ist die kürzeste Strecke, die Punkte von $g$ und $h$ miteinander verbindet. Ihre Länge nennt man den **Abstand der windschiefen Geraden *g* und *h*** und bezeichnet sie mit $d(g, h)$.
Für Geraden

$g$: $\vec{x} = \vec{x_0} + t\vec{a}$ und
$h$: $\vec{x} = \vec{x_1} + r\vec{b}$ ist

$d(g, h) = \overline{HG} = d(P_0, \varepsilon_h) = d(P_1, \varepsilon_g)$.
Hat $\varepsilon_h$ die Hessesche Normalengleichung

$$\varepsilon_h\colon\ (\vec{x} - \vec{x_{P_1}}) \cdot \vec{n_0} = 0 \quad \text{mit} \quad \vec{n_0} = \frac{\vec{a} \times \vec{b}}{|\vec{a} \times \vec{b}|},$$

so ist

$$d(g, h) = \frac{|(\vec{x_{P_0}} - \vec{x_{P_1}}) \cdot (\vec{a} \times \vec{b})|}{|\vec{a} \times \vec{b}|}.$$

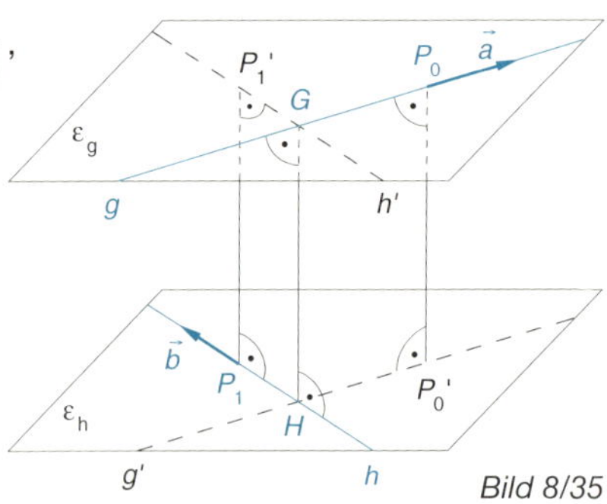

Bild 8/35

↗ Hessesche Normalengleichung, S. 287

**Teilverhältnis**

Ist $P$ ein Punkt der Geraden $AB$, $P \neq B$ und $\overrightarrow{AP} = \lambda\overrightarrow{PB}$, dann heißt die reelle Zahl $\lambda$ das **Teilverhältnis**, in dem der Punkt $P$ die gerichtete Strecke $\overrightarrow{AB}$ teilt.

| | |
|---|---|
| $P = A$ | $\lambda = 0$ |
| $P$ zwischen $A$ und $B$ | $0 < \lambda < \infty$ |
| $B$ zwischen $A$ und $P$ | $-\infty < \lambda < -1$ |
| $A$ zwischen $P$ und $B$ | $-1 < \lambda < 0$ |

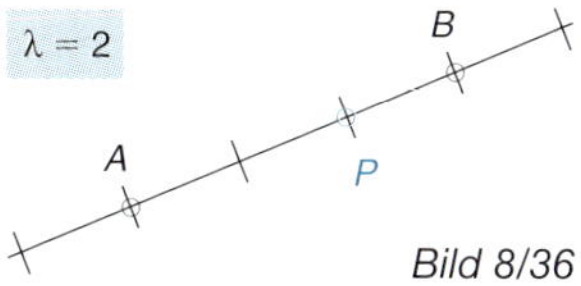

Bild 8/36

Bei $\lambda > 0$ ($\lambda < 0$) spricht man von einer inneren (äußeren) Teilung der gerichteten Strecke $\overrightarrow{AB}$.
Im kartesischen Koordinatensystem $\{O; \vec{i}, \vec{j}, \vec{k}\}$ ist
$(x_P - x_A) = \lambda(x_B - x_P)$, $(y_P - y_A) = \lambda(y_B - y_P)$, $(z_P - z_A) = \lambda(z_B - z_P)$
bzw.

$$x_P = \frac{x_A + \lambda x_B}{1+\lambda}, \quad y_P = \frac{y_A + \lambda y_B}{1+\lambda}, \quad z_P = \frac{z_A + \lambda z_B}{1+\lambda}.$$

Für den **Mittelpunkt $M$ einer Strecke** $\overline{AB}$ ist $\lambda = 1$.
Man erhält:

$$\vec{x_M} = \frac{1}{2}(\vec{x_A} + \vec{x_B}) \text{ und } M\left(\frac{x_A + x_B}{2}; \frac{y_A + y_B}{2}; \frac{z_A + z_B}{2}\right).$$

Der **Schwerpunkt $S$ eines Dreiecks** $ABC$ teilt jede Seitenhalbierende im Verhältnis 2:1, vom betreffenden Eckpunkt aus gesehen. Es ist

$$\vec{x_S} = \vec{x_A} + \frac{2}{3}\overrightarrow{AM} = \vec{x_A} + \frac{2}{3}\left(\frac{\vec{x_B} + \vec{x_C}}{2} - \vec{x_A}\right),$$

$$\vec{x_S} = \frac{1}{3}(\vec{x_A} + \vec{x_B} + \vec{x_C}) \text{ und}$$

$$S\left(\frac{x_A + x_B + x_C}{3}; \frac{y_A + y_B + y_C}{3}; \frac{z_A + z_B + z_C}{3}\right).$$

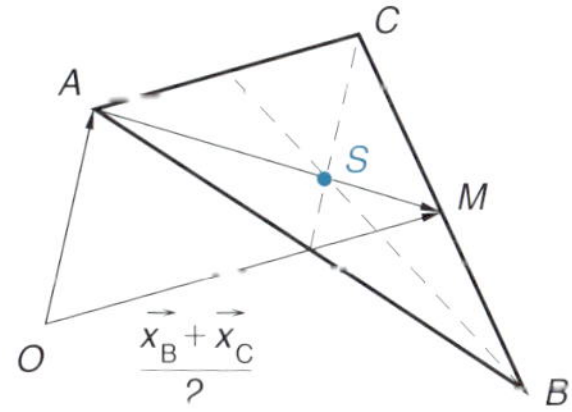

Bild 8/37



## Analytische Geometrie der Ebenen

Eine Ebene ist eindeutig bestimmt durch
- drei Punkte, die nicht auf einer Geraden liegen, oder
- eine Gerade und einen nicht auf dieser Geraden liegenden Punkt oder
- zwei einander schneidende Geraden oder
- zwei einander parallele, aber nicht identische Geraden.

**Parametergleichung einer Ebene**

Sind $P_0$, $P_1$ und $P_2$ drei nicht auf einer Geraden liegende Punkte einer Ebene $\varepsilon$, so kann jeder Punkt $P \in \varepsilon$ mit Hilfe der Ortsvektoren $\vec{x_0} = \overrightarrow{OP_0}$, $\vec{x_1} = \overrightarrow{OP_1}$ und $\vec{x_2} = \overrightarrow{OP_2}$ erfaßt werden:
$\overrightarrow{OP} = \overrightarrow{OP_1} + u\overrightarrow{P_0P_1} + v\overrightarrow{P_0P_2}$ oder $\vec{x} = \vec{x_0} + u(\vec{x_1} - \vec{x_0}) + v(\vec{x_2} - \vec{x_0})$.

Dabei sind $u$ und $v$ reelle Zahlen, die die Lage von $P$ auf $\varepsilon$ eindeutig beschreiben (↗ Bild 8/38).

Die Vektoren
$\vec{a} = \overrightarrow{P_0P_1} = \vec{x_1} - \vec{x_0}$ und
$\vec{b} = \overrightarrow{P_0P_2} = \vec{x_2} - \vec{x_0}$
sind linear unabhängig und spannen für $u, v \in \mathbb{R}$ gewissermaßen die Ebene $\varepsilon$ auf.

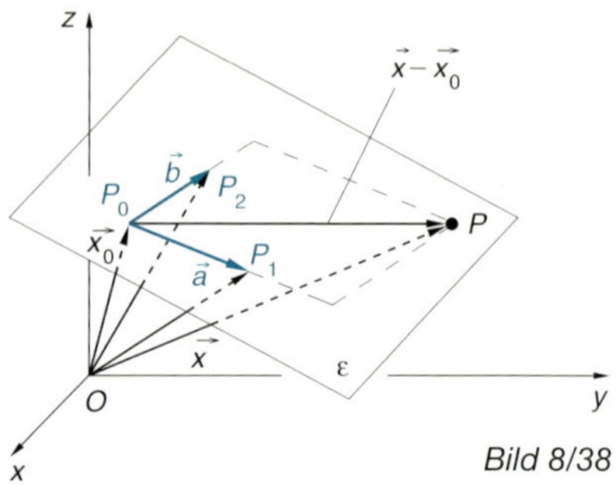

Bild 8/38

Man nennt sie **Spannvektoren**,

① $\vec{x} = \vec{x_0} + u\vec{a} + v\vec{b}$ eine **Punkt-Richtungs-Gleichung** und
② $\vec{x} = \vec{x_0} + u(\vec{x_1} - \vec{x_0}) + v(\vec{x_2} - \vec{x_0})$ eine **Dreipunktegleichung** von $\varepsilon$.

Die Hilfsvariablen $u$ und $v$ sind **Parameter** und ① und ② **Parametergleichungen** von $\varepsilon$.

Gleichungen für die Koordinaten des Punktes $P(x; y; z) \in \varepsilon$ erhält man, wenn ① bzw. ② in Spaltenform oder als Gleichungssystem geschrieben wird:

| $\vec{x} = \vec{x_0} + u\vec{a} + v\vec{b}$ | $\vec{x} = \vec{x_0} + u(\vec{x_1} - \vec{x_0}) + v(\vec{x_2} - \vec{x_0})$ |
|---|---|
| $\begin{pmatrix} x \\ y \\ z \end{pmatrix} = \begin{pmatrix} x_0 \\ y_0 \\ z_0 \end{pmatrix} + u\begin{pmatrix} a_x \\ a_y \\ a_z \end{pmatrix} + v\begin{pmatrix} b_x \\ b_y \\ b_z \end{pmatrix}$ | $\begin{pmatrix} x \\ y \\ z \end{pmatrix} = \begin{pmatrix} x_0 \\ y_0 \\ z_0 \end{pmatrix} + u\begin{pmatrix} x_1 - x_0 \\ y_1 - y_0 \\ z_1 - z_0 \end{pmatrix} + v\begin{pmatrix} x_2 - x_0 \\ y_2 - y_0 \\ z_2 - z_0 \end{pmatrix}$ |
| $x = x_0 + ua_x + vb_x$<br>$y = y_0 + ua_y + vb_y$<br>$z = z_0 + ua_z + vb_z$ | $x = x_0 + u(x_1 - x_0) + v(x_2 - x_0)$<br>$y = y_0 + u(y_1 - y_0) + v(y_2 - y_0)$<br>$z = z_0 + u(z_1 - z_0) + v(z_2 - z_0)$ |

8

## Parameterfreie Ebenengleichungen

**Allgemeine Ebenengleichung:** Bezüglich eines Koordinatensystems $\{O; \vec{i}, \vec{j}, \vec{k}\}$ können für jede Ebene aus dem einer Gleichung ① bzw. ② entsprechenden Gleichungssystem $u$ und $v$ eliminiert werden. Man erhält für die Koordinaten der Punkte $P(x; y; z) \in \varepsilon$ eine **allgemeine Ebenengleichung**

$$Ax + By + Cz + D = 0, \quad A^2 + B^2 + C^2 \neq 0.$$

In der analytischen Geometrie der Ebenen ist es oft günstig, allgemeine Ebenengleichungen zu verwenden.
Wenn $D \neq 0$ ist, kann die allgemeine Ebenengleichung durch $D$ dividiert und als **Achsenabschnittsgleichung** geschrieben werden (↗ Bild 8/39):

$$\frac{x}{a} + \frac{y}{b} + \frac{z}{c} = 1.$$

Die Schnittpunkte von ε mit den Koordinatenachsen sind dann
$S_x(a; 0; 0)$, $S_y(0; b; 0)$ und $S_z(0; 0; c)$.

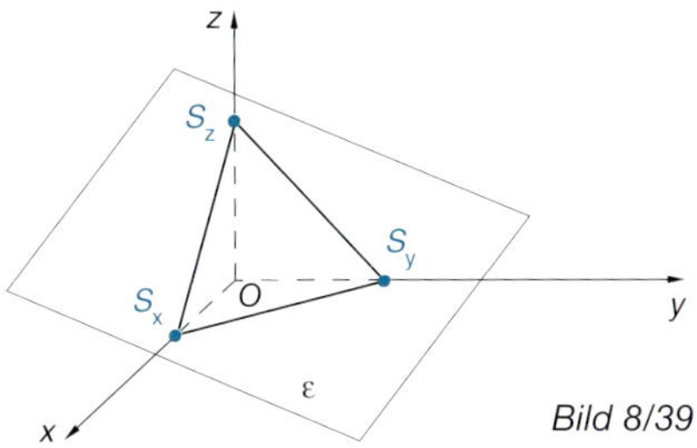


Bild 8/39

**Normalengleichung einer Ebene:** Eine Ebene ε ist auch durch einen Punkt $P_0 \in \varepsilon$ und einen **Normal**- oder **Normalenvektor** $\vec{n}$, $\vec{n} \neq \vec{o}$ und $\vec{n} \perp \varepsilon$, eindeutig bestimmt (↗ Bild 8/40). Ist $\vec{x} = \vec{x_0} + u\vec{a} + v\vec{b}$ eine Punkt-Richtungs-Gleichung von ε, dann kann $\vec{n} = \vec{a} \times \vec{b}$ gesetzt werden (↗ Vektorprodukt, S. 280f.). Wegen $\vec{n} \perp \vec{a}$ und $\vec{n} \perp \vec{b}$ gilt

$$\vec{x} \cdot \vec{n} = (\vec{x_0} + u\vec{a} + v\vec{b}) \cdot \vec{n} = \vec{x_0} \cdot \vec{n}$$

oder

$$(\vec{x} - \vec{x_0}) \cdot \vec{n} = 0.$$

Diese **Normalengleichung** gilt genau für die Punkte von ε[1].

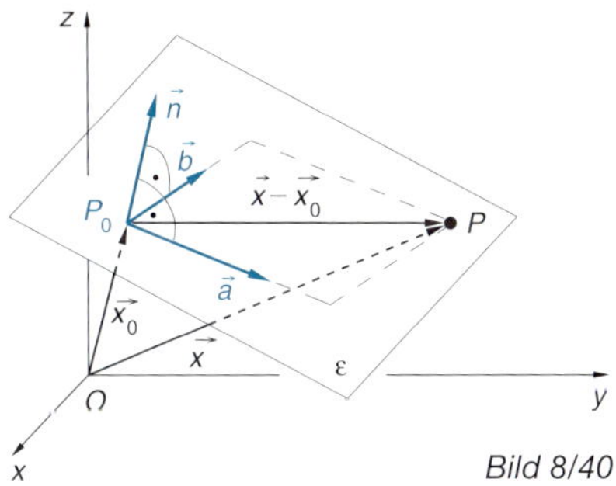


Bild 8/40

Aus der Spaltenschreibweise dieser Gleichung

$$\begin{pmatrix} x - x_0 \\ y - y_0 \\ z - z_0 \end{pmatrix} \cdot \begin{pmatrix} n_x \\ n_y \\ n_z \end{pmatrix} = 0$$

erhält man sofort eine allgemeine Ebenengleichung für ε:

$$n_x x + n_y y + n_z z - (n_x x_0 + n_y y_0 + n_z z_0) = 0.$$

Aus dieser Schreibweise der allgemeinen Ebenengleichung ergibt sich:
In jeder allgemeinen Ebenengleichung $Ax + By + Cz + D = 0$ einer Ebene ε sind $A$, $B$ und $C$ die Koordinaten eines Vektors $\vec{n}(A; B; C)$, der auf ε senkrecht steht.
Ist $\vec{n}$ ein Einheitsvektor, also $|\vec{n}| = \sqrt{n_x^2 + n_y^2 + n_z^2} = \sqrt{A^2 + B^2 + C^2} = 1$, so spricht man von einer **Hesseschen Normalengleichung** oder einer Gleichung in **Hessescher Normalenform**.
Die Hessesche Normalenform einer allgemeinen Ebenengleichung ermöglich eine schnelle Berechnung des Abstandes $d(Q, \varepsilon)$ eines Punktes $Q$ von der Ebene ε (↗, S. 146). Für einen Einheitsvektor $\vec{n_0}$ ist (↗ Bild 8/41)

[1] Links steht das Spatprodukt $(\vec{x} - \vec{x_0}, \vec{a}, \vec{b})$. Für die Punkte der Ebene spannen diese Vektoren einen Spat vom Volumen Null auf.

$$(\overrightarrow{x_Q} - \overrightarrow{x_0}) \cdot \overrightarrow{n_0} = (\overrightarrow{P_0Q'} + \overrightarrow{Q'Q}) \cdot \overrightarrow{n_0}$$
$$= \overrightarrow{Q'Q} \cdot \overrightarrow{n_0} = d\overrightarrow{n_0} \cdot \overrightarrow{n_0} = d.$$

Folglich ist für $\overrightarrow{n_0}^2 = A^2 + B^2 + C^2 = 1$

$$d(Q, \varepsilon) = |d| = |(\overrightarrow{x_Q} - \overrightarrow{x_0}) \cdot \overrightarrow{n_0}|$$
$$= |Ax_Q + By_Q + Cz_Q + D|$$

und

$$d(O, \varepsilon) = |\overrightarrow{x_O} \cdot \overrightarrow{n_0}| = |D|.$$

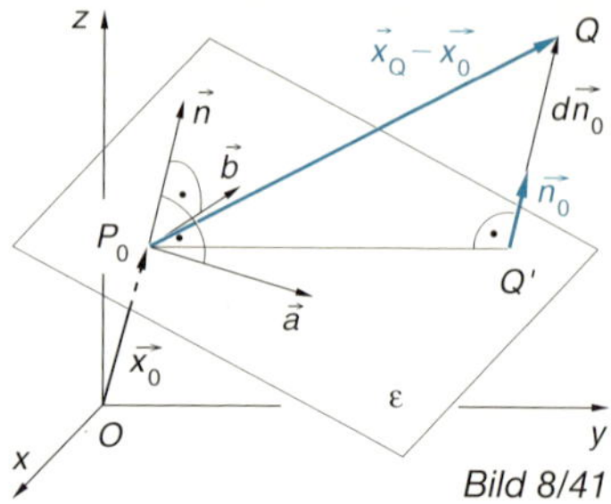


Bild 8/41

## Gegenseitige Lage einer Ebene und einer Geraden

Die Ebene ε und die Gerade $g$ seien durch die Gleichungen

$\vec{x} = \overrightarrow{x_0} + u\vec{a} + v\vec{b}$ bzw. $\vec{x} = \overrightarrow{x_1} + t\vec{c}$

gegeben.

Folgende Fälle der gegenseitigen Lage von ε und $g$ sind möglich.



<table>
<tr><td colspan="2">$\vec{a}$, $\vec{b}$ und $\vec{c}$ sind linear abhängig, d. h., $g$ ist parallel zu ε.</td></tr>
<tr><td>$\overrightarrow{x_1} - \overrightarrow{x_0}$ ist komplanar mit $\vec{a}$, $\vec{b}$.<br>Die Gerade liegt in der Ebene.<br>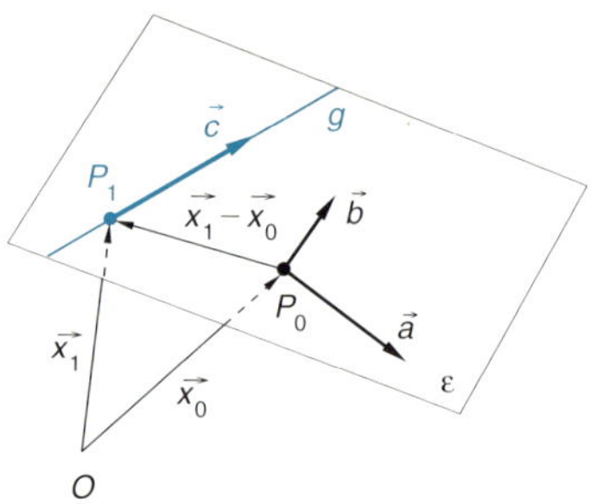<br><br>Bild 8/42</td><td>$\overrightarrow{x_1} - \overrightarrow{x_0}$ ist nicht komplanar mit $\vec{a}$, $\vec{b}$.<br>Die Gerade liegt nicht in der Ebene.<br>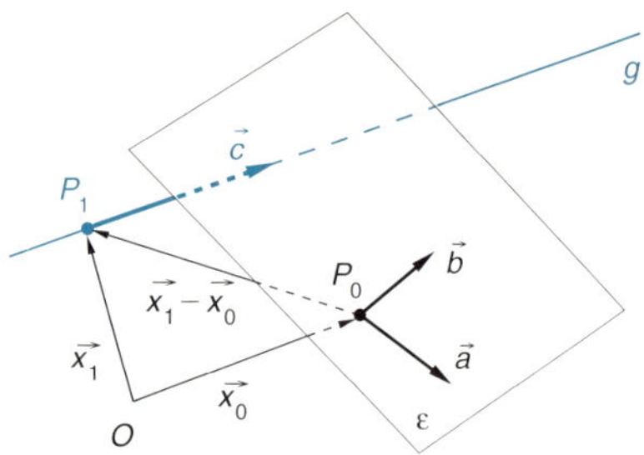<br><br>Bild 8/43</td></tr>
<tr><td>$\vec{a}$, $\vec{b}$ und $\vec{c}$ sind linear unabhängig. Die Ebene und die Gerade schneiden einander, d. h., sie haben genau einen Punkt, ihren Schnittpunkt $S$, gemeinsam.</td><td>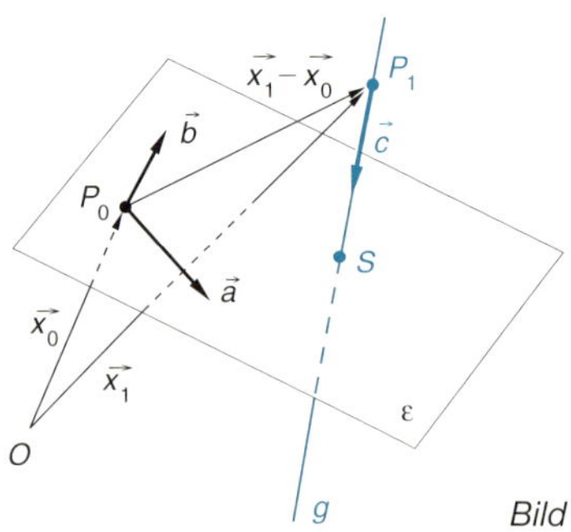<br><br>Bild 8/44</td></tr>
</table>

Folglich gilt:

- $g \parallel \varepsilon \Leftrightarrow \vec{c} \perp \vec{n}$ für einen beliebigen Normalenvektor $\vec{n}$ von $\varepsilon$, z. B. $\vec{n} = \vec{a} \times \vec{b}$.

Wenn $\varepsilon$ und $g$ einen Schnittpunkt $S$ haben, ist
$\overrightarrow{x_1} + t_S\vec{c} = \overrightarrow{x_0} + u_S\vec{a} + v_S\vec{b}$.

Die Gerade schneidet die Ebene dann unter einem gewissen Winkel.
**Winkel zwischen einer Geraden *g* und einer Ebene** $\varepsilon$ heißt der Winkel zwischen $g$ und ihrer Projektion $g'$ auf $\varepsilon$ (↗ Bild 8/45).
Er ist gleich dem Komplementwinkel $\alpha'$ des Winkels $\alpha$ zwischen $g$ und einer Normalen $n$ von $\varepsilon$ (d. h., einer Geraden, die einen Normalenvektor $\vec{n}$ von $\varepsilon$ zum Richtungsvektor hat):

$$\sphericalangle(g, \varepsilon) = 90° - \sphericalangle(g, n).$$

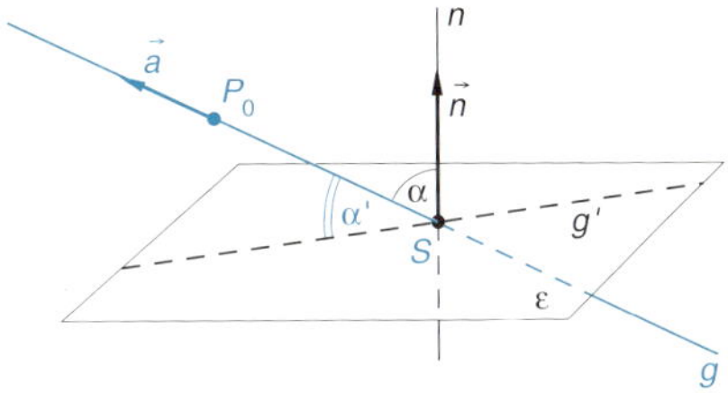


*Bild 8/45*

■ *Gegeben:* Eine Gerade $g$ und eine Ebene $\varepsilon$

$$g\colon \vec{x} = \begin{pmatrix} 2 \\ 3 \\ -2 \end{pmatrix} + t\begin{pmatrix} 2 \\ -3 \\ -6 \end{pmatrix}, \quad \varepsilon\colon \vec{x} = \begin{pmatrix} 0 \\ 0 \\ -8 \end{pmatrix} + u\begin{pmatrix} 0 \\ 1 \\ 2 \end{pmatrix} + v\begin{pmatrix} 1 \\ 0 \\ 2 \end{pmatrix}.$$

*Gesucht:* Gegenseitige Lage von $g$ und $\varepsilon$.
*1. Lösungsweg:* Sind $\vec{a}$, $\vec{b}$ und $\vec{c}$ linear unabhängig? Darüber entscheidet die Anzahl der Lösungen der Gleichung $r_1\vec{a} + r_2\vec{b} + r_3\vec{c} = \vec{o}$ bzw. der Wert des Spatprodukts dieser Vektoren. Es ist

$$(\vec{a}, \vec{b}, \vec{c}) = \begin{vmatrix} 0 & 1 & 2 \\ 1 & 0 & -3 \\ 2 & 2 & -6 \end{vmatrix} = 4 \neq 0,$$

d. h., $\vec{a}$, $\vec{b}$ und $\vec{c}$ sind linear unabhängig, $g$ schneidet $\varepsilon$.
Für den Schnittpunkt $S$ von $g$ und $\varepsilon$ gilt

$$\begin{pmatrix} 2 \\ 3 \\ -2 \end{pmatrix} + t_S\begin{pmatrix} 2 \\ -3 \\ -6 \end{pmatrix} = \begin{pmatrix} 0 \\ 0 \\ -8 \end{pmatrix} + u_S\begin{pmatrix} 0 \\ 1 \\ 2 \end{pmatrix} + v_S\begin{pmatrix} 1 \\ 0 \\ 2 \end{pmatrix}$$

bzw.

$$\begin{aligned} 2t_S &= v_S - 2 \\ -3t_S &= u_S - 3 \\ -6t_S &= 2u_S + 2v_S - 6 \\ \hline (-6 - 4 + 6)t_S &= (-6 + 4 + 6), \\ t_S &= -1. \end{aligned}$$

Berechnung der Koordinaten von $S$:

$$\begin{pmatrix} x_S \\ y_S \\ z_S \end{pmatrix} = \begin{pmatrix} 2 \\ 3 \\ -2 \end{pmatrix} + (-1)\begin{pmatrix} 2 \\ -3 \\ -6 \end{pmatrix}, \text{ also: } S(0; 6; 4).$$

Berechnung von $\sphericalangle(g, \varepsilon)$:

$$\cos\sphericalangle(g, n_\varepsilon) = |\cos\sphericalangle(\vec{a}, \vec{n})| = \left|\frac{\vec{a}\cdot\vec{n}}{|\vec{a}|\cdot|\vec{n}|}\right| = \frac{4-6+6}{7\cdot 3} = \frac{4}{21},$$

$\sphericalangle(g, n_\varepsilon) \approx 79°$, $\sphericalangle(g, \varepsilon) \approx 90° - 79° = 11°$.

2. *Lösungsweg:* $\varepsilon$ hat den Normalenvektor

$$\vec{n} = \begin{pmatrix} 0 \\ 1 \\ 2 \end{pmatrix} \times \begin{pmatrix} 1 \\ 0 \\ 2 \end{pmatrix} = \begin{pmatrix} 2 \\ 2 \\ -1 \end{pmatrix}$$

und die Normalengleichung

$$\begin{pmatrix} x-0 \\ y-0 \\ z+8 \end{pmatrix} \cdot \begin{pmatrix} 2 \\ 2 \\ -1 \end{pmatrix} = 0, \text{ also } 2x + 2y - z = 8.$$

Wegen $\vec{c} \cdot \vec{n} = 4 - 6 + 6 \neq 0$ ist $g \nparallel \varepsilon$.
Der gemeinsame Punkt $S$ von $g$ und $\varepsilon$ genügt der Gleichung

$$2(2 + 2t_S) + 2(3 - 3t_S) - (-2 - 6t_S) = 8,$$
$$t_S = -1.$$

Seine Koordinaten berechnet man aus der Geradengleichung: $S(0; 6; 4)$.
Den Winkel $\sphericalangle(g, \varepsilon)$ berechnet man wie oben.

## Gegenseitige Lage zweier Ebenen

Die Ebenen $\varepsilon_1$ und $\varepsilon_2$ seien durch die Parametergleichungen

$\varepsilon_1$: $\vec{x} = \vec{x_1} + u\vec{a_1} + v\vec{b_1}$ bzw.

$\varepsilon_2$: $\vec{x} = \vec{x_2} + r\vec{a_2} + s\vec{b_2}$

gegeben.

8 Folgende Fälle der gegenseitigen Lage von $\varepsilon_1$ und $\varepsilon_2$ sind möglich.

$\vec{a_1}, \vec{b_1}, \vec{a_2}, \vec{b_2}$ sind komplanar, d. h., $\varepsilon_1 \parallel \varepsilon_2$.

$\vec{x_2} - \vec{x_1}$ ist mit $\vec{a_1}, \vec{b_1}, \vec{a_2}$ und $\vec{b_2}$ komplanar.
Die Ebenen sind identisch.

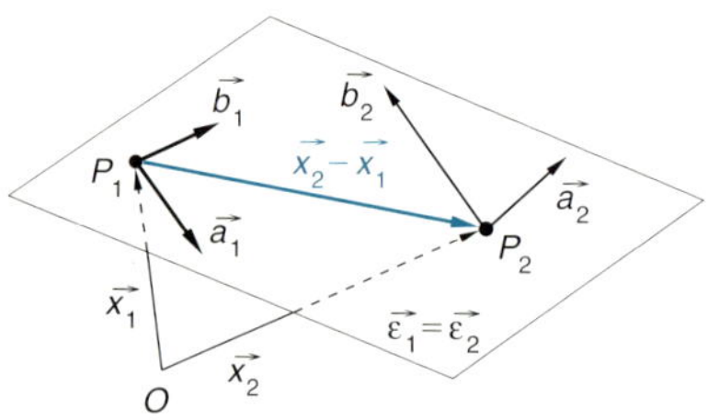


Bild 8/46

$\vec{x_2} - \vec{x_1}$ ist mit $\vec{a_1}, \vec{b_1}, \vec{a_2}$ und $\vec{b_2}$ nicht komplanar.
Die Ebenen haben keinen Punkt gemeinsam.

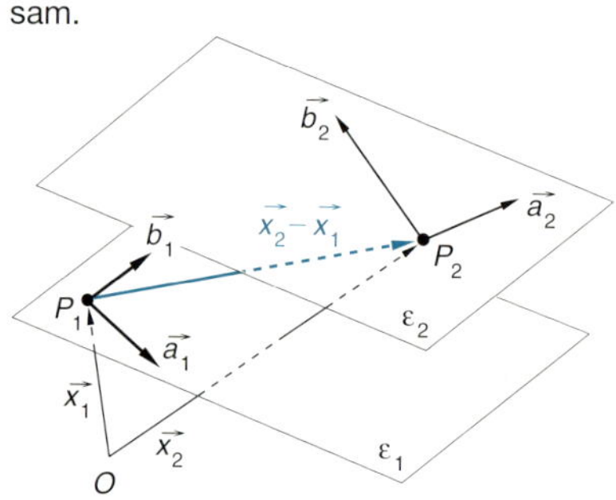


Bild 8/47

$\vec{a_1}$, $\vec{a_2}$, $\vec{b_1}$, $\vec{b_2}$, sind nicht komplanar. Die Ebenen haben eine Gerade gemeinsam.

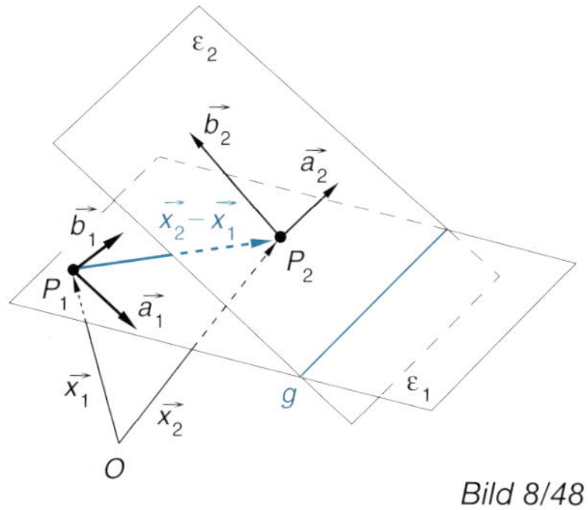


*Bild 8/48*

Folglich gilt:

- $\varepsilon_1 \parallel \varepsilon_2 \Leftrightarrow \vec{n_1} \parallel \vec{n_2}$ für beliebige Normalenvektoren $\vec{n_1}$ und $\vec{n_2}$ von $\varepsilon_1$ bzw. $\varepsilon_2$, etwa für $\vec{n_1} = \vec{a_1} \times \vec{b_1}$ und $\vec{n_2} = \vec{a_2} \times \vec{b_2}$.

Für Ebenen, die durch allgemeine Ebenengleichungen
$\varepsilon_1$: $A_1x + B_1y + C_1z + D_1 = 0$ bzw.
$\varepsilon_2$: $A_2x + B_2y + C_2z + D_1 = 0$ gegeben sind,
folgt daraus:

- $\varepsilon_1 \parallel \varepsilon_2 \Leftrightarrow \vec{n_1} = \begin{pmatrix} A_1 \\ B_1 \\ C_1 \end{pmatrix} \parallel \vec{n_2} = \begin{pmatrix} A_2 \\ B_2 \\ C_2 \end{pmatrix}$, also
  $A_1 : A_2 = B_1 : B_2 = C_1 : C_2$.
- $\varepsilon_1 = \varepsilon_2 \Leftrightarrow A_1 : A_2 = B_1 : B_2 = C_1 : C_2 = D_1 : D_2$.

Wenn $\varepsilon_1$ und $\varepsilon_2$ einander schneiden, so gilt für die Punkte der Schnittgeraden
$\vec{x_1} + u\vec{a_1} + v\vec{b_1} = \vec{x_2} + t\vec{a_2} + r\vec{b_2}$
bzw.
$A_1x + B_1y + C_1z + D_1 = 0$
$A_2x + B_2y + C_2z + D_1 = 0$

Die Ebenen bilden dann einen Winkel miteinander.
**Winkel zwischen den Ebenen $\varepsilon_1$ und $\varepsilon_2$** heißt der Winkel zwischen ihren Normalen $n_1$ und $n_2$ durch einen Punkt der Schnittgeraden $g$ (↗ Bild 8/49).
Für ihn gilt

$$\cos\sphericalangle(\varepsilon_1,\varepsilon_2) = |\cos\sphericalangle(\vec{n_1},\vec{n_2})|.$$

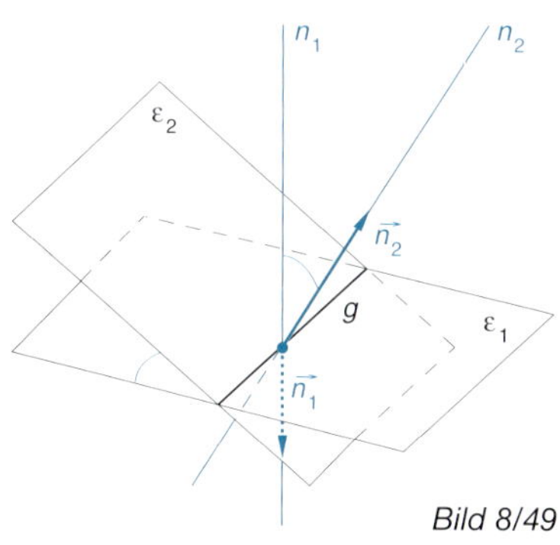


*Bild 8/49*

8

- *Gegeben:* Zwei Ebenen
  $\varepsilon_1$: $4x - 3y + 5z - 8 = 0$ und $\varepsilon_2$: $2x + 3y + z - 4 = 0$.

  *Gesucht:* Die gegenseitige Lage von $\varepsilon_1$ und $\varepsilon_2$.

  *Lösung:* Aus den allgemeinen Ebenengleichungen ermitteln wir die Normalenvektoren $\overrightarrow{n_1} = (4; -3; 5)$ und $\overrightarrow{n_2} = (2; 3; 1)$ für $\varepsilon_1$ und $\varepsilon_2$.
  Es ist $\overrightarrow{n_1} \nparallel \overrightarrow{n_2}$, also haben die Ebenen eine Schnittgerade $g$ gemeinsam.
  Gleichung für $g$ ist das Gleichungssystem
  $$\begin{aligned} 4x - 3y + 5z - 8 &= 0 \\ 2x + 3y + \phantom{5}z - 4 &= 0 \end{aligned}$$
  Punkte von $g$ sind $A(2; 0; 0)$ und $B(0; \frac{2}{3}; 2)$, und $\vec{x} = \overrightarrow{x_A} + t\,\overrightarrow{AB}$ ist eine Parametergleichung für $g$.
  Ermittlung des Schnittwinkels von $\varepsilon_1$ und $\varepsilon_2$:
  $$\cos\sphericalangle(\varepsilon_1,\varepsilon_2) = |\cos\sphericalangle(\overrightarrow{n_1},\overrightarrow{n_2})| = \frac{8-9+5}{\sqrt{50}\sqrt{14}} = \frac{4}{\sqrt{50\cdot 14}}, \text{ also } \sphericalangle(\varepsilon_1,\varepsilon_2) \approx 81{,}3°.$$

### Geraden- und Ebenengleichungen

| **Geraden des Raumes** | | **Ebenen** |
|---|---|---|
| $\vec{x} = \overrightarrow{x_0} + \overrightarrow{t_a}$ $(P_0 \in g, \vec{a} \neq \vec{o})$ | Parametergleichung | $\vec{x} = \overrightarrow{x_0} + \overrightarrow{ta} + \overrightarrow{sb}$<br>$(P_0 \in \varepsilon, \vec{a}, \vec{b}$ linear unabhängig) |
| $\vec{x} = \overrightarrow{x_0} + t(\overrightarrow{x_1} - \overrightarrow{x_0})$<br>$(P_0, P_1 \in g, P_0 \neq P_1)$ | Zwei-/Dreipunktegleichung | $\vec{x} = \overrightarrow{x_0} + t(\overrightarrow{x_1} - \overrightarrow{x_0}) + s(\overrightarrow{x_2} - \overrightarrow{x_0})$<br>$(P_0, P_1, P_2 \in \varepsilon$, allg. Lage) |
| $A_1x + B_1y + C_1z + D_1 = 0$<br>$A_2x + B_2y + C_2z + D_2 = 0$<br>$(A_i^2 + B_i^2 + C_i^2 \neq 0.\ i = 1,2)$ | allgemeine Geraden-/Ebenengleichung | $Ax + By + Cz + D = 0$<br>$(A^2 + B^2 + C^2 \neq 0)$ |
| **Geraden einer Ebene** | | |
| $Ax + By + C = 0$<br>$(A^2 + B^2 \neq 0)$ | allgemeine Gleichung | |
| $\frac{y-y_1}{x-x_1} = m$ | Punkt-Richtungsgleichung | |
| $\frac{y-y_1}{x-x_1} = \frac{y_1-y_2}{x_1-x_2}$ | Zweipunktegleichung | |
| $\frac{x}{a} + \frac{y}{b} = 1$ (für $C \neq 0$) | Achsenabschnittsgleichung | $\frac{x}{a} + \frac{y}{b} + \frac{z}{c} = 1$ (für $D \neq 0$) |
| | Parallele zur | |
| $x$ = konstant | $y$-Achse/$y,z$-Ebene | $x$ = konstant |
| $y$ = konstant | $x$-Achse/$x,z$-Ebene | $y$ = konstant |
| | $x,y$-Ebene | $z$ = konstant |

| **Geraden einer Ebene** | | |
|---|---|---|
| $(\vec{x} - \vec{x_0}) \cdot \vec{n} = 0 \; (\vec{n} \perp \vec{a})$ <br> $(x - x_0)\, a_y - (y - y_0)\, a_x = 0$ | Normalenform der Geraden-/Ebenengleichung | $(\vec{x} - \vec{x_0}) \cdot \vec{n} = 0$ <br> $(\vec{n} \perp \vec{a}, \vec{b}$, z.B. $\vec{n} = \vec{a} \times \vec{b})$ <br> $(x - x_0)(a_y b_z - a_z b_y)$ <br> $-(y - y_0)(a_x b_z - a_z b_x)$ <br> $+(z - z_0)(a_y b_x - a_x b_y) = 0$ |
| $\begin{vmatrix} x-x_0 & y-y_0 \\ a_x & a_y \end{vmatrix} = 0$ | | $\begin{vmatrix} x-x_0 & y-y_0 & z-z_0 \\ a_x & a_y & a_z \\ b_x & b_y & b_z \end{vmatrix} = 0$ |
| $\begin{vmatrix} x-x_0 & y-y_0 \\ x_1-x_0 & y_1-y_0 \end{vmatrix} = 0$ | | $\begin{vmatrix} x-x_0 & y-y_0 & z-z_0 \\ x_1-x_0 & y_1-y_0 & z_1-z_0 \\ x_2-x_0 & y_2-y_0 & z_2-z_0 \end{vmatrix} = 0$ |
| $(\vec{x} - \vec{x_0}) \cdot \vec{n_0} = 0$ <br> $(\lvert\vec{n_0}\rvert = 1)$ | Hessesche Normalenform | $(\vec{x} - \vec{x_0}) \cdot \vec{n_0} = 0$ <br> $(\lvert\vec{n_0}\rvert = 1)$ |

## Analytische Geometrie des Kreises und der Kugel

### Gleichung eines Kreises und einer Kugel

Für die Punkte $P$ des Kreises $k(O, r)$ bzw. der Kugel $K(O, r)$ mit dem Radius $r$ um den Koordinatenursprung $O$ (in **Mittelpunktslage**; ↗ Bilder 8/50 und 8/51) ist

$$|\vec{OP}| = |\vec{x}| = \sqrt{\vec{x} \cdot \vec{x}} = r \quad \text{und}$$

$$\vec{x} \cdot \vec{x} = r^2.$$

Das ist eine Gleichung für den Kreis $k$ und die Kugel $K$, denn ihr genügen genau die Punkte des Kreises (in der Ebene) und der Kugel (im Raum).

Bezüglich eines Koordinatensystems $\{O; \vec{i}, \vec{j}\}$ bzw. $\{O; \vec{i}, \vec{j}, \vec{k}\}$ steht dafür die Koordinatendarstellung

8

| Kreis: $x^2 + y^2 = r^2$ | Kugel: $x^2 + y^2 + z^2 = r^2$ |
|---|---|

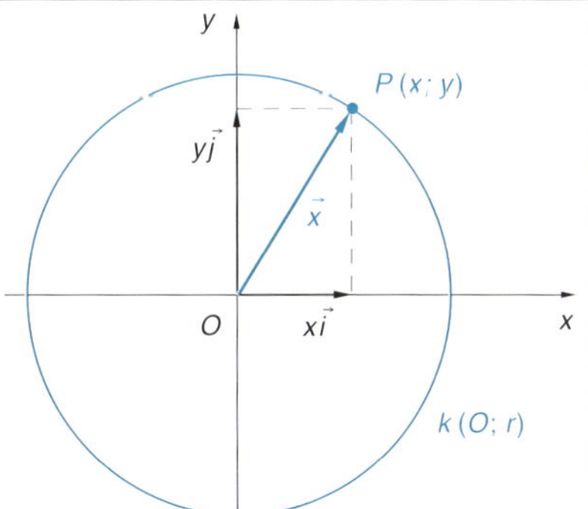


Bild 8/50

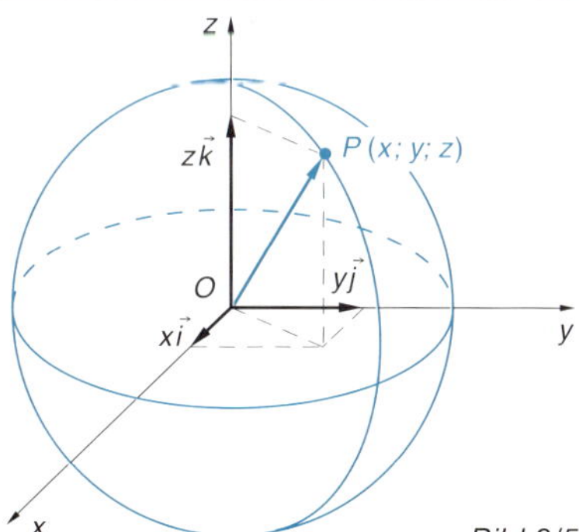


Bild 8/51

Haben $k$ und $K$ einen Punkt $M$ zum Mittelpunkt, also **allgemeine Lage** (↗ Bilder 8/52 und 8/53), so gilt

$|\overrightarrow{MP}| = |\vec{x} - \overrightarrow{x_M}| = r$ und

$$(\vec{x} - \overrightarrow{x_M}) \cdot (\vec{x} - \overrightarrow{x_M}) = r^2$$

bzw. in Koordinatendarstellung

Kreis: $(x - x_M)^2 + (y - y_M)^2 = r^2$,
Kugel: $(x - x_M)^2 + (y - y_M)^2 + (z - z_M)^2 = r^2$.

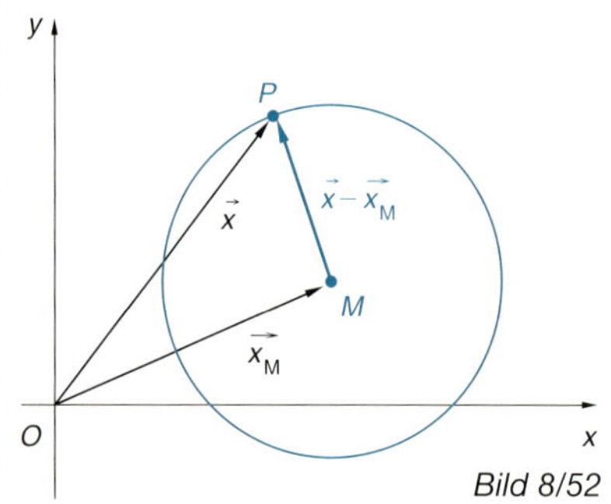

Bild 8/52

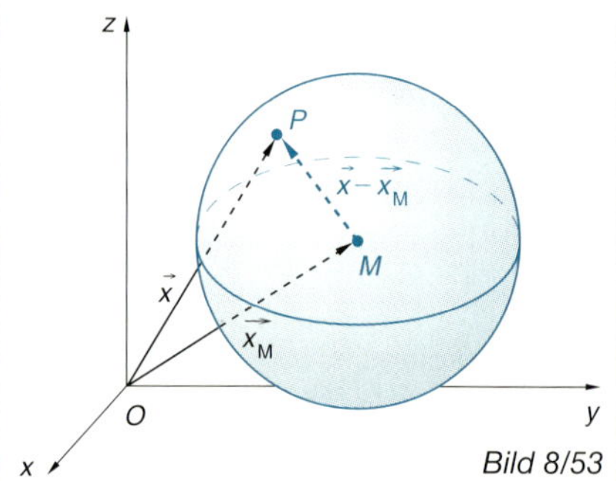

Bild 8/53

8

Liegt ein Punkt $P$ innerhalb (außerhalb) des Kreises bzw. der Kugel, so ist für ihn $|\vec{x} - \overrightarrow{x_M}| < r$ $(|\vec{x} - \overrightarrow{x_M}| > r)$.

In einer Ebene kann die Lage eines Punktes auch mit Hilfe von **Polarkoordinaten** beschrieben werden (↗ Bild 8/54):

$P \Leftrightarrow (r, \varphi)$ mit $0 < r < \infty$, $0 \leq \varphi < 360°$.

Dabei ist $r$ der Abstand des Punktes $P$ von einem festen Punkt $O$ und $\varphi$ der Winkel, den der Strahl $\overline{OP}$ mit einem festen, von $O$ ausgehenden Strahl $l$ bildet. $O$ nennt man den **Pol** und $l$ die **Nullrichtung** oder **Achse des Polarkoordinatensystems**. Dem Pol $O$ des Polarkoordinatensystems kann jedes Zahlenpaar $(r, \varphi)$ mit $r = 0$, $0 \leq \varphi < 360°$, zugeordnet werden.

Ist $O$ der Ursprung des Koordinatensystems $\{O; \vec{i}, \vec{j}\}$ und $l$ dessen positive $x$-Achse, dann besteht zwischen den kartesischen und den Polarkoordinaten eines Punktes $P$ die Beziehung

① $$\left.\begin{aligned} x &= r\cos\varphi \\ y &= r\sin\varphi \end{aligned}\right\}, 0 \leq \varphi < 360°.$$

Für $r$ = konstant $\neq 0$ beschreibt ① den Kreis $k(O, r)$. Seine **Gleichung in Polarkoordinaten** ist $r$ = konstant.

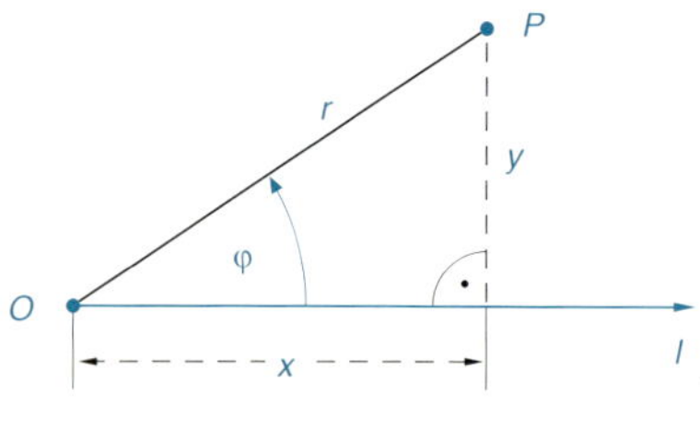

Bild 8/54

Im Raum entspricht dem Polarkoordinatensystem ein **sphärisches Koordinatensystem**[1]. Ausgezeichnet sind hier ein Punkt *O* als **Pol** des Koordinatensystems und zwei aufeinander senkrecht stehende Strahlen *n* und *o*, die als **Nordrichtung** bzw. **Nullrichtung** bezeichnet werden. Die auf *n* senkrecht stehende Ebene durch *O* heißt **Äquatorialebene**.
Mit Ausnahme der Punkte der Geraden, auf der *n* liegt, kann jeder Punkt des Raumes umkehrbar eindeutig durch seine sphärischen Koordinaten $r$, $\varphi$, $\psi$ beschrieben werden (↗ Bild 8/55):
$P \Leftrightarrow (r, \varphi, \psi)$ mit $-180° \leq \varphi < 180°, -90° < \psi < 90°$.
Den Punkten *P* der Geraden der Nordrichtung kann jedes Zahlentripel $(r, \varphi, \psi)$ mit $r = \overline{OP}$, $-180° \leq \varphi < 180°$, $\psi = 90°$ bzw. $\psi = -90°$ zugeordnet werden.
Den Zusammenhang zwischen den sphärischen und kartesischen Koordinaten der Punkte beschreiben die Gleichungen

② $$\left.\begin{aligned} x &= r\cos\varphi\cos\psi, \\ y &= r\sin\varphi\cos\psi, \\ z &= r\sin\psi. \end{aligned}\right\}$$

Für $r$ = konstant $\neq 0$ beschreibt ② die Kugel $K(O, r)$. Ihre **Gleichung in sphärischen Koordinaten** ist $r$ = konstant.

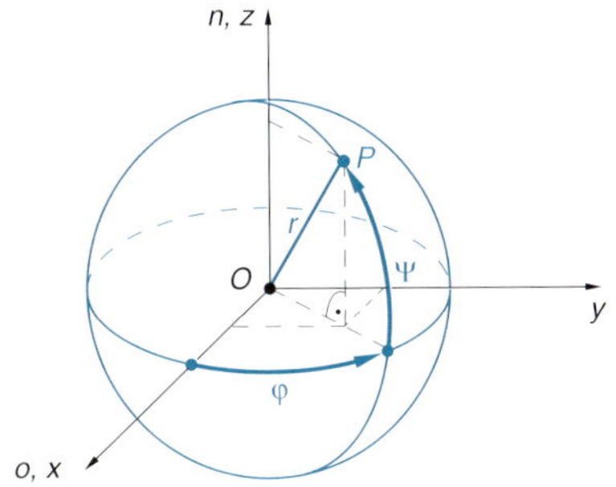

*Bild 8/55*

**Gegenseitige Lage von Kreis und Gerade**

In einer Ebene kann eine Gerade *g* einen Kreis *k* schneiden (Sekante), berühren (Tangente) oder meiden (Passante).
Haben *g* und *k* die Gleichungen
$g\colon\ \vec{x} = \vec{x_0} + t\vec{a}, \quad k\colon\ (\vec{x} - \vec{x_M}) \cdot (\vec{x} - \vec{x_M}) = r^2,$
so erfüllen die Koordinaten der gemeinsamen Punkte beide Gleichungen.

8

■ *Gegeben:* Ein Kreis $k(M, r)$ mit $M(0; -4)$ und $r = 5$ sowie eine Gerade durch den Punkt $P_0(1; -1)$ mit dem Richtungsvektor $\vec{a} = (-2; -1)$.

*Gesucht:* Die gegenseitige Lage von *k* und *g*.

*Lösung:* Das Gleichungssystem

$$x^2 + (y+4)^2 = 5^2$$
$$y + 1 = \frac{-1}{-2}(x - 1)$$

führt auf die quadratische Gleichung $x^2 + 2x - 15 = 0$ mit den Lösungen $x_1 = 3$; $x_2 = -5$.
*g* und *k* haben zwei Punkte gemeinsam: $S_1(3; 0)$ und $S_2(-5; -4)$.

[1] Sphärische Koordinatensysteme verwendet man in Geographie und Astronomie. Die Länge und Breite eines Ortes auf der Erde sind sphärische Koordinaten.

In der Ebene steht eine Tangente $t$ an den Kreis $k(M, r)$, die ihn im Punkt $T$ berührt, auf dem Berührungsradius $\overline{MT}$ senkrecht. Es gilt deshalb (↗ Bild 8/56): $P \in t$ genau dann, wenn $\vec{x} - \vec{x_T} \perp \vec{x_T} - \vec{x_M}$, also

$(\vec{x} - \vec{x_T}) \cdot (\vec{x_T} - \vec{x_M}) = 0.$

Setzt man hier

$\vec{x} - \vec{x_T} = (\vec{x} - \vec{x_M}) - (\vec{x_T} - \vec{x_M}),$

so ergibt sich als **Gleichung der Tangente $t$ an den Kreis $k(M, r)$**

$$(\vec{x} - \vec{x_M}) \cdot (\vec{x_T} - \vec{x_M}) = r^2$$

oder in Koordinatendarstellung

$$(x - x_M)(x_T - x_M) + (y - y_M)(y_T - y_M) = r^2.$$

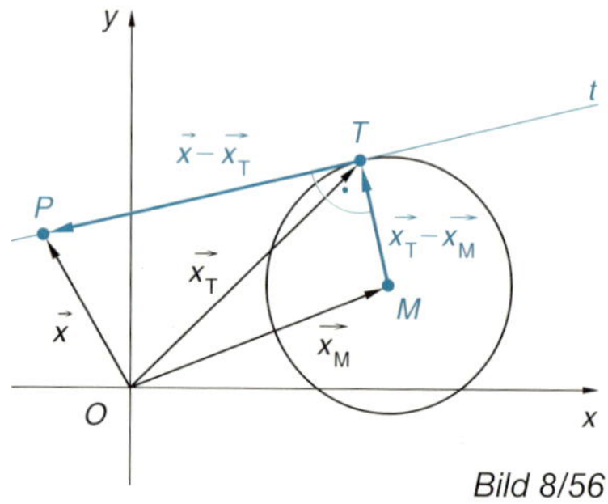


Bild 8/56

Im Raum bildet die Menge aller Tangenten an eine Kugel $K(M, r)$ mit dem Berührungspunkt $T$ die **Tangentialebene $\varepsilon_T$ an $K$ in $T$.**

Für $\varepsilon_T$ ist

$\vec{x_T} - \vec{x_M}$ ein Normalenvektor und

$(\vec{x} - \vec{x_T}) \cdot (\vec{x_T} - \vec{x_M}) = 0$

bzw.

$(\vec{x} - \vec{x_M}) \cdot (\vec{x_T} - \vec{x_M}) = r^2$

eine Normalengleichung.

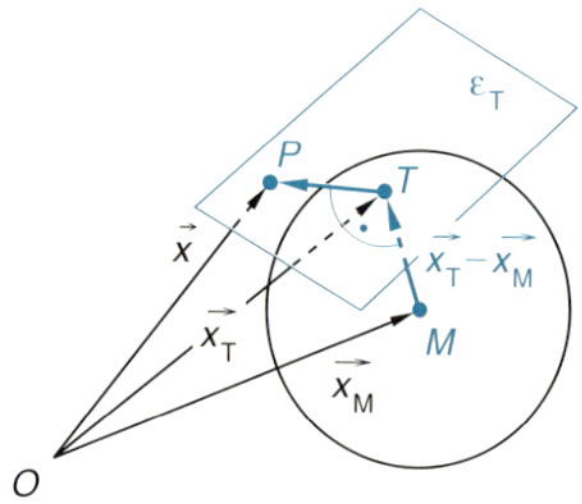


Bild 8/57

8

## Kegelschnitte

### Kegelschnitte

**Kegelschnitte** nennt man die beim Schnitt eines geraden Kreiskegels (Doppelkegels) mit einer Ebene entstehenden Schnittfiguren (↗ Bild 8/58).
Von besonderem Interesse sind dabei die Ellipsen, Hyperbeln und Parabeln – sie entstehen, wenn die schneidende Ebene nicht durch die Spitze des Kegels geht und die Achse des Kegels nicht rechtwinklig schneidet.

### Ellipse

In einer Ebene seien zwei Punkte $F_1$ und $F_2$ sowie eine Länge $a$ mit $2a > \overline{F_1F_2}$ gegeben.
Die Menge aller Punkte $P$, für die

① $\overline{PF_1} + \overline{PF_2} = 2a$

ist, heißt **Ellipse** mit den **Brennpunkten** $F_1$ und $F_2$ und der **großen Halbachse** $a$ (↗ Bild 8/59).

*Bild 8/58*

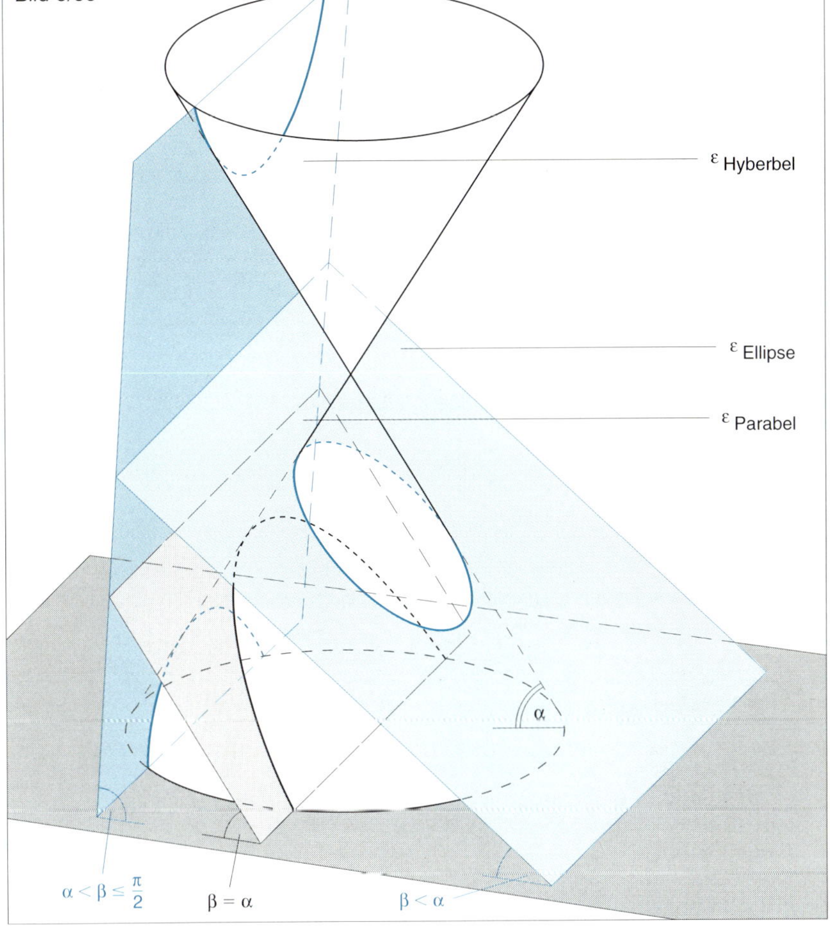




$A_1$, $A_2$ Hauptscheitel
$B_1$, $B_2$ Nebenscheitel
$\overline{A_1A_2}$ Hauptachse
$\overline{B_1B_2}$ Nebenachse
$e = \sqrt{a^2 - b^2}$

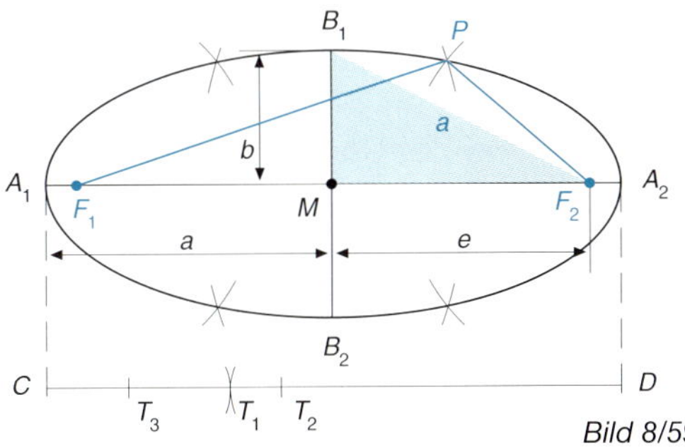


*Bild 8/59*

*Punktweise Konstruktion:* Man zerlegt eine Strecke $\overline{CD}$ der Länge $2a$ durch Punkte $T_i$ jeweils in zwei Teilstrecken und trägt diese von $F_1$ und $F_2$ aus geeignet an.
Einem Teilpunkt $T_i$ entsprechen vier Punkte der Ellipse bzw. zwei, falls diese Scheitel der Ellipse sind.

Jede Ellipse ist eine geschlossene Kurve mit zwei aufeinander senkrecht stehenden Symmetrieachsen. Damit ist sie zentralsymmetrisch; ihr Mittelpunkt ist der Schnittpunkt der Symmetrieachsen.
Bezüglich eines Koordinatensystems $\{O;\ \vec{i},\ \vec{j}\}$ der Ebene kann eine **Gleichung der Ellipse** hergeleitet werden.
Man setzt $\overline{F_1F_2} = 2e$, $F_1(-e;\ 0)$, $F_2(e;\ 0)$ und ermittelt

$\overline{PF_1} = \sqrt{(x+e)^2+y^2}$,

$\overline{PF_2} = \sqrt{(x-e)^2+y^2}$.

Einsetzen in ① führt auf die Ellipsengleichung

$$\frac{x^2}{a^2}+\frac{y^2}{b^2}=1;$$

dabei ist $b = \sqrt{a^2-e^2}$ die Länge der halben Nebenachse der Ellipse.
Ist $a = b$, dann ist die Ellipse ein Kreis mit dem Radius $a$.
Analog zum Kreis ist

$$\frac{xx_T}{a^2}+\frac{yy_T}{b^2}=1.$$

8

eine **Gleichung der Tangente an die Ellipse im Punkt $T(x_T;\ y_T)$**.
Mit Hilfe der Tangentengleichung kann gezeigt werden:
Jeder von einem Brennpunkt zu einem Ellipsenpunkt gehende Strahl wird an der Ellipse so reflektiert, daß der reflektierte Strahl durch den anderen Brennpunkt geht (↗ Bild 8/60).

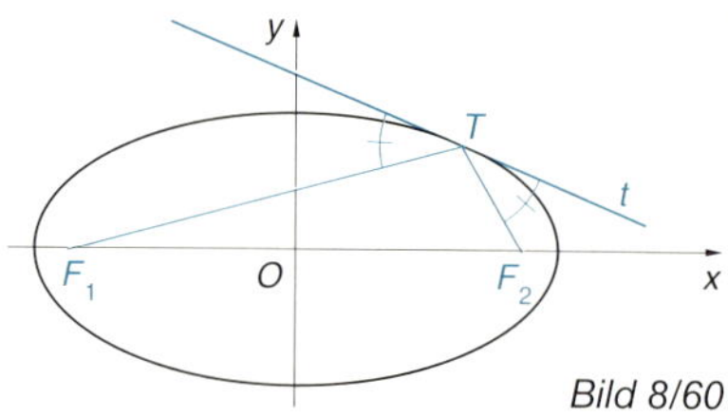

*Bild 8/60*

**Hyperbel**

In einer Ebene seien zwei Punkte $F_1$ und $F_2$ sowie eine Länge $a$ mit $2a < \overline{F_1F_2}$ gegeben.
Die Menge aller Punkte $P$, für die

② $\left|\overline{PF_1}-\overline{PF_2}\right| = 2a$

ist, heißt **Hyperbel** mit den **Brennpunkten** $F_1$ und $F_2$ und der **großen Halbachse** $a$ (↗ Bild 8/61).

$S_1$, $S_2$ Scheitel

$\overline{F_1M} = \overline{F_2M} = e$

$e = \sqrt{a^2 + b^2}$

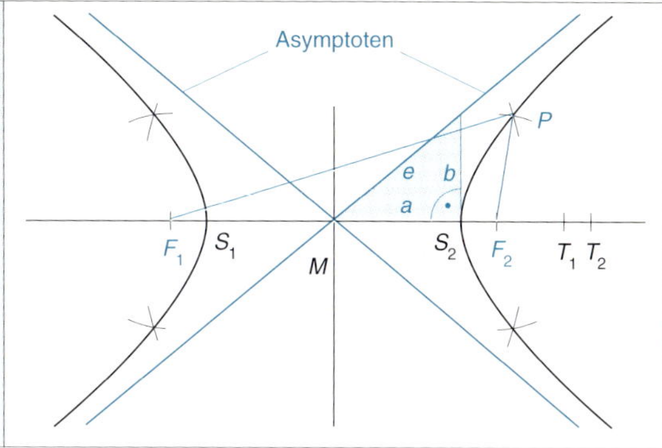


Bild 8/61

*Punktweise Konstruktion:* Man wählt auf einer Geraden einen Punkt $M$ und symmetrisch dazu Punkte $F_1$, $F_2$ und $S_1$, $S_2$ so, daß $\overline{S_1S_2} = 2a$ ist und $S_1$ ($S_2$) zwischen $M$ und $F_1$($F_2$) liegt. Für Punkte $T_i$ der Geraden außerhalb der Strecke $\overline{F_1F_2}$ werden die Strecken $\overline{S_1T_i}$ und $\overline{S_2T_i}$ von $F_1$ und $F_2$ aus geeignet angetragen. Einem Teilpunkt $T_i$ entsprechen vier Punkte der Hyperbel bzw. zwei, falls diese Scheitel der Hyperbel sind.

Jede Hyperbel ist eine nicht geschlossene, aus zwei ins Unendliche reichende Ästen bestehende Kurve. Sie hat zwei aufeinander senkrecht stehende Symmetrieachsen und ist zentralsymmetrisch; ihr Mittelpunkt ist der Schnittpunkt der Symmetrieachsen.
Bezüglich eines Koordinatensystems $\{O; \vec{i}, \vec{j}\}$ der Ebene kann eine **Gleichung der Hyperbel** hergeleitet werden.
Man setzt $\overline{F_1F_2} = 2e$, $F_1(-e; 0)$, $F_2(e; 0)$ und ermittelt

$\overline{PF_1} = \sqrt{(x+e)^2 + y^2}$,

$\overline{PF_2} = \sqrt{(x-e)^2 + y^2}$.

Einsetzen in ② führt auf die Hyperbelgleichung

$$\frac{x^2}{a^2} - \frac{y^2}{b^2} = 1,$$

wobei $b^2 = e^2 - a^2$ ist.
Analog zur Ellipse hat die **Tangente an die Hyperbel im Punkt $T(x_T; y_T)$** die Gleichung

$$\frac{xx_T}{a^2} - \frac{yy_T}{b^2} = 1.$$

Mit Hilfe der Tangentengleichung kann gezeigt werden:
Jeder von einem Brennpunkt zu einem Hyperbelpunkt gehende Strahl wird an

der Hyperbel so reflektiert, daß die rückwärtige Verlängerung des reflektierten Strahls durch den anderen Brennpunkt geht (↗ Bild 8/62).

Die Bedeutung der Größe $b$ erkennt man an folgender Umformung der Hyperbelgleichung:

$a^2y^2 = b^2(x^2 - a^2)$, also

$\frac{y}{x} = \pm\frac{b}{a}\sqrt{1 - \frac{a^2}{x^2}}$, und damit

$\lim_{x \to \infty} \frac{y}{x} = \pm\frac{b}{a}$.

Ist $P_0(x_0; y_0)$ ein Hyperbelpunkt aus dem 1. Quadranten, so ist

$\frac{y_0}{x_0} < \frac{b}{a}$.

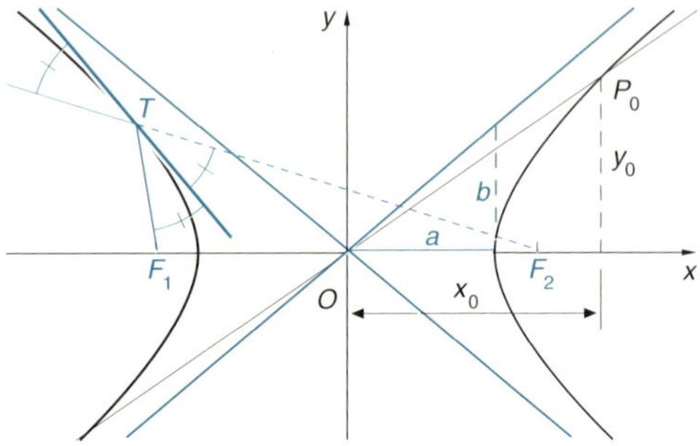

Bild 8/62

Für große $x_0$ wird die Differenz beider Quotienten beliebig klein – die Geraden $y = mx$ mit $m = \frac{y_0}{x_0}$ nähern sich der Geraden mit der Gleichung $y = \frac{b}{a}x$. Aus Symmetriegründen ist die Sachlage in den anderen Quadranten analog. Die Geraden mit den Gleichungen

$$y = \pm\frac{b}{a}x$$

sind die **Asymptoten der Hyperbel**.

8

Ist $a = b = k$, so stehen die Asymptoten aufeinander senkrecht und die Hyperbel ist **gleichseitig**. In diesem Fall können die Asymptoten als Achsen eines kartesischen Koordinatensystems verwendet werden (Drehung von $\{O; \vec{i}, \vec{j}\}$ um 45°). Die Hyperbel hat dann die Gleichung $x'y' = c$ $(2c = k^2)$.

↗ Potenzfunktion, S. 110ff.

## Parabel

In einer Ebene seien eine Gerade $l$ und ein Punkt $F$ gegeben, $F \notin l$. Die Menge aller Punkte $P$ der Ebene, deren Abstände von $l$ und $F$ gleich sind, heißt **Parabel** mit dem **Brennpunkt** $F$ und der **Leitlinie** $l$ (↗ Bild 8/63).

*Punktweise Konstruktion:* Man zeichnet die Senkrechte $FL$ durch $F$ zu $l$ und markiert den Mittelpunkt $S$ von $\overline{FL}$.

Auf den Senkrechten $t_1$, ... zum Strahl $SF$ liegen je zwei Punkte der Parabel – ihr Abstand von $F$ beträgt $\overline{T_1L}$, ...

Der Punkt $S$ ist der **Scheitelpunkt** der Parabel.

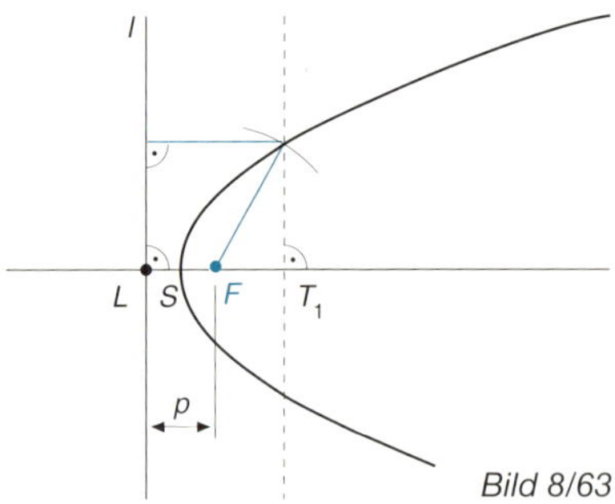

Bild 8/63

Die Parabel ist eine nicht geschlossene Kurve mit einem beiderseits ins Unendliche verlaufenden Kurvenbogen. Ihre Symmetrieachse geht durch den Brennpunkt.
Bezüglich eines Koordinatensystems $\{O; \vec{i}, \vec{j}\}$ der Ebene kann eine **Gleichung der Parabel** hergeleitet werden.

Man wählt die $x$-Achse als Symmetrieachse und setzt $F\left(\frac{p}{2};0\right)$. Dann hat $l$ die Gleichung $x = -\frac{p}{2}$ und für jeden Parabelpunkt gilt

$$\sqrt{\left(x-\frac{p}{2}\right)^2 + y^2} = x + \frac{p}{2}.$$

Quadrieren führt auf die Parabelgleichung

$$y^2 = 2px.$$

Die **Tangente an die Parabel im Punkt $T(x_T; y_T)$** hat die Gleichung

$$yy_T = 2p\,(x + x_T).$$

Mit Hilfe dieser Gleichung kann gezeigt werden:
Jeder vom Brennpunkt der Parabel zu einem Parabelpunkt gehende Strahl wird an der Parabel so reflektiert, daß der reflektierte Strahl parallel zur Parabelachse ist. Umgekehrt wird jeder parallel zur Parabelachse auf die Parabel treffende Strahl so reflektiert, daß der reflektierte Strahl durch den Brennpunkt geht (↗ Bild 8/64).

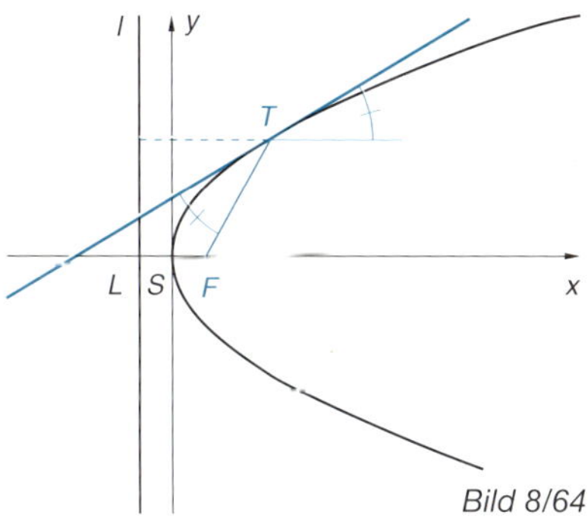

Bild 8/64

Zur Herleitung der Parabelgleichung hätte die Parabelachse auch als $y'$-Achse gewählt und $F\left(0;\frac{p}{2}\right)$ gesetzt werden können. Die Parabel hätte dann die Gleichung $x'^2 = 2py'$ oder $y' = \frac{1}{2p}x'^2$.

↗ Potenzfunktion, S. 110ff.

## Lineare Gleichungssysteme

### Lineare Gleichung

Eine Gleichung mit $n$ Variablen $x_1, x_2, \ldots, x_n$ der Form

$$a_1x_1 + a_2x_2 + \ldots + a_nx_n = b,$$

in der die **Koeffizienten** $a_1, a_2, \ldots, a_n$ und das **freie Glied** $b$ reelle Zahlen sind,

heißt **linear**. **Lösung der linearen Gleichung** ist jedes geordnete $n$-Tupel $(x_1, x_2, \dots, x_n)$ reeller Zahlen, das diese Gleichung erfüllt.
Viele Probleme der Vektorrechnung und der analytischen Geometrie erfordern das Lösen (von Systemen) linearer Gleichungen.
↗ Lineare Gleichungen, S. 89 ff.

■ ① Die allgemeinen Gleichungen
**a)** $Ax + By + C = 0$ für Geraden einer Ebene und
**b)** $Ax + By + Cz + D = 0$ für Ebenen im Raum
sind lineare Gleichungen.

In der Geradengleichung a) geben die Zahlen $A$, $B$ und $C$ an, um welche Gerade es sich handelt (↗ Bild 8/26, S. 286). Lösung der Gleichung a) ist ein geordnetes Zahlenpaar $(x; y)$ genau dann, wenn der Punkt $P(x; y)$ auf dieser Geraden liegt. Analog gilt das für die Ebene (↗ Bild 8/40, S. 293).

■ ② Im Raum werden Geraden durch zwei lineare Gleichungen gegeben:

$$g:\ A_1x + B_1y + C_1z + D_1 = 0,$$
$$A_2x + B_2y + C_2z + D_2 = 0.$$

Lösung beider Gleichungen ist ein geordnetes Zahlentripel $(x; y; z)$ genau dann, wenn der Punkt $P(x; y; z)$ den zwei Ebenen angehört, die durch diese linearen Gleichungen bestimmt sind.

■ ③ Im Beispiel auf S. 295 war zu klären, ob die Vektoren $\vec{a} = (0; 1; 2)$, $\vec{b} = (1; 0; 2)$ und $\vec{c} = (2; -3; -6)$ linear abhängig sind.
Das trifft zu, wenn die Vektorgleichung
$r_1\vec{a} + r_2\vec{b} + r_3\vec{c} = \vec{o}$ nicht nur für
$r_1 = r_2 = r_3 = 0$ erfüllt ist.

8

Ausführlicher steht für die Gleichung

$$r_1\begin{pmatrix}0\\1\\2\end{pmatrix} + r_2\begin{pmatrix}1\\0\\2\end{pmatrix} + r_3\begin{pmatrix}2\\-3\\-6\end{pmatrix} = \begin{pmatrix}0\\0\\0\end{pmatrix}$$

bzw. das System linearer Gleichungen

$$\begin{aligned} r_2 + 2r_3 &= 0 \quad | \cdot (-2)\\ r_1 \qquad - 3r_3 &= 0 \quad | \cdot (-2)\\ 2r_1 + 2r_2 - 6r_3 &= 0. \end{aligned}$$

*Addiert* man zur dritten Gleichung das (–2)fache der ersten und das (–2)fache der zweiten Gleichung, dann ergibt sich als dritte Gleichung des Systems $-4r_3 = 0$ bzw.
$r_3 = 0$.
Aus der ersten bzw. zweiten Gleichung des Systems folgt dann durch *Einsetzen* von $r_3 = 0$: $r_1 = r_2 = 0$.
Einzige Lösung des Gleichungssystems ist das geordnete Zahlentripel (0; 0; 0).
Die Vektoren $\vec{a}$, $\vec{b}$ und $\vec{c}$ sind also linear unabhängig.

## Lineare Gleichungssysteme

**Lineares Gleichungssystem** (kurz: **LGS**) aus $m$ Gleichungen mit $n$ Variablen heißt ein System von linearen Gleichungen

$$\begin{array}{l} a_{11}x_1 + a_{12}x_2 + \ldots + a_{1n}x_n = b_1 \\ a_{21}x_1 + a_{22}x_2 + \ldots + a_{2n}x_n = b_2 \\ \ldots\ldots\ldots\ldots\ldots\ldots\ldots\ldots \\ a_{m1}x_1 + a_{m2}x_2 + \ldots + a_{mn}x_n = b_m \end{array}$$

wobei die $a_{ij}$ und $b_i$ ($i = 1, 2, \ldots, m$; $j = 1, 2, \ldots, n$) reelle Zahlen sind. **Lösung des LGS** ist jedes $n$-Tupel $\vec{x} = (x_1; x_2; \ldots; x_n)$, das jede Gleichung des Systems erfüllt. Kürzer kann man das LGS schreiben, wenn man die **Koeffizienten** $a_{ij}$, den Lösungsvektor $\vec{x}$ und die **freien Glieder** $b_1, \ldots, b_m$ als Zahlenschema oder **Matrix** auffaßt:

$$A = \begin{pmatrix} a_{11} & a_{12} & \ldots & a_{1n} \\ a_{21} & a_{22} & \ldots & a_{2n} \\ \ldots & \ldots & \ldots & \ldots \\ a_{m1} & a_{m2} & \ldots & a_{mn} \end{pmatrix}; \quad \vec{x} = \begin{pmatrix} x_1 \\ x_2 \\ \vdots \\ x_n \end{pmatrix}; \quad \vec{b} = \begin{pmatrix} b_1 \\ b_2 \\ \vdots \\ b_m \end{pmatrix}.$$

Die Matrix $A$ besteht aus $m$ **Zeilen** und $n$ **Spalten**. Bei dem Koeffizienten $a_{ij}$ gibt der erste Index ($i$) die Nummer der Zeile und der zweite Index ($j$) die Nummer der Spalte an, in der $a_{ij}$ steht.
$\vec{x}$ und $\vec{b}$ sind **Spaltenmatrizen**, der Index ihrer Elemente gibt die Zeile an, in der das betreffende Element steht.
Für das LGS kann nun kurz beschrieben werden:
$A\vec{x} = \vec{b}$.
Das LGS heißt **homogen**, wenn $\vec{b} = \vec{o}$ ist; es heißt **inhomogen** für $\vec{b} \neq \vec{o}$.
Lineare Gleichungssysteme aus zwei Gleichungen mit zwei Variablen werden meist mit Hilfe des Additions- oder des Einsetzungsverfahrens gelöst (↗ Kap. 3, S. 91ff.). Bereits bei Systemen aus drei Gleichungen mit drei Variablen verliert man dabei leicht die Übersicht. Beim Lösen von linearen Gleichungssystemen mit mehr als zwei Gleichungen und Variablen geht man (insbesondere auf Rechenanlagen) systematisch vor und verwendet den **Gaussschen Algorithmus**. Er stützt sich auf Umformungen, die die Lösungsmenge eines LGS nicht verändern:

**1.** Vertauschen von Gleichungen des LGS.
**2.** Multiplikation einer Gleichung mit einer von Null verschiedenen Zahl.
**3.** Ersetzen einer Gleichung durch die Summe aus dieser und einer anderen Gleichung des LGS.

Bei jedem Schritt schreibt man die unveränderten Gleichungen sowie die äquivalent umgeformten wieder als LGS auf. Ziel der Umformungen ist ein LGS in einer Form, aus der die Lösungsmenge leicht ermittelt werden kann (↗ Dreiecksform, Trapezform, Diagonalform, S. 310f.).

8

■ ④ *Gesucht* ist die Lösungsmenge des LGS

$$\begin{array}{rrrrl} x_1 & -x_2 & +x_3 & -x_4 & = 3 \\ 2x_1 & +x_2 & -x_3 & +x_4 & = 9 \\ -x_1 & +3x_2 & -2x_3 & -x_4 & = 0 \end{array}$$

*Lösung:*

$$\begin{array}{rrrrcl} x_1 & -x_2 & +x_3 & -x_4 & = & 3 \quad | \cdot (-2) \quad | \cdot 1 \\ 2x_1 & +x_2 & -x_3 & +x_4 & = & 9 \quad | \cdot 1 \\ -x_1 & +3x_2 & -2x_3 & -x_4 & = & 0 \quad | \cdot 1 \end{array}$$

$$\begin{array}{rrrrcl} x_1 & -x_2 & +x_3 & -x_4 & = & 3 \\ & 3x_2 & -3x_3 & +3x_4 & = & 3 \quad | : 3 \quad | \cdot (-2) \\ & 2x_2 & -x_3 & -2x_4 & = & 3 \quad | \cdot 3 \end{array}$$

$$\begin{array}{rrrrcl} x_1 & -x_2 & +x_3 & -x_4 & = & 3 \\ & x_2 & -x_3 & +x_4 & = & 1 \\ & & 3x_3 & -12x_4 & = & 3 \quad | : 3 \end{array}$$

$$\begin{array}{rrrrcl} x_1 & -x_2 & +x_3 & -x_4 & = & 3 \\ & x_2 & -x_3 & +x_4 & = & 1 \\ & & x_3 & -4x_4 & = & 1 \end{array}$$

Diese **Trapezform** des LGS kann auch in **Dreiecksform** geschrieben werden:

$$\begin{array}{rrrcl} x_1 & -x_2 & +x_3 & = & 3+x_4 \\ & x_2 & -x_3 & = & 1-x_4 \\ & & x_3 & = & 1+4x_4 \end{array}$$

Daraus kann man die gesuchte Lösungsmenge auf zweierlei Weise ermitteln:
**a)** Mit Hilfe des GAUSSschen Algorithmus geht man zur **Diagonalform** über:

$$\begin{array}{rrrcl} x_1 & -x_2 & -x_3 & = & 3+x_4 \quad | \cdot 1 \\ & x_2 & -x_3 & = & 1-x_4 \quad | \cdot 1 \quad | \cdot 1 \\ & & x_3 & = & 1+4x_4 \quad | \cdot 1 \end{array}$$

$$\begin{array}{rrrcl} x_1 & & & = & 4 \\ & x_2 & & = & 2+3x_4 \\ & & x_3 & = & 1+4x_4 \end{array}$$

Aus ihr liest man unmittelbar ab: $x_1 = 4$, $x_2 = 2 + 3x_4$, $x_3 = 1 + 4x_4$, wobei $x_4$ jede reelle Zahl sein kann.

**b)** Aus der Dreiecksform ermittelt man durch Einsetzen nacheinander:

$x_3 = 1 + 4x_4$,
$x_2 = 1 - x_4 + x_3 = 2 + 3x_4$,
$x_1 = 3 + x_4 - x_3 + x_2 = 4$.

Lösung des LGS ist jedes 4-Tupel (Quadrupel) $(4\,; 2 + 3x_4;\ 1 + 4x_4;\ x_4)$ mit $x_4 \in \mathbb{R}$, was eine Probe bestätigt. Das LGS ist also **lösbar**, aber **nicht eindeutig lösbar**. Die unendlich vielen Lösungen bilden eine **einparametrige Lösungsschar** mit dem **Parameter** $x_4$. Die Lösungsmenge ist $L = \{(4;\ 2 + 3x_4;\ 1 + 4x_4;\ x_4) \mid x_4 \in \mathbb{R}\}$.
Diese **Darstellung der Lösungsmenge** ist nicht zwingend. Als Parameter hätte auch $x_3$ gewählt werden können. Von der Trapezform wäre man dann zu einer anderen Dreiecksform übergegangen:

$$\begin{array}{rrrcl} x_1 & -x_2 & -x_4 & = & 3-x_3 \\ & x_2 & +x_4 & = & 1+x_3 \\ & & 4x_4 & = & -1+x_3 \end{array}$$

8

Aus ihr erhält man

$x_4 = \frac{1}{4}(-1 + x_3),\ \ x_2 = 1 + x_3 - x_4 = \frac{1}{4}(5 + 3x_3),\ \ x_1 = 3 - x_3 + x_2 + x_4 = \ldots = 4.$

Die Lösungsmenge wird nun so beschrieben:

$L' = \{(4;\ \frac{1}{4}(5 + 3x_3);\ x_3;\ \frac{1}{4}(-1 + x_3)) \mid x_3 \in \mathbb{R}\}.$

Die Mengen $L$ und $L'$ sind identisch, sie werden nur verschieden dargestellt.

■ ⑤ Für welche reelle Zahl $c$ ist das folgende LGS lösbar?

$$\begin{aligned} x - 2y - 2z &= 2 \\ x + 2y + z &= 1 \\ 2x + 3y + 3z &= 4 \\ x + 3y + z &= c \end{aligned}$$

*Lösung:*

$$\begin{array}{rrrrl} x & -2y & -2z & = 2 & \mid \cdot(-1)\quad \mid \cdot(-2)\quad \mid \cdot(-1) \\ x & +2y & +z & = 1 & \mid \cdot 1 \\ 2x & +3y & +3z & = 4 & \mid \cdot 1 \\ x & +3y & +z & = c & \mid \cdot 1 \end{array}$$

$$\begin{array}{rrrrl} x & -2y & -2z & = 2 & \\ & 4y & +3z & = -1 & \\ & 7y & +7z & = 0 & \mid :7 \\ & 5y & +3z & = c-2 & \end{array}$$

$$\begin{array}{rrrrl} x & -2y & -2z & = 2 & \\ & y & +z & = 0 & \mid \cdot(-4)\quad \mid \cdot(-5) \\ & 4y & +3z & = -1 & \mid \cdot 1 \\ & 5y & +3z & = c-2 & \mid \cdot 1 \end{array}$$

$$\begin{array}{rrrrl} x & -2y & -2z & = 2 & \\ & y & +z & = 0 & \\ & & -z & = -1 & \mid \cdot(-2)\quad \mid \cdot(-1) \\ & & -2z & = c-2 & \mid \cdot 1 \end{array}$$

$$\begin{array}{rrrrl} x & -2y & -2z & = 2 \\ & y & +z & = 0 \\ & & z & - 1 \\ & & 0 & = c \end{array}$$

Für $c = 0$ ist die 4. Gleichung des LGS überflüssig, und das Gleichungssystem hat genau eine Lösung: (2; –1; 1). Für $c \neq 0$ hat das LGS keine Lösung.

Beim Lösen eines LGS können folgende Fälle auftreten:

**a)** Das LGS ist nicht lösbar.

**b)** Das LGS ist eindeutig lösbar (hat genau eine Lösung).

**c)** Das LGS hat unendlich viele Lösungen. Sie hängen dann von Parametern ab, bilden eine einparametrige, zweiparametrige, … Lösungsschar.

8

Homogene lineare Gleichungssysteme mit $n$ Variablen sind stets erfüllt für $x_1 = x_2 = \ldots = x_n = 0$. Sie sind also stets lösbar. Man nennt (0; 0; …; 0) ihre **triviale Lösung**.

Die Fälle a), b) und c) treten bereits auf, wenn man die gegenseitige Lage von Ebenen bzw. von Geraden und Ebenen im Raum untersucht.
Sind $\varepsilon_i$ ($i = 1, 2$) Ebenen mit den Gleichungen $A_i x + B_i y + C_i z + D_i = 0$, dann gilt für das LGS aus ihren Gleichungen (↗ Bilder 8/65a, b, c):

① $\varepsilon_1 \cap \varepsilon_2 = \emptyset$ ⇔ Das LGS ist nicht lösbar.
② $\varepsilon_1 \cap \varepsilon_2 = g$ ⇔ Das LGS hat eine einparametrige Lösungsmenge.
③ $\varepsilon_1 = \varepsilon_2$ ⇔ Das LGS hat eine zweiparametrige Lösungsmenge.

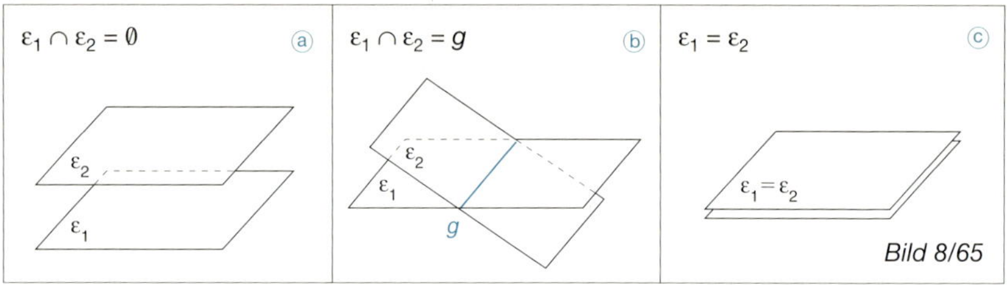


Bild 8/65

Im Falle dreier Ebenen ($i = 1, 2, 3$) gilt (↗ Bilder 8/66a bis d, e, f und g, h):

① $\varepsilon_1 \cap \varepsilon_2 \cap \varepsilon_3 = \emptyset$ ⇔ Das LGS ist nicht lösbar.
② $\varepsilon_1 \cap \varepsilon_2 \cap \varepsilon_3 = \{P\}$ ⇔ Das LGS ist eindeutig lösbar.
③ $\varepsilon_1 \cap \varepsilon_2 \cap \varepsilon_3 = g$ ⇔ Das LGS hat eine einparametrige Lösungsmenge.
④ $\varepsilon_1 = \varepsilon_2 = \varepsilon_3$ ⇔ Das LGS hat eine zweiparametrige Lösungsmenge.



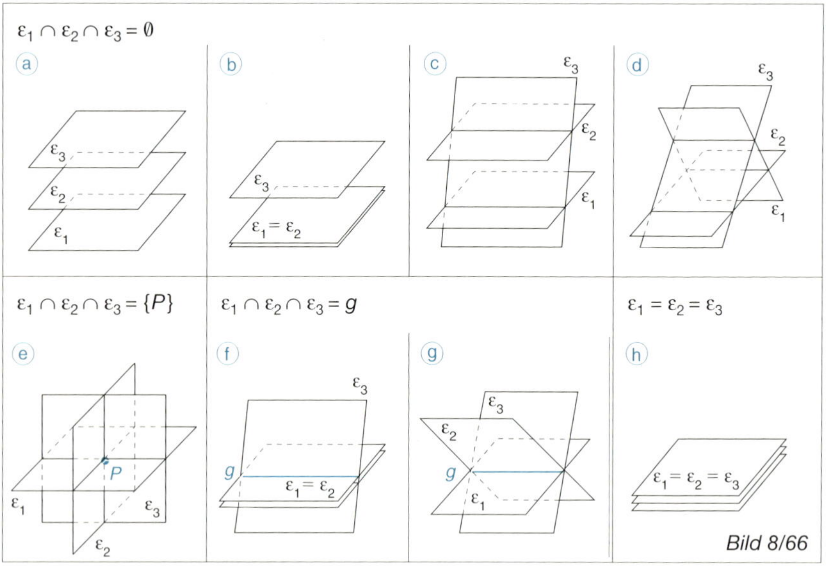


Bild 8/66

Die Anwendung des GAUSSschen Algorithmus ist platzaufwendig. Die Schreibarbeit kann reduziert werden, wenn man nur die das LGS beschreibende **erweiterte Matrix** notiert und die Schritte des GAUSSschen Algorithmus anhand der Zeilen dieser Matrix vornimmt.

■ Das LGS vom Beispiel ④ hat die erweiterte Matrix

$$\left(\begin{array}{rrrr|r} 1 & -1 & 1 & -1 & 3 \\ 2 & 1 & -1 & 1 & 9 \\ -1 & 3 & -2 & -1 & 0 \end{array}\right)$$

Die dort vorgenommenen Schritte des GAUSSschen Algorithmus können so festgehalten werden:

$$\left(\begin{array}{rrrr|r} 1 & -1 & 1 & -1 & 3 \\ 2 & 1 & -1 & 1 & 9 \\ -1 & 3 & -2 & -1 & 0 \end{array}\right) \begin{array}{l} \cdot(-2) \quad \cdot 1 \\ \cdot 1 \\ \qquad\quad \cdot 1 \end{array} \longrightarrow$$

$$\left(\begin{array}{rrrr|r} 1 & -1 & 1 & -1 & 3 \\ 0 & 3 & -3 & 3 & 3 \\ 0 & 2 & -1 & -2 & 3 \end{array}\right) \begin{array}{l} \\ \mid : 3 \quad \cdot(-2) \\ \qquad\quad \cdot 3 \end{array} \longrightarrow$$

$$\left(\begin{array}{rrrr|r} 1 & -1 & 1 & -1 & 3 \\ 0 & 1 & -1 & 1 & 1 \\ 0 & 0 & 3 & -12 & 3 \end{array}\right) \begin{array}{l} \\ \\ \mid : 3 \end{array} \longrightarrow$$

$$\left(\begin{array}{rrrr|r} 1 & -1 & 1 & -1 & 3 \\ 0 & 1 & -1 & 1 & 1 \\ 0 & 0 & 1 & -4 & 1 \end{array}\right) \longrightarrow$$

$$\left(\begin{array}{rrr|rr} 1 & -1 & 1 & 1 & 3 \\ 0 & 1 & -1 & -1 & 1 \\ 0 & 0 & 1 & 4 & 1 \end{array}\right) \begin{array}{l} \cdot 1 \\ \cdot 1 \quad \cdot 1 \\ \qquad\, \cdot 1 \end{array} \longrightarrow$$

$$\left(\begin{array}{rrr|rr} 1 & 0 & 0 & 0 & 4 \\ 0 & 1 & 0 & 3 & 2 \\ 0 & 0 & 1 & 4 & 1 \end{array}\right)$$

Wie im Beispiel ④ kann nun aus der erreichten Trapez-, Dreiecks- oder Diagonalform die Lösung ermittelt werden.
Aus der Diagonalform liest man ab:
$x_1 = 4$,
$x_2 = 3x_4 + 2$,
$x_3 = 4x_4 + 1$, $x_4$ ist beliebig.
Die Lösungsmenge ist also $L = \{(4;\, 2 + 3x_4;\, 1 + 4x_4;\, x_4) \mid x_4 \in \mathbb{R}\}$.
Aus der Dreiecksform hätte man entnehmen können:
$x_3 = 4x_4 + 1$, $x_2 = -x_4 + 1 + x_3$, $x_1 = x_4 + 3 - x_3 + x_2$, $x_4$ ist beliebig.
Im Einsetzungsverfahren kommt man zum gleichen Ergebnis.

**Beschreibung von Abbildungen durch lineare Gleichungssysteme**

Die Abbildungen einer Ebene auf sich (↗ S. 149ff. und S. 205) können mit Hilfe eines Koordinatensystems durch lineare Gleichungssysteme beschrieben werden, indem man für jeden Punkt $P(x;\, y)$ der Ebene beschreibt, wie die Koordinaten seines Bildpunktes $P'(x';\, y')$ mit den Koordinaten von $P$ zusammenhängen.

8

■ Bei der Verschiebung $\vec{a}$ ist für jeden Punkt der Ebene (↗ Bild 8/67)

$$x' = x \quad + a_x$$
$$y' = \quad y + a_y$$

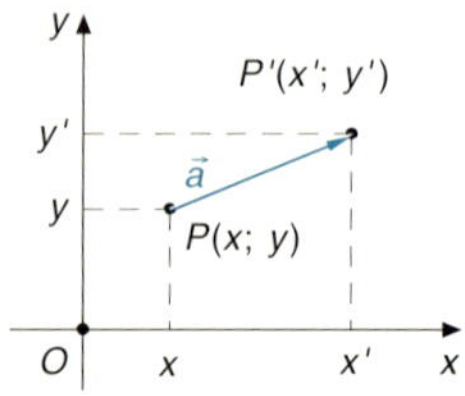


Bild 8/67

■ Bei der Drehung um den Punkt O mit dem Drehwinkel φ gilt (↗ Bild 8/68)

$$x' = r\cos(\alpha + \varphi)$$
$$= r\cos\alpha\cos\varphi - r\sin\alpha\sin\varphi$$
$$y' = r\sin(\alpha + \varphi)$$
$$= r\sin\alpha\cos\varphi + r\cos\alpha\sin\varphi$$

und damit

$$x' = \cos\varphi \cdot x - \sin\varphi \cdot y$$
$$y' = \sin\varphi \cdot x + \cos\varphi \cdot y$$

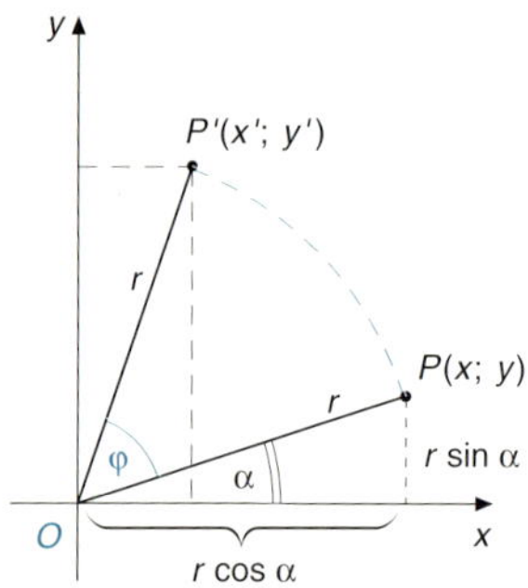


Bild 8/68

■ Bei der Spiegelung an der Geraden mit der Gleichung $y = mx$ gilt (↗ Bild 8/69)

$$\frac{y'+y}{2} = m\frac{x'+x}{2} \quad \text{und} \quad \frac{y'-y}{x'-x} = -\frac{1}{m}$$

und damit

$$x' = \frac{1-m^2}{1+m^2}x + \frac{2m}{1+m^2}y$$

$$y' = \frac{2m}{1+m^2}x + \frac{1-m^2}{1+m^2}y$$

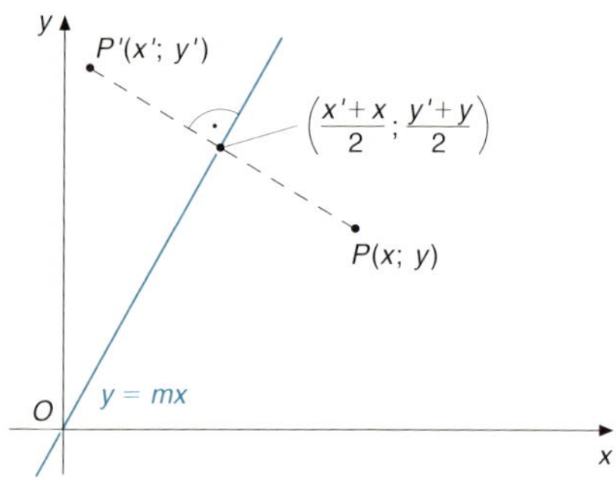


Bild 8/69

■ Bei der Streckung (O; k) ist (↗ Bild 8/70)

$$x' = kx$$
$$y' = \quad ky$$

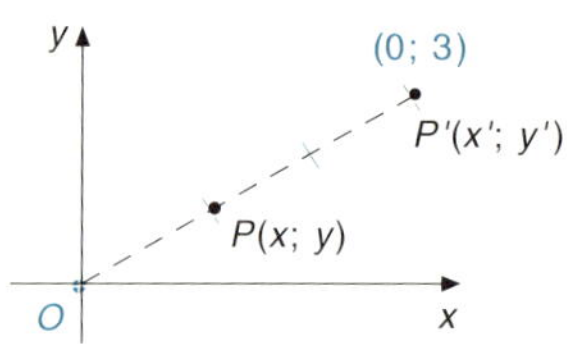


Bild 8/70

# Stochastik

## Vorgänge mit zufälligem Ergebnis, Ergebnismenge, Ereignisse

### Vorgang mit zufälligem Ergebnis (Zufallsexperiment, Zufallsversuch)

Ein **Vorgang mit zufälligem Ergebnis** ist durch folgende Merkmale gekennzeichnet:

- Er besitzt mehrere mögliche Ergebnisse.
- Das Ergebnis kann vor Ablauf des Vorgangs nicht vorhergesagt werden.

■
- Das Werfen eines Spielwürfels oder einer Münze, das Drehen eines Glücksrades.
- Die Befruchtung einer Eizelle durch eine Samenzelle, wobei als Ergebnis das Geschlecht des Kindes betrachtet wird.
- Der Betrieb eines Fernsehgerätes, wobei als Ergebnis die Zeitdauer bis zum ersten Ausfall interessiert.
- Die Ziehung der Lottozahlen.

Ein Vorgang mit zufälligem Ergebnis findet unter festgelegten äußeren Bedingungen (Versuchsbedingungen) statt. Oft verlangt man, daß der Vorgang unter den gleichen Bedingungen beliebig oft wiederholbar sein soll, weil bei der Untersuchung von Gesetzmäßigkeiten mehrfache Beobachtungen nützlich sind.

### Ergebnismenge

Die **Ergebnismenge** $\Omega$ ist eine nichtleere Menge, deren Elemente $\omega$ die möglichen Ergebnisse des Vorgangs repräsentieren.

9

■
- Werfen eines Würfels: $\Omega = \{1, 2, \ldots, 6\}$.
- Geschlecht des Kindes: $\Omega$ = {Mädchen, Junge}.
- Lebensdauer des Fernsehgerätes: $\Omega = [0, \infty[$. Es ist nicht sinnvoll, ein endliches Intervall für die möglichen Lebensdauern zu wählen, da man keinen begründeten Zahlenwert für die Lebensdauer angeben kann, der mit Sicherheit nicht überschritten wird.
- Ziehung der Lottozahlen 6 aus 49 (ohne Zusatzzahl):
  $\Omega = \{\{z_1, z_2, \ldots, z_6\} \mid \{z_1, z_2, \ldots, z_6\} \subset \{1, 2, \ldots, 49\}\}$. $\Omega$ besteht also aus allen sechselementigen Teilmengen der Menge $\{1, 2, \ldots, 49\}$.

### Ereignis

Hat ein Ergebnis die Eigenschaft $A$, so sagt man, daß das **Ereignis *A*** eingetreten ist. Ereignisse werden durch Teilmengen der Ergebnismenge $\Omega$ dargestellt. Man verwendet zur Bezeichnung der entsprechenden Teilmenge dasselbe Symbol $A$. Ein Ereignis $A$ tritt ein, wenn ein Ergebnis $\omega$ aus $A$ ($\omega \in A$) eintritt.

- $A$: Die Augenzahl beim Würfeln ist eine Primzahl. $A = \{2, 3, 5\}$.
- $B$: Das Fernsehgerät fällt spätestens nach 2000 Stunden aus. $B = [0, 2000]$.
- $C$: Die Eins und die Zwei sind unter den Gewinnzahlen beim Spiel 6 aus 49. $C = \{\{1, 2, z_3, z_4, z_5, z_6\} \mid \{z_3, z_4, z_5, z_6\} \subset \{3, 4, \ldots, 49\}\}$.

Ist $\omega \in A$, so heißt das **Ergebnis $\omega$ günstig für das Ereignis $A$**.

Da Ereignisse durch Teilmengen der Ergebnismenge $\Omega$ dargestellt werden, können die üblichen Mengenoperationen zur Verknüpfung von Ereignissen benutzt werden.
↗ Vereinigung von Mengen, Durchschnitt von Mengen, Differenz von Mengen, S. 22f.

Das Ereignis $A \cap B$ (lies: „$A$ geschnitten $B$") tritt ein, wenn sowohl $A$ als auch $B$ eintreten.
Das Ereignis $A \cup B$ (lies: „$A$ vereinigt $B$") tritt ein, wenn $A$ oder $B$ eintreten. Eingeschlossen ist der Fall, daß sowohl $A$ als auch $B$ eintreten.
Das Ereignis $A \setminus B$ (lies: „$A$ minus $B$") tritt ein, wenn $A$ eintritt und $B$ nicht eintritt.
Das Ereignis $\overline{A}$ (gelesen: „$A$ **Komplement**" oder „$A$ quer") tritt ein, wenn kein für $A$ günstiges Ergebnis $\omega$ eintritt. $\overline{A}$ heißt zu $A$ **komplementäres Ereignis** (**Gegenereignis**).
Ereignisse $A$ und $B$ heißen **unvereinbar**, wenn $A \cap B$ die leere Menge $\emptyset$ ist.
Die leere Menge $\emptyset$ heißt das **unmögliche Ereignis**. Die Ergebnismenge $\Omega$ heißt das **sichere Ereignis**.

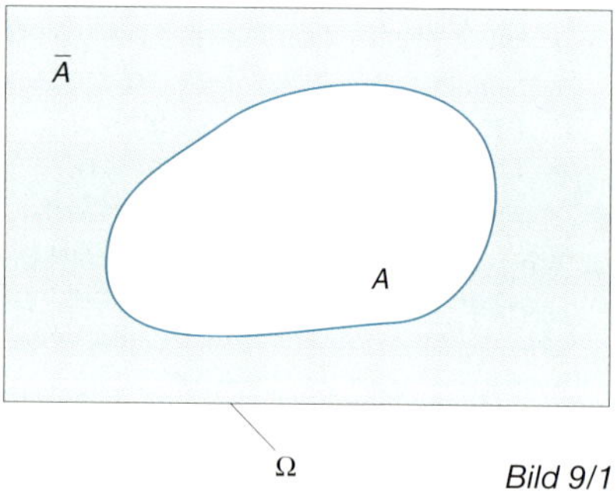

*Bild 9/1*

9

Nach der Wahl der Ergebnismenge $\Omega$ werden den Ereignissen Wahrscheinlichkeiten zugeordnet. Ist die Ergebnismenge endlich oder abzählbar unendlich, so kann man allen Teilmengen von $\Omega$ Wahrscheinlichkeiten zuordnen. Bei überabzählbaren Ergebnismengen stößt das auf mathematische Schwierigkeiten. In diesem Fall zeichnet man bei der Modellierung unter allen Teilmengen von $\Omega$ diejenigen aus, denen man eine Wahrscheinlichkeit zuordnet. Für praktische Belange kann die Klasse dieser Teilmengen hinreichend groß gewählt werden. Ist beispielsweise $\Omega = \mathbb{R}$, so kann man in diese Klasse alle Intervalle (offene, halboffene, abgeschlossene) aufnehmen.
Wenn zwei Ereignisse $A$ und $B$ zur gewählten Klasse gehören, so gehören z. B. auch die Ereignisse $A \cup B$, $A \cap B$, $\overline{A}$ und $\overline{B}$ dazu.
Es wird der Begriff Ereignis nur auf Teilmengen aus einer solchen Klasse angewendet.
↗ Abzählbare Mengen, S. 26
↗ Ergebnismenge, S. 315
↗ Ereignis, S. 315
↗ Modell, S. 30

## Auswertung statistischer Daten

### Versuchsserie (Versuchsreihe) vom Umfang *n*

Die *n* mal wiederholte Durchführung bzw. Beobachtung eines Vorgangs (mit zufälligem Ergebnis) nennt man **Versuchsserie** oder **Versuchsreihe vom Umfang *n***.

### Statistische Daten

Statistische Daten erhält man als Ergebnisse von Versuchsserien.
Die Auswertung der statistischen Daten dient dazu, Gesetzmäßigkeiten und Besonderheiten des Vorgangs zu erforschen oder ein geeignetes Modell für den Vorgang zu finden.
In der **Urliste** stehen die Daten in der Reihenfolge ihres Auftretens.
↗ Modell, S. 30

■ Bei 30 neugeborenen Mädchen in Berlin im Jahre 1990 wurden folgende Längen gemessen: 51, 54, 48, 53, 51, 48, 52, 52, 51, 52, 53, 46, 55, 52, 50, 52, 49, 47, 51, 49, 51, 51, 51, 51, 43, 51, 52, 53, 50, 51.
Die Urliste ist meist unübersichtlich. Man ordnet deshalb die Daten in einer **Strichliste** oder in einem **Stengel-und-Blatt-Diagramm**.
↗ Stengel-und-Blatt-Diagramm, S. 319

■ Als Strichliste für das vorige Beispiel erhält man

| **Länge** | 43 | 44 | 45 | 46 | 47 | 48 | 49 | 50 | 51 | 52 | 53 | 54 | 55 |
|---|---|---|---|---|---|---|---|---|---|---|---|---|---|
| **Häufigkeit** | I | | | I | I | II | II | II | 𝍸𝍸 | 𝍸 I | III | I | I |

### Häufigkeit (Absolute Häufigkeit)

Die **Häufigkeit $H_n(a)$** eines Ergebnisses *a* bzw. die **Häufigkeit $H_n(A)$** eines Ereignisses *A* ist gleich der Anzahl derjenigen Versuche einer Versuchsserie vom Umfang *n*, in denen dieses Ergebnis bzw. Ereignis eintrat.
Man spricht zuweilen von **absoluter Häufigkeit $H_n$** im Unterschied zur relativen Häufigkeit. Die absoluten Häufigkeiten kann man der Strichliste entnehmen.
Den (möglichen) Ergebnissen wird die beobachtete Häufigkeit in der **Häufigkeitstabelle** eindeutig zugeordnet.
Im Kopf der Häufigkeitstabelle schreibt man manchmal nur die beobachteten Ergebnisse auf.
↗ Relative Häufigkeit, S. 317 f. ↗ Funktion, S. 69 ff.



■ Häufigkeitstabelle der Längen

| **Länge** | 43 | 44 | 45 | 46 | 47 | 48 | 49 | 50 | 51 | 52 | 53 | 54 | 55 |
|---|---|---|---|---|---|---|---|---|---|---|---|---|---|
| **Häufigkeit** | 1 | 0 | 0 | 1 | 1 | 2 | 2 | 2 | 10 | 6 | 3 | 1 | 1 |

### Relative Häufigkeit

Um Versuchsserien auch unterschiedlichen Umfangs miteinander vergleichen zu können, verwendet man relative Häufigkeiten.

Die **relative Häufigkeit $h_n(a)$** eines Ergebnisses $a$ in einer Versuchsserie vom Umfang $n$ ist der Quotient aus der absoluten Häufigkeit $H_n(a)$ und dem Umfang der Versuchsserie:

$$h_n(a) := \frac{H_n(a)}{n}.$$

↗ Häufigkeit, S. 317

In der **Häufigkeitsverteilung** wird den (beobachteten bzw. den möglichen) Ergebnissen (bzw. Werten der Zufallsgröße) $a_i$ ihre relative Häufigkeit $h_n(a_i)$ eindeutig zugeordnet:

| Ergebnis (Wert) | $a_1$ | $a_2$ | … | $a_r$ |
|---|---|---|---|---|
| rel. Häufigkeit | $h_n(a_1)$ | $h_n(a_2)$ | … | $h_n(a_r)$ |

↗ Funktion, S. 69ff.

Die Summe der relativen Häufigkeiten in einer Häufigkeitsverteilung ist eins. Aufgrund von Rundungsfehlern erhält man in konkreten Beispielen meist nur näherungsweise die Summe eins.

Die **relative Häufigkeit $h_n(A)$** eines Ereignisses $A$ in einer Versuchsserie vom Umfang $n$ ist der Quotient aus der absoluten Häufigkeit $H_n(A)$ und dem Umfang der Versuchsserie:

$$h_n(A) := \frac{H_n(A)}{n}.$$

Die **relative Häufigkeit eines Ereignisses $A$** ist gleich der Summe der relativen Häufigkeiten aller für $A$ günstigen Ergebnisse:

9

Für $A = \{a_1, a_2, \ldots, a_k\}$ gilt

$h_n(A) = h_n(a_1) + h_n(a_2) + \ldots + h_n(a_k)$.

↗ Günstiges Ergebnis, S. 316

**Klasseneinteilung**

Wenn eine Strichliste nicht die gewünschte Übersicht bietet oder zu umfangreich ist, faßt man mehrere benachbarte mögliche Ergebnisse zu jeweils einer Klasse zusammen. Die **Einteilung in Klassen** muß eindeutig sein. Bei der Beobachtung von Zufallsgrößen wählt man als Klassen oft halboffene Intervalle $[a; b[$ oder $]a; b]$. Ein Wert $x$ fällt in die Klasse $[a; b[$, wenn $a \leq x < b$ gilt.
In der Häufigkeitsverteilung wird den Klassen ihre relative Häufigkeit eindeutig zugeordnet.

↗ Strichliste, S. 317
↗ Zufallsgröße, S. 335
↗ Relative Häufigkeit, S. 317f.
↗ Funktion, S. 69ff.

■ Die Monatssumme der Niederschlagshöhen im Juli in Potsdam betrug in den Jahren 1967 bis 1986 in mm: 54, 51, 8, 50, 5, 53, 79, 71, 41, 21, 41, 23, 68, 88, 106, 34, 9, 41, 41, 36.

Niederschlagssummen bei Klasseneinteilung: Strichliste, Häufigkeitstabelle und Häufigkeitsverteilung

| **Klasse** | [0; 25[ | [25; 50[ | [50; 75[ | [75; 100[ | [100; 125[ |
|---|---|---|---|---|---|
| | 𝍸 | 𝍸𝍷 | 𝍸𝍷 | 𝍷𝍷 | 𝍷 |
| $H_{20}$ | 5 | 6 | 6 | 2 | 1 |
| $h_{20}$ | 0,25 | 0,30 | 0,30 | 0,10 | 0,05 |

Die Häufigkeitsverteilung gibt an, welchen Anteil die einzelnen Klassen an der Gesamtzahl der Beobachtungen haben. Durch die Einteilung in Klassen geht Information verloren. Zugleich erhöht sich die Übersicht. Das ist bei der Wahl der Anzahl der Klassen zu beachten. Es erleichtert Rechnungen und Interpretationen, wenn alle Klassen dieselbe Breite haben. Eine solche Klasseneinteilung ist aber nicht immer realisierbar. In der Praxis kommt es außerdem oft vor, daß manche Klassen unbegrenzt sind.

■ In 1000 Haushalten einer Stadt wurde nach dem Haushaltsnettoeinkommen (in DM) gefragt. Aus Datenschutzgründen war eine Klasseneinteilung vorgeschrieben:

| **Klasse** | unter 1000 | 1000 bis unter 1800 | 1800 bis unter 2500 | 2500 bis unter 3000 | 3000 bis unter 4000 | 4000 bis unter 5000 | ab 5000 |
|---|---|---|---|---|---|---|---|
| $h_{1000}$ | 0,14 | 0,29 | 0,21 | 0,18 | 0,09 | 0,03 | 0,06 |

■ Sei im vorigen Beispiel das Ereignis $A$: Das Haushaltsnettoeinkommen beträgt mindestens 3000 DM.
Es ist $h_n(A) = 0{,}09 + 0{,}03 + 0{,}06 = 0{,}18$.



### Stengel-und-Blatt-Diagramm

Ein **Stengel-und-Blatt-Diagramm** besteht aus einer hervorgehobenen Spalte (dem Stengel) und Zeilen (den Blättern). Der Zahlenwert einer Beobachtung wird in einen Stengelteil (z. B. den Zehner oder den Hunderter) und einen Blatteil (z. B. den Einer oder Zehner und Einer) zerlegt. Zunächst wird der Stengel aus den Werten vom kleinsten bis zum größten Stengelwert aufgebaut. Dann wird der Blatteil jedes beobachteten Wertes in der entsprechenden Stengelhöhe in der Zeile eingetragen. Das Stengel-und-Blatt-Diagramm wird aus der Urliste hergestellt, deshalb sind die Zahlen in den Blättern nicht geordnet.

■ Niederschlagssumme

Die Urliste bestand aus den Werten
54, 51, 8, 50, 5, 53, 79, 71, 41, 21, 41, 23, 68, 88, 106, 34, 9, 41, 41, 36.

Im Stengel stehen in diesem Beispiel die Zehner der Daten, die Einer bilden die Blätter. Der Stengel wird durch einen senkrechten Strich von den Blättern getrennt. Zwischen den Blättern läßt man eine kleine Lücke.

| | |
|---|---|
| 0 | 8 5 9 |
| 1 | |
| 2 | 1 3 |
| 3 | 4 6 |
| 4 | 1 1 1 1 |
| 5 | 4 1 0 3 |
| 6 | 8 |
| 7 | 9 1 |
| 8 | 8 |
| 9 | |
| 10 | 6 |

Zum Vergleich zweier Merkmale kann man die zugehörigen Stengel-und-Blatt-Diagramme „Rücken an Rücken“ anordnen.

■ Niederschlagssummen im Juli und im August in Potsdam 1967 bis 1986

| **Juli** | | **August** |
|---|---|---|
| 9 5 8 | 0 | |
| | 1 | 5 4 |
| 3 1 | 2 | 2 5 0 |
| 6 4 | 3 | 9 3 |
| 1 1 1 1 | 4 | 5 7 0 |
| 3 0 1 4 | 5 | 6 7 |
| 8 | 6 | 9 5 |
| 1 9 | 7 | 7 2 7 1 |
| 8 | 8 | |
| | 9 | |
| 6 | 10 | |
| | 11 | |
| | 12 | 3 |
| | 13 | |
| | 14 | 4 |



**Kenngrößen einer Häufigkeitsverteilung (Mittelwerte und Streuungsmaße)**

Gegeben sei die Häufigkeitsverteilung

| Wert | $x_1$ | $x_2$ | … | $x_r$ |
|---|---|---|---|---|
| rel. Häufigkeit | $h_n(x_1)$ | $h_n(x_2)$ | … | $h_n(x_r)$ |

einer Zufallsgröße $X$. Diese Verteilung soll durch einige wenige charakteristische Zahlen, sogenannte **Kenngrößen**, beschrieben werden. Diese Zahlen sollen die mittlere Größe der beobachteten Werte und die Größenunterschiede zwischen den beobachteten Werten bzw. die mittlere Abweichung von einem mittleren Wert widerspiegeln. Man spricht von **Mittelwerten und Streuungsmaßen**.

↗ Zufallsgröße, S. 335 ↗ Arithmetisches Mittel, S. 321
↗ Median, S. 322 ↗ Spannweite, S. 322
↗ Empirische Varianz, S. 323
↗ Standardabweichung, S. 323

■ Eine Mathematikarbeit fiel in den Klassen 10/1 und 10/2 so aus:

| **Note** | 1 | 2 | 3 | 4 | 5 | 6 |
|---|---|---|---|---|---|---|
| **Häufigkeit** | 2 | 3 | 11 | 3 | 1 | 0 |

| **Note** | 1 | 2 | 3 | 4 | 5 | 6 |
|---|---|---|---|---|---|---|
| **Häufigkeit** | 9 | 3 | 1 | 5 | 7 | 0 |

Als Häufigkeitsverteilungen ergeben sich folgende Tabellen:

| **Note** | 1 | 2 | 3 | 4 | 5 | 6 |
|---|---|---|---|---|---|---|
| **Häufigkeit** | 0,1 | 0,15 | 0,55 | 0,15 | 0,05 | 0,00 |

| **Note** | 1 | 2 | 3 | 4 | 5 | 6 |
|---|---|---|---|---|---|---|
| **Häufigkeit** | 0,36 | 0,12 | 0,04 | 0,2 | 0,28 | 0,00 |

Als mittlerer Wert wird die Durchschnittsnote angegeben. Man kann sie auf zweierlei Weise berechnen.

**a)** Aus der Häufigkeitstabelle:

Klasse 10/1: $\bar{x} = \frac{2 \cdot 1 + 3 \cdot 2 + 11 \cdot 3 + 3 \cdot 4 + 1 \cdot 5}{20} = 2{,}9$

Klasse 10/2: $\bar{y} = \frac{9 \cdot 1 + 3 \cdot 2 + 1 \cdot 3 + 5 \cdot 4 + 7 \cdot 5}{25} = 2{,}92$

**b)** Aus der Häufigkeitsverteilung:

Klasse 10/1: $\bar{x} = 1 \cdot 0{,}1 + 2 \cdot 0{,}15 + 3 \cdot 0{,}55 + 4 \cdot 0{,}15 + 5 \cdot 0{,}05 = 2{,}9$

Klasse 10/2: $\bar{y} = 1 \cdot 0{,}36 + 2 \cdot 0{,}12 + 3 \cdot 0{,}04 + 4 \cdot 0{,}2 + 5 \cdot 0{,}28 = 2{,}92$

Die Durchschnittsnote ist ein mittlerer Wert. Er ist für beide Klassen ungefähr gleich. Die Verteilungen sind durch diesen Zahlenwert aber noch nicht gut charakterisiert. Die Noten der Klasse 10/2 streuen viel mehr um den Durchschnitt als die der Klasse 10/1.

**Arithmetisches Mittel**

Das **arithmetische Mittel** $\bar{x}$ der Häufigkeitsverteilung einer Zufallsgröße $X$ ist die Summe der Produkte aus den beobachteten Werten und den zugehörigen relativen Häufigkeiten:

$\bar{x} := x_1 h_n(x_1) + x_2 h_n(x_2) + \ldots + x_r h_n(x_r)$.

Aus der Häufigkeitstabelle berechnet man $\bar{x}$ als Quotient aus der Summe der Beobachtungswerte und der Beobachtungsanzahl:

$\bar{x} := \frac{x_1 \cdot H_n(x_1) + x_2 \cdot H_n(x_2) + \ldots + x_r \cdot H_n(x_r)}{n}$.

Liegt eine Klasseneinteilung vor, so verwendet man zur Berechnung des arithmetischen Mittels für $x_1, x_2, \ldots, x_r$ die Mitte der ersten, zweiten, ..., $r$-ten Klasse.

↗ Zufallsgröße, S. 335

9

■ Aus der Häufigkeitstabelle

| **Klasse** | [0; 25[ | [25; 50[ | [50; 75[ | [75; 100[ | [100; 125[ |
|---|---|---|---|---|---|
| **rel. Häufigkeit** | 0,25 | 0,30 | 0,30 | 0,10 | 0,05 |

ermittelt man

$\bar{x} = 12{,}5 \cdot 0{,}25 + 37{,}5 \cdot 0{,}3 + 62{,}5 \cdot 0{,}3 + 87{,}5 \cdot 0{,}1 + 112{,}5 \cdot 0{,}05 = 47{,}5$.

Bei der Bildung des arithmetischen Mittels wird die Summe der Beobachtungswerte **gleichmäßig** auf die Beobachtungen bzw. auf die Klassen aufgeteilt. Das arithmetische Mittel muß unter den möglichen Werten der Zufallsgröße nicht vorkommen. Es reagiert sehr empfindlich auf sogenannte Ausreißer, das sind extrem kleine bzw. extrem große Daten. Deshalb ist das arithmetische Mittel nicht in jedem Fall zur Kennzeichnung der Häufigkeitsverteilung geeignet.

## Median (Zentralwert)

Der **Median** oder **Zentralwert** $\tilde{x}$ ist ein Wert, der die der Größe nach geordnete Reihe der Daten halbiert. Bei ungerader Anzahl von Beobachtungen ist der Median gleich dem mittleren Beobachtungswert, bei gerader Anzahl von Beobachtungen gleich dem arithmetischen Mittel der beiden mittleren Beobachtungswerte.

Der Median ist ein Mittelwert, denn mindestens die Hälfte der Daten ist kleiner oder gleich $\tilde{x}$ und mindestens die Hälfte ist größer oder gleich $\tilde{x}$. Der Median ist nicht empfindlich gegenüber Ausreißern.

■ **a)** Die der Größe nach geordneten Niederschlagssummen im August sind 14, 15, 20, 22, 25, 33, 39, 40, 45, 47, 56, 57, 65, 69, 71, 72, 77, 77, 123, 144. Der Median ist

$$\tilde{x} = \frac{47+56}{2} = 51{,}5\,.$$

**b)** Die Mediane der Notenverteilungen sind $\tilde{x} = \tilde{y} = 3$.

Bei Klasseneinteilung gibt es eine kompliziertere Vorschrift zur Berechnung des Medians.

## Viertelwert

Halbiert man in gleicher Weise die untere bzw. die obere Hälfte der geordneten Datenreihe, so erhält man den unteren bzw. oberen **Viertelwert** $x_{\frac{1}{4}}$ bzw. $x_{\frac{3}{4}}$.

9

■ Im vorigen Beispiel a) ist

$$x_{\frac{1}{4}} = \frac{25+33}{2} = 29 \text{ und}$$
$$x_{\frac{3}{4}} = \frac{71+72}{2} = 71{,}5.$$

Aufgrund der Konstruktion liegt mindestens die Hälfte aller beobachteten Werte zwischen den beiden Viertelwerten.

Den Median und die Viertelwerte kann man aus dem Stengel-und-Blatt-Diagramm leicht durch Abzählen ermitteln. Man muß allerdings dabei in den Blättern „der Größe nach" zählen.

## Spannweite

Die **Spannweite** $r$ ist die Differenz zwischen dem größten und kleinsten beobachteten Wert.

Die Spannweite ist ein Maß für die absolute Streuung der Beobachtungswerte.

### Empirische Varianz

Die **empirische Varianz $s^2$** einer Häufigkeitsverteilung ist die mittlere quadratische Abweichung der Beobachtungswerte vom arithmetischen Mittel:

$$s^2 := \sum_{i=1}^{r} (x_i - \bar{x})^2 h_n(x_i) = (x_1 - \bar{x})^2 h_n(x_1) + (x_2 - \bar{x})^2 h_n(x_2) + \ldots + (x_r - \bar{x})^2 h_n(x_r).$$

Die Berechnung aus der Häufigkeitstabelle erfolgt nach der Formel

$$s^2 := \frac{1}{n}\sum_{i=1}^{r} (x_i - \bar{x})^2 H_n(x_i) = \frac{1}{n}((x_1 - \bar{x})^2 H_n(x_1) + (x_2 - \bar{x})^2 H_n(x_2) + \ldots + (x_r - \bar{x})^2 H_n(x_r)).$$

(In der Statistik teilt man aus mathematischen Gründen bei der Ermittlung der empirischen Varianz gewöhnlich durch $n-1$ statt durch $n$.)

Die Wurzel $s$ aus der empirischen Streuung heißt **Standardabweichung**.

Die empirische Varianz und die Standardabweichung sind Streuungsmaße.

↗ Kenngrößen einer Häufigkeitsverteilung, S. 320

■ Die Häufigkeitsverteilungen

| **Wert** | 1 | 2 | 3 | 4 | 5 |
|---|---|---|---|---|---|
| **rel. Häufigkeit** | 0,1 | 0,15 | 0,55 | 0,15 | 0,05 |

| **Wert** | 1 | 2 | 3 | 4 | 5 |
|---|---|---|---|---|---|
| **rel. Häufigkeit** | 0,36 | 0,12 | 0,04 | 0,2 | 0,28 |

haben etwa gleiche arithmetische Mittel 2,9 bzw. 2,92, aber unterschiedliche Standardabweichungen, nämlich 0,94 bzw. 1,70. Die Werte der zweiten Verteilung streuen mehr um das arithmetische Mittel.

### Viertelabstand (Halbweite)

Der **Viertelabstand** oder die **Halbweite** ist die Differenz zwischen dem oberen und dem unteren Viertelwert:

$H := x_{\frac{3}{4}} - x_{\frac{1}{4}}$.

Der Viertelabstand gibt die Länge des Boxplots an und ist also ein Maß für die Streuung der Beobachtungswerte.

↗ Boxplot, S. 325 ↗ Kenngrößen einer Häufigkeitsverteilung, S. 320

9

### Graphische Darstellung von Häufigkeitsverteilungen von Zufallsgrößen

Möglichkeiten der graphischen Darstellung von Häufigkeitsverteilungen von Zufallsgrößen sind das **Streckendiagramm**, das **Histogramm** und das **Boxplot**.

↗ Streckendiagramm, S. 323f.
↗ Histogramm, S. 324
↗ Boxplot, S. 325
↗ Zufallsgröße, S. 335

### Streckendiagramm

In einem **Streckendiagramm** werden auf der Abszissenachse die Werte der Zufallsgröße aufgetragen. In diesen Werten errichtet man senkrecht stehende Strecken, deren Länge durch die relative Häufigkeit des jeweiligen Wertes bestimmt ist.

Ein Streckendiagramm veranschaulicht eine Häufigkeitsverteilung, die ohne Klasseneinteilung entstanden ist.

■ Der Häufigkeitsverteilung

| **Wert** | 43 | 44 | 45 | 46 | 47 | 48 | 49 | 50 | 51 | 52 | 53 | 54 | 55 |
|---|---|---|---|---|---|---|---|---|---|---|---|---|---|
| **rel. Häufigkeit** | $\frac{1}{30}$ | 0 | 0 | $\frac{1}{30}$ | $\frac{1}{30}$ | $\frac{2}{30}$ | $\frac{2}{30}$ | $\frac{2}{30}$ | $\frac{10}{30}$ | $\frac{6}{30}$ | $\frac{3}{30}$ | $\frac{1}{30}$ | $\frac{1}{30}$ |

entspricht folgendes Streckendiagramm:

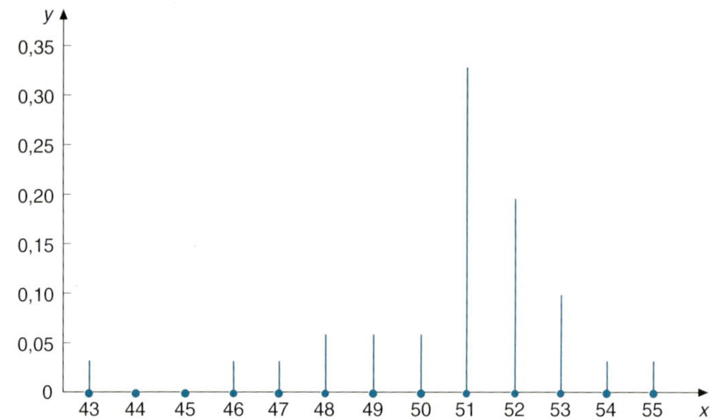


*Bild 9/2*

### Histogramm

In einem **Histogramm** werden auf der Abszissenachse die zu einer Klasseneinteilung gehörenden Klassen aufgetragen. Über diesen Klassen errichtet man senkrecht stehende Säulen, deren Länge (oder Fläche) durch die relative Häufigkeit der jeweiligen Klassen bestimmt ist. Ein Histogramm veranschaulicht eine Häufigkeitsverteilung, der eine Klasseneinteilung zugrunde liegt.

↗ Klasseneinteilung, S. 318



■ Die Häufigkeitsverteilung

| **Klasse** | [0; 25[ | [25; 50[ | [50; 75[ | [75; 100[ | [100; 125[ |
|---|---|---|---|---|---|
| **rel. Häufigkeit** | 0,25 | 0,30 | 0,30 | 0,10 | 0,05 |

wird durch nebenstehendes Histogramm graphisch dargestellt.

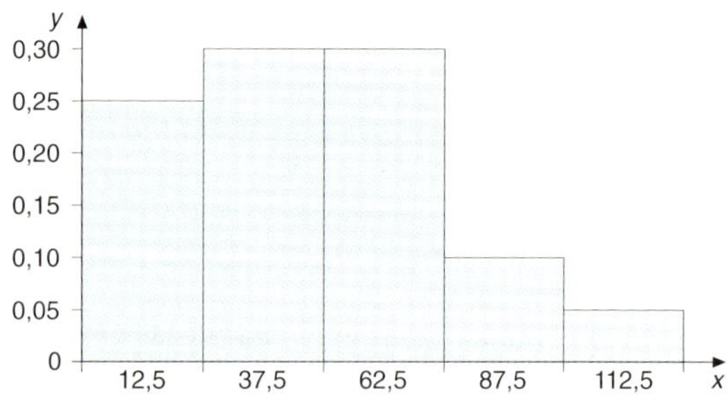


*Bild 9/3*

### Boxplot (Kastenschaubild)

Auf einem Zahlenstrahl werden die Werte der Zufallsgröße aufgetragen. Darüber wird ein Rechteck (Kasten, Box) gezeichnet, das beim unteren Viertelwert beginnt und beim oberen Viertelwert endet. Ein senkrechter Strich im Kasten markiert den Median. Die extremen Beobachtungswerte werden durch Kreuze gekennzeichnet. Die ausgezogenen Linien rechts und links vom Kasten deuten die Verteilung außerhalb des Kastens an. Dafür gibt es unterschiedliche Regeln. Man zieht z. B. die Linien so weit, daß jenseits der Linien jeweils nicht mehr als 10% der Daten liegen.

Das Boxplot ist die zu einem Stengel-und-Blatt-Diagramm passende Darstellungsform.

↗ Zufallsgröße, S. 335
↗ Viertelwert, S. 322
↗ Median, S. 322
↗ Stengel-und-Blatt-Diagramm, S. 319

■ Niederschlagssummen August mit $x_{min} = 14$; $x_{\frac{1}{4}} = 29$; $\tilde{x} = 51{,}5$; $x_{\frac{3}{4}} = 71{,}5$; $x_{max} = 144$:

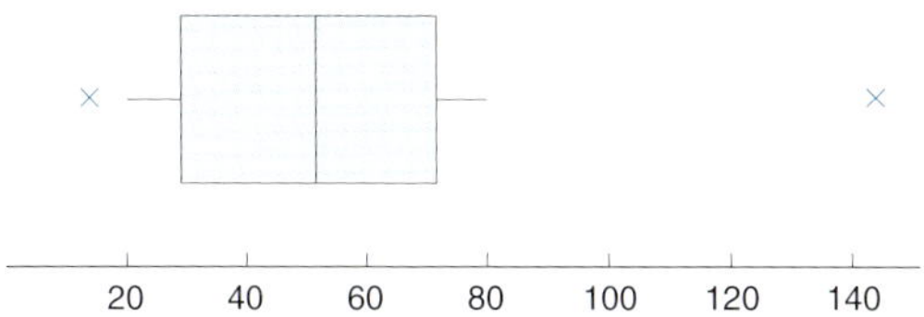


*Bild 9/4*

## Wahrscheinlichkeit

### Axiomatischer Wahrscheinlichkeitsbegriff

Die **Wahrscheinlichkeit *P*(*A*) eines Ereignisses *A*** ist eine reelle Zahl. Die Funktion, die jedem Ereignis eine Wahrscheinlichkeit eindeutig zuordnet, heißt **Wahrscheinlichkeitsverteilung**. Sie hat folgende Eigenschaften: 9

P(1) $0 \leq P(A) \leq 1$.

P(2) $P(\Omega) = 1$.

P(3) $P(A \cup B) = P(A) + P(B)$, falls $A$ und $B$ unvereinbar sind. (Additivität)

Ist die Ergebnismenge nicht endlich, dann wird zusätzlich gefordert:

(P3') $P(A_1 \cup A_2 \cup \ldots \cup A_n \cup \ldots) = P(A_1) + P(A_2) + \ldots P(A_n) + \ldots$, falls die Ereignisse $A_1$, $A_2$, ... paarweise unvereinbar sind, d. h. falls $A_i \cap A_j = \emptyset$ für $i \neq j$.

(Schreibweise: Besteht $A$ nur aus einem Element $a$, so schreibt man $P(a)$ für $P(\{a\})$.)

Diese axiomatische Definition der Wahrscheinlichkeit, die das Fundament der heutigen Wahrscheinlichkeitstheorie und Statistik bildet, gab der russische Mathematiker A. N. KOLMOGOROW (1903–1987) im Jahre 1933.

**Interpretationen der Wahrscheinlichkeit**

Die Definition der Wahrscheinlichkeit erfordert **Interpretationen** des Begriffs Wahrscheinlichkeit. Allgemein versteht man unter der Wahrscheinlichkeit eines Ereignisses ein Maß für den Grad der Gewißheit über das Eintreten dieses Ereignisses. Verbreitet ist die Interpretation von Wahrscheinlichkeit als stabilem Wert der relativen Häufigkeit. Grundlage bildet das empirische Gesetz der großen Zahlen, dem viele reale Vorgänge genügen.

**Empirisches Gesetz der großen Zahlen**

Ein Vorgang mit zufälligem Ergebnis wird $n$ mal unter den gleichen Bedingungen wiederholt. Es sei $h_n(A)$ die relative Häufigkeit eines Ereignisses $A$ in diesen $n$ Versuchen. Das **empirische Gesetz der großen Zahlen** besagt: Diese relative Häufigkeit schwankt mit wachsendem Versuchsumfang $n$ in der Regel immer weniger um ein und denselben festen Wert.

↗ Relative Häufigkeit, S. 317f.

**Stabilwerden der relativen Häufigkeit**

Im Zusammenhang mit dem empirischen Gesetz der großen Zahlen spricht man auch vom **Stabilwerden der relativen Häufigkeit** und interpretiert $P(A)$ als den stabilen Wert der relativen Häufigkeit. Die Wahrscheinlichkeit erlaubt demnach eine Vorhersage der relativen Häufigkeit eines Ereignisses $A$ in langen Versuchsreihen. Zugleich liefert die relative Häufigkeit einen Schätzwert für die Wahrscheinlichkeit, der umso „vertrauenswürdiger“ ist, je länger die Versuchsreihe war.

**Klassischer Wahrscheinlichkeitsbegriff (Laplace-Wahrscheinlichkeit)**

9

Wenn ein Vorgang nur endlich viele mögliche Ergebnisse $\omega_1, \omega_2, \ldots, \omega_r$ hat und man Grund zu der **Annahme** hat, daß allen Ergebnissen die gleiche Chance zukommt, dann wird man den Grad der Gewißheit zu gleichen Teilen auf die Ergebnisse $\omega_1, \omega_2, \ldots, \omega_r$ verteilen:

$$P(\omega_1) = P(\omega_2) = \ldots = P(\omega_r) = \frac{1}{r}.$$

Ist $A$ ein Ereignis mit $m$ Elementen, so ist die **Laplace-Wahrscheinlichkeit von $A$** gleich

$$P(A) = \frac{m}{r} = \frac{\text{Anzahl der günstigen Ergebnisse}}{\text{Anzahl der möglichen Ergebnisse}}.$$

Durch diese Berechnungsvorschrift wird eine Wahrscheinlichkeit erklärt, die die Eigenschaften (P1) bis (P3) besitzt.

Um Laplace-Wahrscheinlichkeiten zu berechnen, müssen Anzahlen bestimmt werden. Dazu verwendet man den Zählalgorithmus.

↗ Günstiges Ergebnis, S. 316

- Das Glücksrad (↗ Bild 9/5) werde 3 mal gedreht. Mit welcher Wahrscheinlichkeit erhält man drei verschiedene Ziffern (Ereignis $A$)? Es gibt $10 \cdot 10 \cdot 10 = 1000$

Ergebnisse der Form $(a, b, c)$. Aus Symmetriegründen werden diese Ergebnisse als gleichwahrscheinlich angenommen. Es gibt $10 \cdot 9 \cdot 8 = 720$ für das Ereignis $A$ günstige Ergebnisse. Also ist $P(A) = 0{,}72$.

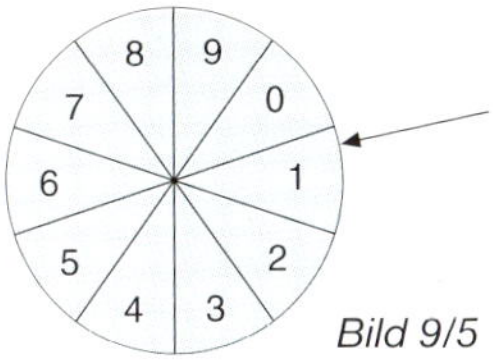

*Bild 9/5*

**Zählalgorithmus**

Eine Auswahl werde in $k$ aufeinanderfolgenden Schritten durchgeführt, wobei die Reihenfolge der Schritte beachtet wird. Gibt es dabei
im 1. Schritt $n_1$ Möglichkeiten
im 2. Schritt $n_2$ Möglichkeiten
..................................................
im $k$-ten Schritt $n_k$ Möglichkeiten,
so gibt es insgesamt $n = n_1 \cdot n_2 \cdot \ldots \cdot n_k$ Möglichkeiten.

- Beim Würfeln mit vier Würfeln gibt es bei Beachtung der Reihenfolge $6 \cdot 6 \cdot 6 \cdot 6 = 1296$ mögliche Ergebnisse. Davon zeigen $6 \cdot 5 \cdot 4 \cdot 3 = 360$ Ergebnisse auf jedem Würfel eine andere Augenzahl.
  Die Reihenfolge muß keine zeitliche Reihenfolge sein, sondern kann sich auch durch Unterscheidung der Würfel in 1., 2., 3. und 4. Würfel ergeben.

**Anzahl der Anordnungen einer $n$-elementigen Menge**

Die Elemente einer Menge $M = \{a_1, a_2, \ldots, a_n\}$ sollen in einer Reihe angeordnet (numeriert, permutiert) werden.

Für den 1. Platz (1. Schritt) gibt es $n$ Möglichkeiten
für den 2. Platz gibt es $n-1$ Möglichkeiten
..................................................
Für den $n$-ten Platz gibt es 1 Möglichkeit.

Nach dem Zählalgorithmus gibt es insgesamt $n! = n \cdot (n-1) \cdot (n-2) \cdot \ldots \cdot 2 \cdot 1$ mögliche Anordnungen (Numerierungen, Permutationen).

↗ Zählalgorithmus, S. 327
↗ Fakultätsfunktion, S. 218
↗ Permutationen, S. 28

- Bei einem Pferderennen mit sechs Pferden gibt es $6! = 720$ verschiedene Einläufe.

**Anzahl der $k$-elementigen Teilmengen einer $n$-elementigen Menge**

Es gibt

$$\binom{n}{k} = \frac{n \cdot (n-1) \cdot (n-2) \cdot \ldots \cdot (n-(k-1))}{k(k-1) \cdot \ldots \cdot 2 \cdot 1} = \frac{n!}{k!\,(n-k)!}$$

$k$-elementige Teilmengen einer $n$-elementigen Menge.

Es gibt also $\binom{n}{k}$ Möglichkeiten, aus einer Menge von $n$ verschiedenen Elementen genau $k$ auszuwählen.

↗ Binomialkoeffizienten, S. 218
↗ Kombinationen, S. 27

■ Es gibt $\binom{32}{10} = 64\,512\,240$ verschiedene Möglichkeiten, aus 32 Skatkarten 10 Karten für einen Spieler auszuwählen.

**Auswahl auf gut Glück**

Man sagt, die Auswahl einer $k$-elementigen Teilmenge aus einer $n$-elementigen Menge erfolgt **auf gut Glück**, wenn jede der $\binom{n}{k}$ möglichen Teilmengen die gleiche Wahrscheinlichkeit besitzt. Dies versucht man, durch gutes Durchmischen zu verwirklichen.
Durch eine Auswahl auf gut Glück „zieht" man eine zufällige Stichprobe aus einer Grundgesamtheit. Sind die Elemente der Grundgesamtheit durchnumeriert, so kann man eine solche Auswahl mit Hilfe von Zufallsziffernfolgen verwirklichen.

↗ Stichprobe, zufällige, S. 353
↗ Statistische Qualitätskontrolle, S. 353
↗ Zufallsziffer, S. 351

**Subjektive Wahrscheinlichkeiten**

Auch in Situationen, wo keine langen Versuchsreihen durchgeführt werden und auch durch logische Überlegungen die Wahrscheinlichkeiten nicht bestimmt werden können, nehmen Menschen eine zahlenmäßige Bewertung von Chancen vor. Diese Bewertungen sind in hohem Maße subjektiv. Man spricht daher von **subjektiven Wahrscheinlichkeiten**.



■ „Die Chance, daß ich die Prüfung bestehe, beträgt 80%."

Subjektive Wahrscheinlichkeiten sollten, wenn sie mehrere Ereignisse betreffen, die Eigenschaft (P3) haben.

**Eigenschaften der Wahrscheinlichkeit**

Ist $A = \{a_1, a_2, \ldots, a_k\}$, so gilt $P(A) = P(a_1) + P(a_2) + \ldots + P(a_k)$.
$P(\bar{A}) = 1 - P(A)$.
$P(A_1 \cup A_2 \cup \ldots \cup A_k) = P(A_1) + P(A_2) + \ldots + P(A_k)$, falls $A_i \cap A_j = \emptyset$ für $i \neq j$.
$P(A \cup B) = P(A) + P(B) - P(A \cap B)$.
$P(A \setminus B) = P(A) - P(A \cap B)$.
$P(A \cup B) \leq P(A) + P(B)$.
Wenn $A \subseteq B$, dann $P(A) \leq P(B)$.

## Bedingte Wahrscheinlichkeit und Unabhängigkeit

### Bedingte Wahrscheinlichkeit

Sei $B$ ein Ereignis mit $P(B) > 0$. Dann heißt
$P(A \mid B) := \frac{P(A \cap B)}{P(B)}$
**bedingte Wahrscheinlichkeit von *A* unter der Bedingung *B*.**

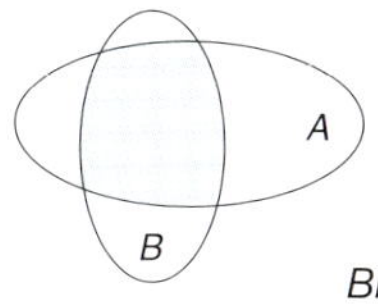

*Bild 9/6*

Die Bedingung $B$ wird als Information gedeutet, deren Vorhandensein die Bewertung der Chancen für $A$ verändern kann. Sind die Ereignisse $A$ und $B$ unabhängig, dann ist
$P(A \mid B) = P(A)$.
↗ Unabhängigkeit von Ereignissen, S. 332f.

■ Beim zweimaligen Würfeln hat das Ereignis
$A = \{(1,1), (2,2), (3,3), (4,4), (5,5), (6,6)\}$
die Wahrscheinlichkeit $\frac{6}{36}$. Sei $B$ das Ereignis „Die Augensumme beträgt 4“.
Es ist
$P(B) = P((2,2)) + P((1,3)) + P((3,1)) = \frac{1}{36}$ und $P(A \cap B) = P((2,2)) = \frac{3}{36}$.
Folglich gilt

$$P(A \mid B) = \frac{P((2,2))}{P(B)} = \frac{\frac{1}{36}}{\frac{3}{36}} = \frac{1}{3}.$$

### Produktformel oder Multiplikationsformel



Für alle Ereignisse $A$, $B$ mit $P(B) > 0$ gilt $P(A \cap B) = P(B) \cdot P(A \mid B)$.

### Verallgemeinerte Produktformel

Wenn $A_1, A_2, \ldots, A_n$ Ereignisse mit $P(A_1 \cap A_2 \cap \ldots \cap A_{n-1}) > 0$ sind, so gilt
$P(A_1 \cap A_2 \cap \ldots \cap A_n) =$
$P(A_1) \cdot P(A_2 \mid A_1) \cdot P(A_3 \mid A_1 \cap A_2) \cdot \ldots \cdot P(A_n \mid A_1 \cap A_2 \cap \ldots \cap A_{n-1})$.

Häufig werden über die bedingten Wahrscheinlichkeiten und die Wahrscheinlichkeiten der Bedingungen (Modell-)Annahmen gemacht und Wahrscheinlichkeiten der Form $P(A_1 \cap A_2 \cap \ldots \cap A_n)$ werden mit Hilfe der Produktformel berechnet.
↗ Modell, S. 30

- Zweimaliges Ziehen ohne Zurücklegen aus einer Urne mit 5 weißen und zwei schwarzen Kugeln. Seien $W_1$: „Die erste Kugel ist weiß." und $W_2$: „Die zweite Kugel ist weiß." zwei Ereignisse. Dann ergeben sich aus der Versuchsanordnung die Wahrscheinlichkeiten $P(W_1) = \frac{5}{7}$ und $P(W_2 \mid W_1) = \frac{4}{6}$ und folglich aus der Produktformel
  $P(W_1 \cap W_2) = \frac{5}{7} \cdot \frac{4}{6} = \frac{10}{21}$.

**Mehrstufige Vorgänge**

Einen Vorgang mit zufälligem Ergebnis nennt man **mehrstufigen Vorgang**, wenn sein Ablauf in mehreren Schritten oder Stufen erfolgt. Das Ergebnis eines $n$-stufigen Vorgangs läßt sich als $n$-Tupel $(e_1, e_2, \ldots, e_n)$ beschreiben, wobei $e_i$ das Ergebnis der $i$-ten Stufe $(i = 1, 2, \ldots, n)$ darstellt.
↗ $n$-Tupel, S. 24f.

- Die Ziehung der Lottozahlen 6 aus 49 ist ein 6stufiger Vorgang. Allerdings interessiert uns dann nur, welche Zahlen gezogen wurden, und nicht, in welcher Reihenfolge dies geschah.

Manche Vorgänge verlaufen real nicht in aufeinanderfolgenden Schritten, können aber bei der Modellierung sinnvoll als mehrstufige Vorgänge beschrieben werden.

- Das gleichzeitige Ziehen von zwei Kugeln aus einer Urne wird modelliert als zweimaliges Ziehen ohne Zurücklegen.

Einen mehrstufigen Vorgang mit endlich vielen möglichen Ergebnissen kann man durch ein **Baumdiagramm** veranschaulichen. Auf jeder Stufe des Vorgangs verzweigt sich der „Baum", die Äste entsprechen den möglichen Ergebnissen der jeweiligen Stufe.

↗ Mehrstufige Vorgänge, S. 330

- Baumdiagramm eines zweistufigen Vorgangs mit drei Ergebnissen in der ersten Stufe und 1, 5 bzw. 3 Ergebnissen in der zweiten Stufe.

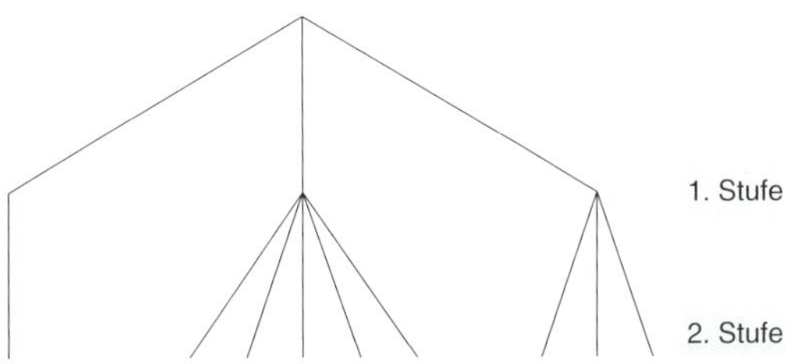


*Bild 9/7*

Jedem möglichen Ablauf des mehrstufigen Vorgangs entspricht ein Weg durch das Baumdiagramm, ein sogenannter **Pfad**. Man kann die Wegstücke mit den jeweiligen Ergebnissen und/oder den zugehörigen Wahrscheinlichkeiten beschriften.

■ Drei Urnen seien mit jeweils 10 weißen und schwarzen Kugeln gefüllt. Darunter sind 2, 4 bzw. 7 weiße Kugeln. Eine Urne wird auf gut Glück ausgewählt und aus dieser Urne wird eine Kugel gezogen. Als Ergebnis wird jeweils die Farbe der gezogenen Kugel registriert.

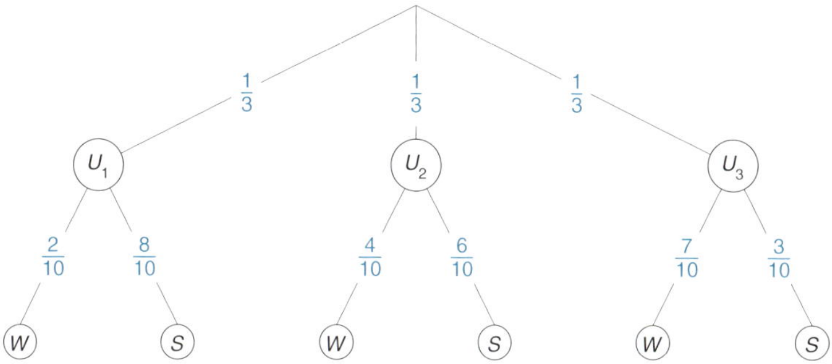


*Bild 9/8*

**1. Pfadregel**

Die Wahrscheinlichkeit eines Ergebnisses in einem mehrstufigen Vorgang ist gleich dem Produkt der Wahrscheinlichkeiten entlang des Pfades, der diesem Ergebnis im Baumdiagramm entspricht.

Die 1. Pfadregel ist ein Spezialfall der verallgemeinerten Produktformel. Man spricht kurz von der Wahrscheinlichkeit eines Pfades und meint die Wahrscheinlichkeit des Ergebnisses, das durch diesen Pfad repräsentiert wird.

↗ Baumdiagramm, S. 330
↗ Pfad, S. 330
↗ Verallgemeinerte Produktformel, S. 329

9

**2. Pfadregel**

Die Wahrscheinlichkeit eines Ereignisses in einem mehrstufigen Vorgang ist gleich der Summe der Wahrscheinlichkeiten der Pfade, die für dieses Ereignis günstig sind.

Die 2. Pfadregel resultiert aus der Additivität der Wahrscheinlichkeit (P3).

↗ Baumdiagramm, S. 330
↗ Pfad, S. 330
↗ Axiomatischer Wahrscheinlichkeitsbegriff, S. 325

■ Zwei gleichstarke Spieler *A* und *B* spielen gegeneinander Schach. Es gibt kein Remis. Gesamtsieger ist derjenige, der zuerst sechs Partien gewonnen hat. Wie groß ist die Chance auf den Gesamtsieg für *A*, wenn er 5:4 führt?

Das Baumdiagramm veranschaulicht den möglichen weiteren Spielverlauf. Nach spätestens zwei Partien steht der Gesamtsieger fest. Es gilt nach den Pfadregeln

$P(A \text{ Gesamtsieger}) = \frac{1}{2} + \frac{1}{2} \cdot \frac{1}{2} = \frac{3}{4}.$

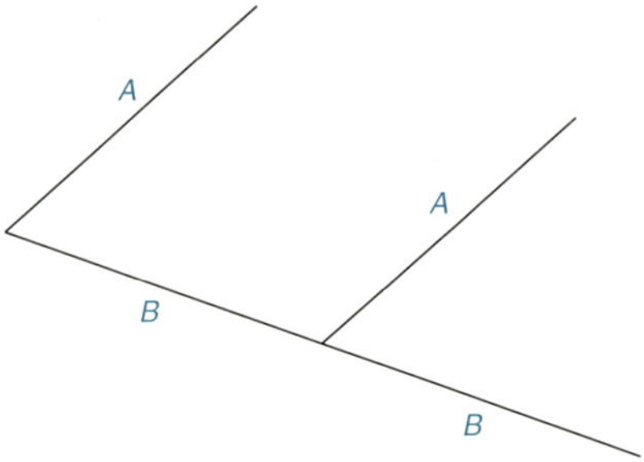


*Bild 9/9*

**Zerlegung**

Die Ereignisse $B_1, B_2, \ldots, B_r$ bilden eine **Zerlegung** (der Ergebnismenge $\Omega$), falls gilt:

1. $B_1 \cup B_2 \cup \ldots \cup B_r = \Omega$.
2. Die Ereignisse $B_1, B_2, \ldots, B_r$ sind paarweise unvereinbar.
3. $P(B_i) > 0$ für $i = 1, 2, \ldots, r$.

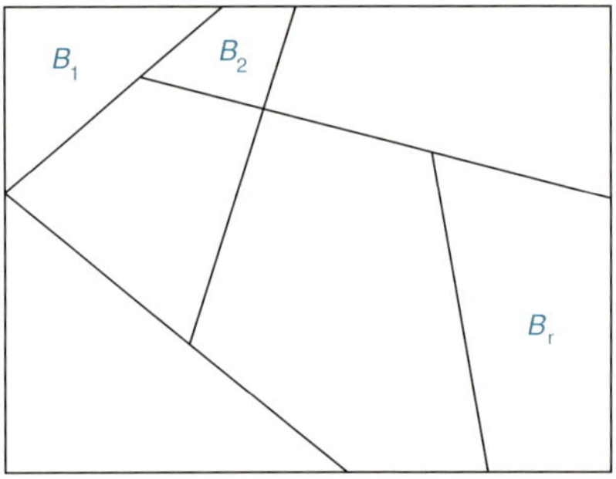


*Bild 9/10*

**Formel für die volle (totale) Wahrscheinlichkeit**

Bilden die Ereignisse $B_1, B_2, \ldots, B_r$ eine Zerlegung, so gilt für jedes Ereignis $A$
$P(A) = P(B_1) \cdot P(A \mid B_1) + P(B_2) \cdot P(A \mid B_2) + \ldots + P(B_r) \cdot P(A \mid B_r)$.

9 **Bayessche Formel**

Bilden die Ereignisse $B_1, B_2, \ldots, B_r$ eine Zerlegung und ist $A$ ein Ereignis mit $P(A) > 0$, so gilt für alle $k = 1, 2, \ldots, r$ die Beziehung

$$P(B_k \mid A) = \frac{P(B_k) \cdot P(A|B_k)}{P(B_1) \cdot P(A|B_1) + P(B_2) \cdot P(A|B_2) + \ldots + P(B_r) \cdot P(A|B_r)}.$$

**Unabhängigkeit von Ereignissen**

Zwei Ereignisse $A$ und $B$ heißen **unabhängig**, wenn gilt
$P(A \cap B) = P(A) \cdot P(B)$.
Die Ereignisse $A_1, A_2, \ldots, A_r$ heißen (**vollständig**) **unabhängig**, wenn für jede endliche Auswahl von Indizes $i_1, i_2, \ldots, i_k$ aus $\{1, 2, \ldots, r\}$ gilt
$P(A_{i_1} \cap A_{i_2} \cap \ldots \cap A_{i_k}) = P(A_{i_1}) \cdot P(A_{i_2}) \cdot \ldots \cdot P(A_{i_k})$.

Die Unabhängigkeit ist häufig eine Modellannahme. Die Unabhängigkeit von Ereignissen bedeutet, daß **bezüglich der Chancen für ihr Eintreten** die Ereignisse **keinen Einfluß** aufeinander haben.
↗ Modell, S. 30

■ In einem technischen System seien die Bauelemente A, B und C in Reihe geschaltet, d. h. die Reihenschaltung arbeitet genau dann, wenn alle drei Bauelemente arbeiten.

*Bild 9/11*

Bezeichne $A$ ($B$ bzw. $C$) das Ereignis: Bauelement A (B bzw. C) arbeitet ausfallfrei im Zeitintervall $[0, T]$. Die Ereignisse $A$, $B$ und $C$ seien **unabhängig**. Dann hat das Ereignis $R$: „Die Reihenschaltung arbeitet ausfallfrei im Zeitintervall $[0, T]$" die Wahrscheinlichkeit
$P(R) = P(A) \cdot P(B) \cdot P(C)$.
↗ Unabhängigkeit von Ereignissen, S. 332

### Produktformel für unabhängige Ereignisse

Sind die Ereignisse $A_1, A_2, \ldots, A_r$ unabhängig, so gilt folgende **Produktformel:**
$P(A_1 \cap A_2 \cap \ldots \cap A_r) = P(A_1) \cdot P(A_2) \cdot \ldots \cdot P(A_r)$.

Die Produktformel für unabhängige Ereignisse ist ein Spezialfall der verallgemeinerten Produktformel.
↗ Verallgemeinerte Produktformel, S. 329

### Eigenschaften unabhängiger Ereignisse

Sind die Ereignisse $A$ und $B$ unabhängig, so sind es auch $A$ und $\overline{B}$, $\overline{A}$ und $B$ sowie $\overline{A}$ und $\overline{B}$.
Sind $A$ und $B$ unvereinbare Ereignisse aus $\Omega$ mit $P(A), P(B) > 0$, so sind $A$ und $B$ nicht unabhängig.
Das sichere und das unmögliche Ereignis sind von jedem Ereignis $B$ unabhängig.
↗ Unvereinbare Ereignisse, S. 316 ↗ Sicheres Ereignis, S. 316
↗ Unmögliches Ereignis, S. 316

### Unabhängige Teilvorgänge

Man spricht von ***n* unabhängigen Teilvorgängen** (oder $n$ unabhängigen Wiederholungen eines Vorgangs), wenn alle Ereignisse, die etwas über verschiedene Teilvorgänge aussagen, unabhängig sind.

### Vierfeldertafel

Ein Vorgang wird $n$ mal wiederholt. Bei jeder Wiederholung interessieren die Ereignisse $A$ und $B$. Es können eintreten: $A \cap B$, $\overline{A} \cap B$, $A \cap \overline{B}$ und $\overline{A} \cap \overline{B}$.

In einer **Vierfeldertafel** wird die gleichzeitige Beobachtung zweier interessierender Ereignisse in folgender Form registriert:

| | $B$ | $\overline{B}$ | |
|---|---|---|---|
| $A$ | $H_n(A \cap B)$ | $H_n(A \cap \overline{B})$ | $H_n(A)$ |
| $\overline{A}$ | $H_n(\overline{A} \cap B)$ | $H_n(\overline{A} \cap \overline{B})$ | $H_n(\overline{A})$ |
| | $H_n(B)$ | $H_n(\overline{B})$ | $n$ |

Die Summe der absoluten Häufigkeiten „im Innern" der Vierfeldertafel muß $n$ ergeben. An den „Rändern" ergeben sich als Zeilen- bzw. Spaltensummen die Häufigkeiten der Ereignisse $A$, $\overline{A}$, $B$ und $\overline{B}$.

↗ Absolute Häufigkeit, S. 317

■ In einer zufälligen Stichprobe von 1000 Abiturienten notiert man von jeder befragten Person erstens das Geschlecht ($A$: weiblich) und zweitens, ob die Note in Mathematik mindestens gut ($B$) oder schlechter als gut ($\overline{B}$) ist. Es mögen sich folgende Häufigkeiten ergeben haben:

| | $B$ | $\overline{B}$ | |
|---|---|---|---|
| $A$ | 170 | 280 | 450 |
| $\overline{A}$ | 130 | 420 | 550 |
| | 300 | 700 | 1000 |

Man kann die Vierfeldertafel auch für die relativen Häufigkeiten aufschreiben:

| | $B$ | $\overline{B}$ | |
|---|---|---|---|
| $A$ | 0,17 | 0,28 | 0,45 |
| $\overline{A}$ | 0,13 | 0,42 | 0,55 |
| | 0,30 | 0,70 | 1,00 |

9

Die Summe der relativen Häufigkeiten „im Innern" der Vierfeldertafel beträgt 1. An den „Rändern" stehen die relativen Häufigkeiten der Ereignisse A, $\overline{A}$, B und $\overline{B}$.

↗ Relative Häufigkeit, S. 317f.
↗ Zufällige Stichprobe, S. 353

**Unabhängigkeit in einer Vierfeldertafel**

Im vorigen Beispiel war $h_n(A \cap B) \neq h_n(A) \cdot h_n(B)$. Es ergibt sich die Frage: Sind die beobachteten Daten mit der **Modellannahme der Unabhängigkeit** (noch) verträglich? Das heißt, ist die vorliegende Abweichung von der Produktformel mit der normalen Zufallsschwankung in einer Stichprobe zu erklären? Zur Beantwortung dieser Frage gibt es statistische Verfahren.

# Zufallsgrößen

## Zufallsgröße

Sei $\Omega$ die Ergebnismenge eines Vorgangs mit zufälligem Ergebnis. Eine Funktion $X: \Omega \to \mathbb{R}$ heißt **Zufallsgröße**, wenn für alle $a, b, c \in \mathbb{R}$ die Mengen $\{\omega \in \Omega | a < X(\omega) < b\}$, $\{\omega \in \Omega | a \leq X(\omega) < b\}$, $\{\omega \in \Omega | a < X(\omega) \leq b\}$ und $\{\omega \in \Omega | X(\omega) = c\}$ Ereignisse sind.

Ist $\Omega$ endlich oder abzählbar unendlich, so sind *alle* Abbildungen: $X: \Omega \to \mathbb{R}$ Zufallsgrößen. Enthält $\Omega$ mehr als abzählbar viele Elemente, ist z. B. $\Omega = \mathbb{R}$, so muß man sichern, daß Aussagen über die Werte der Zufallsgröße Ereignisse sind, d. h. Wahrscheinlichkeiten besitzen (vgl. Bemerkung zu Ereignissen auf S. 315f.).

Für die Ereignisse $\{\omega \in \Omega | a < X(\omega) < b\}$, $\{\omega \in \Omega | X(\omega) = c\}$, ... verwendet man die kürzere Schreibweise $\{a < X < b\}$, $\{X = c\}$, ...

Die Elemente des Wertebereichs von $X$ heißen **Werte** oder auch **Realisierungen** der Zufallsgröße $X$.

↗ Funktion, S. 69ff.
↗ Ereignis, S. 315
↗ Diskrete Zufallsgrößen, S. 335
↗ Stetige Zufallsgrößen, S. 340

## Verteilung (Wahrscheinlichkeitsverteilung) einer Zufallsgröße

Die **Verteilung einer Zufallsgröße** $X$ gibt an, mit welcher Wahrscheinlichkeit die Zufallsgröße $X$ ihre Werte annimmt bzw. mit welcher Wahrscheinlichkeit diese Werte in vorgegebene Teilmengen von $\mathbb{R}$ (z. B. in Intervalle $]a, b]$) fallen.

↗ Verteilung einer diskreten Zufallsgröße, S. 335f.
↗ Verteilung einer stetigen Zufallsgröße, S. 340f.

## Diskrete Zufallsgrößen

Eine Zufallsgröße heißt **diskret**, wenn sie höchstens abzählbar unendlich viele Werte $\{x_1, x_2, \ldots, x_k, \ldots\}$ annehmen kann.

↗ Abzählbare Menge, S. 26

9

■ Ein blauer und ein roter Würfel werden geworfen. Das Ergebnis sei ein geordnetes Paar $(a, b)$ mit $a, b \in \{1, 2, \ldots, 6\}$.

**a)** Dem Ergebnis $(a, b)$ werde die Zahl $x = a + b$, die Augensumme der beiden Würfel, zugeordnet.

Die Zahl $7 = 3 + 4$ ist ein Wert oder auch eine Realisierung der Zufallsgröße $X$, die die zufällige Augensumme beschreibt. Die Menge $\{2, 3, \ldots, 12\}$ ist die Menge der Werte der Zufallsgröße $X$.

**b)** Dem Ergebnis $(a, b)$ werde die Zahl $y = \max(a, b) - 1$ zugeordnet.

Die Zahl $2 = \max(1, 3) - 1$ ist ein Wert der Zufallsgröße $Y$, die die zufällige maximale Augenzahl beider Würfel beschreibt. Die Menge $\{0, 1, \ldots, 5\}$ ist die Menge der Werte der Zufallsgröße $X$.

Die **Verteilung einer diskreten Zufallsgröße** $\boldsymbol{X}$ ordnet den Werten $x_i$ der Zufallsgröße ihre jeweiligen Wahrscheinlichkeiten $p_i$ zu: $p_i = P(X = x_i)$.

Die Verteilung wird oft in Tabellenform angegeben:

| **Wert** | $x_1$ | $x_2$ | … | $x_k$ | … |
|---|---|---|---|---|---|
| **Wahrscheinlichkeit** | $p_1$ | $p_2$ | … | $p_k$ | … |

Die Verteilung einer diskreten Zufallsgröße kann durch ein Streckendiagramm veranschaulicht werden.

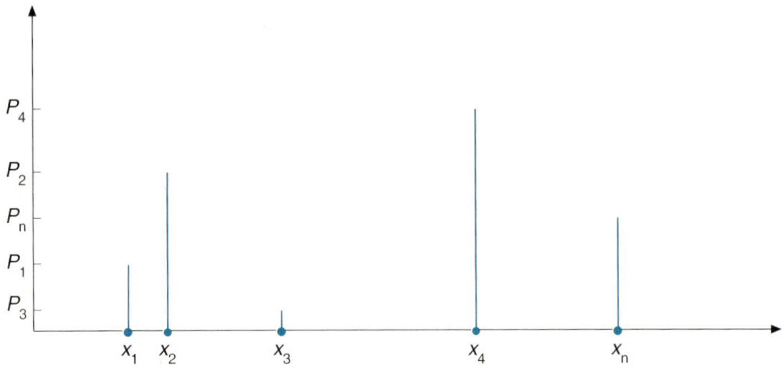


Bild 9/12

↗ Streckendiagramm, S. 323f.

■ Die Zahlen 1, 2, 3 und 4 werden auf gut Glück angeordnet. Für jede Zahl an der richtigen Stelle (verglichen mit der natürlichen Reihenfolge) bekommt man eine Mark. Sei $X$ der Gesamtgewinn.
Die Verteilung von $X$ wird durch folgende Tabelle gegeben:

| **Wert** | 0 | 1 | 2 | 4 |
|---|---|---|---|---|
| **Wahrscheinlichkeit** | $\frac{9}{24}$ | $\frac{8}{24}$ | $\frac{6}{24}$ | $\frac{1}{24}$ |

9

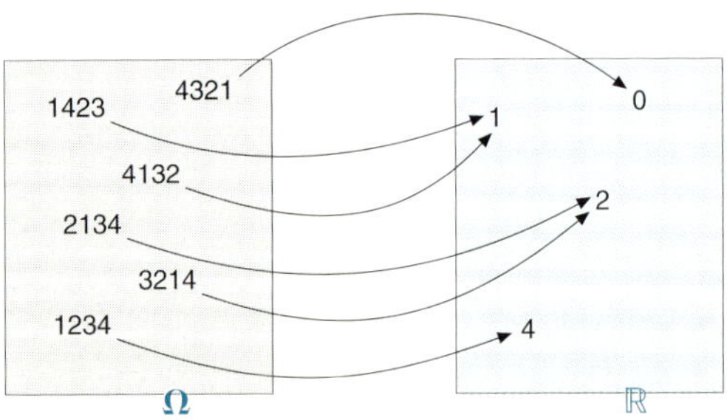


Bild 9/13

■ Ein Würfel wird geworfen, bis zum ersten Mal eine Sechs fällt. Sei $X$ die Anzahl der Würfe bis einschließlich zur ersten Sechs. Die Werte von $X$ sind 1, 2, 3, …
Wegen der Unabhängigkeit der einzelnen Würfe gilt

$P(X = k) = \left(\frac{5}{6}\right)^{k-1} \cdot \frac{1}{6},\ k = 1, 2, 3, \ldots$

- Folgende Verteilungen sind Beispiele für Verteilungen diskreter Zufallsgrößen: Binomialverteilung, hypergeometrische Verteilung, Poissonverteilung.
  ↗ Binomialverteilung, S. 344
  ↗ Hypergeometrische Verteilung, S. 337
  ↗ Poissonverteilung, S. 337

**Poissonverteilung, poissonverteilte Zufallsgröße**

Nimmt eine Zufallsgröße $X$ die Werte 0, 1, 2, ... mit den Wahrscheinlichkeiten $P(X=k)=\frac{\lambda^k}{k!}e^{-\lambda}$, $k = 0, 1, 2, \ldots$ an, wobei $\lambda > 0$ ist, so heißt $X$ **poissonverteilt** mit dem Parameter $\lambda$. Die Verteilung von $X$ heißt **Poissonverteilung** mit dem Parameter $\lambda$.

Es gilt

$E(X) = V(X) = \lambda$.

↗ Erwartungswert einer Zufallsgröße, S. 337
↗ Varianz einer Zufallsgröße, S. 337

**Hypergeometrische Verteilung, hypergeometrisch verteilte Zufallsgröße**

Aus einer Urne mit $s$ schwarzen Kugeln und $N-s$ weißen Kugeln werden ohne Zurücklegen $n$ Kugeln auf gut Glück gezogen. Sei $X$ die Anzahl der gezogenen schwarzen Kugeln.

Dann gilt

$$P(X=k)=\frac{\binom{s}{k}\binom{N-s}{n-k}}{\binom{N}{n}},\ k \in \{0, 1, 2, \ldots, n\} \text{ und } k \leq s,\ k \geq n-(N-s).$$

Diese Verteilung heißt **hypergeometrische Verteilung** mit den Parametern $n$, $N$ und $s$. Für die hypergeometrisch verteilte Zufallsgröße $X$ ist

$E(X) = n\frac{s}{N}$ und

$$V(X) = n \cdot \frac{s}{N} \cdot \frac{N-s}{N} \cdot \frac{N-n}{N-1}.$$

↗ Erwartungswert einer Zufallsgröße, S. 337
↗ Varianz einer Zufallsgröße, S. 337
↗ Auswahl auf gut Glück, S. 328

9

**Erwartungswert und Varianz einer Zufallsgröße**

Der **Erwartungswert** charakterisiert die Verteilung einer Zufallsgröße durch einen mittleren „Wert“. Der Erwartungswert muß unter den Werten der Zufallsgröße nicht vorkommen. Der Erwartungswert macht eine Vorhersage über das arithmetische Mittel in einer langen Serie von Beobachtungen der Zufallsgröße. Umgekehrt dient das arithmetische Mittel als Schätzwert für den Erwartungswert.

Die **Varianz** kennzeichnet die Streuung der Verteilung um den Erwartungswert. Die Varianz macht eine Vorhersage über die empirische Varianz in einer langen Serie von Beobachtungen der Zufallsgröße. Umgekehrt liefert die empirische Varianz einen Schätzwert für die Varianz.

Erwartungswert und Varianz einer Zufallsgröße sind durch deren Verteilung eindeutig bestimmt. Man spricht daher auch vom Erwartungswert und der Varianz der Verteilung.

↗ Verteilung einer Zufallsgröße, S. 335
↗ Arithmetisches Mittel, S. 321
↗ Empirische Varianz, S. 323
↗ Erwartungswert einer diskreten bzw. stetigen Zufallsgröße, S. 338 bzw. S. 342
↗ Varianz einer diskreten bzw. stetigen Zufallsgröße, S. 339 bzw. S. 342

## Erwartungswert einer diskreten Zufallsgröße

Sei $X$ eine Zufallsgröße mit der Verteilung

| **Wert** | $x_1$ | $x_2$ | ... | $x_r$ |
|---|---|---|---|---|
| **Wahrscheinlichkeit** | $p_1$ | $p_2$ | ... | $p_r$ |

Dann heißt die Zahl
$E(X) := x_1p_1 + x_2p_2 + \ldots + x_rp_r$
der **Erwartungswert** von $X$.
Nimmt eine Zufallsgröße $X$ abzählbar unendlich viele Werte an, so sagt man, daß der Erwartungswert existiert, wenn die Folge der Partialsummen $|x_1|p_1 + |x_2|p_2 + \ldots + |x_k|p_k$ gegen einen endlichen Grenzwert konvergiert. In diesem Falle definiert man $E(X)$ als Grenzwert der Folge der Partialsummen $x_1p_1 + x_2p_2 + \ldots + x_kp_k$.
Also
$E(X) := x_1p_1 + x_2p_2 + \ldots + x_kp_k + \ldots$

↗ Partialsumme, S. 220
↗ Grenzwert, S. 222

9

- Der Erwartungswert der Zufallsgröße $X$ mit der Verteilung

| **Wert** | 0 | 1 | 2 | 4 |
|---|---|---|---|---|
| **Wahrscheinlichkeit** | $\frac{9}{24}$ | $\frac{8}{24}$ | $\frac{6}{24}$ | $\frac{1}{24}$ |

ist $E(X) = 0 \cdot \frac{9}{24} + 1 \cdot \frac{8}{24} + 2 \cdot \frac{6}{24} + 4 \cdot \frac{1}{24} = 1.$

- Der Erwartungswert der Augenzahl $Y$ beim Würfeln beträgt
$E(Y) = 1 \cdot \frac{1}{6} + 2 \cdot \frac{1}{6} + \ldots + 6 \cdot \frac{1}{6} = 3{,}5.$

- Der Erwartungswert der Anzahl $Z$ der Würfe bis zur ersten Sechs beträgt
$E(Z) = 1 \cdot \frac{1}{6} + 2 \cdot \frac{5}{6} \cdot \frac{1}{6} + 3 \cdot \left(\frac{5}{6}\right)^2 \cdot \frac{1}{6} + \ldots + k\left(\frac{5}{6}\right)^{k-1} \cdot \frac{1}{6} + \ldots = 6.$

**Faires Spiel**

Die Zufallsgröße $G$ bezeichne den (Brutto)Gewinn des Spielers A bei einem Spiel gegen den Spieler B. Der Einsatz für ein Spiel betrage $e$. Das Spiel heißt **fair**, wenn $E(G) = e$ gilt.

- Beim Roulette setzt ein Spieler 1 Chip auf das Ereignis {1, 2, 3}. Tritt dieses Ereignis ein, so erhält er 12 Chips, andernfalls erhält er nichts.
  Es gilt
  $E(G) = 0 \cdot \frac{34}{37} + 12 \cdot \frac{3}{37} = \frac{36}{37} < 1$. Das Spiel ist nicht fair.

**Varianz einer diskreten Zufallsgröße**

Sei $X$ eine Zufallsgröße mit der Verteilung

| **Wert** | $x_1$ | $x_2$ | ... | $x_r$ |
|---|---|---|---|---|
| **Wahrscheinlichkeit** | $p_1$ | $p_2$ | ... | $p_r$ |

Dann heißt die Zahl
$V(X) := (x_1 - E(X))^2 p_1 + (x_2 - E(X))^2 p_2 + \ldots + (x_r - E(X))^2 p_r$
die **Varianz** von $X$. Nimmt eine Zufallsgröße $X$ abzählbar unendlich viele Werte an, so sagt man, daß die Varianz existiert, wenn die Folge der Partialsummen $(x_1 - E(X))^2 p_1 + (x_2 - E(X))^2 p_2 + \ldots + (x_k - E(X))^2 p_k$ gegen einen endlichen Grenzwert konvergiert. In diesem Falle definiert man $V(X)$ als Grenzwert dieser Folge. Also
$V(X) := (x_1 - E(X))^2 p_1 + (x_2 - E(X))^2 p_2 + \ldots + (x_k - E(X))^2 p_k + \ldots$

↗ Partialsumme, S. 220
↗ Grenzwert, S. 222

Es gilt: $V(X) = E(X^2) - (E(X))^2$ mit $E(X^2) = x_1^2 p_1 + x_2^2 p_2 + \ldots + x_r^2 p_r$ für einen endlichen Wertebereich und $E(X^2) = x_1^2 p_1 + x_2^2 p_2 + \ldots + x_k^2 p_k + \ldots$ für einen abzählbar unendlichen Wertebereich, sofern der Grenzwert existiert.

9

- Die Varianzen der Zufallsgrößen aus den vorigen Beispielen (siehe Erwartungswert einer diskreten Zufallsgröße) betragen

$$V(X) = (0-1)^2 \cdot \frac{9}{24} + (1-1)^2 \cdot \frac{8}{24} + (2-1)^2 \cdot \frac{6}{24} + (4-1)^2 \cdot \frac{1}{24} = 1,$$

$$V(Y) = (1-3{,}5)^2 \cdot \frac{1}{6} + (2-3{,}5)^2 \cdot \frac{1}{6} + \ldots + (6-3{,}5)^2 \cdot \frac{1}{6}$$
$$= 1^2 \cdot \frac{1}{6} + 2^2 \cdot \frac{1}{6} + \ldots + 6^2 \cdot \frac{1}{6} - 3{,}5^2 = \frac{35}{12},$$

$$V(Z) = (1-6)^2 \cdot \frac{1}{6} + (2-6)^2 \cdot \frac{5}{6} \cdot \frac{1}{6} + (3-6)^2 \cdot \left(\frac{5}{6}\right)^2 \cdot \frac{1}{6} + \ldots + (k-6)^2 \cdot \left(\frac{5}{6}\right)^{k-1} \cdot \frac{1}{6} + \ldots = 30.$$

Die **Standardabweichung** $\sigma(X)$ einer Zufallsgröße $X$ ist die Wurzel aus der Varianz $\sigma(X) := \sqrt{V(X)}$.

## Dichte

Eine **Dichtefunktion** oder kurz **Dichte** ist eine integrierbare Funktion $f: \mathbb{R} \to \mathbb{R}$ mit folgenden Eigenschaften:

**1.** $f(x) \geq 0$ für alle $x \in \mathbb{R}$.

**2.** Die Fläche zwischen dem Funktionsgraphen und der $x$-Achse hat den Flächeninhalt 1, d. h.

$$\int_{-\infty}^{+\infty} f(x)\,dx = 1.$$

↗ Bestimmtes Integral, S. 261 ff.

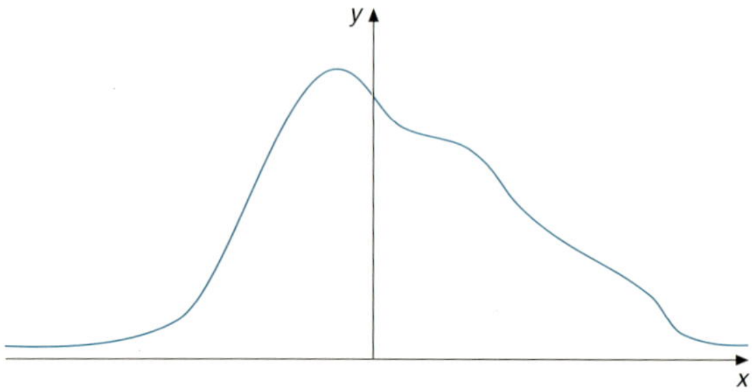


Bild 9/14

## Stetige Zufallsgrößen

Es gibt Zufallsgrößen, die mehr als abzählbar unendlich viele Werte annehmen. Oft ist ihr Wertebereich die Menge der reellen Zahlen oder ein Intervall $[a, b] \subset \mathbb{R}$.
Eine Zufallsgröße $X$ heißt **stetig**, wenn es eine Dichte $f$ gibt, so daß für alle $a, b \in \mathbb{R}$ gilt

$$P(a < X \leq b) = \int_a^b f(x)\,dx.$$

Der Funktionswert $f(x)$ der Dichte an einer Stetigkeitsstelle $x$ ist ein Maß für die Wahrscheinlichkeit, mit der die Zufallsgröße $X$ Werte aus einer kleinen Umgebung von x annimmt, denn für kleine Werte von $h$ gilt: $P(x - h < X \leq x + h) \approx f(x) \cdot 2h$.
Die **Verteilung einer stetigen Zufallsgröße** $X$ wird durch ihre Dichte $f$ erklärt. Die Wahrscheinlichkeiten $P(a < X \leq b)$, $a, b \in \mathbb{R}$, bestimmen die Verteilung von $X$.
Es gilt für alle $a, b, c \in \mathbb{R}$

$$P(a < X \leq b) = \int_a^b f(x)\,dx,$$

$$P(X \leq b) = \int_{-\infty}^{b} f(x)\,dx,$$

$$P(X > a) = \int_a^{+\infty} f(x)\,dx,$$

$P(X = c) = 0$.

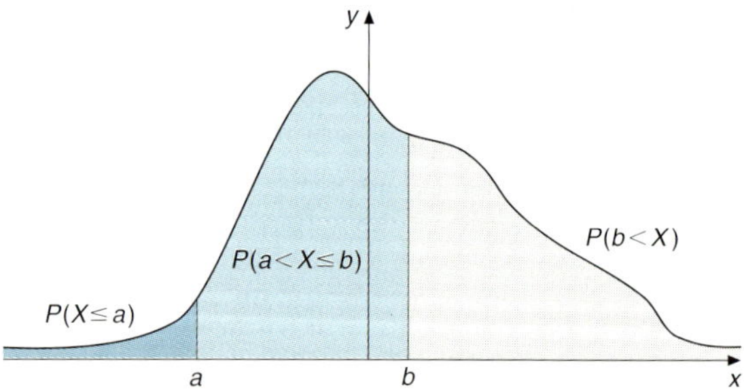


Bild 9/15

■ Folgende Verteilungen sind Beispiele für Verteilungen stetiger Zufallsgrößen: Gleichverteilung auf einem Intervall, Normalverteilung, Exponentialverteilung.
↗ Gleichverteilung auf einem Intervall, S. 341
↗ Normalverteilung, S. 349
↗ Exponentialverteilung, S. 341

**Gleichverteilung auf einem Intervall, gleichverteilte Zufallsgröße**

Eine stetige Zufallsgröße $X$ heißt **gleichverteilt auf dem Intervall [*a*, *b*]**, wenn ihre Dichte $f$ folgendermaßen erklärt ist:

$$f(x) = \begin{cases} \frac{1}{b-a} & \text{für } a \le x \le b \\ 0 & \text{für } x < a \text{ oder } x > b \end{cases}$$

Die Verteilung der Zufallsgröße $X$ heißt **Gleichverteilung auf dem Intervall [*a*, *b*]**.

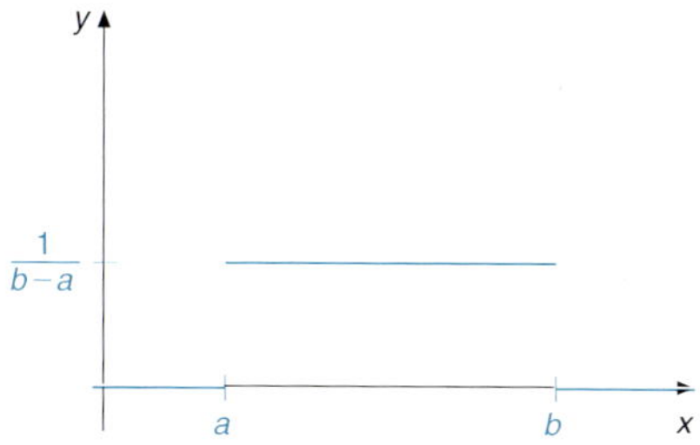


*Bild 9/16*

Die Gleichverteilung auf dem Intervall $[a, b]$ ist ein Modell für den Vorgang: Auswahl „auf gut Glück“ eines Punktes aus dem Intervall $[a, b]$. Eine gleichverteilte Zufallsgröße fällt mit Wahrscheinlichkeit $\frac{d-c}{b-a}$ in ein Teilintervall $[c, d]$ des Intervalls $[a, b]$. Teilintervalle gleicher Länge besitzen also die gleiche Wahrscheinlichkeit.

Es ist

$$E(X) = \frac{a+b}{2} \text{ und}$$

$$V(X) = \frac{(b-a)^2}{12}.$$

↗ Erwartungswert einer Zufallsgröße, S. 337
↗ Varianz einer Zufallsgröße, S. 337

**Exponentialverteilung, exponentialverteilte Zufallsgröße**

Eine stetige Zufallsgröße $X$ heißt **exponentialverteilt mit dem Parameter $\lambda$**, wenn ihre Dichte $f$ folgendermaßen erklärt ist:

$$f(x) = \begin{cases} \lambda e^{-\lambda x} & \text{für } x \ge 0 \\ 0 & \text{für } x < 0 \end{cases}$$

Die Verteilung der Zufallsgröße $X$ heißt **Exponentialverteilung mit dem Parameter $\lambda$**.

Es ist $E(X) = \frac{1}{\lambda}$ und

$$V(X) = \frac{1}{\lambda^2}.$$

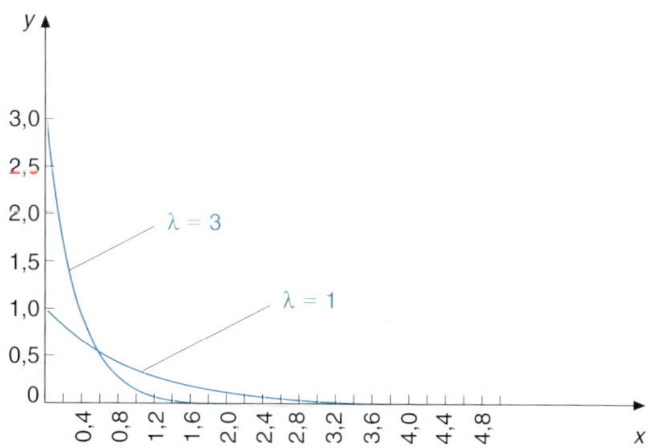


*Bild 9/17*

↗ Erwartungswert einer Zufallsgröße, S. 337
↗ Varianz einer Zufallsgröße, S. 337
↗ Exponentialfunktion, S. 123f.

## Erwartungswert einer stetigen Zufallsgröße

Sei $X$ eine stetige Zufallsgröße mit der Dichte $f$. Man sagt, daß der Erwartungswert von $X$ existiert, wenn $\int_{-\infty}^{+\infty} |x| f(x)\,dx$ endlich ist. In diesem Falle heißt

$$E(X) := \int_{-\infty}^{+\infty} x f(x)\,dx$$

der **Erwartungswert** von $X$.

## Varianz einer stetigen Zufallsgröße

Sei $X$ eine stetige Zufallsgröße mit der Dichte $f$. Man sagt, daß die Varianz von $X$ existiert, wenn $\int_{-\infty}^{+\infty} x^2 f(x)\,dx$ endlich ist. In diesem Fall heißt

$$V(X) := \int_{-\infty}^{+\infty} (x - E(X))^2 f(x)\,dx$$

die **Varianz** von $X$. Die **Standardabweichung** $\sigma(X)$ ist die Wurzel aus der Varianz, $\sigma(X) := \sqrt{V(X)}$.

Es gilt: $V(X) = E(X^2) - (E(X))^2$ mit $E(X^2) = \int_{-\infty}^{+\infty} x^2 f(x)\,dx$.

## Eigenschaften von Erwartungswert und Varianz

9

Seien $X$ und $Y$ Zufallsgrößen, deren Erwartungswerte und Varianzen existieren. Dann gilt für alle reellen Zahlen $a$, $b$:
$E(aX + bY) = a \cdot E(X) + b \cdot E(Y)$ und $V(aX + b) = a^2 V(X)$.

## Tschebyschewsche Ungleichung

Sei $X$ eine Zufallsgröße mit dem Erwartungswert $E(X)$ und der Varianz $V(X)$. Dann gilt für jede positive Zahl $\varepsilon$ die **Tschebyschewsche Ungleichung**:

$$P(|X - E(X)| \geq \varepsilon) \leq \frac{V(X)}{\varepsilon^2}.$$

■ Sei $\sigma = \sqrt{V(X)}$ die Standardabweichung einer Zufallsgröße $X$. Dann erhält man für $\varepsilon = 2\sigma$ bzw. $3\sigma$ aus der Tschebyschewschen Ungleichung folgende Aussagen, die eine Deutung der Standardabweichung als Maß für die Abweichung vom Erwartungswert ermöglichen:

$$P(|X - E(X)| < 2\sigma) \geq \frac{3}{4} \text{ und } P(|X - E(X)| < 3\sigma) \geq \frac{8}{9}.$$

**Standardisierte Zufallsgröße**

Sei $X$ eine Zufallsgröße mit Erwartungswert $E(X)$ und Varianz $V(X)$. Die Zufallsgröße

$$X^* := \frac{X - E(X)}{\sqrt{V(X)}}$$

heißt **standardisierte Zufallsgröße**. Es ist $E(X^*) = 0$ und $V(X^*) = 1$.

## Bernoulli-Experimente und Binomialverteilung

**Bernoulli-Experiment**

Ein Vorgang mit genau zwei möglichen Ergebnissen heißt **Bernoulli-Experiment**. Man bezeichnet die beiden Ergebnisse mit 1 bzw. 0 und nennt sie (wertungsfrei) **Erfolg** bzw. **Mißerfolg**.
Die Wahrscheinlichkeit $p$ des Erfolgs in einem Bernoulli-Experiment nennt man **Erfolgswahrscheinlichkeit**. Es ist $1 - p$ die Wahrscheinlichkeit eines Mißerfolgs.

- Wenn man beim Würfeln nur zwischen „Sechs gewürfelt“ (Erfolg) und „keine Sechs gewürfelt“ unterscheidet, dann liegt ein Bernoulli-Experiment mit $p = \frac{1}{6}$ vor.

- Wenn man bei einer Prüfung nur nach „Bestanden“ oder „Nicht bestanden“ fragt, dann betrachtet man den Vorgang als Bernoulli-Experiment.

**Bernoulli-Kette**

Die $n$-malige unabhängige Wiederholung eines Bernoulli-Experiments heißt **Bernoulli-Kette der Länge $n$**.
↗ Unabhängige Teilvorgänge, S. 333
↗ Bernoulli-Experiment, S. 343

- Bei einem Preisausschreiben gibt es zu jeder der 15 Fragen drei Antwortmöglichkeiten, von denen genau eine richtig ist.
  Wenn eine Person alle Antworten durch bloßes Raten (Auswahl auf gut Glück) ankreuzt, dann liegt eine Bernoulli-Kette der Länge 15 mit Erfolgswahrscheinlichkeit $\frac{1}{3}$ vor.
  Wenn diese Person 5 Antworten sicher weiß und die anderen rät, dann ist es eine Bernoulli-Kette der Länge 10 mit $p = \frac{1}{3}$.

- Ein technisches System besteht aus 100 (gleichartigen) Bauelementen, die unabhängig voneinander ausfallen. Jedes Bauelement fällt mit Wahrscheinlichkeit 0,05 aus.
  Bezeichnet man den Ausfall eines Bauelements als Erfolg, dann liegt eine Bernoulli-Kette der Länge 100 mit $p = 0{,}05$ vor. Die 100 Bernoulli-Experimente laufen hier gleichzeitig ab.

## Bernoulli-Schema

Als **Bernoulli-Schema mit den Parametern *n* und *p*** bezeichnet man das folgende Modell für eine Bernoulli-Kette der Länge $n$.
Ergebnismenge: $\Omega$ = Menge aller $n$-Tupel aus Nullen und Einsen, d. h.
$\Omega = \{(e_1, e_2, \ldots, e_n) \mid e_k \in \{0, 1\}, k = 1, 2, \ldots, n\}$. Hierbei steht $e_k$ für das Ergebnis des $k$-ten Bernoulli-Experiments.
Wahrscheinlichkeit: $P((e_1, e_2, \ldots, e_n)) = P(e_1) \cdot P(e_2) \cdot \ldots \cdot P(e_n)$, wobei $P(1) = p$ und $P(0) = 1 - p$ ist.

↗ $n$-Tupel, S. 24f.

■ Die Wahrscheinlichkeit für mindestens einen Erfolg (Ereignis $A$) in einer Bernoulli-Kette der Länge $n$.
Es gilt $P(A) = 1 - P(\bar{A}) = 1 - P((0, 0, \ldots, 0)) = 1 - (1 - p)^n$.

### Die Mindestanzahl von Versuchen

Damit die Wahrscheinlichkeit für mindestens einen Erfolg in einer Bernoulli-Kette mindestens $1 - \alpha$ beträgt, $0 < \alpha < 1$, muß für die Länge $n$ der Bernoulli-Kette gelten: $n \geq \frac{\ln \alpha}{\ln(1-p)}$.

■ Damit beim wiederholten Würfeln mit einer Wahrscheinlichkeit von mindestens 0,95 mindestens eine Sechs auftritt, muß $n \geq \frac{\ln 0{,}05}{\ln\left(1 - \frac{1}{6}\right)}$ gelten, d. h. $n \geq 17$ sein.

### Die Anzahl der Erfolge in einer Bernoulli-Kette

9

In einem Bernoulli-Schema mit den Parametern $n$ und $p$ beschreibt die Zufallsgröße $S_n$ mit $S_n((e_1, e_2, \ldots, e_n)) = e_1 + e_2 + \ldots + e_n$ die Anzahl der Erfolge in der Bernoulli-Kette.

### Die Binomialverteilung

Die Verteilung der Anzahl $S_n$ der Erfolge in der Bernoulli-Kette mit den Parametern $n$ und $p$ heißt **Binomialverteilung mit den Parametern *n* und *p***. Es gilt
$P(S_n = k) = \binom{n}{k} p^k \cdot (1-p)^{n-k}$ für $k = 0, 1, \ldots, n$.
Die Zufallsgröße $S_n$ heißt **binomialverteilt** mit den Parametern $n$ und $p$.
Schreibweise: $S_n \sim B(n, p)$

Es ist $E(S_n) = n \cdot p$ und $V(S_n) = n \cdot p \cdot (1 - p)$.
↗ Verteilung einer Zufallsgröße, S. 335
↗ Erwartungswert einer Zufallsgröße, S. 337
↗ Varianz einer Zufallsgröße, S. 337

- Die Anzahl $S_5$ der Wappen bei 5 Würfen mit einer echten Münze ist binomialverteilt mit den Parametern 5 und 0,5:

| **Wert** | 0 | 1 | 2 | 3 | 4 | 5 |
|---|---|---|---|---|---|---|
| **Wahrscheinlichkeit** | 0,031 | 0,156 | 0,312 | 0,312 | 0,156 | 0,031 |

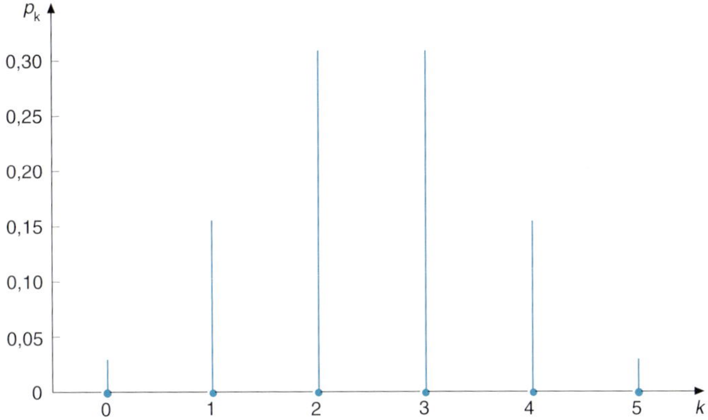


*Bild 9/18*

**Die wahrscheinlichste Anzahl von Erfolgen in einer Bernoulli-Kette**

Den **wahrscheinlichsten Wert** $k_0$ von $S_n$ erhält man aus der Ungleichung

$np - (1 - p) \leq k_0 \leq np + p.$

Ist $np + p$ eine natürliche Zahl, so ist es auch $np - (1 - p)$. In diesem Fall gibt es zwei wahrscheinlichste Werte von $S_n$.

Der wahrscheinlichste Wert einer binomialverteilten Zufallsgröße ist ungefähr gleich dem Erwartungswert.

↗ Erwartungswert einer Zufallsgröße, S. 337

9

- Sei $S_{60} \sim B(60, 0{,}3)$. Aus $18 - 0{,}7 \leq k_0 \leq 18 + 0{,}3$ erhält man $k_0 = 18$.

Für diesen wahrscheinlichsten Wert berechnet man

$P(S_{60} = 18) = \binom{60}{18} 0{,}3^{18}\, 0{,}7^{42} = 0{,}112.$

Der wahrscheinlichste Wert hat dennoch eine recht kleine Wahrscheinlichkeit, weil die Gesamtwahrscheinlichkeit 1 auf sehr viele (nämlich 60) Werte *verteilt* wird.

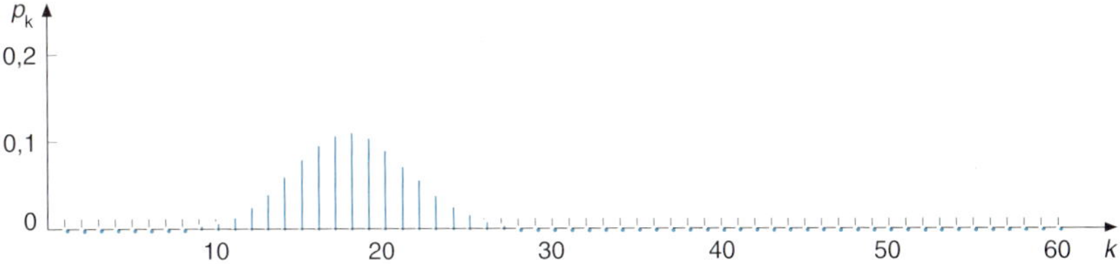


*Bild 9/19*

## Gestalt der Binomialverteilung in Abhängigkeit von den Parametern $n$ und $p$

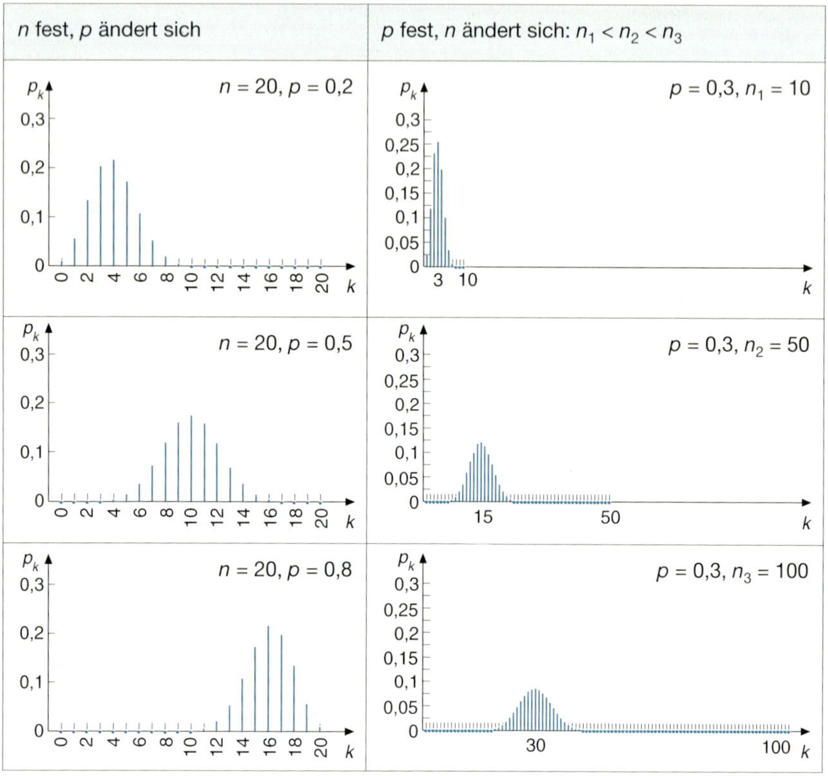


*Bild 9/20*



### Die relative Häufigkeit der Erfolge in einer Bernoulli-Kette

Sei $S_n \sim B(n, p)$ und $A$ das als Erfolg bezeichnete Ereignis. Dann gilt für die **relative Häufigkeit $h_n(A)$ der Erfolge**:

$$h_n(A) = \frac{1}{n} S_n,\ E(h_n(A)) = p,\ V(h_n(A)) = \frac{p\,(1-p)}{n}.$$

Die relative Häufigkeit der Erfolge in einer Bernoulli-Kette der Länge $n$ ist eine Zufallsgröße. Der Erwartungswert von $h_n(A)$ ist gleich $p$. Die Varianz von $h_n(A)$ nimmt mit wachsendem $n$ ab, d. h. die Streuung um $p$ wird kleiner. Diese Eigenschaften widerspiegeln die Erfahrungstatsache vom Stabilwerden der relativen Häufigkeit. Eine genauere Formulierung gibt das Bernoullische Gesetz der großen Zahlen.

↗ Zufallsgröße, S. 335
↗ Relative Häufigkeit, S. 317 f.
↗ Erwartungswert, S. 337
↗ Bernoullisches Gesetz der großen Zahlen, S. 347

**Tschebyschewsche Ungleichung im Bernoulli-Schema**

Für die Anzahl der Erfolge $S_n$ gilt: $P(|S_n - np| \geq \varepsilon) \leq \frac{np(1-p)}{\varepsilon^2}$.

Für die relative Häufigkeit $h_n(A)$ der Erfolge gilt: $P(|h_n(A) - p| \geq \varepsilon) \leq \frac{p(1-p)}{n\varepsilon^2}$.

*Folgerungen:* Wegen $p(1-p) \leq \frac{1}{4}$ folgt:

$P(|S_n - np| \geq \varepsilon) \leq \frac{n}{4\varepsilon^2}$ und $P(|h_n(A) - p| \geq \varepsilon) \leq \frac{1}{4n\varepsilon^2}$.

**Bernoullisches Gesetz der großen Zahlen**

Für jede positive Zahl $\varepsilon$ gilt $\lim\limits_{n \to \infty} P(|h_n(A) - p| \geq \varepsilon) = 0$.

**Die Binomialverteilung bei großem *n***

Die Einzelwahrscheinlichkeiten der Binomialverteilung sind bei großem $n$ sehr klein. Daher ist es sinnvoller, nach der Wahrscheinlichkeit zu fragen, mit der die Zufallsgröße $S_n$ Werte aus einem Intervall $[a, b]$ annimmt: $P(a \leq S_n \leq b)$. Diese Wahrscheinlichkeit kann man näherungsweise mit Hilfe der Normalverteilung angeben. Diese Näherung beruht auf dem Satz von Moivre-Laplace.

↗ Normalverteilung, S. 349
↗ Satz von Moivre-Laplace, S. 347
↗ Rechenregeln für die praktische Anwendung, S. 347

**Satz von Moivre-Laplace**

Sei $S_n \sim B(n, p)$ mit $0 < p < 1$ und $S_n^*$ die zugehörige standardisierte Zufallsgröße. Dann gilt für alle $a < b$

$$\lim_{n \to \infty} P(a \leq S_n^* \leq b) = \Phi(b) - \Phi(a).$$

Hierbei ist $\Phi$ die Verteilungsfunktion der Standardnormalverteilung.

9

↗ Standardnormalverteilung, S. 349
↗ Rechenregeln für die praktische Anwendung, S. 347

**Rechenregeln für die praktische Anwendung des Satzes von Moivre-Laplace**

Bei großem $n$ wird als Näherung für eine gesuchte Wahrscheinlichkeit der Grenzwert verwendet. Die Näherung ist erfahrungsgemäß brauchbar, wenn $np(1-p) > 9$ gilt (Faustregel). Sei $\sigma = \sqrt{np(1-p)}$ die Standardabweichung der Binomialverteilung.

**1**. Schritt: Standardisieren von $S_n$

$$P(\alpha \leq S_n \leq \beta) = P\left(\frac{\alpha - np}{\sigma} \leq \frac{S_n - np}{\sigma} \leq \frac{\beta - np}{\sigma}\right) = P\left(\frac{\alpha - np}{\sigma} \leq S_n^* \leq \frac{\beta - np}{\sigma}\right)$$

**2**. Schritt: Näherung durch den Grenzwert

$$P\left(\frac{\alpha - np}{\sigma} \leq S_n^* \leq \frac{\beta - np}{\sigma}\right) \approx \Phi\left(\frac{\beta - np}{\sigma}\right) - \Phi\left(\frac{\alpha - np}{\sigma}\right)$$

Die folgenden Gleichungen fassen die Ergebnisse zusammen:

① $P(\alpha \leq S_n \leq \beta) \approx \Phi\left(\frac{\beta - np}{\sigma}\right) - \Phi\left(\frac{\alpha - np}{\sigma}\right)$

② $P(\alpha \leq S_n) \approx 1 - \Phi\left(\frac{\alpha - np}{\sigma}\right)$

③ $P(S_n \leq \beta) \approx \Phi\left(\frac{\beta - np}{\sigma}\right)$

↗ Standardisieren einer normalverteilten Zufallsgröße, S. 349
↗ Standardnormalverteilung, S. 349

■ Gesucht sei die Wahrscheinlichkeit dafür, daß unter 1000 Neugeborenen mindestens 450 und höchsten 580 Mädchen sind. Annahme: Für die Anzahl $S_{1000}$ der Mädchen gilt $S_{1000} \sim B(1000,\ 0{,}5)$. Es ist $np(1-p) = 250 > 9$. Die Näherung wird vorgenommen:

$$\begin{aligned} P(480 \leq S_{1000} \leq 550) &= P\left(\frac{480-500}{\sqrt{250}} \leq S^*_{1000} \leq \frac{550-500}{\sqrt{250}}\right) \\ &\approx \Phi(3{,}16) - \Phi(-1{,}26) \\ &\approx 1 - (1 - 0{,}9) \\ &= 0{,}9. \end{aligned}$$

Die gesuchte Wahrscheinlichkeit beträgt näherungsweise 0,9.

**Die $k \cdot \sigma$-Regeln für die Binomialverteilung**

Für große $n$ (Faustregel $np(1-p) > 9$) gilt näherungsweise:

9

| | |
|---|---|
| $P(np-\sigma \leq S_n \leq np+\sigma) \approx 0{,}683$ | $P\left(p - \frac{\sqrt{p(1-p)}}{\sqrt{n}} \leq h_n(A) \leq p + \frac{\sqrt{p(1-p)}}{\sqrt{n}}\right) \approx 0{,}683$ |
| $P(np-2\sigma \leq S_n \leq np+2\sigma) \approx 0{,}954$ | $P\left(p - 2\frac{\sqrt{p(1-p)}}{\sqrt{n}} \leq h_n(A) \leq p + 2\frac{\sqrt{p(1-p)}}{\sqrt{n}}\right) \approx 0{,}954$ |
| $P(np-3\sigma \leq S_n \leq np+3\sigma) \approx 0{,}997$ | $P\left(p - 3\frac{\sqrt{p(1-p)}}{\sqrt{n}} \leq h_n(A) \leq p + 3\frac{\sqrt{p(1-p)}}{\sqrt{n}}\right) \approx 0{,}997$ |

Mit Hilfe von Erwartungswert und Varianz der Zufallsgrößen $S_n$ bzw. $h_n(A)$ lassen sich also Intervalle angeben, in welche die Werte dieser Zufallsgrößen mit Wahrscheinlichkeiten von rund 68 %, 95 % bzw. über 99 % fallen. Der Erwartungswert bestimmt die Lage der Intervalle auf der Achse, die Varianz die Breite der Intervalle. Je kleiner die Varianz, desto kürzer die Intervalle.

## Normalverteilung

### Normalverteilung, normalverteilte Zufallsgröße

Sei $\mu \in \mathbb{R}$ und $\sigma > 0$. Eine stetige Zufallsgröße $X$ heißt **normalverteilt mit den Parametern $\mu$ und $\sigma^2$**, wenn für ihre Dichte $f$ gilt

$$f(x) = \frac{1}{\sqrt{2\pi}\sigma} e^{-\frac{(x-\mu)^2}{2\sigma^2}}, x \in \mathbb{R}.$$

Die Verteilung von $X$ heißt **Normalverteilung mit den Parametern $\mu$ und $\sigma^2$**.
Schreibweise: $X \sim N(\mu,\sigma^2)$.

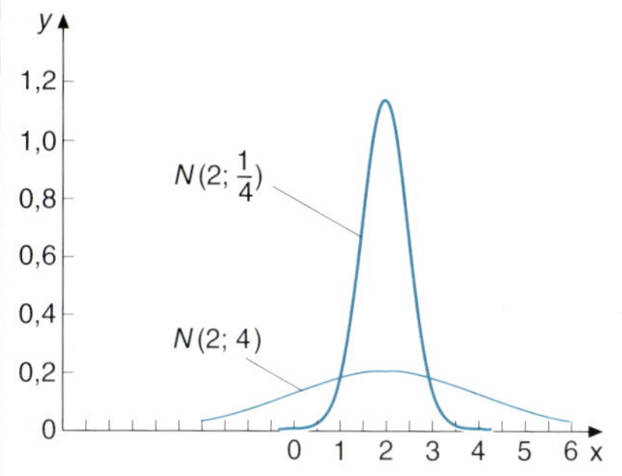

*Bild 9/21*

Es gilt $E(X) = \mu$, $V(X) = \sigma^2$.
Die Normalverteilung mit den Parametern 0 und 1 heißt **Standardnormalverteilung**. Symbol: $N(0,1)$. Die Dichte der Standardnormalverteilung wird mit $\varphi$ bezeichnet.

### Verteilungsfunktion der Standardnormalverteilung

Sei $X \sim N(0,1)$. Die Funktion $\Phi: \mathbb{R} \to [0,1]$ mit

$$\Phi(x) = P(X \leq x) = \int_{-\infty}^{x} \varphi(t)\,dt$$

heißt **Verteilungsfunktion der Standardnormalverteilung**.
Für die Funktion $\Phi$ gilt $\Phi(-x) = 1 - \Phi(x)$.
Die Funktionswerte von $\Phi$ sind tabelliert.
↗ Standardnormalverteilung, S. 349

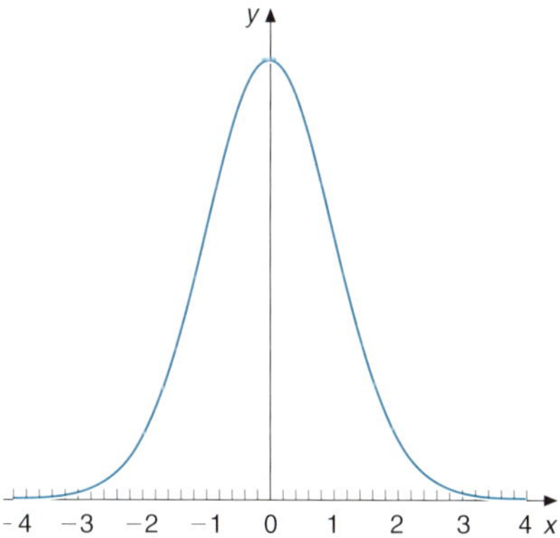

*Bild 9/22*

### Standardisieren einer normalverteilten Zufallsgröße

Ist $X$ normalverteilt mit den Parametern $\mu$ und $\sigma^2$, so ist die standardisierte Zufallsgröße $X^* = \frac{X-\mu}{\sigma}$ normalverteilt mit den Parametern 0 und 1.
$X \sim N(\mu,\sigma^2) \Rightarrow X^* \sim N(0,1)$.
Diese Eigenschaft ist wesentlich für die Berechnung von Wahrscheinlichkeiten.

- Sei $X \sim N(3{,}16)$. Dann ist
$$P(-2 \le X \le 10) = P\left(\frac{-2-3}{4} \le \frac{X-3}{4} \le \frac{10-3}{4}\right) = P\left(-\frac{5}{4} \le X^* \le \frac{7}{4}\right) = \Phi(1{,}75) - \Phi(-1{,}25)$$
$$= \Phi(1{,}75) - (1 - \Phi(1{,}25)) = 0{,}9599 - (1 - 0{,}8944) = 0{,}8543.$$

**Die k·σ-Regeln für die Normalverteilung**

Für $X \sim N(\mu,\sigma^2)$ gilt
$P(\mu - \sigma \le X \le \mu + \sigma) = 0{,}683,$
$P(\mu - 2\sigma \le X \le \mu + 2\sigma) = 0{,}954,$
$P(\mu - 3\sigma \le X \le \mu + 3\sigma) = 0{,}997.$

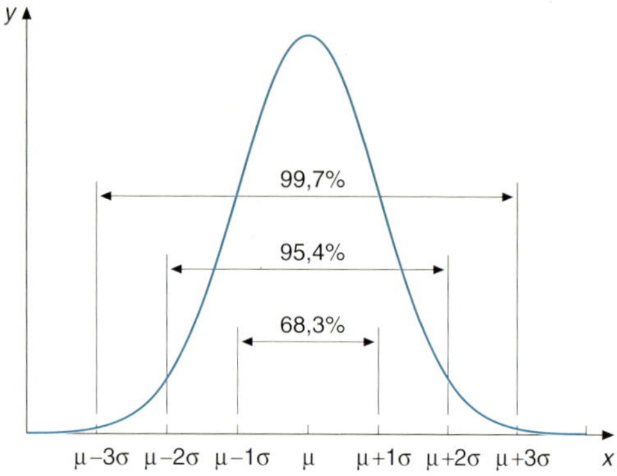


*Bild 9/23*

**Das arithmetische Mittel aus normalverteilten Zufallsgrößen**

Ist $X_1, X_2, \ldots, X_n$ eine zufällige Stichprobe mit $X_i \sim N(\mu,\sigma^2)$ für alle $i$, so ist das arithmetische Mittel $\overline{X} = \frac{1}{n}(X_1 + X_2 + \ldots + X_n)$ ebenfalls eine normalverteilte Zufallsgröße, und zwar gilt: $\overline{X} \sim N\left(\mu, \frac{\sigma^2}{n}\right)$.



- Meßgrößen werden oft als normalverteilt angenommen. Wenn kein systematischer Meßfehler vorliegt, so beschreibt $\sigma$ die mittlere Abweichung vom wahren (zu messenden) Wert. Eine Messung wird mehrmals durchgeführt und aus den einzelnen Meßwerten wird das arithmetische Mittel gebildet. Auf diese Weise reduziert man die Standardabweichung um den Faktor $\frac{1}{\sqrt{n}}$.

## Simulation von Vorgängen mit zufälligem Ergebnis

**Simulation**

**Simulation** ist das Nachspielen (Simulieren) eines Vorgangs mit zufälligem Ergebnis auf der Grundlage eines Modells. Zur Simulation verwendet man Zufallsgeräte (Zufallsgeneratoren) wie Würfel, Urnen, Münzen, Glücksräder, Zufallszahlen oder Pseudozufallszahlen.

- Die Geburt eines Kindes mit den Ergebnissen $M$ (Mädchen) und $J$ (Junge) soll simuliert werden. Es sei $P(J) = P(M) = 0{,}5$ (Modellannahme). Als Zufallsgerät kann ein Würfel dienen.

Durch die Vorschrift:
1, 2, 3 gewürfelt → Mädchen und 4, 5, 6 gewürfelt → Junge
wird der Vorgang simuliert.
Die bei der Simulation erhaltenen relativen Häufigkeiten, Mittelwerte und Streuungsmaße liefern Schätzwerte für unbekannte Wahrscheinlichkeiten, Erwartungswerte und Varianzen. Man simuliert einen Vorgang vor allem dann, wenn reale Versuchsserien zu aufwendig oder sogar nicht möglich sind.
↗ Zufallszahl, S. 351 ↗ Pseudozufallszahl, S. 352
↗ Relative Häufigkeiten, S. 317f.
↗ Mittelwerte, S. 320 ↗ Streuungsmaße, S. 320

## Zufallszahl und Zufallsziffer

Als **Zufallszahl** bezeichnet man eine auf dem Intervall [0, 1] gleichverteilte Zufallsgröße. Eine Zufallszahl fällt mit Wahrscheinlichkeit $d - c$ in ein Teilintervall $[c, d]$ des Intervalls [0, 1].
Als **Zufallsziffer** bezeichnet man eine Zufallsgröße, die die Werte 0, 1, 2, ..., 9 mit jeweils der Wahrscheinlichkeit $\frac{1}{10}$ annimmt.
Die erste Ziffer nach dem Komma einer Zufallszahl ist eine Zufallsziffer.
↗ Gleichverteilung auf einem Intervall [a, b], S. 341

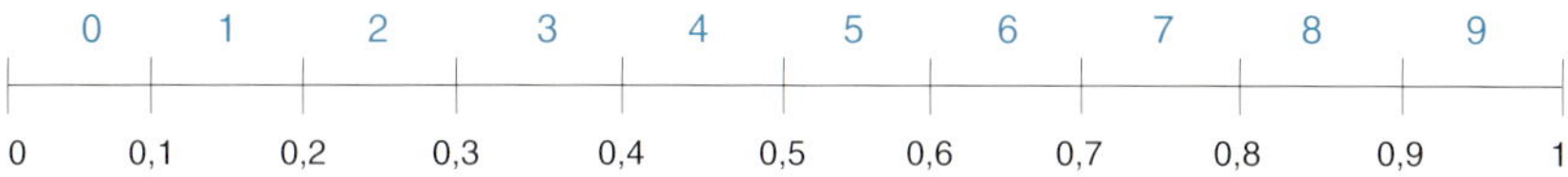

*Bild 9/24*

Eine Folge von unabhängigen Realisierungen einer Zufallszahl (Zufallsziffer) heißt **Zufallszahlen(ziffern)folge**. Es gibt Tabellen, die lange Zufallsziffernfolgen enthalten. Nebenstehend ist ein Ausschnitt aus einer solchen Tabelle zu sehen. Man kann die Ziffern zu Gruppen zusammenfassen und als Nachkommaziffern einer Zufallszahl lesen. In dieser Tabelle wurden Fünfergruppen gebildet. Diese Zufallszahlen kann man zur Simulation benutzen.

| | | | | | |
|---|---|---|---|---|---|
| 99373 | 64343 | 92433 | 06388 | 65713 | 35386 |
| 43370 | 19254 | 55014 | 98621 | 27768 | 27552 |
| 42156 | 23239 | 46823 | 91077 | 06306 | 17756 |
| 84459 | 92513 | 67791 | 35910 | 56921 | 51976 |
| 78475 | 15336 | 92544 | 82601 | 17996 | 72268 |
| 64018 | 44004 | 08136 | 56129 | 77024 | 82650 |
| 18163 | 29158 | 33935 | 94262 | 79715 | 33859 |
| 10835 | 94936 | 02857 | 87486 | 70613 | 41909 |
| 80667 | 52176 | 20190 | 40737 | 82688 | 07000 |
| 65255 | 52767 | 65930 | 45861 | 32575 | 93731 |
| 82421 | 01208 | 49762 | 66360 | 00231 | 87540 |
| 88302 | 62686 | 38456 | 25872 | 00083 | 81269 |
| 35320 | 72064 | 10472 | 92080 | 80447 | 15259 |

9

■ Die Geburt von 12 Kindern mit den Ergebnissen $M$ (Mädchen) und $J$ (Junge) soll simuliert werden. Es sei $P(J) = 0{,}51$ und $P(M) = 0{,}49$ (Modellannahme). Man wählt auf gut Glück einen Startpunkt in der Tabelle und entnimmt zeilenweise (oder spaltenweise) die folgenden zwölf Zahlen. Ist der Startpunkt die 3. Spalte der 5. Zeile so erhält man die Zufallszahlen $z_i$:
0,92544; 0,82601; 0,17996; 0,72268; 0,64018; 0,44004; 0,08136; 0,56129; 0,77024; 0,82650; 0,18163; 0,29158.

Durch die Vorschrift:

$z_i \leq 0{,}51 \rightarrow$ Junge

und $z_i > 0{,}51 \rightarrow$ Mädchen

*Bild 9/25*

wird der Vorgang dem Modell entsprechend simuliert. Die Ergebnisse der 12 „Geburten" sind:
*M, M, J, M, M, J, J, M, M, M, J, J.*

**Pseudozufallszahlen**

Eine Folge von **Pseudozufallszahlen** ist eine deterministische (von einem Algorithmus erzeugte) Folge von Zahlen aus dem Intervall [0, 1], die weitgehend die Eigenschaften von Zufallszahlenfolgen besitzt. Viele Computer verfügen über Algorithmen zur Erzeugung von Pseudozufallszahlenfolgen. Man nennt solche Algorithmen auch (Pseudo)Zufallszahlengeneratoren. Mit diesen Algorithmen kann man sehr schnell eine große Anzahl von Pseudozufallszahlen für Simulationen erzeugen.

■ Die Atome einer radioaktiven Substanz zerfallen im Verlauf einer Halbwertszeit unabhängig voneinander jeweils mit der Wahrscheinlichkeit 0,5. Simuliert man diesen Vorgang mehrmals in Zeitabständen von einer Halbwertszeit jeweils beginnend mit einer großen Anzahl $N$ von Atomen, so beobachtet man, daß die mittlere Anzahl $\overline{N(t)}$ der zur Zeit $t$ noch nicht zerfallenen Atome gut durch eine Exponentialfunktion mit $f(t) = Ne^{-\lambda t}$ beschrieben werden kann.
↗ Exponentialfunktion, S. 123f.

## Beurteilende Statistik



**Aufgabe der Beurteilenden Statistik**

Die **Aufgabe der Beurteilenden Statistik** ist es, aus Beobachtungen (Daten) eines zufälligen Geschehens begründete Schlüsse über unbekannte Parameter (z. B. Wahrscheinlichkeiten, Erwartungswerte) und über zweckmäßige Entscheidungen zu ziehen. Grundaufgaben sind das Schätzen von Parametern und das Testen von Hypothesen.
↗ Schätzwerte für eine unbekannte Wahrscheinlichkeit, S. 353
↗ Schätzwerte für Erwartungswert und Varianz einer Zufallsgröße, S. 353
↗ Testproblem, S. 354

**Grundgesamtheit und Stichprobe**

Als **Grundgesamtheit** bezeichnet man eine Menge von Subjekten oder Objekten, die hinsichtlich gewisser Eigenschaften, Merkmale oder Zusammenhänge untersucht werden sollen. Beobachtet man nicht jedes Element, sondern nur eine Teilmenge der Grundgesamtheit, so sagt man, daß eine **Stichprobe** erhoben wird. In dieser Situation besteht die Aufgabe der Statistik darin, aus dem Befund in der Stichprobe begründete Schlüsse über die Verhältnisse in der Grundgesamtheit zu ziehen.

**Zufällige Stichprobe vom Umfang *n***

Eine Stichprobe heißt **zufällige Stichprobe vom Umfang *n***, wenn sie $n$ Elemente enthält, die auf gut Glück aus einer Grundgesamtheit ausgewählt werden oder die Ergebnisse von unabhängigen Wiederholungen eines Vorgangs sind.
Man nennt die Zufallsgrößen $X_1, X_2, \ldots, X_n$ eine zufällige Stichprobe vom Umfang $n$, wenn $X_1, X_2, \ldots, X_n$ zu unabhängigen Teilvorgängen gehören und dieselbe Verteilung besitzen. Ein Beispiel dafür sind Meßgrößen, die unabhängige Wiederholungen eines Meßvorgangs beschreiben.

↗ Auswahl auf gut Glück, S. 328
↗ Unabhängige Teilvorgänge, S. 333
↗ Zufallsgröße, S. 335

■ Statistische Qualitätskontrolle
Ein Posten von 10 000 Glühlampen wurde produziert. Die Grundgesamtheit ist die Menge der 10 000 Glühlampen. Die Qualitätskontrolle wirkt zerstörend, deshalb wird eine Stichprobe erhoben. Es werden 100 Glühlampen geprüft. Darunter haben 5 nicht die erforderliche Mindestbrenndauer. Was läßt sich bei einem Ausschußanteil von 5% in der Stichprobe über den Ausschußanteil im gesamten Posten folgern? Soll aufgrund dieser Stichprobe der Posten abgelehnt werden, wenn insgesamt höchstens 3% Ausschuß erlaubt sind? Aufgabe der Statistischen Qualitätskontrolle ist es, Entscheidungen anzubieten und das Risiko von Fehlentscheidungen zu kalkulieren.

**Schätzwerte für Erwartungswert und Varianz einer Zufallsgröße**

**Schätzwerte für *E*(*X*) und *V*(*X*)** sind Zahlenwerte, die aus den Daten der Stichprobe ermittelt werden. Die Schätzwerte werden mit $\hat{E}(X)$ bzw. $\hat{V}(X)$ bezeichnet. Aufgrund der Deutung von $E(X)$ und $V(X)$ sind folgende Schätzwerte plausibel:

$$\hat{E}(X) = \bar{x} \text{ und } \hat{V}(X) = s^2,$$

wobei $\bar{x}$ und $s^2$ das arithmetische Mittel bzw. die empirische Varianz aus den beobachteten Daten sind. 9

↗ Arithmetisches Mittel, S. 321
↗ Empirische Varianz, S. 323

■ Die Körpergröße 16jähriger Schüler wird als normalverteilte Zufallsgröße angenommen. In einer zufälligen Stichprobe von 10 Schülern beobachtet man folgende Daten (in cm): 170, 176, 165, 171, 177, 167, 179, 185, 175, 180. Daraus ergeben sich die Schätzwerte

$$\hat{E}(X) = \bar{x} \approx 175 \text{ und } \hat{V}(X) = s^2 \approx 35.$$

Auf der Grundlage dieser (kleinen) Stichprobe ergäbe sich als Modell $N(175, 35)$.

**Schätzwerte für eine unbekannte Wahrscheinlichkeit**

Sei $p = P(A)$ unbekannt und sei $h_n(A)$ die relative Häufigkeit des Eintretens von $A$ in einer zufälligen Stichprobe vom Umfang $n$. Aufgrund des Bernoullischen Gesetzes der großen Zahlen ist folgendes Vorgehen plausibel: Hat die Zufallsgröße $h_n(A)$ den Wert $y$ angenommen, so wählt man als Schätzwert $\hat{p} = y$.

Um die **Güte des Schätzverfahrens** zu beurteilen, betrachtet man das Ereignis $G_\varepsilon = \{|h_n(A) - p| < \varepsilon\}$. Die positive Zahl $\varepsilon$ gibt die **Genauigkeit** des Schätzwertes an. Da $h_n(A)$ eine Zufallsgröße ist, kann man diese Genauigkeit nur mit einer gewissen **Sicherheit** (Wahrscheinlichkeit) erhalten. Diese Sicherheit ist gerade $P(\{|h_n(A) - p| < \varepsilon\})$. Aufgrund des Bernoullischen Gesetzes der großen Zahlen wird für jedes $\varepsilon$ das Eintreten von $G_\varepsilon$ mit wachsendem $n$ immer wahrscheinlicher. Aus der Tschebyschewschen Ungleichung ermittelt man ein $n$, das eine durch $\varepsilon$ und $P(G_\varepsilon) = 1 - \alpha$ vorgegebene Güte sichert:

Wenn für den Umfang der Stichprobe $n \geq \frac{1}{4\alpha\varepsilon^2}$ gilt, dann ist $P(G_\varepsilon) \geq 1 - \alpha$.
Aufgrund des Satzes von Moivre-Laplace folgt für große $n$:
Wenn für den Umfang der Stichprobe $n \geq \frac{1}{4\varepsilon^2}x^2_{1-\frac{\alpha}{2}}$ gilt, dann ist näherungsweise $P(G_\varepsilon) \geq 1 - \alpha$. Hierbei ist $x_{1-\frac{\alpha}{2}}$ dasjenige Argument, für das die Verteilungsfunktion $\Phi$ der Standardnormalverteilung den Wert $1 - \frac{\alpha}{2}$ annimmt.

↗ Relative Häufigkeit, S. 317f.
↗ Bernoullisches Gesetz der großen Zahlen, S. 347
↗ Satz von Moivre-Laplace, S. 347
↗ Verteilungsfunktion der Standardnormalverteilung, S. 349

■ Man möchte den unbekannten Anteil $p$ der Wähler einer Partei A schätzen. Der Fehler der Schätzung soll höchstens 1 % betragen und die Sicherheit für diese Genauigkeit 0,95. Mit $\varepsilon = 0{,}01$ und $\alpha = 0{,}05$ folgt aus der Tschebyschewschen Ungleichung $n \geq 50\,000$ und aus dem Satz von Moivre-Laplace näherungsweise $n \geq 9604$.



Die Tschebyschewsche Ungleichung gibt einen hinreichenden, aber in den meisten Fällen nicht notwendigen Stichprobenumfang für eine vorgegebene Güte an. Die Anwendung des Satzes von Moivre-Laplace liefert nur Näherungswerte, die aber für viele praktisch relevante Fälle ausreichen.

### Testproblem

Ein **Testproblem** liegt vor, wenn man aufgrund einer beobachteten Stichprobe über einen Parameter (einer Grundgesamtheit, einer Verteilung) entscheiden soll. Die Entscheidungsmöglichkeiten werden als Hypothesen formuliert. Man unterscheidet zwischen der **Nullhypothese** $H_0$ und der **Alternative** (Alternativhypothese) $H_1$. Da die Entscheidung auf einer Stichprobe beruht, können Fehlentscheidungen vorkommen.

Man begeht einen **Fehler 1. Art**, wenn man sich für $H_1$ entscheidet, obwohl $H_0$ richtig ist. Entscheidet man sich dagegen für $H_0$, wenn $H_1$ richtig ist, dann handelt es sich um einen **Fehler 2. Art**.

| | $H_0$ richtig | $H_1$ richtig |
|---|---|---|
| Entscheidung für $H_0$ | kein Fehler | Fehler 2. Art |
| Entscheidung für $H_1$ | Fehler 1. Art | kein Fehler |

Eine **Entscheidungsregel** ist eine Vorschrift, die für jedes mögliche Stichprobenergebnis eindeutig festlegt, für welche der Hypothesen man sich entscheiden soll.

**Signifikanzniveau**

Das **Signifikanzniveau** $\alpha$ für ein Testproblem ist eine vorgegebene obere Schranke für die Wahrscheinlichkeit des Fehlers 1. Art. Häufig wählt man für $\alpha$ die Werte 0,1; 0,05 oder 0,01. Eine Entscheidungsregel, bei der die Wahrscheinlichkeit des Fehlers 1. Art höchstens $\alpha$ beträgt, heißt **Signifikanztest zum Signifikanzniveau** $\alpha$. Führt die Entscheidungsregel zur Ablehnung der Nullhypothese, also zur Entscheidung für $H_1$, so sagt man, daß ein **signifikantes Ergebnis** vorlag. Man meint damit ein Ergebnis, das bei Gültigkeit der Nullhypothese zwar möglich, aber sehr unwahrscheinlich ist. Es zeigt an (significantia (lat.) – Anzeige, Andeutung), daß die Alternative die bessere Erklärung für die Beobachtung liefert.

- Ein Posten von 1000 Glühlampen wurde produziert. Sei $M$ die Anzahl von Ausschußlampen im Posten. $M$ ist ein unbekannter Parameter. Zu entscheiden sei zwischen $H_0$: $M \leq 30$ und $H_1$: $M > 30$. Es wird eine zufällige Stichprobe von 100 Glühlampen geprüft. Entscheidungsgrundlage (Testgröße) ist die (zufällige) Anzahl $X$ der Ausschußteile in der Stichprobe. Eine Entscheidungsregel könnte lauten:

$X < 4 \quad \Rightarrow \quad$ Entscheidung für $H_0$,
$X \geq 4 \quad \Rightarrow \quad$ Entscheidung für $H_1$.

Die Zahl 4 heißt der **kritische Wert**. Die Zufallsgröße $X$ ist hypergeometrisch verteilt mit den Parametern 100, 1000 und $M$.
Die Wahrscheinlichkeit eines Fehlers 1. Art ist für $M = 30$ am größten und beträgt dann

$$P_{30}(X \geq 4) = 1 - P_{30}(X \leq 3)$$
$$= 1 - \frac{\binom{30}{0}\binom{970}{100}}{\binom{1000}{100}} - \frac{\binom{30}{1}\binom{970}{99}}{\binom{1000}{100}} - \frac{\binom{30}{2}\binom{970}{98}}{\binom{1000}{100}} - \frac{\binom{30}{3}\binom{970}{97}}{\binom{1000}{100}}$$
$$\approx 0{,}35.$$

Der Index 30 bei der Wahrscheinlichkeit $P$ zeigt an, daß es sich um eine hypergeometrische Verteilung mit $M = 30$ handelt.
Wählt man eine neue Entscheidungsregel mit dem kritischen Wert 6, so ergibt sich $P_{30}(X \geq 6) \approx 0{,}07$. Diese Entscheidungsregel liefert also einen Signifikanztest zum Signifikanzniveau 0,07.

9

Die **Gütefunktion zur Entscheidungsregel** mit dem kritischen Wert $k_0$ ist diejenige Funktion β, die jedem möglichen Parameterwert $M$ die Wahrscheinlichkeit der Annahme von $H_1$ eindeutig zuordnet. Also $\beta(M) = P_M(X \geq k_0)$. Für $M \leq 30$ ($H_0$ gilt) gibt die Gütefunktion die Wahrscheinlichkeit des Fehlers 1. Art an. Für $M > 30$ ($H_1$ gilt) gibt $1 - \beta(M)$ die Wahrscheinlichkeit des Fehlers 2. Art an. Je steiler die Gütefunktion für $M \geq 30$ gegen 1 ansteigt, desto schneller sinkt die Wahrscheinlichkeit des Fehlers 2. Art.

Bild 9/26 zeigt den Verlauf der Gütefunktion $\beta(M)$ im Bereich $30 \leq M \leq 1000$ für beide Entscheidungsregeln. Es zeigt sich: Eine Verkleinerung der Wahrscheinlichkeit des Fehlers 1. Art zieht eine Vergrößerung der Wahrscheinlichkeit des Fehlers 2. Art nach sich. Durch einen größeren Stichprobenumfang kann man den Verlauf der Gütefunktion verbessern (d. h. steiler gestalten). Im allgemeinen ist ein Kompromiß zwischen beiden Fehlerwahrscheinlichkeiten zu wählen. Auf keinen Fall sollte man sich ausschließlich am Fehler 1. Art orientieren.

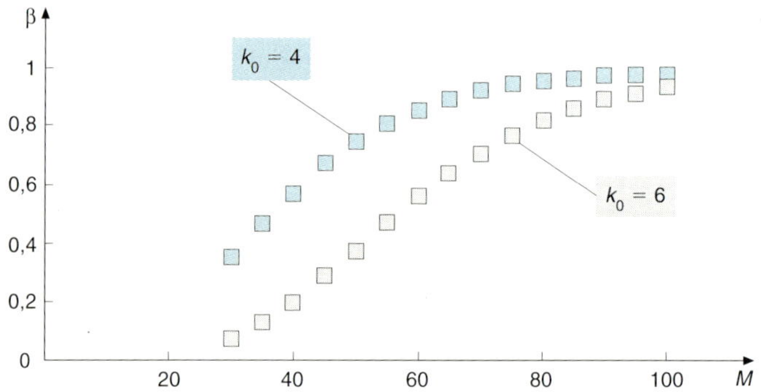

Bild 9/26

## Tests über eine unbekannte Wahrscheinlichkeit

9

Sei $p = P(A)$ unbekannt. Das Testproblem laute

$H_0$: $p \leq p_0$ gegen $H_1$: $p > p_0$.

**Testgröße** ist die Anzahl $X$ der Erfolge (Ereignis $A$) in einer zufälligen Stichprobe vom Umfang $n$. Es gilt $X \sim B(n, p)$. Die Entscheidungsregel für einen Signifikanztest zum Signifikanzniveau α lautet:

$X < k_0 \Rightarrow$ Entscheidung für $H_0$ ($H_0$ annehmen).
$X \geq k_0 \Rightarrow$ Entscheidung für $H_1$ ($H_0$ ablehnen).

Der **kritische Wert $k_0$** ist die kleinste Zahl $k$, die folgende Ungleichung erfüllt:

$$\binom{n}{k} p_0^k (1-p_0)^{n-k} + \binom{n}{k+1} p_0^{k+1} (1-p_0)^{n-(k+1)} + \binom{n}{k+2} p_0^{k+2} (1-p_0)^{n-(k+2)} + \ldots + \binom{n}{n} p_0^n \leq \alpha.$$

Die Abbildung veranschaulicht den Sachverhalt für $H_0$: $p \leq 0{,}2$ gegen $H_1$: $p > 0{,}2$ bei einem Stichprobenumfang von $n = 20$. Sie zeigt die Verteilungen von $X$ für die Werte $p = 0{,}2$ ($H_0$ gilt) und $p = 0{,}5$ ($H_1$ gilt). (Der Index $p$ bei der Wahrscheinlichkeit $P$ zeigt im folgenden an, daß es eine Binomialverteilung mit der Erfolgswahrscheinlichkeit $p$ ist.)

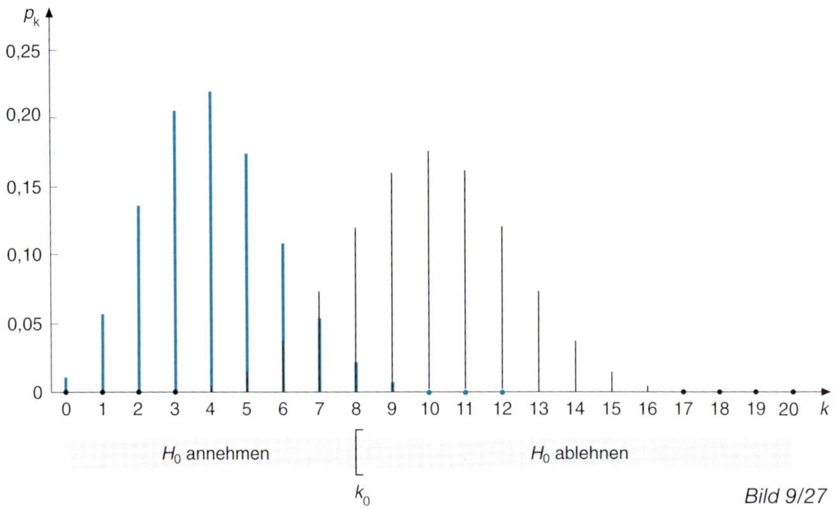


*Bild 9/27*

Bei der beschriebenen Wahl von $k_0$ ist gewährleistet, daß für alle $p \leq p_0$ gilt $P_p(X \geq k_0) \leq \alpha$. Das bedeutet, daß für jeden Wert $p$ aus der Nullhypothese die Wahrscheinlichkeit des Fehlers 1. Art höchstens $\alpha$ beträgt. Die durch $k_0$ festgelegte Entscheidungsregel liefert also einen Signifikanztest zum Signifikanzniveau $\alpha$. Die Gütefunktion dieser Entscheidungsregel ist $\beta(p) = P(X \geq k_0)$. Man sollte sie in jedem Fall zur Beurteilung des Tests heranziehen.

■ Ein Zufallszahlengenerator soll getestet werden. Es besteht der Verdacht, daß der Anteil der Zahlen, die in das Intervall [0,25; 0,50] fallen, zu groß ist. Das Testproblem laute: $H_0$: $p = 0{,}25$ gegen $H_1$: $p > 0{,}25$. Gesucht ist ein Signifikanztest zum Signifikanzniveau $\alpha = 0{,}05$ bei einem Stichprobenumfang von a) $n = 50$ und b) $n = 100$. Man geht genauso vor wie im Fall der Nullhypothese $p \leq p_0$. Die folgende Tabelle gibt ein „Stück" der Binomialverteilung $B(50; 0{,}25)$ und in der dritten Zeile die Wahrscheinlichkeiten $P(X \leq k)$ auf zwei Stellen nach dem Komma genau an:

| **k** | 5 | 6 | 7 | 8 | 9 | 10 | 11 | 12 | 13 | 14 | 15 | 16 | 17 | 18 |
|---|---|---|---|---|---|---|---|---|---|---|---|---|---|---|
| **P(X=k)** | 0,00 | 0,01 | 0,03 | 0,05 | 0,07 | 0,10 | 0,12 | 0,13 | 0,13 | 0,11 | 0,09 | 0,06 | 0,04 | 0,03 |
| **P(X≤k)** | 0,01 | 0,02 | 0,05 | 0,09 | 0,16 | 0,26 | 0,38 | 0,51 | 0,64 | 0,75 | 0,84 | 0,90 | 0,94 | 0,97 |

Man entnimmt als kritischen Wert $k_0 = 19$, denn

$P(X \geq 19) = 1 - P(X \leq 18) = 1 - 0{,}97 \leq 0{,}05$ und
$P(X \geq 18) = 1 - P(X \leq 17) = 1 - 0{,}94 > 0{,}05$.

Die Abbildung veranschaulicht die Situation. Für die **Gütefunktion** $\beta$ dieser Entscheidungsregel gilt:
$\beta(p) = P_p(X \geq 19)$.
Es ist z. B. $\beta(0{,}4) = 0{,}66$.

9

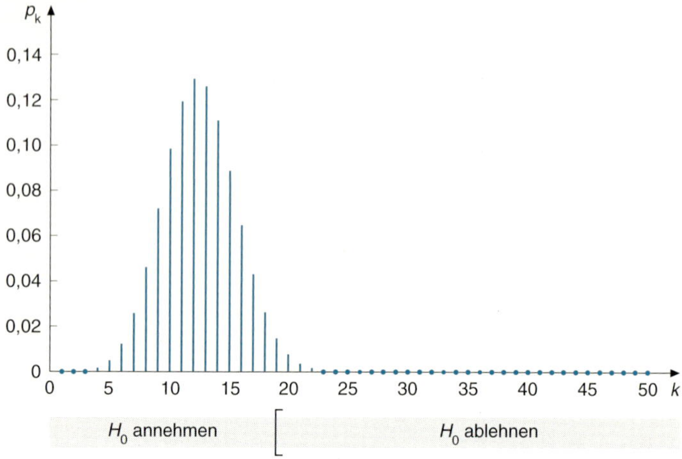


Bild 9/28

Mit Hilfe von Tabellen der Binomialverteilung ermittelt man im Fall $n$ = 100 als kritischen Wert $k_0 = 33$. Für die **Gütefunktion** $\beta^*$ dieser Entscheidungsregel gilt: $\beta^*(p) = P_p(X \geq 33)$. Es ist z. B. $\beta^*(0,4) = 0,94$. Bild 9/29 zeigt, wie sich die Güte des Tests durch Vergrößerung des Stichprobenumfangs verbessert.

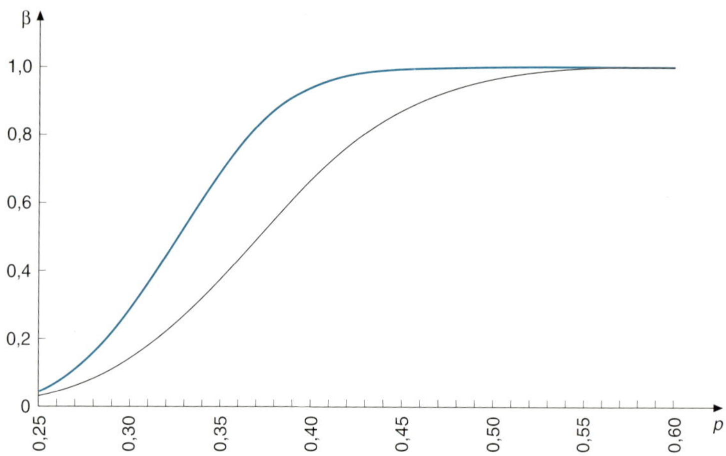


Bild 9/29

# Register


A
Abbildung 26, 149 f.
-, geometrische 149 f., 313 f.
Abbildungen, Nacheinanderausführung 76, 150
Ableitung
- der Umkehrfunktion einer Funktion 237
- einer Funktion 233 ff.
- einer verketteten Funktion 237
- elementarer Funktionen 237
absolute Häufigkeit 317
Abstand 142
- eines Punktes von einer Geraden 146, 286 f., 290
- eines Punktes von einer Ebene 293
- windschiefer Geraden 290
Abszisse 11
abzählbare Mengen 26
Achse des Kreiszylinders 201
Achsenabschnittsgleichung 286
Addition von
- Drehwinkeln 152
- Summen 63
- Termen 62 ff.
- Vektoren 273 f.
- Zahlen 35, 48, 54, 58
Additionstheoreme 130
Additionsverfahren (zur Lösung von Gleichungssystemen) 93 f.
Ähnlichkeit 193 ff.
-, gleichsinnige 194
-, ungleichsinnige 194
Ähnlichkeitsabbildung 193
Ähnlichkeitsfaktor 194
Ähnlichkeitslage 194
Ähnlichkeitssätze
- für Dreiecke 195
- für Vielecke 196
äquivalente Gleichungen 82 f.
äquivalente Umformungen 82 f.
äußere Funktion (bei verketteten Funktionen) 76
Algorithmus 16
Allaussage 14, 16 f.
allgemeine Gleichung
- einer Geraden 286
- einer Ebene 292
Alternative (Alternativhypothese) 354
analytische Geometrie 284 ff.
Anordnung einer n-elementigen Menge 327
Anstieg 85 f., 233 f.
Anwendungen der
- Exponentialfunktion 125
- Integralrechnung 266 ff.
Anzahl der Erfolge in einer Bernoulli-Kette 344
Arbeiten mit Variablen 62 ff.
Argument 69
arithmetisches Mittel 321, 350
arithmetische Zahlenfolgen 217
Assoziativität bezüglich der
- Addition 35
- Multiplikation 36
- Operationen mit Vektoren 273 ff., 282 f.
Auswahl auf gut Glück 328
Asymptote; asymptotische Annäherung 112, 306
Aufriß 210 f.
Ausklammern 62 ff.
Ausmultiplizieren 62 ff.
Aussage; Aussageform 13 ff.
- Allaussage 14, 16 f.
- Existenzaussage 13 f.
Außenwinkelsatz (Dreieck) 160
axiale Symmetrie 155

B
Basis
- im gleichschenkligen Dreieck 159 f.
-, Potenz 107
-, Vektordarstellung 278
Baumdiagramm 330
Bayessche Formel 332
bedingte Wahrscheinlichkeit 329
Bedingungen für lokale Extrema 243 f.
Berechnung lokaler Extrema 245
Bernoulli-Experiment 343
Bernoulli-Kette 343

Bernoulli-Schema 343
Bernoullisches Gesetz
der großen Zahlen 347
Berührungsradius
- der Tangente 182 f.
- der Tangentialebene 205
beschränkte Menge 34
bestimmtes Integral 261 ff.
Betrag
- einer komplexen Zahl 60
- einer reellen Zahl 40
- eines Vektors 272
-, Auftreten in einer Gleichung 97 f.
-, Auftreten in einer Ungleichung 99 f.
Betragsfunktion 96 f.
beurteilende Statistik 352
Bewegung (geometr. Abbildung) 154 f.
- Drehung 151 f.
- Spiegelung 153 f.
- Verschiebung 150 f.
Beweis 16 ff.
Beziehungen
- zwischen Gradmaß und Bogenmaß 144
- zwischen Logarithmensystemen 121 f.
- zwischen Winkelfunktionen 128
- Komplementwinkelbeziehungen 128
- Quadrantenbeziehungen 128 f.
Binomialkoeffizient 218
Binomialverteilung 344 ff.
Bogen; Kreisbogen 183 f.
Bogenmaß 144
Boxplot (Kastenschaubild) 325
Bruch 45
- Dezimalbruch 8 f., 46, 50
- periodischer Dezimalbruch 9 f.
- Umwandlung eines gemeinen Bruches in einen Dezimalbruch 51
- Zehnerbruch 45
Bruchzahlen 31, 45 f.
- Addition 48
- Division 49
- Multiplikation 49
- Ordnung 46 f.
- Subtraktion 4

## C

Cavalieri, Satz des 198, 200, 202 ff.

## D

darstellende Geometrie 205 ff.
Definition 16
Definitionsbereich 69
dekadische Logarithmen 121
dekadisches Positionssystem 9 f.
Dezimalbruch 8, 46, 50
-, endlicher 9
- Umwandlung eines Dezimalbruches einen gemeinen Bruch 51 f.
Diagonale 170
Dichte, Dichtefunktion 340
Dichtheit eines Zahlenbereiches 33
Dichtheit von $\mathbb{Q}_+$ 47
Differentialquotient 234
Differentialregeln 236 ff.
Differenz 37
- zweier Vektoren 274
- Teilbarkeit von 43
- von Mengen 23 f.
Differenzenquotient 233
Differenzierbarkeit 234 f.
direkte Proportionalität 117 f.
Diskriminante 105 f.
Distributivität 36
Divergenz einer Zahlenfolge 223
Dividend 37
Division
- von Termen 63 ff.
- von Zahlen 37 f., 55, 59
Divisor 37
Drachenviereck 176
Drehung
- um einen Punkt 151 f.
Dreieck 158 ff.
- Ähnlichkeitssätze für 195
-, besondere Linien im 162 ff.
- Flächeninhalt 177
-, gleichseitiges 160
- Inkreis 181
-, rechtwinkliges 134 f., 160, 164
-, Sätze über 160 f.
-, spitzwinkliges 159
-, stumpfwinkliges 159
- Umfang 177
- Umkreis 181
-, unregelmäßiges 159
Dreieckskonstruktionen 167 ff.
Dreiecksungleichung 161
Dreipunktegleichung einer Ebene 292
Doppelbrüche 50
Doppelwinkelformeln 130
Dualsystem 10
Durchmesser eines Kreises 181
Duchschnitt von Mengen 22

## E

e (die Zahl e) 121
Ebene 139 f.
- Parametergleichung 291 f.
Ebenen, zueinander senkrechte 145 f.
echte Teilmenge 22
echter Bruch 45
Eigenschaften
- der Ähnlichkeitsabbildungen 193
- der Bewegungen 154
- der Drehungen 151 f.
- der Geradenspiegelung 153
- der Verschiebungen 150 f.
- der zentrischen Streckungen 191
einander entgegengesetzte Zahlen 40
eindeutig konstruierbar 167
einfaches Vieleck 169
Einheitsstrecke 32
Einheitsvektor 272
Einsetzungsverfahren (zur Lösung von Gleichungssystemen) 91 ff.
Eintafelprojektion 208
Element einer Menge 20 f.
Ellipse 302 f.
empirische Varianz 323
empirisches Gesetz der großen Zahl 326
endliche Menge 21
endlicher Dezimalbruch 9
entgegengesetzte Zahlen 40
ε-Umgebung 222
Ereignis 315
-, sicheres 316
-, komplementäres 316
-, unmögliches 316
Erfolg 343 f.
Erfolgswahrscheinlichkeit 343
Ergebnismenge 315
Errichten einer Senkrechten 147
Erwartungswert einer Zufallsgröße 337 f., 342
Erweitern eines Bruches 45
Euklid, Satz des 164
explizite Definition einer Zahlenfolge 215
Exponent 107
Exponentialfunktion 123 f.
Exponentialgleichung 124
Exponentialverteilung 341
Extrema von Funktionen 242 ff.
Extremwertaufgaben 254 ff.

## F

faires Spiel 339
Faktor 36
Fakultätsfunktion 218
Fällen des Lotes 147
Fallinie 210
Fallunterscheidung (Beweis einer -) 18 f.
Fehler (absoluter, relativer) 67
Fehler 1. u. 2. Art 354
Fehlerschranken 67
Fixgerade 152
Fixpunkt 151 f.
Fixpunktgerade 153
Flächeninhalt
- Berechnung durch Integration 266 f.
- von Kreisen 186 f.
- von Vielecken 177
flächen(inhalts)gleich 179
Folge (Zahlenfolge) 215 ff.
Folge der Partialsummen 220 f.
Formeln für die volle (totale) Wahrscheinlichkeit 332
Funktion 69 ff.
-, Ableitung einer 234
-, eineindeutige 69
- Exponentialfunktion 123 f.
- Fakultätsfunktion 218
-, ganze rationale 70
-, gebrochen rationale 70
-, gerade (ungerade) 73
-, Grenzwert einer 225
-, konstante 87
-, lineare 85 ff.
- Logarithmusfunktion 122 f.
-, monotone 72, 103, 239 f.
-, nichtrationale 70
-, periodische 73
-, Polstelle einer 116
- Potenzfunktion 110 ff.
-, quadratische 100 ff.
-, rationale 70, 115 f.
- Stammfunktion 257
- Stetigkeit an einer Stelle 230 f.
- Umkehrfunktion 74 f., 87, 113, 124
-, verkettete 76
-, Wendepunkt einer 245, 248
- Winkelfunktion 126 ff.
- Wurzelfunktion 112
Funktionswert 69

## G

ganze Zahlen 31, 53
Gaußscher Algorithmus 309
gebrochen rationale Funktion 70
Gegenereignis 316
Gegenvektor (entgegengesetzter Vektor) 272
gemeiner Bruch (↗ Bruch) 51
gemeinsames Vielfaches 43 f., 62
gemeinsamer Teiler 44
„genau dann, wenn“ (Aussage) 15 f.,18
geometrische
- Körper 197 f.
- Zahlenfolgen 217
geordnetes Paar 24
Gerade 139
-, gerichtete 148
- zueinander senkrechte Geraden 145 f.
gerade
- Funktion 73
- Pyramide 200
- Zahlen 42
Geradengleichungen 284 ff.
gerader Kreiszylinder 202
gerades Prisma 199
gerichtete Geraden (Strecken) 148 f.
gleichnamige Brüche 46
gleichschenkliges Dreieck 135, 159 f.
- Berechnung mit Hilfe trigonometrischer Beziehungen 135 f.
- Eigenschaften 159 f.
gleichschenkliges Trapez 176
gleichseitiges Dreieck 159 f.
Gleichsetzungsverfahren (zur Lösung von Gleichungssystemen) 93
Gleichung 81
-, äquivalente 82
- Ebenengleichungen 291 ff.
-, Exponentialgleichung 124
- Geradengleichungen 284 ff.
-, goniometrische 136 ff.
- Grad 85
-, lineare 89 ff.
- mit Beträgen 97 f.
-, quadratische 104 f.
- Verhältnisgleichung 117
- Wurzelgleichung 114
Gleichungssystem 91 ff.
Gleichverteilung auf einem Intervall 341
Glieder der Zahlenfolge 215
globales Maximum (Minimum) 233, 242
goniometrische Gleichungen 136 ff.
Grad einer Funktion 70
Grad einer Gleichung 85
Gradmaß 143 f.
graphische Darstellungen von Zahlenfolgen 215
Graphische Lösung
- für Gleichungssysteme 94 f.
- zur Ermittlung der L. linearer Gleichungen 90
- zur Ermittlung der L. linearer Gleichungen mit Beträgen 98 f.
- zur Ermittlung der L. quadratischer Gleichungen 105
Grenze
- einer Zahlenfolge 221
- einer Zahlenmenge 34
-, Satz von der oberen 34, 222
Grenzwert
- einer Funktion 225
- einer Zahlenfolge 222
-, Grenzwertsätze 224, 227 f.
-, uneigentlicher 223
Grundgesamtheit 352
Grundriß 210
Grundwert (Prozentrechnung) 119
Grundziffer 8
günstiges Ergebnis 316
Güte des Schätzverfahrens 354
Gütefunktion zur Entscheidungsregel 356, 358

## H

Halbebene 141
Halbieren einer Strecke (eines Winkels) 148
halboffenes Intervall 40
Halbweite ( Viertelabstand) 323
Häufigkeit
-, absolute 317
-, relative 317 f.
Häufigkeitstabelle 317
Häufigkeitsverteilung 318
Hauptnenner 46
Hauptsatz der Differential- und Integralrechnung 264
hebbare Unstetigkeit 230
Heronsche Formel 178
Hessesche Normalengleichung
- einer Ebene 293
- einer Geraden 286 f.

Histogramm 324
Höhe
- der Pyramide 200
- des Kreiszylinders 202
- im Dreieck 163
- im Trapez 176
Höhenlinien 210
Höhensatz 164 f.
Hohlzylinder 203
Hyperbel 112, 304 f.
hypergeometrische Verteilung 337
Hypotenuse 160

**I**

identische Abbildung (Identität) 25, 153
Indexverschiebung (Summenzeichen) 36
indirekter Beweis 19
Inkreis eines Dreiecks 181
Integral
-, bestimmtes 261 ff.
-, unbestimmtes 257 ff.
Integration
- durch Substitution 259
- elementarer Funktionen 259 f.
Integrationsregeln 257
Interpretation der Wahrscheinlichkeit 326
Intervall 40
inverse Funktion 74 f.
irrationale Zahlen 10, 56

**K**

Kathete 160
Kathetensatz 164
Kastenschaubild (Boxplot) 325
Kavalierperspektive 207
Kegel 203 f.
Kegelschnitt 302 ff.
Kegelstumpf 204
Kehrwert (Reziprokes) 48
Kenngrößen 320
Kettenregel 237
Klammern 62 ff.
Klasseneinteilung 318
klassischer Wahrscheinlichkeitsbegriff 326
Kleiner-Beziehung 32, 42
kleinstes gemeinsames Vielfaches (kgV)
- von Termen 62
- von Zahlen 43 f.
Koeffizienten 62
- einer Funktion 70
- einer Linearkombination 277
Kofunktion 128
Kombinationen 27
Kombinatorik 27 ff.
Kommutativität bezüglich
- der Addition 35
- der Multiplikation 36
- der Operationen mit Vektoren 274, 282 f.
komplanar 277
Komplement 316
Komplement einer Menge 23
komplementäres Ereignis 316
Komplementwinkel 128
komplexe Zahlen 58 ff.
Komponenten (eines Vektors) 278
Kongruenz 156
Kongruenzsätze für Dreiecke 161
konstante Funktion 87
konstante Zahlenfolge 217
Konstruktion
- der Bilder bei zentrischen Streckungen 191
- mit Hilfe der Ähnlichkeit 196 f.
- von Tangenten an einen Kreis 183
konvergente Zahlenfolgen 223 f.
konvexes Vieleck 170
konzentrische Kreise 185 f.
Koordinatensystem 11 f.
-, kartesisches 278
- Polarkoordinaten 300 f.
Kosinus 126 ff., 134
Kosinussatz 136
Kotangens 126 ff., 134
Kreis 180 ff.
- Flächeninhalt; Umfang 186 f.
- gegenseitige Lage von zwei Kreisen 185 f.
- Gleichung 299 f.
-, Symmetrieverhältnisse am 186
-, Tangente an einen 182 f., 301 f.
Kreisabschnitt 188
Kreisaussschnitt 188
Kreisbogen 183 f., 188
Kreiskegel 203 f.
Kreissegment 188
Kreissektor 188
Kreiszylinder 201 f.
Kreuzriß 213
kritischer Wert 355 f.
k- $\sigma$ - Regeln 348, 350
Kürzen 45 , 65
Kugel 205, 299 f.
Kurvendiskussion 246 ff.

**L**
Laplace-Wahrscheinlichkeit 326
Lagemöglichkeiten
- für zwei Ebenen 140
- für zwei Geraden 140 f.
- für zwei Kreise 185 f.
Länge einer Strecke 141 f.
leere Menge 21
linear abhängige ( unabhängige) Vektoren 277 f.
lineare Funktion 85 ff.
- Umkehrfunktion einer lin. F. 87
lineare Gleichungen 89 ff.
- System lin. Gleichungen 91 ff.
lineare Gleichungssysteme (LGS) 307 ff.
lineare Unabhängigkeit 277 f.
lineare Ungleichungen 96
Linearfaktoren; Zerlegen in 106
Linearkombination von Vektoren 277
Linkssystem 279.
Lösen von Gleichungen /Ungleichungen 83 ff.
Lösen linearer Gleichungen 89 ff.
Lösen quadratischer Gleichungen 104 f.
Lösung / Lösungsmenge 81 f.
Logarithmen 120 ff.
Logarithmengesetze 121
Logarithmensysteme 121 f.
Logarithmusfunktion 122
logische Zusammensetzungen (und; oder; wenn, so...) 15
lokale Extrema 242 ff.
lokale Monotonie 239 f.
Lot 146 f.

**M**
Mantel / Mantellinie 202 f.
Maßstab 188
maßstäbliche Darstellung 188 f.
mathematische Zeichen 7 f.
Maximum 233
Median (Zentralwert ) 322
mehrdeutige Zuordnung 25
mehrstufiger Vorgang 330
Menge 20 f.
-, beschränkte 34
- Duchschnitt zweier Mengen 22
- Komplementärmenge 23
-, leere 21
- Lösungsmenge 82
- Teilmenge 21 f.
- Vereinigung zweier Mengen 23
Mindestanzahl von Versuchen 344
Minimum 233
Minuend 37
Mißerfolg 343
Mittellinie (im Trapez) 176
Mittelpunktsgleichung (Kreis) 299
Mittelpunktswinkel 184
Mittelsenkrechte 147
- im Dreieck 162
Mittelwerte 320
Mittelwertsatz der Differentialrechnung 241
Monotonie
- bei Funktionen 72, 103, 239 f.
- bei Zahlenfolgen 216
Multiplikationsformel 329
Multiplizieren
- von Quotienten 65
- von Summen 64
- von Zahlen 36 f., 49, 54, 59

**N**
Nacheinanderausführung von
- Ähnlichkeitsabbildungen192 f.
- Bewegungen 154
Nachfolger 33, 41
Näherungswerte 66 ff.
natürliche Logarithmen 121
natürliche Zahlen 8, 31, 41 ff.
Nebenwinkel 156
n-Eck 170 f.
negative Zahlen 53
Neigungswinkel 209
Nenner 45
neutrales Element 36
nichtrationale Funktion 70
Normalengleichung
- einer Geraden 286
- einer Ebene 292
Normalform der Geradengleichung 285
Normalform der quadratischen Gleichung 104
Normalparabel 101
Normalverteilung 349
n-seitiges Prisma 199 f.
n-Tupel 24 f.
Nullfolge 233
Nullhypothese 354, 357
Nullrichtung 300 f.
Nullstelle 71, 115, 246
Nullvektor 272

**O**
obere Grenze (Satz von der ) 34
Oberfläche 197 f.
oder (Verbindungen mit - )15
offenes Intervall 40
Operationen mit Termen 62 ff.
Ordinate 11
Ordnungsrelationen 32
Ordnung der
- Bruchzahlen 46
- natürlichen Zahlen 41
- rationalen Zahlen 53
- reellen Zahlen 56 f.
orientierte Punktmengen 148
orientierte Winkel (Strecken, Geraden) 144 f., 149, 273
Orthogonalität 145
orthonormierte Basis 278
Ortsvektor 272, 278

**P**
Parabel 110 f., 306 f.
Parabelachse 101
parallele Ebenen 140
parallele Geraden 139 f.
Parallelogramm 173, 179
Parallelprojektion 205 f.
Parametergleichungen 284
Partialsumme 220
Pascalsches Dreieck 219
Periode 9, 73
periodische Dezimalbrüche 9
- Umwandlung in gemeinen Bruch 51
periodische Funktion 73
Periodizität der Winkelfunktionen 126
Peripheriewinkel 183
Permutationen 28
Pfad 330
Pfadregeln 331
Pfeildiagramm 25
Pfeilklasse 271
Poissonverteilung 337
Polarkoordinaten 300 f.
Polstelle einer Funktion 116
positive Zahlen 53
Potenz 36, 107
Potenzfunktion 110 ff.
Potenzgesetze 108 f.
Potenzieren 38, 120
Primzahlen 42
Prisma 195 f.
Probe 84
Produkt 36
- eines Vektors mit einer reellen Zahl 275, 283 f.
-, Teilbarkeit von 43
Produktformel 329
- für unabhängige Ereignisse 333
-, verallgemeinerte 329
Projektion 205
Projektionsverfahren 205
Proportionalität 117 f.
Proportionalitätsfaktor 117 f.
Prozent 119
Pseudozufallszahlen 352
Punkt 139
Punkt-Richtungs-Gleichung 284, 292
Punktspiegelung 151
Pyramide 200
Pyramidenstumpf 201
Pythagoras, Satz des 164
pythagoreische Zahlentripel 166

**Q**
Quader 199
Quadrantenbeziehungen 128 f.
Quadrat 174 f., 177
quadratische Ergänzung 102
quadratische Funktion 100 ff.
quadratische Gleichung 104 ff.
Quadratzahlen 36
Quersumme 10
Quotient 36

**R**
radiale Symmetrie 155
Radiant 143 f.
Radikand 109
Radius 180
Radizieren 38, 109, 120
rationale Funktion 70, 115 ff.
rationale Zahlen 31, 52 ff.
Rationalmachen des Nenners 110
Rauminhalt (Volumen) 197 f.
Raute (Rhombus) 175
Rechteck 174, 177
rechter Winkel 157
Rechtssystem 279
rechtwinkliges Dreieck 135, 160
- Berechnung mit Hilfe trigonometrischer Beziehungen 134 f.
- Flächeninhalt 177 f.
-, Sätze über 164 ff.
reelle Zahlen 31 f., 56 f.

regelmäßiges Vieleck 171
relativer Fehler 67
relative Häufigkeit 317 f., 346
rekursive Definition einer Zahlenfolge 216
Reziprokes (Kehrwert) 48
Rhombus (Raute)175
Rißachse 210 f.
römische Ziffern 44
Rolle, Satz von 241
Runden 65 f.

**S**

Satz 15
- des Cavalieri 198, 200, 202
- des Euklid 164
- des Pythagoras 164 f.
- des Thales 184
- über Gegenwinkel i. Sehnenviereck 182
- von der oberen Grenze 34, 222
- von Moivre-Laplace 347
- von Rolle 241
- von Vieta 106
- Ähnlichkeitssätze für Dreiecke 195
- Außenwinkelsatz (Dreieck) 160
- Dreiecksungleichung 161
- Grenzwertsätze 224, 227 f.
- Hauptsatz der Differential- und Integralrechnung 264
- Höhensatz 165
- Innenwinkelsatz (Dreieck) 160
- Kathetensatz 164
- Kettenregel 237
- Kongruenzsätze für Dreiecke 161
- Kosinussatz 136
- Mittelwertsatz 241
- Peripheriewinkelsatz 184
- Sätze über die Differentiation von Summen, Differenzen, ... 236
- Sätze über konvergente Zahlenfolgen 224
- Sätze über das Parallelogramm 173 f.
- Sätze über stetige Funktionen, Zwischenwertsatz 231 f.
- Sehnensatz 185
- Sekantensatz 185
- Sinussatz 135
- Strahlensätze 189 f.
- Zentriwinkel-Peripheriewinkel-Satz 184
- Zentriwinkel-Sehnentangentenwinkel-Satz 184

Schätzwerte 353
Scheitelpunkt 101
Schenkel
- im Dreieck 159
- im Trapez 176

Scherung 179
schiefe Pyramide 200
schiefer Kreiskegel 204
schiefer Kreizylinder 202
schiefes Prisma 199
Schluß von n auf n + 1 19
Schnittpunkt zweier Geraden 288
Schnittwinkel zweier Geraden 289
Schrägbilder 206 f.
Schranken 34, 220
Schwerpunkt eines Dreiecks 163, 291
Sehne eines Kreises 181
Sehnentangentenwinkel 194
Sehnenviereck 182
Seitenhalbierende im Dreieck 163
Sekante 180
senkrechte Eintafelprojektion 208 ff.
senkrechte Geraden / Ebenen 145 f.
senkrechte Zweitafelprojektion 210 ff.
sicheres Ereignis 316
signifikantes Ergebnis 355
Signifikanztest zum Signifikanzniveau 355
Simulation 350
Sinus 126, 134 f.
skalares Produkt 279 f.
Spannweite 322
Spatprodukt 282
sphärische Koordination 301
Spiegelung
- an einem Punkt 151 f.
- an einer Geraden 153

Spurgerade 209 f.
Stabilwerden der relat. Häufigkeit 326
Stammfunktion 257
Standardabweichung 323
standardisierte Zufallsgröße 343
Standardnormalverteilung 349
Stengel - und - Blatt - Diagramm 319
stetige Zufallsgröße 340
Stetigkeit 230 f.
Stichprobe 352 f.
Strahl 141
Strahlensätze 189 f.
Strecke 139, 141 f.
Streckendiagramm 323 f.
Streckenzug 142
strenge Monotonie 72
Streuungsmaß 320
Strichliste 317

Stufenwinkel 157
Stützdreieck 209
subjektive Wahrscheinlichkeiten 328
Subtrahend 37
Subtrahieren von Quotienten 65
Subtahieren von Vektoren 273 f.
Subtahieren von Zahlen 36 f., 49, 54, 58
Summand 35
Summe 35
- Addition / Subtraktion 63
- Partialsumme 220
-, Teilbarkeit von 42 f.
Summenzeichen 35
symmetrische Figuren 155
Symmetrieverhältnisse am Kreis 186
System linearer Gleichungen 91 ff.

T
Tangens 126, 134
Tangente 180, 183, 302
-, Anstieg der 234
- Wendetangente 248
Tangentenkonstruktionen 183
Tangentialebene 205
Teilbarkeit 42 f.
Teiler 42, 44
teilerfremd 44
Teilmengenbeziehung 21 f.
Teilverhältnis 291
Term 12, 62
Testgröße 356
Testproblem 254
Test über eine unbekannte
Wahrscheinlichkeit 356
Thales, Satz des 184 f.
Trapez 175 f., 178
Tschebyschewsche Ungleichung 342, 347

U
Überschlagen 66
Umfang (Kreis, Vielecke) 177, 186 f.
Umfangswinkel (Peripheriewinkel) 183 f.
Umgebung einer reellen Zahl 222
umgekehrte (indirekte) Proportionalität 117
Umkehrfunktion 74 f.
-, Ableitung einer 237
- einer linearen Funktion 87
- einer Exponentialfunktion 124
- einer Potenzfunktion 113
Umkehrung eines Satzes 15
Umkreis eines Dreiecks 181
unabhängige Teilvorgänge 333
Unabhängigkeit von Ereignissen 332 f.
unbestimmtes Integral 257
und (Verbindung mit -) 15
unechter Bruch 45
uneigentlicher Grenzwert 223, 228
unendliche Menge 21
unendliche Zahlenfolge 215
Unendlichkeitsstelle 228 f., 247
unendliches Intervall 40
ungerade Funktion 73
ungerade Zahlen 42
Ungleichung 81
-, äquivalente 82
-, lineare 96
- mit Beträgen 99 f.
unmögliches Ereignis 316
Unstetigkeit 230
Urliste 317
Ursprung 11, 278

V
Variablen 12
Variablengrundbereich 81
Varianz einer Zufallsgröße 337 ff., 342
Variationen 28
Vektor 271
Vektorprodukt 280 f.
Vektorraum 275 f.
verallgemeinerte Produktformel 329
Vereinigung von Mengen 23
Verfahren der gleichen Koeffizienten
(Additionsverfahren) 93 ff.
Verhältnis von Zahlen 117
Verhältnisgleichungen 117
Verkettung von Funktionen 76 f.
- Ableitung einer verketteten Funktion 237
Verschiebung 150 f.
verschiedene Logarithmensysteme 121 f.
Versuchsreihe 317
Versuchsserie 317
Verteilung einer Zufallsgröße 335, 340
Verteilungsfunktion der Standardnormal-
verteilung 349
Verzerrungsverhältnis 206 f.
Vieleck 169 f.
- Ähnlichkeit von Vielecken 195
- Flächeninhalt; Umfang 180
Vielfaches 42 ff..
Viereck 171 ff.
- Drachenviereck 176
- Parallelogramm 173 f., 179
- Quadrat 174 f., 177

- Rechteck 174, 177
- Rhombus (Raute) 175
- Sehnenviereck 182
- Trapez 175 f., 178
Vierfeldertafel 333 f.
Viertelabstand (Halbweite) 323
Viertelwert 322
Vieta, Satz des 106
vollständige Induktion 19 f.
Volumen 197 f.
Vorgänger 33, 41
Vorgang mit zufälligem Ergebnis 315
Vorzeichen 53

**W**
Wahrscheinlichkeit
-, bedingte 329
-, Interpretation der 326
- Laplace-W. 326
-, subjektive 328
Wahrscheinlichkeitsverteilung 325, 335
Wechselwinkel 157
Wechselwinkelsatz 157
Wendepunkt / Wendestelle 245, 248
Wendetangente 246, 148
wenn, so (Verbindunden mit -) 15
- Beweis einer „Wenn, so-Aussage" 17 f.
Wert eines Terms 12
Wertebereich 69
windschiefe Geraden 140 f.
Winkel 143 ff.
- am Kreis 183 f.
- Nebenwinkel 156
-, orientierter 273
-, rechter 157
- Scheitelwinkel 156
- Schnittwinkel zweier Geraden 289
- Stufenwinkel 157
- Wechselwinkel 157
- zweier Vektoren 273, 280
- zwischen Gerade und Ebene 295
- zwischen zwei Ebenen 297
Winkelfunktionen 126 ff.
Winkelgröße 143
Winkelhalbierende 148
- im Dreieck 162
Winkelpaare 156
Würfel 199
Wurzel 109 f.
- als Begriffswort f. „Lösung einer Gleichung" 106
Wurzelexponent 109
Wurzelfunktionen 112
Wurzelgesetze 110
Wurzelgleichungen 114

**Z**
Zählalgorithmus 327
Zähler 45
Zahl 8
-, entgegengesetzte 40
-, gerade / ungerade 42
-, positive / negative 53
- Primzahl 42
- Veranschaulichung rationaler Zahlen 56
Zahlenbereiche (↗ natürliche Z., Bruchzahlen ...) 31, 41
Zahlenbereichserweiterungen 41
Zahlenfolge 215 ff.
-, arithmetische, geometrische 217
Zahlengerade 11, 32
Zahlenstrahl 32
Zehnerbruch 45
Zehnerpotenzen 9
Zentralprojektion 205 f.
zentralsymmetrische Figuren 155
Zentralwert (Median) 322
zentrische Streckung 190 ff.
Zentriwinkel 184
Zerlegung 332
Zerlegung in Linearfaktoren 106
Ziffer 8
Zinsen, Zinseszins 120
Zufallsgrößen 335
-, diskrete 335
-, standardisierte 343
-, stetige 340
Zufallszahl / Zufallsziffer 351
Zufallszahlen(ziffern)folge 351
Zuordnung
-, eindeutige 25 f.
-, mehrdeutige 25 f.
zuverlässige Ziffer 68
Zweiersystem 10
Zweipunktegleichung einer Geraden 284 f.
Zweitafelprojektion 210 ff.
Zwischenwertsatz 231 f.
Zylinder 201 f.
- Hohlzylinder 203

## Bildnachweis

Superbild, Berlin: Ducke, Bernd; Einbandfoto
Teuerkauf, Horst (Gotha): 3/56